AF346497

LA LAITERIE

LA LAITERIE

ART DE TRAITER LE LAIT

DE FABRIQUER LE BEURRE

ET LES

PRINCIPAUX FROMAGES FRANÇAIS ET ÉTRANGERS

PAR

A. F. POURIAU

DOCTEUR ÈS SCIENCES, PROFESSEUR A L'ÉCOLE D'AGRICULTURE DE GRIGNON
LAURÉAT DE LA SOCIÉTÉ CENTRALE D'AGRICULTURE DE FRANCE, ETC.

DEUXIÈME ÉDITION

200 FIGURES DANS LE TEXTE

200 FIGURES DANS LE TEXTE

PARIS

LIBRAIRIE AUDOT, NICLAUS ET Cⁱᵉ SUCCESSEURS
8, RUE GARANCIÈRE

1874

PARIS. TYPOGRAPHIE E. PLON ET Cie, 8, RUE GARANCIÈRE.

LA LAITERIE

ART DE TRAITER LE LAIT

DE FABRIQUER LE BEURRE

ET LES

PRINCIPAUX FROMAGES FRANÇAIS ET ÉTRANGERS

PAR

A. F. POURIAU

SOCIÉTÉ ET SCIENCES, PROFESSEUR A L'ÉCOLE D'AGRICULTURE DE GRIGNON
LAURÉAT DE LA SOCIÉTÉ CENTRALE D'AGRICULTURE DE FRANCE, ETC.

DEUXIÈME ÉDITION

PARIS

LIBRAIRIE AUDOT, NICLAUS et Cⁱᵉ, SUCCESSEURS

8, RUE GARANCIÈRE

A M. PORLIER

DIRECTEUR AU MINISTÈRE DE L'AGRICULTURE

MONSIEUR,

En vous dédiant, il y a deux ans, mon ouvrage : *la Laiterie,* etc., je disais que mon hommage avait surtout pour objet de rappeler la part si légitime qui vous revient dans les progrès accomplis en France, par l'industrie laitière et dont le brillant concours de 1874, organisé par vous, à Paris, a fourni une nouvelle preuve.

Depuis cette époque, Monsieur, vous avez reçu la juste récompense de vos longs et importants services, et tous les amis de l'agriculture ont applaudi à votre nomination de Directeur.

Aujourd'hui, Monsieur, permettez-moi, en vous offrant la deuxième édition de mon livre, de joindre à mes félicitations l'expression de ma reconnaissance pour tous les encouragements que vous n'avez cessé de me donner afin de faciliter mes études sur l'industrie laitière de la France et de l'étranger.

Veuillez agréer, Monsieur le Directeur, l'expression de mes sentiments respectueux et dévoués.

A. POURIAU.

AVANT-PROPOS

Nous avons l'honneur d'offrir aujourd'hui au public la seconde édition de notre ouvrage : *la Laiterie*, etc., dont le succès a dépassé nos espérances et celles de nos honorables éditeurs.

Bien que rédigée sur le même plan que celui adopté pour notre précédent volume, nous pouvons dire que cette seconde édition met au jour un livre presque entièrement nouveau, et qui compte près de cent pages et cent figures de plus que le premier. Nos intelligents éditeurs n'admettant pas que le succès d'un ouvrage puisse se *clicher* comme l'ouvrage lui-même, n'ont pas hésité à s'imposer ces nouveaux sacrifices pour répondre au sympathique accueil fait par le public à *la Laiterie*.

Dans ce second traité, l'espace consacré à l'étude du commerce du lait et de l'industrie beurrière a été doublé, par suite de l'introduction de trois chapitres entièrement nouveaux.

Une extension semblable a été donnée à l'é-
tude de l'industrie fromagère, et cette seconde
partie renferme des chapitres inédits sur la
fabrication des fromages double-crème, de
Brie, de Camembert, de Gruyère, etc.

D'autre part, c'est pour conserver à ce volume le caractère essentiellement pratique, qui,
croyons-nous, a fait son succès, que nous avons
pensé devoir condenser les chapitres consacrés
plus particulièrement aux questions de production, de commerce, de consommation, etc. Ceux
de nos lecteurs qui trouveront nos renseignements insuffisants pourront se reporter aux divers mémoires que nous avons rédigés sur ces
questions en 1873 et 1874.

Depuis l'époque de la publication de notre
première édition, nous avons beaucoup voyagé
tant en France qu'à l'étranger, dans le but de
recueillir sur place les renseignements les plus
précis sur les diverses opérations qui se rattachent à l'industrie laitière ; nous pouvons
donc affirmer que toutes les indications renfermées dans ce volume ont été puisées près
des hommes les plus intelligents et les plus
versés dans cette branche de commerce.

Qu'il nous soit permis, avant d'entrer en matière, d'adresser tous nos remerciements à l'administration de l'agriculture, qui, depuis deux ans, n'a cessé de nous faciliter nos études. Que les administrations de l'Instruction publique, de l'Intérieur, la Société centrale d'agriculture de Paris, les conseils généraux et les sociétés d'agriculture de province, dont les encouragements ont tant contribué au succès de notre livre, veuillent bien également agréer l'expression de notre gratitude.

Avec le dévoué concours de nos éditeurs, nous avons fait tous nos efforts pour que cette seconde édition fût supérieure à la première; espérons que le public agricole, à qui elle s'adresse, nous prouvera par son accueil que nous avons réussi.

A. POURIAU.

1er septembre 1874.

CHAPITRE PREMIER.

DU LAIT.

LAIT DE VACHE. — COMPOSITION, PRODUCTION ET CONSERVATION.
LAITS DE CHÈVRE ET DE BREBIS.

Le lait est un liquide sécrété par les glandes mammaires des femelles des animaux après la naissance du petit; il est blanchâtre, opaque, et d'une saveur légèrement sucrée.

Le lait le plus universellement consommé à l'état naturel, ou sous forme de beurre et de fromage, étant celui de vache, nous commencerons par étudier ce produit, et nous dirons ensuite quelques mots des laits de chèvre et de brebis qui sont employés à la fabrication de certains fromages.

LAIT DE VACHE.

Composition. Le lait de vache est habituellement alcalin, et quand il est pur, le poids d'un litre de ce liquide, non écrémé, varie entre 1,029 et 1,033 gr. à la température de 15 degrés. Un litre de lait écrémé pèse 1,032 à 1,036 grammes.

Les différents principes renfermés dans le lait sont les suivants :

L'*eau*, le *caséum* ou la *caséine*, l'*albumine*, le *beurre*; la *lactine* ou *sucre de lait*, les *sels minéraux*.

M. Doyère a fait, en 1852, à l'Institut agronomique de Versailles, un grand nombre d'analyses sur des laits purs, fournis par des vaches d'espèces diverses, un mois après le vêlage; ce savant a trouvé pour composition moyenne de 100 grammes de lait.

Beurre..	3.20
Caséine.	3.00
Albumine.	1.20
Sucre.	4.30
Sels.	0.70
Eau.	87.60
	100.00

On peut donc admettre que le lait de vache contient, *en moyenne*, 12 à 13 pour 100 de matière sèche et 87 à 88 pour 100 d'eau.

Si, au lieu de considérer un lait *moyen* fourni par le mélange des laits de vaches de races différentes, on analyse séparément ces mêmes laits, on trouve entre eux des différences de composition souvent considérables; on peut en juger par les chiffres suivants, également indiqués par Doyère.

	MAXIMUM	MINIMUM
Beurre	5.40	1.45
Caséine	4.30	1.90
Albumine	1.50	1.09
Sucre	4.25	3.90
Sels	0.88	0.65

Il résulte des nombres précédents que, dans un même poids de lait fourni par des vaches différentes, la proportion de beurre peut varier du simple au quadruple; celle du caséum, du simple au triple, etc.

Les vaches qui fournissent habituellement un lait riche en beurre sont dites *beurrières* : telles sont les vaches de Jersey, un grand nombre de vaches bretonnes, cotentines, suisses, etc. Celles dont le lait est plus riche en caséum qu'en matière grasse, sont dites *fromagères* : telles sont les vaches hollandaises.

Du reste, comme nous le verrons plus loin, un grand nombre de circonstances peuvent influer sur la quantité du lait fourni par les vaches.

DES MATIÈRES SOLIDES CONTENUES DANS LE LAIT.

1° *La matière butyreuse* ou *le beurre*. Elle est constituée par des globules graisseux de dimensions diverses, à la présence desquels le lait doit une grande partie de son opacité et de son aspect émulsif.

Ces globules étant plus légers que le liquide qui les tient en suspension, si l'on abandonne du lait à lui-même dans un vase et à une température de 10 à 12 degrés, la matière grasse ne tarde pas à se rassembler à la partie supérieure, en entraînant avec elle un peu de matière *caséeuse* et de *sérum* (petit-lait).

Ce mélange, dont la couleur jaune tranche sur la teinte bleuâtre du reste du liquide, constitue la *crème*.

Si on enlève cette crème avec une cuiller pour l'introduire dans un vase à large ouverture, une boite à lait par exemple, et si on l'agite pendant un certain temps, les globules graisseux finissent par s'agglomérer en une masse molle qui constitue le *beurre*.

Le liquide blanchâtre, duquel le beurre se trouve ainsi séparé, se nomme *lait de beurre*.

2° Le *caséum* ou la *caséine*. Cette matière, de couleur blanche, existe dans le lait, partie en dissolution, partie en suspension; on peut en déterminer la coagulation en ajoutant au liquide tiède quelques gouttes de vinaigre ou de présure.

Si l'on détermine cette précipitation dans du lait non écrémé, le caséum entraîne avec lui la majeure partie des globules butyreux, et l'on obtient alors la matière première des fromages *gras*.

Si, au contraire, le lait a été préalablement écrémé, la coagulation ne peut fournir qu'un fromage plus ou moins *maigre*.

Le liquide jaune verdâtre que laisse écouler le caséum coagulé en s'égouttant, est désigné sous le nom de *petit-lait*.

3° L'*albumine*. Ce principe existe en dissolution dans le lait; on peut en déceler la présence en ajoutant à du petit-lait filtré deux fois son volume d'alcool à 95 degrés centésimaux.

D'après Doyère, l'albumine forme du tiers au quart de la matière azotée totale contenue dans le lait de vache, le reste étant de la caséine.

Sous l'action de la chaleur, l'albumine se coagule et devient insoluble; cette coagulation commence vers 65 degrés et est complète à 75 degrés.

Il résulte de cette propriété que les fromages préparés à la température ordinaire ne contiennent qu'un seul principe azoté, le *caséum*, tandis que ceux fabriqués à chaud renferment, outre la caséine, une proportion d'albumine d'autant plus grande que le lait a été porté à une température plus élevée. Nous verrons aussi, par la suite, que dans la fabrication du produit appelé *sérai*, l'albumine coagulée par la chaleur contribue à donner à ce produit un goût spécial, en même temps qu'elle en augmente les propriétés nutritives.

4° La *lactine* ou *sucre de lait*. C'est à ce principe légèrement sucré que le lait doit sa saveur douceâtre; 100 grammes de lait en renferment environ 4 grammes. En évaporant du petit-lait à une douce chaleur, la lactine se dépose en masses cristallines; en Suisse, le petit-lait qui provient de la fabrication du fromage de Gruyère est une source abondante de ce produit.

En présence des matières albuminoïdes (caséum, albumine, etc.), la lactine peut, suivant les circonstances, éprouver plusieurs sortes de fermentations, notamment l'*alcoolique*, la *lactique*, etc.

La fermentation alcoolique de la lactine consiste dans sa transformation en *alcool* et *acide carbonique;* ce fait est connu des peuplades nomades de l'Asie, qui préparent avec le lait de leurs juments une boisson enivrante.

Fermentation lactique, coagulation spontanée du caséum. Du lait abandonné à lui-même pendant un certain temps, et à une température ne dépassant pas 10 à 12 degrés, devient le siége d'une fermentation dite *lactique*, en vertu de laquelle la *lactine* se transforme peu à peu en *acide lactique*, qui peut alors coaguler le caséum à la manière du vinaigre ou de la présure. Dans ce cas, le lait se partage en trois zones : *crème*, à la surface ; le *caséum* ou le *caillé*, à la la partie inférieure ; et au milieu, le *sérum* ou *petit-lait*, liquide jaune verdâtre et acide.

Quand le lait est abandonné à une température plus élevée, 25 à 50 degrés par exemple, la transformation de la lactine en acide lactique est beaucoup plus rapide, et souvent le caséum se précipite avant même que la crème ait le temps de monter ; on dit alors que le lait a *tourné*. Nous indiquerons par la suite les moyens à employer pour prévenir cet accident.

5° Les *sels minéraux*. Le lait de vache renferme, en moyenne, 0 gr. 7 pour 100 de sels minéraux, qui, jusqu'à l'époque du sevrage, concourent au développement du squelette des jeunes animaux.

DE LA PRODUCTION DU LAIT DE VACHE.

La quantité de lait que peut fournir annuellement une vache dépend d'une foule de circonstances, telles que sa race, son âge, son état de santé, la nature et la quantité de sa ration, le climat du pays où elle vit, les soins qu'elle reçoit, etc. : ces diverses conditions ont aussi une influence sur la qualité du lait qu'elle produit.

Le tableau suivant renferme les produits en lait de diverses races :

EXPÉRIMENTATEURS OU AUTEURS	RACES.	PRODUCTION ANNUELLE.
Weckerlin, à Hoheinheim.	Hollandaise.	3,000
Bella, à Grignon.	Durham croisée.	2,628
Stœckhardt.	Oldenbourgeoise.	2,603
Lefour.	Flamande.	2,640
Bella, à Grignon.	Normande croisée.	2,555
Morière.	Cotentine.	2,500 à 3,000
Pichat, à la Saulsaie.	Ayr.	2,446
Boussingault, à Béchelbronn.	Schwitz.	2,482
Stœckhardt.	Hollandaise.	2,450
Naville, près Genève.	Suisse.	2,310
Stœckhardt.	Allemagne sept^{le}.	2,110
Heuzé, près Grand-Jouan.	Bretonne.	1,920
Haute-Savoie (1872).	Race du pays.	1,460
Mathieu de Dombasle, à Roville.	Race du pays.	1,460
Savoie (1872).	Race du pays.	1,450

Les productions les plus élevées qui aient été signalées, sont :

Bella.	Grignon.	3,100	litres.
Lecouteux.	Lombardie.	3,285	—
Low.	Angleterre.	3,406	—
Curwen.	Angleterre.	3,739	—
Aiton.	Pays-Bas.	4,015	—
Schwertz.	Hollande.	5,292	—

En général, une laitière médiocre donne du lait pendant 260 jours ; une bonne laitière, pendant 300 ; une excellente laitière, pendant 308 et au delà.

A l'exemple de beaucoup d'auteurs, nous admettrons comme *durée moyenne* de la période lactaire d'une vache, le chiffre de **300** jours, avec un rendement moyen de **6 litres et demi** par jour ; ce qui correspond à un total de **1,950** litres pour la période entière.

Dans le cas où le lait fourni pendant les 15 jours qui suivent le vêlage est consommé par le veau, il faut retrancher de ce total environ 100 litres, ce qui réduit la production annuelle à 1,850 litres.

Il est bien entendu que ces chiffres n'ont rien d'absolu, et que nous ne les donnons qu'à titre de renseignements ; les tableaux qui précèdent démontrent suffisamment que le rendement annuel d'une vache dépend des diverses circonstances énumérées en tête de ce chapitre.

Parmi ces circonstances, il en est une sur laquelle il convient d'insister plus particulièrement, c'est le *régime ;* car le produit en lait d'une vache est généralement en rapport avec la nourriture qu'elle reçoit, et le meilleur moyen d'élever le rendement consiste à fournir à l'animal une ration abondante et substantielle. Pour les vaches nourries à l'étable, par exemple, les aliments à la fois nutritifs et aqueux, comme la luzerne, le sainfoin et le maïs verts, la carotte, le panais, etc., poussent au lait bien plus que les aliments secs.

A Paris et dans sa banlieue, les nourrisseurs soumettent leurs vaches à un régime spécial, en vue d'obtenir un rendement maximum en lait. La base de la nourriture de ces vaches consiste en fourrages verts pendant l'été, en racines et regains de luzerne pendant l'hiver; la paille d'avoine fait aussi partie de l'affourragement. En outre, les issues de mouture, son et recoupettes, entrent pour une quantité assez importante dans l'alimentation, de telle sorte que, d'après Lefour, une vache de 500 kilogr. reçoit, par exemple, en vingt-quatre heures, 5 kilogr. de regain, 4 kilogr. de paille d'avoine, 5 kilogr. de remoulage, 20 kilogr. de racines.

Avec ce régime, les vaches de race flamande ou normande, achetées fraiches vêlées, bien tenues, donnent, en moyenne, par jour, et pendant 310 jours, 12 litres de lait la première année, 6 à 8 la seconde; mais dans cette deuxième période, elles engraissent, et leur poids s'élevant de 500 à 700 kilogr., on les revend avantageusement à la boucherie. Nous aurons l'occasion de revenir sur cette question quand nous traiterons de la fabrication de divers fromages, tels que le Brie, le Coulommiers, le Neufchâtel, etc.

La nature des aliments consommés par les vaches

1.

paraît aussi avoir une influence notable sur la *qualité* du lait qu'elles fournissent.

On sait, en effet, que les vaches qui mangent, au printemps, des fourrages verts fournis par de bons pâturages, tels que ceux de la Bretagne, de la Normandie, etc., donnent un lait très-agréable au goût, et par suite un beurre très-estimé. Il n'est pas douteux que la supériorité des produits tient à la présence, dans les plantes fraîches, de certaines huiles essentielles et aromatiques que le fanage ou le séjour dans les fenils font disparaître.

En hiver, les grains ou leur farine, les tourteaux, associés en petite quantité au foin et aux betteraves, contribuent également à améliorer la qualité du lait; la carotte et le panais rendent aussi le lait plus butyreux. Par contre, la pulpe de sucrerie ou de distillerie introduite dans la ration des vaches a pour effet de rendre le lait de ces animaux plus aqueux et moins butyreux; aussi est-il nécessaire, quand on veut conserver les avantages économiques de l'emploi des pulpes sans nuire sensiblement à la qualité du lait, d'ajouter à cet aliment une certaine quantité de son ou de remoulage.

L'art de nourrir les vaches en vue de la production laitière est poussé par les cultivateurs de Jersey à ses dernières limites, l'alimentation est des plus variées, suivant l'époque de l'année et même l'heure du jour. Il y a des rations pour les vaches à lait et d'autres pour les vaches à beurre; la betterave domine dans les premières et le panais dans les secondes. Certains cultivateurs donnent un repas à leurs animaux toutes les deux heures [1].

La quantité de lait fournie par une vache ne se répartit pas également sur tous les mois de la période lactaire; cette proportion va en diminuant quelques jours après le *part*, jusqu'au moment où la bête tarit tout à fait, ce qui a lieu ordinairement six semaines ou deux mois avant le vélage. Le tableau suivant donne une idée assez exacte de cette production décroissante :

		PRODUCTION	
		JOURNALIÈRE	DE LA PÉRIODE
1re Période.	40 jours.	10 litres,	400 litres.
2e Période.	90 —	8 —	720 —
3e Période.	90 —	6 —	540 —
4e Période.	80 —	4 —	320 —
	300 —		1,980 —

C'est-à-dire 1,980 litres en 300 jours ou 6 litres 60 centilitres par jour, nombres très-peu différents de ceux indiqués précédemment.

Nous ajouterons que l'on admet généralement en France que 100 kilogr. de foin sec ou un poids de nourriture équivalente correspondent, en moyenne, à 40 litres de lait et au maximum à 45 litres.

Enfin, n'oublions pas de rappeler en terminant ce chapitre, qu'il est indispensable, quand on établit les calculs de prévision du rendement en lait d'une vacherie, de tenir compte des saillies manquées, des avortements, des parts difficiles, des mala-

[1] Dubost, *Excursion agricole en* 1871.

dies, etc., qui réduisent ordinairement le nombre
des vaches traites dans la proportion de 12 à 15
pour 100.

DES DIVERS PROCÉDÉS DE CONSERVATION DU LAIT DE VACHE.

Gay-Lussac a reconnu que l'on pouvait empêcher
pendant un temps assez long le lait de se coaguler,
en ayant soin de le faire bouillir chaque jour pendant quelques minutes ; ce procédé est mis en pratique par nos ménagères, les détaillants de Paris
l'appliquent également.

Un autre procédé très-simple consiste à ajouter
au lait 1 gramme de bicarbonate de soude pour 2 à
3 litres de liquide ; ce sel sature l'acide lactique au
fur et à mesure de sa production et par suite empêche la coagulation du lait. Les expéditeurs sur
Paris peuvent ainsi, à l'époque des grandes chaleurs,
assurer la conservation du lait pendant douze heures
au moins, temps nécessaire au transport et au débit
du liquide dans la capitale.

Aujourd'hui, la conservation du lait à long terme
s'effectue sur une grande échelle à l'aide de divers
procédés que nous allons passer en revue.

Procédé Appert. — Dès 1827, Appert conservait
le lait de la manière suivante : Il réduisait des deux
tiers le liquide au bain-marie, le passait encore
chaud à travers un linge et le laissait refroidir. Il
enlevait ensuite la couche de crème formée à la surface pendant le refroidissement, introduisait l'*extrait* de lait dans une bouteille, le chauffait pendant

deux heures au bain-marie, puis scellait le récipient.

Du lait préparé par cette méthode a été trouvé parfait au bout de deux ans.

Procédé de M. Martin de Lignac. — Ce procédé consiste à faire dissoudre 75 grammes de sucre par litre de lait et à concentrer le mélange jusqu'à réduction au cinquième du volume primitif. Le chauffage a lieu au bain-marie dans une chaudière à fond plat et peu profonde, où le liquide ne doit pas avoir plus de 2 à 3 centimètres de hauteur.

On introduit ensuite la matière concentrée dans des boîtes de fer-blanc que l'on chauffe à 105 degrés (dans une dissolution saturée de sel de cuisine) pendant quinze à vingt minutes; on ferme ensuite avec une goutte de soudure le petit trou par lequel l'air et la vapeur se sont échappés. Du lait préparé ainsi se conserve indéfiniment; quand on veut l'employer, on plonge pendant quelques minutes la boîte dans l'eau bouillante après avoir fait un trou au couvercle; on remue bien le liquide avec une cuiller pour répartir également la crème qui a pu se séparer et s'attacher aux parois du vase, on verse dans un récipient quelconque, et on fait bouillir après avoir ajouté au lait concentré environ quatre à cinq fois son poids d'eau.

Depuis la guerre d'Amérique, la nécessité d'approvisionner de laitage les armées de l'Union américaine a été le point de départ des premiers essais de conservation en grand par l'évaporation.

En 1866, la Compagnie anglo-suisse de lait concentré monta sa première grande usine à Cham, et jeta en Europe les bases d'une industrie qui, depuis cette époque, s'est répandue en Angleterre, en Allemagne, en Autriche, en Norwége, etc. Aujourd'hui, cette Compagnie [1] produit annuellement dans ses quatre usines 4 millions de petites boîtes de lait condensé, représentant, en moyenne, une valeur de 250,000 francs. Sur cette production, 75 pour 100 sont consommés en Angleterre, 15 pour 100 sur le continent, et 10 pour 100, après avoir transité par l'Angleterre, sont réexportés à destination des ports de l'Atlantique et du Pacifique.

A Luxembourg, dans le canton de Thurgovie, la Société *l'Alpine* livre annuellement au commerce 1 million de boîtes, estimées, en masse, à 1 million et demi de francs, et qui s'écoulent principalement dans les grandes villes.

La marine de toutes les puissances fait aujourd'hui une grande consommation de ces conserves de lait.

On prépare aussi en Suisse de très-grandes quantités de lait concentré, en tablettes et en poudre : le procédé de préparation de ces divers produits se résume toujours dans une addition de sucre ou lait de vache, et une concentration poussée plus ou moins loin, selon que l'on veut avoir du lait sirupeux ou solide.

A l'Exposition universelle de 1867, M. Bordens de New-York avait exposé de la pâte de lait qui,

---

[1] *Journal d'agriculture pratique.* — Chronique du 20 novembre 1873.

bien que mise en boîte depuis plus d'un an, avait
un goût exquis et un parfum délicieux. Cette supériorité du produit tient à ce que M. Bordens évapore,
non pas à l'air libre, mais *dans le vide*, le lait
préalablement additionné de sucre.

RENDEMENT EN LAIT D'UNE CHÈVRE.

Les laits de chèvre et de brebis offrent entre eux
une certaine analogie de composition et diffèrent des
autres laits, surtout par la plus forte proportion de
matières *azotées* et grasses qu'ils renferment.

D'après M. Huard du Plessis, une chèvre indigène, bien nourrie et bien choisie comme laitière,
donne, en moyenne, deux litres de lait par jour et
pendant neuf mois, ce qui correspondrait à un rendement annuel de 540 litres.

D'après M. Ysabeau, une chèvre peut être considérée comme bonne laitière quand elle donne, en
état de paissance, 2 litres de lait par jour, pendant

cinq mois, après le sevrage du chevreau, qui a lieu ordinairement au bout d'un mois. Les meilleures chèvres donnent pendant la même période 3 litres de lait, quelques-unes 4; mais ces dernières sont rares.

A raison de 2 litres par jour, pendant cinq mois, le rendement annuel serait de 300 litres de lait disponibles pour la fabrication des fromages.

L'enquête préfectorale de 1872 dans la Savoie indique comme rendement moyen et annuel des chèvres, non compris le lait consommé par le chevreau, 331 litres pour la Haute-Savoie, et seulement 243 litres pour la Savoie.

On peut compter que 1 litre de lait de chèvre donne un fromage pesant *frais* environ 150 grammes, et valant de 15 à 20 centimes, ce qui met le kilogramme à 1 fr. 33 c.

En 1872, l'arrondissement de Saint-Claude (Jura) a produit 56,474 kilogr. de fromages dits *chevrets*, au prix moyen de 1 fr. 26 c. le kilogr.; en 1873, ce prix s'est élevé à 1 fr. 80 c.

D'après M. Huard du Plessis, la chèvre de Nubie serait le type par excellence des chèvres laitières, et mériterait, sinon d'être substituée à la chèvre commune, tout au moins d'être croisée avec nos chèvres indigènes.

D'après les expériences de l'auteur, le seul fait d'un croisement d'un bouc de Nubie avec une chèvre indigène aurait donné un produit fournissant, en moyenne par jour, 3 litres 53 centilitres d'un lait renfermant 6 pour 100 de beurre.

CARACTÈRES DU LAIT DE CHÈVRE. — USAGES.

Généralement, le lait de nos chèvres indigènes contient plus de caséum, un peu plus de beurre et moins de sucre que celui de vache.

Il est onctueux, peu sucré, d'une saveur et d'une odeur particulières et peu agréables; mais, en raison de sa richesse en caséum, il convient particulièrement à la fabrication des fromages.

Autrefois, dans les environs de Lyon, on préparait avec ce lait des fromages dits du Mont-Dore, très-estimés; aujourd'hui, cette industrie a disparu presque complètement, ou du moins les fromages qui se vendent actuellement sous ce nom sont à peu près exclusivement fabriqués avec du lait de vache.

Dans les pays de montagnes où l'on entretient un nombre plus ou moins considérable de ces animaux, le lait qu'ils fournissent sert à fabriquer des fromages dits *chevrets*, ou bien encore il est mélangé tantôt au lait de vache, tantôt aux laits de vache et de brebis, et concourt à la fabrication de certains fromages particuliers, tels que ceux de Sassenage, de Septmoncel, du Mont-Cenis, etc.

RENDEMENT EN LAIT D'UNE BREBIS.

De l'enquête faite en 1872, dans la Savoie, il résulte que la production moyenne en lait d'une brebis est annuellement de 110 litres dans la Savoie et de 155 litres dans la Haute-Savoie.

D'autre part, il ressort des renseignements publiés en 1867 par M. Coupiac, directeur de la Société des caves réunies de Roquefort, que la quantité de fromage fournie par chaque brebis laitière *ayant allaité* correspond à un rendement annuel en lait de 55 litres.

La durée moyenne de la gestation de la brebis étant de cinquante-cinq jours, et celle de l'allaitement de quatre mois, on voit que ce second chiffre est la moitié de celui qui correspond au rendement annuel et total dans la Savoie.

D'après les renseignements de notre collègue et ami M. Gobin, à Saint-Aunès, près Montpellier, on ne consomme guère que du lait de brebis; ces animaux en donnent, de novembre à la mi-avril, c'est-à-dire pendant cent soixante jours, 50 litres chacun, en moyenne. Ce lait est vendu aux consommateurs 60 centimes le litre, additionné d'un tiers d'eau.

Les 50 litres représentent donc une valeur de 20 francs, qui, ajoutée au prix de l'agneau vendu 12 à 14 francs à six semaines, donne un total de 32 à 34 francs.

L'entretien de ces brebis coûte fort peu, car dès après la vendange, et tout l'hiver, les troupeaux mangent dans les vignes les feuilles encore sur souches, ou bien encore elles pâturent sur les guarrigues, le long des chemins ou sur les bords de l'étang de Mauguio et des marais voisins.

CARACTÈRES DU LAIT DE BREBIS. — USAGES.

Ce lait est le moins aqueux de tous les laits, c'est-à-dire celui qui contient la plus forte proportion de matières solides, 18 à 20 pour 100 en moyenne.

Il est aussi le plus riche en *beurre*, car il renferme 7,5 pour 100 de ce principe, et quelquefois davantage; enfin, la proportion de *caséum*, 6 pour 100 en moyenne, est le double de celle contenue dans le lait de vache.

La crème du lait de brebis est blanche, onctueuse, et d'un goût agréable; mais le beurre qu'elle fournit rancit vite à l'air.

Le lait de brebis sert principalement, en France, à la fabrication du fromage de Roquefort; mélangé aux laits de vache et de chèvre il concourt à la fabrication du fromage dit du Mont-Cenis; pur ou mélangé seulement au lait de vache, il sert à fabriquer en Savoie le fromage de fantaisie appelé *tignard*.

Les fromages que l'on consomme le plus en Espagne, en Portugal, en Turquie, sont ceux fabriqués avec du lait de brebis; en Grèce, ce sont les laits de chèvre et de brebis séparés ou mélangés qui servent à la préparation de tous les fromages.

Nous pourrions terminer ce chapitre en présentant quelques observations générales sur les animaux domestiques, vaches, brebis, chèvres, qui produisent le lait; résumer les principaux caractères qu'ils doivent présenter en vue de cette production; indiquer les soins qu'ils réclament aux diverses époques de l'année, etc.; mais on a déjà tant écrit sur ce sujet, que nous préférons renvoyer nos lecteurs aux traités spéciaux, et nous consacrer plus exclusivement à l'étude des questions qui font le principal objet de cet ouvrage, c'est-à-dire la laiterie, la fabrication du beurre et du fromage.

CHAPITRE II.

DE L'EMPLACEMENT ET DE L'ÉTABLISSEMENT D'UNE LAITERIE.

La laiterie est le lieu où l'on dépose le lait après les traites ; il est aussi celui où l'on fabrique le beurre et les fromages.

L'emplacement et l'établissement d'une laiterie sont deux points d'une extrême importance, car il est incontestable que les qualités des beurres et des fromages dépendent, en grande partie, des soins donnés à la conservation du lait et à la fabrication des produits qu'il peut fournir.

Toutefois, si l'on en juge par un grand nombre d'établissements de ce genre installés dans les fermes et même dans les maisons bourgeoises, il semble que ce soit un objet indifférent, la laiterie étant trop souvent reléguée dans un local obscur et fort mal approprié à sa destination. Cette négligence entraine des pertes qui surpassent de beaucoup les frais nécessaires pour rendre de tels établissements propres à remplir le but qu'on se propose. Que l'on songe que les pays d'où nous viennent les beurrès et les fromages les plus estimés sont précisément ceux où la laiterie est l'objet de plus de soins, et l'on sera convaincu de la vérité des réflexions qui précèdent.

Nous n'avons pas la prétention d'indiquer ici le plan unique sur lequel toute laiterie doit être construite, car celle-ci peut être établie indifféremment dans les bâtiments attenants à l'habitation du fermier, ou placée dans la basse-cour des maisons de campagne, ou bien encore sous une forme élégante, contribuer à l'embellissement d'un parc ; tout dépend donc des circonstances dans lesquelles on se trouve. Cependant il y a un certain nombre de conditions auxquelles toute laiterie doit satisfaire et que nous allons énumérer.

Une laiterie doit être établie dans un lieu tranquille, à l'abri des trépidations causées par une force motrice quelconque ; elle doit être éloignée des fosses à purin ou à fumier, ainsi que des dépôts d'immondices et généralement de tout ce qui peut laisser échapper dans l'air des principes fermentescibles.

On doit pouvoir entretenir dans le local la propreté la plus minutieuse, et le maintenir, en toute saison, à une température sensiblement constante et comprise entre 10 et 12 degrés, terme qui, comme nous le verrons plus loin, paraît être le plus favorable à la conservation du lait en même temps qu'à l'ascension de la crème.

Dans le but d'obtenir plus facilement cette constance de température, on installe fréquemment la laiterie dans un lieu légèrement souterrain et voûté, une cave sous la maison d'habitation par exemple ; en outre, l'exposition la plus habituellement choisie est celle du nord.

La grandeur d'une laiterie dépend de son importance, et l'on ne peut assigner de limites fixes à cet égard. Dans une maison bourgeoise, par exemple, une laiterie de 3 à 4 mètres de large sur 5 à 7 mètres de long est suffisamment vaste pour satisfaire aux besoins de la consommation intérieure en lait, beurre et fromage; mais quand on veut faire de la laiterie un objet de spéculation, ce local doit alors avoir des dimensions en rapport avec la nature et la quantité des produits qu'on veut y fabriquer.

Nous sommes donc conduit à considérer la laiterie sous trois points de vue principaux :

1° *La conservation du lait destiné à être vendu en nature;*

2° *La fabrication du beurre;*

3° *La fabrication des fromages.*

1re LAITERIE DESTINÉE A L'ENTREPÔT DU LAIT VENDU EN NATURE.

Le lait ne devant séjourner que peu de temps dans la laiterie, du soir au matin par exemple, le local ne comporte pas en général de grandes dimensions et sa construction en est simple.

Une semblable laiterie est rarement voûtée, car c'est le plus souvent une pièce placée près des étables ou dans un des corps de logis de l'habitation, elle est un peu en contre-bas du sol et exposée au nord.

La laiterie proprement dite est précédée d'une autre pièce plus petite, la *laverie,* qui sert de vestibule à la première et qui renferme :

1° *Un fourneau et sa chaudière,* pour chauffer

l'eau nécessaire au lavage des divers récipients et ustensiles ;

2° *Un grand réservoir à eau froide*, pour rincer lesdits ustensiles préalablement lavés à l'eau chaude ;

3° *Un évier*, indispensable pour achever le nettoyage et le rinçage ;

4° *Des crochets, des égouttoirs, des arbres à seaux, etc.*, pour faire sécher lesdits objets.

La laverie offre l'avantage de préserver la laiterie contre les ardeurs du soleil en été ; mais pour empêcher la chaleur du fourneau, renfermé dans le vestibule, de nuire au lait, on doit avoir soin, quand les dimensions du local le permettent, de séparer la laverie de la laiterie par une double porte et même par un petit corridor transversal.

En hiver, au contraire, si la température extérieure devient extrême, on peut réchauffer l'intérieur de la laiterie, en laissant ouverte cette double porte de communication pendant que le fourneau de la chaudière est allumé.

Le *sol* d'une laiterie doit être tout à fait imperméable ; on le fait souvent en dalles de pierre posées sur ciment et bien jointoyées ; d'autres fois, c'est un carrelage en briques sur le même enduit, ou bien encore on établit sur une couche de pierres cassées, préalablement damée, une couche de béton hydraulique de 12 à 15 centimètres, que l'on recouvre ensuite de quelques centimètres de mortier, et en dernier lieu d'un bon enduit de ciment hydraulique.

Les murs (et le plafond s'il y a lieu) doivent être soigneusement crépis et enduits d'une sorte de lait de chaux ou de craie broyée avec du petit-lait au lieu d'eau, ce produit offrant le précieux avantage de ne pas s'écailler.

Dans certaines laiteries, on revêt les murs de ciment romain jusqu'à une hauteur de 1 mètre ou 1 mètre 50; ailleurs, on emploie les dalles en pierre ou en marbre quand ces matériaux sont à bas prix dans la localité.

Les laiteries de ce genre, avons-nous dit plus haut, sont rarement voûtées; nous ajouterons que pour maintenir l'uniformité de température si nécessaire, le plafonnage doit toujours être épais ou creux.

L'eau étant d'un usage constant dans une laiterie, on doit y établir le réservoir de préférence à l'intérieur, afin de se mettre à l'abri de la gelée en hiver. Dans ces conditions, un système de conduits et de robinets intérieurs offre de grands avantages, tant sous le rapport de l'économie du temps, que de la facilité avec laquelle on peut alimenter d'eau la chaudière de la laverie et rafraîchir le lait jusqu'au moment de son expédition.

Toutes les eaux qui ont traversé la laiterie doivent trouver un écoulement rapide et facile au dehors; il convient donc de donner au sol une pente convenable et d'y ménager les rigoles nécessaires. À leur sortie de la laiterie, les conduits de déversement doivent être fermés extérieurement par un grillage en fil de fer assez serré et assez résistant pour que, tout en permettant la sortie des liquides et des impuretés, il puisse s'opposer à l'entrée de tout animal nuisible.

Quand la laiterie est en contre-bas du sol, le plus simple est de faire écouler les eaux dans un puits creusé à l'extérieur; on enlève ensuite l'excédant de liquide avec une petite pompe, si l'absorption naturelle est insuffisante.

La porte d'une laiterie doit pouvoir fermer hermétiquement et posséder à la partie supérieure une ouverture assez large que l'on ferme, en hiver, avec un petit volet et que l'on garnit, en été, d'un châssis sur lequel est clouée une toile métallique assez serrée pour empêcher l'entrée des mouches et des autres insectes.

Les fenêtres peuvent être fermées, en hiver, par des croisées vitrées ou des volets; en été, par des châssis également couverts d'une toile métallique; le tout doit clore parfaitement.

Au moyen de ces châssis, il est facile d'entretenir dans la laiterie un courant d'air rafraîchissant et très-propre à chasser les mauvaises odeurs. Les murs et le milieu de la laiterie doivent être garnis de *dressoirs*, sur lesquels on place les vases qui contiennent le lait.

Ces dressoirs peuvent être en chêne, en pierres dures à grain fin, telles que celles dites de *liais*, en briques recouvertes de ciment, en ardoise, en carreaux de faïence ou même en marbre, suivant les moyens du propriétaire ou les ressources de la localité.

Ces tablettes, posées à 50 ou 60 centimètres au-dessus du sol, sont soutenues par des supports en pierre de taille ou en briques à joints refaits en ciment et de 11 centimètres d'épaisseur.

Les dressoirs adossés au mur ont la largeur nécessaire pour recevoir un seul rang de vases à lait, les dressoirs du milieu peuvent contenir deux rangées.

Enfin, si, comme nous l'avons dit plus haut, on dispose d'une circulation constante d'eau froide dans la laiterie, il devient alors très-avantageux d'établir sous le dressoir du milieu une auge rectangulaire en maçonnerie hydraulique avec enduit intérieur en ciment romain, de 20 à 25 centimètres de profondeur, enfouie plus ou moins dans le sol et dans laquelle coule à volonté de l'eau froide sur une épaisseur de 15 centimètres environ.

On plonge dans ces auges les seaux renfermant la traite, à mesure qu'ils arrivent à la laiterie, ainsi que les vases contenant le lait destiné à être expédié au dehors.

On comprend que, selon l'importance de la vente du lait en nature, on pourra également placer des auges semblables sous les dressoirs qui longent les murs de la laiterie.

La plus grande propreté, avons-nous dit en commençant, doit régner constamment dans une laiterie ; il faut donc laver soigneusement les places où tombe du lait avant que celui-ci ait pu aigrir, n'y laisser séjourner aucune ordure, enlever les toiles d'araignée, laver, en été surtout, le carrelage à grande eau, ainsi que les tables et les piliers qui les supportent. Toutefois, on doit s'abstenir de multiplier ces lavages au point d'entretenir dans la laiterie une humidité constante qui pourrait communiquer au lait un goût de moisi.

Il faut veiller encore à ce que la fille de basse-cour soit toujours extrêmement propre, qu'elle trouve dans le vestibule des sabots de rechange ou des souliers à semelle de bois, de façon qu'elle n'entre pas dans la laiterie avec la chaussure dont elle se sert pour aller dans les étables.

Enfin, les seaux et autres ustensiles destinés à renfermer le lait doivent être soigneusement lavés, rincés, essuyés et séchés.

2° LAITERIE DESTINÉE À LA FABRICATION DU BEURRE.

Une laiterie de ce genre doit contenir trois pièces au lieu de deux, la troisième étant réservée à la fabrication du *beurre*, et ses dimensions dépendant de l'importance de l'exploitation. La fabrication du beurre exigeant le séjour du lait dans la laiterie pendant un temps plus ou moins long, suivant la saison et d'autres circonstances énumérées plus loin, le nombre des tablettes destinées à recevoir les vases à lait doit être plus considérable que dans le cas de la vente du lait en nature.

Pour éviter de donner à la laiterie de trop grandes dimensions, on peut, comme le conseille M. Villeroy, avoir sur le pourtour de la laiterie trois tablettes superposées, la première élevée de 10 à 15 centimètres au-dessus du sol, la seconde à 50 centimètres au-dessus de la première, et la troisième à 50 centimètres au-dessus de la deuxième.

La première tablette repose sur des piliers, comme nous l'avons déjà dit, tandis que les deux autres peuvent être faites avec des madriers en bois dur, espacés du mur de 4 à 5 centimètres et reposant sur des potences en fer scellées dans la paroi. Ces potences, au lieu d'être scellées dans le mur, peuvent être mobiles autour des points a et b (fig. 1), de façon que l'on puisse, à volonté, enlever les madriers M, S, N, qu'elles supportent, et rabattre les supports eux-mêmes le long du mur, quand, par suite d'un ralentissement

Fig. 1.

dans la fabrication, un ou plusieurs de ces dressoirs deviennent inutiles.

Ajoutons que toutes les fois que l'importance de la fabrication permettra de réduire à *deux* le nombre des tablettes superposées, il sera toujours préférable de donner à la première tablette une hauteur plus considérable, 30 à 40 centimètres par exemple; la manipulation des vases en sera rendue plus commode et le lait plus à l'abri des impuretés qui pourraient s'élever du sol.

Si, d'une manière générale, la propreté est essentielle dans une laiterie, elle est indispensable ici, la moindre négligence à cet égard pouvant produire un préjudice notable par suite de la facilité avec laquelle le lait se pénètre des odeurs environnantes qui se concentrent ensuite dans le beurre pendant sa fabrication.

2.

Dans les laiteries bien tenues, aucun vase, aucun ustensile ne doit servir deux fois de suite, sans avoir subi un nettoyage complet, d'abord à l'eau bouillante et ensuite à l'eau froide. En outre, le matériel doit être soumis, chaque semaine, à une lessive complète effectuée avec une dissolution de cristaux (carbonate de soude cristallisé).

3° LAITERIE DESTINÉE A LA FABRICATION DU FROMAGE.

S'il s'agit d'une maison bourgeoise ou d'une petite ferme dans lesquelles les produits fabriqués sont consommés *frais,* beurre ou fromages, la laiterie se composera de trois pièces seulement, comme dans le cas précédent, les fromages frais pouvant très-bien se faire dans la laiterie même.

Mais, si l'on veut préparer quelques fromages raffinés, il devient alors indispensable de réserver à cette fabrication une pièce spéciale, afin que les produits fermentescibles qui se dégagent pendant cette opération ne viennent pas modifier défavorablement les qualités du lait et du beurre.

Dans tous les cas, la précipitation du caséum étant toujours suivi de l'égouttage du caillé, toutes les fois que l'on fabrique du fromage dans une laiterie, il devient nécessaire que la pièce où s'effectue cet égouttage renferme un certain nombre de tables dont la surface soit entaillée de rainures longitudinales et transversales, et disposées en pente douce pour l'écoulement du petit-lait des fromages. Nous reviendrons sur ce sujet au chapitre qui traitera de la fabrication des fromages.

Dispositions les plus importantes à adopter dans l'établissement d'un bâtiment consacré exclusivement à la laiterie.

Dans les exploitations agricoles importantes où l'on fabrique tout à la fois beurre et fromages, il arrive fréquemment que l'on consacre à la laiterie un bâtiment spécial qui comprend alors :

1° *La laiterie proprement dite*, pièce dans laquelle on apporte le lait, on laisse monter la crème et on coagule le caséum pour faire du fromage.

2° *La baratterie*, où l'on fabrique le beurre. Quelquefois cette même pièce sert de *crémerie*, c'est-à-dire que l'on y place les vases contenant le lait qui doit laisser monter la crème.

3° *La fromagerie*, où l'on fait les fromages. Ce local renferme, suivant les cas, les moules, la presse à fromage, le fourneau pour la cuisson, les séchoirs, etc.

4° *La laverie*, qui reçoit toutes les eaux arrivant des autres pièces et où l'on nettoie tous les ustensiles de la laiterie. C'est également dans cette pièce que l'on place tous les objets nécessaires à ce nettoyage, tels que les brosses, les éponges, les goupillons, les balais, les torchons, etc.

5° *Le vestibule*, pièce située à l'entrée de la laiterie. — Nous allons passer en revue les conditions les plus importantes auxquelles doit satisfaire un semblable bâtiment, et dont l'indication n'a pu être faite dans les pages précédentes.

En premier lieu, la laiterie doit être enclose par des murs faits en matériaux peu conducteurs et assez épais, briques ou pierres; quand les briques creuses ne sont pas trop chères, on peut les employer avec avantage. Dans les grandes exploitations, on fait quelquefois les murs doubles, mais cette disposition est évidemment beaucoup plus coûteuse.

Les grandes laiteries sont généralement voûtées, parce qu'une voûte est toujours préférable à un plafond de plâtre ou de blanc-en-bourre sous le rapport de la propreté; aujourd'hui, on trouve dans le commerce des poutrelles en fer spécialement destinées à la construction de ces voûtes, et qui permettent de faire des plafonds presque plats, composés de petites voûtes de un mètre à deux mètres de portée. On ménage, entre ces voûtes et le plancher qui le surmonte, un espace vide plus ou moins considérable et très-favorable au maintien d'une température constante dans la laiterie. L'école de Grignon offre plusieurs spécimens de ce genre de construction.

Dans les parcs et quelques petites fermes, les laiteries isolées sont souvent couvertes en chaume ou en roseaux, matières qui conduisent mal la chaleur. Dans les grandes exploitations, on préfère harmoniser la couverture avec celle des autres bâtiments dont la laiterie est toujours voisine, et on la fait en tuiles avec lambris en plâtre à l'intérieur. L'ardoise peut à la rigueur remplacer la tuile, mais il faut

écarter soigneusement les couvertures métalliques,
en raison de leur grande conductibilité. Dans tous
les cas, on doit toujours faire avancer d'une façon
notable l'égout du toit, afin d'empêcher plus effica-
ment les rayons solaires de pénétrer à l'intérieur
de la laiterie et d'en élever la température. Il est
aussi nécessaire, dans les grandes laiteries surtout,
de pouvoir ventiler énergiquement à certains moments, notamment pendant les grandes chaleurs; à
cet effet on devra ménager, au plus haut de la voûte,
une ouverture munie d'un registre et surmontée
d'une petite cheminée d'appel communiquant avec
l'extérieur.

Enfin, on doit encore avoir le soin, dans les laiteries modèles, de soustraire le lait et le beurre à
toutes les influences qui pourraient en altérer les
qualités; on obtient ce résultat en séparant par des
doubles cloisons la laverie et la fromagerie de la
crémerie et de la laiterie proprement dite.

CHAPITRE III.

DES USTENSILES DE LA LAITERIE SUIVANT SA DESTINA-
TION. — VENTE DU LAIT EN NATURE, COMMERCE
DU LAIT.

D'après ce qui a été dit dans le chapitre précédent, on conçoit que les ustensiles dont une laiterie
doit être pourvue dépendent de sa destination. Dans
les maisons particulières, où l'on consomme le lait,
soit en nature, soit sous forme de beurre et de fromage, on doit se munir des divers ustensiles exigés
par ce triple emploi.

Dans les fermes, au contraire, le choix du matériel étant subordonné à la nature de la spéculation
adoptée, nous commencerons par examiner les circonstances économiques et culturales qui doivent
guider dans les divers emplois du lait.

1° Vente du lait en nature.

Toutes les fois que le voisinage d'une ville permet de trouver une vente facile du lait en nature,
c'est à ce genre de commerce qu'il faut donner la
préférence ; car, avec lui, point de laiterie spéciale,
simplification de main-d'œuvre, absence d'avances
pour l'achat du matériel nécessaire à la fabrication

du beurre et du fromage, bénéfice assuré, et qui se réalise tous les jours avec très-peu de chances de pertes.

Dans certains cas, le producteur peut encore vendre son lait en nature sans même avoir besoin de le porter lui-même à la ville; il suffit pour cela qu'il se trouve dans le rayon d'approvisionnement d'un gros laitier, qui se charge de faire *ramasser* le lait chez les cultivateurs.

Pour un producteur, la condition la plus avantageuse consiste à passer un traité avec le laitier, qui se charge de l'enlèvement du lait pendant toute l'année. Ce mode d'opération est infiniment préférable à celui qui consiste à expédier soi-même le lait par la voie ferrée, jusqu'à Paris, par exemple, où le laitier doit en prendre livraison.

Dans ce second cas, si le producteur tire à certaines époques de l'année un plus grand profit de sa marchandise, dans d'autres moments il est exposé à une foule de désagréments, et sa spéculation devient pleine d'incertitudes.

En été, en effet, à l'époque des grandes chaleurs, le lait est sujet à tourner pendant le voyage; de plus, la consommation de ce liquide à Paris diminue notablement dès que les fruits rouges ou le raisin deviennent abondants. Il en résulte qu'en été et en automne les laitiers de Paris, qui n'ont pas de marchés passés pour l'année, invitent leurs correspondants à restreindre leurs envois; d'autres fois, ils les informent que le lait ayant tourné en route, ils refusent l'expédition: de là des pertes et des ennuis de toute nature qui disparaissent, au contraire, quand le laitier se charge de l'enlèvement du lait à la ferme pendant toute l'année.

Ailleurs, comme dans la Marne, la Meuse, la Seine-Inférieure, l'Yonne, etc., il existe de grandes fromageries dans lesquelles les producteurs trouvent également un débouché facile pour le lait.

Enfin, il y a encore une autre combinaison dont nous ferons une étude spéciale à la fin de ce volume, et qui consiste à porter chaque jour le lait dont on dispose à une association dite *Fruitière*, où il est transformé en beurre et en fromage. Les associés partagent ensuite les bénéfices au prorata de leur apport au lait.

2° Fabrication du beurre.

Si la ferme est plus éloignée de la ville, ou si les facilités que nous venons d'énumérer font défaut, c'est à la *fabrication du beurre* qu'il convient d'employer le laitage.

Quand on apporte à cette opération tous les soins dont elle est susceptible, elle récompense amplement le fermier de ses travaux en lui faisant toucher de l'argent à intervalles plus ou moins rapprochés, suivant les ressources locales, les jours et les lieux des marchés.

En outre, le lait écrémé ou battu, ainsi que le lait de beurre, présentent une grande ressource pour l'élevage des jeunes animaux ou l'alimentation du personnel de la ferme; nous reviendrons sur ce sujet.

2° Fabrication des fromages.

On ne doit songer à fabriquer des fromages que lorsque l'éloignement ou la difficulté des communications ne permettent pas de tirer un autre parti du lait. Cette règle n'est pas tout à fait sans exception, mais si on se livre à ce genre de fabrication, c'est toujours parce que les produits en lait excèdent les besoins de la consommation locale.

Des trois moyens d'utiliser le lait, la fabrication du fromage est celui qui exige le plus de travail et de soins, le plus de frais pour l'établissement du local, l'acquisition et l'entretien du matériel, et qui fait attendre le plus longtemps la réalisation des avances et des bénéfices quelquefois trop éventuels.

Après ces considérations générales, nous allons indiquer les ustensiles d'une laiterie, en suivant l'ordre adopté pour les trois genres de spéculation que nous venons de passer en revue.

I. USTENSILES NÉCESSAIRES POUR LA VENTE DU LAIT EN NATURE.

Cette classe comprend les ustensiles propres à la *traite*, au *coulage* et au *transport* du lait hors de la ferme.

1° *Les seaux à traire.* — Autrefois, tous les ustensiles des laiteries étaient en bois, et l'on se sert encore dans certains pays, pour la traite du lait, de petits seaux en bois blanc légers et bien cerclés. Ceux-ci ont une douve plus longue que les autres et percée d'un trou à la partie supérieure ; ce trou sert à passer la main pour porter le seau. Ailleurs, ces seaux ont deux oreilles auxquelles est fixée une anse en corde ou en osier. — Si les ustensiles en bois coûtent peu et peuvent être construits partout, ils ont aussi le défaut de se détériorer assez rapidement et d'exiger des soins beaucoup plus minutieux sous le rapport de la propreté. — Ces inconvénients ont donc fait renoncer aux seaux en bois dans beaucoup de fermes, et on y a substitué les vases en métal étamés à l'intérieur.

La figure 2 représente le modèle des seaux à traire en fer battu étamé le plus usité. M. Girard leur donne 10 à 15 litres de capacité. Ceux de 10 litres ont ordinairement 30 centimètres de hauteur et de diamètre supérieur, et 20 centimètres de diamètre inférieur. Ils sont munis d'une anse en fer et souvent renforcés inférieurement par un cercle de même métal.

Fig. 2.

Les seaux pour transporter le lait de la vacherie à la laiterie sont également en bois ou en fer-blanc.

Quand la distance n'est pas grande, on peut employer un seau en fer battu ayant trois ou quatre fois la capacité d'un seau à traire et dont deux personnes effectuent le transport : un disque en bois posé à la surface du liquide empêche le lait de se répandre pendant le voyage. — Pour les distances plus grandes, on emploie généralement de grands vases en bois, à base plus large que l'ouverture et fermés par un couvercle. Deux hommes passent un bâton à travers les trous de deux douves plus longues que les autres et chargent le grand seau sur leurs épaules.

Dans le Bessin, les traites sont recueillies dans des vases en cuivre jaune étamés à l'intérieur et nettoyés avec le soin le plus minutieux.

Fig. 3.   Fig. 4.

Ces vases, appelés *cannes* (fig. 3) dans le pays, sont apportés des prairies où l'on trait les vaches à la ferme, dans des cages portées par un âne, ou le plus souvent par un petit cheval appelé *trayon*.

Dans le pays flamand, le transport des traites s'effectue aussi à l'aide de cannes (fig. 4) que l'on pose sur la tête, ou bien d'un joug de cou (fig. 5) et de deux boîtes de fer-blanc ou de deux seaux en bois.

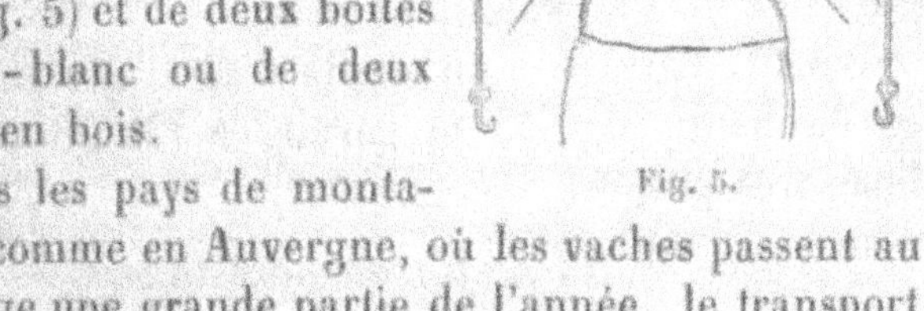

Fig. 5.

Dans les pays de montagnes, comme en Auvergne, où les vaches passent au pâturage une grande partie de l'année, le transport de la traite à la laiterie se fait dans des seaux en bois appelés *gerles*, de très-grande dimension et dont nous reparlerons quand nous traiterons de la *Fabrication des fromages.*

2° *Les tamis.* — En arrivant à la laiterie, le lait doit être *coulé* à travers un tamis destiné à débarrasser le liquide des poils et des ordures qui pourraient y être tombés pendant la traite. Aujourd'hui, on se sert presque partout de tamis en crin (fig. 6), et dont la partie inférieure peut s'emboîter dans le col du vase destiné à recevoir le lait.

Fig. 6.

Cependant, dans quelques pays, notamment dans le Bessin, on emploie encore pour le même usage un instrument appelé *passoire*, en terre commune ou en bois, et qui a la forme d'une sébile sans fond. Pour passer le lait, on applique sur la sébile un linge blanc parfaitement sec et on coule le lait dessus. Après l'opération, on peut enlever le linge et le laver à part, avantage que ne présente pas le tamis, dont le crin finit toujours pas s'encrasser. Ailleurs, on remplace ce linge par un paquet de racines de chiendent que l'on tasse au fond d'un entonnoir en bois.

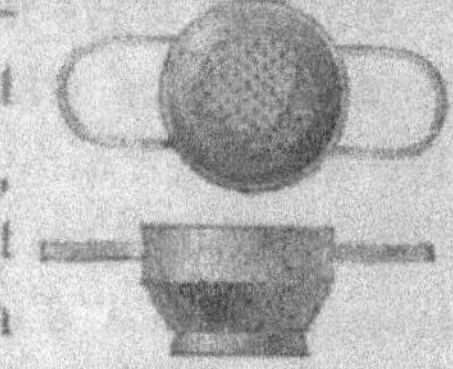

Fig. 7.

Dans le Calvados, on emploie aussi des passoires en fer battu (fig. 7) et garnies à l'intérieur d'un linge très-propre.

3° *Vases destinés au transport du lait.* — Quand

le lait est destiné à la vente en nature, on le reçoit à mesure qu'il s'écoule de la passoire ou du tamis dans des vases en fer-blanc, ceux-là même qui doivent servir pour le transport à la ville. Ces vases, dits *pots* à lait (fig. 8), sont plus élevés que larges et plus étroits en haut qu'en bas; cette forme retarde l'ascension de la crème, et par suite le lait conserve plus longtemps son homogénéité.

Fig. 8.

Une ferme très-rapprochée d'une ville peut y envoyer son lait après chaque traite, c'est-à-dire matin et soir; si elle est plus éloignée, le transport n'a plus lieu qu'une fois par jour, et alors on réserve ordinairement l'autre traite pour la fabrication du beurre et du fromage.

Dans tous les cas, il faut toujours avoir le soin, en été surtout, de plonger les pots renfermant le lait destiné à l'expédition dans de l'eau fraîche, et courante si c'est possible.

DU COMMERCE DU LAIT.

Il y a trente ans, Paris et sa banlieue possédaient un grand nombre de vacheries, et le surplus du lait consommé dans cette ville n'arrivait que d'une distance de 25 à 50 kilomètres au maximum.

L'établissement des chemins de fer a permis de reculer considérablement cette limite; dès 1845, la ligne d'Orléans transportait du lait recueilli dans la Beauce à plus de 80 kilomètres de Paris, et aujourd'hui ces transports sont organisés sur une si grande échelle, que certains lieux d'expédition sont éloignés de Paris de plus de 150 kilomètres.

Avant l'établissement des importantes fromageries de M. Bailleux, dans la Meuse et la Marne, M. Millon, grand propriétaire aux Marchines, expédiait tous les soirs de Bar-le-Duc (distance 250 kilomètres) le lait de sa vacherie.

Consommation journalière à Paris. Il résulte des renseignements que nous avons puisés à des sources authentiques que la consommation journalière, à Paris, est actuellement de 250,000 à 300,000 litres, suivant l'époque de l'année [1].

Sur ce total, les laitiers qui font ramasser le lait chez les cultivateurs et l'expédient à Paris par les voies ferrées, fournissent, chaque jour, de 230 à 250,000 litres ; le surplus est livré : 1° par les laitiers des environs de Paris, et notamment ceux de Villejuif ; 2° par les vacheries intra-muros.

Les laitiers en gros payent aux cultivateurs de 10 à 13 centimes le litre de lait pris chez eux. De mai ou juin, jusqu'à novembre, par suite de l'abondance dans la production et de la diminution dans

---

[1] Le chiffre de 450,000 litres que, sur la foi des auteurs, nous avions indiqué dans notre première édition comme représentant la consommation journalière dans Paris, est aujourd'hui trop élevé et doit être remplacé par celui que nous venons de donner.

la consommation parisienne, le prix dit d'*été* est moindre que celui des autres mois, et ne dépasse guère 10 centimes.

Ce lait rendu à Paris est vendu, en moyenne et en gros, aux détaillants, de 20 à 22 centimes, suivant la saison; ceux-ci le livrent aux particuliers à raison de 25 à 30 centimes.

Le lait des vacheries de Paris est ordinairement vendu, au détail, 35 à 40 centimes le litre; le même, trait *sur place*, se paye de 50 à 60 centimes, et dans certains quartiers riches jusqu'à 75 centimes et même 1 franc.

Du 15 octobre au 1er juin, la vente du lait représente 95 pour 100 de la quantité expédiée journellement sur la capitale; pendant les autres mois, ceux les plus chauds ou pendant lesquels on consomme en abondance les fruits rouges et plus tard le raisin, la moyenne de la vente n'est plus que de 75 à 80 pour 100.

C'est pendant les mois de novembre, mars, avril et mai que la consommation du lait atteint son maximum; de plus, il est à remarquer que de novembre à mai cette consommation est solidaire des variations de température, et qu'elle augmente dès qu'il fait plus froid.

Les laits invendus (ce que les laitiers en gros appellent les *excédants*) s'altérant rapidement, surtout en été, on les verse dans des maisons spéciales, qui les transforment en fromages blancs plus ou moins gras. Quelques laitiers de Paris ont comme annexe de leur laiterie une fromagerie, dans laquelle ils utilisent, en toute saison, leurs excédants de lait.

M. Lecomte possède, en outre, à Villeblevin (Yonne) un superbe établissement dans lequel il convertit ses *excédants* en fromages *façon gruyère*; nous en reparlerons par la suite.

Nous allons maintenant faire une étude détaillée de l'industrie des laitiers en gros qui alimentent journellement Paris, et nous nous servirons pour ce travail des excellents renseignements que MM. Lecomte et Arnoult ont bien voulu nous fournir, ainsi que de ceux recueillis par nous à Paris et à la campagne.

DU COMMERCE DU LAIT DESTINÉ A L'ALIMENTATION DE PARIS.

Les laitiers en gros de Paris possèdent sur divers points, et à des distances variables de la capitale, des *centres de réception* où leurs employés apportent le lait qu'ils *ramassent*, deux fois par jour, chez les cultivateurs environnants; de ces centres, le lait est transporté au chemin de fer et dirigé ensuite sur Paris.

Mais l'expédition du lait exige, surtout pendant les chaleurs, des soins particuliers, si l'on veut que ce liquide arrive à Paris dans de bonnes conditions et conserve toutes ses qualités au moins pendant vingt-quatre heures.

Ayant eu l'occasion de visiter deux des centres de réception appartenant à M. Lecomte, l'un situé à Montereau (Seine-et-Marne), à 79 kilomètres de Paris, l'autre à Dammarie-les-Lys, à 3 kilomètres de

Melun ; nous allons résumer ici les diverses opérations que nous avons vu pratiquer dans ces deux établissements.

Le lait est recueilli chez les cultivateurs dans les *pots à lait* (fig. 8), dont nous avons déjà parlé.

Ces pots sont chargés sur des voitures dont les parois sont à claire-voie, afin de faciliter la circulation de l'air entre les boîtes ; ils arrivent dans les centres de réception deux fois par jour, le matin et le soir ; et ce sont les deux traites réunies que le laitier en gros expédie tous les soirs sur Paris.

La traite du matin arrive à la laiterie entre huit et dix heures, suivant la saison et la longueur du rayon d'approvisionnement ; celle du soir, entre cinq et sept heures.

Le lait du matin devant séjourner environ douze heures dans la laiterie avant d'être mélangé à celui du soir, on le soumet à une double opération, qui consiste : 1° à le faire passer par de grands bains-marie, de manière à porter sa température à 97 degrés environ ; 2° à le refroidir ensuite le plus rapidement possible, et à le maintenir à une basse température jusqu'au soir.

Les bains-marie peuvent être établis partout, tandis qu'il n'est pas toujours possible de se procurer l'eau indispensable au refroidissement ; c'est donc la question de l'eau qui doit préoccuper tout d'abord le laitier en gros dans le choix du lieu destiné à devenir un centre de réception.

DU REFROIDISSEMENT DU LAIT DESTINÉ A ÊTRE TRANSPORTÉ A DE GRANDES DISTANCES.

Le cas le plus favorable est celui d'une source susceptible de fournir, même pendant les périodes de grande sécheresse, une eau abondante et fraîche, la laiterie de Dammerie se trouve installée dans ces conditions.

Sur un des grands côtés de la laiterie proprement dite on a pratiqué un fossé rectangulaire enduit de ciment, d'environ 60 centimètres de profondeur sur 95 de largeur, et dans lequel coule nuit et jour l'eau d'une source, dont la température ne s'élève jamais au-dessus de 11 degrés.

Quand les sources naturelles font défaut, il devient nécessaire de puiser à une profondeur variable et à l'aide d'une pompe, mise en mouvement par un moteur convenable, l'eau destinée à la réfrigération du lait.

A Montereau, le moteur est un manége mû par deux chevaux; il met en mouvement une pompe qui puise l'eau à une profondeur de 12 mètres dans une nappe dont la puissance reste constante toute l'année. Une disposition semblable existe à Épone, chez M. Arnoult.

A Monerville (Seine-et-Oise), localité située à 71 kilomètres de Paris, sur la ligne ferrée de Paris à Montargis, par Corbeil, M. Lecomte possède une autre laiterie alimentée d'eau par une machine à vapeur de deux chevaux; la nappe aquifère est située à 65 mètres de profondeur.

Dans ces laiteries, l'eau puisée à la machine est amenée au niveau supérieur d'un premier bac rectangulaire en tôle (fig. 9), mis en communication avec un ou deux autres disposés bout à bout.

L'eau passe successivement du bac A dans les bacs B C, etc., et à l'aide du tube T, qui peut tourner autour du point a, on peut, en abaissant ou en relevant l'orifice du tube, maintenir à une hauteur plus ou moins grande le niveau de l'eau dans ces bacs.

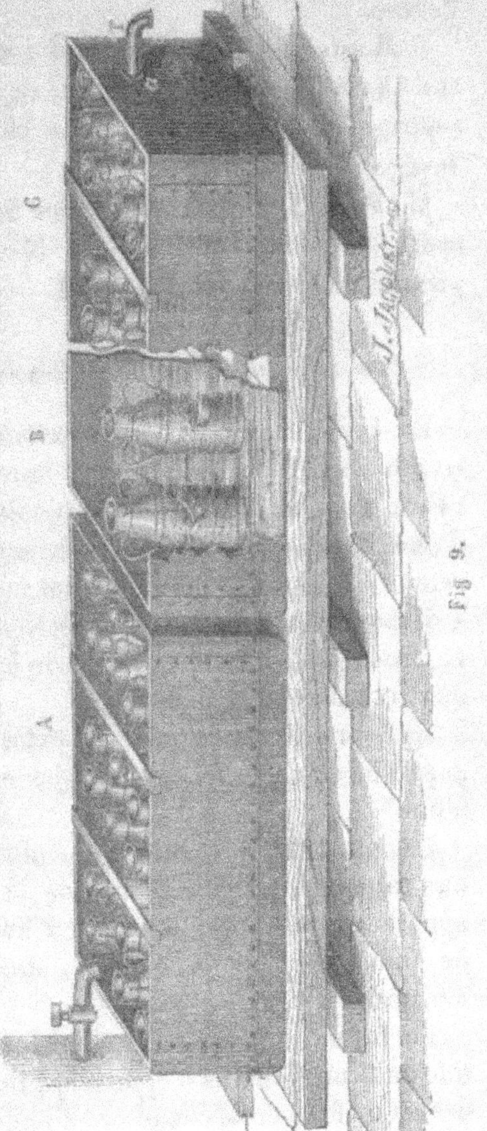

Fig. 9.

L'eau échauffée sort par le tube T et s'écoule au dehors.

A Montereau, les bacs ont 4 mètres de longueur sur 45 centimètres de hauteur ; ils sont munis d'une soupape de vidange destinée à en faciliter le nettoyage.

M. Fouché, chaudronnier, rue Saint-Maur-Popincourt, n° 134, construit des bacs à rafraîchir au prix de 80 francs les 100 kilos.

DES BAINS-MARIE DESTINÉS AU CHAUFFAGE DU LAIT.

En 1860, M. Girard, constructeur, rue Lafayette, n° 206, a pris un brevet pour la construction de ce genre d'appareils. Ils se composaient dans l'orifice d'une chaudière à foyer intérieur en *fonte* avec retour de fumée de même métal ; mais l'expérience a démontré la nécessité de substituer la forte tôle à la fonte, pour éviter les coups de feu trop fréquents que recevaient ces conduits.

La figure 10 donne une vue extérieure de l'un des appareils tels que M. Fouché les construit aujourd'hui.

La figure 11 représente, à une plus grande échelle, une vue en dessus du fond de la chaudière. Ces appareils sont à foyer intérieur F avec double retour de fumée R dans la boîte B, située en avant du fourneau.

Le foyer intérieur et les retours sont en forte tôle de 6 millimètres d'épaisseur ; ils sont élevés au-dessus du fond de la chaudière d'une hauteur d'envi-

ron 20 centimètres, afin que l'eau du bain-marie les
enveloppe de toutes parts. A l'extrémité du conduit

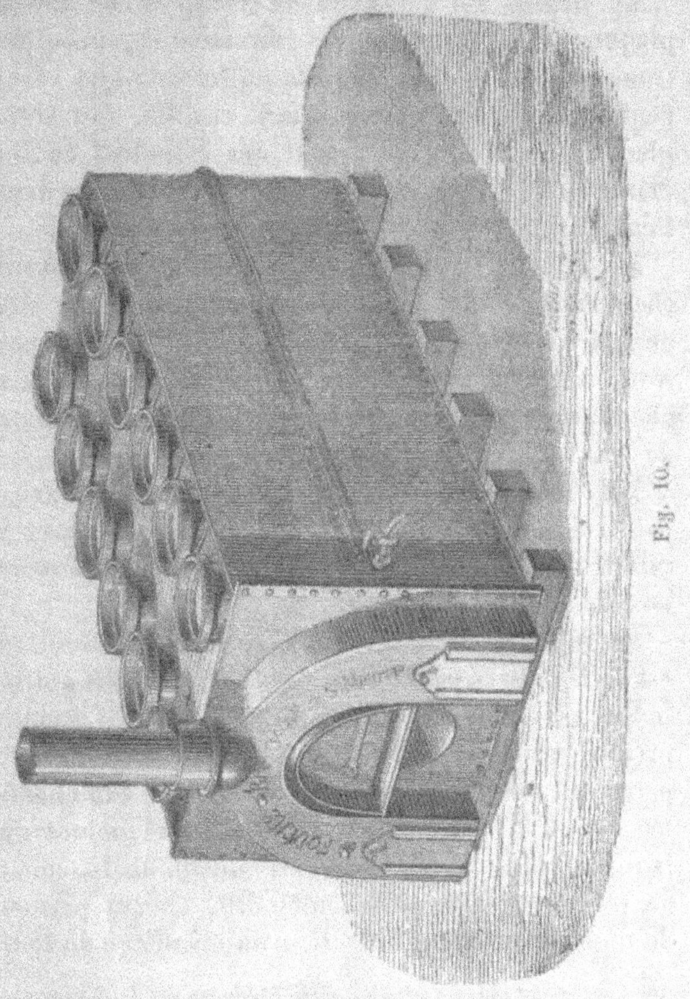

Fig. 10.

central F se trouve fixée une forte calotte C en fonte
de première qualité dans laquelle se rendent les pro-

duits de combustion avant de se partager entre les deux retours de fumée.

Le dessus du fourneau se compose de fortes plaques de fonte assemblées librement et percées de trous circulaires dans lesquels on introduit les vases contenant le lait destiné à être chauffé. Les récipients nommés *topettes* sont des cylindres en fer étamé de 20 à 30 litres de capacité ; ils plongent dans l'eau dont la chaudière rectangulaire est remplie.

M. Fouché construit des bains-marie pouvant chauffer depuis 6 jusqu'à 18 topettes ; le prix des chaudières se calcule sur le pied de 110 francs par trou, non compris la cheminée et les topettes. La cheminée en tôle pèse environ 200 kilogr. et coûte de 160 à 180 francs.

MM. Allez frères, rue Saint-Martin n° 1, à Paris, construisent également sur commande des bacs à rafraîchir le lait et des chaudières à foyer intérieur en tôle ou en cuivre [1].

En général, le volume de l'eau dans la chaudière est de 100 litres par topette de 20 litres, c'est-à-dire 5 fois celui du lait à chauffer ; mais M. Lecomte préfère porter ce volume à 7 ou 8 fois celui du lait, parce que, dans ces conditions, une fois l'eau chauffée à 100°, l'introduction des topettes pleines de lait froid dans la chaudière produit un abaissement de température beaucoup moindre, ce qui permet de rendre *continue* l'opération du chauffage du lait.

[1] Voir, pour plus de détails, notre Mémoire sur *le Commerce du Lait* destiné à l'alimentation parisienne. — Chez Niclaus et Cie, éditeurs,

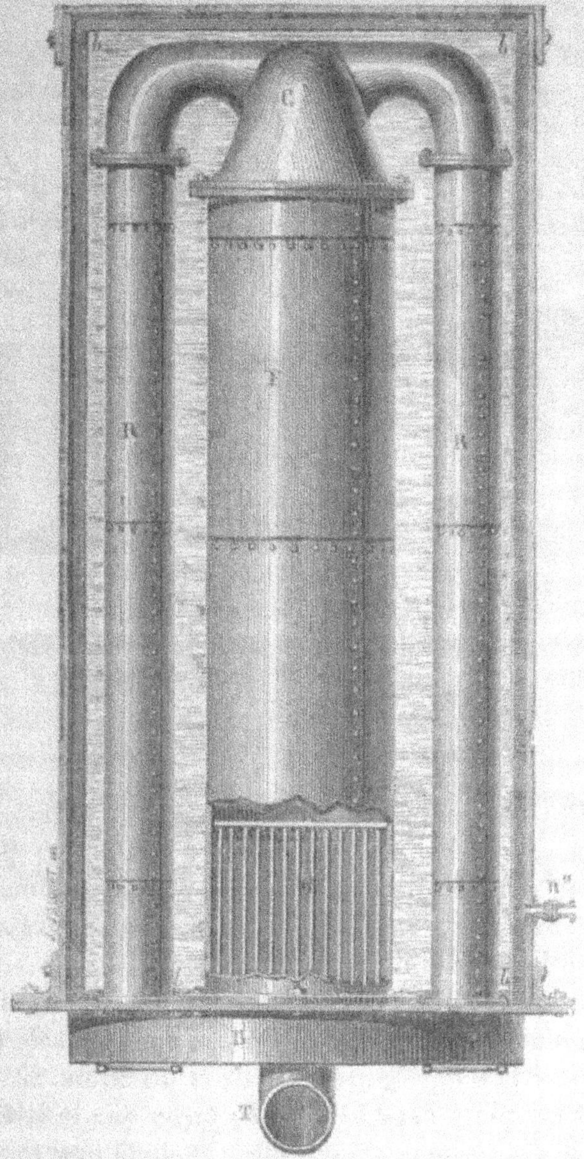

Fig. 11.

DES RÉCIPIENTS OU TOPETTES EMPLOYÉS POUR LE CHAUFFAGE DU LAIT.

La figure 12 représente la forme donnée primitivement à ces récipients; aujourd'hui la plupart des laitiers préfèrent les topettes représentées par les

Fig. 12.   Fig. 13.

figures 13, parce qu'elles sont d'un nettoyage plus facile.

DU CHAUFFAGE DU LAIT DANS LES CHAUDIÈRES.

Dès que la traite du matin arrive à la laiterie, on transvase le lait des pots dans les topettes, et quand on en a rempli un nombre suffisant, 16 à Dammarie par exemple, on plonge toutes les topettes dans l'eau bouillante de la chaudière.

L'introduction de cette masse de métal et de liquide froids dans l'eau chaude a pour effet de faire baisser la température de celle-ci de 20 ou 25°; on ramène alors l'eau à 100°, de façon que le lait, au bout d'un temps convenable, atteigne une température de 97° qu'il ne dépasse pas.

La première opération dure environ une demi-heure; mais dans les appareils contenant au minimum 12 topettes, dès que la température de l'eau a été ramenée à 100°, le chauffage du lait devient une opération continue, c'est-à-dire qu'au fur et à mesure que l'on enlève une topette pleine de lait chauffé, on la remplace par une autre contenant du lait froid, et quand on est arrivé à la dernière, le lait renfermé dans la première topette est parvenu à la température convenable.

REFROIDISSEMENT RAPIDE DU LAIT CHAUFFÉ.

Au fur et à mesure que l'on remplit les seaux ou les pots de lait chauffé, on porte ceux-ci dans le bac le plus éloigné de la source (celui C par exemple, dans la figure 11), et on les remonte de C en B, de B en A; de manière que le lait reçoive l'action d'une eau de plus en plus froide. Le chauffage terminé, on laisse les récipients dans l'eau courante jusqu'à l'heure où la traite du soir arrive à la laiterie.

MÉLANGE DE LA TRAITE DU MATIN AVEC CELLE DU SOIR.

Dés que les pots qui renferment la traite du soir arrivent à la laiterie, on les plonge dans l'eau courante, et au bout d'une heure de réfrigération, on procède au mélange des deux traites en employant les deux appareils suivants :

1° *Un mélangeur* M (fig. 14), grand récipient en fer étamé dont la capacité peut varier de 300 à 1000 litres, suivant l'importance des opérations.

Ce récipient est supporté par un fort trépied en bois et élevé au-dessus du sol, d'une hauteur suffisante pour que l'on puisse placer un pot à lait sous chacun des deux robinets R, dont le mélangeur est

Fig. 14.

pourvu. A Épone, le mélangeur est posé sur un chariot, ce qui permet de le déplacer avec la plus grande facilité.

2° *Un tamis en forme de hotte* B (fig. 14), récipient ovale également en fer étamé, muni d'une hausse H et de deux crochets C; le fond est formé d'un tamis mobile X à treillis de même métal.

Une fois le récipient B accroché à l'intérieur du

mélangeur, on verse dedans le contenu des pots renfermant la traite du soir ; puis, en proportion sensiblement égale, la traite du matin qui a été chauffée et refroidie pendant le reste du jour. Cette fois, le tamis retient non-seulement les impuretés du lait, mais aussi la matière *caséo-albumineuse* qui a pu s'en séparer pendant le chauffage et le refroidissement ; le liquide clair qui filtre se mélange alors à la traite du soir.

Après avoir rendu plus intime le mélange des deux traites à l'aide du brassage, on remplit ensuite très-rapidement de lait les pots qui doivent servir au transport de ce liquide, en ouvrant les deux gros robinets R placés à la partie inférieure du mélangeur. On ferme alors les pots avec les couvercles *ad hoc*, on attache aux deux anses des ficelles que l'on noue sur le milieu de la barrette qui traverse chaque couvercle ; on scelle le nœud d'un cachet en cire propre à l'expéditeur, et on charge enfin les pots sur les voitures à claire-voie qui doivent les transporter au chemin de fer.

Le cachetage des pots a pour but de prévenir, autant que possible, les fraudes qui pourraient être commises pendant le transport et la livraison au domicile des détaillants.

Le chauffage du lait ayant pour objet d'assurer la conservation de la traite du matin, on peut se dispenser d'y avoir recours dès que la température extérieure s'abaisse à un point que M. Lecomte fixe à 10° et que le vent se maintient dans la direction du nord. Dans ce cas, on se contente de placer les pots dans l'eau courante jusqu'au soir.

L'emploi du *mélangeur* n'a pas seulement pour but de réunir les deux traites, mais aussi d'atténuer, autant que possible, les additions d'eau que certains cultivateurs peuvent faire subir à la fourniture du jour. On comprend, en effet, qu'il ne soit pas possible d'effectuer au centre de réception un essai quotidien de tous les laits qui arrivent ; mais, à l'aide du mélangeur, les laits *allongés* se trouvent répartis dans une grande masse de lait pur, et la fraude est par suite réduite à ses limites les plus étroites. De plus, ce mélange offre encore le précieux avantage de constituer, avec des laits de provenances si diverses et de qualités souvent très-différentes, *un lait moyen* acceptable par tous les consommateurs.

NETTOYAGE DES TOPETTES ET DES POTS À LAIT.

Les topettes et les pots à lait sont l'objet d'un nettoyage très-minutieux qui a pour but l'enlèvement de la matière *caséo-albumineuse* et grasse qui s'est attachée aux parois internes. A cet effet, on emploie une lessive légère de potasse avec laquelle on frotte, à l'aide d'une brosse de chiendent, l'intérieur des récipients ; on rince ensuite à grande eau, puis on couche les ustensiles dans la rigole ou le bac où coule l'eau froide ; le lendemain, on les essuie, et ils sont alors dans les meilleures conditions pour servir à une nouvelle opération.

EXPÉDITION DU LAIT PAR LES CHEMINS DE FER.

Chez M. Lecomte, les expéditions de lait pour le chemin de fer ont lieu entre 7 et 11 heures du soir, suivant la distance de Paris et les heures des trains; la marchandise arrive aux gares de Lyon et d'Orléans vers 2 heures du matin.

Sur les chemins de fer, les boîtes sont placées dans des wagons spéciaux à double plancher (fig. 15);

Fig. 15.

les parois de ces wagons ainsi que les planchers sont à claire-voie, ce qui, en favorisant la circulation de l'air entre les boîtes, ralentit l'échauffement du lait pendant le voyage.

À l'arrivée en gare, les boîtes sont transportées des wagons dans des voitures également à claire-voie et le conducteur de chaque voiture procède immédiatement à la distribution des pots dans le quartier où il doit faire *sa tournée;* au retour, il ramasse un nombre égal de boîtes vides qu'il ramène ensuite au chemin de fer.

Dans ce transport sur les voie ferrées, le poids des pots est ajouté à celui du lait au départ, mais les Compagnies retournent *franco* les boites vides.

M. Huard, chaudronnier-ferblantier, rue du Terrage, n° 11 (ancienne rue du Grand-Saint-Michel), fabrique tous les ustensiles en fer battu employés par les laitiers en gros, les nourrisseurs, les crémiers, etc., aux prix suivants :

Pots à lait. Capacité de 30, 20 et 16 litres. .	22, 14, 12^f
— Capacité de 10, 8, 6 et 5 litres. .	8, 7, 6, 5^f 50
Topettes de 20 litres pour chauffer le lait.	13^f »
— de 20 litres pour le rafraîchir.	10 »
Mélangeurs par capacité de deux hectolitres.	60 »
Robinets des mélangeurs, diamètre 3^c, 5 à 4^c. . . .	13 »
Robinets Vautier, diamètre 8 centimètres.	22 »
Tamis pour mélangeur. . . . . 30 à	35 »

Nous indiquerons également les prix des ustensiles suivants :

Seaux à traire ordinaires, de 7 à 15 litres. . . .	4^f à 7^f 50
— à bec, de 7 à 15 litres.	5 à 8 50
— à échelle graduée, de 7 à 15 litres. . . .	6 à 9 50
Tamis pour couler le lait dans les fermes, n°s 1	
à 3.	3 à 5 50

MM. Allez frères, rue Saint-Martin, n° 1, se chargent également de la fourniture de ces divers ustensiles.

Des principales laiteries qui alimentent journellement Paris. — Les principales laiteries qui possèdent à des distances variables de la capitale des centres de réception plus ou moins nombreux, sont : 1° *La laiterie centrale,* dont le siége est Faubourg-Saint-Denis, 148, le gérant principal est M. Bachimont; — 2° *La laiterie de M. Arnoult,* siége principal rue du Faubourg-du-Temple, 114; — 3° *La laiterie de M. Lecomte,* rue Biscornet, 3; — 4° *La laiterie du Vexin,* etc.

On peut encore citer, parmi les laitiers en gros, MM. Langlumé, Ducatel, Lemonnier, etc. Nous avons dit aussi que les laitiers réunis de Villejuif contribuaient d'une façon assez notable à l'alimentation en lait de la ville de Paris.

Prix de revient du lait transporté à Paris par les laitiers en gros. — Le prix d'achat du lait chez les cultivateurs varient suivant les pays et l'époque de l'année, on peut admettre, comme prix moyen des *cent pintes,* 22 fr. (Dans ce genre de commerce, les laitiers en gros comptent encore par *pintes* de deux litres.)

Les frais de toute nature, tels que ceux résultant du ramassage, du bouillage, du transport par le chemin de fer, de la distribution, de l'usure du matériel, des pertes causées par *la tourne* (lait tourné) ou la transformation en fromage blanc des excédants, du nettoyage des ustensiles, etc., portent à 39 fr. le prix des cent pintes rendues à Paris.

Or, pour que le commerce du lait pratiqué hon-

nêtement soit rémunérateur, il faut que le laitier en
gros qui vend son lait *pur* puisse gagner, au minimum, 1 centime par litre, ce qui porte le prix du
lait à 41 fr. les cent pintes ou à 41 centimes le
double litre.

Suivant la saison, le lait est en effet vendu de 40
à 44 centimes le double litre aux détaillants de
Paris. Quelques gros laitiers de la capitale vendent
jusqu'à 45,000 et 50,000 litres de lait par jour, ce
qui, à raison de 1 centime par litre, représente un
bénéfice journalier de 450 à 500 fr. par jour.

Il est vrai que nous n'avons pas fait figurer dans
le compte précédent l'intérêt et l'amortissement du
capital engagé dans la construction des bâtiments
qui servent de centres de réception. Mais même
après cette défalcation, le chiffre représentant le bénéfice *net* est assez élevé pour que messieurs les laitiers
en gros aient à honneur de ne livrer à la consommation parisienne que du lait pur et non écrémé en
partie ou additionné d'eau.

*Application en grand du froid à la conservation
temporaire du lait.* — *Coulage du lait sur la
glace.* — Un procédé de conservation du lait, généralement employé en été par les laitiers en gros et
même les crémiers, consiste à faire passer ce liquide
sur de la glace, en se servant de l'ustensile (fig. 16).

Il consiste en un entonnoir ou *couloir* en fer battu,
dont la partie inférieure $a\,b$, $c\,d$ s'emboîte exactement dans le col des pots à lait; l'orifice $c\,d$ est garni
d'une toile métallique très-fine qui fait office de

tamis, et au-dessus, en *a b*, se trouve un disque percé de trous, mobile autour du point *a* et que l'on relève quand on veut nettoyer le tamis.

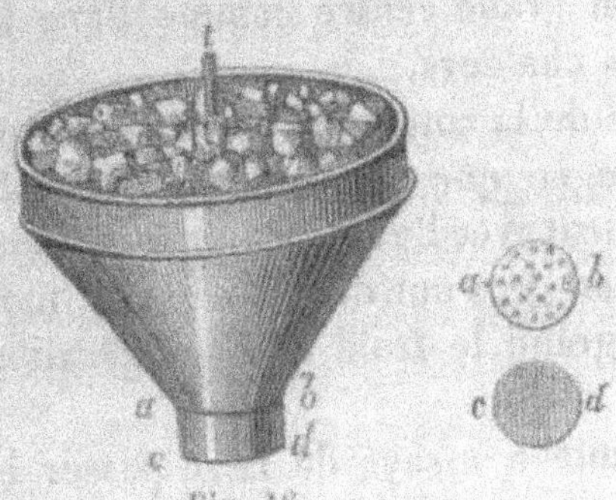

Fig. 16.

Un tube *t*, soudé le long de la paroi interne du couloir, permet à l'air que le lait chasse des pots de s'écouler au dehors. On remplit le couloir de glace concassée et on fait passer à travers le lait que l'on veut refroidir. La capacité des couloirs varie de 10 à 20 litres, et par cette opération on abaisse la température du lait de 2 à 3 degrés.

L'inconvénient de cette pratique consiste en ce que la chaleur abandonnée par le lait fond une certaine quantité de glace dont l'eau de fusion vient s'ajouter au liquide refroidi. Mais, si l'on suppose 20 litres de lait refroidi de 2 degrés, par exemple, la quantité de chaleur perdue détermine, au maximum, la fusion de 600 grammes de glace, de telle sorte que le volume final du liquide étant de 20 litres 6/10, l'addition d'eau correspond à 30 centimètres cubes par litre, quantité tout à fait négligeable.

Cette légère addition d'eau peut être parfaitement

tolérée, surtout si l'on met en balance, d'une part, la dépense occasionné aux laitiers par l'emploi de la glace; de l'autre, la nécessité d'assurer l'alimentation en lait d'un grand centre comme Paris à l'époque des grandes chaleurs.

La durée de la conservation du lait étant d'autant plus prolongée que ce liquide a été refroidi plus énergiquement avec l'expédition par les voies ferrées, les laitiers en gros ont dû chercher le moyen d'appliquer en grand le froid à la réfrigération de cette denrée.

M. Lecomte a essayé de faire passer le lait, au moment de son expédition, à travers de gros serpentins entourés de glace; mais il a dû renoncer à ce moyen, parce que le liquide abandonne sur son parcours de la matière caséeuse qui s'attache aux parois des tubes. Il faut alors, après chaque coulage, nettoyer soigneusement les serpentins; mais l'adhérence de la matière rend cette opération difficile et forcément incomplète; de telle sorte que les impuretés qui séjournent ne tardent pas à se putréfier et deviennent des germes d'altération pour le lait que l'on refroidit dans l'opération suivante.

Poursuivant la solution du problème dans une autre direction, M. Lecomte a cherché les moyens d'appliquer au refroidissement de grandes masses de lait les appareils frigorifiques dont l'industrie dispose aujourd'hui, et nous sommes heureux d'apprendre à nos lecteurs que les efforts de cet infatigable industriel ont été couronnés de succès. M. Lecomte possède aujourd'hui dans deux de ses laiteries des appareils mus par la vapeur et à l'aide desquels, à l'époque des plus grandes chaleurs, il abaisse jusqu'à 2 degrés au-dessus de zéro la température du lait destiné à être expédié sur Paris. Le liquide ainsi refroidi voyage dans les conditions les plus favorables, sa température s'élève de quelques degrés seulement; il arrive intact à Paris, et les détaillants peuvent le conserver tel pendant vingt-quatre heures, à la condition de maintenir dans un lieu frais les boîtes qui le renferment.

CHAPITRE IV.

DES USTENSILES DE LA LAITERIE, SUIVANT SA DESTINATION.

USTENSILES NÉCESSAIRES A LA FABRICATION DU BEURRE.

Quand, dans une ferme, le lait est destiné, en totalité ou en partie, à la fabrication du beurre, la laiterie doit renfermer les ustensiles nécessaires aux opérations suivantes : 1° Ascension de la crème; 2° écrémage; 3° battage ou barattage; 4° délaitage et travail du beurre. Nous allons passer en revue ces divers ustensiles.

1° USTENSILES PROPRES A L'ASCENSION DE LA CRÈME. CRÉMEUSES.

Dans certaines parties de la France, notamment en Poitou, en Touraine, en Bretagne, etc., on emploie encore, pour cet usage, des pots *c* en terre à col étroit et d'une grande hauteur (fig. 17). Ces récipients sont très-défectueux, car il est reconnu aujourd'hui que les vases les plus favorables à l'ascension de la crème sont ceux évasés à la partie supérieure et étroits à la base.

c

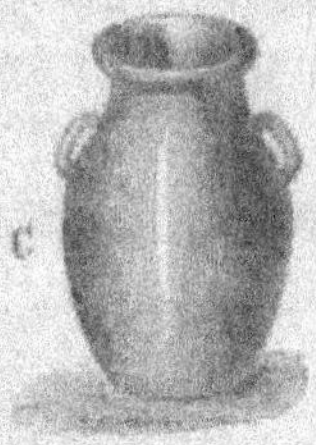

Fig. 17.

Les crémeuses le plus généralement employées en France, dans les laiteries bien soignées, sont des terrines tronconiques de 40 centimètres de diamètre inférieur et 15 à 18 centimètres de hauteur; elles cubent environ 8 à 9 litres. Ces terrines sont en terre vernissée à l'intérieur, et mieux en grès; elles ont un bec destiné à l'écoulement du lait.

Crémeuses du pays flamand. Dans une partie de ce pays, les crémeuses appelées *telles* sont des terrines qui ont à peine 8 centimètres de profondeur sur 37 à 38 centi-mètres de diamètre supérieur (fig. 18). On les consolide quelquefois par un cercle en bois fixé sur leur bord.

Fig. 18.

Dans l'arrondissement d'Avesnes, ces terrines, également peu profondes (fig. 19), n'ont que 30 centimètres de diamètre supérieur et sont munies d'un bec.

Fig. 19.

Fig. 20.

Crémeuses du Bessin, sérènes. Dans le Bessin, les crémeuses ou sérènes ont la forme indiquée (fig. 20). Elles sont en grès de Noron (Calvados) ou de Vinde-fontaine (Manche). Ce grès est dur, homogène, et, pendant la cuisson, il se forme à la surface un vernis

4.

naturel qui rend les parois imperméables en même temps qu'il en facilite le nettoyage.

Crémeuses de l'Auvergne, de la Suisse, de la Hollande, etc. Dans les pays où le bois est à bon marché, on remplace les terrines en grès par de larges *seilles* en sapin ou en peuplier très-plates, de 60 à 90 centimètres de diamètre et de 5 à 8 centimètres de hauteur. Les récipients en bois offrent un double inconvénient, le lait s'y refroidit lentement après la traite et leur nettoyage parfait est plus difficile. Dans le Holstein et le Sleswig, où la production du beurre est si développée, les crémeuses sont des baquets cylindriques en chêne, de 60 centimètres de diamètre sur 15 centimètres de profondeur; ils sont vernis en rouge à l'intérieur et en bleu à l'extérieur. On verse dans chaque vase 4 litres de lait qui forment une nappe liquide d'environ 7 centimètres d'épaisseur [1].

Crémeuses en métal, zinc et fer étamé. Dans un certain nombre d'exploitations on a adopté depuis quelques années des crémeuses en métal, les unes en zinc, les autres en fer étamé.

Madame Cora Millet a recommandé les bassines rectangulaires en zinc de 6 à 8 litres de capacité, à fond régulièrement concave et d'une profondeur de 8 centimètres au centre. Le fond de ces vases est muni d'un robinet qu'il suffit d'ouvrir pour séparer le lait de la crème.

Bien que dans ces appareils, le temps nécessaire

---

[1] *Études économiques sur le Danemark*, etc. Eug. Tisserand.

à l'ascension totale de la crème (douze heures en été, vingt heures en hiver) ne permette pas au lait de devenir acide, nous ne saurions les recommander, parce qu'il suffirait d'une négligence entraînant un plus long séjour du lait dans le métal pour rendre nuisible le liquide séparé de la crème.

Nous donnons la préférence aux crémeuses construites par M. Girard et qui sont en *fer étamé* au lieu d'être en zinc.

Fig. 21. Crémeuse de M. Girard.

Ces récipients (fig. 21), d'un très-grand diamètre par rapport à la hauteur, ont de 5 à 20 litres de capacité et peuvent être disposés les uns à la suite des autres sur une table.

Chaque vase est muni latéralement et à la partie

inférieure, d'un petit ajutage dont on enlève le bouchon quand on veut soutirer le lait à la surface duquel la crème s'est rassemblée.

Ces crémeuses sont d'un emploi très-commode; elles permettent d'écrémer le lait à toutes les époques d'ascension de la crème et peuvent être nettoyées avec la plus grande facilité.

2° *Ustensiles pour l'écrémage.* Dans la partie du pays flamand où l'on emploie les *telles* comme crémeuses, on opère l'écrémage comme il suit. On commence par détacher avec les doigts la crème adhérente au pourtour du vase, on soulève la telle au-dessus d'un baquet, on l'incline et on y fait tomber la crème en la poussant légèrement du bout des doigts.

Ailleurs, comme dans l'arrondissement d'Avesnes, c'est le lait que l'on sépare de la crème; à cet effet, la fermière incline la terrine entre ses deux bras et place ses deux pouces réunis vers le bec du vase, pour arrêter la crème au passage. (Voir le frontispice du chapitre V.)

En Bretagne, en Picardie, on se sert, pour arrêter la crème, d'une coquille de Saint-Jacques, dont le bord uni et mince est placé sur le bord de la terrine; d'autres fois, on remplace cette coquille par une *crémette* en bois de hêtre (fig. 22), très-mince, légè-

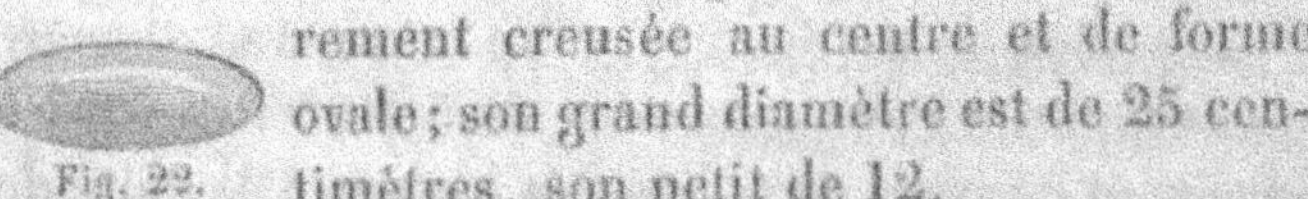

rement creusée au centre et de forme ovale; son grand diamètre est de 25 centimètres, son petit de 12.

Fig. 22.

Dans d'autres pays, comme dans le Bessin, on enlève la crème à la surface du lait, à l'aide d'un disque en fer-blanc percé de trous très-fins (fig. 23), ou bien encore, comme en Suisse, avec une espèce

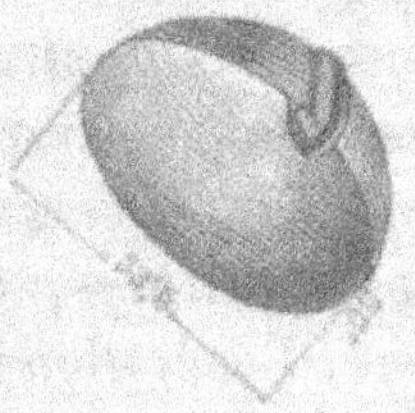

Fig. 23.   Fig. 24.

de petite écope en bois à bords tranchants (fig. 24).

Enfin, quand il s'agit de crémeuses perfectionnées dans lesquelles le soutirage du lait se fait par le bas, on fait couler directement la crème dans un récipient *ad hoc*, après qu'elle a été bien égouttée.

3° *Récipients pour la crème, crémières.* Au fur et à mesure de son enlèvement, la crème est réunie dans des récipients en terre ou en grès, de capacité variable et dont on ferme imparfaitement l'orifice supérieur à l'aide d'une planchette.

Dans le canton d'Isigny, ces récipients, appelés crémières, sont des pots en grès ayant la forme représentée fig. 25.

Dans certaines fermes, comme chez MM. Jolivet et Lecorbeiller, à Cungy (Indre), les crémières sont

Fig. 25.

munies à la base et latéralement d'un petit trou fermé par un bouchon de bois. Cette ouverture sert à faire écouler, avant la mise en baratte de la crème, le petit-lait qui, entraîné lors de l'écrémage, s'est séparé par le repos.

Nous avons rencontré dans plusieurs fermes de la Mayenne ce même système de crémières.

4° *Ustensiles nécessaires au barattage, barattes*. On nomme *battage*, et plus souvent aujourd'hui *barattage*, l'opération qui a pour but de réunir les molécules butyreuses du lait ou de la crème, et *barattes*, les instruments qui servent à effectuer cette opération.

La forme et le système des barattes ont pris, depuis une vingtaine d'années, une grande extension; mais nous ne parlerons ici que des instruments les meilleurs et les plus répandus.

1° *Baratte à piston, beurrière, bat-beurre, ribot, etc.* (fig. 26).

Cette baratte, la plus ancienne et la plus simple de toutes, est encore employée dans les fermes d'un grand nombre de localités, notamment en Bretagne; c'est elle qui sert, aux environs de Rennes, à fabriquer l'excellent beurre dit de la Prévalais.

Cet instrument, type de ceux dans lesquels le récipient reste immobile pendant le barattage, se compose :

Fig. 26.

1° D'un vase conique ordinairement en bois, et de dimensions variables, suivant l'importance de la fabrication. Dans les petites fermes, ce récipient a ordinairement 1 mètre de hauteur et 40 centimètres de diamètre inférieur;

2° D'un piston ou bat-beurre formé d'un disque percé de trous et d'un diamètre un peu plus petit que celui de l'orifice de la baratte; ce disque est muni d'un manche de $1^m,50$ à $1^m,80$ de longueur.

Le récipient se ferme à l'aide d'une rondelle plane d, percée d'un trou destiné à laisser passer le manche de l'agitateur; cet orifice est muni en outre d'un petit obturateur conique s, dans lequel vient se réunir le liquide que le piston peut entraîner hors du récipient pendant le barattage.

La crème ou le lait, une fois introduit dans là baratte de façon qu'elle soit remplie aux trois quarts, on imprime au piston un mouvement de va-et-vient qui détermine le battage du liquide. A chaque descente, une partie du liquide remonte le long des parois du récipient ou passe à travers les trous du disque, et au bout d'un temps variable avec les circonstances, on obtient finalement du beurre.

Le barattage avec cet instrument exige toujours un temps assez long, une fatigue assez considérable, relativement au résultat obtenu, et de plus, dans les fermes d'une certaine importance, une baratte à piston, de la capacité de celle que nous venons de décrire, devient tout à fait insuffisante.

On a donc été conduit à établir ce système sur de

plus grandes dimensions, mais en faisant mouvoir le piston par un mécanisme facilitant le travail de l'homme ou permettant d'employer un moteur plus puissant et plus économique.

Quelquefois, comme nous le verrons plus tard en étudiant la fabrication du beurre de la Prévalais, c'est une perche qui facilite le tirage et le refoulement du bat-beurre ; ailleurs on le fait mouvoir avec un axe à manivelle garni d'un volant ou par l'intermédiaire d'un mécanisme semblable à celui d'un tournebroche.

Nous ne terminerons pas l'étude de ce système de baratte sans ajouter que dans un certain nombre de départements de l'ouest de la France où la baratte à piston est employée, le récipient, au lieu d'être en bois, est simplement un vase B en grès ou en terre muni d'oreilles et dont la forme s'éloigne peu de celle représentée plus loin (baratte bretonne).

L'orifice de ces vases, qui peuvent avoir de 20 à 50 litres de capacité, se ferme à l'aide d'une rondelle r en bois cylindrique ou légèrement conique (fig. 27). Le disque d du Ribot dont le manche m traverse cette rondelle r est le plus souvent percé de trous, mais quelquefois aussi il est complétement plein. On peut, pendant le barattage, placer ce récipient dans un baquet contenant de l'eau fraîche ou chaude, suivant la saison.

Nous avons constaté l'emploi de ces récipients en terre dans un grand nombre de fermes de la Mayenne, d'Ille-et-Vilaine, du Morbihan, des Côtes-du-Nord, etc. Les récipients en bois sont évidemment préférables parce qu'ils sont moins fragiles; mais par contre, ceux en terre sont moins chers et d'un nettoyage peut-être plus facile : de là sans doute la préférence accordée aux seconds. Un récipient en terre de 20 litres de capacité coûte de 2 fr. à 2 fr. 50 environ.

2° *Baratte normande. Sérène.* (fig. 27 et 28).

Dans beaucoup de grandes fermes, notamment de la Normandie, de la Picardie et d'une partie de la Flandre, la baratte la plus employée est celle dite SÉRÈNE.

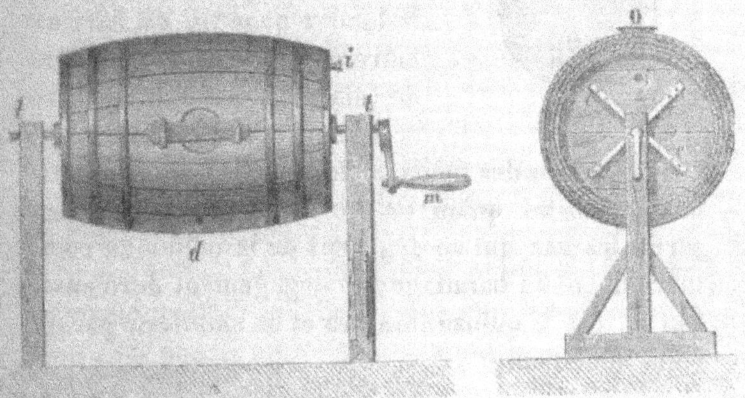

Fig. 27.   Fig. 28.

Elle se compose d'un tonneau en chêne cerclé en fer ou en cuivre et dont les dimensions les plus habituelles sont de 1 mètre de longueur sur 0^m,80 de diamètre. Le tonneau se pose sur un chevalet par l'intermédiaire de deux tourillons en fer *t* fixés à

5

chacun des fonds par des croisillons *c*; cette disposition permet de ne pas faire passer d'axe à travers le récipient et rend par suite le nettoyage plus facile.

A l'un des tourillons est adaptée une manivelle *m* qui sert à faire tourner la sérène; l'intérieur du tonneau est garni de deux ou trois planchettes *p* (fig. 29), tantôt lisses, tantôt dentelées ou percées de trous et d'environ 10 à 12 centimètres de largeur.

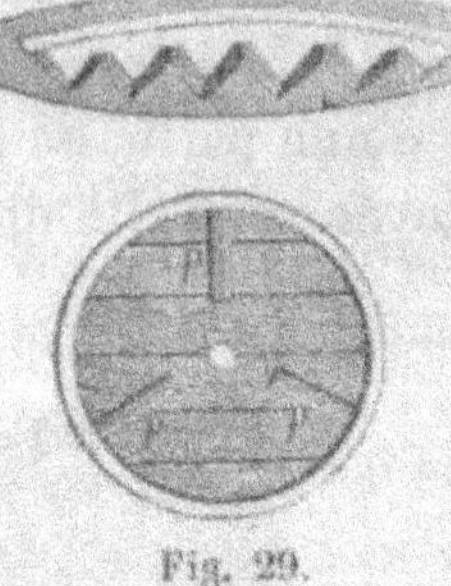
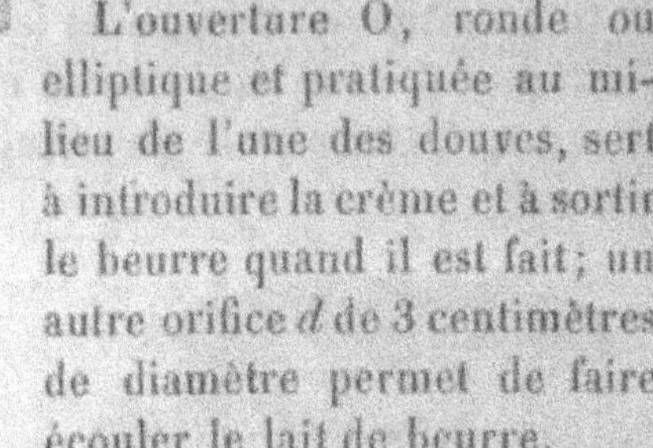

Fig. 29.

L'ouverture O, ronde ou elliptique et pratiquée au milieu de l'une des douves, sert à introduire la crème et à sortir le beurre quand il est fait; un autre orifice *d* de 3 centimètres de diamètre permet de faire écouler le lait de beurre.

Enfin, l'un des fonds porte un petit trou *i* fermé par un fosset qu'on enlève lorsqu'on veut laisser sortir les gaz qui se dégagent de la crème au commencement du barattage; ce dégagement dure environ de dix à quinze minutes et se manifeste par un léger sifflement.

Opération du barattage. Nous allons décrire cette opération telle que nous l'avons pratiquée sur 30 litres de crème à la ferme des Saulons (canton de Condray-Saint-Germer, Oise).

On commence par rafraîchir ou réchauffer le tonneau, suivant la saison, en y introduisant de l'eau tiède ou de l'eau de puits fraîchement tirée et en imprimant pendant quelques minutes un mouvement de rotation au récipient.

Après avoir fait écouler cette eau, on verse la crème dans la baratte par la large ouverture O, et quand elle est remplie à moitié, on ferme l'orifice avec un bondon de bois garni d'une toile lessivée, et on applique dessus une cheville plate en fer ou en bois qui entre de force dans deux gâches fixées au baril.

On imprime alors à la sérène un mouvement de rotation, de façon à lui faire exécuter environ 35 à 40 tours à la minute ; les planchettes p soulèvent la crème à chaque révolution et la laissent ensuite retomber ; on peut, du reste, multiplier les chocs du liquide contre les planchettes en changeant de temps en temps le sens du mouvement de rotation.

C'est au bruit que fait le liquide dans la sérène et à la nature du résidu qui s'attache au bouchon fermant l'orifice d, que l'on juge si le barattage touche à son terme.

Quand le beurre est près de se prendre, la masse crémeuse produit un bruit plus sourd en frappant contre les parois du tonneau ; en outre, si on amène l'orifice d à la partie supérieure et qu'on enlève le bouchon, on observe sur la face inférieure de celui-ci une couche de lait de beurre au milieu de laquelle sont des grumeaux de beurre de la grosseur de la tête d'une épingle.

On replace alors le bouchon, on recommence à tourner et, après 20 ou 25 tours, les grumeaux atteignent la grosseur d'un pois ; quelques tours encore, et tous ces grumeaux se réunissent en petites pelotes dans la baratte; on peut alors procéder au *délaitage* et au *lavage* du beurre.

A cet effet, on amène l'orifice *d* au-dessus d'un seau ou d'un baquet qui porte un tamis de soie, on débouche cet orifice, en ayant soin de mettre le doigt à la place du bouchon, de façon que l'écoulement du liquide ait lieu sous un moindre volume; le lait de beurre tombe sur le tamis et abandonne par filtration les quelques grumeaux de beurre qu'il peut entrainer.

On rebouche ensuite l'orifice *d*, on ouvre la grande ouverture O par laquelle on introduit de l'eau fraiche destinée au lavage du beurre. On referme l'ouverture O, on imprime à la baratte quelques tours, on fait écouler l'eau de lavage par l'orifice *d*, on introduit une seconde fois de l'eau fraiche par l'ouverture O, on tourne, etc., et on répète cette série d'opérations jusqu'à ce que l'eau sorte claire. Souvent, les fermières activent le lavage en comprimant à la main le beurre dans la baratte même.

Le beurre est alors retiré de la sérène et les pelotes réunies en une motte sur une planchette préalablement mouillée.

L'opération que nous avons exécutée en juillet 1872, sur 30 litres de crème, a duré une heure un quart; nous pensons qu'elle aurait pu être plus rapide, si nous avions augmenté la vitesse de rotation; mais nous avons dû respecter l'expérience de la fermière qui pense qu'un barattage trop rapide donne

un beurre moins ferme et d'une moindre conservation.

Dans certaines fermes de la France et de l'étranger,
on se sert d'une sérène qui diffère de la précédente
en ce que la barrique est traversée dans toute sa
longueur par un axe horizontal sur lequel sont fixées
quatre palettes en bois. Dans le mouvement de rotation imprimé à l'appareil, c'est tantôt l'axe qui
tourne seul, tantôt c'est le baril, l'axe restant fixe
avec les palettes.

A notre avis, la sérène sans agitateur intérieur
est préférable, le beurre s'y fait bien et assez
promptement, l'opération n'est pas trop pénible, et
il est facile de tenir l'instrument parfaitement propre; tandis que dans une baratte traversée par un
moulinet à axe fixe, le nettoyage est beaucoup plus
difficile. Nous aurons occasion de reparler de la
baratte normande quand nous traiterons de l'industrie beurrière dans le département du Calvados.

3° *Baratte suisse.*

La baratte la plus généralement employée en
Suisse est celle représentée figure 30; elle est entièrement en bois de sapin et a la forme d'une *meule,*
c'est-à-dire qu'elle est étroite et d'un grand diamètre.

L'École de Grignon possède plusieurs spécimens
de baratte, mais notre vacher, qui est originaire du
canton de Schwitz, préfère battre le beurre avec une
baratte qu'il a fait venir de son pays, il y a vingt

ans, et qui est encore, grâce à ses soins, en parfait
état de conservation.

La figure 30 représente une vue en dessus de cet
instrument et des chevalets S qui le supportent; la
figure 69 en donne une coupe.

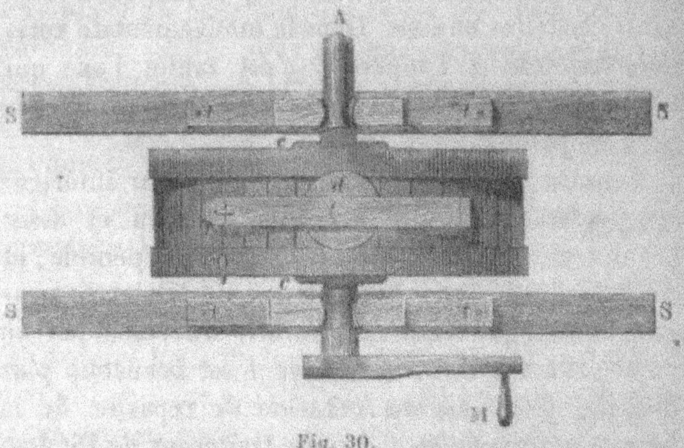

Fig. 30.

A. Arbre qui traverse la baratte et que l'on fixe à l'aide de
     deux clavettes C.
tt. Pièces de bois qui font office de coussinets.
p. Palettes triangulaires.
d. Orifice pour l'introduction de la crème et la sortie du petit
     lait et du beurre. On le ferme avec un disque en bois en-
     veloppé d'un morceau d'étoffe de toile ou de laine.
l. Lame élastique en bois pour assujettir le bouchon.
O. Orifice de sortie des gaz.

Dans le mouvement de rotation imprimé à la baratte, le récipient est entrainé par l'arbre, et la
crème vient frapper contre les palettes *p*.

Avec cette baratte, nous avons retiré, le 6 août
1872, 2 kilogr. 430 gr. de beurre, de 10 litres de

crème ; la durée du barattage a été de vingt minutes.
En raison de l'élévation assez grande de la température à cette époque, nous avions mis dans la baratte,
avec la crème, un morceau de glace, afin d'abréger
la durée de l'opération, et obtenir finalement un
beurre plus ferme.

La baratte suisse employée à Grignon a 50 centimètres de diamètre,
15 centimètres de
hauteur intérieure et
30 litres de capacité ;
cet instrument est
commode pour les
petites laiteries et
d'un nettoyage suffisamment facile. Nous
devons ajouter cependant que pour
que cette baratte soit
d'un bon usage, il

Fig. 31.

est indispensable qu'elle soit construite avec du bois
de sapin suffisamment dur et sans défaut ; autrement
elle absorbe le petit-lait, qui en s'aigrissant peut
communiquer un mauvais goût au beurre.

La baratte *Meule* que nous venons de décrire est
celle que l'on retrouve à peu près généralement dans
toutes les fermes de l'Italie où l'on fabrique le fromage de Parmesan ; nous avons eu occasion de le
constater lors de notre voyage dans l'Italie septentrionale en avril 1874. Mais dans les grandes fermes

de cette région où l'on écrème chaque jour de 550 à 600 litres de lait destiné à la fabrication d'un seul fromage du poids de 40 à 45 kilogr., les barattes de ce système atteignent des dimensions considérables. Nous en avons mesuré une à l'Exposition laitière de Milan qui avait 82 centimètres de diamètre sur 25 de hauteur, et une autre chez MM. Guzzeloni, propriétaires cultivateurs à 2 kilomètres de Milan, ayant $1^m,28$ de diamètre extérieur, 32 centimètres de hauteur, et une capacité totale de 160 litres.

Des barattes *meules* aussi grandes offrent dans leur emploi de grands inconvénients, qui devraient engager les cultivateurs italiens à adopter la baratte-tonneau ou baratte normande, qui a déjà pénétré dans quelques fermes milanaises.

4° Baratte à berceau, dite Tourniquet.

Dans la partie de la Flandre où l'on bat directement le lait, la baratte la plus employée en 1856, d'après Lefour, était celle représentée figures 32 et 33, que nous allons décrire rapidement :

AA. Tinette à douves et cercles en bois de chêne : diamètre supérieur $0^m,80$; diamètre inférieur, $1^m,05$ à $1^m,10$; hauteur, $0^m,60$.

M. Tourniquet ou moulinet à deux ailes L percées de trous, et dont l'axe évidé à la partie inférieure repose sur un petit pivot E, fixé au centre du fond de la tinette.

K. Traverse de l'arbre du moulinet.

C. Cadre de bois supportant une sorte de berceau B, sur lequel est placée la tinette.

KH. Corde qui relie le moulinet au montant du berceau.

Opération du barattage. La tinette une fois remplie de lait environ au deux tiers, l'ouvrier appuie
le pied en O et la main en H, de façon à faire os-
ciller le berceau, et par suite la baratte; la masse
liquide, en venant frapper sur un des côtés de la
tinette, rencontre alors les ailes du moulinet et lui
communique, par l'aller et le retour, un mouvement
de va-et-vient qui accélère le barattage. Le travail

Fig. 32.

dure d'une heure à deux heures, suivant la température du lait; celle la plus convenable paraît être
comprise entre 18 et 20 degrés.

Dans certaines laiteries, on supprime le berceau
ainsi que l'une des deux ailes du moulinet, et l'on
se contente d'agiter à la main le tourniquet; ailleurs
on communique à ce dernier un mouvement de
rotation par l'intermédiaire d'une manivelle et d'un
système convenable d'engrenages.

5.

On trouve encore, dans les mêmes parties de la Flandre, la baratte suédoise, dont nous parlerons plus loin.

Les barattes que nous venons de décrire sont en

Fig. 33.

bois, corps mauvais conducteur de la chaleur; aussi offrent-elles l'inconvénient de permettre très-difficilement d'amener la crème à la température reconnue la plus favorable au barattage, cette crème étant ordinairement trop froide en hiver et trop chaude en été.

Il est vrai que dans les pays où ces barattes sont en usage on a l'habitude d'introduire dans le récipient, avant d'y mettre la crème, de l'eau très-fraîche ou tiède suivant la saison, ou bien encore d'approcher l'instrument d'un feu clair pendant l'hiver; mais ces moyens sont généralement insuffisants, et c'est ce qui a conduit Valcourt à imaginer la baratte qui porte son nom.

5° *Baratte Valcourt.*

Cette baratte date de 1815, Mathieu de Dombasle l'adopta un des premiers à Roville, A. Bella l'introduisit plus tard à Grignon, et depuis elle s'est répandue dans beaucoup de fermes, où elle a toujours donné de très-bons résultats.

Fig. 34. Vue en élévation de la baratte placée dans son baquet.

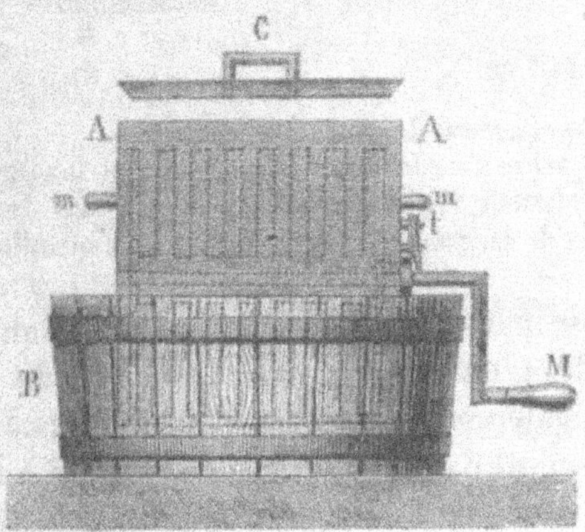

Fig. 35. Vue de face.

A. Baratte cylindrique en métal (ordinairement en fer-blanc ou
en fer étamé) ; les deux extrémités du cylindre sont clouées sur
deux disques en hêtre. Longueur, 45 à 50 centimètres ; diamètre, 40 à 50 cent. Le cylindre repose sur deux pieds P.
C. Couvercle de la baratte ; il a toute la longueur du cylindre ;
mm, poignées pour soulever la baratte.
B. Baquet en bois, rond ou ovale, dans lequel on peut fixer la
baratte.

Détails d'une opération. On place la baratte dans son baquet, et on la fixe au besoin avec deux crochets.

On introduit par l'ouverture *r* les ailes de l'agitateur T, on enfile l'arbre dans le trou *ab*, et on assujettit le tout à l'aide du tourniquet *t*.

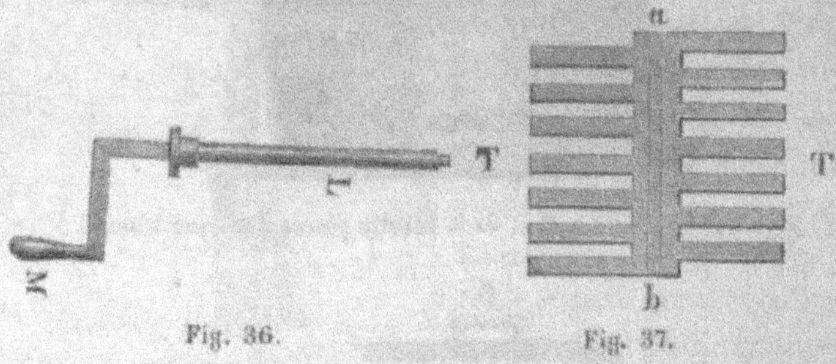

Fig. 36. Fig. 37.

L. Arbre carré, muni de sa manivelle M.

Cet arbre s'enfile dans le trou carré et longitudinal *ab* de l'agitateur T, formé de barreaux de bois de 2 centimètres de largeur et espacés de la même quantité.

On verse par l'orifice *r* la crème jusqu'au centre du cylindre ; on bouche avec le couvercle *c*, que l'on fixe également avec quatre tourniquets.

On introduit dans le baquet l'eau portée à la température convenable, on tourne la manivelle d'un mouvement égal et régulier, à peu près deux tours par seconde.

Le beurre une fois pris, on sort la baratte du baquet, on débouche l'orifice *i* destiné à la sortie du lait de beurre, on rebouche *i* et on introduit par l'ouverture *r* de l'eau fraîche. Après quelques tours de manivelle, on fait écouler cette eau, on en remet de la nouvelle, et on répète cette opération quatre ou cinq fois, jusqu'à ce que l'eau sorte claire ; le beurre se trouve ainsi bien lavé, sans qu'il soit nécessaire de le pétrir ensuite, ce qui le rend mou en été, dit M. de Valcourt.

On retire de la baratte l'agitateur et son arbre, et on peut alors enlever facilement le beurre. Après le barattage, on devra laver immédiatement, à l'eau chaude, baratte, agitateur, couvercle, manivelle et bouchon ; rincer et essuyer le tout, et enfin renverser la baratte, l'ouverture en bas, de façon que l'eau qui reste puisse s'égoutter d'elle-même. M. de Valcourt indique la température de 15° centigrades comme étant celle à laquelle il convient de porter préalablement la crème pour effectuer le barattage dans les meilleures conditions ; la durée de l'opération est alors de dix à quinze minutes au maximum pendant l'hiver, et souvent de quatre à cinq minutes seulement pendant l'été.

On peut donner au cylindre de la baratte jusqu'à 65 centimètres de diamètre, mais l'inventeur pense qu'il vaut mieux, quand on a beaucoup de crème, la battre en deux ou trois opérations successives, plutôt que d'attribuer à ce cylindre des dimensions trop considérables.

Baratte Valcourt, construite par M. Bodin.

M. E. Bodin, directeur de la ferme des Trois-Croix, près Rennes (Ille-et-Vilaine), construit des barattes Valcourt avec battes de système américain (fig. 38).

La forme creuse de ces battes active beaucoup la formation du beurre, parce qu'elles lancent la crème en quelque sorte, au lieu de la faire tourner en une espèce de nappe continue.

Fig. 38.

Voici les prix de ces instruments pris chez M. Bodin :

	CONTENANCE	POIDS	PRIX
Nº 1.	50 litres.	22 kil.	55 fr.
Nº 2.	35	17	45
Nº 3.	25	15	40

Les cuvettes pour ces barattes coûtent de 15 à 25 francs, suivant le numéro de la baratte.

DES BARATTES MODERNES.

Après avoir décrit les barattes les plus anciennes et les plus généralement employées dans les grandes

et les petites fermes, il nous reste à parler d'instruments nouveaux que les expositions et les concours
ont fait connaître depuis vingt ans, et dont quelques-
uns, après avoir reçu la sanction de l'expérience,
tendent à se substituer de plus en plus aux barattes
primitives.

1° *Baratte centrifuge ou suédoise du major Stiernsward*

Cette baratte fit son apparition à Paris, pour la

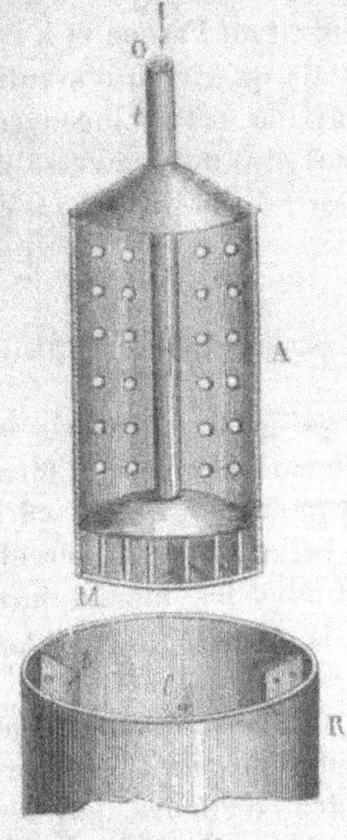

Fig. 39.

première fois, en 1855 ; elle y remporta le premier

prix, ainsi qu'aux expositions agricoles universelles de 1856 et 1860.

Cet instrument donna, en effet, des résultats inconnus jusqu'alors ; avec lui, on obtenait le beurre directement du lait, dans un temps très-court, aussi facilement qu'avec la crème ; et après le battage, le lait doux restant pouvait encore supporter l'ébullition sans se cailler.

On crut alors à une réforme radicale des divers systèmes de barattes connus ; la baratte suédoise se répandit rapidement en France et à l'étranger ; mais bientôt on constata qu'à côté d'avantages réels, cet instrument offrait de graves inconvénients, et aujourd'hui on peut dire qu'il a cessé de compter au nombre des barattes usuelles ; il est donc inutile de nous y arrêter.

Baratte horizontale de M. Girard (fig. 40 et 41).

M. Girard, qui avait introduit le premier en France la baratte suédoise, a eu l'idée de construire un nouvel instrument, qui, tout en permettant de mettre à profit les avantages inhérents au premier, ne présenterait plus les mêmes inconvénients ; il imagina donc la baratte *horizontale*, que nous allons décrire.

Cette baratte, entièrement en fer battu et à double enveloppe *A* pour bain-marie, est horizontale, et se compose d'un demi-cylindre, qui sert de récipient à la crème ou au lait, et dans lequel se meut un batteur à ailettes percées de trous. Une lame métallique s'adapte horizontalement sur un côté du récipient et fait office de contre-batteur, comme les ailettes fixes et verticales dans la baratte suédoise.

Un couvercle, percé de trous pour la sortie de l'air pendant le battage, sert à fermer le récipient et à assujettir solidement le contre-batteur.

Fig. 40.

Une manivelle met en mouvement le batteur à ailettes par l'intermédiaire d'une roue dentée et d'un pignon. Il y a un robinet de vidange L pour le lait de beurre, et l'orifice de sortie est garni d'une grille m qui retient les particules de beurre qui pourraient être entraînées avec le lait.

Les barattes de petites dimensions (fig. 40), c'est-à-dire de moins de 30 litres, s'adaptent sur une table

au moyen de coulisses; celles de grandes dimensions,
au-dessus de 30 litres (fig. 42), sont montées sur un
bâtis en bois.

Les barattes de 30, 45 et 60 litres peuvent être
manœuvrées à bras par un seul homme, celles de 90
et au-dessus doivent être mues par une force méca-

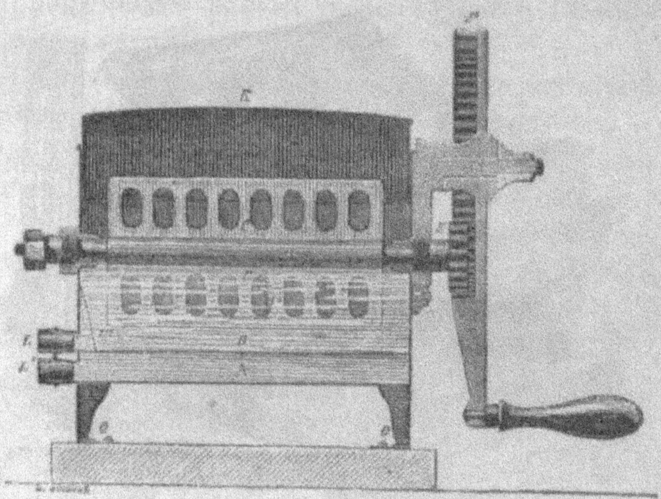

Fig. 41.

nique plus puissante que celle de l'homme. On peut
battre, avec cette baratte, le lait non écrémé, aussi
bien que la crème, et voici un résumé des instructions
fournies par M. Girard lui-même pour le mode d'emploi de cet instrument.

La quantité maximum de lait ou de crème à introduire dans la baratte ne doit pas dépasser le milieu
de l'axe des ailettes, mais on peut ne mettre que les
trois quarts ou la moitié de cette quantité. Si on ne
dispose que d'une trop faible quantité de crème, il

convient d'y ajouter son volume d'eau à 17 degrés.

La température la plus convenable pour le battage est de 18 à 19 degrés pour le lait et de 15 à 16 degrés

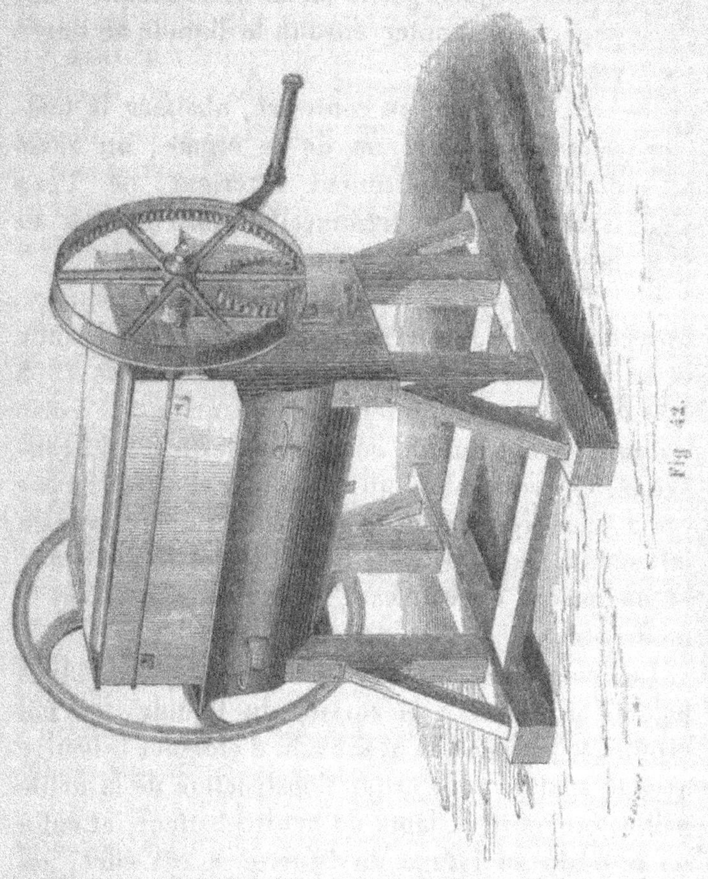

pour la crème. A cet effet, le liquide à battre étant dans le récipient, on verse de l'eau chaude à 35 ou 40 degrés dans le compartiment extérieur A, on plonge le thermomètre (fig. 43) dans le lait ou la crème, en ayant soin d'agiter, et on retire l'eau du bain-marie quand l'instrument marque 1 degré au-dessous de la température que l'on veut obtenir ; la chaleur acquise par le métal de la baratte suffit pour faire monter ensuite le liquide au degré voulu.

Si l'on veut, au contraire, abaisser la température du lait ou de la crème, on verse dans le compartiment extérieur de l'eau fraîche que l'on renouvelle plusieurs fois au besoin.

F. 43.   *Barattage.* Le liquide étant arrivé à la température convenable, on ferme le couvercle de la baratte et on imprime à la manivelle une vitesse de 75 à 100 tours à la minute, jusqu'à ce qu'on aperçoive les petits grumeaux de beurre par les trous du couvercle. On verse alors un dixième d'eau fraîche par ces mêmes trous (dans le cas où l'on opère avec du lait sûr ou de la crème), pour délayer le petit-lait, et on tourne de nouveau, mais en ralentissant le mouvement.

Le beurre une fois bien formé, on laisse les petites pelotes se réunir à la surface du liquide, on fait écouler le petit-lait en ayant soin d'éloigner le beurre avec la spatule pour éviter l'obstruction de la petite grille, on retire la lame du contre-batteur, et enfin on procède au lavage du beurre. À cet effet, on verse dans le récipient de l'eau fraîche jusqu'au-dessus de l'axe de la baratte, et on imprime aux ailettes un léger mouvement de va-et-vient. Pour la crème, il faut renouveler cette eau au moins deux fois.

On retire le beurre suffisamment lavé au moyen de l'écumoire en fer et de la spatule en bois (fig. 40), et le couvercle renversé de la baratte dans lequel on verse préalablement de l'eau fraîche peut servir de récipient au beurre à mesure qu'on le sort. On réunit dans le récipient même les pelotes en un seul morceau ou en deux ou trois, que l'on travaille ensuite par la méthode ordinaire.

Cas particuliers. Dans les conditions normales, le battage ne demande pas plus de *cinq minutes*, mais il arrive quelquefois :

1° Que le beurre est long à se former, parce qu'il reste à l'état mousseux ou sous forme de petits grains très-divisés;

2° Qu'en se formant il se colle à la baratte, en donnant une pâte très-courte.

M. Girard dit que le correctif de ces deux défauts opposés réside dans une température bien appropriée à la nature du lait ou de la crème que l'on a à traiter. Dans le premier cas, on devra élever la température du liquide butyreux au-dessus du chiffre ordinaire, mais avec précaution, et d'un degré ou deux au plus à la fois.

Dans le second cas, qui correspond à un beurre appelé vulgairement *beurre brûlé*, il faut, au contraire, abaisser la température, en mettant de l'eau suffisamment froide dans l'enveloppe extérieure.

On voit qu'il est très-utile, dès le début, de se familiariser avec la question de température; c'est le meilleur moyen d'économiser son temps et sa peine.

On doit toujours laver la baratte à l'eau chaude

avant de s'en servir; à cet effet, on verse l'eau par les trous du couvercle et on tourne rapidement pendant quelques secondes : si l'on veut faire plusieurs opérations de suite, on ne doit nettoyer la baratte qu'après la dernière. Ce nettoyage se fait à l'eau chaude, ainsi que celui de tous les instruments qui ont servi à l'opération; on les essuie et on les sèche immédiatement.

Les ustensiles de laiterie en fer battu tendant à se répandre de plus en plus dans les exploitations rurales, nous croyons être utile à nos lecteurs en indiquant ici les prix de ceux construits par M. Girard [1].

Pots pour le transport du lait; capacité de
   1 à 20 litres. 4f 50 à 15f »
Seaux à traire ordinaires, de 7 à 15 litres . 4 » à 7 50
  Id. à bec.   do   . 5 » à 8 50
  Id. à échelle graduée.   do   . . 6 » à 9 50
Tamis, nos 1 à 3. . . . . 3 » à 5 50
Crémerie complète (*fig.* 21), avec cré-
   meuses de 5 à 20 litres. . . . . 35 » à 74 »
Vases à crémer seuls, de 5 à 20 litres.. . . 4 » à 9 »
Récipients pour le lait écrémé, de 15 à
   60 litres. . . . . 8 » à 22 »
Barattes pour battre, de 2 à 15 litres. . 28 » à 72 »
      —   de 30 à 60 litres. . 130 » à 190 »
      —   de 90 à 120 litres. . 245 » à 300 »
Écumoire et spatule, les deux. . . . . . . 1 » à 3 »

Ces prix se rapportent aux objets rendus en gare à Paris, l'emballage et le transport à la charge de l'acheteur.

[1] Rue Lafayette, 206, à Paris.

Barette Fouju (fig. 44 et 45).

Cet instrument, appelé *baratte polyédrique* par son inventeur, convient parfaitement aux petites exploi-

Fig 44.

tations ; on peut y battre le lait, mais mieux la crème.

Cette baratte, entièrement en bois, se compose d'une boîte octogonale ABC, faisant office de récipient, et qui renferme un agitateur fixe (fig. 45), composé d'un certain nombre de languettes très-élastiques. La crème est vivement fouettée par ces languettes, en même temps qu'elle reçoit des chocs très-multipliés de la part de chacune des huits faces planes.

On introduit la crème par l'ou-

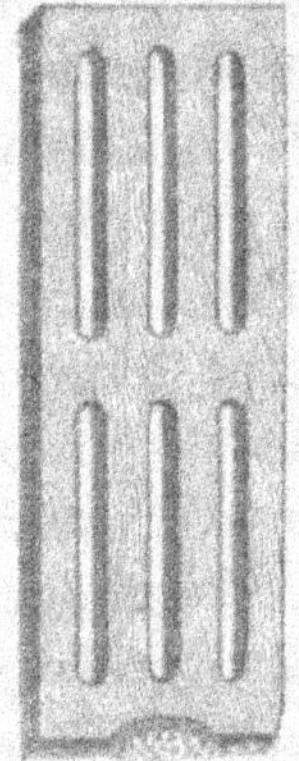

Fig. 45.

verture C, le petit-lait est soutiré par l'orifice A.

Voici comme on opère avec cette baratte, chez MM. Jolivet et Lecorbeiller, à Cangy (Indre).

Le modèle employé dans cette exploitation a coûté 80 francs; il permet de faire, au maximum, 16 kilogrammes de beurre à la fois; deux personnes sont nécessaires pour tourner l'instrument.

Avant d'introduire la crème, on lave la baratte à l'eau très-froide en été, et plus ou moins chaude en hiver. La crème une fois introduite par l'orifice C, on ajoute un tiers d'eau à une température variable, suivant la saison; mais, après cette addition, la baratte ne doit jamais être plus d'à moitié remplie.

On met, en avant de l'orifice A, le clayon intérieur muni d'une petite passoire fine et destinée à arrêter le beurre lors de l'écoulement du petit-lait, on ferme l'orifice C à l'aide d'un gros bouchon de liége recouvert d'un linge propre, et on tourne.

Après quatre ou cinq tours, on arrête et on ouvre l'orifice A; l'air et la vapeur s'échappent avec force; on referme, on fait quelques tours, on débouche A et on recommence cette opération jusqu'à ce qu'il n'y ait plus de dégagement de gaz. On tourne alors d'une manière continue avec une vitesse d'environ cent tours à la minute, et le temps nécessaire au barattage, très-variable suivant la saison et même la nourriture des vaches, dure au moins vingt minutes.

Au moment où la crème se change en beurre, le bruit intérieur de la baratte se modifie; on modère alors le mouvement de rotation, et enfin, lorsque l'on juge que le beurre est fait, on ralentit encore pour ramasser ce dernier en morceaux. Une fois le barattage terminé, on ouvre l'instrument, pour procéder au premier *délaitage*. A cet effet, après avoir placé un seau entre les pieds du support, on retire le bouchon de bois qui ferme l'orifice A, on fait écouler le lait de beurre, on remet le bouchon et on verse dans la baratte de l'eau fraîche par l'ouverture C.

Sans remettre le bouchon de liége, la servante donne alors plusieurs mouvements de va-et-vient à la baratte, et délaite une seconde fois. On réitère deux ou trois fois cette opération, sans toucher le beurre avec les mains (ce qui est toujours très-préjudiciable à la conservation du produit), on enlève le clayon intérieur, et l'on extrait le beurre de la baratte.

Les morceaux de beurre, au fur et à mesure de leur extraction, sont déposés dans des seaux pleins d'eau fraîche où ils se raffermissent, jusqu'au moment où on les soumet au dernier délaitage et à la mise en mottes.

Aussitôt après l'opération, la baratte est lavée d'abord à l'eau chaude, puis à l'eau froide, et mise dans un lieu où la dessiccation doit se faire promptement. La bonne conservation d'une baratte a une très-grande influence sur la qualité du beurre, mais c'est en même temps une chose très-difficile si l'instrument est en bois. Si on la renferme dans la laiterie, où la température est uniforme mais assez élevée, elle se couvre en peu de jours de moisissures; dans un local fermé, elle conserve une certaine humidité qui ne tarde pas à communiquer une odeur au bois.

Le mieux est de placer la baratte à l'abri du soleil et des foyers actifs, dans un endroit très-aéré ou dans lequel on peut entretenir un courant d'air. On ne saurait trop insister sur ce point, car il est un des plus importants de la fabrication.

M. Paul Fouju construit ses barattes à Vernouillet (Seine-et-Oise); il a établi un dépôt à Paris, chez M. Peltier jeune, rue des Marais-Saint-Martin, 45; voici les prix de ces instruments :

N° 1, barattant	4 litres		20 fr.
N° 2, —	10 litres		35
N° 3, —	15 litres		45
N° 4, —	20 litres		65
N° 5, —	45 litres		90
N° 6, —	90 litres		125

La baratte Fouju a obtenu, dans les concours universels et régionaux, un grand nombre de premiers prix, et nous connaissons beaucoup de cultivateurs qui sont très-satisfaits de son emploi. Nous l'avons adoptée pour notre laiterie, et nous n'hésitons pas à la recommander aux agriculteurs.

DU CHOIX D'UNE BARATTE.

Quelle est la meilleure baratte? Telle est la question qui nous a été posée bien des fois, et à laquelle on ne saurait répondre d'une manière absolue. Tout d'abord nous dirons que la meilleure baratte n'est point celle qui fait le beurre le plus rapidement, et, qu'au contraire les praticiens considèrent les instruments doués d'une trop grande vitesse comme mauvais, parce que, disent-ils, ils brûlent le beurre, et par suite lui font perdre la majeure partie de ses qualités essentielles, telles que finesse de goût, durée de conservation, etc. En outre, ce sont ces mêmes instruments à rotation trop rapide qui laissent dans le lait la plus grande quantité de matière grasse non transformée en beurre.

A notre avis, les deux conditions principales qu'il faut faire entrer en ligne de compte dans l'appréciation d'une baratte sont :

1° *La quantité de beurre qu'elle permet de retirer d'un poids déterminé de crème ou de lait.*

2° *La facilité avec laquelle on peut laver le beurre dans la baratte, l'en extraire et procéder au nettoyage de l'instrument.*

Quant à la question de temps, nous ne la plaçons qu'en troisième ligne, surtout s'il ne s'agit pour plusieurs instruments mis en comparaison que d'une différence de quelques minutes.

Dans les pays où de temps immémorial on se sert du bat-beurre ou de la sérène, il serait inutile de vouloir y substituer les barattes perfectionnées, et, d'ailleurs, puisque l'on obtient en Bretagne et en Normandie d'excellents beurres avec ces instruments primitifs, pourquoi vouloir les changer ? Il est infiniment plus rationnel d'y apporter, comme cela a été fait du reste, quelques légers perfectionnements, ayant surtout pour objet de rendre le maniement de ces instruments moins pénible pour l'homme.

Les barattes nouvelles qui ont reçu la sanction de l'expérience conviennent surtout aux exploitations à la tête desquelles se trouvent des propriétaires ou des fermiers intelligents et amis du progrès. Ceux-là pourront toujours choisir entre les trois barattes dont nous avons fait une description spéciale et dont les inventeurs sont VALCOURT, GIRARD et FOUJU.

Si nous n'indiquons que ces trois instruments, cela ne veut pas dire qu'il n'y en ait pas d'autres susceptibles de donner de bons résultats, mais ils sont généralement moins simples que les précédents, et souvent d'un prix plus élevé.

DES BARATTES DE MÉNAGE.

Depuis la publication de la première édition de cet ouvrage, on nous a souvent demandé aussi des renseignements sur les barattes dites de ménage, c'est-à-dire celles qui conviennent le mieux pour battre la crème retirée du lait que peuvent donner journellement deux vaches au maximum. C'est pour répondre à cette question que nous indiquerons ici les trois barattes suivantes :

1° La *Baratte atmosphérique,*
2° La *Baratte système Valcourt ;*
3° La *Baratte à récipient en verre* [1].

[1] MM. Allez, frères, rue Saint-Martin, 1, Paris, se chargent de fournir ces trois sortes d'instruments aux prix indiqués.

1° *Baratte atmosphérique* (fig. 46).

Cette baratte avec laquelle on peut battre le lait ou la crème se compose d'un cylindre ordinairement en fer battu, qu'on remplit de liquide jusqu'aux deux

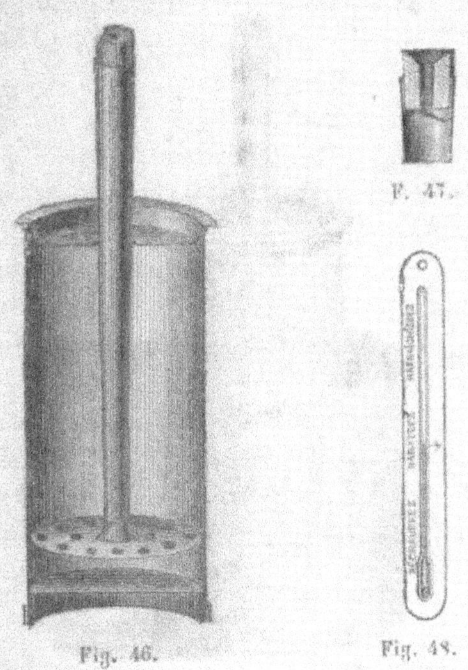

Fig. 46.   F. 47.   Fig. 48.

tiers environ de sa capacité. On introduit ensuite dans ce cylindre un piston percé de trous et dont la tige, creuse dans toute sa longueur, dépasse notablement le couvercle à sa partie supérieure. Cette extrémité, que l'on tient à la main pendant le barattage, est fermée par un bouchon en bois (fig. 47), muni inférieurement d'une soupape en caoutchouc s'ouvrant de haut en bas. Lorsqu'on remonte le pis-

ton, le vide se fait dans le tube creux, et l'air extérieur y entre immédiatement par la soupape pour se
répandre dans le liquide ; quand on fait redescendre
le piston, l'air comprimé ferme la soupape, passe

Fig. 49.

par les trous du piston, et traverse le liquide, qu'il
frappe et divise très-énergiquement.

Quand la température l'exige, on peut plonger
l'appareil dans un récipient (fig. 49) renfermant de
l'eau froide ou tiède suivant la saison, de manière
à baratter au degré le plus convenable, et qui est de
18 à 20 pour le lait, et de 13 à 14 pour la crème.

Pour retirer le beurre, on enlève le couvercle de la baratte, on fait écouler le lait de beurre, on introduit de l'eau fraîche dans le cylindre, on donne un certain nombre de coups de piston, on change l'eau, et quand celle-ci sort claire, on enlève le beurre en élevant le piston qui l'amène à lui.

Le modèle dessiné porte le n° 2 comme capacité; il permet de battre 8 litres de lait ou 4 litres de crème, et coûte 16 francs sans récipient. Les modèles inférieurs et supérieurs valent 10 et 20 francs.

BARATTOMÈTRE. La figure 48 représente un petit instrument dit *barattomètre*, et qui n'est autre chose qu'un thermomètre spécial indiquant immédiatement, quand on le plonge dans le liquide à baratter, s'il faut refroidir ou réchauffer celui-ci. Quand le thermomètre s'arrête au point repéré par une flèche, cela indique que l'on peut baratter immédiatement; s'il se tient au-dessus ou au-dessous de ce repère, il faut mettre de l'eau fraîche ou tiède dans le récipient extérieur.

Petite baratte système Valcourt.

Cet instrument ne diffère de la baratte Valcourt, décrite page 83, que par quelques détails, et notamment par un système de double engrenage qui permet de donner plus de vitesse à l'agitateur intérieur.

MM. Allez frères fournissent ce genre de baratte aux prix de 24, 27, 30 et 34 francs, suivant que l'on veut battre de 1 à 4 litres de crème.

Baratte à récipient en verre (fig. 50).

Cette baratte est entièrement en bois, sauf le récipient V, destiné à recevoir la crème, et qui est en
verre.

L'agitateur est un arbre vertical composé de deux
parties, B et O (fig. 51),
qui s'assemblent à l'aide
d'une vis *a*. La partie inférieure de cet arbre est
munie de palettes hori-
zontales percées de trous
et échancrées aux extré-
mités; la partie supé-
rieure O porte une lan-
terne à laquelle les
chevilles du disque D
viennent communiquer
un mouvement de rota-
tion quand on fait tour-
ner la manivelle. Pour
effectuer une opération,
on commence par enlever la vis *a*, de manière à
séparer l'arbre en ses deux par-
ties, ce qui permet de retirer le
couvercle en bois C.

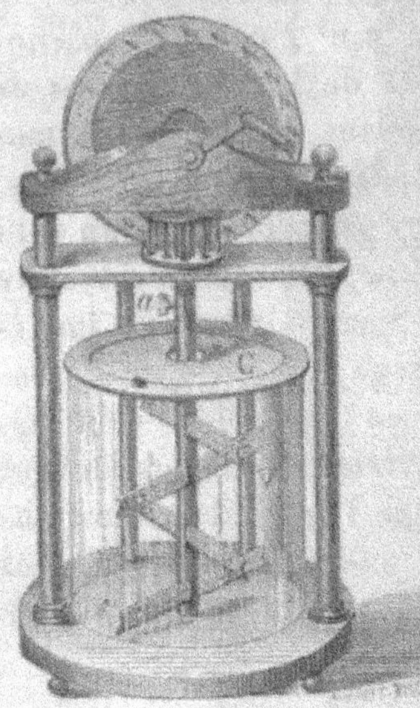

Fig. 50.

On remplit de crème aux deux
tiers le récipient V, on remet le
couvercle, puis la vis *a*, et on
procède au barattage en imprimant à la manivelle un mou-

Fig. 51.

vement circulaire continu ou circulaire alternatif.

Cette baratte offre l'inconvénient de ne point comporter l'emploi d'un bain-marie, ce qui empêche d'opérer le barattage à une température constante. On y remédie en ajoutant, avant l'opération, un peu d'eau tiède ou fraîche à la crème, suivant la saison. On peut aussi, en été, ajouter quelques petits morceaux de glace à la crème, quand on en a à sa disposition.

Les prix de cet instrument sont les suivants :

Pour 2 litres de crème. . . . . 18 fr.
Pour 6 litres de crème. . . . . 24 fr.

Enfin, nous croyons devoir signaler encore comme instrument satisfaisant à toutes les conditions d'économie, de simplicité, de solidité, etc., la baratte bretonne que nous avons rencontrée dans les Côtes-du-Nord, et dont nous donnons plus loin une description détaillée.

USTENSILES POUR LE DÉLAITAGE ET LE TRAVAIL DU BEURRE.

Lorsque le beurre a été lavé dans la baratte et les pelotes retirées de l'instrument à l'aide de l'écumoire (fig. 52) ou de tout autre ustensile, on réunit celles-ci en une seule motte sur une planche préalablement mouillée, en se servant le plus ordinairement d'une spatule (fig. 53) ou d'une cuiller en bois (fig. 54) également mouillées.

F. 52.

Le délaitage, c'est-à-dire l'expulsion du petit-lait

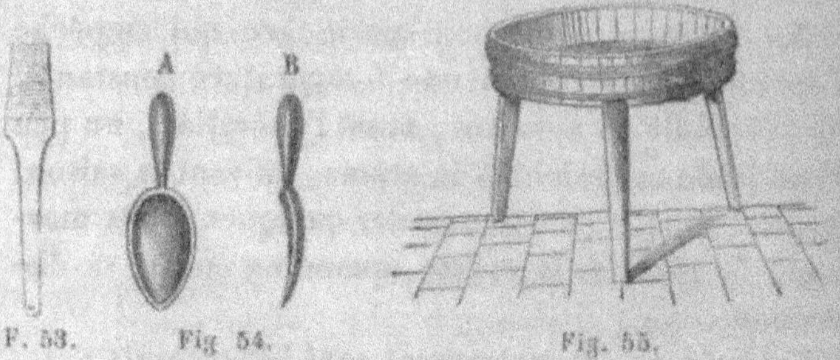

F. 53.   Fig. 54.   Fig. 55.

que le beurre peut avoir retenu, s'effectue en ma-

Fig. 56.   Fig. 57.

laxant celui-ci avec les mêmes ustensiles, et le tra-

Fig. 58.   Fig. 60.

vail a lieu tantôt dans un baquet (fig. 55), tantôt

dans une grande jatte en terre ou en bois, comme en Bretagne (fig. 56 et 57).

Dans le canton d'Isigny, on travaille le beurre sur une table appelée *sanne* (fig. 58 et 59), et à l'aide d'une cuiller en bois pleine et à manche court (fig. 60).

Nous reviendrons sur ce sujet quand nous traiterons d'une manière spéciale de la fabrication du beurre en Normandie et en Bretagne.

5° USTENSILES NÉCESSAIRES A LA FABRICATION DES FROMAGES.

Ces ustensiles étant ceux qui varient le plus en raison du grand nombre d'espèces de ces produits, nous croyons préférable, au lieu de les énumérer ici, d'en renvoyer la description aux différents chapitres qui traiteront de la fabrication des principaux fromages. Nous passerons donc immédiatement à l'étude de la fabrication du beurre et des diverses circonstances qui influent sur le rendement ou la qualité de ce produit.

CHAPITRE V.

DU BEURRE ET DE SA FABRICATION.

QUANTITÉS DE LAIT ET DE CRÈME NÉCESSAIRES POUR OBTENIR UN KILOGRAMME DE BEURRE.

Nous avons vu précédemment que la proportion de beurre renfermée dans le lait pouvait présenter des différences considérables (du simple au quadruple), suivant diverses circonstances telles que la qualité beurrière des vaches, leur âge, le temps écoulé depuis le part, le mode de nourriture, etc.

Le lait d'une vache fraîche vêlée est toujours moins butyreux que celui d'une autre moins éloignée du part, les jeunes vaches donnent un lait moins riche en crème que celles ayant déjà vêlé plusieurs fois.

Les nourritures aqueuses favorisent la production du lait, mais en diminuant la richesse en beurre de ce produit.

DONNÉES PRATIQUES. On admet généralement qu'il faut de 25 *à* 30 *litres* de lait pur pour obtenir 1 kilogramme de beurre. Les laits qui, pour 18 à 20 litres, fournissent ce même poids de beurre, sont des laits exceptionnellement riches, et l'on en rencontre plus souvent qui exigent 30 litres et au delà.

On admet également : *Que* 100 *litres de lait* donnent de 12 *à* 15 *litres* de crème, et qu'il faut, en moyenne, 4 litres de crème pour 1 kilogramme de beurre.

Des données pratiques précédentes il résulte que, si on suppose, comme nous l'avons dit précédemment, un rendement annuel et moyen de 1,850 litres de lait par vache (non compris les 100 litres de lait consommés par le veau), on trouve qu'à raison de 28 litres de lait par kilogr. de beurre, une vache peut fournir annuellement 66 *kilogr.* de ce produit.

Les chiffres qui précèdent sont loin d'être absolus et peuvent être modifiés par une foule de circonstances, comme on peut en juger par les exemples suivants :

Dans le département d'Ille-et-Vilaine [1], la quantité de lait nécessaire pour obtenir 1 kilogr. de beurre est, en moyenne, de 30 litres. Le rendement moyen annuel de chaque vache étant de 1,600 litres,

[1] *Enquêtes préfectorales en* 1873.

compensation faite des moments où la vache est improductive, la proportion beurrière correspondante n'est que de 53 kilogr.

Dans la Seine-Inférieure, la quantité moyenne de lait nécessaire à l'obtention d'un kilogr. de beurre est, pour les cinq arrondissements, de 27^l,60, le rendement journalier moyen en lait de chaque vache de 8^l,4, ce qui, à raison d'une période lactaire de trois cents jours, représenterait une production moyenne annuelle de 2,520 litres de lait et de 91 kilogr. de beurre.

Dans le Bessin, on estime qu'il faut de 25 à 28 litres de lait pour fabriquer 1 kilogr. de beurre, et que la production annuelle d'une vache est de 125 à 150 kilogr. Il s'agit ici de vaches cotentines, dont le rendement en lait dépasse généralement 3,000 litres.

Le lait de Jersey est connu pour sa richesse en matières grasses ; il suffit, en effet, de 16 à 18 litres de lait pour obtenir 1 kilogr. de beurre. Il y a des vaches, à Jersey, qui donnent jusqu'à 250 kilogr. de ce produit par an, mais c'est là une exception extraordinaire. La production moyenne paraît être de 170 kilogr., qui, au prix de 3 fr. 50 à 4 fr. le kilogr., fournissent un produit annuel de 600 fr. environ [1].

MÉTHODES DE PRÉPARATION DU BEURRE.

Deux méthodes principales sont employées pour la préparation du beurre, elles consistent :

[1] Dubost, *Excursion agricole en* 1871.

1° *A traiter la crème préalablement séparée du lait;*
2° *A battre le lait doux ou sûr.*

La première méthode est la plus généralement employée en France; la seconde se pratique surtout dans le nord de l'Europe, en Écosse, en Suède, etc. Cependant, dans certains départements de France, tels que ceux du Nord et de la Bretagne, on rencontre les deux méthodes.

PREMIÈRE MÉTHODE. — *Barattage de la crème.* Nous avons vu page 64 que cette méthode comprenait quatre opérations : *Ascension de la crème, écrémage, barattage, délaitage,* qui nécessitent les divers appareils décrits précédemment; nous allons indiquer les conditions les plus favorables à ces diverses opérations.

1° *Ascension de la crème.* Le lait destiné à la fabrication du beurre ne doit pas être trop ballotté dans son transport à la laiterie; une fois réparti dans les crémeuses, il convient de le maintenir autant que possible à la température de 12°, qui paraît celle la plus favorable à l'ascension de la crème. Au-dessous de 12°, la crème monte plus lentement, au-dessus, la coagulation du lait peut précéder l'écrémage, et alors la crème est sujette à conserver un petit goût acide.

Système américain ou de Swarz. Ce système qui, paraît-il, est généralement répandu en Suède, en Danemark, en Norvége, en Russie et dans l'Amérique du Nord, consiste à refroidir le lait immédiatement après la traite à une température comprise entre 2 degrés et demi à 4 degrés centigr.

A cet effet on se sert, pour refroidir le lait, de grands vases cylindriques de 40 à 80 litres de capacité que l'on plonge dans de l'eau très-froide. — On obtient ainsi, dit M. Schatzmann [1], de la crème *douce* et du lait *doux* (le lait ne pouvant s'aigrir à cette basse température), et, par suite, des produits toujours supérieurs à ceux fournis par l'autre système. Nous n'avons pas eu occasion d'expérimenter ce système, mais il nous parait difficile, dans un pays à climat même tempéré, d'obtenir, surtout en été, de l'eau suffisamment froide pour maintenir le lait à la température indiquée.

2° *Ecrémage.* Le temps pendant lequel on laisse monter la crème dépend de plusieurs circonstances, telles que : 1° *le système de crémeuses employé; 2° la finesse plus ou moins grande du produit que l'on veut obtenir.*

Le meilleur terme est de vingt-quatre heures en été, quarante-huit heures en hiver, quand on veut avoir un beurre de première qualité; mais, dans beaucoup de fermes, on laisse monter la crème plus longtemps.

La crème, une fois enlevée et réunie dans un récipient spécial, est déposée dans un local maintenu à la température la plus favorable à la conservation de ce produit, 8 à 10° au plus.

En hiver, la crème se conservant bien, on peut la garder trois ou quatre jours ; en été, il convient de la battre tous les deux ou trois jours au plus.

---

[1] *Du refroidissement du lait*, par R. Schatzmann (Aarau, chez J. Christin, 1870).

D'ailleurs, plus la crème est de date récente, plus le beurre fourni est délicat. En Hollande, on fait avec la crème montée pendant les douze premières heures, un beurre de *première qualité*, et avec celle des douze heures suivantes, le beurre de deuxième qualité.

Dans le Bessin, on bat souvent trois fois par semaine quand on dispose d'une quantité de crème suffisante ; on nous a même cité des fermes où l'on battait tous les jours.

L'âge de la crème a non-seulement une très-grande influence sur la qualité du produit en beurre, mais aussi sur la quantité, et, à ce sujet, M. Morière a formulé la règle suivante :

« Un lait étant donné, le beurre que l'on en re-« tirera sera d'une qualité d'autant meilleure (toutes « circonstances égales d'ailleurs) qu'il aura été fa-« briqué avec une crème *plus jeune*, mais, par « contre, il sera moindre en quantité. Avec une « crème plus épaisse, *plus âgée*, on obtiendra plus « de beurre, mais la qualité sera inférieure. »

Le barattage d'une jeune crème exige, il est vrai, plus de travail que celui d'une crème ancienne, mais c'est le seul moyen d'obtenir des beurres de premier choix, et d'ailleurs on abrége beaucoup la durée du barattage en opérant sur de grandes masses à la fois, comme cela a lieu dans la fabrication du beurre dit d'Isigny.

3° *Barattage ou battage de la crème*. Cette opération s'effectue dans une pièce spéciale, dont la température ne doit guère dépasser 12°.

En été, il convient d'opérer le matin, de bonne

heure, ou le soir; en hiver, au contraire, on doit battre vers le milieu du jour.

Avec la plupart des barattes, la température la plus convenable que doit avoir la crème au moment du barattage est de 13 à 14 degrés ; M. Girard indique de 14 à 16 degrés pour sa baratte horizontale.

Au delà de 15 à 16 degrés, la réunion des globules butyreux se fait difficilement et on ne recueille plus qu'un beurre mou, spongieux, et d'une altération rapide à l'air. Pour baratter à la température convenable, il est donc nécessaire, suivant la saison, de *rafraîchir* ou de *réchauffer* la crème, et nous avons dit précédemment, en décrivant les divers systèmes de barattes, comment on obtient ce résultat. Nous ajouterons que, lorsque la crème qui doit être battue est très-épaisse, il convient de la délayer avec environ un vingtième d'eau à la température de 17° c.

Durée du barattage. Quel que soit le système de baratte adopté, il est une première condition indispensable pour faire du bon beurre, c'est d'imprimer à l'instrument une vitesse convenable et de conserver, autant que possible, la régularité du mouvement. En général, un barattage trop rapide ou trop lent donne toujours un produit moindre en qualité et en quantité.

Quant à la durée du barattage, elle varie avec la saison, la forme et le mécanisme de la baratte, la vitesse de rotation, le volume de crème traité, etc. Avec la baratte à piston, la baratte normande ou sérène et généralement toutes celles où l'on ne peut, faute d'une double enveloppe, opérer à une température constante en toute saison, la fabrication du beurre exige souvent plusieurs heures en hiver et quarante à soixante minutes en été.

Au contraire, avec les barattes à récipients, telles que celles de Valcourt, Girard, etc., la durée du battage varie entre dix et quinze minutes au plus.

Nous avons dit précédemment ce qu'il fallait penser des barattes qui font le beurre en *cinq* minutes; quant aux barattes primitives, telles que la sérène, la baratte à piston, d'un emploi encore si général en Normandie et en Bretagne, nous ferons remarquer que dans le cas où elles sont employées à battre des quantités considérables de crème à la fois, on substitue ordinairement au travail de l'homme celui d'un moteur quelconque; dès lors la question de temps n'a plus qu'une importance secondaire.

4° *Délaitage*. Le lait de beurre, c'est-à-dire le liquide blanchâtre dont le beurre se trouve séparé après le barattage, contient *de l'eau, du beurre, du caséum, du sucre de lait et des sels ;* nous indiquerons plus loin les moyens d'utiliser ce liquide.

Le beurre *brut*, celui qui sort de la baratte, contient trois quarts de beurre pur et un quart de petit-lait et de caséum. Plus le beurre est fabriqué en grand, plus il est pur, comme le démontre l'expérience suivante, exécutée par M. Morière.

	BEURRE PUR FABRIQUÉ	
	EN GRAND	EN PETIT
Beurre pur..	77.5	74
Caséum.	1.6	4
Petit-lait..	20.9	22
	100.0	100

Le *délaitage* a pour objet de purger le beurre du petit-lait et du caséum qu'il a retenus dans ses interstices et qui ne tarderaient pas à en déterminer le rancissement ; un bon délaitage peut faire acquérir aux beurres, sur les marchés, une plus-value de 50 à 60 centimes par kilogr. Cette opération ne s'effectue pas de la même manière dans tous les pays : le plus ordinairement, comme nous l'avons vu précédemment, le premier délaitage s'opère dans la baratte même, en ajoutant dans ce récipient de l'eau fraîche après que l'on a fait écouler le lait de beurre. Quand on bat la crème, il faut renouveler cette eau au moins deux fois, c'est-à-dire jusqu'à ce que le liquide sorte *clair* de la baratte.

On retire alors les pelotes de beurre et on les dépose dans un seau plein d'eau fraîche où elles se raffermissent. On les transporte ensuite sur un plateau de bois mouillé ou dans un baquet ; on les soude entre elles à l'aide d'une cuillère en bois, et on comprime ensuite la masse, de manière à en exprimer une nouvelle quantité de lait de beurre. Dans certaines fermes, ce pétrissage a lieu en présence de l'eau, dans d'autres, on considère l'intervention de ce liquide comme nuisible à la qualité du produit et l'on se contente de pétrir simplement le beurre jusqu'à ce qu'il ne sorte plus de lait de beurre. (Voir fabrication du beurre de la Prévalais.)

En général, le délaitage à l'eau est préférable, parce qu'il assure au produit une conservation plus prolongée ; mais dans les pays où le beurre est délaité sans eau, cette pratique a sa raison d'être, comme nous le verrons plus loin, quand nous traiterons de la fabrication du beurre en Bretagne.

Dans tous les cas, que le délaitage ait lieu avec ou sans eau, on doit toujours éviter de toucher le beurre avec les doigts, autrement celui-ci se conserve frais moins longtemps.

Le délaitage terminé, si le beurre doit être vendu frais, on le pétrit en une motte dont la forme et le poids varient suivant les marchés auxquels ce produit est destiné.

A Cungy (Indre), chez MM. Lecorbeiller et Jolivet, une fois le délaitage effectué, on fait des pains pesant approximativement 500 gr.; on règle ensuite le poids sur le plateau de la balance, et la motte plus ou moins arrondie est déposée dans un bac rempli d'eau fraîche.

Quand tout le produit du barattage est ainsi fractionné, on donne aux mottes la forme commerciale. A cet effet, on prend un cylindre creux en bois que l'on place, après l'avoir mouillé, sur une palette en bois également mouillée ; on dépose dedans la boule de beurre, et à l'aide d'un disque en buis mouillé, on opère une pression qui fait prendre à la motte la forme du moule, et laisse sur sa surface l'empreinte de la marque de fabrique. Ce demi-kilogramme est ensuite placé sur une feuille de papier blanc non glacé et assez grande pour l'envelopper lors de l'expédition au marché. Toutes ces mottes ainsi préparées sont disposées sur des planches et portées dans un endroit frais jusqu'au moment de l'emballage.

7.

Dans les grandes exploitations, on pourrait très-avantageusement annexer une glacière à la laiterie, ce qui permettrait d'employer la glace à la réfrigération du beurre, en été, quand il sort trop mou de la baratte ou qu'il doit séjourner un certain temps dans la ferme avant d'être expédié sur le marché.

DEUXIÈME MÉTHODE. *Barattage du lait doux.* Cette méthode consiste à battre le lait presque immédiatement après la traite ; elle présente des avantages et des inconvénients.

Les avantages de cette méthode sont les suivants :

1° Économie du temps nécessaire à l'ascension de la crème et à l'écrémage ; 2° obtention d'un beurre plus fin, parce qu'il est extrait d'un liquide n'ayant pas eu le temps d'éprouver la moindre altération ; 3° séparation d'avec le beurre d'un liquide, *le lait de beurre,* ayant presque toutes les propriétés du lait doux et pouvant être consommé avantageusement dans le ménage ou servir à l'alimentation des jeunes veaux.

Quant aux inconvénients, on peut les résumer ainsi :

1° La force motrice nécessaire au barattage est plus grande, parce que l'on opère sur de plus grandes masses liquides ; 2° la quantité de beurre qui reste dans le lait est d'autant plus considérable que le barattage suit de plus près le moment de la traite.

Par suite de ce dernier inconvénient, on a été conduit à laisser reposer le lait pendant au moins 12 heures avant de le battre ; dès lors, l'économie de temps disparaissait, et si l'on obtenait plus de beurre, c'était aux dépens de la finesse du produit et de la qualité du lait de beurre. D'après les expériences de M. Barral, la température la plus convenable pour battre le lait doux, notamment dans la baratte Girard, est comprise entre 18 et 20°. A cette température, on peut obtenir le beurre en 5 minutes; au-dessous de 20°, la durée du barattage augmente beaucoup et le rendement diminue; au-dessus, le barattage est quelquefois encore plus rapide, mais, dans ce cas encore, le rendement diminue notablement.

M. Barral a encore constaté : que si le barattage de la crème exécuté entre 14 et 16° dans les barattes perfectionnées exige plus de temps que le barattage du lait doux, par contre, on obtient, pour la même quantité de lait, *un poids de beurre plus considérable*, mais non le produit le plus délicat possible.

Conclusions. 1° Le barattage de la crème reste préférable comme rendement et économie de main-d'œuvre, à la condition de faire le beurre aussi souvent que possible et dans une laiterie bien établie.

2° Le barattage du lait n'est réellement avantageux que pour obtenir du beurre de première qualité et quand on peut, tout à la fois, utiliser avantageusement le lait doux et remplacer la force de l'homme par un moteur mécanique quelconque.

Barattage du lait sûr ou caillé. Dans certains pays et notamment en Bretagne, on ne procède au barattage que lorsque le lait est caillé, en partie ou même en totalité. Dans ces conditions, on introduit dans la baratte, non-seulement toute la crème épaisse qui recouvre le caillé, mais le plus souvent aussi une portion plus ou moins considérable du caillé même.

On comprend que si cette pratique permet d'obtenir un plus grand rendement, ce doit être aux dépens de la finesse du produit; nous apprécierons, du reste, plus en détail cette méthode, quand nous traiterons de l'industrie beurrière en Bretagne.

Presse à beurre (fig. 61). Cet instrument, qui a figuré à l'exposition de Paris en 1866 et dont M. Bar-

Fig. 61.

ral a rendu compte dans le *Journal de l'Agriculture*, est destiné à supprimer la fatigue de la pression *manuelle du beurre*, tout en permettant d'opérer le délaitage d'une manière parfaite.

Il se compose d'un cylindre C en tôle étamé, dans lequel descend un piston mû par une vis V à main. Des trous placés à la partie inférieure laissent échapper le liquide qui est forcé de s'écouler par la pression et que l'on peut recevoir dans un baquet. Cet instrument, qui offre une garantie de propreté très-favorable à la bonne qualité du beurre, était coté 50 francs en 1866.

Pour terminer tout ce qui est relatif à la fabrication du beurre, nous ajouterons les indications suivantes :

Les expériences d'Anderson, confirmées depuis par celles de Quévenne, Reiset, etc., ont démontré que le lait recueilli *à la fin de la traite* d'une vache est notablement plus riche en beurre que celui obtenu au commencement, ce qui tient à ce que les globules butyreux, en raison de leur moindre densité, tendent à rester à la partie supérieure du lait contenu dans le pis de la vache. Il paraît même que la crème fournie par ce dernier lait présente une notable supériorité comme qualité.

Il résulte de ce fait acquis à l'économie rurale, que dans les exploitations où l'on s'attache surtout à la fabrication du beurre, il est très-important de réserver pour la préparation de ce produit les dernières portions de la traite de chaque vache, ou de mêler celles-ci avec la crème : en opérant ainsi, on peut doubler le produit en beurre avec la même quantité de lait. On voit aussi combien il est urgent de traire à fond chaque vache, car si on laisse du lait dans la mamelle, on perd le liquide le plus crémeux, et qui peut fournir le meilleur beurre. Dans le cas où l'on ne voudrait pas s'astreindre à réserver les dernières portions de chaque traite, on pourrait toujours fractionner la traite en deux parties égales, réserver la dernière partie tirée, laisser monter la totalité de la crème et l'employer à faire le beurre.

La nourriture donnée aux vaches, avons-nous dit déjà, a une énorme influence sur les qualités du lait et par suite sur celles du beurre qu'il fournit.

Les beurres d'Isigny, de Gournay, de la Prévalais, doivent certainement leurs excellentes qualités aux plantes si nutritives et si aromatiques qui composent les prairies du Bessin, du pays de Bray et des environs de Rennes. Les arômes se concentrent dans le lait et ensuite dans la matière grasse qui fournit le beurre; aussi, dans tous les pays herbagers, le beurre acquiert-il des propriétés toutes spéciales et infiniment supérieures dès que les vaches recommencent à aller dans les pâturages de la plaine ou des montagnes. (Inalpage.)

Mais, tout en faisant une juste part à l'influence des pâturages sur la qualité du beurre, nous devons ajouter qu'en dehors des produits exceptionnels fournis par certaines régions de la France et de l'étranger, les différences de qualité que l'on observe entre les autres tiennent surtout *aux circonstances de fabrication*. A notre avis, on peut obtenir en toute saison, de vaches nourries toute l'année à l'étable, du beurre d'une bonne qualité moyenne, à la condition de donner à ces animaux une nourriture convenable et d'apporter dans la fabrication tous les soins nécessaires.

FABRICATION DU BEURRE SANS BARATTAGE.

Ce procédé, très-répandu en Amérique, commence à se répandre dans plusieurs régions de la France, notamment en Normandie et dans le Berry; voici en quoi il consiste :

On verse la crème dans une toile ni trop fine, ni trop épaisse, on replie les bords de manière à bien enfermer la crème et on enterre le tout à une profondeur de 40 à 50 centimètres; d'autres fois, on introduit la crème dans un sac de toile, on le lie et on l'enfouit de la même façon.

Au bout de vingt-quatre heures, on retire la toile qui renferme alors une crème devenue très-ferme, on l'enlève avec une spatule, on verse dessus un peu d'eau, on la malaxe, et le petit lait se sépare immédiatement du beurre.

En hiver, quand la terre est gelée, on opère dans la cave ou dans une caisse renfermant de la terre suffisamment sèche.

Cette opération fournit un beurre de très-bonne qualité.

CARACTÈRES DES BONS BEURRES.

Les qualités d'un bon beurre résident dans sa fermeté, son odeur, sa saveur, la propreté et les soins apportés à sa préparation et à son délaitage. Les bons beurres ne doivent être ni mous ni cassants; ils doivent avoir une odeur légèrement aromatique, une saveur analogue à celle de la noisette fraîche, et être exempts d'impuretés ainsi que de lait de beurre. Un beurre mal délaité ne tardant pas à rancir, il est utile de savoir reconnaître ces produits de qualité inférieure. Pour cela, il suffit de couper dans la motte de beurre une tranche mince; si le délaitage est insuffisant, on verra immédiatement suinter sur les sections fraîches de cette tranche un grand nombre de petites gouttelettes blanches de lait de beurre.

Au printemps et en été, quand les vaches paissent sur de bons pâturages ou mangent à l'étable des fourrages verts, elles fournissent un beurre excellent et d'un beau jaune d'or; en hiver, au contraire, le beurre est généralement moins bon et d'un jaune très-pâle. La préférence accordée par les consommateurs au beurre d'un beau jaune a conduit naturellement les producteurs à donner en tout temps à ce produit la couleur recherchée sur les marchés, en le colorant artificiellement.

COLORATION DU BEURRE.

Dans les ménages et les petites exploitations, les deux substances les plus employées à la coloration du beurre sont : *le jus de carotte* et *les fleurs de souci*.

Jus de carotte. On presse dans un linge la pulpe de carottes râpées; on délaye dans un peu de crème une quantité convenable de jus obtenu, et on mélange au reste de la crème dans la baratte.

Fleurs de souci. Les pétales de cette fleur sont foulés dans un pot de grès, qui est ensuite fermé et abandonné à la cave pendant plusieurs mois. Au bout de ce temps, on trouve une liqueur épaisse dont on se sert pour colorer le beurre pendant l'hiver.

On trouve dans le commerce des matières colorantes liquides et solides destinées à la coloration des beurres, et dont les marchands de beurre en gros font une très-grande consommation. Parmi les producteurs de ces matières, nous citerons :

1° M. Louis Sourdat, chimiste, rue Myrha, 16, à la Chapelle, près Paris.

La matière colorante dont il est l'inventeur est liquide, et se vend aux prix suivants : le litre, 2 fr. 75 c.; au-dessus de 5 litres, 2 fr. 50 c. le litre.

Pour colorer le beurre, on peut opérer sur le lait ou la crème, ou sur le beurre même. Dans le premier cas, on ajoute, dans la baratte, une cuillerée à café de matière colorante pour 30 litres de liquide; dans le second, on incorpore cette cuillerée de matière colorante à une petite quantité de beurre, et on malaxe ensuite ce beurre trop coloré avec celui qui ne l'est pas. En procédant par parties, on arrive d'une manière sûre au degré de coloration voulue.

Nous avons constaté par nous-même que la couleur préparée par M. Sourdat était tout à fait inoffensive, d'une longue conservation, et qu'elle ne donnait au beurre aucun goût étranger; elle a de plus le précieux avantage d'être d'un prix très-modique. — M. Sourdat fabrique également une matière colorante à base d'huile pour les beurres, il la vend 7 francs le litre en gros et 8 francs en détail.

2° M. J. Hirner, rue Beautreillis, n° 11, Paris, inventeur des *jaunes végétaux* suivants :

N° 1. Jaune végétal liquide à l'eau, le litre. . . .   4 fr.
N° 2. Jaune végétal liquide à l'huile, le litre. . .   10
N° 3. Jaune végétal solide, le kil.   12

Les n°ˢ 1 et 2 s'emploient pour colorer le lait ou la crème ; quelques gouttes suffisent à la coloration d'un litre de ces liquides. On peut également les faire servir à la coloration directe du beurre.

Le n° 3 ne sert que pour colorer le beurre destiné à être salé ou mis en motte comme beurre frais. Avec 1 kilogr., on peut colorer 2,000 kilogr. de beurre, soit environ gros comme un pois par kilogr.

Ces jaunes végétaux, dont M. Chevallier, membre du Conseil de salubrité, etc., a, dans un rapport, déclaré la parfaite innocuité et l'aptitude à entrer dans la coloration de divers comestibles, ne graissent ni ne colorent les ustensiles de travail, et une fois mélangés, ne s'en vont pas dans l'eau.

Ils se conservent longtemps dans un endroit frais et ne nuisent pas au goût du beurre.

3° MM. L. Krick et E. Harpin, pharmaciens à Bar-le-Duc (Meuse), inventeurs d'une matière colorante appelée *Orantia*, qui se vend 4 francs le litre. L'orantia, composée de sucs de certains végétaux, est, d'après les producteurs, tout à fait inoffensive et sans odeur.

Les matières colorantes que nous venons de signaler peuvent servir également à la coloration de la pâte à fromage ; nous en reparlerons dans la seconde partie de cet ouvrage.

DU BEURRE ARTIFICIEL DIT MARGARINE MOURIÈS.

Le beurre, dit M. Mège-Mouriès n'est que de la graisse sous-cutanée, modifiée d'abord par son tissu cellulaire, et ensuite par les tissus organisés de la mamelle ; la preuve de ce fait, c'est que les vaches que l'on met à la diète continuent à donner un lait qui contient du beurre. Le travail des tissus consisterait donc à dépouiller la graisse résorbée, et entraînée dans la circulation de *sa stéarine*, de façon à la transformer en *oléo-margarine* butyreuse ou en beurre.

La fabrication du beurre désigné dans le commerce sous le nom de *margarine Mouriès* a pour objet de reproduire artificiellement la transformation qui s'opère naturellement sous l'influence des fonctions physiologiques de la vache ; elle comprend les opérations suivantes :

On prend du suif en branches, on le fait passer entre deux cylindres de façon à le broyer, et on le soumet à un courant d'eau chaude qui lave et entraîne toute la matière grasse en la séparant de ses enveloppes membraneuses.

Par le refroidissement, cette matière grasse qui surnage se prend en masse ; on l'enlève et on l'introduit dans un récipient qui renferme une certaine quantité de *suc gastrique artificiel* obtenu en faisant digérer des estomacs de porc dans de l'eau acidulée. On maintient ce mélange à une température voisine de 40 degrés pendant le temps nécessaire pour que, sous l'influence de cette digestion artificielle, la matière grasse se dédouble en deux parties : l'une solide, la *stéarine* ; l'autre semi-fluide, l'*oléo-margarine*.

On soumet alors à la presse, dans des sacs de toile, la matière grasse refroidie ; le corps solide qui reste, la *stéarine*, est vendu aux marchands de bougies, tandis que le corps semi-liquide qui s'écoule, l'oléo-margarine, est employée à la fabrication du beurre.

A cet effet, on introduit dans une baratte :

50 kilogrammes d'oléo-margarine ;
25 litres de lait ordinaire ;
25 litres d'eau dans laquelle on a fait macérer 100 grammes de mamelle de vache,

puis on procède au barattage.

Le beurre se prend comme dans le cas où l'on bat de la crème ou du lait doux ; on le malaxe et on le lave à la manière ordinaire. Quelquefois on remplace le lait dans la baratte par de la crème.

Ce produit a toute l'apparence du beurre, son goût ne saurait être comparé à celui de nos bons beurres, notamment ceux de Normandie et de Bretagne ; mais il est au moins égal à celui d'un grand nombre de beurres communs que l'on trouve dans le commerce.

La fabrication de la margarine Mouriès a pris une grande extension depuis deux ans; MM. Pellerin fils et Cie, concessionnaires du brevet pour Paris, ont installé deux usines : l'une, rue d'Allemagne, nº 113; l'autre, à Aubervilliers, et un magasin de détail, rue des Lombards, nº 7.

Ils livrent, en gros, la margarine au prix de 180 francs les 100 kilogr.; à Paris, un grand nombre de bouchers et d'épiciers vendent ce même produit 1 fr. 10 c. le demi-kilogramme.

Le beurre artificiel, qui paraît susceptible d'une assez longue conservation, à la condition de le maintenir dans un endroit sec et à une température comprise entre 10 et 15 degrés, est appelé à rendre des services réels à la classe ouvrière en raison de son prix peu élevé. Malheureusement, il tend à devenir la matière première d'un grand nombre de falsifications; les uns l'incorporent en plus ou moins forte proportion au beurre naturel, et vendent ce mélange comme du beurre pur; d'autres font des fromages gras avec du caillé maigre et de la margarine, et les produits qui résultent de cette association ne tardent pas à se rancir et à contracter une odeur infecte. Espérons que l'éloignement des consommateurs pour ces mélanges obligera les falsificateurs à renoncer à leur coupable industrie.

CHAPITRE VI.

INDUSTRIE BEURRIÈRE DANS LES DÉPARTEMENTS DU CALVADOS, DE LA MANCHE, DE LA SEINE-INFÉRIEURE, ETC. BEURRES D'ISIGNY, DE GOURNAY, ETC.

FABRICATION DU BEURRE DANS LE BESSIN[1].

BEURRE D'ISIGNY.

On désigne sous ce nom des beurres de qualité supérieure produits par les nombreux herbages qui couvrent la surface des cantons de Bayeux, de Trévières, d'Isigny, et même aussi d'une grande partie des cantons de Ryes et de Balleroy.

Nul pays au monde ne surpasse le Bessin[1] sous le rapport de la quantité et de la qualité du beurre produit; aussi cette industrie est-elle l'objet des soins les plus minutieux. Nous allons indiquer les traits principaux qui caractérisent la fabrication du beurre dans cette contrée[2].

FABRICATION DES BEURRES DITS D'ISIGNY.

Dans le Bessin, la laiterie est toujours placée au rez-de-chaussée; elle est établie dans un lieu frais,

[1] *Bessin*, petit pays de l'ancienne Normandie compris entre la mer, la campagne de Caen, le Bocage et le Cotentin. Ses places principales étaient Bayeux, Saint-Lô, Isigny, Port-en-Bessin. Aujourd'hui, ce pays fait partie des départements du Calvados et de la Manche.

[2] *De l'industrie beurrière dans le Calvados.* J. Morière.

exposée au nord et abritée du vent du sud par un rideau d'arbres.

Protégée soigneusement contre toute émanation

Fig. 62. Laiterie de M. Boivin, à Lison, près d'Isigny

fétide venant de l'extérieur, on facilite l'aération à l'intérieur en ménageant des courants d'air, et quelquefois même à l'aide de tuyaux souterrains qui vont prendre l'air au dehors pour l'apporter à l'intérieur du bâtiment.

Le sol de la laiterie se compose de dalles ordinairement en pierre de Fontenay-le-Pesnel (calcaire liasique très-compacte); sur le pourtour règne une banquette formée des mêmes dalles superposées et ayant 35 centimètres de largeur sur 15 centimètres de hauteur; c'est sur cette banquette que l'on place les crémeuses ou *sérènes*.

Toutes les bonnes laiteries sont munies d'un thermomètre qui indique si la température du local est au degré le plus convenable pour l'ascension de la crème. Nous avons dit, page 22, que cette température était de 12 degrés; on l'obtient en chauffant la laiterie en hiver et en la rafraîchissant en été.

Le chauffage se fait tantôt à l'aide de poêles placés dans la laverie et dont les tuyaux traversent la laiterie, tantôt à l'aide de réchauds remplis de charbon de bois allumé et dépouillé soigneusement de fumerons.

Le charbon dit de Paris, dont l'économie domestique fait actuellement une si grande consommation, serait particulièrement propre à ce genre de chauffage.

Un autre procédé de chauffage qui tend à se propager de plus en plus dans les grandes laiteries est celui par circulation d'eau chaude (thermosiphon), qui est employé sur une si grande échelle pour le chauffage des serres.

En été, on obtient l'abaissement de température

nécessaire en arrosant constamment le sol et en faisant circuler de l'eau dans la rigole, qui partage l'air de la laiterie (fig. 62). Quelquefois aussi les banquettes sont munies d'un rebord de façon à pouvoir y entretenir une certaine couche d'eau, dans laquelle on plonge le pied des sérènes pleines de lait.

Chez M. Boivin, dont la figure 62 représente la laiterie, la *laverie*, pièce dans laquelle on lave tous les ustensiles, est munie d'une chaudière établie sur

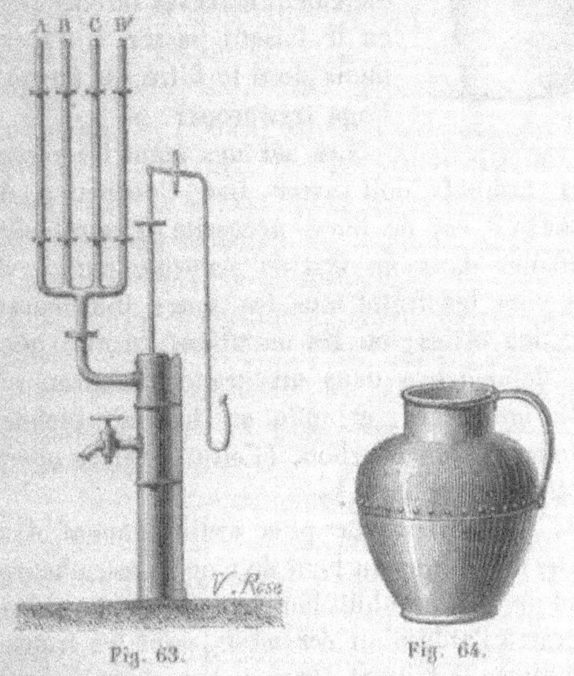

Fig. 63.   Fig. 64.

un fourneau , et d'une pompe aspirante et foulante (fig. 63), ayant quatre tuyaux de distribution ; A alimente la chaudière, B conduit de l'eau dans la baratte, C se dirige dans la laiterie, B' pénètre dans la cheminée de la cuisine, et s'élève jusqu'au sommet ; il est destiné à fournir l'eau nécessaire en cas d'incendie.

De la fabrication du beurre. Le lait trait deux ou trois fois par jour dans les herbages et recueilli dans les cannes (fig. 64) est apporté à la ferme,

Fig. 65.

comme nous l'avons déjà dit page 39. Là, on le coule immédiatement dans les sérènes (fig. 65) en le faisant passer à travers un tamis dont le filtre est fermé d'un linge très-propre.

Les sérènes étant les récipients dans lesquels doit avoir lieu l'ascension de la crème, il est de toute nécessité d'entretenir ces ustensiles dans un état de propreté parfait. A cet effet, on les frotte tous les jours intérieurement avec des orties ; on les maintient ensuite pendant une demi-heure dans un grand chaudron rempli d'eau bouillante, et enfin on les fait sécher sur un feu doux de charbon. (Cette dernière opération constitue le grillage.)

De l'écrémage. Le plus ordinairement dans le Bessin on écrème au bout de vingt-quatre heures en été et de quarante-huit heures en hiver. La crème es enlevée à l'aide d'un *écrémoir*, dont les trous laissent filtrer le lait, et déposée dans des récipients ou *crémières*, qui, sous le rapport de la propreté, sont soignés encore mieux peut-être que les sérènes. Les crémières sont rangées dans une pièce spéciale voisine de la laiterie; elles y restent jusqu'au moment du barattage.

Tous les producteurs intelligents savent aujourd'hui que le beurre obtenu est d'autant plus délicat et d'une valeur d'autant plus grande, qu'il est préparé avec une crème plus fraîche ou plus *jeune;* aussi, dans les grandes fermes du Bessin, on bat deux et même trois fois par semaine quand la chose est possible.

Barattage. Les deux pays qui fabriquent le meilleur beurre, le Bessin et le Bray, ont conservé la *baratte à tonneau,* dont nous avons donné la description page 73 ; le baril employé a des dimensions variables et qui atteignent quelquefois 10 hectolitres.

Tantôt, dans le Bessin, l'axe de la baratte muni d'ailes en bois est seul mobile; le plus souvent l'appareil entier est mis en mouvement.

Afin de diminuer considérablement le frottement, et par suite la force motrice, M. Lebas, de Littray (Calvados), fait reposer l'axe de la baratte sur deux petites roues mobiles qui se croisent.

Au concours de Saint-Lô, en 1866, M. Olivier de Littry avait exposé une baratte, très-répandue actuellement dans la contrée, et dans laquelle l'assemblage des douves avec les fonds est combinée de façon à éviter toute espèce de saillies, ce qui rend le nettoyage de l'instrument beaucoup plus facile.

Cette baratte, qui comporte une fabrication de 50 kilogr. de beurre à la fois, peut être mue à bras, mais le plus ordinairement elle est mise en mouvement à l'aide d'un petit manége inventé également par M. Olivier.

En outre, ce constructeur a eu l'idée d'encastrer dans un des fonds de la baratte deux glaces contre lesquelles s'attache le liquide pendant le barattage, ce qui permet de suivre les phases de l'opération sans avoir besoin d'enlever le bouchon qui ferme l'orifice d'écoulement du lait de beurre. (V. page 27.)

M. Morière cite encore parmi les barattes justement appréciées des cultivateurs du Bessin celle de M. Pézeul de Trévières ; il nous apprend également que dans la ferme de l'If, commune de Vouilly (Calvados), M. d'Iquelon possède une baratte de 720 litres de capacité, mise en mouvement au moyen d'une chute d'eau située à 300 mètres de distance, et dont la force lui est communiquée au moyen d'un câble en fil de fer, faisant fonctionner en même temps une machine à battre et une pompe à purin.

La température la plus convenable que doit avoir la crème au moment de son introduction dans la baratte est de 14 degrés ; cette condition remplie, et en imprimant à la baratte une vitesse de trente-cinq à quarante tours par minute, on obtient le beurre en un quart d'heure en été, tandis que dans l'hiver il faut souvent près d'une heure pour arriver au même résultat.

Délaitage et lavage du beurre. Nous avons dit précédemment combien il était important de purger complétement le beurre, par le lavage, du caséum et du petit-lait. Or, les fermières du Bessin ont remarqué que pour obtenir ce lavage parfait il ne fallait pas attendre que les globules butyreux fussent tous agglomérés, de telle sorte qu'elles commencent l'évacuation du lait de beurre et le lavage à grande eau dans la baratte même dès qu'elles voient apparaître de petits grumeaux, soit sur le bouchon de l'orifice *d* (fig. 27), soit sur les glaces de la baratte de M. Olivier.

On achève ensuite le délaitage en pétrissant le beurre avec ou sans eau, soit avec les mains, soit au moyen d'instruments en bois, rouleaux ou battes; on le met ensuite en mottes.

Généralement, dans le canton d'Isigny, les mottes de beurre, fabriquées sur la table appelée *sanne* (fig. 66), pèsent de 15 à 20 kilogr.; quand elles sont

Fig. 66.

Fig. 67.

prêtes, on les enveloppe d'un linge très-propre, et chacune est emballée dans un panier spécial (fig. 67) garni intérieurement de paille fraîche et recouvert d'une grosse toile.

Ainsi préparé et emballé, le beurre est expédié pour la vente.

Les grands marchés locaux consacrés à la vente des beurres du Bessin, sont : Bayeux, Isigny, Trévières, la Mine-de-Littry. Depuis une vingtaine d'années, et surtout depuis l'établissement des chemins de fer de Cherbourg à Paris, la majeure partie des beurres fins est expédiée directement à Paris par les producteurs sans passer par les halles de la capitale.

On expédie aussi du Bessin des quantités considérables de beurre salé à destination de l'Angleterre et de l'Amérique : l'expédition a lieu par le port d'Isigny et surtout celui de Carentan. Des négociants de ces deux pays achètent sur les divers marchés du Calvados des beurres en mottes, qu'ils salent et qu'ils expédient après en avoir assorti les qualités ; nous reviendrons plus loin sur cette industrie.

Production d'une vache. Nous avons vu, page 110 que dans le Bessin il faut de 25 à 28 litres de lait pour fabriquer 1 kilogr. de beurre, et que la production annuelle d'une vache est de 125 à 150 kilogr.

En estimant chaque kilogramme de beurre au prix minimum de 3 francs, on voit que le produit *brut* d'une vache exploitée pour le beurre s'élève à plus de 400 francs par an.

DE L'INDUSTRIE BEURRIÈRE DANS LE DÉPARTEMENT DE LA MANCHE.

Les procédés de fabrication du beurre dans le département de la Manche sont les mêmes que ceux en usage dans le Calvados ; la baratte-tonneau est la seule employée. Nous n'avons donc pas à y revenir ici.

IMPORTANCE DE L'INDUSTRIE BEURRIÈRE DANS LES DÉPARTEMENTS DU CALVADOS ET DE LA MANCHE.

Calvados. D'après M. Morière, la production beurrière annuelle dans ce département peut être évaluée à 13,158,000 hilogr., qui, au prix moyen de 2 fr. 60 c. le kilogr., représentent une valeur de 34 millions de francs [1]. L'arrondissement de Bayeux peut être considéré comme la grande manufacture de beurre du Calvados ; vient ensuite celui de Lisieux.

Manche. D'après l'enquête préfectorale exécutée en 1873-74, la production beurrière s'élève annuellement dans ce département à 10,989,370 kilogr., qui, au prix moyen de 2 fr. 60 c., représentent une valeur de 28,572,000 francs.

L'arrondissement qui produit la plus grande quantité de beurre dans la Manche est celui de Saint-Lô ; viennent ensuite ceux de Coutances et d'Avranches.

---

[1] Voir, pour plus de détails, notre travail spécial sur *l'Industrie laitière en Normandie*. Librairie Audot.

CONCOURS GÉNÉRAL DE PARIS, FÉVRIER 1874.

Dans ce concours, les récompenses accordées aux producteurs de beurre d'Isigny ont été les suivantes :

Médaille d'or. M. Lécuyer, à Vouilly (Calvados).

Médailles d'argent.
- M. Chirot, à Monceaux (Calvados).
- M. Legallois, à Neuilly (Calvados).
- M. Leroux, à Isigny (Calvados).
- M. Tostain, à Monfreville (Calvados).

En outre, M. Lécuyer précité a remporté le prix d'honneur des beurres pour le lot qu'il avait exposé.

INDUSTRIE BEURRIÈRE DANS LES DÉPARTEMENTS DE LA SEINE-INFÉRIEURE, DE L'EURE, DE L'OISE, DE LA SOMME, ETC. BEURRES DE GOURNAY,

La production beurrière dans le département de la Seine-Inférieure est extrêmement importante ; en 1873, elle a atteint 6,794,085 kilogr., qui, au prix moyen de 2 fr. 56 le kilogr., représentent une valeur totale de 17,392,857 francs [1].

Dans ce département, le seul arrondissement de Neufchâtel en Bray, dont Gournay fait partie, a produit, en 1873, 3,360,000 kilogr., qui, à raison de 2 fr. 95 le kilogr., sur les lieux de production, correspondent à une valeur de plus de 10 millions de francs.

L'importance de l'industrie beurrière dans les départements de l'Oise et de la Somme s'est traduite, en 1873, par les chiffres suivants :

[1] Voir notre publication spéciale sur *l'Industrie laitière en Normandie.*

	PRODUCTION BEURRIÈRE	VALEUR TOTALE
Oise...............	2,292,923^k	5,732,307^f
Somme.............	3,829,236	9,573,090

Ces nombres, ajoutés à ceux précédemment indiqués, donnent pour valeur de la production beurrière dans les départements du Calvados, de la Manche, de la Seine-Inférieure, de la Somme et de l'Oise, un total qui dépasse *cent millions* de francs. Il serait intéressant d'y joindre les valeurs de cette même production dans l'Orne et l'Eure, mais les renseignements statistiques sur ces deux départements ne nous sont pas encore parvenus.

FABRICATION DU BEURRE DIT DE GOURNAY.

La baratte la plus employée dans les départements ci-dessus nommés, est la baratte normande ou à tonneau, décrite page 73, et quant au mode de fabrication du beurre, notamment de celui dit de Gournay, c'est celui que nous avons décrit page 74.

Les beurres *frais* les plus estimés en France sont ceux dits d'Isigny et de Bayeux (Calvados et Manche) et ensuite ceux de Gournay (Seine-Inférieure). Dans notre première édition, nous avons montré que, de 1859 à 1869, les apports aux halles de Paris des beurres de ces deux provenances, ainsi que les prix, avaien toujours été en augmentant; nous rapprocherons ici des chiffres relatifs à l'année 1869, ceux qui s'appliquent anx années 1872 et 1873.

	ISIGNY		GOURNAY	
	QUANTITÉS	PRIX MOYEN	QUANTITÉS	PRIX MOYEN
1869.	3,016,000	3,48	2,659,000	2,99
1872.	2,915,000	3,51	2,565,000	2,98
1873.	2,774,000	3,68	2,679,000	3,13

Au détail, à Paris, les prix de ces mêmes beurres sont les suivants :

LE KILOGR.

Beurre d'Isigny extra-fin.	7f » à 8f »
— 1re qualité.	5 » à 6 »
Beurre de Bayeux, bon.	4 40 à 4 80
Beurre de Gournay.	4 » à 5 »

En hiver, ce sont les beurres *frais* dits d'Isigny qui atteignent les plus hauts prix sur le marché de Paris; les beurres de Gournay, d'un goût moins exquis pendant cette saison, sont toujours cotés à un prix moindre; mais à partir du printemps, les prix tendent à s'égaliser, ce qui tient, d'une part, à ce que le Gournay reprend ses excellentes qualités dès que les vaches recommencent à pâturer, et de l'autre, à ce que la production des bons beurres allant en augmentant, cette abondance a pour conséquence d'abaisser les hauts prix des beurres d'Isigny.

CONCOURS GÉNÉRAL DE PARIS EN 1874

DEUXIÈME SECTION. — BEURRES DE GOURNAY

Principales récompenses

MÉDAILLE D'OR.   M. Ménage (Numa), à Beaubec-la-Rosière (Seine-Inférieure).

MÉDAILLE D'ARGENT. M. Boullenger, à Lyon-la-Forêt (Eure).

—   M. Delimermont, à Saint-Quentin (Oise).

Au concours général de 1870, M. Mauger, à Saussay-la-Vache (Eure), avait obtenu le prix d'honneur dans la même catégorie.

CHAPITRE VII.

DE L'INDUSTRIE BEURRIÈRE DANS L'OUEST DE LA FRANCE.
ILLE-ET-VILAINE. — FABRICATION DU BEURRE DIT DE LA PRÉVALAIS.
MAYENNE, MORBIHAN, CÔTES-DU-NORD, FINISTÈRE.

IMPORTANCE DE L'INDUSTRIE BEURRIÈRE DANS L'OUEST DE LA FRANCE.

D'après les enquêtes préfectorales effectuées en 1873, à la demande de l'Administration de l'agriculture, l'importance actuelle de la production beurrière dans l'ouest de la France se traduit par les chiffres suivants :

	PRODUCTION TOTALE EN 1873	PRIX MOYEN DU KILOG.	VALEUR de cette PRODUCTION
Ille-et-Vilaine. . . .	11,630,170^k	2^f 36	27,447,215^f
Mayenne.	4,411,340	2 40	10,587,216
Morbihan.	5,816,982	2 30	17,450,946
Côtes-du-Nord. . . .	10,739,770	2 11	22,660,914
Finistère..	7,284,924	2 »	14,569,848
Totaux.	39,883,192		92,716,139

D'où il résulte que la valeur de la production beurrière actuelle dans les cinq départements ci-dessus dénommés, atteint près de QUATRE-VINGT-TREIZE MILLIONS de francs.

[1] Voir notre publication spéciale : *Industrie laitière dans l'ouest de la France.*

INDUSTRIE BEURRIÈRE DANS L'ILLE-ET-VILAINE.

L'arrondissement de Rennes étant celui dont la production beurrière offre la plus grande importance dans le département d'Ille-et-Vilaine, nous allons décrire ici le mode de fabrication du beurre de la Prévalais tel qu'il se pratique aujourd'hui, en nous servant pour cette partie de notre travail non-seulement des notes recueillies par nous en septembre dernier, mais aussi des excellents renseignements que M. Galery, ancien élève de l'École d'agriculture de Grand-Jouan, et actuellement fermier du domaine de Plessis-de-Thorigné, près Rennes, a bien voulu nous fournir.

FABRICATION DU BEURRE DIT DE LA PRÉVALAIS.

Le beurre de la Prévalais tire son nom d'une petite ferme située à 3 kilomètres sud-ouest de Rennes, remarquable par sa situation qui en fait une des plus agréables promenades des environs de la ville. C'est à une faible distance de cette ferme que l'on montre encore aujourd'hui un chêne plusieurs fois séculaire sous lequel Henri IV se reposa, après une partie de chasse, pour assister à des danses bretonnes organisées en réjouissance de son passage à Rennes, les 11 et 15 mai 1598.

A l'époque où le beurre de la Prévalais acquit sa réputation si justement méritée, il devait y avoir en cet endroit une fermière plus intelligente et surtout plus soigneuse que ses voisines, donnant à ses

9

vaches une nourriture sans doute mieux choisie et plus abondante. Il est également probable que les soins de propreté et d'intelligence de la fabrication jouèrent le rôle principal dans la préférence que l'on accorda au beurre de cette ferme.

Plus tard, la culture faisant quelques progrès, les débouchés devenant plus faciles, les fermières durent, de proche en proche, chercher à imiter celles qui avaient de meilleurs produits, et c'est ainsi qu'aujourd'hui, dans un rayon de 6 à 8 kilomètres autour de Rennes, toutes les fermières vendent du beurre aussi bon que celui de la Prévalais, localité où la production est, du reste, devenue tout à fait insignifiante; cette ferme ne nourrissant pas actuellement plus de dix à douze vaches.

D'autre part, le nom de beurre de la Prévalais paraît avoir pris une très-grande extension; car, d'après M. Lechartier, on appelle ainsi aujourd'hui tout le beurre qui se fabrique à 25 ou 30 kilomètres autour de Rennes.

Généralement, dans Ille-et-Vilaine, la fermière s'occupe seule ou avec l'aide d'une servante ou d'un gamin de la nourriture des vaches ainsi que de la fabrication du beurre, et elle attache une grande importance à cette branche de l'industrie agricole, parce qu'elle sait qu'elle retirera de ce produit un prix d'autant plus élevé qu'il sera réputé de meilleure qualité.

La traite des vaches a lieu deux fois par jour, le matin à 5 heures, pendant l'hiver, et à 3 heures 1/2 pendant l'été; toute l'année, la seconde traite a lieu à midi, ce qui partage assez mal la journée. Les femmes seules font la traite, et la fermière exige des servantes que cette opération ait lieu entre le repas de midi et l'heure à laquelle recommence l'ouvrage, afin qu'elles puissent repartir aux champs avec les hommes qui se reposent pendant ce temps; cette habitude est tellement enracinée dans le pays, que l'on tournerait en ridicule un homme qui trairait les vaches.

La traite s'opère dans des vases en fer-blanc, puis elle est coulée à travers un tamis dans les récipients qui doivent servir de crémeuses et qui sont immédiatement apportés à la maison.

Pendant longtemps on aurait inutilement cherché dans le département un local uniquement consacré au service de la laiterie, et le lait était conservé, comme cela a lieu encore aujourd'hui, dans un grand nombre de fermes d'Ille-et-Vilaine ainsi que dans le Morbihan, les Côtes-du-Nord, la Mayenne, dans des espèces de huches rectangulaires placées au milieu de la cuisine; un couvercle plein ferme ces huches, et, en été, une toile métallique placée au-dessus des vases à lait empêche les mouches d'arriver jusqu'au liquide lorsqu'on tient les meubles ouverts.

Depuis quelques années, on commence à construire dans les fermes qui avoisinent Rennes de petites laiteries, et à mesure que les baux se renouvellent, les fermiers en exigent une, ce que les propriétaires accordent facilement.

Les vases dans lesquels on conserve le lait sont des pots noirs en terre fine, peu évasés, profonds et d'une contenance de 10 à 20 litres ; l'absence de vernis à l'intérieur rend ces vases poreux et nécessite un nettoyage minutieux.

Le lait reste dans ces vases plus ou moins longtemps, suivant la saison et la destination du produit que l'on se propose d'obtenir. Dans les fermes voisines de Rennes où l'on s'engage à fournir aux commerçants de cette ville du beurre *frais* dit de la Prévalais, on bat tous les deux jours, et alors le lait n'est pas caillé au moment du barattage.

On verse dans la baratte la crème et ensuite la totalité ou une partie seulement du lait, et on bat le tout ensemble ; dans ces conditions, on obtient un beurre d'un goût très-fin et très-agréable qui rappelle celui de la noisette, mais on perd en quantité.

Ailleurs, et surtout dans un rayon plus éloigné de Rennes, on laisse le lait séjourner plus longtemps, dans les pots, et ordinairement, quand on se dispose à baratter, le lait est *caillé*. On fait alors tomber dans la baratte non-seulement la crème qui forme la couche supérieure, mais aussi une portion du caillé renfermé dans chaque pot, quelquefois même la totalité. Dans ce second mode de fabrication, le beurre obtenu ne vaut pas le premier, mais le produit est plus considérable.

Une fois les pots vidés, on les nettoie avec le plus grand soin en les introduisant, les uns après les autres, dans un chaudron posé sur le feu et qui contient de l'eau bouillante. On retourne les pots en tous sens, on les frotte vigoureusement avec un petit balai de houx, puis on les passe à l'eau froide plusieurs fois, et enfin on les met sécher à l'air.

Du barattage. — La baratte employée dans tout le pays est celle à piston ; elle est en bois de châtaignier et a la forme d'une poire ou d'un tronc de cône ; le ribot ou agitateur se compose d'un manche ordinairement en genêt et d'un disque circulaire percé de trous.

Cette baratte dure très-longtemps sans avoir besoin de réparations ; elle est très-facile à nettoyer, et le prix des petits et moyens modèles varie entre 9 et 35 francs.

Lors de notre voyage en Bretagne, en 1873, nous en avons vu une chez M. Galéry qui a 240 litres de capacité et dans laquelle on peut opérer sur 180 litres de liquide ; l'agitateur de cet instrument est mis en mouvement par un manége mû par un cheval.

On remplit ordinairement la baratte aux deux tiers ; en hiver, on la place devant le foyer de la cuisine, et si la température extérieure est très-basse, on introduit dans le liquide même une grande bouteille de terre pleine d'eau bouillante. Pendant l'été, au contraire, on verse dans cette bouteille de l'eau de puits aussi froide que possible.

Dans d'autres fermes, il est d'usage de verser l'eau froide ou chaude dans la baratte, un quart d'heure après que l'opération est commencée.

Le barattage a lieu tous les matins avant le départ des hommes pour les champs ; deux ou quatre hommes barattent à tour de rôle en s'aidant quelquefois d'un bois flexible (fig. 68), et la durée d'une opération bien conduite est d'environ une heure.

Quand le beurre est fait et que les pelotes plus légères flottent à la surface du liquide, le rôle des

Fig. 68.

hommes est terminé et le reste de l'opération regarde la fermière.

Au moyen du ribot, celle-ci imprime à la couche supérieure du liquide un mouvement de rotation qui a pour effet de réunir les petites pelotes et de les obliger à se souder les unes les autres; elle enlève ensuite les petites mottes avec une écuelle ou une cuillère et les dépose dans une jatte en bois de hêtre afin de procéder au délaitage.

Ces jattes S (fig. 69) sont posées tantôt sur une

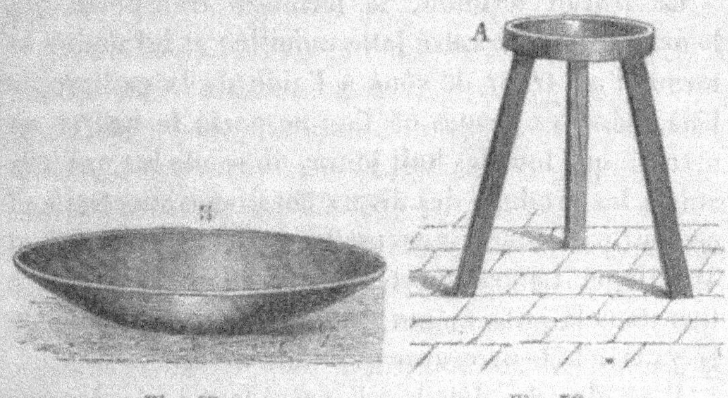

Fig. 69.   Fig. 70.

table, tantôt sur un trépied (fig. 70), dont la face supérieure A est légèrement évidée afin d'augmenter la stabilité du système.

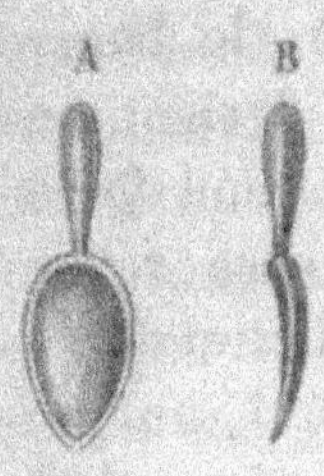

Fig. 71.

La fermière fait alors la *moche*, c'est-à-dire qu'elle met son beurre en *motte*. A cet effet, elle s'arme d'une petite cuillère en buis A (fig. 71), de 25 centimètres de longueur totale, et dont la partie opposée au manche est légèrement creusée et à bords tranchants.

Elle pétrit alors le beurre dans l'écuelle préalablement mouillée, le coupe en tous sens, le retourne un grand nombre de fois pour faire sortir le lait de beurre, puis à l'aide d'une grande épingle ou de son couteau, elle pratique dans le beurre délaité, et dans deux ou trois directions différentes, des sections très-rapprochées, de façon à enlever les quelques impuretés, tels que *poils*, qui peuvent le souiller.

Ce travail terminé, la fermière transporte son beurre dans une autre jatte mouillée et lui donne la forme d'un tronc de cône à l'aide de la cuillère de bois. Dans les fermes où l'on ne porte le beurre au marché que tous les huit jours, on soude les uns aux autres les produits des divers barattages successifs et on finit par obtenir une motte qui peut peser 30 et 40 kilogr. Le transport au marché de la *moche* a lieu dans la jatte même, seulement on a le soin de recouvrir le beurre avec une toile mouillée.

Il résulte des détails qui précèdent, que dans ce système de fabrication l'eau n'intervient pas et qu'on se borne, pour effectuer *le délaitage*, à une série d'opérations mécaniques toujours insuffisantes et nuisibles même à la fabrication du produit.

En effet, par ce pétrissage prolongé, le beurre perd de sa finesse, et souvent, en été, il devient gras et visqueux; de plus, l'absence d'eau rend forcément le délaitage incomplet et le beurre retient toujours une certaine quantité de petit-lait et de caséum dont la présence donne, il est vrai, au produit, un goût plus agréable le premier jour de la fabrication, mais qui contribue ensuite à le faire rancir très-rapidement.

La fermière pense qu'en opérant ainsi, elle porte au marché un poids de beurre plus considérable; mais c'est, en somme, un mauvais calcul, car les marchands en gros qui achètent ce beurre imparfaitement délaité ont soin de tenir compte dans le prix d'achat des frais de lavage et du déchet qui résultent du second délaitage à l'eau qu'ils sont obligés d'effectuer.

Les dimensions des jattes à délaiter et à faire la *moche* sont variables ; nous en avons mesuré chez M. Galéry une de grandeur moyenne qui avait 50 centimètres de diamètre supérieur, 24 de diamètre inférieur et 13 centimètres de hauteur. Il arrive parfois que dans quelques-unes, lorsqu'elles sont neuves, le beurre a une tendance à se coller fortement contre les parois ; on remédie à cet inconvénient en les frottant préalablement avec du gros sel.

Dans les vacheries bien composées des environs de Rennes, on obtient, en moyenne, 1 kilogr. de beurre avec 25 ou 26 litres de lait, et il n'est pas rare dans ces mêmes localités de trouver des vaches qui donnent cette quantité avec 20 litres seulement.

Quant au lait de beurre, il sert généralement, dans les fermes des environs de Rennes, pour l'élevage des jeunes veaux et la nourriture des porcs.

Dans un article publié en 1859[1], par Jamet, sur l'industrie beurrière dans le département d'Ille-et-Vilaine, l'auteur, comparant le beurre *frais*, dit beurre de table, des environs de Rennes, à celui d'Isigny, s'exprimait ainsi :

« Le beurre d'Isigny a certainement la pâte aussi fine et aussi ferme que celui de Rennes ; le plus sou-

---

[1] *Journal d'agriculture pratique.*

vent même il l'emporte sur ce dernier point, la fabrication étant supérieure; mais l'un et l'autre sont égaux, sous ce double rapport, quand ils reçoivent la même préparation.

« Quant au goût, c'est autre chose, nous trouvons que le beurre de Bretagne est supérieur à celui de Normandie, lors même qu'il n'est pas préparé avec tout le soin qui préside à la fabrication de cette denrée dans la province voisine. Le lait breton exhale un parfum qui se fait sentir, il est vrai, dans le lait normand, mais à un plus faible degré; il en est de même si l'on compare les beurres de ces deux provenances également bien préparées; le beurre d'Isigny est moins coloré, moins aromatique et n'offre pas cette saveur agréable et délicate qui rappelle le goût de noisette. »

Tout en reconnaissant la compétence de Jamet sur cette question, nous avouerons que nous ne saurions partager entièrement son opinion. Si, en effet, le beurre frais comme celui de la Prévalais possède des qualités de finesse et de goût qui peuvent le faire préférer aux beurres fins d'Isigny par les consommateurs habitués au premier produit, à notre avis, ce beurre breton doit surtout ces qualités spéciales à son délaitage imparfait; mais, par contre, dès qu'il a subi le second délaitage à l'eau, s'il gagne sous le rapport de la durée de la conservation, il perd notablement comme arome, ce qui n'a pas lieu au même degré pour les beurres d'Isigny et de Bayeux. En outre, si l'on compare les beurres fins de Normandie et de Bretagne préparés et délaités dans les mêmes conditions, les premiers sont généralement considérés comme susceptibles de se conserver plus longtemps frais que les seconds.

A l'appui de notre opinion, nous invoquerons ce fait, c'est que les beurres frais de Bretagne, même ceux dits de la Prévalais, lorsqu'ils sont expédiés à Paris après avoir subi chez les commerçants en gros de Rennes un second délaitage, à l'eau, n'atteignent jamais sur les marchés un prix aussi élevé que les beurres normands.

La méthode de fabrication du beurre suivie dans l'Ille-et-Vilaine est donc vicieuse par suite du délaitage à sec auquel il conviendrait de substituer le lavage à l'eau, surtout pour les beurres non destinés à être consommés frais. Déjà, bien avant nous, ce conseil a été donné aux autres producteurs bretons, mais toujours inutilement, et cette persévérance à suivre les anciens errements tient certainement au système de baratte employée.

On sait, en effet, que la sérène normande (fig. 27) se compose d'un tonneau dans lequel il très-facile d'introduire de l'eau destinée à purger le beurre par le lavage du caséum et du petit-lait, après que l'on a fait sortir par un autre orifice le lait de beurre.

Or, les fermières du Bessin ayant remarqué que, pour obtenir un lavage parfait du beurre, il ne fallait pas attendre que les globules butyreux fussent tous agglomérés, elles opèrent le lavage à grande eau dans la baratte même, dès que les petits grumeaux de beurre commencent à se former. Avec ce système, elles obtiennent des beurres parfaits comme corps, finesse de goût et durée de conservation.

Dans la baratte à piston, au contraire, la forme même de l'instrument s'oppose à cette élimination du lait de beurre et à son remplacement par de l'eau; par suite, les fermières bretonnes se contentent de retirer le beurre de la baratte et de le délaiter à sec. Cependant, comme l'a fait observer Jamet, cette difficulté inhérente à la forme de la baratte ne saurait empêcher de soumettre au délaitage à l'eau le beurre de table une fois sorti de l'instrument, et ce lavage se ferait d'autant plus facilement que le barattage ayant porté sur du lait doux, le caséum retenu par les molécules butyreuses est encore à l'état liquide.

En résumé, nous dirons une fois de plus aux producteurs de beurre fin de la Bretagne, mais seulement à ceux-là, qu'ils auraient tout avantage à remplacer la baratte à piston par la sérène normande, ou bien encore par la baratte Valcourt perfectionnée, telle que, par exemple, la fabrique M. Bodin, de Rennes. C'est le seul moyen pour eux d'obtenir des produits capables de rivaliser avec ceux de la Normandie. Dans tous les cas, s'ils tiennent à conserver la baratte à piston, que du moins ils se décident à adopter le délaitage à l'eau. Quant aux cultivateurs des parties de la Bretagne chez lesquels on fabrique des beurres de seconde qualité et qui, comme nous le verrons bientôt, ne se conservent qu'à la condition d'être salés plus ou moins fortement à la sortie de la baratte, il serait superflu de leur conseiller d'apporter quelques modifications à un système de fabrication qui, en résumé, est en rapport avec les circonstances défectueuses au milieu desquelles s'obtiennent les produits.

DÉLAITAGE A L'EAU DES BEURRES DE LA PRÉVALAIS
PAR LES NÉGOCIANTS EN GROS DE RENNES.

A Rennes, on lit sur la devanture des magasins de tous les marchands de beurre, ces mots : *Beurre de la Prévalais, frais tous les jours.*

Le consommateur est, en effet, assuré de trouver chez tous un beurre de qualité supérieure, parce que chaque commerçant passe marché avec un fermier des environs de la ville qui s'engage à lui apporter tous les jours ou tous les deux jours le beurre sortant de la baratte.

Mais, pour que ce beurre puisse se conserver *frais* pendant quelques jours, il est indispensable de lui faire subir le second délaitage dont nous avons parlé plus haut.

Chez les petits détaillants, cette opération s'exécute dans une jatte en bois en repétrissant le beurre par petites portions à la fois avec une cuillère également en bois.

On continue le malaxage à l'eau jusqu'à ce que ce liquide cesse de devenir laiteux.

Le déchet occasionné par cette opération est d'environ 10 pour 100; mais après ce délaitage les beurres de la Prévalais peuvent se conserver frais pendant quelques jours, et par suite être expédiés vers Paris ou d'autres grands centres.

L'expédition du beurre fin de la Prévalais s'effectue, pour les petites quantités, dans des pots noirs
en grès; ceux destinés à renfermer 500 grammes
de beurre ont 8 centimètres de diamètre sur 12 centimètres de hauteur. Après y avoir tassé le beurre,
on pose sur la surface bien égalisée un linge fin qu'on
recouvre d'une pincée de sel, et on ferme le pot avec
un papier fort retenu par une ficelle.

On expédie également ce beurre fin en mottes de
5 à 20 kilog. enveloppées d'un linge et renfermées
dans des paniers en bois de bourdaine, appelés
grêles.

Dans le délaitage à l'eau de quantités un peu considérables de beurre de la Prévalais, on remplace
la cuillère en bois par un rouleau et même par des
pilons; nous reparlerons de ce mode d'opération
quand nous traiterons du commerce en grand des
beurres en général.

Le prix du beurre de la Prévalais est, à Rennes,
au minimum de 2 fr. 80 le kilog. de mai à août, et
de 4 fr. au maximum du 1ᵉʳ janvier à la fin de mars
ou au commencement d'avril. Voici la copie d'une
facture relative à un petit achat de beurre extra-fin
de la Prévalais fait par nous le 8 septembre 1873,
à Rennes, chez M. David, 7, rue de l'Horloge :

2 kilog. 500 de beurre à 3 fr. 20 le kilog........	8ᶠ »
5 pots à 0 fr. 10 et emballage...............	0 90
Un port payé pour Paris.................	1 50
Timbre.....................	0 10
Total................	10 50

Ce qui met le kilog. rendu à Paris à 4 fr. 20, somme à laquelle il faut ajouter les frais d'octroi et de transport à domicile.

FABRICATION DU BEURRE DANS LE DÉPARTEMENT D'ILLE-ET-VILAINE EN DEHORS DU RAYON DE PRODUCTION DE CELUI DIT DE LA PRÉLALAIS.

Nous avons dit précédemment que dans les fermes des environs de Rennes où l'on fabrique le beurre dit de la Prévalais, le barattage avait lieu tous les deux jours et que l'on battait ensemble la crème et le lait encore doux, c'est-à-dire non caillé. Mais, en dehors de ces fermes voisines de la ville, on suit une méthode différente et qui paraît être celle adoptée généralement dans toute la Bretagne; nous allons la décrire telle que nous l'avons observée à la ferme de la Barattière, à 1 kilomètre de Vitré, sur la route de la Guerche, en septembre 1873.

Dans cette ferme, la traite du matin est barattée le lendemain, celle du soir le surlendemain matin.

Le lait est apporté à la ferme et coulé sur un tamis dans des pots C (fig. 72), toujours plus hauts que larges et d'une capacité de 5 à 6 litres environ. Ces pots sont placés dans un bahut en chêne (fig. 68) et en hiver, quand la température extérieure est très- basse, on met au fond du meuble de la cendre chaude.

Fig. 72.

Mais là où réside la différence de fabrication, c'est qu'avant de couler le lait dans ces pots, on commence par y introduire deux ou trois cuillerées de *caillé* d'une opération précédente que l'on répartit également contre les parois, d'autres fois on incorpore ce caillé au lait qui vient d'être coulé, comme on ferait avec la présure.

Par suite de cette addition de caillé, le lait se caille peu à peu en même temps que la crème monte, et le lendemain, quand on veut faire le beurre, on tire les pots de la huche, et à l'aide de la cuillère en bois (fig. 70) qui sert au délaitage, on coupe la crème tout autour du pot, et on la fait tomber dans la baratte avec la totalité ou la moitié seulement du caillé renfermé dans le récipient.

La baratte employée à Vitré est celle que l'on retrouve à peu près dans toute la Bretagne, c'est la baratte à piston, mais avec récipient en terre ; elle se compose :

Fig. 73.

Baratte en terre employée
en Bretagne.

Ribot et disque de la baratte
bretonne.

1° D'un vase en terre cuite (fig. 73) à parois

épaisses et ayant la forme B. L'orifice se bouche à l'aide d'un disque en bois x, percé d'un trou destiné au passage du manche m du ribot d.

Suivant la saison, on ajoute dans la baratte de l'eau fraîche en été ou chaude en hiver, quand le beurre est trop long à se faire.

Le délaitage du beurre s'effectue dans une terrine en terre avec la cuillère en bois; on ne le lave pas à l'eau, mais on le sale immédiatement à la dose de 50 à 100 grammes de sel par kilog. suivant le temps pendant lequel le beurre doit être conservé avant d'être porté au marché.

Dans les fermes situées à une certaine distance de Vitré, on le garde pendant huit et même quinze jours. En septembre dernier, ce beurre ainsi fabriqué se vendait 2 fr. 60 à 2 fr. 70 le kilog.

On vend encore sur le marché de Vitré le lait de beurre, au prix de 10 centimes le litre, et celui dans lequel on a délayé *du dessous*, c'est-à-dire du caillé, 20 centimes.

INDUSTRIE BEURRIÈRE DANS LA MAYENNE.

Le mode de fabrication du beurre dans la Mayenne est le même que celui que nous venons de décrire; le système de baratte est également le même; nous ne nous y arrêterons donc pas.

INDUSTRIE BEURRIÈRE DANS LE MORBIHAN.

Fabrication du beurre dans le Morbihan. — Comme dans la Mayenne et une partie de l'Ille-et-

Vilaine, le lait est coulé aussitôt la traite dans des vases en terre plus hauts que larges, à ouverture étroite et d'une contenance de 6 litres; on ajoute ensuite au lait trois ou quatre cuillerées de caillé, et douze heures après ou écrème ce lait qui est entièrement coagulé.

Quand la provision de crème ainsi obtenue est suffisante, on procède au barattage, opération qui a lieu deux à quatre fois par semaine, suivant l'importance des fermes.

La baratte à piston est la seule employée, et le récipient est en bois ou en grès, mais le grès est plus commun.

Dès que le beurre est fait (sans lavage à l'eau), on le sale à raison de 100 grammes par kilog., on en fait des pains du poids de 5 à 6 kilog. que l'on porte au marché.

Quant aux résidus (caillé, lait de beurre, etc.), ils sont vendus 5 centimes le litre dans les villes ou les villages et consommés, par la classe ouvrière et même la classe aisée, en trempage avec le pain de seigle et la galette de sarrasin.

Ce mélange, qui se consomme froid ou bouilli, constitue la soupe bretonne; c'est un mets peu appétissant, et cependant plus d'un ouvrier breton le préfère au meilleur pot-au-feu.

Nous devons à l'obligeance de M. Ducrot, l'intelligent directeur de la ferme-école du Grand-Resto, près Pontivy, et notre ancien élève à l'École de la Saulsaie, les autres renseignements qui suivent :

La vache bretonne, qui est celle du Morbihan, est

peu laitière; fraîche de lait, elle ne donne jamais plus de 8 litres par jour; mais, en revanche, ce lait est très-butyreux, et au Grand-Resto, 25 litres suffisent pour produire 1 kilog. de beurre.

Les vaches donnent, chez M. Ducrot, 1,100 litres de lait, en moyenne, par vache et par an, tandis que les paysans voisins, qui envoient paître leurs animaux dans la lande, n'obtiennent guère que 700 litres.

En raison de la proximité du Grand-Resto avec la ville de Pontivy (2 kilomètres), M. Ducrot préfère y vendre son lait en nature au prix de 20 centimes le litre; il fait même conduire en ville, chaque jour, un certain nombre de vaches qui sont traites sur place.

Madame Ducrot ne fait que du beurre doux, consommé par les officiers de la garnison ou les gourmets de la ville, et qui lui est payé 1 fr. 50 le demi-kilog.; la baratte employée est celle de Valcourt.

Le beurre salé du pays se vend d'avril à août, en moyenne, 2 fr. le kilog., et de septembre à mars, 2 fr. 50.

On ne fabrique guère dans le Morbihan que le fromage blanc, maigre ou à la pie, destiné à la consommation des gens dans quelques fermes; il n'y a point de fromageries spéciales dans ce département, sauf celle où M. Bonnemant produit du fromage façon Hollande, pour lequel il a obtenu plusieurs récompenses dans nos concours.

INDUSTRIE BEURRIÈRE DANS LES CÔTES-DU-NORD.

Conduit en septembre 1873 chez M. Jacques Rouxel, à la ferme des Villes-Doré (à 1 kilomètre de Saint-Brieuc), par M. Pradal, conseiller de préfecture et président du comice de Saint-Brieuc, nous avons pu constater que le mode de fabrication du beurre suivi dans les Côtes-du-Nord n'est autre que celui en usage dans les départements dont nous avons parlé précédemment.

Dans les Côtes-du-Nord, la baratte à piston à récipient en bois et plus souvent en grès, est très-employée ; mais cependant dans l'arrondissement de Saint-Brieuc, on tend de plus en plus à la remplacer par un instrument qui se compose des parties suivantes (fig. 74, 75, 76 et 77) :

B. Récipient en bois de 12 millimètres d'épaisseur, à section elliptique, composé de douves assemblées comme celles d'un tonneau et reliées par trois cercles en fer ; c'est dans ce récipient que s'opère le barattage de la crème plus ou moins épaisse.

C. Couvercle du récipient.

A. Agitateur composé d'un arbre carré et creux sur lequel sont clouées quatre palettes P de deux centimètres d'épaisseur, treize centimètres de longueur et de largeur, et percées de trois trous à leur extrémité.

T. Tige en fer filetée en v, de manière à pouvoir se visser dans l'étrier en fer e qui, lui-même, est cloué sur l'arbre A. L'extrémité O de cette tige s'engage dans une plaque de fer percée d'un trou et qui fait office de tourillon. M est la manivelle de l'agitateur, p la poignée en fer qui sert à transporter la baratte.

Pour opérer le barattage, après qu'on a rempli à

Fig. 74.

moitié le récipient de liquide, il suffit d'introduire

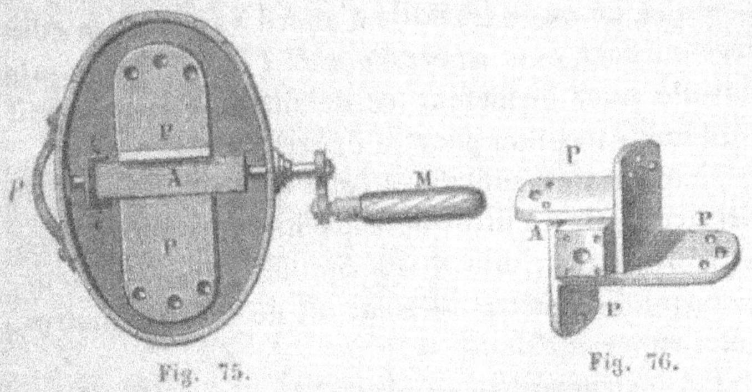

Fig. 75.   Fig. 76.

l'agitateur dans la baratte, d'enfiler la tige en fer *t*
dans l'arbre creux A et de visser la partie filetée *v*

dans l'étrier *e*, en maintenant fixe l'agitateur. Quand l'extrémité O de l'arbre est arrivée dans le tourillon, on lâche l'agitateur qui alors est entraîné dans

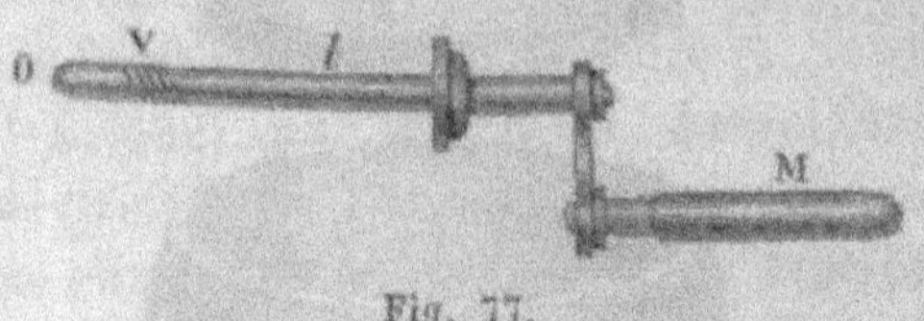

Fig. 77.

le mouvement de rotation imprimé à la manivelle.

En hiver, on ajoute à la crème un peu d'eau chaude dans la baratte, un demi-litre environ pour 20 litres ; en été, on met quelquefois de l'eau fraîche.

Une fois le beurre formé, on le rassemble en tournant alternativement dans un sens et dans un autre, on enlève le couvercle, on dévisse la tige *t*, on la retire ainsi que l'arbre à palettes, on sort le beurre et on le place dans une jatte J en bois (fig. 57) un peu conique, où on le travaille d'abord à sec avec la cuillère en bois, *puis en présence de l'eau*, et on le sale ensuite assez fortement (ce délaitage à l'eau paraît être une exception pour le département).

Une baratte semblable à celle que nous venons de décrire, et de 20 litres de capacité, coûte 9 fr. prise à Saint-Brieuc ; elle a 30 centimètres de hauteur, son grand diamètre inférieur est de 40 centimètres, celui supérieur de 33.

Cet instrument se recommande par sa simplicité, sa solidité, sa facilité de nettoyage, la modicité de son prix, enfin sa durée de conservation ; car, entretenu convenablement, il doit être en quelque sorte inusable.

Une jatte en bois, de 28 centimètres de diamètre supérieur, 12 centimètres de diamètre inférieur et 13 centimètres de hauteur, coûte 1 fr. 25, les cuillères en buis pour le délaitage se payent 1 à 1 fr. 25.

Des pots faisant office de crémeuses. Les pots en terre cuite employés à cet usage sont fabriqués dans le département; ils ont une forme défectueuse comme ceux en usage dans presque toute la Bretagne; leur contenance est d'environ 5 à 6 litres et leur prix de 30 centimes la pièce. Afin d'éviter que ces récipients, non vernissés à l'intérieur, ne contractent une mauvaise odeur, les cultivateurs des Côtes-du-Nord ont coutume de les rôtir en les plaçant sur un feu vif qui les dessèche sans leur communiquer un goût de fumée.

Utilisation des résidus. La nourriture des domestiques dans les fermes des Côtes-du-Nord se compose principalement :

1° De galettes ou crêpes de farine de sarrasin; 2° de caillé cuit ; 3° de lait de beurre.

Préparation du caillé cuit. Aussitôt après l'écrémage de chaque pot et l'enlèvement de la demi-cuillerée de caillé destinée à la coagulation du lait de la traite suivante, la fermière prend un grand couteau ou une sorte d'épée de bois et s'en sert pour couper le caillé d'abord par tranches parallèles dans un sens, puis en second lieu dans le sens perpendiculaire au premier.

Chaque pot P contenant le caillé ainsi coupé est

alors porté sur l'un des coins de la plaque de fonte
qui forme la sole de la grande cheminée de la cuisine, et il suffit du rayonnement produit par la
flamme des fagots brûlés sur cette plaque pour chauffer légèrement le caillé dont le petit-lait se sépare
peu à peu. On décante ce petit-lait, on ajoute au
caillé cuit du lait de beurre retiré de la baratte, et
on distribue ce mélange dans des écuelles aux domestiques qui le mangent avec leur galette de sarrasin.

Cas particulier. Dans certaines fermes importantes comme celles des Villes-Doré, le nombre
considérable de journaliers rend nécessaire pour les
repas une grande quantité de lait de beurre ou de
lait doux, quantité que l'on ne saurait obtenir en
coagulant entièrement chaque traite ; dans ce cas,
voici comment on opère :

On ajoute la traite du soir à la crème prélevée le soir
sur le caillé fourni par la traite du matin, et on met
le tout dans des pots plus grands que ceux C fig. 72,
et que l'on place pendant la nuit à l'un des coins de
la plaque du foyer, quand le feu est à peu près éteint
et qu'il ne reste plus que des cendres chaudes dans
l'âtre.

Le lendemain matin, on bat le tout ensemble et
on obtient ainsi une quantité considérable de lait de
beurre que l'on ajoute au caillé de la traite de la
veille au matin.

Les fermières voisines de Saint-Brieuc vendent
aussi au marché de cette ville un mélange de caillé
et de lait doux ou de lait de beurre au prix de 60 à

75 centimes le pot de 8 à 10 litres. On porte également des fermes encore plus voisines du lait pur vendu aux habitants 15 à 20 centimes le litre.

Enfin, nous avons vu sur le marché de Saint-Brieuc des fromages blancs, dans de petits moules en osier en forme de cœur, et qui, additionnés de 1 litre de crème, se vendaient 1 franc la pièce.

Considérations générales sur le mode de fabrication du beurre décrit ci-dessus. Malgré toutes ses imperfections, ce système de fabrication a sa raison d'être; autrement on ne le rencontrerait pas à la ferme des Villes-Doré dont le fermier passe à juste titre pour un des cultivateurs les plus intelligents et les plus avancés du département, et la femme pour une des fermières les plus soigneuses. C'est qu'en effet ce mode de fabrication que l'on retrouve presque partout en Bretagne a pour point de départ le régime alimentaire des ouvriers des fermes, notamment dans les Côtes-du-Nord.

Ces ouvriers se nourrissant de caillé additionné de lait de beurre; on trouve plus avantageux dans beaucoup de fermes de faire cailler le lait en même temps que la crème monte à la partie supérieure du liquide.

Le beurre fabriqué avec de la crème recueillie sur du lait caillé, délaité souvent à sec, ne peut évidemment être de première qualité et constituer du beurre de table; il se *rancit* vite, aussi le sale-t-on immédiatement.

De plus, faute de laiterie spéciale, la pièce consacrée à la fabrication du beurre étant à la fois la chambre à coucher des parents et des enfants, la cuisine, la pièce à manger d'un nombreux personnel, les crémeuses et les crémières étant renfermées dans des bahuts contenus dans cette même pièce qui sert à tant d'usages, on comprend qu'un beurre fabriqué dans de telles conditions ne saurait, même lorsqu'on apporte les soins les plus minutieux dans sa préparation, avoir des qualités comparables à celles des beurres de Normandie, tant sous le rapport de la finesse d'arome que de la durée de conservation à l'état frais.

On sait, en effet, que les beurres d'Isigny, de Bayeux, etc., sont fabriqués dans des pièces spéciales tenues avec une propreté remarquable, et il est donc tout naturel que, pour assurer la conservation des beurres de Bretagne obtenus dans les conditions énumérées ci-dessus, on procède immédiatement à leur salaison.

On fabrique cependant sur certains points du département des Côtes-du-Nord, comme à Dinan, Lannion, Guingamp, du beurre frais assez estimé; mais il n'est pas douteux que dans ces localités le beurre soit préparé avec de la crème fraîche, prélevée sur du lait non caillé et dans des laiteries spéciales.

INDUSTRIE BEURRIÈRE DANS LE FINISTÈRE.

Aux renseignements statistiques donnés en tête de ce chapitre, nous joindrons ceux qu'a bien voulu nous transmettre M. E. Philippar, notre ancien élève à Grignon, et qui dirige aujourd'hui avec succès l'école spéciale d'irrigation et de drainage du Lézardeau, près Quimperlé (Finistère).

Fabrication du beurre. La fabrication du beurre a une énorme importance dans le Finistère, et fait l'objet, comme nous l'avons vu page 144, d'un commerce considérable. Le mode de préparation le plus usité est le suivant :

On commence par écrémer le lait le plus possible, et on baratte seulement la crème *sans y ajouter de caillé.*

Le beurre se fait dans les fermes deux fois par semaine, et l'une de ces deux fois est toujours la veille du jour du marché. En hiver, et dans les petites exploitations, les plus nombreuses il est vrai, on bat seulement une fois.

La baratte la plus employée est celle à piston à récipient en bois, cerclé de fer, et d'une contenance de 10 à 12 litres. Dans le sud du département, partie moins avancée sous le rapport de la culture, et par suite moins riche, les récipients des barattes sont en grès.

Dans le nord, et notamment vers Brest et Morlaix, la baratte Valcourt, plus ou moins modifiée, est très en faveur, et sa vulgarisation est due à l'initiative des comices et des sociétés agricoles qui en distribuent chaque année comme prix dans les concours.

Dans l'arrondissement de Quimperlé, le prix moyen du beurre varie entre 1 fr. 80 et 2 fr. 80 c. le kilogr.; il se vend en mottes de 1 à 2 kilogr.

Le lait de beurre, résidu de la fabrication, est

consommé dans les fermes par les ouvriers, plus rarement par les animaux.

Bien que, dans le Finistère, les laiteries soient généralement petites et mal soignées, cependant les fermières apportent dans la fabrication du beurre un soin infini et une très-grande propreté. Les beurres ne sont que très-rarement colorés artificiellement, et ils sont tous *salés* immédiatement après leur fabrication et *leur lavage complet*.

Pour avoir des beurres *doux*, réputés *malsains* dans le pays, il faut les commander ou les faire soi-même.

Ajoutons que dans le voisinage des villes le beurre constitue l'une des branches les plus importantes des revenus de la ferme.

Commerce du lait. La vente du lait est, dans le Finistère, l'objet d'un commerce très-important, et ce liquide est offert à l'alimentation publique sous des états très-différents.

Dans le sud du département règne une coutume inconnue partout ailleurs, c'est que le lait écrémé ne peut être vendu sur le marché au lait (car il existe de ces marchés spéciaux dans les chefs-lieux de canton) qu'après avoir été bouilli. Après cette ébullition, plus la pellicule qui recouvre le liquide est épaisse, plus la valeur commerciale de la denrée est grande. Il paraît que cette coutume tient à ce que le paysan du Finistère considère comme insalubre le lait non chauffé. Dans le Nord, plus éclairé peut-être, cette prévention et par suite cet usage n'existent pas.

Le lait non écrémé est vendu dans toutes les villes un peu importantes du département au prix de 15 à 20 centimes le litre. Il est porté à domicile pour ce prix, sous le nom de *lait crémé-tout*, et chaque fermier a ses pratiques auxquelles il fournit des *ordinaires*.

Les fermes qui alimentent Brest, Quimperlé, etc., sont distantes de 2 kilomètres; pour les villes moins importantes, les distances franchies sont moindres.

Le lait écrémé et bouilli constitue le noyau des marchés de lait de chaque matin; on en consomme aussi beaucoup dans les fermes avec la classique crêpe de sarrasin, on en mélange avec sa bouillie; et, suivant les genres de cuisson qu'on lui fait subir, on obtient le lait *caillebot*, le lait *filoé*, etc.

Dans quelques fermes on fait ce que l'on appelle *le gros lait* en faisant bouillir du lait non écrémé avec un peu de vieux caillé; ce mets est destiné au personnel, mais sa fabrication est peu répandue [1].

CONCOURS GÉNÉRAUX DE 1870 ET DE 1873, A PARIS.

En 1870, M. Ruffel, de Bazouges (Ille-et-Vilaine) a obtenu une médaille d'argent pour ses beurres; en 1873, le jury a regretté de ne pas voir figurer au concours, ailleurs que chez les exposants marchands, les beurres de Bretagne, notamment ceux dits de Prévalais.

[1] Nous aurions désiré comprendre dans ce chapitre un sixième département, celui de la Loire-Inférieure, mais les documents nécessaires nous font défaut quant à présent; s'ils nous parviennent en temps utile, nous les insérerons à la fin de ce volume.

CHAPITRE VIII.

INDUSTRIE BEURRIÈRE EN FRANCE (fin).

Outre la Normandie et la Bretagne, les départements qui produisent le plus de beurre en France sont : Seine-et-Oise, le Pas-de-Calais, le Nord, le Loiret, la Sarthe, les Deux-Sèvres, la Charente, l'Auvergne, l'Indre-et-Loire, le Maine-et-Loire, l'Eure-et-Loir, l'Aube, la Marne, l'Yonne, etc.

Les produits expédiés par ces départements et désignés dans le commerce sous le nom de *beurres de ferme*, sont classés, aux Halles de Paris, en deux catégories :

1° *Les beurres plats* ou en demi-kilogramme qui viennent surtout de la Beauce, et dont le prix moyen est de 3 fr. 60 c. à 4 fr. le kilogr.; ils servent principalement à fabriquer la pâtisserie feuilletée de premier choix ;

2° *Les petits beurres* qui nous arrivent des autres départements, et qui ne valent guère, en moyenne, que 2 fr. 50 c. le kilogr. en raison de leur qualité bien inférieure à celle des précédents.

BEURRE DES ASSOCIATIONS FROMAGÈRES OU FRUITIÈRES.

L'industrie fromagère dans l'est et le sud-est de la France donne naissance à une production beurrière assez importante.

On sait, en effet, que lorsque le lait destiné à la fabrication du gruyère reste vierge de tout écrémage, il est beaucoup plus difficile à travailler, et qu'en outre les fromages absolument *gras* se prêtent difficilement au transport, d'où la double nécessité d'écrémer en partie le lait traité.

Dans le Doubs, le Jura, l'Ain, les deux Savoie, on écrème donc, mais dans des proportions variables, suivant les lieux de production. Dans les chalets des montagnes, on écrème dans le rapport *du tiers au quart* du lait employé; dans les sociétés fromagères de la plaine, de *la moitié au tiers*, et il résulte de nos études antérieures sur l'industrie laitière que, sans tenir compte du beurre obtenu du lait qui ne passe pas par les fruitières, la production beurrière dans les départements ci-dessus dénommés [1] représente une valeur approximative qui dépasse 10 millions de francs.

DÉPARTEMENTS	VALEUR DE LA PRODUCTION
Jura.	2,343,984
Ain.	588,115
Doubs.	1,577,205
Savoie.	2,385,898
Haute-Savoie.	3,202,984
Total.	10,098,186

Le beurre des fruitières est généralement de qualité inférieure, ce qui tient à ce que, dans ces établissements, la crème est donnée à l'associé qui a droit au fromage; celui-ci l'emporte chez lui, et souvent ne la fait battre que deux ou trois jours plus tard; aussi, le beurre produit ne se vend-il généralement sur le marché que 2 fr. à 2 fr. 50 c. le kilogramme.

Il y aurait cependant un moyen simple d'améliorer la fabrication de ce produit, ce serait de faire battre, le jour même, par le fruitier, la crème prélevée le matin sur le lait de la veille; le beurre obtenu pourrait alors être expédié à Paris et vendu au profit de l'association comme le fromage.

Les montagnes de la Franche-Comté renferment d'excellentes prairies, et il n'est pas douteux que les beurres de cette région, convenablement préparés, pourraient tenir une place très-honorable à côté des beurres de Normandie.

M. le commandant Faucompré, directeur de la ferme-école de la Roche, a adopté ce système de fabrication dans sa fromagerie de Gruyère, et son beurre se vend sur le marché 3 francs le kilogr. Au concours général de Paris, en 1874, M. Faucompré a obtenu une médaille d'argent pour un lot de beurre *frais* fabriqué dans ces conditions, et qui s'est parfaitement conservé pendant toute la durée de l'Exposition.

INDUSTRIE BEURRIÈRE EN SUISSE.

M. Schatzmann, directeur de la station laitière de Thoune, dans le canton de Berne, dit, dans son excellent *Manuel des Fromageries :*

« On se plaint beaucoup en Suisse de la mauvaise qualité du beurre ; et c'est avec raison, car il parait plus souvent sur nos tables un beurre de mauvais goût, salé, rempli de crasse, qu'un beurre *fin* et *savoureux,* et semblable à celui que l'on mange en France, en Hollande, dans le Holstein, en Danemark ou en Suède. Ce n'est qu'exceptionnellement que l'on rencontre en Suisse du beurre fin, et alors il est d'un prix trop élevé. Cependant ce n'est pas le bon lait qui manque, mais la volonté nécessaire pour traiter rationnellement les matières premières. »

On fabrique en Suisse trois sortes de beurres :

1° Le *beurre de crème fraîche,* c'est le beurre d'hiver des fruiteries ; c'est le seul bon à être mangé frais ; mais il est toujours cher.

2° Le *beurre mixte,* fait avec un mélange de crème fraîche et de crème de petit-lait (grasseïon), résidu de la fabrication du fromage. Il se fabrique en été dans toutes les grandes fruitières.

3° Le *beurre de crème de petit-lait ou de grasseïon.* Ce produit, dit aussi beurre *blanc,* ne peut guère être employé qu'après avoir été fondu.

Baratte suisse. La baratte la plus employée en Suisse a la forme d'une meule de moulin ; nous en avons donné la figure et la description page 78.

Quand cet instrument atteint un diamètre un peu considérable, il offre de graves inconvénients par suite de la difficulté du nettoyage et de la sortie du beurre après le barattage; aussi M. Schatzmann conseille-t-il à ses compatriotes d'y substituer un modèle de baratte-tonneau construit par M. Lefeldt, ingénieur civil à Schœninger (Brunswick).

Les beurres suisses rendent quelques services pendant l'hiver à la consommation parisienne, parce que, dans cette saison, les bons beurres indigènes deviennent insuffisants, surtout à cause de l'exportation; mais il y a toujours entre les beurres fins de Normandie et ceux de Suisse un écart de 20 à 40 fr. par 100 kilogr.

Généralement, nous recevons de Suisse plus de beurre frais ou fondu que nous ne lui en expédions, chiffres ci-dessous :

	IMPORTATION EN FRANCE	EXPORTATION
1869.	2,200,000f	800,000f
1872.	2,291,000f	738,000f
1873.	100,000f	738,000f

L'année 1873 fait néanmoins exception.

INDUSTRIE BEURRIÈRE EN ITALIE.

Dans l'Italie septentrionale, la fabrication du beurre accompagne celle du fromage de Grana ou Parmesan; c'est également un produit qui, dans les laiteries sociales (associations fromagères), vient s'ajouter aux fromages façon gruyère, demi-gras ou maigres, que l'on fabrique dans ces établissements de création relativement récente.

Nous allons décrire ici la fabrication du beurre

telle que nous l'avons observée, en avril 1874, chez MM. Guzzeloni frères, propriétaires et cultivateurs à la Cascina Belcazzule, à 2 kilomètres de Milan.

Le lait destiné à la fabrication du fromage de Grana est préalablement coulé à travers un tamis posé sur des crémeuses circulaires en cuivre rouge de 90 centimètres de diamètre, 16 centimètres de profondeur et d'environ 50 litres en capacité.

On remplit d'abord ces récipients *à moitié* avec le lait de la traite de quatre heures du soir, et le lendemain matin à trois heures on procède à un premier écrémage avec une crémette (*panarola*), sorte d'assiette en bois très-peu profonde, à bords tranchants, et de 30 centimètres de diamètre. Après cet écrémage, on achève de remplir les crémeuses avec la traite du matin, et vers onze heures ou midi on écrème une seconde fois avant d'introduire le lait dans la chaudière destinée à la fabrication du fromage. Ce double écrémage fournit environ 2 litres et demi à 3 litres de crème par chaque crémeuse ou par 50 litres de lait.

Du barattage. La baratte généralement employée dans les fermes de l'Italie septentrionale est, comme en Suisse, la baratte *meule* (fig. 30); mais on lui donne dans ce pays des dimensions très-considérables, et celle que nous avons mesurée chez MM. Guzzeloni avait 1^m,28 de diamètre extérieur sur 32 centimètres d'épaisseur. Sa capacité totale de 160 litres permet de battre 80 litres de crème à la fois.

Les barattes de ce genre sont fortement cerclées en fer à la circonférence; l'axe qui ne traverse pas l'instrument porte à chaque extrémité une manivelle et repose extérieurement sur deux galets, ce qui diminue beaucoup le frottement pendant le mouvement de rotation.

Une fois la crème versée dans la baratte, on y ajoute, dès que la température commence à s'élever, c'est-à-dire à partir d'avril, une certaine quantité de glace (8 à 10 kilogr. par 50 litres de crème), et on procède au barattage. Deux hommes se placent aux manivelles et deux autres les remplacent tous les quarts d'heure; l'opération dura une heure et quart environ.

Quand le beurre est fait, on amène l'orifice O de la meule au-dessus d'un bac rectangulaire placé entre les montants du bâti qui soutient la baratte, et on y fait tomber d'un seul coup le beurre en grumeaux et le lait de beurre.

On ajoute dans la baratte un peu d'eau et de glace, on imprime au cylindre un mouvement de va-et-vient, et on achève de faire passer les grumeaux de beurre dans le récipient rectangulaire que l'on retire alors de dessous la meule. Deux hommes prennent alors une toile et la tiennent tendue au-dessus d'une gerle en bois, pendant qu'un troisième ouvrier recueille avec la crémette les grumeaux de beurre dans le bac, et les transporte sur cette toile où ils s'égouttent.

Quand la totalité du beurre a été ramassée, ce même ouvrier réunit, à la main, toutes les pelotes de beurre en une masse unique, qu'il soumet à deux pétrissages successifs sur la toile; puis il la transporte sur une table en bois dur préalablement mouillée, et lui fait subir un délaitage *à sec* en pétrissant de nouveau le beurre avec ses mains, qu'il trempe de temps en temps dans un seau plein d'eau et de glace. Il prend ensuite une masse de beurre de 5 à 6 kilogr., la soulève, la rejette avec force sur la table, puis la roule, la comprime, la lisse avec la partie arrondie de l'instrument K en bois (fig. 78), et finalement

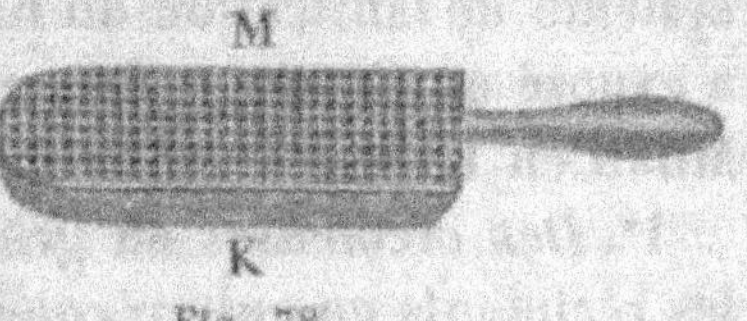

Fig. 78.

en fait une motte ayant la forme de la figure 79, et sur laquelle il imprime des dessins variables en se servant de la face cannelée M du même instrument K.

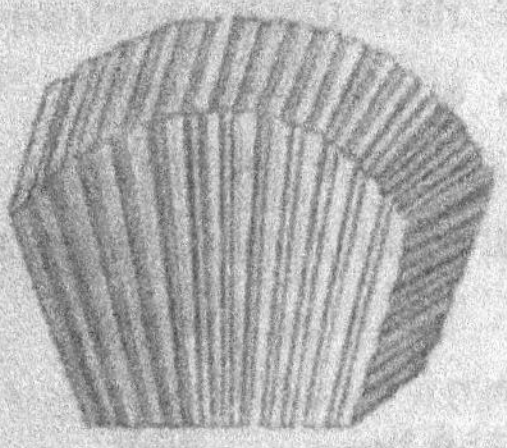

Les mottes sont ensuite enveloppées d'une mousseline imbibée

Fig. 79.

d'eau glacée et placées verticalement, les unes contre les autres, dans la corbeille qui doit servir à leur expédition sur le marché.

L'opération à laquelle nous avons assisté chez MM. Guzzeloni a fourni pour 40 litres de crème 11 kilogr. d'un beurre d'excellente qualité [1].

Comme nous l'avons dit déjà, page 80, les barattes-meules de grandes dimensions offrent des inconvénients graves, et sont généralement d'un maniement pénible pour les ouvriers. En outre, ces instruments ne se prêtant pas facilement au lavage du beurre dans la baratte, le délaitage a générale-

---

[1] Au concours international de Milan, en 1874, MM. Guzzeloni ont obtenu une médaille d'argent pour leurs excellents beurres.

ment lieu *à sec*, ce qui est une circonstance défavorable à la conservation du produit qui retient toujours une quantité assez notable de lait de beurre.

M. Faccioli, négociant en beurre salé, tente, depuis plusieurs années, de perfectionner en Italie le système de fabrication du beurre ; et dans ce but, il a exposé au Concours international qui s'est tenu à Milan en 1874 :

1° *Des crémeuses* en grès destinées à remplacer les récipients en cuivre rouge, que le lait, toujours un peu acide au moment d'être mis dans la chaudière, peut attaquer facilement, surtout en été.

2° *Les barattes à tonneau* (système normand), construites d'après ses indications, et dont les prix sont les suivants :

	CAPACITÉ TOTALE	PRIX
N° 1.	450 litres	260ᶠ
N° 2.	320 —	195
N° 3.	250 —	185
N° 4.	120 —	150

Chacun de ces instruments comporte le barattage d'un volume de crème égal à la moitié de la capacité totale, et le n° 1 convient très-bien pour une ferme qui possède de 120 à 170 vaches ; le tonneau a 1 mètre de longueur sur 70 centimètres de diamètre à chaque extrémité.

Les barattes Faccioli sont bien construites, bien équilibrées, relativement légères et d'une manœuvre facile ; les contre-batteurs sont des barres prismatiques fixées aux deux extrémités du tonneau, mais distantes des parois latérales de quelques centimètres, ce qui permet de nettoyer facilement la baratte sans qu'il soit besoin de retirer les contre-batteurs. On peut aussi introduire de la glace dans l'instrument, comme c'est l'usage en Italie, tandis que des ailettes dentelées ou trouées comme celles de la baratte normande ne résisteraient pas longtemps aux chocs répétés des morceaux de glace sur leurs parois.

Nous pensons que les barattes Faccioli pourraient rendre de grands services en Italie, en permettant aux producteurs d'obtenir des beurres mieux lavés et susceptibles d'une conservation plus prolongée.

DES BEURRES DE L'ITALIE SEPTENTRIONALE.

Les principaux centres de production du beurre dans l'Italie septentrionale sont Milan, Lodi et Codogno, et, comme ailleurs, les beurres italiens offrent des différences notables dans les qualités et la couleur suivant que les vaches sont nourries au vert ou au sec.

Dans la province de Milan, où l'arrosage des prairies (marcites) permet de faire annuellement quatre à cinq coupes, et quelquefois davantage, les vaches reçoivent de l'herbe presque toute l'année, et dans ces conditions le beurre qu'elles fournissent est d'une belle couleur jaune, gras, corsé, et d'un goût agréable; il se conserve assez bien à l'état frais, et pourrait même résister davantage s'il était mieux lavé. Au contraire, quand les vaches sont nourries au sec, comme à Milan, du 15 décembre à la fin de janvier, et pendant tout l'hiver, à Lodi, Codogno, etc., elles donnent un beurre tout à fait blanc et bien inférieur au précédent comme qualité. C'est pour masquer cette infériorité que certains producteurs de beurre blanc ont pris l'habitude, depuis quelques années, de colorer artificiellement leurs produits; nous citerons, entre autres, M. Antonio Zazzera de Cordogno.

COMMERCE DU BEURRE DANS L'ITALIE SEPTENTRIONALE.

La place de Milan expédie chaque semaine du beurre frais sur les côtes de la Méditerranée, et, en été, cette expédition est d'environ 5,000 kilogr. par semaine. Le marché principal de beurres, à Milan, a lieu au bourg Saint-Gothard; c'est là que les négociants s'approvisionnent.

Les corbeilles d'expédition pour Marseille sont en lanières de châtaignier; elles ont 38 à 40 centimètres de hauteur, 55 à 60 centimètres de longueur, 35 centimètres de largeur, et peuvent contenir 5 à 6 mottes de 8 kilogr.

Voici comment a lieu l'emballage des mottes, en été, chez MM. Gallone Modeste : on commence par mettre au fond de la paille, et ensuite un lit de glace et de sciure de bois. On garnit le fond et les parois avec un papier fort, et on range dans cette caisse en papier 5 à 6 mottes enveloppées de mousseline. On rabat le papier, on recouvre de paille, puis d'un lit de glace et de sciure, et on ferme la corbeille avec un couvercle à claire-voie, également en châtaignier, que l'on assujettit avec des cordes. En hiver, on supprime la glace. Dans les années ordinaires, le prix de la glace, à Milan, est de 1 franc les 100 kilogr.; mais dans les années où il n'y a pas d'hiver, ce prix peut s'élever jusqu'à 15 francs, comme cela a eu lieu en 1873.

Les corbeilles pour les expéditions d'hiver coûtent 60 centimes; celles d'été 1 franc, parce qu'elles sont construites plus solidement.

Le prix moyen du beurre sur les marchés de Milan est de 2 fr. 50 c. à 2 fr. 70 c.

Le beurre est expédié de Milan à Gênes par le chemin de fer, et de Gênes à Marseille par les bateaux à vapeur ou la voie ferrée. Dans le premier cas, le prix de transport est de 10 fr. les 100 kilogr.; dans le second, de 20 francs, et encore, lorsque des interruptions sur la voie ferrée nécessitent un transbordement, ce dernier chiffre s'élève à 22 fr. 50 c. ou 23 francs.

De Marseille, le beurre est expédié à Lyon, à Draguignan, Nice, Cannes, etc.

Les beurres partent de Milan deux fois par semaine, le mardi et le vendredi; ceux du mardi sont sur le marché de Marseille le vendredi matin; ceux du vendredi, le lundi matin.

Les beurres dirigés sur les Halles de Paris passent par le mont Cénis, Modane, Culoz, Mâcon, etc.

D'après M. Pellegrin, négociant à Draguignan, les commerçants du Var tirent aujourd'hui leurs beurres non-seulement des fruitières des Hautes-Alpes, ainsi que de Lyon et d'Annonay, dans l'Ardèche; mais depuis quatre ou cinq ans ils font venir de Nice et de Marseille des quantités notables de beurres de Milan. Ce dernier est toujours un peu plus cher que celui qui vient de Lyon; mais il est meilleur, et les consommateurs le préfèrent; il n'en est pas de même des pâtissiers, qui trouvent que celui de Lyon a plus de corps, plus de consistance, et qu'il fait mieux lever la pâte.

Pendant l'hiver de 1873, le beurre de Milan s'est vendu depuis 2 fr. 50 c. jusqu'à 3 fr. 50 c. le kilogramme, pris à Nice ou à Marseille; mais on peut admettre comme prix moyen 2 fr. 80 c. à 2 fr. 90 c.; au détail, à Draguignan, on le vend 3 fr. 50 c. le kilogramme.

Le beurre de la vallée de Queyras (Hautes-Alpes) pourrait rivaliser comme bonté avec celui de Milan, mais à la condition d'être mieux lavé et mieux apprêté.

MM. Gallone Modeste que nous avons cités plus haut expédient des beurres frais de Milan jusqu'à Constantinople.

Ils emploient pour cette expédition des tonneaux en frêne de 38 centimètres de diamètre sur 52 centimètres de hauteur, et garnis intérieurement d'une enveloppe mince de fer-blanc.

On commence par tasser le beurre dans cette enveloppe à l'aide d'un pilon, on pose ensuite sur la surface bien égalisée un disque également en fer-blanc; on rabat les bords de l'enveloppe sur ce disque, on soude le tout; puis on ferme le tonneau avec un autre disque de bois cloué, et enfin on enroule chaque tonneau dans une sparterie.

Un tonneau plein de beurre pèse de 50 à 80 kilogr.;

vide, il coûte, avec l'enveloppe de fer-blanc, le couvercle de bois et la sparterie, 6 fr. 50.

Les principaux négociants en beurre frais, à Milan, sont :

N. Dizzi et Cie, au bourg de Saint-Gothard.
Edoardo Santagustino, au bourg de Saint-Gothard.
Frères Clerici, au bourg de Saint-Gothard.
Luigi Novaresi, au bourg de Saint-Gothard.
Dionigi Corsi, marchand de comestibles, porte Magenta.
Paviani-Antonio, rue Saint-Vincent, 8.

M. Alexandre Faccioli, au bourg Saint-Gothard, n° 7, fait un commerce important de beurre salé; nous aurons occasion d'en reparler plus loin.

Les beurres d'Italie, bien plus encore que ceux de la Suisse, rendent de réels services à la consommation parisienne en hiver. Naturellement gras et d'assez bonne conservation, les détaillants les colorent quand ils sont blancs et les mélangent ensuite avec des beurres fins pour en faire des beurres *bons* ordinaires, qui se vendent de 3 fr. 60 à 4 fr. le kilogr.

Tandis que le commerce d'importation des beurres d'Italie en France tend à augmenter chaque année, celui d'exportation des beurres de France en Italie est à peu près nul.

Voici les chiffres d'importation des beurres d'Italie en France, de 1869 à 1873 :

	Million de kilog.	Million de francs.
1869	0.42	1.3
1870	0.61	1.8
1871	0.92	2.8
1872	0.89	2.7
1873	0.94	2.8

CHAPITRE IX.

COMMERCE DU BEURRE EN GROS. — MACHINES A MALAXER,
METTRE EN MOTTES, LAVER, SALER, DESSALER, CO-
LORER LES BEURRES, ETC.

COMMERCE DU BEURRE EN GROS.

Les commerçants en gros achètent, en général,
des beurres de provenances très-diverses, et c'est en
mélangeant les diverses qualités qu'ils arrivent à
obtenir des beurres de différents prix ou d'une qualité moyenne déterminée.

Le malaxage des beurres de diverses sortes peut
s'effectuer : 1° à la main, 2° à l'aide de rouleaux,
3° avec des machines plus ou moins puissantes.

Le malaxage à la main est une opération qui n'est
applicable qu'à des quantités de beurre relativement
restreintes ; on l'exécute ordinairement sur une table
de bois ou de marbre préalablement mouillée, et
l'ouvrier qui malaxe la matière grasse à la façon de
la pâte à pain, doit avoir à sa portée un vase plein
d'eau dans lequel il trempe constamment ses mains.
Quand les beurres soumis au malaxage sont trop
pâles, on incorpore pendant l'opération la quantité
de matière colorante nécessaire, et on met ensuite
en *mottes* la masse de qualité moyenne obtenue.

Chez les marchands en gros qui débitent journellement des quantités considérables de beurre, le malaxage à la main serait une opération non-seulement trop pénible, mais tout à fait insuffisante, et il devient nécessaire de recourir à l'emploi des rouleaux ou des machines spéciales.

Le système de malaxage au rouleau est appliqué à Rennes sur une grande échelle pour la préparation des beurres destinés à être expédiés en grosses mottes soit à Paris, soit vers d'autres grands centres de consommation. Nous avons vu précédemment comment le beurre était fabriqué aux environs de Rennes et combien était variable (en dehors du beurre dit de la Prévalais) la qualité de ce produit vendu sur le marché de cette ville; aussi les marchands en gros sont-ils obligés de soumettre tous ces beurres à un malaxage énergique ayant pour but : 1° d'achever le délaitage qui est toujours insuffisant; 2° de mélanger les beurres de qualités diverses et de salure différente, afin d'obtenir finalement des mottes de beurre de qualité moyenne et acceptable par la majorité des consommateurs.

Voici comment se pratique cette opération chez M. Bidard, vice-président de la chambre de commerce, et l'un des plus importants négociants en beurre de la ville de Rennes.

Le mélange se fait sur de petites quantités à la fois, à l'aide d'un rouleau en buis ou en bois très-dur, à la surface parfaitement lisse. Sa longueur est de 50 centimètres, son diamètre de 10 centimètres; il porte à chaque extrémité une poignée cylindrique d'un faible diamètre. Un homme met un peu de beurre sur une table en bois préalablement mouillée, il le malaxe avec son rouleau également mouillé, le roule, l'écrase, en ajoutant de temps en temps un peu d'eau pour extraire de la masse le petit-lait et du sel que certaines fermières ajoutent en trop grande quantité.

Le beurre est expédié en pots, depuis 0^k,250 jusqu'à 2 ou 3 kilogr., ou dans des paniers en bois de bourdaine, depuis 1 kilogr. jusqu'à 25 kilogr., suivant les demandes.

On dispose à l'intérieur des paniers une mousseline destinée à renfermer le beurre, et on le recouvre avec une serpillière de grosse toile bien ficelée.

MALAXAGE DE GRANDES QUANTITÉS DE BEURRE.

Il y a chez M. Bidard deux grandes tables formées de madriers en chêne très-épais, elles ont 80 centimètres de hauteur, avec un rebord en bois de 15 centimètres. On commence par trier les mottes pour en faire des échantillons moyens de diverses qualités.

Les ouvriers prennent alors un certain nombre de ces mottes, les mettent sur une des deux tables, les divisent en plusieurs morceaux avec de grands couteaux de bois, et les répartissent à peu près également sur toute la table.

Six hommes s'arment alors chacun d'un pilon en bois P (fig. 80), et se mettent trois de chaque côté de la table ; ils pilonnent le beurre, le battent en *accordant le mouvement,* comme le font six batteurs au fléau, dans une grange ou sur une aire à battre. Quand le beurre est bien battu, ils le coupent par bandes avec leurs couteaux de bois, ils relèvent les bandes les unes sur les autres et recommencent à pilonner puis à couper en tranches, et ils continuent ainsi

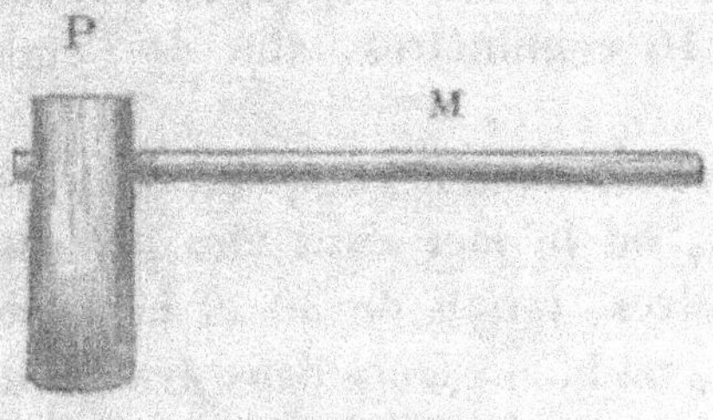

Fig. 80.

jusqu'à ce que la masse soit devenue parfaitement homogène.

Le lait de beurre vole bien un peu à droite et à gauche, mais c'est peu de chose.

Le pilon rappelle un peu celui employé pour écraser les ajoncs, mais il est mieux fait et parfaitement uni.

La table qui sert à malaxer a 2 mètres de longueur sur 80 centimètres de largeur.

La seconde table, disposée de la même façon, quant à la forme, a 2 mètres 50 à 3 mètres de longueur.

Un ouvrier tend en travers de cette table des ficelles, à 10 centimètres de distance les unes des autres; elles sont terminées à chaque extrémité par des boucles qui pendent sur les rebords et dans lesquelles on peut engager la main.

Quand le beurre est bien malaxé sur la première table, on le dispose en couches minces sur toute la surface de la seconde table, et on superpose les couches jusqu'à une hauteur qui peut atteindre 80 centimètres. Ce travail fini, on coupe la masse de beurre, à l'aide des ficelles, en tranches prismatiques de 10 centimètres, afin de l'emballer plus aisément.

Ce beurre est emballé par quantités très-variables :

Souvent, on le met dans des paniers longs de 60 centimètres, larges de 30 et hauts de 15, par 25 kilogr., ou bien encore dans des finettes en bois blanc, avec couvercle de même bois, depuis 10 kilogr. jusqu'à 50 kilogr.

MALAXAGE DES BEURRES A LA MACHINE.

La machine la plus employée aujourd'hui en France pour le malaxage des beurres est celle inventée par M. Hauducœur ; elle sert également au lavage, salage ou dessalage de ce produit, suivant les circonstances.

Cette machine, dont la figure 81 donne la vue extérieure, se compose :

1° D'une trémie T dans laquelle on jette à la pelle les beurres de diverses qualités dont on veut opérer le mélange ou qu'il s'agit de saler ou de dessaler.

Les beurres tombent entre deux cylindres C, en bois de gayac et cannelés, qui les écrasent.

Une seconde trémie T' conduit le produit écrasé

et déjà partiellement mélangé entre deux autres cylindres lisses R qui achèvent le mélange.

La pâte tombe ensuite dans le récipient B muni

Fig. 81.

d'un arbre vertical qui porte trois hélices superposés, également en bois dur (fig. 82). Ledit récipient possède en même temps dans son intérieur, et fixées à ses parois, quatre broches horizontales qui s'avancent vers l'axe et entre les intervalles libres laissés par les hélices.

C'est dans cette partie B de la machine, appelée spécialement *mélangeur*, que l'opération s'achève; la pâte devenue tout à fait homogène est poussée lentement jusqu'à l'entrée de la porte p, d'où elle sort sous la forme d'un prisme rectangulaire composé de tranches successives et accolées les unes aux autres.

S'il s'agit d'opérer le lavage ou le dessalage du beurre, on tourne le robinet du tuyau t qui laisse alors tomber un filet d'eau sur les beurres jetés dans la trémie. Cette eau de lavage arrive dans le ba-

Fig. 82.

quet K muni de roulettes, en même temps que les prismes de beurre.

On enlève ces prismes et on les porte sur une table en bois dur où ils sont pétris à la main, de façon à leur donner la forme de grosses mottes de poids variable et que l'on enveloppe de mousseline peu serrée.

Quant à la coloration des beurres pâles, elle se fait en même temps que l'écrasage et le malaxage. A cet effet, on introduit dans la trémie T la quantité de matière colorante proportionnelle au poids du beurre que l'on se propose d'obtenir.

Voici le tarif des divers numéros des machines construites par M. Hauducœur :

NUMÉROS	LONGUEUR DES CYLINDRES en millim.	TRAVAIL À L'HEURE	PRIX
2.	500	100 à 120^{kil}	1.500^f
3.	550	150 à 200	1.800
4.	600	200 à 300	2.000

Le rendement varie avec la température.

M. Hauducœur a vendu dans ces dernières années un très-grand nombre de ses machines, et pendant le même temps, il se chargeait du lavage et du malaxage des beurres à façon, au prix de 3 francs les 100 kilos. Il habitait alors la rue Quincampoix où l'on pouvait voir tous les jours fonctionner ses malaxeurs. Mais, par suite de la vulgarisation de ses machines, adoptées aujourd'hui par presque tous les gros marchands de Paris, M. Hauducœur a réduit son industrie à la fabrication seule desdites machines et habite actuellement à Auteuil, rue Le Marrois, n° 21. D'après le prospectus, les machines n°s 2 et 3 sont disposées pour marcher soit à bras, soit au moteur; mais, de l'aveu même de l'inventeur, le moteur à bras ne saurait être économique, car il faut environ quatre hommes pour mouvoir la machine n° 2, et encore doit-on compter les temps d'arrêt indispensables et fréquents.

On peut appliquer comme moteur à ces machines, les chevaux, l'eau, la vapeur, ou bien encore le moteur Lenoir, comme cela a lieu chez M. Choisy-Delayen, rue Pierre-Lescot, à Paris. Mais nous devons dire que ce dernier moteur n'est avantageux que dans le cas où l'on n'a à traiter que des quantités de beurre relativement faibles et dont le malaxage ne nécessite pas un travail continu.

Lors de notre visite chez M. Hauducœur, nous avons vu fonctionner le malaxeur n° 4; son atelier renfermait alors deux machines semblables pouvant être mises en mouvement toutes deux simultanément à l'aide d'une machine à vapeur de la force de trois chevaux (système Rikkers). Un seul malaxeur du n° 4 exige une force de deux chevaux-vapeur, au plus; le n° 3, un cheval et demi; le n° 2, un seul cheval.

Lorsque M. Hauducœur travaillait les beurres à façon et qu'il soumettait à la coloration artificielle ceux trop pâles, cet industriel employait le jaune solide de M. Hirner (voir page 126) et calculait qu'il fallait, en moyenne, 1 kilogr. de cette matière, du prix de 12 francs, pour donner la couleur convenable à 600 ou 700 kilogr. du beurre le plus blanc, tel que celui qui arrive de Milan, par exemple, pendant l'hiver.

MACHINES A PÉTRIR ANGLAISES ET AMÉRICAINES.

En Angleterre, on se sert de machines à pétrir composées d'un cylindre métallique percé de trons, à travers lesquels, au moyen d'un piston, on force

le beurre à passer ; la figure 61 donne une idée de
cet instrument.

En Amérique, on se sert de grandes machines à
cylindres broyeurs, analogues à celles de M. Haude-
cœur, et que MM. Lefeld et Lentrech de Schœnin-
gen (Brunswick) ont importées en Allemagne et en
Suisse.

MISE EN MOTTES DU BEURRE, SYSTÈME PELLEGRIN.

Nous ne quitterons pas la question que nous venons d'étudier dans ce chapitre sans indiquer un
moyen très-simple et très-ingénieux pour mettre le
beurre en mottes, imaginé par M. Pellegrin, négociant en beurres et fromages, à Draguignan (Var).

Cet appareil (fig. 84) se compose simplement
d'une boîte prismatique à six faces, dont cinq sont
reliées ensemble au moyen de charnières ; quant à
la sixième, elle est libre et sert à transmettre la
pression à la masse de beurre.

La figure 83 représente le moule entièrement
ouvert.

En dressant les quatre faces A B C D, on obtient
une boîte ouverte par en haut, dont on maintient les
parois à l'aide d'un étrier en fer qui fait office de
bague à la partie supérieure.

On introduit alors le beurre dans ce moule et on
place dessus la sixième face A mobile, puis à l'aide
d'une petite presse à vis on exerce sur cette pièce de
bois une pression convenable.

Le beurre ainsi pressé prend exactement la forme du moule; une minute de pression suffit. On retire alors l'étrier en fer qui maintenait le moule fermé, on fait tomber les quatre faces mobiles et le pain de beurre reste intact; on l'enlève et on recommence l'opération.

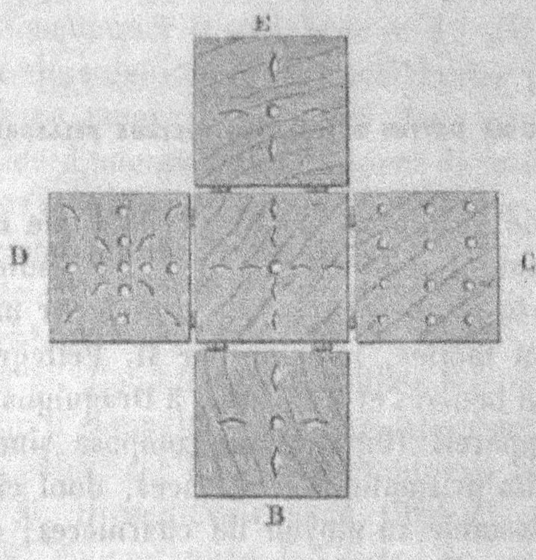

Fig. 83.

Les faces du moule peuvent être sculptées intérieurement en creux de divers dessins dont, après la pression, la motte reste ornée.

Au lieu d'employer un moule à parois sculptées à l'intérieur, on peut imprimer après coup les dessins sur les faces de la motte, en se servant de rouleaux ou de plaques en buis sculptées à la surface; c'est un peu plus long, mais le résultat est le même.

Il est indispensable, chaque fois que l'on veut se servir de ce moule, de le mettre tremper dans l'eau dès la veille, autrement le beurre adhérerait contre les parois et la motte serait manquée.

Les avantages de ce système de mise en mottes consistent dans une grande économie de temps,

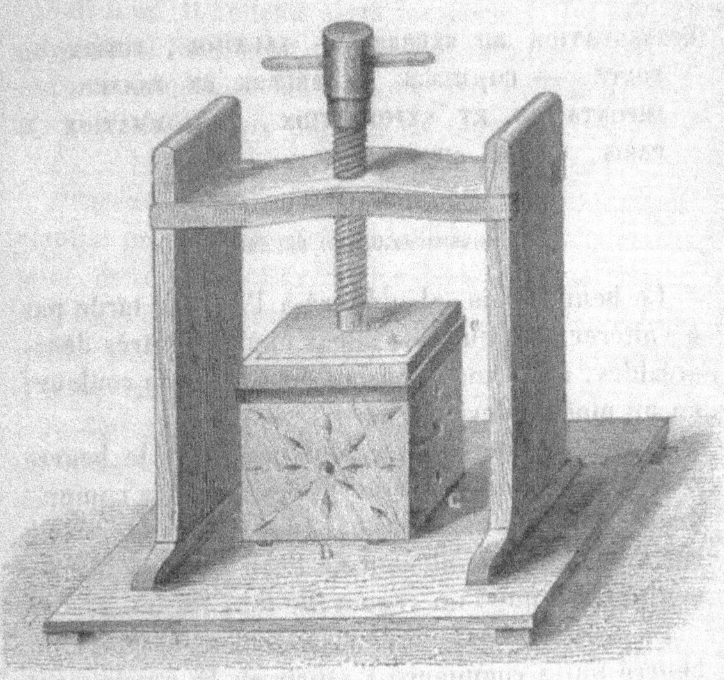

Fig. 84.

une grande propreté et une conservation plus prolongée du beurre. La motte étant plus complète, il n'existe plus de vides à l'intérieur, l'eau et le petit-lait en sont mieux expulsés, et par suite le beurre est beaucoup moins sujet à rancir.

CHAPITRE X.

CONSERVATION DU BEURRE. — SALAISON, FUSION OU FONTE. — COMMERCE DU BEURRE EN FRANCE. — IMPORTATION ET EXPORTATION, CONSOMMATION A PARIS, VENTES AUX HALLES.

CONSERVATION DU BEURRE.

Le beurre frais, abandonné à l'air, ne tarde pas à s'altérer; il prend une odeur et un goût très-désagréables, en même temps qu'il se fonce en couleur; en un mot, il devient *rance*.

Dans les ménages, on peut conserver le beurre *frais* pendant une huitaine de jours, en le comprimant dans de petits vases qui sont retournés ensuite sur une assiette contenant de l'eau pure ou légèrement salée, que l'on renouvelle tous les jours.

On peut aussi améliorer sensiblement le goût d'un beurre qui a commencé à rancir en le repétrissant avec du lait frais; ce procédé est employé par les marchands de beurre au détail.

Procédé Appert. — Appert a appliqué au beurre son procédé général de conservation des substances alimentaires, c'est-à-dire la chaleur.

A cet effet, il prenait du beurre frais d'excellente qualité, parfaitement délaité et pressé dans un linge, afin de le débarrasser le mieux possible de son humidité; il l'introduisait alors par petits morceaux dans des bocaux en verre et l'y tassait de façon à ne pas laisser de vides. Les bocaux, une fois bouchés hermétiquement au moyen de bouchons de liége lutés et fixés par un fil de fer croisé, étaient placés dans un bain d'eau froide, qu'il chauffait jusqu'à l'ébullition. Il retirait alors les bocaux, les laissait refroidir et les plaçait ensuite dans un lieu frais.

Du beurre ainsi traité conservait sa fraîcheur et ses qualités pendant plus de six mois.

Procédé Bréon. — M. Bréon obtient le même résultat en recouvrant le beurre frais, parfaitement tassé dans des boîtes de fer-blanc, d'une légère couche d'eau acidulée d'acide tartrique ou d'un liquide dans lequel on fait dissoudre 6 grammes d'acide tartrique et de bicarbonate de soude par litre d'eau. Après avoir ajouté l'un de ces liquides en quantité suffisante pour remplir la boîte, on soude le couvercle.

Nous avons vu dans le chapitre précédent que MM. Gallone Modeste expédient de Milan jusqu'à Constantinople du beurre *frais*, en le renfermant dans des boîtes en fer-blanc hermétiquement closes et contenues elles-mêmes dans des tonneaux.

Enfin, nous dirons qu'il s'est formé récemment en Danemark, sous la raison sociale Busek et C¹ᵉ, et la dénomination de Société scandinave pour la conservation du beurre, une grande association ayant pour but d'exploiter de nouveaux procédés de conservation de ce produit, et de l'expédier au delà des mers dans des boîtes de fer-blanc; le siége de l'établissement central est à Copenhague.

En grand, les procédés de conservation du beurre sont : la *Salaison* et la *Fusion*.

SALAISON DU BEURRE.

Dans le commerce, le beurre est dit *salé* ou *demi-sel*, suivant la quantité de sel pour cent qu'il renferme; nous avons vu chapitre VIII que l'on produisait en Bretagne des quantités énormes de beurres de ces deux espèces.

Dans le pays de Bray, on prépare le beurre demi-sel comme il suit : dès que le beurre a été parfaitement délaité et lavé à l'eau, on l'étale en couches minces sur une grande table préalablement mouillée; on répand dessus du sel gris desséché au four et broyé, à raison de 60 grammes par kilogr. de beurre, on pétrit ensuite jusqu'à ce que l'incorporation du sel soit complète et uniforme.

Le beurre salé est ensuite comprimé dans des vases en grès, qui peuvent en contenir 10 à 15 kilog.; une fois remplis, on les abandonne à eux-mêmes dans un lieu frais pendant une huitaine de jours. On comble ensuite le vide qui a pu se former à la partie supérieure avec une dissolution saturée de sel à froid; et quand arrive le moment d'expédier le beurre, on fait écouler la saumure et on la remplace par une couche de sel de même épaisseur.

Le beurre demi-sel ou salé, quand il est bien préparé, conserve un goût agréable et peut être

servi sur la table; tandis que le beurre fondu, au
contraire, ne convient guère qu'aux usages culi-
naires. Dans les ménages, quand on entame un pot
renfermant du beurre salé, on doit avoir le soin
d'enlever ce beurre par tranches horizontales, d'égaliser chaque fois la surface, et de combler le vide
avec de l'eau salée.

En France, c'est dans la haute Normandie que
l'on sale les quantités les plus considérables de
beurres en vue de l'exportation en Angleterre, au
Brésil et dans les colonies.

Nous allons décrire le procédé suivi pour la salaison du beurre en grand tel qu'il est usité dans le
Calvados, et notamment à Isigny.

SALAISON DU BEURRE A ISIGNY.

Les mottes de beurre achetées sur le marché et
transportées chez le producteur de beurre salé sont
d'abord soumises à un premier examen, ayant pour
objet de juger du degré plus ou moins parfait de
délaitage dont le produit a été l'objet. À cet effet,
on commence par découper dans ces mottes de
grandes tranches à l'aide d'un instrument (fig. 85),
semblable à celui dont se servent les
marchands de beurre au détail. Quand
le beurre est très-dur, on achève la
division des mottes avec une palette en
bois, et on accumule tous les morceaux
à l'une des extrémités d'un grand récipient demi-circulaire, et que l'on ap-   Fig. 85.
pelle *jatte* (fig. 86).

Ce récipient est formé d'une moitié d'arbre creusée à l'intérieur sur une profondeur de 25 à 30 cen

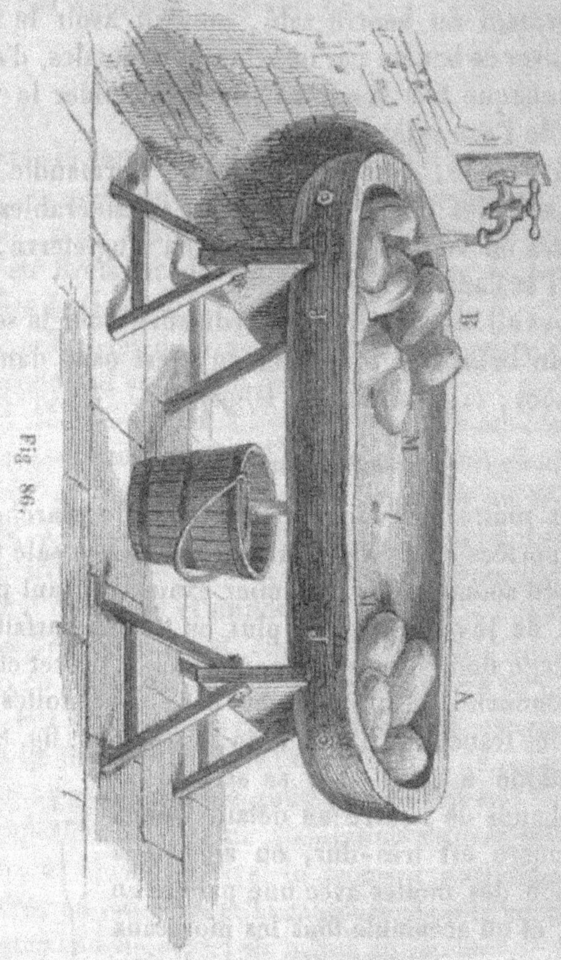

Fig. 86.

timètres; l'épaisseur aux extrémités est de 30 centimètres, et sur les bords, de 5 à 7. En Normandie, il y a des jattes qui ont jusqu'à 9 et 10 mètres de longueur, d'autres ne mesurent que 6 à 7 mètres. C'est dans ces récipients que l'on achève le délaitage du beurre et son lavage à eau.

A cet effet, on verse dans l'auge quelques seaux d'eau fraîche, et trois ou quatre hommes malaxent dans ce liquide les morceaux de beurre, en se les passant de main; le dernier ouvrier accumule le beurre lavé en B.

Ce premier lavage effectué, on fait écouler par les trous *t* l'eau laiteuse; on la remplace par de l'eau fraîche, on recommence l'opération et on accumule les morceaux de beurre en A. On expulse alors l'eau du second lavage; on essuie le fond de la jatte et on procède à la salaison.

Pour effectuer cette opération, le maître ouvrier pèse une quantité de sel pulvérisé, dont le poids est en rapport avec celui du beurre à saler et le degré de salaison à obtenir; 5 à 10 pour 100, suivant les lieux d'expédition; il place ensuite ce sel sur un tamis en fil de fer, et le fait tomber sur toute la surface préalablement nivelée de la masse de beurre accumulée en A.

Ensuite, le maître ouvrier découpe à la main ou avec la palette en bois des tranches de beurre sensiblement égales auxquelles il ajoute, autant que faire se peut, la même quantité de sel. Il commence le pétrissage à la main dans la jatte, passe la motte à l'ouvrier suivant, qui malaxe à son tour, et ainsi de suite jusqu'au dernier ouvrier, qui réunit toutes les mottes partielles en B. Cette troisième opération terminée, on coupe encore une fois dans toute l'épaisseur de la masse des tranches que l'on soumet à un dernier malaxage, afin de répartir le sel bien également.

Le beurre est alors très-mou, et peut être introduit facilement dans les tonneaux destinés à l'expédition, où il se moule en quelque sorte sans laisser de vides. Ces tonneaux (fig. 87)

Fig. 87.

sont en bois de frêne, et les douves reliées par de petits cercles de châtaignier ou de noisetier; ils ont ordinairement 30 centimètres de diamètre à chaque extrémité et 36 centimètres de hauteur; pleins de beurre, ils pèsent 20 kilogr.

Avant d'introduire le beurre dans les tonneaux, les producteurs commencent par mettre au fond une poignée de sel; ils recouvrent également de sel la surface du beurre, ferment le tonneau avec un faux fond en bois et garnissent les deux extrémités avec du plâtre. Quand le plâtre est sec, on imprime la marque de fabrique du côté où le destinataire doit ouvrir le tonneau.

En Normandie, l'expédition des beurres salés se fait aussi dans des pots cylindriques en grès, appelés *mahons*.

Parmi les grands producteurs de beurres demi-sel et salés nous citerons : M. Binet, à Grand-Camp (Calvados), M. Mauger, à Saussay-la-Vache (Eure), qui sont des lauréats habituels de nos concours.

En 1874, au concours général de Paris, le jury a

distingué tout particulièrement les excellents beurres
salés exposés par MM. Demagny et Paris, tous deux
négociants à Isigny (Calvados).

M. Demagny, qui exporte annuellement au Brésil
et dans les colonies pour plus de 4 millions de francs
de beurre salé, a obtenu une médaille d'or, M. Paris
une médaille d'argent.

A ce concours, les beurres salés de M. Demagny,
destinés à l'exportation, étaient cotés de 4 fr. 10 c.
à 4 fr. 20 c. le kilogr.; ceux de M. Paris, 3 fr. 80 c.

En fait de *beurres demi-sel et salés*, il ne se vend
ordinairement aux Halles de Paris que des produits
très-ordinaires, les bons beurres étant expédiés directement des pays de production aux grandes maisons de Paris, qui les livrent aux consommateurs
aux prix suivants :

LE KILOGR.

Beurres demi-sel de Normandie et de Bre- tagne, suivant la saison.	3ᶠ „ᶜ à 4ᶠ 50ᶜ
Beurres demi-sel de Flandre..	2 80 à 3 50
Beurres *salés* de Bretagne..	2 60 à 3 20
— de Normandie..	3 „ à 3 60
— de Flandre..	2 60 à 3 50

1° SALAISON DU BEURRE EN ITALIE.

Avant de terminer le chapitre des beurres salés,
nous dirons encore que M. Faccioli, dont nous avons
déjà eu l'occasion de parler page 181, a importé à
Milan l'industrie de la salaison du beurre telle qu'elle
se pratique à Isigny. Cet intelligent producteur expédie actuellement au Brésil environ 1,000 barils

de 20 kilogr. par an. Nous avons assisté, en 1874, à Milan, aux diverses opérations que comporte cette industrie, et nous pouvons dire que le choix de la matière première, comme la préparation et l'expédition, ne laissent rien à désirer. Cependant nous croyons que la machine de M. Hauducœur, décrite page 193, ou toute autre analogue, pourrait rendre de grands services aux producteurs de beurre salé.

M. Faccioli vend son beurre salé, en moyenne, 60 francs le tonneau de 20 kilogr., y compris l'emballage.

2° FUSION OU FONTE DU BEURRE.

On fond le beurre à feu nu ou au bain-marie. La fonte à feu nu consiste à placer le beurre dans un chaudron en cuivre d'une capacité convenable, et à l'exposer à un feu clair, égal et modéré. Le beurre fond, les matières impures qu'il renferme tombent au fond du vase ou viennent se réunir à sa surface sous forme d'écumes. On remue doucement le liquide, on enlève les écumes au fur et à mesure de leur production, et quand il ne s'en forme plus on laisse refroidir jusqu'à 50° ou 60°; le liquide éclairci est ensuite décanté dans des pots en grès à orifice étroit [1].

[1] Le résidu de cette décantation peut ensuite être versé dans un pot à moitié rempli d'eau bouillante; on agite le tout avec une spatule de bois, les matières qui forment le dépôt tombent au fond, et le beurre, qui en est débarrassé, se fige à la surface par refroidissement. Ce beurre devra être consommé le premier dans la ferme, à moins qu'on ne préfère le fondre de nouveau et le verser dans un pot pour le conserver.

Une fois figé, le beurre est recouvert d'une couche de sel et le vase fermé avec un papier fort fixé par une attache.

Pour fondre le beurre au bain-marie, ce qui est bien préférable, il suffit de placer le vase rempli de beurre dans un autre contenant de l'eau que l'on chauffe jusqu'au point de fusion de la matière grasse.

Une bonne pratique, au moment où l'on opère la décantation du beurre fondu, consiste à le passer à travers une toile destinée à retenir les impuretés qui pourraient être entraînées.

Du beurre fondu bien préparé peut se conserver sans altération pendant au moins un an; si après sa fusion on le sale, la durée de sa conservation est encore plus grande.

Les beurres fondus d'Auvergne fournissent un excellent produit comme usage et comme conserve, ceux du Morbihan sont également très-bons. Montargis, dans le Loiret, et Mortagne, dans l'Orne, sont aussi deux centres importants de fabrication de beurre fondu. A Paris, le beurre fondu se vend, en moyenne, aux prix suivants :

En gros. . . . . $2^f 50^c$ à $2^f 80^c$
En détail. . . . . 2 80 à 3 20

MARCHANDS DE BEURRES EN GROS A PARIS.

André, rue Montmartre.
Blot, rue Saint-Honoré, 85.
Choisy-Delayen, rue Pierre-Lescot, 2.
Dachery, rue de la Lingerie.
Demouy, rue Coquillière.

Dupressoir, rue Montmartre.
Leroux, rue Rambuteau.
Mortier, rue Coquillière.
Roffel, rue Saint-Merri, 14.

MAISONS DE DÉTAIL DE PREMIER ORDRE A PARIS.

Moreau, rue Saint-Lazare, 92.
David, rue Neuve-des-Capucines, 5.
Amiot, au marché Saint-Pierre, à Paris-Montmartre.
Bricard, au marché Saint-Germain.
Vincent, rue du marché Saint-Honoré.
Dolbec (Léon), rue de l'Aiguillerie, 5 et 7, etc.

Au concours général de 1874, à Paris, MM. Moreau et David ont obtenu chacun une médaille d'or pour l'ensemble de leur exposition de beurres; MM. Amiot et Dolbec, une médaille d'argent.

COMMERCE DU BEURRE EN FRANCE.

IMPORTATION ET EXPORTATION DE 1869 A 1873 [1].

COMMERCE SPÉCIAL.

Unité de valeur = 1 million de francs.

	IMPORTATION.	EXPORTATION
	Beurres importés en France et mis en consommation.	Beurres exportés de France.
	Millions.	Millions.
1869	11,2	71,3
1870	10,0	49,3
1871	8,9	45,1
1872	11,4	56,2
1873	11,8	73,1

[1] Nous ne donnons dans cette seconde édition que les chiffres relatifs à la période de 1869 à 1873; notre première édition renfermant les documents correspondants aux années antérieures. Les chiffres, extraits des renseignements statistiques publiés, en 1874, par l'administration des douanes, ont rap-

On voit que si l'importation des beurres en France continue à augmenter, l'augmentation de l'exportation de ce même produit suit une progression non moins considérable, puisque, en 1873, elle a dépassé 73 millions de francs, chiffre supérieur à celui de 1869, année la plus prospère jusqu'ici pour cette branche de commerce.

(Il est entendu que dans toutes les considérations économiques du genre de celles qui précèdent, nous laisserons de côté les années si anormales de 1870 et 1873.)

Les totaux ci-dessus se décomposent comme il suit pour les années 1869 à 1873.

BEURRES FRAIS OU FONDUS.

	IMPORTATION.		EXPORTATION.	
	Millions de kilog.	de francs.	Millions de kilog.	de francs.
1869.	3,4.	10,5.	1,9.	5,8
1870.	2,8.	9,7.	1,9.	6,8
1871.	2,5.	8,5.	2,0.	6,1
1872.	3,3.	10,8.	2,9.	8,8
1873.	3,6.	11,5.	3,3.	10,3

On voit que nous recevons un peu plus de beurre *frais* ou *fondu* que nous n'en exportons, ce qui

port exclusivement au commerce *spécial*, c'est-à-dire à celui qui désigne :

Pour l'importation, le commerce des marchandises *importées* pour la consommation après avoir acquitté les droits ;

Pour l'exportation, le commerce des marchandises exclusivement représentées par les produits du sol ou des manufactures.

tient à ce que la majeure partie des beurres fabriqués en France et non consommés à l'état frais, sont *salés* en vue de l'exportation.

BEURRE SALÉ.

	IMPORTATION.		EXPORTATION.	
	Millions		Millions	
	de kilog.	de francs.	de kilog.	de francs.
1869.	0,098.	0,250.	24,8.	64,5
1870.	0,140.	0,360.	17.2.	44,7
1871.	0,159.	0,406.	18,1.	39,0
1872.	0,249.	0,624.	21,1.	47,3
1873.	0,126.	0,314.	27,9.	62,8

Il résulte des chiffres précédents, que la quantité de beurre salé importée en France est presque insignifiante par rapport à celle du même beurre exporté; en 1873, le chiffre de cette exportation a même dépassé celui de 1869; et si la valeur correspondante 62 millions 8 est inférieure au chiffre correspondant pour 1869, 64 millions 5, cela tient à ce que la commission des valeurs a appliqué aux produits exportés en 1873 les bas prix de 1872.

Notre commerce des beurres pour l'année 1873 se résume donc comme il suit :

A L'EXPORTATION.

Beurres frais ou fondus.

3,300,000 kilogr., représentant une valeur de plus de 10 millions de francs.

Beurres salés.

Près de 30 millions de kilogr., représentant une valeur de 63 millions de francs au minimum.

A L'IMPORTATION.

Beurres frais ou fondus.

3,609,000 kilogr. — Valeur : 11 millions et demi de francs.

Beurres salés.

126,000 kilogr. — Valeur : 314,000 francs.

Les chiffres suivants sont destinés à donner à nos lecteurs une idée de l'importance relative du commerce de beurres frais que fait la France avec divers pays; pour ce qui concerne la Suisse et l'Italie, nous renverrons nos lecteurs aux pages 178 et 187.

COMMERCE AVEC L'ANGLETERRE.

L'importation en France des beurres frais est nulle.

EXPORTATION.

Unité de poids = 1 million de kilogr.
Unité de valeur = 1 million de francs.

	Beurres frais ou fondus.	*Beurres salés.*
	Poids.	Poids.
1869.	0,13.	21,6
1870.	0,28.	15,1
1871.	0,48.	15,6
1872.	0,40.	18,3
1873.	0,50.	25,1

On voit que l'exportation du beurre en Angleterre tend constamment à augmenter, et que celle du beurre salé constitue la branche la plus importante de l'industrie beurrière en France; elle se traduit en effet, pour 1873, pour une somme de plus de 50 millions de francs.

COMMERCE AVEC LA BELGIQUE.

Nous recevons généralement plus de beurre frais ou fondu de la Belgique, que nous n'en exportons chez elle. (En 1873, 2 millions 5 contre 1 million 6.) Quant à l'exportation des beurres salés de France en Belgique, elle est insignifiante.

La France exporte encore ses beurres en Algérie, en Norvége, au Brésil, etc. Voici les principaux chiffres du commerce fait avec ces pays :

Beurres frais et fondus.

ALGÉRIE.	250,000 kilogr. au maximum.
AUTRES PAYS. . . .	En 1872, 614,000 kilogr.
	En 1873, 675,008 kilogr.

Beurres salés.

BRÉSIL.	1872 et 1873, 1,400,000 kilogr.
AUTRES PAYS.	1872 et 1873, 1,300,000 kilogr.

CONSOMMATION DU BEURRE A PARIS.

Le beurre est un des produits dont la consommation a fait le plus de progrès depuis vingt ans ; on peut en juger par les chiffres suivants :

	QUANTITÉS		
ANNÉES	Vendues à la Halle.	Envoyées à destination particulière.	TOTAUX.
1850. . .	6 millions. . . .	3 millions. . . .	9 millions.
1859. . .	8 —	3 —	11 —
1869. . .	11,5 —	4,1 —	15,6 —
1872. . .	10,2 —	4,2 —	14,4 —
1873. . .	10,2 —	4,0 —	14,2 —

Néanmoins, on voit que cette consommation pour Paris n'est pas encore revenue à ce qu'elle était en 1869.

VENTE DES BEURRES AUX HALLES.

Dans notre première édition, nous avons indiqué, page 329, l'augmentation qui s'est produite de 1850 à 1869, non-seulement dans les apports sur les marchés, mais aussi dans les prix de vente; et nous avons fait voir que la hausse sur les beurres de diverses qualités s'était répartie de la manière suivante :

	ISIGNY.	GOURNAY.	PETITS BEURRES.	BEURRES EN 1/2 KILOGR
1850 à 1859.	36 p. 100	37 p. 100	56 p. 100	43 p. 100
1859 à 1869.	20	22	28	25

de telle sorte que cette hausse avait été relativement plus élevée pour les petits beurres et ceux en demi-kilog, que pour les beurres fins, tels que ceux d'Isigny et de Gournay.

Nous allons faire ici une étude semblable pour les trois années 1869, 1872 et 1873.

I. VENTE EN 1869.

Unité de poids = 1 million de kilogr.
Unité de valeur = 1 million de francs.

	QUANTITÉS Millions.	PRIX MOYEN Francs.	MONTANT DES VENTES Millions.
Beurre d'Isigny..	3,016	3,48	10,497
Beurre de Gournay..	2,659	2,99	7,958
En demi-kilogr.	2,694	2,68	7,252
Petits beurres.	3,113	2,36	7,368
Beurres salés et fondus.. .	0,002,7	1,45	0,004
Total.	11,484,7	2,88	33,079

Le prix moyen est obtenu en divisant le produit total des ventes pendant l'année par le total des quantités vendues.

II. — VENTE EN 1872.

	QUANTITÉS	PRIX MOYEN	MONTANT DES VENTES
	Millions.	Francs.	Millions.
Beurre d'Isigny.	2,915	3,51	10,249
Beurre de Gournay.	2,565	2,98	7,646
Beurre en demi-kilogr. . .	2,330	2,69	6,278
Petits beurres.	2,401	2,28	5,483
Beurres salés et fondus. . .	0,018	1,22	0,022
Total.	10,229		29,678

III. — VENTE EN 1873.

	QUANTITÉS	PRIX MOYEN	MONTANT DES VENTES
	Millions.	Francs.	Millions.
Beurre d'Isigny.	2,774	3,68	10,232
Beurre de Gournay.	2,679	3,13	8,395
Beurre en demi-kilogr. . .	2,528	2,77	7,024
Petits beurres.	2,240	2,45	5,492
Beurres salés et fondus. . .	0,003	0,78	0,002
Total.	10,224		31,145

Conséquences. 1° Le chiffre de vente des beurres aux Halles de Paris, en 1872 et 1873, est comme celui de la consommation inférieur de plus d'un million de kilogr. aux chiffres correspondants pour l'année 1869, ce qu'il faut attribuer tout à la fois à la diminution de la population parisienne, à l'augmentation des droits d'octroi et de marché, ainsi qu'au renchérissement de tous les produits de consommation en général.

Si l'on compare les prix moyens des beurres des diverses catégories, on voit qu'après être restés, en 1872, sensiblement les mêmes qu'en 1869, ils ont éprouvé une élévation assez notable en 1873.

DES BEURRES A DESTINATION PARTICULIÈRE.

On sait que les beurres envoyés à destination particulière sont assujettis aux droits d'octroi comme ceux vendus par les marchands *forains*, et non aux droits de marché. Ces droits qui, en 1872, étaient de 10 francs les 100 kilogr. plus 2 décimes par franc, soit 12 francs, ont été élevés, à partir du 30 novembre 1872, à 17 francs plus 2 décimes, soit 20 fr. 40. Par suite, malgré une légère diminution dans les quantités introduites dans Paris, cette augmentation de droits a rapporté à la ville, en 1873, un accroissement de recettes de plus de 300,000 francs par rapport à l'année 1872; on peut le voir par les chiffres ci-dessous :

	QUANTITÉS	PRODUITS DES DROITS
	Millions de kilogr.	Mille francs.
1869.	4,088.	490
1870.	2,838.	340
1871.	3,392.	407
1872.	4,185.	503
1873.	4,018.	816

MODIFICATIONS APPORTÉES AUX DROITS DE MARCHÉ PERÇUS AUX HALLES PAR LA VILLE.

Par un arrêté du préfet de la Seine, en date du 28 décembre 1872, le droit *ad valorem* des facteurs préposés à la vente aux enchères des beurres a été abaissé de 1 franc à 0 fr. 90 pour 100.

Le droit de marché *ad valorem* perçu par la ville a été élevé de 4 à 6, 10 pour 100, mais le droit d'abri de 1 franc par 100 kilogr. a été supprimé.

En résumé, l'ensemble des droits de marché et des facteurs est actuellement de 7 pour 100 pour les beurres.

Le droit de pesage est maintenant de 20 c. par 100 kilogr., et la perception se fractionne comme il suit :

De 1 à 50 kilogr. . . . . 10 c.

De 50 kilogr. 500 à 100 kilogr. .   20

(Arrêté du préfet de la Seine , 15 juin 1872.)

Le nombre des compteurs-mireurs a été porté de 70 à 80 depuis le 14 février 1873.

Pour les autres renseignements relatifs à la vente du beurre aux Halles de Paris, nous prions nos lecteurs de se reporter à notre première édition.

Avant de passer à la seconde partie de notre ouvrage, celle consacrée aux fromages et à leur fabrication, nous dirons que l'importance de la consommation du beurre en France et à l'étranger, les procédés faciles de conservation, les moyens rapides de transport doivent faire comprendre une fois de plus aux agriculteurs intelligents combien ils peuvent avoir avantage à développer la production de cette denrée dans leurs fermes; mais ils ne doivent pas perdre de vue aussi que les bénéfices qu'ils réaliseront seront toujours en rapport avec les efforts qu'ils feront pour obtenir un produit de première qualité.

CHAPITRE XI.

DU FROMAGE ET DE SA FABRICATION. CLASSIFICATION
DES FROMAGES, ETC.

Les fromages étaient connus des anciens; les Romains, les Gaulois en mangeaient assaisonnés de vin, de vinaigre ou de liqueurs épicées; de nos jours ils sont devenus un des aliments dont l'usage est à peu près universellement répandu; aussi la fabrication de ce produit a-t-elle pris depuis cinquante ans, tant en France que dans les pays étrangers, une extension toujours de plus en plus considérable.

Les opérations fondamentales de la fabrication du fromage sont :

1° *La coagulation du caséum;*

2° *La séparation du caillé;*

3° *L'expression du petit-lait.*

Nous avons dit, chapitre Ier, que les fromages *gras* sont ceux que l'on fabrique avec du lait non écrémé, tandis que les fromages *maigres* s'obtiennent avec du lait préalablement dépouillé de sa crème.

La précipitation du caséum, avons-nous dit aussi, peut avoir lieu *spontanément* ou sous l'influence de quelques gouttes d'acide ou de *présure* ajoutées au lait.

La coagulation spontanée du caséum étant déterminée par un acide particulier (l'acide lactique) qui prend naissance dans le lait abandonné à lui-même, il en résulte que le caillé fourni par un lait aigri ne peut donner un fromage agréable au goût et de facile conservation, et qu'il est nécessaire, quand on veut obtenir de bons fromages, de faire cailler le lait artificiellement, en y mélangeant une substance qui détermine presque instantanément la coagulation de ce liquide, c'est *la présure.*

De la présure. — La présure s'obtient avec la membrane de la *caillette*, ou quatrième estomac du veau soumis au régime du lait.

Dans les divers pays, on prépare cette présure à l'aide d'une foule de moyens empiriques qui tous, en résumé, ont pour résultat final de concentrer et d'assurer la conservation du seul agent réellement actif dans la présure, la *pepsine*, qui est un des éléments constitutifs du suc gastrique, liquide sécrété par la membrane muqueuse de l'estomac.

Première recette. — On prend une caillette fraîche, on l'ouvre, on en détache les grumeaux de lait caillé qu'on lave à l'eau froide et que l'on comprime; on y mêle ensuite un volume égal de sel, et on remet le tout dans la caillette préalablement lavée. On place alors dans un vase de grès plusieurs de ces caillettes ou *mulettes* remplies de grumeaux salés, on les recouvre d'une solution saturée de sel, et au bout d'un ou deux jours, quand elles sont parfaitement imbibées du liquide salé, on les retire, on les saupoudre de sel et on les suspend pour les faire sécher.

La manière d'employer cette présure ainsi préparée varie, pour ainsi dire, avec chaque fromagerie : les uns coupent un morceau de la membrane et la font macérer dans un peu de lait ou d'eau ; d'autres, dans des liqueurs vineuses ou acides ; d'autres enfin mettent tremper la caillette entière dans une certaine quantité d'eau froide ou chaude, l'y laissent plus ou moins longtemps, et emploient cette infusion.

Deuxième recette. — On vide la caillette fraîche de tout ce qu'elle peut renfermer, on la lave à grande eau, on la saupoudre de sel intérieurement et extérieurement ; on met ensuite ces caillettes salées dans un pot en les séparant par un lit de sel, et quand le vase est plein on le couvre d'une assiette ou d'un fort papier percé de petits trous, et on met le tout dans un endroit frais.

Dans cet état, les caillettes peuvent se conserver pendant un an et plus ; au bout de quelques jours on pourrait déjà s'en servir, mais on a reconnu que leur faculté *coagulatrice* augmentait avec le temps. Ces caillettes servent à préparer la présure *liquide*, qui est celle employée le plus généralement. Quand on veut les employer, voici comment on opère :

On retire une caillette du pot, on la fait égoutter, on l'étend sur une table, et enfin on la suspend pour la faire sécher, en la tenant ouverte au moyen d'un petit bâton. Une fois sèche, on la fait infuser pendant environ 36 à 48 heures dans 4 à 5 litres d'eau saturée de sel, puis on la retire. En été, on doit avoir soin d'enlever chaque jour l'écume qui se forme à la surface de cette présure liquide et d'ajouter de temps en temps un peu de sel, afin qu'il y en ait toujours un excès.

La préparation de la présure pourrait être beaucoup simplifiée, car il est évident que la salaison et la dessiccation des caillettes n'ont pour objet que d'assurer la conservation de la membrane et du suc gastrique dont elle est imprégnée.

Dans plusieurs villes d'Allemagne, par exemple, les bouchers vendent aux cultivateurs des caillettes qu'ils ont fait sécher après les avoir gonflées d'air, et quand ceux-ci veulent préparer la présure, ils les coupent en lanières et les font macérer pendant 12 à 15 heures dans un des liquides indiqués plus haut.

En France, on trouve chez certains fabricants de la *présure liquide* qui, lorsqu'elle est bien préparée, offre le précieux avantage d'être toujours de la même force, ce qui permet d'en employer toujours la même quantité ou d'en faire varier rationnellement les doses, suivant que les qualités du lait ou les autres circonstances de fabrication se modifient.

Dans notre fromagerie d'Épone (Seine-et-Oise), nous employons une excellente présure fabriquée par M. A. Delaunay, à Saint-Désir de Lisieux (Calvados), et dont le prix est de 1 franc le litre en gare de Lisieux.

M. Bailleux-Adrien se sert de cette même présure dans ses deux usines de Courtisols et de la Maison-du-Val.

MM. Krick et Harpin, pharmaciens à Bar-le-Duc (Meuse), fabriquent aussi de la présure liquide, mais nous n'avons pas eu l'occasion de l'expérimenter.

A Cangy (Indre), MM. Lecorbeiller et Jolivet emploient dans leur fromagerie, tantôt la présure liquide de M. Rousseau, tantôt celle *solide* de M. Sion fils, d'Orléans.

Emploi de la présure. — Dans l'emploi de cette matière, il ne suffit pas d'opérer la coagulation du caillé et sa séparation du petit-lait, mais il faut encore s'appliquer à conserver au caillé cette adhérence et ce moelleux qui constituent la qualité principale des fromages.

La présure liquide est, en général, celle qui convient le mieux, à cause de la facilité avec laquelle on peut la répartir également dans tout le liquide; cependant on obtient aussi de bons résultats avec la présure sèche, à la condition de la délayer dans un peu de lait avant de s'en servir, et d'envelopper le tout dans un nouet de linge afin d'éviter de salir le caillé.

Il n'est pas possible de préciser la dose de présure qu'il convient d'employer pour un volume déterminé de lait, parce qu'elle dépend de sa force, des qualités du lait, de la saison, de l'état de l'atmosphère, et enfin de l'espèce de fromage que l'on veut obtenir. Nous nous contenterons de présenter ici quelques observations générales.

On ne doit point employer de présure à odeur forte, parce qu'elle pourrait communiquer un mauvais goût au lait.

Le lait se coagulant plus aisément en été qu'en hiver, la dose de présure doit être moins forte dans la première saison que dans la seconde.

Le lait écrémé se caille plus aisément que celui qui a conservé sa crème; il faut donc d'autant plus de présure qu'il est plus gras. Un lait chauffé favorise aussi l'action de la présure.

Trop de présure est nuisible, parce que le caillé se forme en grumeaux peu adhérents et qui laissent écouler la crème avec le petit-lait; les fromages qui en résultent sont secs et cassants.

Trop peu de présure est également préjudiciable; le lait est long à se cailler; le petit-lait s'égoutte plus difficilement et peut, en y séjournant, communiquer au caillé un goût d'aigre désagréable.

Il est donc une juste proportion que la fermière ou le fromager doit s'étudier à trouver, car la pratique et l'expérience sont dans ce cas les guides les plus sûrs.

ÉPOQUE LA PLUS FAVORABLE POUR LA FABRICATION DU FROMAGE.

Dans les pays de montagnes ou de pâturages, l'époque la plus favorable pour la fabrication des fromages, tels que le gruyère, le cantal, le parmesan, etc., s'étend du commencement de mai à la fin de septembre, parce que c'est dans cette période que les prairies fournissent aux animaux la nourriture la plus abondante et la plus substantielle, et que le lait produit est supérieur en qualité et en quantité. De plus, certains fromages fabriqués pendant cette saison ont le temps d'acquérir pour l'hiver les qualités qui les font rechercher.

En France, les fromages de Gruyère d'*été*, fabriqués de mai à septembre, sont dits *bons* fromages dans le commerce, ceux d'*hiver* sont appelés *tommes*.

En Italie, on distingue les fromages de Parmesan d'été (maggengo) de ceux d'hiver (quartarolo), et les meilleurs sont ceux fabriqués en juin. Pour les fromages à pâte molle et affinés, les meilleurs se fabriquent en automne, alors que les vaches pâturant les regains de prairie donnent un lait riche; en outre, à cette époque, les conditions atmosphériques sont généralement favorables à la bonne confection des produits, la température est moyenne, les mouches ne sont plus à craindre, l'affinage se fait lentement et régulièrement; aussi voit-on apparaître, du 15 décembre à la fin de mars, les fromages affinés les meilleurs et les plus nombreux [1].

[1] Voir notre *Calendrier de l'amateur de fromages*.

On comprend que dans les laiteries annexées à des
fermes importantes, où la culture intensive permet
de donner aux animaux, même en hiver, une bonne
nourriture, la fabrication du fromage soit possible
toute l'année ; mais il est une circonstance qui oblige
généralement les producteurs à restreindre considérablement, sinon à cesser complètement la confection des fromages affinés pendant l'été, c'est l'élévation de la température extérieure. Nous reviendrons
plus tard sur ce point.

DES NOMBREUSES VARIÉTÉS DE FROMAGES.

On fait des fromages avec la crème pure, avec le
lait tel qu'il sort du pis de la vache, avec celui-ci
auquel on ajoute une portion de crème levée sur
d'autre lait, enfin avec du lait écrémé.

Le lait de vache n'est pas le seul employé à la fabrication des fromages, on en fabrique également
avec les laits de chèvre et de brebis ; quelquefois on
associe ces différents laits entre eux.

En outre des trois opérations citées au début de
ce chapitre comme constituant la base de la fabrication de tous les fromages, *coagulation du caséum,
séparation du caillé, expression du petit-lait,*
beaucoup de fromages sont encore l'objet de manipulations, telles que : la *mise au séchoir,* l'*affinage,*
la *mise en presse,* la *mise en cave,* etc. D'autre
part, tandis que la plupart des fromages sont fabriqués avec du caillé précipité à une température qui
ne dépasse pas celle du lait au sortir des mamelles,

quelques-uns, dits *à pâte cuite* ou de chaudière, subissent, au moment de la coagulation du caséum ou après, une véritable coction.

On comprend facilement que des conditions de fabrication aussi nombreuses et aussi variées doivent donner naissance à une foule de produits de qualités très-différentes ; aussi existe-t-il un nombre considérable d'espèces de fromages.

Mais, si à chaque mode de fabrication correspond une espèce différente, Brie, Camembert, Roquefort, Gruyère, etc., nous devons ajouter qu'une foule de circonstances peuvent influer sur les qualités des fromages appartenant à une même espèce.

On sait, en effet, que la composition du lait peut varier non-seulement d'une vache à l'autre, suivant sa race, mais aussi pour une même vache suivant son âge, son état de santé, son régime, etc. Si donc une étable renferme un nombre plus ou moins considérable de vaches, le mélange de tous les laits fournis par ces animaux pourra présenter des différences notables qui devront influer sur la qualité des fromages.

Ces différences s'observent parfois d'un jour à l'autre dans une laiterie où la même personne traite avec la même présure le lait des mêmes vaches.

Les causes de ces variations ne sont pas toujours faciles à connaître, et par suite à éviter ; on sait cependant que l'état de l'atmosphère, les exhalaisons mauvaises qui peuvent charger l'air d'une laiterie, la grandeur, la disposition, la sécheresse ou l'humidité de celle-ci, la nature, la forme, la contenance des vases employés, la présure plus ou moins nouvelle, plus ou moins forte, sa dose trop souvent incertaine, enfin les diverses manipulations qu'exige le caillé pour se transformer en fromage, sont autant de circonstances qui favorisent ou empêchent la perfection de ces produits.

En outre, si la qualité des fourrages exerce une influence notable sur celle des fromages, en donnant au lait une plus grande somme de principes utiles, on ne doit pas oublier non plus que les soins, la propreté et la manière d'opérer contribuent encore davantage à la qualité des produits. Telle fermière obtiendra un fromage excellent, telle autre un fromage médiocre, avec le même lait, parce que la première aura apporté dans la fabrication des soins particuliers auxquels la seconde est entièrement étrangère.

Nous ne saurions trop insister sur ce dernier point, car de sa connaissance dépend l'amélioration de beaucoup de fromages, qui dans certaines exploitations restent encore inférieurs, parce que les fromagers ou les fromagères s'obstinent à attribuer la mauvaise qualité de leurs produits à la nature des fourrages, et non aux vices de leurs procédés de fabrication.

Toutefois, nous devons reconnaître que, depuis vingt ans surtout, la fabrication des fromages a fait en France des progrès considérables, et les derniers concours ont démontré que non-seulement nos produits indigènes sont devenus l'objet d'une énorme exportation, mais que d'habiles agriculteurs sont même arrivés à imiter d'une façon irréprochable des fromages, tels que le gruyère, l'édam, etc., dont jusqu'alors la Suisse, la Hollande avaient eu presque entièrement le monopole.

En outre, il est encore un fait que nous devons signaler ici, c'est l'énorme accroissement de la consommation des fromages gras à Paris depuis quinze à vingt ans. On peut dire que cette consommation a doublé, ce qui est dû surtout à l'initiative des principaux détaillants, qui ont pris l'habitude d'affiner eux-mêmes les fromages, de façon à ne livrer aux consommateurs que des produits *faits* à point.

Autrefois, les fromages arrivaient par paillots de six ou de douze par lots, affinés et prêts à être livrés aux consommateurs, auxquels on vendait les bons comme les mauvais. Aujourd'hui, la plupart des propriétaires des grandes maisons de détail affinant eux-mêmes au fur et à mesure des demandes, l'irrégularité dans la bonté des produits a complétement disparu. C'est donc à juste titre que les commerçants français ont été admis dans nos concours généraux et internationaux, et, comme le disait M. Rebours-Guizelin dans son rapport, en 1866 : « Ces utiles intermédiaires entre le producteur et le consommateur, cherchant sans cesse l'amélioration, rendent de grands services à l'industrie fromagère ; ils ont une influence directe sur le producteur, ils luttent contre eux pour donner le plus de satisfaction possible aux consommateurs, et obligent en quelque sorte le producteur à apporter des améliorations constantes dans ses produits. »

Parmi les commerçants de Paris, les principaux lauréats des concours généraux de Paris en 1870 et 1874 ont été :

MM. Moreau, rue Saint-Lazare, 92.
    David, rue Neuve-des-Capucines, 5.
    Mercier, à la Halle.
    Laniesse, rue Saint-Marc, 25.
    Alépée, rue du Bac, 93.
    Hubert, rue Sainte-Anne, 73, etc.

En 1874, les expositions de MM. Moreau et David, au palais de l'Industrie, étaient splendides; ces deux commerçants occupaient à eux seuls une grande salle dans laquelle les beurres et les fromages de toutes les provenances étaient représentés. Le jury a accordé à ces deux honorables commerçants *une médaille d'or grand module.*

Après ces considérations générales, nous allons passer à la description des procédés mis en usage dans la fabrication des principaux fromages ; mais, pour faciliter cette étude, il est indispensable de commencer par établir une classification parmi les variétés nombreuses que l'on connaît aujourd'hui.

Celle que nous adopterons dans cet ouvrage est indiquée dans le tableau suivant :

TABLEAU DE LA CLASSIFICATION DES FROMAGES.

I. FROMAGES DE **CONSISTANCE MOLLE.**	**1º FROMAGES FRAIS**	maigres, mous, à la pie. À la crème, double-crème (dits suisses), Neufchâtel, Bondons de Rouen, Malakoff, etc. Coulommiers, Gournay, Mont-d'Or frais.
	2º FROMAGES AFFINÉS	Marolles, Rollot, Macquelines, Compiègne, Neufchâtel. Camembert, Livarot, Pont l'Évêque, Mignot. Brie, Coulommiers, Troyes, Ervy, Barberey, Chaource. Saint-Florentin, Olivet, Epoisse, Langres. Mont-d'Or, Saint-Marcellin. Sancerre, Gérardmer ou Géromé. *Fromages étrangers* : Herve, Réaumalour, Limbourg. Gorgonzole, Stracchino.
II. FROMAGES DE **CONSISTANCE SOLIDE** OU **A PATE FERME.**	**1º FROMAGES PRESSÉS ET SALÉS**	Hollandes français, fromage de Bergues. Fromage du Cantal ou d'Auvergne. Septmoncel, Gex, Mont-Cenis, Géromé sec. Sassenage, Roquefort et façon Roquefort. *Fromages étrangers* : Hollandes divers (tête de Maure, Gouda, Leyden, Hollande étuvé). Chester, Stilton, Cheddar. Schabzieger, Provole.
	2º FROMAGES CUITS, PRESSÉS ET SALÉS, OU FROMAGES DE CHAUDIÈRE.	Gruyères français, Port-du-Salut, Rangiport. *Fromages étrangers* : Gruyères suisses (Emmenthal et divers). Parmesan, Cacciocavallo.

Il résulte de ce tableau que nous partageons les fromages en deux grandes classes :

1° *Les fromages de consistance molle*, c'est-à-dire ceux qui conservent cette consistance après leur préparation complète, et que l'on mange *frais* ou *affinés*.

2° *Les fromages de consistance solide ou à pâte ferme*, classe comprenant tous les fromages qui, après leur fabrication, conservent une consistance solide et une dureté plus ou moins grande, qualités qu'ils doivent les uns à la mise en presse, les autres tout à la fois à la pression et à la cuisson.

Nous commencerons l'étude des principaux fromages appartenant à ces deux classes dans le chapitre suivant.

CHAPITRE XII.

Ire CLASSE. FROMAGES DE CONSISTANCE MOLLE.

Ire CATÉGORIE. FROMAGES FRAIS.

1° Fromages de ferme, maigres, mous, à la pie.

Fromages maigres. La préparation la plus simple est celle pratiquée dans beaucoup de fermes pour se procurer le fromage maigre destiné à l'alimentation des journaliers ; voici en quoi elle consiste :

On commence par abandonner le lait à lui-même

Fig. 88. Fig. 89.

dans un endroit suffisamment frais (12 degrés), pour que la crème ait le temps de monter avant la coagulation spontanée du caséum.

Une fois la crème enlevée, on fait écouler le petit-

Fig. 90. Fig. 91.]

lait, on enlève le caillé avec une crémière ou écumoire en bois ou en fer-blanc (fig. 91), et on en remplit des moules ou *caserons* (fig. 88, 89, 90) en osier, en terre ou en fer battu, circulaires ou rectangulaires, de grandeur variable, et qui sont percés de trous sur le fond et sur les parois. C'est dans ces moules qu'on fait égoutter le caillé, et pour accélérer la sortie du liquide on pose quelquefois sur lui une planchette que l'on charge d'un poids plus ou moins lourd.

Les moules sont placés sur une table en bois de chêne (fig. 92), un peu inclinée et percée à l'une de

Fig. 92.

ses extrémités d'un trou auquel viennent aboutir des rainures destinées à rassembler le petit-lait dans un récipient quelconque.

Quelquefois cette table est doublée de fer-blanc ou de zinc, d'autres fois elle est en ardoise ou en pierre résistante.

Le caillé, suffisamment égoutté, constitue les fromages que l'on mange frais dans les fermes, en y ajoutant ordinairement un peu de sel, et que l'on désigne sous les noms de fromages *maigres*, *mous*

ou *à la pie*; quelquefois aussi, dans les campagnes
on verse sur ce fromage blanc un peu de crème
douce.

Une fois les fromages sortis des moules, ceux-ci
sont lavés, rincés à grande eau et séchés. A cet effet,
on les accroche quelquefois à des chevilles implan-
tées dans un châssis qu'on expose à l'air (fig. 93).

Fig. 93.

Dans une expérience en grand, M. Boussingault
a retiré de 100 kilogrammes de lait écrémé 10 kilogrammes de caillé pressé.

2° Fromages blancs.

Dans le commerce en gros du lait destiné à l'alimentation parisienne, les laits invendus (ce que les
laitiers appellent les excédants) s'altérant rapidement, surtout en été, on les verse dans des maisons
spéciales, qui les transforment en fromages blancs
plus ou moins gras.

Quelques gros laitiers de Paris ont, comme annexe
de leur laiterie, une fromagerie dans laquelle ils uti-

lisent, en toute saison, leurs excédants de lait en les transformant eux-mêmes en fromages blancs, de mai à octobre, et en fromages façon Brie demi-passés pendant le reste de l'année.

Chez M. Lecomte, rue Biscornet, à Paris, la fabrication des fromages blancs a lieu comme il suit :

Les excédants de lait sont versés dans de grands baquets de 90 centimètres de diamètre sur 50 centimètres de hauteur, et abandonnés à eux-mêmes pendant vingt-quatre à trente-six heures en été, deux à trois jours pendant la saison froide.

Écrémage. L'écrémage de ce lait a lieu dans la proportion de 1 litre de crème pour 10 à 12 litres de lait, et la crème enlevée et tranformée en beurre dans une grande baratte, système Girard.

Mise en présure, dressage des fromages. Le lait, partiellement écrémé, est mis en présure à la température de 25 degrés environ, et abandonné à lui-même jusqu'à ce que la coagulation du caséum soit complète. On enlève alors le petit-lait qui surnage, et on procède au dressage des fromages.

Les cajets employés dans cette fabrication sont des cercles en bois (fig. 94), dont le fond est tressé avec des brins d'osier; ils ont 28 centimètres de diamètre sur 6 de hauteur. Les cajets sont posés sur des paillassons, et on les remplit par couches successives de caillé que l'on puise dans le baquet à l'aide de

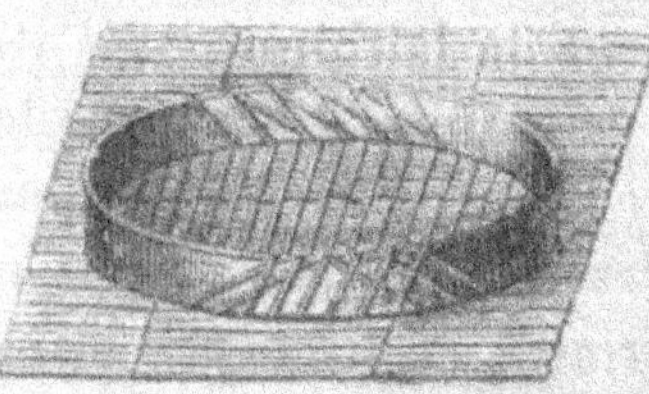

Fig. 94.

l'écumoire (fig. 91), qui a 28 centimètres de diamètre.

Au fur et à mesure du remplissage des cajets, on
porte ceux-ci sur l'égouttoir, composé de plateaux
superposés (fig. 95), offrant une pente de 1 centi-

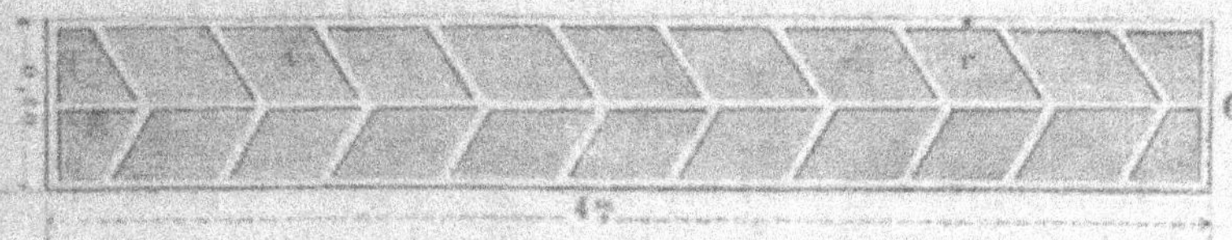

Fig. 95.

mètre par mètre, et portant des rigoles *r* qui servent
à conduire le petit-lait jusqu'à l'orifice O, d'où il
tombe dans une auge ou un baquet.

Les fromages, suffisamment égouttés, sont introduits avec leurs cajets dans des cylindres en fer
battu (fig. 96), qui servent à les transporter chez les
détaillants de la capitale.

Fig. 96.

Ces récipients, semblables aux paniers dont se

servent les restaurateurs pour porter les plats en ville, ont 50 centimètres de hauteur sur 32 de diamètre et 4 à 5 millimètres d'épaisseur; ils peuvent contenir huit cajets munis de leurs fromages. Les garçons laitiers chargent les récipients sur leurs voitures en même temps que les pots à lait.

Il faut 10 litres de lait partiellement écrémé pour obtenir un fromage de 3 kilogr., qui est vendu aux détaillants 1 fr. 20 c., dont 10 centimes pour le garçon, qui est tenu de rapporter le cajet à la fromagerie.

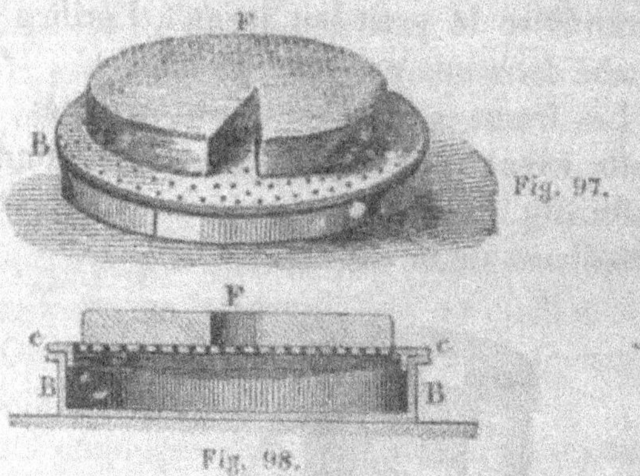

Fig. 98.

On cède aux détaillants, avec les fromages *blancs*, une certaine quantité de crème douce qui leur sert à délayer le caillé et à le transformer en fromage à la crème (comme nous le dirons plus loin), ou bien qu'ils vendent séparément aux consommateurs en même temps que le fromage blanc.

Pour vendre celui-ci au détail, les marchands se servent d'une *boîte cylindrique* en fer étamé (fig. 97

et 98), de 33 centimètres de diamètre sur 6 de hauteur, et dont le couvercle est percé de trous.

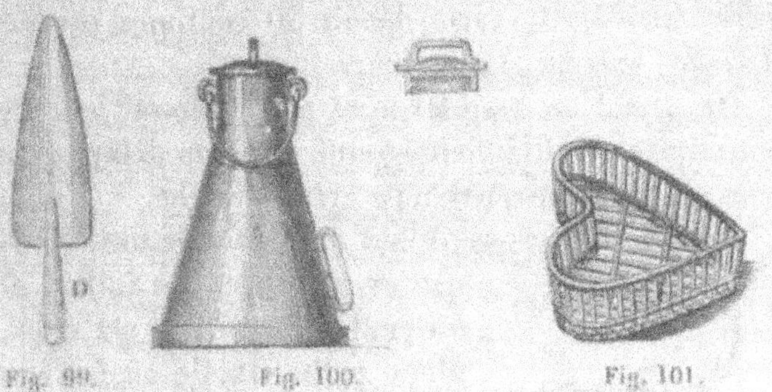

Fig. 99.   Fig. 100.   Fig. 101.

On pose le fromage sur cette surface, et le petit-lait, qui se sépare du caillé à mesure que l'on débite le fromage, s'écoule à travers les trous et tombe dans la boîte.

La figure 99 représente le couteau, également en fer étamé, à l'aide duquel on débite le fromage.

3° Fromages à la crème.

Chaque année, à partir du 1er ou du 15 avril, suivant la température, on entend crier dans les rues de la capitale : *A la crème, fromage à la crème !* par des marchandes portant à un bras un panier recouvert d'un linge, et, à l'autre, un vase ayant la forme représentée figure 100.

Dans le panier se trouvent des récipients en osier, de diverses grandeurs, ayant la forme d'un *cœur* (fig. 101), et contenant *des fromages à la crème* enveloppés dans un linge fin ; quant au récipient en fer battu (fig. 100), il est rempli de crème douce.

Voici comment on prépare ces fromages, dont le prix, au détail, varie depuis 30 centimes jusqu'à 1 franc, suivant la grandeur :

On prend un vase large et peu profond, et on y introduit du caillé bien égoutté que l'on délaye avec une quantité convenable de crème fraiche.

Dans ce délayage, il faut avoir soin de bien écra-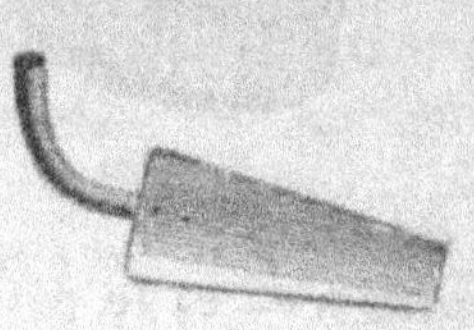ser les grumeaux de caillé, et on peut se servir, à cet effet, d'une petite truelle en fer étamé, ayant la forme indiquée figure 102.

Fig. 102.

Mieux le caillé est égoutté, plus facilement il s'écrase et se délaye, de manière à donner une masse homogène dont la finesse de la pâte se rapproche beaucoup de celle des fromages *doubles-crème* ou dits *Suisses*.

On prend alors un moule en osier (fig. 101), on le garnit intérieurement d'un linge fin et on le remplit de pâte, en puisant celle-ci avec la truelle même qui a servi au délayage.

Au bout de deux heures, la pâte, bien égouttée, a pris la forme *en cœur*, et on a les fromages dits à la crème, qui se vendent avec addition d'une certaine quantité de crème fraiche.

Outre les fromages blancs qui sortent des fromageries annexées aux laiteries en gros de Paris, il arrive chaque matin à la Halle, du 1ᵉʳ avril au 1ᵉʳ septembre, des quantités considérables de ces fromages, fabriqués principalement dans les petites vallées fraîches et herbeuses de Seine-et-Oise, vers Montfort-l'Amaury, Montlhéry, Longjumeau, ainsi qu'en Seine-et-Marne, dans l'Oise et l'Eure.

Les gros détaillants de Paris reçoivent aussi, chaque matin et directement, des fromages mous provenant des localités ci-dessus, ainsi que de la crème fraîche venant de Seine-et-Oise, et notamment de Mantes. Dès leur arrivée, ces matières premières sont malaxées, mélangées et transformées en fromages à la crème, auxquels on conserve toute leur fraîcheur pendant le jour en les enveloppant d'un linge fin et en plaçant sur chacun d'eux un petit morceau de glace.

A la campagne, les fromages à la crème sont fabriqués avec le lait tel qu'il sort du pis de la vache ; on le met en présure aussitôt la traite. C'est principalement au printemps et en été que l'on fait ces fromages, parce que le lait est meilleur, plus abondant à cette époque, et qu'il se caille plus aisément.

On rend ces fromages plus gras en ajoutant au lait chaud un peu de crème fraîche, levée sur un lait nouveau; dans ce cas, il faut augmenter un peu la dose de présure et attendre, pour mettre le caillé dans les cajets en cœur, que celui-ci se soit parfaitement égoutté, ce qui est toujours plus long pour un fromage gras.

Fromages de Neufchâtel frais (fig. 103). Ces fromages, fabriqués à Neufchâtel-en-Bray (Seine-Inférieure), ont la forme de petits cylindres d'environ

8 centimètres de hauteur sur 5 centimètres de diamètre. On les obtient en ajoutant de la crème au lait doux, environ moitié de ce que peut contenir le lait à mettre en présure. Quand le caillé est formé et séparé du petit-lait, on l'introduit, sans le rompre, dans un moule percé de trous et garni d'une toile claire, et on le comprime avec un poids léger que l'on place sur la rondelle en bois qui le recouvre. On retourne le fromage à mesure qu'il s'égoutte; on le change de linge toutes les heures. Quand il ne risque plus de se déformer, on le sort du moule et on le dépose sur un lit de paille ou de feuilles; celles de frêne sont préférées. Ainsi préparés, ces fromages, enveloppés de papier joseph, se conservent frais pendant dix à douze jours; si on leur donne un demi-sel et qu'on les place dans un endroit ni trop sec ni trop humide, on peut les conserver beaucoup plus longtemps. Aujourd'hui, les neufchâtels frais sont remplacés à peu près complétement dans la consommation parisienne par les fromages dits suisses, dont nous parlerons plus loin.

Coulommiers frais. Ces fromages, qui ont 12 à 13 centimètres de diamètre sur 3 à 4 centimètres d'épaisseur, se fabriquent comme les précédents, en ajoutant au lait doux, avant la mise en présure, une certaine quantité de crème; quelques fabricants préfèrent introduire la crème dans le caillé au moment où on remplit chaque moule. Ce mélange est ensuite malaxé dans le moule même, de façon que la répartition de la crème dans la masse soit bien homogène.

En 1870, M. Bourjot, fabricant à Saints (Seine-et-Marne), a obtenu une médaille d'argent pour ce genre de fromages, désignés sur la liste des récompenses sous le nom de *Coulommiers de luxe*.

Nous verrons par la suite qu'on affine aussi pour la consommation de Paris, pendant l'hiver, une grande quantité des deux fromages, neufchâtel et coulommiers, que nous venons d'étudier à l'état frais.

FROMAGES DITS SUISSES, BONDONS DE ROUEN, MALAKOFFS,
ANCIENS IMPÉRIAUX.

Outre les fromages dits *suisses*, connus de tous, on trouve encore, à Paris, chez les principaux marchands au détail, des fromages double-crème (fig. 104) désignés sous les noms

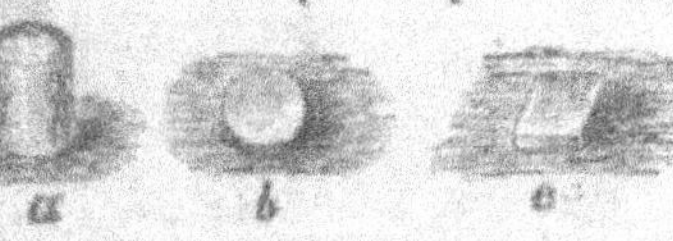

Fig. 104.

de *bondons de Rouen* (*a*), *malakoffs* (*b*), *anciens impériaux* (*c*); les premiers sont cylindriques comme les neufchâtels, mais un peu plus petits; les seconds sont ronds et d'un diamètre d'environ 6 centimètres; enfin, les derniers sont des petits carrés de 5 centimètres de côté au plus sur une épaisseur de 1 centimètre à 1 centimètre 5, comme les malakoffs.

FABRICATION DES FROMAGES DOUBLE-CRÈME.

La fabrication des fromages double-crème, *suisses* et autres, consiste à mettre en présure à une température d'environ 25 degrés le lait pur, et à pétrir ensuite le caillé, mis en presse et parfaitement égoutté, avec une certaine quantité de crème, jusqu'à ce que le mélange soit arrivé au degré de consistance convenable.

La quantité de présure employée doit être celle strictement nécessaire pour déterminer la coagulation du lait, c'est le moyen d'obtenir un caillé onctueux et non cassant, propre à fournir avec la crème une pâte fine et bien homogène.

Une fois le caillé obtenu, on le verse sur de grandes toiles, où il subit un premier égouttage (fig. 105); on l'enferme alors dans ces mêmes toiles,

Fig. 105.

dont on replie les bords ; on le place entre deux claies d'osier ou de bois (fig. 106), et on le charge de poids, de façon à en expulser le reste du petit-lait.

Ce caillé, parfaitement égoutté, est alors introduit
dans une grande auge en bois, où
il est pétri à la main avec une quantité de crème convenable.

Quant à la mise en moules, elle
peut s'effectuer de plusieurs manières :

1° On peut employer l'appareil représenté figure 107, qui se compose
d'une caisse en fer étamé c renfer-

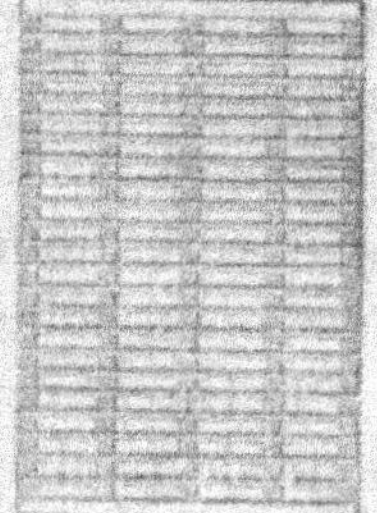

Fig. 106.

mant un certain nombre de cylindres creux m,
et que l'on pose sur une petite tablette AB percée
de trous.

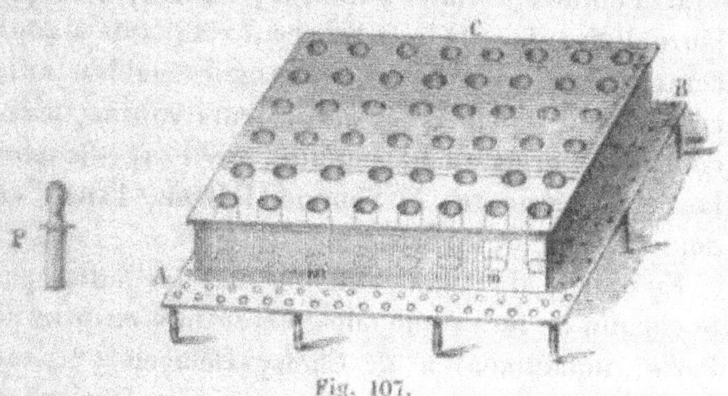

Fig. 107.

On commence par enrouler autour de la partie
cylindrique du petit mandrin P une bandelette de
papier non collé, destinée à renfermer le fromage ;
on introduit le cylindre de papier dans chacun des
trous de la caisse.

Une fois tous les trous garnis, on pose sur la surface de la caisse une masse de pâte, et en la comprimant avec la main, on en remplit chaque cylindre de papier. On enlève l'excédant de pâte avec un couteau de bois, on soulève la caisse, et les petits fromages restent sur la tablette AB; et quand ils sont suffisamment égouttés, il n'y a plus qu'à les mettre en boîte.

2° On peut simplement poser sur chaque bandelette de papier la quantité de pâte nécessaire pour représenter un fromage; on replie le papier sur lui-même, de manière à donner à la pâte la forme cylindrique; on enlève avec une spatule ou le doigt ce qui dépasse aux deux extrémités, et on place chaque fromage debout.

M. Pommel, fermier à Gournay-en-Bray, fabrique journellement, avec le lait de cent cinquante à deux cents vaches, qu'il entretient dans ses étables, et la crème qu'il achète à des cultivateurs voisins, d'excellents fromages double-crème, qu'il expédie dans la Seine-Inférieure, la Somme, l'Aisne, l'Oise, en Seine-et-Oise et à Paris.

En outre, M. Pommel envoie tous les jours, par le chemin de fer, à quelques marchands en gros de Paris, notamment à M. Choisy-Delayen (2, rue Pierre-Lescot), la pâte nécessaire à la fabrication sur place de ces fromages double-crème.

Cette pâte préparée un peu plus compacte est enveloppée d'une toile et placée dans une manne en osier, au fond de laquelle on a mis préalablement un petit lit de paille. Expédiée chaque soir par le chemin de fer de Rouen, elle arrive à Paris vers les

trois heures du matin, et est transportée immédiatement chez le destinataire, qui la délaye avec de
la crème ou un peu de lait; à huit heures du matin,
les boîtes de six ou de douze fromages sont livrées
aux détaillants. Chaque boîte de douze fromages
pèse environ 1,100 grammes, sur lesquels il faut
compter 1 kilogr. de fromage. Le prix en gros est
de 2 fr. 40 c. la douzaine, y compris la boîte.

Les boîtes de M. Choisy-Delayen portent comme
étiquette : suisses, double-crème de Neufchâtel-en-
Bray (Seine-Inférieure). M. Gervais, propriétaire à
Ferrières, village situé à 1 kilomètre de Gournay-
en-Bray, se livre à la même industrie; il reçoit chaque matin, rue du Pont-Neuf, la pâte préparée dans
son usine de Ferrières; la manipulation de la matière
première s'opère à l'aide d'une machine qui délaye
la pâte et met les fromages en moules, ce qui permet à cet industriel d'en livrer chaque jour un nombre considérable à la consommation parisienne. Ces
fromages, désignés comme *originaires du canton de
Vaud* (Suisse), sont donc essentiellement français.

Les bondons de Rouen, les malakoffs, les anciens
impériaux, se fabriquent de la même façon; il n'y a
de différence que dans la grandeur ou la forme des
moules.

Du 1er avril jusqu'à l'époque où les fruits rouges
deviennent très-abondants à Paris, on peut évaluer
à plus de trente-cinq mille le nombre de ces fromages qui se consomment journellement à Paris
pendant cette période.

Nous verrons plus loin que l'on consomme aussi ces mêmes fromages à l'état *affiné*.

PRIX DES PRINCIPAUX FROMAGES FRAIS.

Coulommiers....................	1ᶠ 40 à 1ᶠ 50 la pièce.
Suisses, double-crème..........	0 25 —
Neufchâtels frais..............	0 20 à 0 25 —
Bondons de Rouen, malakoffs...	
Anciens impériaux.............	0 35 —

Avant de passer à l'étude des fromages *affinés*, nous indiquerons trois autres recettes qui permettront à nos lecteurs d'obtenir des fromages de *pure crème*, d'une finesse et d'un goût exquis.

Première recette. Nous avons indiqué, page 123, le moyen de faire du beurre sans baratte; or, pour obtenir des fromages double-crème avec cette même matière qui a séjourné douze heures dans la terre enveloppée d'un linge, il suffit de la racler sur la toile et de l'introduire dans des moules ou de la rouler dans des bandelettes de papier.

Deuxième recette. Quand le lait mis dans les crémeuses commence à se couvrir d'une pellicule de crème résistante, c'est-à-dire environ quinze heures après le coulage, on opère l'écrémage, et la crème, portée dans un endroit frais, est mise à égoutter dans un récipient en mousseline. Au bout de vingt heures environ, cette crème est devenue ferme; on en remplit avec une cuiller de petits moules spéciaux, doublés aussi de mousseline. Là la crème se raffermit encore pendant quelques heures, et revêt la forme du moule dont on l'extrait pour la servir; cette recette nous a été indiquée par MM. Lecorbeiller et Jolivet.

Troisième recette. Fromages italiens dits Mascherponi. On chauffe à feu nu ou mieux au bain-marie, et jusqu'à 75 degrés environ, la crème fluide séparée, au bout de quinze heures environ, du lait encore doux; on verse alors dans le liquide chaud quelques gouttes de vinaigre ou du jus de citron qui en déterminent la coagulation. On jette le tout sur un linge, que l'on serre peu à peu pour faciliter l'égouttage du petit-lait, et quand la pâte est assez consistante, on la met en moules.

2ᵉ CATÉGORIE. FROMAGES AFFINÉS.

Conservation et affinage des fromages frais. On conçoit que les fromages simplement égouttés, une fois abandonnés à eux-mêmes, ne tarderaient pas à se corrompre si on ne s'opposait pas à cette décomposition par deux moyens : la *dessiccation* et la *salaison;* de là les diverses espèces de fromages que l'on conserve pendant plus ou moins longtemps, et que l'on consomme après les avoir *affinés.*

La salaison des fromages se fait ordinairement avec du sel gris parfaitement sec et égrugé très-fin.

À cet effet, on commence par le dessécher en l'étendant sur un grand plateau en tôle chauffé au bois et en le remuant continuellement pour qu'il ne s'attache pas au métal. Après dessiccation, on l'écrase dans des petits moulins que M. Dumesnil-Lahennier, entrepreneur de bâtiments à Crécy-en-Brie (Seine-et-

Marne), construit avec des matières hydrauliques très-dures.

Ce moulin, dont les figures 108 et 109 donnent la vue extérieure et la coupe, se compose de deux petites meules s'emboîtant l'une dans l'autre et qui ont chacune 12 centimètres de hauteur sur 30 centimètres de diamètre. Ces deux meules laissent entre elles un espace vide que l'on règle à volonté à l'aide d'une vis de pression adaptée à un pivot ver-

Fig. 108. Moulin pour écraser le sel destiné à la salaison des fromages.

Fig. 109. Coupe du moulin à sel.

tical, et qui permet de soulever la meule supérieure.

Un chapeau conique recouvre la vis de réglage et empêche le sel de s'introduire dans l'écrou. — La meule supérieure est mise en mouvement à la main, à l'aide d'un bouton fixé à sa circonférence, et le sel égrugé est conduit au dehors ou dans un tiroir encastré dans la meule inférieure, par l'intermédiaire d'un plan incliné.

Ces petits moulins ont figuré en 1867 à l'Exposition universelle, nous les avons retrouvés dans plusieurs fromageries et nous n'hésitons pas à en recommander l'emploi en raison des bons services qu'ils rendent. Un semblable moulin, avec lequel une femme peut moudre 15 kilog. de sel à l'heure, coûte actuellement, pris à la fabrique de Crécy-sur-Marne, 15 francs sans tiroir et 17 francs avec tiroir ; il faut ajouter 1 franc d'emballage, plus les frais de transport.

M. Dumesnil-Labennier construit également avec les mêmes matériaux hydrauliques des auges à porcs et des cuves à saler.

Les fromages destinés à être salés doivent être mieux

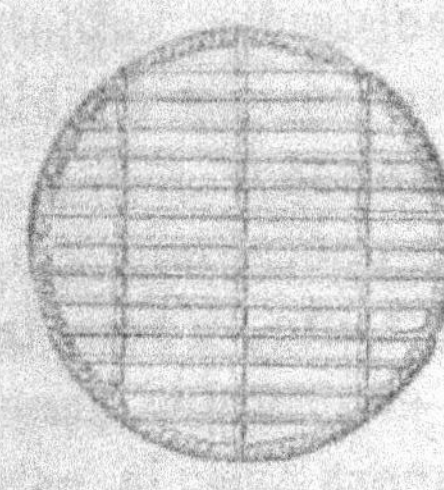

Fig. 110.

Fig. 111.

égouttés que ceux mangés frais. Lorsqu'ils ont acquis dans le moule la consistance nécessaire, on les renverse sur des *tournettes*, petits clayons en osier (fig. 110), ou sur des nattes de paille ou de jonc (fig. 111), et on procède à la salaison. Si les fromages sont ronds, on commence par les saupoudrer de sel sur une face; s'ils sont parallélipipédiques, on les sale sur cinq faces ; puis le lendemain on les retourne et on couvre de sel la face qui n'en avait pas reçu. La salaison achevée, on place les fromages dans une chambre bien aérée et sur des rayons à claire-voie, garnis de paille triée, et on les range de manière qu'ils ne se touchent pas (fig. 112).

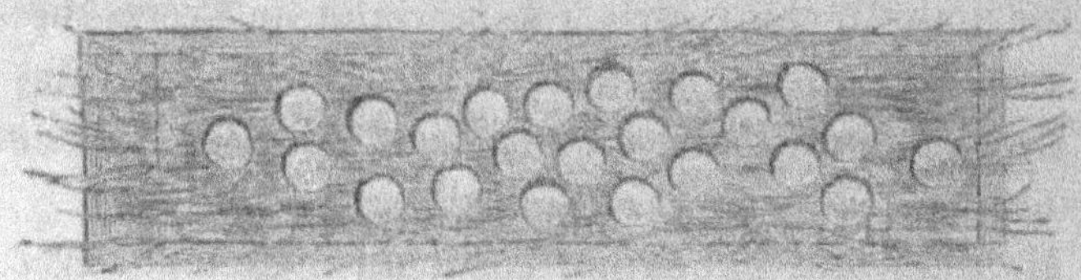

Fig. 112.

On les retourne d'abord tous les jours, puis moins souvent, jusqu'à ce qu'ils soient devenus *durs* ; ils sont alors recouverts d'une moisissure veloutée, blanchâtre d'abord, et qui passe ensuite au bleu ; on peut alors les soumettre à l'*affinage*.

Affinage des fromages. Cette opération, qui ne doit se faire qu'au moment de la vente, a pour but, en attendrissant la croûte, de déterminer dans la masse une fermentation en rapport avec la nature du fromage que l'on se propose d'obtenir. A cet effet, on les transporte dans un lieu convenablement disposé, souvent une cave, où ils ne se sèchent ni trop ni trop peu. Là les fromages sont rangés de nouveau sur des tablettes garnies de paille, retournés tous les trois ou quatre jours et surveillés avec le plus grand soin. Nous verrons par la suite que dans certaines fromageries, on a la précaution de transporter ces fromages dans un lieu plus humide quand ils se durcissent trop, ou un lieu plus sec quand ils se ramollissent trop rapidement.

Dans certaines fermes, on emploie aussi divers moyens particuliers pour hâter l'affinage; les uns recouvrent la surface des fromages de lie de vin ou de bière, ou bien encore d'un linge imbibé de vinaigre; d'autres les entourent de feuilles d'ortie ou de cresson qu'on renouvelle de temps en temps, quelquefois de foin qu'on attendrit dans l'eau tiède.

Affinages des fromages maigres de ferme. Quand ces fromages ont été suffisamment égouttés, on les frotte avec du sel et on les fait sécher dans une chambre bien aérée et exposée au nord; on les met ensuite dans de grands pots fermés par un linge, où on les laisse se *faire* pendant environ trois mois. Il se développe alors dans la masse une forte saveur et une odeur toujours assez repoussante, mais qui plaît cependant à la classe des consommateurs auxquels ces produits sont destinés.

Dans certains pays, notamment en Alsace, ces fromages maigres, immédiatement à leur sortie du moule, sont desséchés à l'air libre ou au four d'une manière si complète que, pour les manger, il est nécessaire de les briser à coups de marteau. Ce sont ces fromages qui, en raison de leur forme en petites boules, sont désignés sous le nom de *têtes de mort*, et que l'on place ordinairement dans un linge imbibé de vin blanc, de façon à les amollir et à leur faire subir un commencement de fermentation avant de les manger.

Fromages maigres ou affinés des arrondissements d'Avesnes
  (Nord) et de Vervins (Aisne), Maroles ou Maroilles, Tuiles
  de Flandre, Dauphins.

Dans l'arrondissement d'Avesnes, le lait écrémé,
ordinairement chauffé à 25 ou 30 degrés, est mis en
présure; celle dont on se sert habituellement est une
espèce de pâte qu'on délaye d'abord dans un peu de
lait aigre.

Une fois la coagulation obtenue, on verse la masse
de caillé sur un linge que l'on noue et que l'on suspend au-dessus d'un vase; après ce premier égouttage, on remplit de caillé les moules, qui le plus
ordinairement sont des boîtes carrées de 8 centimètres de côté sur 5 de hauteur (fig. 88).

A leur sortie des moules, les fromages sont placés
sur de petites nattes en jonc, où ils sont retournés
quatre fois par jour, pendant trois jours environ.
Les producteurs livrent ordinairement les fromages
en blanc, soit aux consommateurs, soit à des marchands qui se chargent de l'*affinage*. Mais, pour
conserver les fromages jusqu'à la livraison, les faire

durcir et leur don-
ner du poids, on
les dispose ordinai-
rement sur plusieurs
rangs de hauteur,
dans une caisse
(fig. 113), où ils sont

Fig. 113.

immergés dans l'eau salée. Ces petits fromages,
nommés *larrons*, n'ont plus que 6 centimètres sur

une face et 4 sur l'autre; quand on les livre aux marchands, la douzaine pèse environ 2 kilogr. 500, et se vend, suivant le cours et la saison, de 1 fr. 20 c. à 1 fr. 50 c.

Plus ces fromages sont maigres, plus ils sont légers; on les affine ordinairement à la cave, en les mouillant avec de la bière et en les retournant journellement.

Fromages de Maroilles. On fabrique également dans les divers cantons de l'arrondissement d'Avesnes et de Vervins, les fromages dits de Maroilles, de plus grande dimension, qui pèsent affinés 300 à 400 grammes.

Il y a quinze ans, ils étaient ordinairement moins maigres que les larrons et assez estimés sur le marché de Paris, où ils se vendaient 60 à 80 francs le cent, suivant le cours; mais aujourd'hui ils ont beaucoup perdu, parce qu'on les fabrique avec du lait de plus en plus privé de crème.

La fabrication du fromage façon de Maroilles s'étend dans les arrondissements de Vervins, Saint-Quentin; la plus grande quantité de ces produits se vend dans les départements du nord de la France.

Le fromage connu à Paris sous le nom de *tuile de Flandre* n'est qu'un fromage de Maroilles de plus grande dimension et du poids de 4 à 500 grammes au maximum; il se vend, au détail, de 0,70 à 0,80 centimes la pièce.

Dans l'évaluation de la consommation parisienne pour 1853, M. Husson faisait entrer les *tuiles de Flandre* pour 87,587 kilogr., et les fromages de

Maroilles pour 93,750 kilog., au total 181,000 kilog.; mais depuis cette époque, la consommation à Paris de ces deux espèces de fromages a plutôt diminué qu'augmenté.

Dauphins. Il se fait encore à Maroilles des fromages très-fins, mais qui ont cessé de venir jusqu'à Paris, parce que le commerce ne les paye pas assez cher; ce sont les *dauphins*, ainsi nommés de leur forme (fig. 114), qui rappelle un peu celle de ce poisson. Ce fromage, fait avec un lait quelquefois additionné de crème, est persillé; le persillage s'obtient avec un mélange de persil et d'estragon hachés très-fin. Soumis à une pression plus prolongée, affiné lentement, ce fromage est excellent.

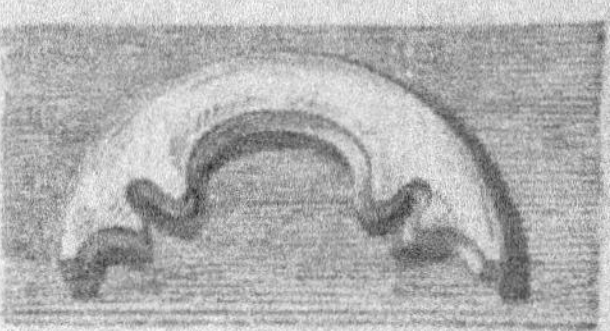

Fig. 114.

Fromages affinés de l'Oise et de la Somme [1]. Fromages de Rollot, Compiègne, Macquelines, etc.

A l'extrémité nord du rayon de Paris, dans l'Oise et la Somme, on fabrique une quantité assez considérable de fromages à pâte *molle*, connus dans le commerce sous divers noms.

Fromage de Rollot. Ce fromage est fabriqué dans

[1]　PRODUCTION FROMAGÈRE EN 1873.

	KILOGR.	VALEUR MOYENNE.
Dans la Somme.	535,605	
Dans l'Oise.	3,058,760	1 fr. le kilogr.

un groupe de communes situé au sud-est de l'arrondissement de Montdidier (Somme), et parmi lesquelles se trouve celle de *Rollot*. Couvert de pâturages succulents, ce territoire se prête parfaitement à l'alimentation des vaches, en vue de la fabrication du fromage. En dehors de la Somme, plusieurs communes limitrophes se livrent à la fabrication du même fromage avec succès, notamment à Frétoy, et la production du groupe situé dans l'Oise est même plus considérable que celle du canton de Montdidier.

Le rollot est un fromage cylindrique de 4 à 5 centimètres de hauteur sur 6 à 7 centimètres de diamètre, et son poids moyen est de 450 grammes; en gros, il se vend 30 à 40 centimes la pièce; et au détail, à Paris, 70 à 80 centimes. Ce fromage est justement apprécié des amateurs, quand il est fabriqué en bonne saison, c'est-à-dire en automne, avec du lait non écrémé, et par une main habile.

Fromage de Compiègne (Oise). Le fromage le plus en réputation dans l'Oise est celui dit de *Compiègne*, fabriqué dans les communes de ce chef-lieu d'arrondissement; il est rond, a 10 centimètres de diamètre, 3 centimètres d'épaisseur, et pèse environ 300 grammes.

Comme pour les rollots, et beaucoup d'autres, les meilleurs fromages ne se font qu'en octobre, novembre et décembre; gras et bien affinés, ils rivalisent avec les camemberts; mais malheureusement on les fabrique trop souvent, depuis quelques années, avec du lait trop fortement écrémé.

En 1873, il a passé sur les marchés de l'arrondissement de Compiègne 613,284 kilogr. de fromages, représentant une valeur d'environ 923,000 francs ; mais une partie de ces fromages vient des départements voisins.

Fromage de Macquelines (Oise). Ce fromage, qui avait quelque analogie avec le précédent, n'existe plus, au moins en partie, la famille d'Huicques qui le fabriquait ayant quitté Macquelines pour se fixer à Senlis, où elle a transporté son industrie actuellement fort restreinte et presque disparue.

Fromage de Thury-en-Valois (Oise). Ces fromages, qui sont excellents, sont fabriqués en quantités assez considérables, et trois cultivateurs s'occupent plus particulièrement de leur confection, ce sont MM. Plocq, Heurlier et Dumont ; les deux premiers ont obtenu des récompenses aux concours de Paris, 1867 et 1870.

CHAPITRE XIII.

Ire CLASSE. FROMAGES DE CONSISTANCE MOLLE (Suite).

2e CATÉGORIE. FROMAGES AFFINÉS.

I. Fromages gras du Calvados, de l'Orne, de la Seine-Inférieure.

1° *Fromages gras du Calvados et de l'Orne.* Le lait fourni par les vaches entretenues dans ces départements sert non-seulement à la fabrication du beurre, mais aussi à celle des fromages de Camembert, Livarot, Pont-l'Évêque, Mignot, etc.

Nous allons indiquer le mode de fabrication de ces divers fromages, mais en insistant plus particulièrement sur celle du camembert.

A. FROMAGE DE CAMEMBERT.

Ce fromage (fig. 115), qui a ordinairement 10 centimètres de diamètre sur 3 centimètres de hauteur, a été fabriqué pour la première fois, en 1791, à Camembert (Orne); depuis, la famille Paynel en a introduit la fabrication dans le Calvados, où l'on compte aujourd'hui un grand nombre d'exploitations dans lesquelles on produit annuellement des quantités de plus en plus considérables de ce fromage.

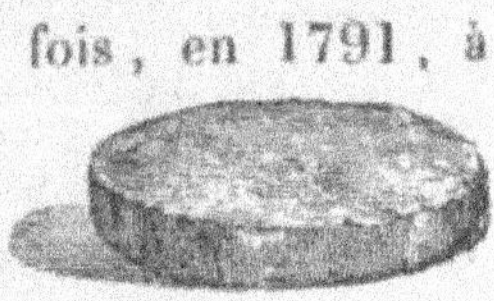

Fig. 115.

Le Camembert est un fromage dont la fabrication extrêmement délicate demande des soins exceptionnels, exige des conditions particulières de température, et présente, en un mot, infiniment plus de difficultés que celle d'aucun autre fromage.

Nous allons décrire cette fabrication telle que nous l'avons pratiquée nous-même, en 1872, chez M. Quiquemelle, fabricant à Chaumont près Gacé (Orne), et qui a obtenu déjà de nombreuses récompenses dans nos concours pour l'excellence de ses produits.

Coagulation du caséum. Le lait apporté à la fromagerie aussitôt la traite est coulé à travers un tamis, et recueilli dans des grands pots en grès de Noron de 36 centimètres d'ouverture, 60 centimètres de profondeur et 70 litres de capacité environ (fig. 116); chaque pot coûte de 6 à 7 fr.

Ces pots sont placés sur de petits escabeaux en bois, qui les élèvent à la hauteur même de l'égouttoir, où se trouvent les moules destinés à être remplis de caillé.

Fig. 116.

On dispose ces grands pots tout autour de la laiterie, de façon que le caillé qu'ils fourniront serve à l'emplissage d'un nombre déterminé de moules.

En été, on met en présure ou tournure à la température de la traite; dans toute autre saison, on fait chauffer au bain-marie une portion de la traite du matin, et on l'ajoute à la traite de la veille, de façon que le mélange des deux traites dans chacun des grands pots possède une température propice à la mise en présure; température qui, d'après nos expériences, s'écarte peu de 26 degrés.

La quantité de présure qu'il convient d'ajouter ne peut être fixée d'une manière absolue, parce que la dose dépend de plusieurs circonstances, telles que la force du liquide, la saison, la qualité du lait, etc.

Afin d'avoir une *présure* d'une concentration sensiblement constante, M. Quiquemelle préfère acheter ce liquide à M. Delaunay, de Lisieux. (Voir page 223.)

Il faut généralement augmenter la dose de présure à mesure que la température extérieure diminue. Une cuillerée à bouche ou deux au plus suffisent ordinairement, en été, par chaque pot de 70 litres; en automne et au printemps, il en faut souvent trois et quatre; en hiver, on va jusqu'à cinq.

La mise en présure est une des opérations les plus importantes de la fabrication; quand elle est manquée, il monte, pendant le repos du lait, une quantité de crème plus ou moins considérable dont par suite le caillé se trouve privé, et les fromages qui résultent de cette opération sont de qualité inférieure.

Une fois la présure ajoutée dans chaque vase, on *meue* doucement le liquide à l'aide d'une grande cuiller

Fig. 117.

(fig. 117), pendant une ou deux minutes, afin de répartir cette présure uniformément dans toute la masse.

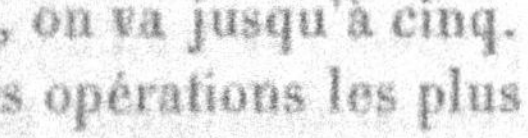

On pose ensuite sur chaque vase une planche carrée en bois qui sert de couvercle, et on abandonne le liquide au repos.

Le temps nécessaire à la coagulation complète du lait peut varier de quatre à six heures, suivant la saison ; on juge, du reste, que l'opération est terminée de la manière suivante :

Le pot étant découvert, on pose à la surface du caillé le revers de l'index, et l'on examine la nature du liquide qui s'y attache et qui doit être du *petit-lait* à peu près incolore, et non du lait.

Si, en dirigeant le doigt vers la terre, ce petit-lait s'en détache pour tomber goutte à goutte, la coagulation est achevée ; dans le cas contraire, le liquide blanchâtre reste adhérent au doigt ; on doit attendre alors le temps nécessaire pour que le liquide se coagule complétement.

Mise en moules. Pendant le repos du lait mis en présure, la fromagère a disposé sur l'égouttoir et en regard de chaque pot les *éclisses* ou moules cylindriques en fer-blanc, destinés à être remplis de caillé.

Ces moules ouverts aux deux bouts reposent sur des nattes de jonc (fig. 118) ; ils ont 12 centimètres de diamètre et une hauteur égale ; tantôt leur surface est lisse, d'autres fois percée de petits trous ; ils coûtent de 3 fr. 25 c. à 3 fr. 50 c. la douzaine.

Fig. 118.

Chez M. Quiquemelle, les moules ont seulement

deux rangées de trous assez fins, situés au milieu du cylindre; des trous plus gros et plus nombreux sont nuisibles, parce que le caillé pénétrant dans ces trous pendant l'égouttage s'y attache, ce qui empêche d'abord le caillé de s'affaisser régulièrement du fond du moule, et ce qui rend ensuite le retournement des fromages plus difficile.

Les égouttoirs chez M. Quiquemelle sont construits en briques posées à plat et enduites dessus et dessous d'une couche de ciment de Portland, suffisamment épaisse pour que la masse constitue une dalle unique de 70 centimètres de largeur et d'une très-grande résistance. Ces dalles adossées au mur de la laiterie offrent en avant un petit rebord de 4 à 5 centimètres, et possèdent la pente convenable pour que tout le petit-lait qui s'écoule des éclisses se rende dans un réservoir unique situé en dehors de la laiterie. Ce liquide constitue la nourriture exclusive de porcelets achetés à l'âge de six semaines environ au marché de Gacé.

Des barres de fer noyées dans la maçonnerie supportent les briques de distance en distance, et les piliers des égouttoirs se trouvent ainsi supprimés, ce qui permet de repousser sous les égouttoirs les grands pots et les tabourets qui ne servent pas.

Les parois de la laiterie ainsi que le plafond sont également enduits de ciment sur toute leur surface. Nous avons dit que les moules étaient posés, au moment du remplissage, sur des nattes de jonc; chaque natte a en moyenne 80 centimètres de longueur sur 70 de largeur et supporte trente-cinq moules.

Le remplissage des moules se fait à l'aide de la cuiller (fig. 117), mais dont on raccourcit la queue de moitié, afin de pouvoir puiser avec plus de facilité le caillé jusqu'au fond des grands pots. Avec cette cuiller, la fromagère enlève des tranches de caillé, qu'elle dépose avec précaution dans chaque moule; le volume de chaque tranche de caillé étant calculé de façon à en superposer quatre ou cinq pour remplir entièrement une éclisse.

L'expérience a démontré les inconvénients qui résultaient de l'emplissage des moules par une ou deux additions de caillé seulement; pendant l'égouttage, le caillé laisse des vides en s'affaissant, et la pâte des fromages est alors beaucoup moins homogène.

Une fois les moules remplis de caillé, on les abandonne à eux-mêmes; l'égouttage s'effectue et le caillé s'affaisse au fond des moules.

En automne et en hiver, la quantité de caillé nécessaire pour remplir chaque moule est suffisante pour produise un fromage; en été, la pâte s'affaisse davantage; la quantité de petit-lait qui s'écoule est plus considérable, et il est nécessaire d'ajouter dans chaque moule, quelques heures après le premier emplissage, une certaine quantité de caillé fourni par une autre traite.

Salaison et retournement. Une fois les fromages suffisamment égouttés, on passe la main gauche sur la face qui repose sur la natte en jonc, et en s'aidant de la main droite on retourne le moule et le fromage qu'il contient, de façon à mettre la face opposée en contact avec la natte.

On saupoudre alors la face située à l'intérieur du moule avec du sel blanc et fin, et on abandonne les fromages à un nouvel égouttage jusqu'au lendemain.

A la sortie des moules, c'est-à-dire trente-six à quarante-huit heures après l'emplissage, on achève la salaison des fromages. A cet effet, la fromagère prend chaque fromage dans la main gauche et lui imprime un mouvement de rotation qui facilite la répartition du sel sur tout le pourtour; on sale ensuite la face qui ne l'a pas été dans l'opération précédente.

Au fur et à mesure de leur salaison, les fromages *blancs* sont déposés sur des tablettes en bois situées immédiatement au-dessus des égouttoirs et supportées par des consoles en fer, peintes au minium (fig. 1).

Les consoles mobiles autour des points *a* et *b* peuvent se rabattre le long de la muraille, lorsque par suite d'un ralentissement dans la fabrication, comme en été, on supprime un support sur deux.

Suivant l'importance de la fabrication, le temps

Fig. 119.

dont on dispose, les fromages salés restent sur les supports un ou deux jours; puis on les transporte au *saloir* ou *haloir*.

Mise au séchoir ou *haloir*. Le transport des fromages au séchoir ou haloir peut s'effectuer à l'aide
de seilles rectangulaires en bois blanc et à anses appelés *portoirs* (fig. 119); mais à Chaumont on se

Fig. 120.

Séchoir ou haloir.

contente de les placer sur une longue planche en
bois, que l'aide charge ensuite sur une épaule.

Dans un certain nombre de fromageries de l'Orne
et du Calvados, les fromages sont étendus, dans le
haloir, sur des claies en bois blanc (fig. 106); chez

M. Quiquemelle on préfère les placer sur des claies recouvertes de paille de seigle, et qui, mobiles dans des coulisses, peuvent être tirées en avant quand il s'agit de retourner les fromages. Ce fabricant trouve que les fromages *blancs* et encore mous se déforment plus facilement sur les claies en bois que sur la paille.

La condition principale à laquelle doit satisfaire un bon haloir est de permettre d'entretenir dans ce local une ventilation modérée ou très-énergique, suivant les circonstances. De plus, les courants d'air doivent pouvoir être dirigés à diverses hauteurs, de façon à ventiler les fromages aussi bien en dessus qu'en dessous.

A Chaumont, le haloir porte sur toutes ses faces de grandes ouvertures garnies de toiles métalliques, à mailles suffisamment serrées pour empêcher les oiseaux ou les rongeurs de s'introduire dans le local. Ces ouvertures peuvent être fermées hermétiquement à l'intérieur à l'aide de volets rendus extrêmement mobiles à l'aide de galets qui roulent sur un rail. Une poignée sert à faire mouvoir le volet. Chez M. Cyrille Paynel, fermier au Mesnil-Mauger (Calvados), les ouvertures munies de volets intérieurs sont placées à diverses hauteurs, comme le représente la figure 120.

La durée du séjour des fromages dans le haloir varie surtout avec la saison et les circonstances atmosphériques; elle est, en moyenne, de vingt à vingt-cinq jours, pendant lesquels on renouvelle fréquemment l'air dans diverses directions.

Par les temps humides et de brouillard il faut activer le *hale* en ouvrant toutes les ouvertures ; autrement les fromages, au lieu de se ressuyer, restent mous et risquent de s'altérer.

Une fois transportés au haloir, les fromages sont retournés tous les jours, puis tous les deux jours seulement ; dès le troisième jour ils commencent à se parsemer d'une foule de points bruns qui feraient croire qu'on les a saupoudrés de *poivre*.

Au bout de huit à dix jours ils se recouvrent d'une belle végétation cryptogamique blanche, laissant çà et là des parties intactes. De blancs, ces fromages deviennent jaune clair, puis jaune un peu plus foncé.

Un certain nombre d'exploitations où on se livre à la fabrication des fromages de Camembert possèdent un local intermédiaire où l'on fait séjourner les fromages avant de les transporter à la cave de perfection, et que l'on nomme *cave halante* ou *demi-haloir*.

L'usage de ce demi-haloir n'est indispensable qu'aux époques de l'année où la fabrication devient très-considérable. En effet, les fromages blancs transportés au haloir ont besoin, surtout dans les premiers jours, d'une ventilation très-énergique qui pourrait être nuisible aux fromages déjà plus avancés en arrêtant leur fermentation. Dans ces circonstances, il est nécessaire de transporter les fromages qui ont quinze à vingt jours de haloir, dans un local intermédiaire demi-haloir, où la ventilation peut être conduite avec ménagement pendant les derniers jours qui les séparent du moment où ils seront bons à être transportés dans la cave de perfection.

Pendant leur séjour au demi-haloir, la couleur jaune des fromages se fonce davantage ; matin et soir on les retourne si cela est nécessaire ; mais chaque fois on a soin d'exercer à leur surface une légère pression avec les doigts, afin de juger de leur degré de fermeté, et quand ils ont acquis une mollesse convenable que la pratique seule peut indiquer, quand ils ne collent plus aux doigts, on les place sur des planches, et on les transporte à la cave de perfection.

Cave de perfection. La cave de perfection est une pièce dont les ouvertures (quand il y en d'autres que la porte d'entrée) sont vitrées et munies de volets à l'intérieur afin d'empêcher les rayons solaires d'y pénétrer. Aucun courant d'air ne doit prendre naissance dans cette cave, où l'on maintient constamment une température douce et une atmosphère un peu humide. Les murs de ce local sont garnis de tablettes pleines, sur lesquelles on dispose les fromages par rang d'âge. La figure 121 représente la cave de perfection telle qu'elle existe chez M. Cyrille Paynel.

Le séjour des fromages dans la cave de perfection varie de vingt à trente jours, pendant lesquels les fromages sont l'objet des soins les plus minutieux, parce que c'est dans ce local que, pendant l'été surtout, a lieu l'éclosion des œufs qui donnent naissance à des vers.

La fromagère retourne les fromages tous les jours

ou tous les deux jours, en suivant avec soin les nouvelles phases de la fermentation, qui se traduisent
par l'affaissement des moisissures blanches, la colo-

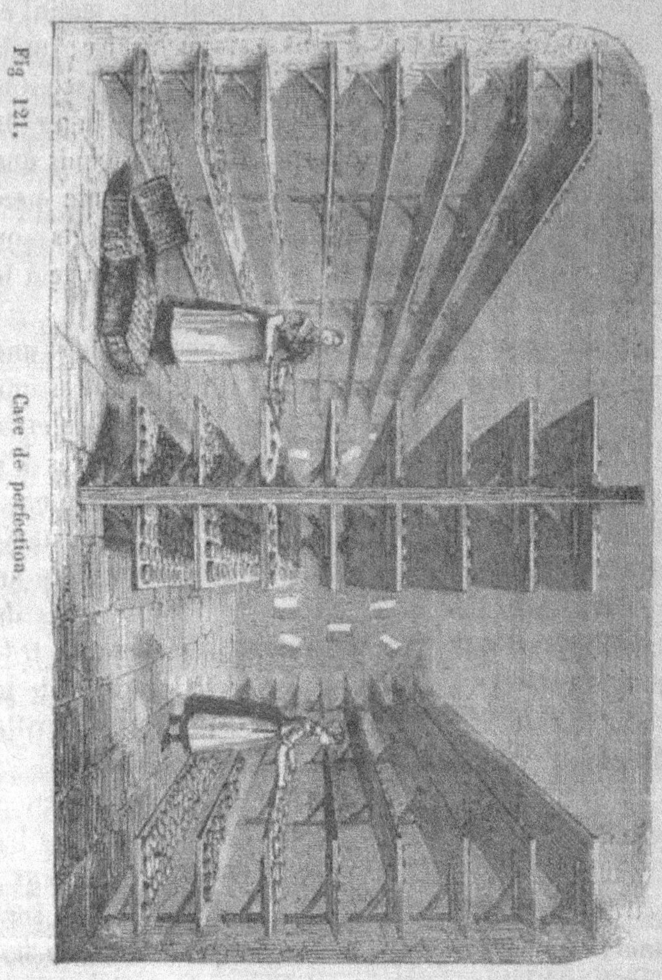

Fig 121. — Cave de perfection.

ration plus intense de la surface, le ramollissement
de la pâte, etc.

Si elle aperçoit des parties envahies par des vers,

Fig. 122. — Fabrication du fromage de Camembert

elle les gratte immédiatement, lave la blessure avec
de l'eau salée, et égalise ensuite la surface avec un
couteau.

En outre, quand pendant les grandes chaleurs les fromages se ramollissent trop vite, on est quelquefois obligé de les remonter dans le demi-haloir.

Dans les fromageries où l'on fabrique toute l'année, le degré d'affinage auquel on pousse les fromages, dans la cave de perfection, varie avec la saison.

Jusqu'au 15 octobre, les fromages qui sortent des fromageries conservent toujours une certaine fermeté; ils ne possèdent pas encore toutes les qualités qui font rechercher ce délicieux produit; aussi se vendent-ils moins cher qu'en automne et en hiver. Cet affinage incomplet est nécessité par l'élévation de la température de l'été; si, en effet, on voulait pousser plus loin l'affinage, on favoriserait, d'une part, l'apparition des vers, et de l'autre, une fois expédiés en *paillots*, les fromages ne tarderaient pas, sous l'influence de la température encore élevée, à s'échauffer et à *couler*, ce qui serait une cause de perte pour le producteur. À partir du 15 octobre, ces inconvénients disparaissent, et l'on commence alors à trouver chez les détaillants des fromages parfaits.

Une fois les fromages *faits*, on les réunit par six ou par *paillots*; on les enveloppe de papier, et on les emballe dans des paniers en osier blanc ou dans des caisses en bois blanc et à claire-voie.

Chez M. Quiquemelle, on a la précaution de séparer chaque fromage du suivant par un petit carré de papier, afin d'empêcher qu'ils ne se collent les uns aux autres pendant le transport.

Le prix des fromages varie avec la saison ; pendant l'été, il descend souvent à 5 francs la douzaine, pour remonter à 8 et 9 francs pendant la bonne saison.

Il faut, en moyenne, 2 litres de lait pour faire un fromage du poids moyen de 300 grammes lorsqu'il est livré à la vente.

A Chaumont, la production atteignant en hiver 400 fromages par jour, cela représente un traitement journalier de 800 litres de lait fournis par les vaches de la ferme et celles des cultivateurs environnants qui apportent leur lait à la fabrique.

Au détail, les bons camemberts se vendent, dans les maisons de premier ordre, à Paris, 90 centimes à 1 franc la pièce.

On trouve encore à Paris, chez beaucoup de détaillants, des fromages façon camembert qui se vendent 65 à 75 centimes pièce, mais qui sont loin de posséder les qualités exquises des véritables camemberts. Ce sont des fromages *forcés*, à saveur fortement salée, qui coulent très-vite, et dont le bon marché ne compense nullement l'infériorité.

Il résulte des renseignements qui précèdent, que chez M. Quiquemelle les fromages sont faits avec du lait pur et non écrémé ; ce fabricant dit qu'il trouve avantage à s'abstenir de tout écrémage, ses produits étant de qualité supérieure, et par suite plus recherchés par les marchands en gros.

Dans d'autres laiteries, on laisse reposer le lait pendant deux ou trois heures, et avant de le mettre en présure on enlève à sa surface une pellicule de crème, sève du *lait*, qui sert à faire un beurre remarquable par sa finesse; 240 à 250 litres de lait ne fournissent pas au delà d'un kilogramme de beurre.

Fig. 123.

La figure 122 représente la laiterie de M. Cyrille Paynel [1], dans laquelle on procède au coulage du lait, à la mise en présure et au remplissage des moules.

Les vases dans lesquels s'effectue la coagulation du lait (fig. 122), appelés *serènes*, ont une forme différente de celle des grands pots employés à Chaumont.

Lorsque la coagulation du lait est achevée, la fromagère met successivement chaque serène sur un petit chariot, qu'elle conduit près d'une des tables sur lesquelles sont placées les *éclisses* ou moules; puis elle procède ensuite au remplissage.

On voit également figure 122 le poêle qui, lorsque la température s'abaisse, sert à chauffer la laiterie. Dans les fabriques de moindre importance, on remplace ce poêle par des chaudrons en fer, montés sur trois pieds, et dans lesquels on met de la braise. Deux anses permettent de transporter ces réchauds en un point quelconque de la laiterie.

[1] *Primes d'honneur de* 1867, par M. C. Heuzé.

Les fabricants de fromages de Camembert sont encore plus nombreux dans l'Orne que dans le Calvados; mais les exploitations les plus importantes sont situées dans ce dernier département. Parmi les principaux producteurs on peut citer :

Dans le Calvados. Madame veuve Lebret, née Paynel, à Mézidon; MM. Merice, à Ouilly-le-Vicomte et à Lessart-le-Chêne; M. Cyrille Paynel et M. Philippe Paynel, à Grand-Champ, etc.

Dans l'Orne. M. Victor Paynel, à Champosoult; M. Julien, à Pontchardon; M. Alphonse Quiquemelle, à Chaumont, etc.

A tous ces producteurs qui ont obtenu de nombreuses récompenses dans les concours, nous devons ajouter M. Roussel, de Boissey (Calvados), qui, au concours général de 1874 à Paris, a obtenu le prix d'honneur des fromages pour les excellents camemberts qu'il avait exposés.

B. FROMAGE DE LIVAROT.

Ce fromage, qui tire son nom de Livarot, chef-lieu de canton du Calvados, à 15 kilomètres de Li-

Fig. 124.

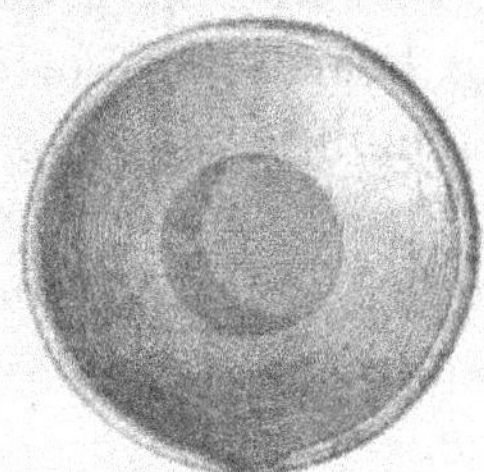

Fig. 125.

sieux, est fabriqué avec du lait déposé dans de grandes terrines coniques (fig. 124 et 125), et que l'on *écrème* vingt-quatre heures après la traite.

Le lait écrémé est ensuite chauffé doucement, jusqu'à ce qu'il se forme à la surface une légère pellicule que l'on enlève, puis on le met immédiatement en présure, comme pour le camembert.

Les moules employés sont un peu plus grands que ceux des camemberts, ils ont 15 centimètres de diamètre et sont percés de trous (fig. 126); on commence par bien diviser le caillé avec une spatule avant de les remplir.

Fig. 126.

On soumet ensuite les fromages aux mêmes opérations que les camemberts, en ayant soin, à chaque fois qu'on les retourne au séchoir, de les mouiller avec de l'eau pure ou salée, si l'on voit que la pâte manque de sel.

Après un séjour d'environ dix jours à la cave, ces fromages sont reliés sur leurs tranches avec des feuilles de *laiche* (Typha latifolia), et on les laisse de nouveau à la cave pendant trois ou quatre mois. Enfin, avant de les livrer à la vente, on les colore extérieurement avec un peu de rocou.

Les livarots se fabriquent surtout en juillet, août et septembre, au moment où beaucoup de producteurs suspendent la fabrication des camemberts, dont la vente à cette époque se ralentit beaucoup; mais les meilleurs livarots sont ceux fabriqués en automne.

100 litres de lait donnent, en moyenne, vingt-cinq fromages.

IMPORTANCE DE LA VENTE DU LIVAROT SUR LES DIVERS MARCHÉS DU CALVADOS EN 1865 [1].

MARCHÉS.	DOUZAINES.	PRIX MOYEN.	VALEUR.
Vimoutiers.	75,000	6,00	450,000f
Saint-Pierre de Dives. . .	46,750	8,50	397,800
Lisieux.	11,440	8,00	91,520
Livarot.	204,450	5,00	1,022,250
Total.			1,961,570

Soit, en nombre rond, 2 millions.

Les fromages de Livarot *blancs*, c'est-à-dire non *passés*, se vendent de 3 fr. 50 c. à 8 fr. 75 c. la douzaine, suivant la grosseur ; les fromages passés, 15 à 20 francs, et pendant le carême, de 20 à 30 francs.

Outre les marchés d'écoulement cités ci-dessus, on expédie les fromages passés à Bernay, Évreux, Caen, et tout le Calvados, au Havre, à Rouen, et sur toute la ligne du chemin de fer de Paris à Orléans et de Paris à Nantes. Laval est une des villes où l'on envoie la plus grande quantité de livarots.

Au détail, les livarots fins se vendent 1 franc la pièce ; ils ont 10 centimètres de diamètre et 3 à 4 centimètres de hauteur.

Les livarots ordinaires, plus maigres et généralement plus gros, ont, en moyenne, 12 centimètres

[1] *Industrie fromagère dans le Calvados.* J. Morière.
[2] Vimoutiers appartient au département de l'Orne, mais une grande partie des livarots vendus sur ce marché ont été fabriqués dans le Calvados.

de diamètre sur 5 à 8 centimètres d'épaisseur; leur prix est de 1 fr. 40 c. à 1 fr. 50 c. la pièce.

Plus les livarots sont épais et maigres, plus leur affinage demande un temps considérable, quelquefois cinq mois; et pendant une période aussi longue, beaucoup de ces fromages tournent à l'*amer*; les producteurs auraient donc intérêt à ne pas exagérer l'épaisseur de ces fromages.

Parmi les principaux producteurs de livarots, nous citerons, d'après M. Morière :

Madame Chaumont (Agénor), à Mesnil-Baclet; madame Briquet, à Castillon; M. Lavallée, à Mesnil-Durand; M. Barel, à Livarot, et enfin M. Laffilay, également de Livarot, qui, au concours de Paris de 1874, a obtenu un premier prix pour ses livarots fins d'excellente qualité.

Le revenu net et annuel d'une vache dont le lait sert à fabriquer du beurre et du livarot varie, en moyenne, de 250 à 300 francs; dans une vacherie bien administrée, ce revenu peut atteindre 350 fr., et davantage même, car chez madame Chaumont, que nous venons de citer, le produit *brut* varie de 550 à 600 francs.

La vente des livarots aux Halles de Paris a donné les résultats suivants :

	QUANTITÉS.	PRODUITS.
1872.	981,595	522,152 fr.
1873.	1,009,819	545,047

C. FROMAGE DE PONT-L'ÉVÊQUE.

Ce fromage (fig. 127) est connu depuis le treizième siècle ; on l'appelait autrefois *augelot*, de la vallée d'Auge où on le fabrique ; on le vend principalement à Pont-l'Évêque et à Beaumont-en-Auge.

Fig. 127.

Le pont-l'évêque est carré ; quand il est *fait*, sa surface est d'un beau jaune, couleur obtenue comme celle du livarot, avec le rocou.

D'après M. Morière, on fabrique aux environs de Pont-l'Évêque trois qualités de fromages, qui diffèrent essentiellement par la quantité de crème contenue dans le lait employé.

1ᵉ *qualité*. — Ces fromages, dits de *commande* ou de *lait doux*, se font de deux manières :

1° On ajoute au lait qui vient d'être trait de la *fleurette*, c'est-à-dire la première crème fournie par un autre lait.

2° On met en présure le lait pur sans lui faire subir aucun écrémage.

2ᵉ *qualité*. — On fabrique ces fromages en ajoutant à la traite du matin les traites de midi et du soir, recueillies la veille et écrémées.

3ᵉ *qualité*. — Ces fromages s'obtiennent avec les trois traites de la veille préalablement écrémées. En hiver, on fait des fromages avec des traites de cinq ou six jours, mais ce sont les plus inférieurs comme qualité.

FABRICATION DU PONT-L'ÉVÊQUE AVEC LE LAIT NON ÉCRÉMÉ.

Après avoir coulé le lait à travers une passoire en toile ou en crin, on le met sur le feu, et quand il est un peu plus que tiède, on ajoute la présure et on opère le mélange à la main. On ôte ensuite la chaudière de dessus le feu, et on laisse reposer jusqu'à ce que le lait soit suffisamment pris, ce qui a lieu ordinairement au bout d'un quart d'heure, quand la présure ou *tournure* est bonne.

On coupe alors le caillé jusqu'au fond du vase avec une espèce de couteau de bois, puis on appuie sur cette masse au moyen d'une assiette creuse, afin d'en faire sortir le petit-lait ; on recouvre le tout d'un linge ; dix minutes après, on enlève le caillé avec l'assiette et on le dépose sur des nattes de roseau ou de jonc (*glottes*), où il continue à s'égoutter.

On remplit ensuite avec ce caillé des moules carrés en bois de hêtre ou de frêne, on retourne le fromage sept ou huit fois dans les vingt premières minutes qui suivent, puis on le transporte avec son moule sur une autre glotte bien sèche, où on le retourne encore cinq ou six fois dans l'espace d'une journée.

Au bout de quarante-huit heures, le fromage est sorti de son moule, salé avec du sel blanc très-fin et très-sec. Le matin, on sale le fromage d'un côté, le soir, de l'autre côté, et on continue ainsi jusqu'à ce que la salaison soit complète.

On place ensuite les fromages sur des *séchoirs*, qui ne sont autre chose que de longues échelles recouvertes de *glui* [1] et suspendues dans un endroit bien aéré ; ils restent ainsi deux ou trois jours, pendant lesquels on les retourne une fois par jour.

Une fois secs, les fromages sont portés à la *cave* et disposés sur champ dans une boite, en ayant soin de les accoler les uns aux autres, de façon qu'ils *passent* plus promptement.

Pendant l'affinage, on les retourne tous les deux jours, en les posant tantôt debout, tantôt à plat, et les uns sur les autres ; de plus, ils sont recouverts d'un linge pour les préserver de l'attaque des insectes.

Les fromages *mous*, c'est-à-dire ceux dans lesquels il entre la plus forte proportion de crème, ne demandent que quinze à vingt jours de cave, quand ils sont minces ; ceux dits de commande, faits de tout lait doux, ou de deux tiers de lait doux et de un tiers de crème, exigent trois à quatre mois de cave, selon la grosseur et la dureté.

Les fromages de lait non écrémé ne se font qu'en septembre et octobre ; les fromages d'été se fabriquent de mai jusqu'à l'automne, mais avec les traites de la veille, celles de midi et du soir écrémées le lendemain et chauffées ensuite à une température convenable, après les avoir mélangées avec la traite du matin.

En juin, quand les chaleurs commencent à se faire sentir, on ne prend plus que la traite de la veille au soir et écrémée.

[1] Grosse paille de seigle ordinairement employée pour les couvertures en chaume.

16.

Dans la fabrication de ces fromages, on ajoute ordinairement au lait, avant de le mettre en présure, une certaine quantité d'eau chaude, destinée principalement à empêcher le fromage de durcir. En été, le mélange d'eau et de lait ne doit être que tiède, autrement on ferait un fromage trop dur; en automne, le mélange doit brûler légèrement les doigts.

Les fromages de première qualité se font le plus souvent sans addition d'eau chaude; quelques personnes ajoutent cependant un vingtième d'eau bouillante au lait tiède.

Pour les fromages de deuxième qualité, la quantité d'eau bouillante ajoutée est de 1 litre pour 5 à 6 litres de lait en été, et de 7 à 8 litres en automne.

Quant aux fromages de troisième qualité, comme ils sont préparés avec des laits de plusieurs jours sujets à tourner, on ne les fait jamais chauffer avant d'y mettre la présure; on se contente d'y verser peu à peu de l'eau bouillante, et on remue avec la main la masse liquide, de façon à l'amener à la température voulue sans produire de coagulation.

Le fromage de première qualité est celui qui se conserve le plus longtemps; celui de deuxième qualité, fait comme le premier en septembre et octobre, se conserve également bien.

Le fromage de troisième qualité, ou fromage d'été, ne se conserve pas au delà de deux ou trois mois.

Il faut, en moyenne :

4 litres de lait doux pour faire un fromage de commande de 1 fr. 50 c.;

5 à 6 litres pour un fromage de 2 fr. ;

8 à 9 litres pour un fromage de 3 fr.

Sous le rapport de la fabrication de cette espèce de fromage, une bonne vache donne par jour deux fromages de grosseur moyenne, et rapporte, moyennement, 300 fr. par an.

Le fromage ordinaire de Pont-l'Évêque se vend plus particulièrement à Pont-l'Évêque même et à Beaumont-en-Auge, au prix moyen de 5 fr. la douzaine en été, et de 7 à 8 fr. en hiver.

L'importance du marché de Pont-l'Évêque, sous ce rapport, est représentée par un chiffre annuel d'environ 100,000 francs.

Ces fromages sont achetés par des commissionnaires qui les revendent 75 centimes à 1 franc la pièce, surtout à Évreux, à Rouen et à Paris.

Le fromage de commande ne se trouve que rarement sur les marchés ; les producteurs l'expédient directement aux premières maisons de Paris ou d'autres grandes villes. Il vaut, sur place, de 30 à 40 francs la douzaine ; on en fabrique chaque année, dans le Calvados, pour 15 à 20,000 francs.

Dans presque toutes les exploitations de l'arrondissement de Pont-l'Évêque, on fait de cette espèce de fromage, et parmi les personnes qui se livrent avec le plus de succès à ce genre d'industrie, M. Morière cite :

Madame Héroult, à Glanville ;
Madame Collet-Dubreuil, à Saint-Étienne-la-Thillaye, etc.

Le fromage de Pont-l'Évêque se vend très-bien

pendant l'été, quand il est peu *passé ;* son prix au détail, à Paris, varie avec la qualité et la grosseur.

Le pont-l'évêque fin (fabriqué avec du lait non écrémé), de 10 centimètres carrés et de 2 centimètres d'épaisseur, se vend 1 franc; mais à certaines époques de l'année, notamment en octobre, on en fabrique de beaucoup plus épais, et de 12 à 14 centimètres carrés, qui se vendent jusqu'à 2 francs et 3 francs la pièce. — Nous dirons, comme pour le livarot, que plus on augmente l'épaisseur du pont-l'évêque, plus l'affinage parfait de ce fromage devient long et difficile à obtenir.

D. FROMAGE DE MIGNOT.

Une famille a donné son nom de MIGNOT à cette espèce de fromage qui participe à la fois du pont-l'évêque et du livarot, et qui a été fabriqué pour la première fois à Beuvron, il y a environ un siècle. On distingue deux sortes de fromages Mignot : le fromage *blanc,* qui se fait depuis la fin d'avril jusqu'en septembre, et le fromage *passé,* d'une couleur jaune doré, et que l'on fabrique de septembre à avril ; ces fromages sont ronds ou carrés.

On obtient le plus généralement le mignot en faisant bouillir une traite, que l'on conserve tiède ensuite sur un feu doux pendant cinq heures, et que l'on écrème. On mélange alors à ce lait écrémé la traite de midi, on met en présure et on termine la fabrication à peu près comme pour le camembert.

Le mignot se vend sur les marchés de Beuvron,

de Dozulé, etc., au prix de 5 à 6 francs la douzaine ; la production annuelle est d'environ 8,000 douzaines de fromages passés et 16,000 douzaines de fromages blancs, qui représentent ensemble une valeur de plus de *cent mille francs*.

Madame Delaye, à Beuvron, passe à juste titre pour une des meilleures faiseuses de fromages de Mignot.

D'après M. Morière, l'importance de l'industrie fromagère dans ce département se traduisait, en 1865, par les chiffres suivants :

IMPORTANCE DE L'INDUSTRIE FROMAGÈRE DANS LE CALVADOS.

Fromage de Pont-l'Évêque. . . .	120,000	fr.
— de Livarot.	1,961,570	
— de Camembert.	500,000	
— de Mignot.	100,000	
Total.	2,681,570	

c'est-à-dire plus de *deux millions et demi de francs*.

L'enquête faite en 1873 dans ce même département a fourni les résultats suivants :

ARRONDISSEMENTS.	PRODUCTION FROMAGÈRE.
Falaise.	21,200 kil.
Lisieux.	2,889,120
Pont-l'Évêque.	1,908,000
Total.	4,818,320

qui, au prix moyen de 0 fr. 90 c. le kilogr., représentent une valeur de 4,336,488 francs.

La part à attribuer au camembert dans cette valeur dépasse certainement *un million* de francs.

De l'extension prise par la fabrication du camembert dans l'arrondissement de Lisieux est résultée une augmentation de prix dans la location des fermes à herbages, où l'on a remplacé les bœufs maigres par des vaches à lait.

M. Paynel aîné a loué 35,000 francs la propriété de Grandchamp, qui, antérieurement, était affermée en détail 23,400 francs.

M. Cyrille Paynel paye aujourd'hui 7,800 francs la location du domaine de Mesnil-Mauger, qui, en 1859, était loué 4,500 francs.

Une autre ferme, située à la Chapelle-Haute-Grue, louée précédemment 6,000 francs, a été l'objet d'une augmentation de 3,000 francs depuis qu'un fabricant de fromages en est le fermier.

Chez M. Cyrille Paynel, la grandeur de la fromagerie permet de couler 3,000 fromages à la fois, et chaque jour ce fabricant en livre à la consommation 450 à 500.

Une vache produit moyennement, par année, 2,520 litres de lait avec lequel on fabrique 1,260 fromages.

Dans le Bessin, le revenu net d'une vache dont le lait sert à fabriquer cette espèce de fromage, est en moyenne de 530 francs par an.

II. Fromage de Seine-Inférieure.

On fabrique dans ce département plusieurs fromages, parmi lesquels nous citerons :

1° Les *bondons* ou *neufchâtels*;

2° Les *bondons dits de Rouen;*

3° Les *malakoffs* et les *anciens impériaux;*

4° Les *fromages de Gournay.*

Nous nous occuperons plus particuliérement de la fabrication des premiers, dont la consommation à Paris est extrèmement considérable; nous dirons ensuite quelques mots des autres.

A. NEUFCHATELS RAFFINÉS (BONDONS) (fig. 128).

Nous avons vu, page 241, comment on fabriquait les neufchâtels frais ou à la crème, mais il y a encore deux autres espèces de fromages de Neufchâtel qui se consomment *affinés*, c'est :

Fig. 128.

1° Le fromage à *tout bien,* fait avec le lait naturel;

2° Le fromage *maigre,* fait avec du lait écrémé.

Nous ne parlerons que du premier, qui est celui de plus grande consommation

D'après M. Desjobert, à qui nous empruntons les principaux renseignements qui vont suivre, la fabrication de ce fromage nécessite une laiterie comprenant les locaux suivants :

1° Une pièce maintenue à 15 degrés et dans laquelle on opère la coagulation du caséum;

2° Une autre appelée *apprêt,* divisée elle-même en deux parties; dans la première se trouvent :

Les *éviers* pour l'égouttage;

Les *caisses* avec leurs poids pour la mise en presse;

Les *claies* sur lesquelles les fromages séjournent pendant le premier âge.

La seconde partie, où les fromages sont *affinés*, contient seulement des *claies*.

En outre, l'*apprêt* doit être disposé de façon que l'on puisse y régler l'aération à volonté à l'aide d'une cheminée d'appel pratiquée au plafond, et de conduits souterrains destinés à amener de l'air froid de l'extérieur.

Coagulation du caséum. Le lait de chaque traite, apporté dans la première pièce, est filtré encore chaud sur une passoire à trous très-fins s'ajustant sur un pot en terre de 20 litres de capacité. On met ensuite en présure, et on place les pots dans une caisse que l'on couvre d'une converture de laine.

Chez M. Desjobert, la dose de présure varie entre 50 et 60 grammes pour 100 litres de lait, suivant la température, la qualité du lait et la force même de cette présure.

Égouttage du caséum. Vingt-quatre heures après la mise en présure, on transvase le caillé dans des récipients en osier ou en lattes de bois blanc, garnis à l'intérieur d'une toile claire qui fait office de filtre ; ces récipients sont placés sur des éviers ou égouttoirs. Après douze heures d'égouttage, on enlève le caillé avec le linge qui le renferme et que l'on reploie, on le met dans une caisse percée de trous, on pose dessus une planche et sur celle-ci des poids, de façon à exercer sur ce caillé une pression continue. Douze heures après, on fait tomber cette pâte sur une autre toile bien sèche et on la pétrit comme de la pâte à pâtisserie, de façon à obtenir un mélange parfait du caséum et de la crème. Si la pâte est trop molle, on la *ressuie* en la changeant encore de linge ; si elle est trop sèche, par suite d'une addition trop considérable de présure, et qu'elle se brise, on y incorpore du caillé frais non encore égoutté.

Mise en moules. Les moules destinés à recevoir la pâte sont de petits cylindres en fer-blanc ouverts aux deux extrémités ; ils ont 5 centimètres et demi de diamètre et 6 à 7 centimètres de hauteur.

On fait avec la pâte amenée à la consistance désirable un *pâton* plus long que la hauteur du cylindre, on l'introduit dans le moule, on dresse le tout verticalement sur une table, et, tenant le cylindre de la main droite, on appuie sur la face supérieure du pâton avec la main gauche, de façon à faire sortir par-dessus et par-dessous le caillé en excès que le moule ne peut contenir. On *ébarbe* alors avec un couteau, de préférence en bois, les bavures supérieures et inférieures, et enfin on fait sortir le pâton du moule en s'aidant du pouce et en frappant légèrement sur les parois du cylindre en fer-blanc.

Salaison. Le fromage est alors saupoudré aux deux bouts de sel sec et fin, puis on achève la salaison en le roulant entre les mains légèrement imprégnées de sel. Il faut environ 500 grammes de sel pour 100 fromages.

Premier et deuxième apprêt. Les fromages salés sont posés d'abord sur une planche au-dessus d'un évier, et on les laisse égoutter pendant vingt-quatre heures ; on les transporte ensuite, à l'aide de cette même planche, jusqu'aux claies garnies d'un lit

17

de paille fraîche, en travers de laquelle on les range de manière qu'ils ne se touchent pas.

Pendant le séjour de ces bondons dans ce local, c'est-à-dire quinze jours à trois semaines, les fromages sont retournés assez souvent pour que la paille n'adhère pas à leur surface, et quand ils ont pris un velouté *bleu* on les transporte dans la deuxième pièce de l'apprêt.

Cette fois, des bondons sont placés *debout* sur les claies garnies de paille, convenablement espacés, et on continue à les retourner de temps en temps.

Après une nouvelle période d'environ trois semaines, des pustules rouges apparaissent à travers le velouté bleu primitif; les fromages sont alors de vente, mais leur affinage n'est entièrement terminé que quinze jours plus tard. Il en est pour le neufchâtel comme pour le camembert, le brie, etc., c'est-à-dire que c'est pendant l'apprêt que la confection de ce fromage réclame plus de soin et d'attention, si l'on veut qu'il ne devienne ni trop sec ni trop mou.

Le neufchâtel à *tout bien* complétement affiné peut se garder environ deux mois sans perdre sensiblement de ses qualités.

D'après M. Desjobert, un de ces fromages pesant de 120 à 130 grammes est le produit de 75 centilitres de lait.

En gros, les fromages *bleus* de Neufchâtel se vendent 15 francs le cent; ceux raffinés, 18 francs.

B. *Bondons dits de Rouen, malakoffs, anciens impériaux, fromages de Gournay.* Les trois premiers (fig. 129), que nous avons eu déjà l'occasion d'étudier à l'état frais (page 243), se vendent égale-

Fig. 129.

ment, à Paris, à l'état raffiné. Nous avons indiqué précédemment leurs dimensions et la nature du lait plus ou moins additionné de crème qui sert à leur fabrication.

On trouve enfin, chez les détaillants de Paris, des petits fromages ronds de 8 à 9 centimètres de diamètre sur 2 centimètres de hauteur, plus ou moins riches en crème, et désignés sous le nom de *fromages de Gournay;* quand ils sont de première qualité, on les appelle souvent *malakoffs*.

IMPORTANCE DE L'INDUSTRIE FROMAGÈRE DANS LA SEINE-INFÉRIEURE [1].

ARRONDISSEMENTS.	PRODUCTION totale en fromages.	PRIX MOYEN du kilogr. sur le lieu de production.
Rouen. . .	99,583 kil.	1 65
Dieppe. . .	153,019	1 30
Neufchâtel.	4,320,000	1 50
Total. .	4,572,872 kil.	Moyenne 1 48

Ce qui représente une valeur totale et annuelle de 6,767,850 francs, dans laquelle l'arrondissement de Neufchâtel figure, à lui seul, pour 6,480,000 fr.

[1] Enquête préfectorale, en 1873.

Parmi les meilleurs producteurs de bondons et de malakoffs raffinés nous citerons :

M. Lesecq, de Neufchâtel, médaille d'or à Paris (1866) ;

Madame veuve Guérard, à Quièvrecourt, médaille d'or à Paris (1870) ;

MM. Fleury de Gournay, Ricard, à Neuville-Ferrières, Journois, à Neufchâtel, Delaruelle, à Argueil, etc., qui ont obtenu des médailles d'argent dans ces mêmes concours.

Nous ajouterons que depuis quelques années, M. Pommel, propriétaire à Gournay-en-Bray, donne tous ses soins à la fabrication de ces mêmes fromages frais ou affinés, dits *bondons de Rouen, malakoffs, anciens impériaux*, qui jouissent sur le marché de Paris d'une réputation justement méritée.

PRIX AU DÉTAIL A PARIS.

Bondons de Rouen, malakoffs,	20 à 25 c. la pièce.
Fromages de Gournay,	25 à 30 c.
Anciens impériaux (carrés).	35 c.

La vente des fromages dits de Neufchâtel aux Halles de Paris a donné les résultats suivants :

	QUANTITÉS.	PRODUITS.
1872. . . .	3,337,871	403,112 fr.
1873. . . .	2,718,417	314,239

CHAPITRE XIV.

1re CLASSE. FROMAGES DE CONSISTANCE MOLLE (Suite).

2° CATÉGORIE. FROMAGES AFFINÉS.

III. Fromages gras de Seine-et-Marne, du Loiret, de l'Aube, de la Haute-Marne, de la Côte-d'Or, de l'Yonne, de la Haute-Saône, etc.

1° SEINE-ET-MARNE. — *Fromages de Brie et de Coulommiers.*

DU FROMAGE DE BRIE.

Les principaux centres de fabrication de ce fromage, dont la réputation est européenne, sont :

1° L'arrondissement de Meaux, dans les vallées du Grand et du Petit-Morin, et la plaine à terres fraîches qui les sépare, ainsi que dans les cantons de Crécy, de la Ferté-sous-Jouarre ;

2° L'arrondissement de Coulommiers, à Rozoy en Brie, la Ferté-Gaucher, etc.

Vers Nangis, Tournan, Mormant, et sur quelques-autres points des arrondissements de Melun et de Provins, on fait encore quelques fromages ; mais l'engraissement des veaux et la vente du lait pour Paris constituent les deux principales industries.

L'importance de la fabrication du fromage de Brie, qui contribue pour une si large part à la prospérité de l'agriculture en Seine-et-Marne, ressort des chiffres ci-dessous[1].

ARRONDISSEMENTS.	PRODUCTION FROMAGÈRE	
	en Brie.	en Coulommiers.
Coulommiers.	»	1,020,000
Fontainebleau.	1,025,375	»
Meaux.	2,880,000	»
Melun.	360,704	16,000
Provins.	496,400	»
Total. . . .	4,762,479	1,036,000

Ce qui représente, au prix moyen de 2 fr. 50 à 3 fr. le kilogr., une valeur totale d'environ 10 *millions* de francs. On estime que la moitié de la production est consommée en France, et l'autre moitié exportée en Angleterre, en Italie, en Allemagne, etc.

FABRICATION DU FROMAGE DE BRIE EN SEINE-ET-MARNE.

La fabrication du fromage façon Brie ayant été introduite, depuis une quinzaine d'années, dans un grand nombre de départements, tels que ceux de la Meuse, de la Marne, de l'Oise, de l'Aisne, d'Indre-et-Loire, de l'Allier, etc., et chez beaucoup de producteurs de ces localités, les produits obtenus rivalisant avec succès avec les véritables fromages de la Brie, nous renverrons nos lecteurs, pour l'étude de la fabrication de ce fromage, au chapitre suivant. Nous nous contenterons de donner ici quel-

[1] Enquête préfectorale, 1873.

ques renseignements spéciaux aux produits fabriqués en Seine-et-Marne.

Il est reconnu, en Brie, que le moyen le plus productif d'utiliser le lait des vaches est de le transformer en fromage; aussi en détourne-t-on le moins possible de cette destination et les veaux sont-ils vendus dès l'âge de sept ou huit jours.

Les vaches entretenues dans les fermes de la Brie sont d'origine normande et choisies avec le plus grand soin.

Chez M. Bénard [1], à Coupvray, leur nourriture consiste, pendant l'hiver, en regain et en paille d'avoine avec de la betterave hachée, mélangée de menue paille. La pulpe de sucrerie entre aussi dans leur ration; mais comme ce régime a pour effet de rendre le lait plus aqueux et moins butyreux, on ajoute à la ration une certaine quantité de son.

Vers le 15 mai, la nourriture verte devient la base de l'alimentation, et les vaches reçoivent alors à discrétion des vesces d'hiver, du trèfle incarnat ou rouge et des vesces de printemps. Plus tard, au 15 août, elles vivent au pâturage et trouvent, en rentrant à la vacherie, un supplément de luzerne ou de maïs.

Les bons producteurs de fromages de Brie, en Seine-et-Marne, attachent, avec raison, une extrême importance à la disposition des locaux consacrés à la fromagerie; l'on trouve fréquemment dans les fermes deux laiteries, l'une d'été, l'autre d'hiver,

[1] Convert. *Excursion des élèves de Grignon en* 1872.

afin de maintenir dans chacune, le plus économiquement possible, la température convenable.

M. Bénard, cité plus haut, vend ses fromages *frais*, c'est-à-dire non affinés; ils ont en moyenne 35 cent. de diamètre, et, en 1872, ils trouvaient acquéreurs à 30 francs la douzaine.

En tenant compte de la consommation de la ferme, du prix des veaux vendus et de la valeur des autres produits accessoires de cette industrie, beurre et petit-lait, le revenu de chaque vache, d'après M. Bénard, s'élèverait à 500 francs par tête.

A Magny, madame Charpentier vend annuellement pour 25 à 28,000 francs de fromages de Brie fabriqués avec le lait de 40 vaches normandes.

On compte, dans cette ferme, 18 à 20 litres de lait pour la confection d'un fromage qui, au moment de la vente, c'est-à-dire à trois semaines, mesure 38 centim. de diamètre, 3 centim. d'épaisseur et pèse 3 kilogr. En mai 1872, ces fromages se vendaient 60 francs la douzaine; les écarts extrêmes, suivant les saisons, sont 30 et 80 francs.

On trouve dans les fromages de Brie fabriqués en Seine-et-Marne de très-grandes différences qui tiennent d'abord à la nature du lait, plus ou moins riche naturellement, ou plus ou moins appauvri par l'écrémage, et ensuite à l'époque de la fabrication, aux soins apportés, au temps consacré à l'affinage, etc.

Les fromages les plus estimés sont ceux *d'automne*, appelés encore *fromages de saison* ou de *regain*; ceux fabriqués aux autres époques se mangent à mi-sel et non *passés* ou *affinés*.

On distingue trois qualités :

1° *Les fromages gras ou fins*, qui comprennent les *ordinaires* et ceux *de choix*;

2° *Les fromages demi-gras*;

3° *Les fromages maigres*.

Ces deux dernières qualités passent de l'une à l'autre par des nuances insensibles.

Les fromages maigres sont fabriqués avec du lait écrémé; les gras, avec du lait non écrémé; ceux de choix sont additionnés de la crème douce d'une traite précédente. Ce sont ces derniers, dit M. Teyssier des Farges, qui ont été servis au congrès de Vienne, où ils ont été proclamés les premiers du monde; mais aujourd'hui ce genre de fabrication est très-restreint, parce qu'il faudrait en vendre les produits trop cher au consommateur.

Pour juger si l'affinage d'un fromage de Brie est parfait, les détaillants opèrent comme il suit :

Le fromage étant fraîchement coupé sur une certaine longueur, ils exercent avec le doigt une légère pression à la surface, et sur le bord de la section fraîche. Si la matière caséuse, réduite en bouillie homogène, ne coule pas sous l'influence de cette pression légère, mais forme simplement un bourrelet extérieur ayant pour épaisseur celle même du fromage, ce dernier est parfait comme affinage.

Plus les fromages sont épais, plus ils sont longs à se faire; une fois salés, on les active dans certaines fermes en les poussant au bleu au moyen de la chaleur, mais c'est toujours aux dépens de leur qualité.

Les fromages *maigres*, c'est-à-dire ceux fabriqués avec le lait écrémé, sont livrés au commerce au bout de quinze jours, non affinés; les fromages *gras* exigent six semaines de fabrication; ceux *mi-gras*, quand on ne les force pas, demandent deux mois.

Certains fromages de Brie n'ont plus que *deux* centimètres d'épaisseur quand on les débite; il y a du reste peu d'uniformité dans les dimensions et les poids de ceux qu'on trouve dans le commerce; le diamètre des grands moules varie de 30 à 40 centimètres, et l'épaisseur de 2 à 4 centimètres au plus.

Les fromages de moule moyen ont environ de 25 à 30 centimètres; mais l'industrie fabrique beaucoup moins de ces derniers.

La petite culture fournit principalement des fromages demi-gras ou maigres; Montlhéry, Montfort, en Seine-et-Oise, en fabriquent également.

Aux Halles de Paris, la vente des fromages dits de Motlhéry a donné les produits suivants :

    En 1872. . . . . 102,735,000 fr.
    En 1873.   88,685,000

PRIX DES FROMAGES DE BRIE, GROS ET DÉTAIL.

La vente des fromages de Brie aux Halles de Paris, tant par les forains que par les facteurs, a donné les résultats suivants :

	QUANTITÉS.	PRODUITE.
1872.	762,161	1,797,114
1873.	712,664	1,726,507

Le plus ordinairement, le fromage de Brie, grand moule, lorsqu'on le porte au marché, pèse environ 2ᵏ500; le petit moule 1ᵏ600. La vente se fait généralement à la dizaine.

Dans le commerce au détail , on distingue :

1° *Le fromage de saison* dit aussi de *Talleyrand*, fabriqué en automne, mis en vente fin décembre, et dont le prix s'élève jusqu'à 5 francs le kilogr. Ces fromages, grand moule, gras et de premier choix, et qui ont en outre l'avantage de ne pas couler, se fabriquent surtout dans les environs de Coulommiers et de Melun;

2° *Le fromage gras*, grand moule, du prix de 3 fr. 20 à 4 fr. le kilogr., suivant la qualité et la saison ;

3° Les fromages *façon Brie*, plus ou moins gras, plus ou moins affinés, qui se vendent, en moyenne, 2 fr. 80 le kilogr.

On fabrique encore des fromages maigres de Brie, très-épais et très-salés, destinés à l'exportation.

L'Angleterre, l'Allemagne, la Belgique, la Suisse, en font une très-grande consommation; il en est de même du midi de la France, de l'Espagne et de l'Égypte, et c'est ce qui explique le prix toujours croissant des fromages de Brie de première qualité.

Parmi les producteurs de fromages de Brie, en

Seine-et-Marne, qui se sont particulièrement distingués dans les concours régionaux ou généraux, nous citerons :

MM. Boucher, Drevault, Minouflet, Haran, etc.

Au concours général de 1874 à Paris, M. Séhille, de Melun, a obtenu une médaille d'argent pour ses fromages de Brie de saison ou de regain.

En terminant ce chapitre, et avant d'étudier la fabrication du fromage *façon Brie* dans la Meuse et la Marne, nous dirons que plusieurs producteurs se livrent avec succès à la même industrie dans l'Oise, l'Aisne, l'Indre-et-Loire, l'Allier, etc.

Dans la commune d'Éragny (Oise), on fabrique annuellement pour près de 30,000 francs de ce produit, et parmi les producteurs de ce département, lauréats de nos concours, nous citerons MM. Maurice, Chatelain, etc.

Nous mentionnerons également MM. Rozier-Bodier dans l'Aisne, Delaville-Le Roulx et Saclier dans l'Indre-et-Loire, Farjas et Fould dans l'Allier.

FROMAGES DE COULOMMIERS.

Outre les fromages de Brie, grand moule et de premier choix, qui se fabriquent aux environs de Coulommiers, on produit encore dans cet arrondissement d'autres fromages plus petits, ordinairement de 13 centimètres de diamètre sur 3 d'épaisseur, et qui sont dits de *Coulommiers*. Ces fromages obtenus avec du lait pur, et quelquefois même additionné de crème prélevée sur un autre lait, se consomment frais ou affinés.

Parmi les producteurs qui se sont acquis une juste renommée dans cette industrie, nous citerons M. Decauville, qui, avec des vaches normandes donnant environ 3,700 litres de lait par an, retire un produit brut annuel de 1,000 francs par tête, en transformant son lait en fromages de Coulommiers [1].

Un aussi beau revenu est dû surtout à la sollicitude avec laquelle M. Decauville préside à toutes les opérations de la laiterie.

Une partie du lait est vendue en nature à TRENTE CENTIMES le litre, en raison de la proximité de la ville et de la confiance inspirée par le nom de la fermière.

En été, on utilise une autre partie à la fabrication de petits fromages mous, qui sont vendus, *blancs*, à Coulommiers, au prix de 10 centimes à 30 centimes la pièce, suivant leur richesse en crème.

Le reste du lait (et la presque totalité pendant la saison favorable) est transformé en fromages *affinés* de Coulommiers, du poids de 450 grammes environ. Ces fromages, dont la confection de chacun exige 4 litres de lait, se vendent 1 fr. 75 c. la pièce.

Pour arriver au degré de perfection qui justifie un prix aussi élevé, cette industrie exige non-seulement des locaux bien disposés (cave d'été et cave d'hiver), et entretenus avec une propreté méticuleuse, mais

---

[1] Convert. *Excursion agricole des élèves de Grignon, en mai* 1872.

aussi, comme le fait remarquer M. Convert, une direction habile et une surveillance constante, qualités qui appartiennent en propre à madame Decauville.

Au détail, à Paris, le prix des coulommiers est ordinairement de 1 fr. 20 c. à 1 fr. 50 c., pour ceux de petit format et du poids de 500 à 550 gr.; ceux de grand format coûtent de 2 fr. à 2 fr. 50 c., suivant la grosseur.

Parmi les producteurs de Coulommiers qui se sont signalés dans nos concours généraux, nous citerons :

MM. Drevault, Bourjot, V. Masson, Godinot, Testard et Tarout.

Enfin, nous dirons qu'au concours général de Paris, en 1874, M. Laviesse, négociant à Paris, rue Saint-Marc, n° 25, avait exposé une collection tout à fait remarquable de coulommiers, qui lui a mérité une médaille d'or.

LOIRET. — *Fromages dits d'Olivet.*

Olivet est un bourg situé sur le Loiret, à 5 kilomètres d'Orléans ; mais depuis longtemps déjà les fromages dits d'Olivet ne se fabriquent plus dans cette localité qui leur a donné son nom. En raison de la proximité de la ville, les habitants de ce bourg vendent à Orléans tout le laitage qui n'est pas consommé sur place. Actuellement, les centres de production les plus importants de ce fromage sont : *Jargeau* et *Saint-Benoît-sur-Loire.*

Pour fabriquer les fromages dits d'Olivet, on met en présure le lait du matin réuni à celui de la veille au soir, et plus ou moins écrémé. Le moule dans lequel on place le caillé porte le nom de *cerche*; après l'égouttage sur des faisceaux de paille ou *paillettes*, on les sale, puis on les laisse une quinzaine de jour sur les paillettes que l'on renouvelle chaque jour, et ce n'est que lorsqu'ils commencent à *bleuir* qu'on les livre au commerce.

Il entre dans la confection d'un fromage de 15 centimètres de diamètre environ 2 litres de lait; l'olivet blanc se vend 25 centimes la pièce; celui *bleu*, 45 à 50 centimes.

Au détail, à Paris, il vaut de 60 à 80 centimes, suivant la grosseur, et c'est ordinairement en octobre qu'il fait son apparition sur le marché parisien.

Les quantités vendues pour l'exportation sur chacun des deux marchés du Loiret, indiqués plus haut, s'élèvent annuellement à 1,500,000 environ, soit 3 millions pour les deux marchés réunis, représentant, au prix moyen, plus de 1 million de francs.

Enfin, la consommation locale qu'il serait très-difficile d'évaluer, même approximativement, est très-considérable.

Aube. — *Fromages d'Ervy, de Troyes, de Chaource, de Barbery.*

On fabrique dans le département de l'Aube des fromages à pâte molle, qui jouissent d'une réputation méritée; ce sont :

1° Le *fromage d'Ervy*, fabriqué à Ervy (chef-lieu de canton, à 31 kilomètres de Troyes) et aux environs.

Ce fromage, qui a, en moyenne, 18 centimètres de diamètre sur 6 à 7 centimètres d'épaisseur, est fabriqué avec du lait de vache *non écrémé*; bien affiné, il est très-fin et d'excellente qualité. De plus, il a le mérite d'être, vu son poids, moins cher que d'autres fromages plus renommés, et qui ne le valent certainement pas; il se vend au détail, à Paris, 1 fr. à 1 fr. 50 c. la pièce, suivant la grosseur.

2° Le *fromage de Troyes*, qui se fabrique sur une plus grande épaisseur et 1 diamètre moindre que le précédent.

3° Le *fromage de Chaource*, fabriqué principalement à Chaource (18 kilomètres de Bar-sur-Seine) et aux environs.

4° Le *fromage de Barberey*, qui tire son nom du village de Barberey, situé à peu de distance de Troyes.

Autrefois, on fabriquait à Riceys (à 13 kilomètres de Bar-sur-Seine), et dans les environs, un fromage assez estimé; mais depuis une dizaine d'années les habitants de ce canton se livrent presque exclusivement à la culture de la vigne.

L'époque de la meilleure fabrication des fromages que nous venons de citer est du 15 septembre au 15 novembre, et les divers centres de consommation de ces produits sont : l'Aube, la Seine, l'Yonne, la Côte-d'Or, le Doubs, le Jura, la Haute-Marne, la Nièvre, l'Isère et le Rhône.

Le tableau ci-dessous donne une idée de l'importance de la production fromagère dans l'Aube.

LOCALITÉS.	PRODUCTION ANNUELLE en fromages.	PRIX DE VENTE DES FROMAGES.		VALEUR DES QUANTITÉS EXPORTÉES.
		FRAIS. fr.	PASSÉS. fr.	fr.
Barberey.	50,000	0,50	0,70	20,000
Ervy.	900,000	0,50	1,00	500,000
Chaource.	120,000	0,40	1,00	43,000

HAUTE-MARNE. — *Fromages de Langres et de Villiers.*

Malgré les conditions favorables dans lesquelles se trouve placé le département de la Haute-Marne, sous le double rapport de la richesse de ses pâturages et de l'extension qu'a prise, dans ces derniers temps, l'élevage du bétail, on ne compte guère que trente-huit localités où la production fromagère existe à l'état d'industrie.

La Haute-Marne jouit cependant d'une certaine renommée pour la production de deux sortes de fromages connus, l'un, sous le nom de *fromage de Langres ;* l'autre, sous celui de *fromage de Villiers.*

Fromage de Langres. Le fromage est fabriqué dans les dix-huit communes du canton de Neuilly-l'Évêque et surtout dans celle de Peigney ; le nombre de personnes qui se livrent à cette fabrication est d'environ deux mille.

La production annuelle peut être évaluée à environ 941,000 kilogr., représentant une valeur de 1,253,300 francs. Dans la ville de Langres, quatorze maisons spéciales achètent annuellement environ

55,000 fromages blancs qu'elles soumettent à l'affinage, et qu'elles revendent ensuite au prix moyen
de 90 centimes l'un; chaque fromage pèse alors
750 grammes en moyenne.

Le commerce des fromages a beaucoup diminué
depuis quelques années dans la ville de Langres,
par suite de l'installation des marchands en gros
dans les environs; ceux-ci s'approvisionnent directement dans les villages et font un commerce au
moins vingt fois plus considérable que celui de la
ville elle-même. Au point de vue des exportations,
les lieux de destination sont : Paris, Châlons, Bar-
le-Duc, Nancy, les départements de la Corrèze, de
l'Allier et quelquefois Genève.

Les fromages de Langres, quand ils sont complétement affinés ou *passés*, sont de très-bonne qualité. Malheureusement, les producteurs ont l'habitude de fabriquer ce fromage sous un volume trop
considérable (souvent, c'est un cylindre de 20 centimètres de hauteur sur 12 à 15 centimètres de diamètre), et il en résulte que l'affinage complet de ce
produit nécessite un temps considérable, quelquefois quatre mois, temps pendant lequel le fromage
est exposé à s'altérer et à tourner à l'aigre.

Si les cultivateurs comprenaient mieux leurs in-
térêts, ils réduiraient de moitié les dimensions habituelles de ce fromage qui, devenant dès lors d'un
affinage plus facile et plus prompt, tiendrait une
place très-honorable dans la consommation parisienne.

Le fromage de Langres se fabrique principalement au printemps et en été ; mais on peut le préparer toute l'année, à la condition, lorsque la température est trop basse, d'opérer le travail dans un local convenablement chauffé.

FROMAGE DE VILLIERS PRÈS CHAUMONT.

Les communes qui se livrent à la fabrication de ce produit, sont celles de Villiers-le-Sec et de Jonchery. Ce fromage de forme carrée et du poids d'environ 500 grammes se vend frais sur le pied de 20 à 25 centimes la pièce ; son affinage a lieu dans les ménages des consommateurs ou chez les commerçants.

La production annuelle est d'environ 100,000 kil., représentant, après l'affinage, une valeur de 50,000 fr. ; le nombre de personnes employées à cette fabrication est de deux cents.

CÔTE-D'OR. — *Fromage d'Époisses.*

On donne le nom de fromages d'Époisses aux produits apportés sur le marché de cette ville (arrondissement de Sémur), et qui sont fabriqués dans un certain nombre de villages voisins. D'après M. Carré, membre du conseil d'arrondissement de Sémur, quand ce fromage est fabriqué avec du lait pur, fourni par des vaches ayant vêlé depuis deux ou trois mois seulement, n'ayant pâturé que des prés secs à herbes fines et aromatiques, il acquiert en s'affinant un arome spécial que les amateurs savent fort bien reconnaître.

C'est, sans doute, en goûtant un de ces fromages, ajoute M. Carré, que les hauts et puissants personnages qui traitaient des affaires de l'Europe, au congrès de Vienne, décidèrent, sur la proposition de M. de Talleyrand, qu'au point de vue de la qualité, le fromage d'Époisses devait être classé immédiatement après la Brie.

Cette décision, très-flatteuse pour les producteurs de la Côte-d'Or, ne paraît pas encore exagérée aujourd'hui à M. Carré, quand il s'agit d'un fromage d'Époisses gras, bien préparé et mangé à point.

Malheureusement, on fabrique aujourd'hui dans les villages cités plus haut des fromages *mi-gras*, avec du lait écrémé, que l'on mélange le lendemain avec une quantité égale de lait chaud. Ce produit est vendu faussement comme fromage gras et livré en grande quantité au commerce. Les ménagères peuvent ainsi fournir leur ménage de crème et de beurre, et vendre encore des fromages réputés gras ; mais, si cette fraude se perpétue, la renommée des fromages d'Époisses, déjà fortement compromise, sera bientôt entièrement perdue.

Le nombre de fromages vendus annuellement sur le marché d'Époisses est d'environ 50 à 60,000, et celui des fromages expédiés directement par le producteur ou consommés sur place de 20,000 : au total, 80,000 fromages, du prix de 60 à 75 centimes la pièce. Ce produit a perdu à peu près complètement son importance sur le marché de Paris, et les expéditions ont lieu surtout dans les départements voisins de la Côte-d'Or, tels que ceux de Saône-et-Loire, de la Nièvre, de l'Yonne, etc.

Yonne. — *Fromage de Soumaintrain.*

Les seules communes de l'Yonne dans lesquelles la fabrication du fromage acquiert une importance relative (sauf Villeblevin, dont nous reparlerons quand nous nous occuperons du fromage de Gruyère) sont celles de Soumaintrain, Beugnon, Neuvy-Sautour (arrondissement de Tonnerre), et Germigny (arrondissement d'Auxerre). Dans ces localités, les habitants préparent une espèce de fromage dit de Soumaintrain, et qui a une certaine renommée.

La production annuelle dans ces quatre communes est d'environ 200,000 kilogr., représentant une valeur de 250 à 350,000 francs.

Haute-Saône. — *Industrie fromagère.*

Dans ce département, l'industrie beurrière est infiniment plus développée que l'industrie fromagère, comme on peut en juger par les chiffres ci-dessous, qui indiquent la valeur des quantités de beurres et de fromages livrés au commerce en 1872 :

Beurre.	1,401,554 fr.
Fromages divers.	92,073
Total.	1,493,627

La production fromagère dans ce département se répartit comme il suit :

ARRONDISSEMENTS.	FROMAGES.	
	GRUYÈRE.	LANGRES et divers.
Gray.	5,000 kil.	4,000 kil.
Lure.	1,000	2,672
Vesoul.	50,500	12,000
Total.	56,500 kil.	18,000 kil.

CHAPITRE XV.

1re CLASSE. FROMAGES DE CONSISTANCE MOLLE (Suite).

2e CATÉGORIE. — FROMAGES AFFINÉS.

IV. Fromages façon Brie de la Meuse et de la Marne.

Les départements de la Meuse et de la Marne possèdent actuellement un assez grand nombre de fromageries [1], dans lesquelles on fabrique annuellement des quantités considérables de fromages *façon Brie*; nous allons décrire celle de la Maison-du-Val, premier établissement de ce genre créé, en 1856, dans la région et devenu aujourd'hui une véritable manufacture de fromages.

FROMAGERIE DE LA MAISON-DU-VAL, PRÈS RÉVIGNY (MEUSE).

134 communes des départements de la Meuse et de la Marne concourent à l'alimentation en lait de l'usine de la Maison-du-Val; pendant la dernière campagne, 2,123 fournisseurs ont livré à la fromagerie un total de 4,209,120 litres.

On peut pressentir, par cet énorme apport en lait, l'importance de la fabrication du fromage façon Brie, chez M. Bailleux. La description de toutes les opérations telles que nous les avons observées pendant notre séjour à la Maison-du-Val, permettra à nos lecteurs de suivre toutes les phases de cette immense industrie.

[1] Voir, pour plus de détails, notre publication spéciale : *Industrie fromagère dans la Meuse et la Marne.*

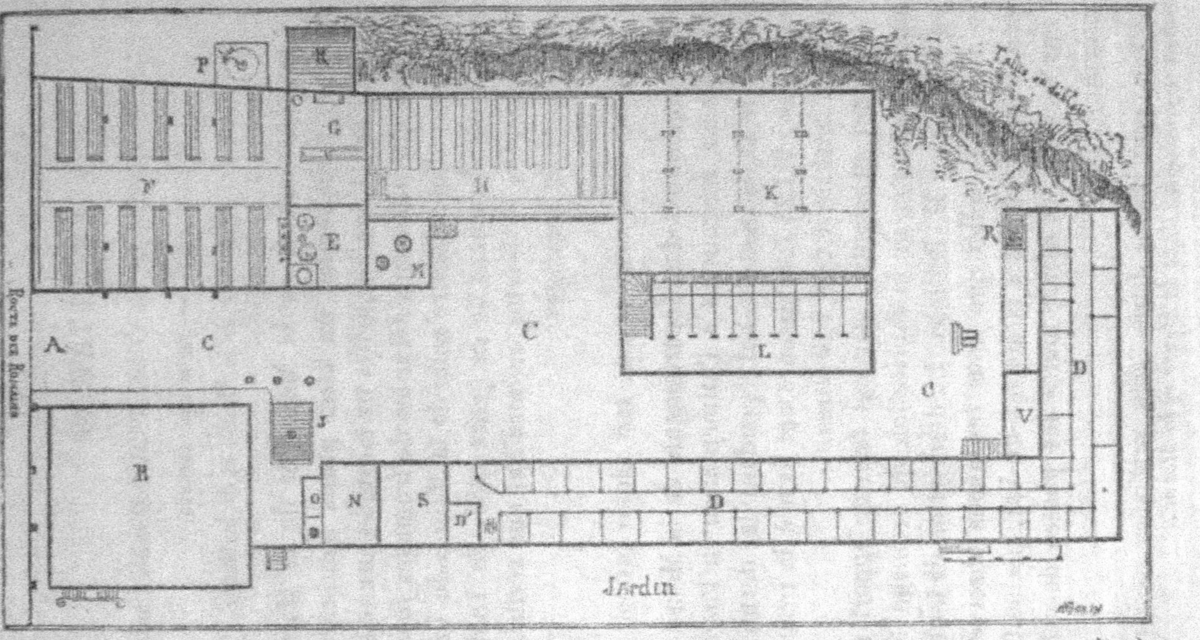

Fig. 130.   Plan de la fromagerie de la Maison-du-Val et de ses dépendances. — (Echelle de 0,0015 pour un mètre.)

A. Grille d'entrée. — B. Maison d'habitation. — CCC. Cours. — E. Pièce servant à la réception et au chauffage du lait. — F. Fromagerie proprement dite. — G. Laverie. — H. Séchoirs. — M. Chambre de la machine à vapeur. — DD. Porcherie. — D'. Chambre du porcher. — K. Grange. — L. Écurie pour 10 chevaux. — N. Remise. — S. Chambre pour la dessiccation et la mouture du sel. — P. Manége. — RR' Réservoirs à eau. — O. Lampisterie. — V. Poulailler. — J. Jet d'eau. — Surface des bâtiments, y compris le pavillon d'habitation, 30 ares 0,5.

Ramassage du lait chez les cultivateurs, transport à la fromagerie. — Le lait est *ramassé* dans les villages environnants par des hommes appelés *débardeurs,* qui réunissent les traites dans des boîtes en fer-blanc de 10 à 20 litres de capacité; ils les chargent sur des voitures et les transportent à la fromagerie.

La figure 131 représente une vue d'ensemble du local de réception et de chauffage du lait.

En arrivant à l'usine, les débardeurs procèdent au déchargement de leurs voitures, en remettant à un ouvrier les pots de lait que celui-ci aligne sur le sol. Le contre-maître prend alors livraison de la fourniture en commençant par goûter *au doigt* le lait de tous les pots. Si le contenu de quelques-uns laisse quelques doutes, on transvase le liquide dans d'autres pots vides, de manière à obtenir un lait bien homogène, et on y plonge le *lacto-densimètre,* instrument qui permet de reconnaître si le lait douteux a été écrémé ou *allongé* d'eau. (Voir le dernier chapitre de cet ouvrage.)

Coulage et chauffage du lait. — Dès qu'il est ar-

Fig. 131. — Chambre de réception et de chauffage du lait.

rivé à la fromagerie une quantité de lait suffisante,
on procède au coulage et au chauffage du liquide
dans les chaudières. Le coulage a pour objet de dé-

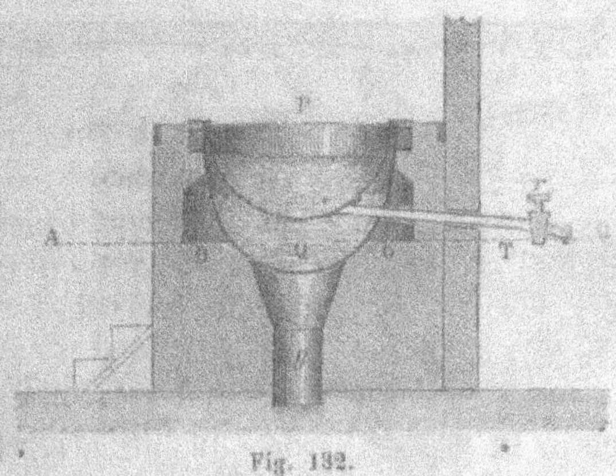

Fig. 132.

pouiller le lait de toutes les impuretés qu'il peut
tenir en suspension; par le chauffage, on le porte

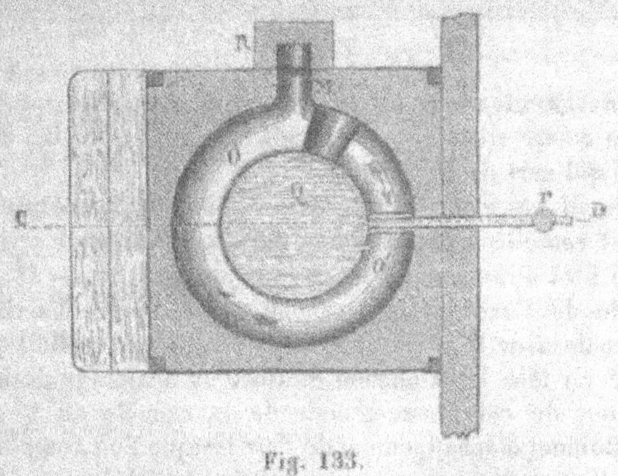

Fig. 133.

ensuite à une température de 25 degrés en été et de
30 degrés en hiver.

A l'origine, dans les moyennes fromageries, le chauffage du lait s'effectuait à feu nu ; aujourd'hui, on remplace cet ancien système, qui n'était pas

Fig. 134.

BB' Récipients composés de deux chaudières demi-sphériques, l'une en cuivre rouge B', qui reçoit le lait, l'autre B, en forte tôle, et qui sert de bain-marie.

A. Grand réservoir cylindrique, en tôle, à fermeture autoclave et remplie d'eau chauffée par la vapeur qui arrive par le tube I et circule dans un serpentin intérieur. — H. Tuyau de sortie de l'excédant de vapeur. — G. Tuyau d'arrivée de l'eau froide dans le réservoir. — C. Tuyau qui conduit dans la coupole en tôle l'eau chaude destinée au chauffage du lait. — D. Retour de cette eau chaude de la coupole au réservoir. — E. Robinet d'échappement de l'air lorsque l'on remplit d'eau chaude l'intervalle compris entre les deux coupoles. — F. Gros robinet permettant l'écoulement rapide dans la fromagerie du lait chauffé. — K. Niveau d'eau du réservoir.

sans inconvénient, par le chauffage au bain-marie (fig. 132 et 133).

Par suite de l'énorme quantité de lait apportée chaque matin à l'usine de la Maison-du-Val, on a dû recourir à des appareils de chauffage plus vastes, d'un fonctionnement plus rapide et qui ne sont autres que les deux vastes coupoles représentées dans la vue d'ensemble (fig. 131); nous en donnons le détail à une plus grande échelle (fig. 134).

Les coupoles destinées au chauffage du lait sont supportées par des colonnes L en fer forgé reposant elles-mêmes sur des dés en pierre.

En avant du réservoir A se trouve une plate-forme en briques sur laquelle on dépose les pots à lait au fur et à mesure de leur réception; un ouvrier placé sur cette plate-forme prend les pots, et en verse le contenu sur un grand tamis posé sur l'une ou l'autre des coupoles en cuivre. La vue d'ensemble (fig. 131) donne une idée de ces diverses opérations.

Le premier chauffage des 1,300 litres de lait dure environ 15 minutes, les chauffages suivants ne demandent que 10 minutes.

Mise en présure du lait chauffé. — Une fois le lait porté à la température convenable, l'ouvrier donne un coup de sifflet destiné à avertir le camarade préposé à la réception du lait dans la fromagerie proprement dite F (fig. 130), pièce mitoyenne de la première et qui, à la Maison-du-Val, n'a pas moins de 400 mètres carrés de superficie.

Il ouvre alors le gros robinet F, et le lait est conduit rapidement dans une rigole en fer étamé (fig. 135) qui longe les deux côtés de la fromagerie où se trouvent les tables à dresser les fromages et qui, de distance en distance, est munie d'ajutages cylindriques fermés par des bouchons en bois légèrement coniques. En enlevant successivement chacun de ces bouchons, on fait tomber le lait chaud dans des seaux placés au-dessous de chaque ajutage, et une fois ces seaux remplis, on en transvase immé-

Fig. 135.

diatement le contenu dans des baquets placés sur des tables voisines de celles à dresser.

Une fois le lait chaud réparti dans ces baquets, on y ajoute la valeur d'une demi-cuillerée à bouche de présure pour 60 à 65 litres de lait; on répartit uniformément ce liquide dans toute la masse et on abandonne le tout au repos.

La température de la fromagerie (fig. 136) est maintenue, autant que possible, à 18 degrés en hiver, à l'aide d'un courant de vapeur qui circule dans des tuyaux, et, en été, en entretenant dans le local une ventilation suffisante.

Écrémage partiel. — Au bout de 40 minutes, le lait commence à prendre, et une certaine quantité de crème monte à la surface du lait; or, comme cette matière grasse séparée du caillé nuirait ultérieurement à la bonne confection des fromages, on procède à un écrémage partiel environ 2 heures et demie après la mise en présure.

La proportion de crème enlevée et qui, plus tard, est transformée en beurre, fournit, au maximum, 1 kilogr. par 500 litres de lait ou 2 gr. par litre, quantité véritablement minime.

Mise en moules ou dressage des fromages. — Quinze à trente minutes après l'écrémage, quand on voit que le petit-lait qui surnage le caillé est devenu suffisamment clair, on procède à la mise en moules.

Les formes dans lesquelles on fabrique les fromages façon Brie à la Maison-du-Val ont les trois dimensions suivantes : grands moules, 40 centimètres; moyens, 34 centimètres; petits, 15 centimètres. Mais comme les opérations sont les mêmes, quelles que soient les grandeurs des moules, nous supposerons qu'il s'agit ici de la fabrication des fromages moyens (33 centimètres de diamètre), et nous continuerons notre description en ne nous occupant pour le moment que de ces produits. — Pour dresser un fromage, il faut (fig. 137) :

1° *Un plateau ou plancheau* A, en bois, de 36 centimètres de diamètre sur 10 à 15 millimètres d'épaisseur.

Fig. 126.   Vue intérieure de la fromagerie proprement dite à la Maison-du-Val

2° *Un cajet ou cajereau* B, en jonc très-serré, à brins très-fins et qui repose sur le plateau.

3° *Un moule* ou cercle en fer-blanc C de 33 centimètres de diamètre et de 12 centimètres de hauteur que l'on place, debout, sur le cajet.

Les plateaux munis de leurs cajets et de leurs cercles, une fois alignés sur la table à dresser, on y transporte un premier baquet renfermant le caillé et

Fig. 137.   Fig. 138.

on procède au remplissage des moules. A cet effet, on superpose avec précaution dans chaque cercle des tranches de caillé que l'on enlève à l'aide d'une cuiller percée de trous (fig. 138). La quantité de fromages fabriqués journellement étant très-considérable, il devient nécessaire de superposer les moules au fur et mesure de leur remplissage. On en met jusqu'à cinq les uns sur les autres (fig. 139), et le petit-lait qui s'écoule de chaque cercle tombe, en cascade, d'un plateau sur l'autre, jusque sur la table à dresser, d'où il se rend dans une fosse spéciale.

Traitement des fromages sur la table à dresser (fig. 139). — On comprend que la superposition de cinq moules pleins de caillé doit avoir pour effet de faire peser les cercles sur les cajets avec une énergie en rapport avec le numéro d'ordre de chaque moule, et, par suite, de rendre moins facile l'écoulement du petit-lait. On obvie à cet inconvénient de la manière suivante :

Une heure après le remplissage des moules, quand le caillé s'est affaissé d'à peu près 1 centimètre, on descend le plateau supérieur p chargé de son cajet et de son cercle A, et on le place en A' sur la table à dresser.

On soulève alors le cercle d'une hauteur de 2 à 3 millimètres, et on lui imprime pendant quelques instants un mouvement circulaire alternatif, afin de faciliter l'écoulement de la plus grande partie du petit-lait qui reste.

On descend ensuite le plateau q muni de son cercle B, on le place en B' sur le cercle A', et on imprime à ce cercle B' le même mouvement circulaire. On descend de la même façon les plateaux portant les cercles C, D, E, on les superpose en sens inverse, de telle sorte que, finalement, le cercle E qui servait de base à la première colonne se trouve à la partie supérieure de la seconde, et inversement pour le plateau A.

L'opération que nous venons de décrire est répétée d'heure en heure, jusqu'à ce que le caillé se soit affaissé dans les cercles à la hauteur que le *fromage* doit sensiblement conserver; on procède alors à la *mise en éclisses.*

Mise en éclisses des fromages. — On appelle *éclisse* (fig. 140), en terme de fromagerie, un cercle

en zinc de 4 à 5 centimètres de hauteur qui porte
en C un crochet en fer brasé au cuivre, et en O une
série de fentes rectangulaires ; en introduisant le

Fig. 139. Vue de la table à dresser les fromages.

crochet dans l'une de ces fentes, on ferme l'éclisse
sous un diamètre proportionné à celui du fromage
que l'on veut obtenir.

Pour mettre en éclisses le fromage suffisamment
égoutté, on commence par descendre sur la table à

dresser (fig. 141) le plateau supérieur *p* d'une des
piles chargé de son moule A. On
entoure la base de ce moule du
petit cercle *a* (l'éclisse), on enlève le cercle A, et on boucle
l'éclisse. On descend ensuite
le plateau *q* que l'on pose sur l'éclisse *a*, on entoure
le cercle P de son éclisse *b*, on enlève P et on
boucle *b*. En continuant cette opération, on obtient
finalement une pile composée de 6, 7, 8 fromages

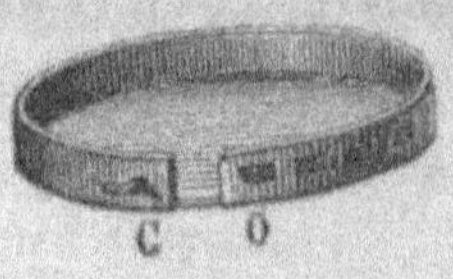

Fig. 140.

Fig. 141.

renfermés dans leurs éclisses *a*, *b*, *c*, *d*, celles-ci
reposant elles-mêmes sur les cajets qui couvrent les
plateaux.

Lorsque tous les fromages ont été mis ainsi en
éclisses, on donne aux piles une petite inclinaison
en relevant légèrement l'un des bords du plateau
inférieur, ce qui facilite l'écoulement du petit-lait,
et on abandonne les fromages à eux-mêmes jusqu'au
lendemain matin.

Dès cinq heures, le lendemain, on transporte les
piles sur l'égouttoir (fig. 142), afin de débarrasser

les *tables à dresser* qui vont être lavées à grande
eau et préparées pour la fabrication du jour.

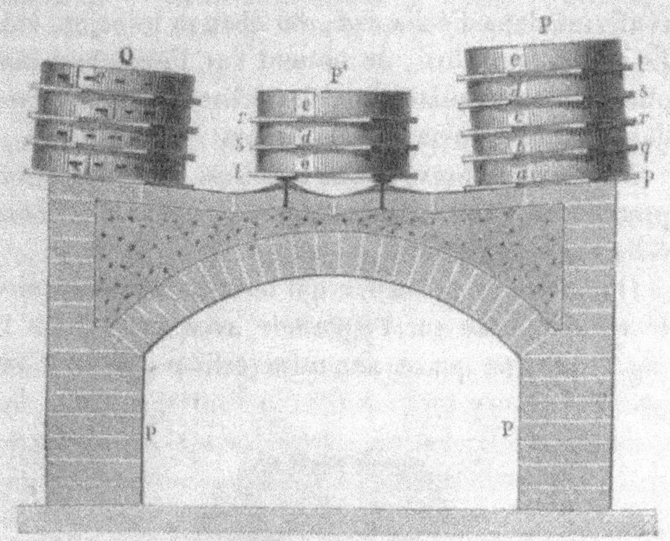

Fig. 142.

Salaison et retournement des fromages. — Les
fromages sont disposés sur les tables à dresser
comme l'indique la figure 142, c'est-à-dire que les
piles sont placées, les unes, P', sur les deux fers à
T, les autres, P et Q, sur les bords légèrement in-
clinés de la table.

Deux ou trois heures après, on descend le plateau
supérieur *t* de l'une des piles P, on dégrafe l'éclisse
e qui entoure le fromage, on sale celui-ci sur une
face et sur le pourtour, on remplace le cajet mouillé
par un autre sec, on remet le fromage dessus et on

l'entoure de nouveau de son éclisse que l'on boucle.

On descend le second plateau *s* que l'on pose sur l'éclisse *e ;* on sale de la même façon le fromage renfermé dans l'éclisse *d*, on change le cajet, etc. En continuant ainsi, on obtient sur l'égouttoir une pile P' dont les plateaux et les éclisses sont disposés dans un ordre inverse du précédent.

Six heures après, quand le sel est bien fondu, on procède au *retournement* des fromages dans leurs éclisses de la manière suivante :

On enlève le plateau *r* qui termine une des piles P' et on le pose sur l'égouttoir avec son éclisse E (fig. 142), on place sur cette éclisse un cajet en

Fig. 143.

paille sèche et par-dessus un autre plateau P'. On passe alors la main gauche sous le plateau inférieur, tandis que l'on appuie la main droite sur le plateau supérieur P', puis on imprime à tout l'ensemble un mouvement de retournement, de façon que le plateau ' se trouve alors en bas et le plateau inférieur en haut.

On enlève alors ce dernier ainsi que le cajet mouillé, et le fromage est *retourné*. On fait de même pour chaque fromage, et au fur et à mesure du retournement, on les superpose sur l'égouttoir en en mettant jusqu'à 10 et même 15 les uns sur les autres, suivant l'importance de la fabrication journalière.

Une heure après, c'est-à-dire lorsque les fromages ne laissent plus suinter de petit-lait, on sort chaque fromage de son éclisse, on sale l'autre face, on retourne le cajet sur son plateau, on replace le fromage dessus, mais cette fois débarrassé de son éclisse.

Chaque plateau garni de son fromage salé est ensuite transporté sur les rayons qui garnissent les murs de la fromagerie (fig. 136). Là, les fromages restent *deux jours*, après lesquels on les retourne sur un cajet de paille sèche, en opérant comme il a été dit ci-dessus. — *Deux jours* après, on répète encore une fois cette opération, puis on porte les fromages au séchoir.

Séjour des fromages au séchoir. — En arrivant au séchoir, les fromages sont débarrassés de leurs plateaux et posés simplement avec leurs cajets de paille sur des tablettes pleines. Pendant leur séjour dans ce local, on les retourne tous les deux jours en les changeant chaque fois de cajets.

Il se développe bientôt à la surface une belle moisissure blanche, *veloutée*, qui augmente chaque jour d'épaisseur en tirant peu à peu sur le bleu; une semaine après leur entrée au séchoir, on peut ordinairement transporter les fromages à la cave.

Remarque. — Nous avons dit plus haut, en sup-

posant que la fabrication ait lieu en mai, par
exemple, que la première salaison des fromages
s'effectuait le lendemain du remplissage des moules,
vers sept ou huit heures du matin. Nous devons ajouter que lorsque la température extérieure devient
très-élevée et que les mouches commencent à pul-
luler, comme en juillet, il devient nécessaire de
saler un peu plus tôt et plus fortement. A cet effet,
on opère la salaison de la première face et des bords
des fromages le soir même du dressage, et le lendemain on sale la seconde face en même temps que
l'on frotte de sel les bords pour la deuxième fois.

Dans le séchoir, les ouvertures sont pratiquées à
diverses hauteurs et à différentes expositions, ce

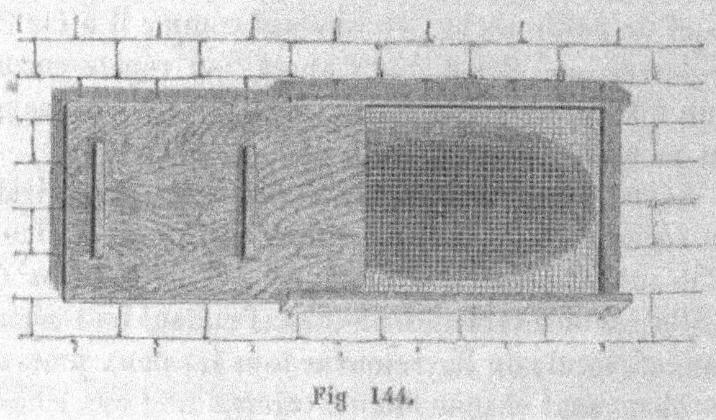

Fig 144.

qui permet de faire circuler l'air tout autour des
fromages avec une activité variable suivant les circonstances. Ces ouvertures, qui sont les unes ellip-
tiques (fig. 144), les autres en forme de meurtrières,
sont garnies à l'intérieur du séchoir d'un canevas

dont la maille est celle de la toile qui sert à la fabrication du gruyère, et dans laquelle les fils sont espacés de 2 millimètres dans les deux sens; un volet en bois qui glisse dans un cadre sert à fermer l'ouverture en totalité ou en partie. Les murs de la cave sont munis d'un certain nombre d'ouvertures semblables.

Séjour des fromages à la cave. — La cave, comme le séchoir, est garnie de tablettes superposées; on place dessus les fromages avec leurs cajets, et on les retourne tous les *deux* jours en changeant les cajets toutes les fois que cela est nécessaire. La température dans ce local doit être maintenue entre 12 et 14 degrés. Pendant leur séjour à la cave, les fromages s'*affinent*, ils se ramollissent en même temps que la moisissure bleuâtre qui les recouvre passe au *jaunâtre*, puis au *rougeâtre*, et *quinze jours* après leur entrée à la cave, les fromages de *grand* et *moyen* moule, bien conduits, sont convenablement *passés* et bons à être livrés à la consommation. L'affinage des petits fromages dits *coulommiers* (15 centimètres de diamètre) exige deux à trois jours de moins.

Durée de la fabrication d'un fromage façon Brie. — Nous allons récapituler ici les diverses opérations que nous venons d'étudier, ainsi que la durée de chacune d'elles.

Arrivée du lait à la fromagerie, en mai, par exemple.	5 h. du matin.	
Transvasement dans les chaudières, chauffage, remplissage des baquets.	de 5 à 6 h. m.	
Mise en présure, écrémage partiel, coagulation du lait.	de 6 à 9 h. m.	soit 1 jour 1/2.
Dressage des fromages, égouttage, etc.	9 h. m. à 3 h. s.	
Transport sur l'égouttoir le lendemain.	à 5 h. m.	
Première salaison.	à 8 h. m.	
Premier retournement. . .	à 2 h. s.	
Deuxième salaison, pose sur les rayons de la fromagerie.	à 3 h. s.	
Premier séjour sur les rayons.	2 jours	
Deuxième séjour après retournement.	2 —	soit 12 jours.
Transport et séjour au séchoir.	8 —	
Transport et séjour à la cave.	15 à 16 jours.	
Soit au total. . .	29 jours 1/2.	

En résumé, dans des conditions normales, on peut fabriquer en *un mois* un fromage de grand ou moyen moule convenablement passé et bon à être consommé. Un séjour plus prolongé à la cave présente de grands inconvénients, parce que les fromages en se desséchant diminuent de poids, ils se salent davantage et prennent souvent le goût de la paille sur laquelle on les laisse séjourner.

D'autre part, il est une circonstance qui vient

simplifier les conditions de fabrication, c'est lorsque la consommation de ce fromage atteint son maximum, à Paris et dans les grandes villes de France. A cette époque, les fromages sont livrés au commerce dès qu'ils commencent à prendre *le bleu*, c'est-à-dire après 12 ou 15 jours au plus de fabrication.

Dimensions et prix de divers ustensiles employés à la fabrication des fromages. — Moules et éclisses. — Les fromages fabriqués à la Maison-du-Val ont, comme nous l'avons dit précédemment, trois dimensions différentes qui correspondent aux grandeurs de moules suivantes :

	CERCLES.	
	DIAMÈTRE.	HAUTEUR.
	Centimètres.	Centimètres.
Fromages, grand moule.	40	12
— moyen moule.	33 à 34	10
— petit moule (coulommiers).	14 à 15	10 à 11

Les cercles sont en fer-blanc et les éclisses en zinc.

M. Belin-Huart, chaudronnier-ferblantier, rue du Terrage, n° 11, fournit les moules et les éclisses aux prix suivants :

Grands cercles.	4f.25	la pièce
Moyens.	3.25	—
Petits.	1.30	—
Éclisses.	1.20	—

On trouve ces mêmes ustensiles à un prix un peu moins élevé, à Châlons et à Bar-le-Duc.

Baquets, cajets ou cajereaux, plateaux ou planchaux, etc. — M. Bailleux tire les baquets qui servent à la mise en présure du lait, de Raon-l'Étape dans les Vosges. En 1873, le fabricant, M. Seyer-Lallemand, les lui livrait au prix de 3 fr. 50 la pièce.

Les cajets en jonc qui servent à dresser les fromages coûtent : les grands modèles, 1 fr. 75 la douzaine ; les moyens, 1 fr. 50 ; les petits, 1 fr. 25. Ceux en paille de seigle employés pour le retournement et l'emballage des fromages, et qui ont de 34 à 40 centimètres de diamètre, coûtent 30 centimes la douzaine ; les cajets en paille double et à trois tresses qui servent pour les grands moules sont payés 60 centimes la douzaine.

Les plateaux sont le plus souvent en platane ou en aulne, ceux de hêtre sont cependant préférables ; ils ont généralement 4 ou 5 centimètres de plus que les cercles, 10 à 15 millimètres d'épaisseur, et sont légèrement coupés aux quatre angles. Ils coûtent 55, 65 ou 70 centimes la pièce, suivant leurs dimensions.

Les paniers d'emballage valent 60 centimes la pièce.

Poids et prix des fromages. — Les poids moyens des trois grandeurs de fromages façon Brie sont les suivants :

Fromages, grand moule.	2^k.500 à 2^k.600
— moyen moule.	1.700
Coulommiers.	0.400

Au 15 mai 1873, ces fromages se vendaient, en gros :

Grands moules, 39 fr. la douzaine ; moyens, 24 fr. ; petits, 11 fr. le panier de 21.

On peut admettre que 500 litres de lait rendent, en moyenne, 75 kilogr. de fromage. Mais comme il est nécessaire, quand les fromages ont à voyager, de les faire sécher davantage afin de les soustraire aux chances de coulage, il en résulte que le poids diminue avec la dessiccation et qu'il faut compter *7 litres de lait pour 1 kilogr. de fromage ;* ce qui conduit aux résultats suivants :

	POIDS DU FROMAGE.	LAIT EMPLOYÉ.	PRIX DU FROMAGE.	PRIX DU KILOGR.
	Kilogr.	Litres.	Francs.	Francs.
Fromage, grand moule.	2.500	17.50	3.25	1.30
— moyen. . . .	1.700	11.90	2.00	1.17
Coulommiers.	0.400	2.80	0.53	1.32
Moyenne.				1.26

Or, M. Bailleux calcule que le litre de lait payé 12 centimes aux cultivateurs, revient, après transport, manipulation, etc., à 15 centimes ; les 7 litres nécessaires pour fabriquer 1 kilogr. de fromage façon Brie représentent donc une valeur de 1 fr. 05.

Le prix de vente du kilogr. de fromage étant en moyenne (sauf de juin à septembre) de 1 fr. 20 à 1 fr. 25, on voit que le bénéfice est de 15 à 20 centimes par kilogr., sans compter la petite quantité de beurre prélevée sur le lait, ainsi que la masse du petit-lait qui sert à engraisser chaque année un nombre considérable de porcs.

19.

Nous devons ajouter que de juin à septembre le fromage ne se vend pas plus de 1 franc le kilogr. A ce prix la fabrication serait en perte, si pendant la même période le lait était payé aux cultivateurs 12 centimes ; mais comme M. Bailleux contracte avec ses fournisseurs l'engagement de leur prendre leur lait toute l'année, il est stipulé dans la convention que le prix d'achat ne sera que de 10 centimes de juin en septembre.

Engraissement des porcs. — Le petit-lait qui s'écoule des fromages frais soit sur les tables à dresser, soit sur les égouttoirs, se rend dans une fosse spéciale parfaitement cimentée. Une pompe dont le corps est en fonte et le conduit d'aspiration en bois, sert à remonter le liquide dont une partie est donnée aux débardeurs et aux pauvres du pays, et dont l'autre sert à l'élevage et à l'engraissement des porcs.

A la Maison-du-Val, les gorets sont sevrés à six semaines ; pendant les quinze jours qui suivent, on leur donne, en outre, du petit-lait et, deux fois par jour, de la farine d'orge, à raison de 1 litre par 4 têtes. On diminue peu à peu la ration en farine, et à l'âge de deux mois les gorets ne reçoivent plus d'autre aliment que du petit-lait qu'ils consomment à la dose de 30 litres par tête et par jour, au maximum. A l'âge de neuf ou dix mois, les porcs soumis à ce régime donnent un poids vif de 125 kilogrammes en moyenne.

Le département de la Marne, comme celui de la Meuse, compte un certain nombre de fromageries dans lesquelles on fabrique du fromage façon Brie ; nous citerons celles de Courtisols à M. Bailleux, de Châlons à M. Marion, de Plichancourt à M. Michel, etc.

L'importance des opérations effectuées dans les deux fromageries de M. Bailleux, à la Maison-du-Val, et de Courtisols est telle, que le traitement annuel de près de 6 millions de litres de lait a pour conséquence de mettre à la disposition de l'agriculture, dans le rayon d'exploitation des deux usines, environ *un million de francs* et de fournir à l'alimentation publique près d'un million de kilogrammes de denrées alimentaires.

M. Bailleux (Adrien) a donc rendu d'éminents services à son pays en créant dans deux départements une industrie nouvelle ; aussi tous les amis de l'agriculture ont-ils applaudi de tout cœur à la haute distinction dont il a été l'objet en mai 1874.

FABRICATION DU FROMAGE DE VOID DANS LA MEUSE.

Outre le fromage façon Brie, on fabrique encore dans la Meuse un produit ayant une certaine analogie comme pâte et comme goût avec celui de Limbourg ou de Réaumatour (voir plus loin), et que l'on désigne sous le nom de fromage de Void.

La fabrication de ce fromage a lieu dans toutes les communes du canton de Void, dans la plus grande partie de celles des cantons de Vaucouleurs et de Commercy, ainsi que dans plusieurs communes des cantons de Gondrecourt, de Ligny et de Moutier-sur-Saulx.

La production annuelle peut être évaluée à 800,000 kilogr., sur lesquels un quart est consommé sur les lieux de production, et les trois quarts sont vendus à l'état *frais*, au prix de 0,70 à 0,80 le kilogramme.

Coulage et mise en présure. — Aussitôt après la traite, on procède au coulage du lait à travers un tamis, et on le recueille dans des vases de terre ou de grès où il est immédiatement *pris en présure*, à raison de 4 centilitres environ par 20 litres, c'est-à-dire à la dose de 1/500; on maintient ensuite le liquide à une température comprise entre 25 et 30 degrés en mettant les vases près du feu, si cela est nécessaire. Au bout d'une demi-heure, on coupe le caillé avec une lame de bois afin de faciliter la séparation du petit-lait ou *puron*, et on le laisse reposer pendant une autre demi-heure.

Une fois la séparation du petit-lait accomplie, on enlève le caillé avec une sorte d'écumoire, on le place dans un vase en fer-blanc percé de trous et on le remue de temps en temps avec précaution, afin que la séparation du petit-lait continue à s'effectuer.

Fig. 145.

Mise en moules. — Autrefois tous les moules étaient en bois de hêtre, aujourd'hui on y a substitué presque partout de petites caisses rectangulaires (fig. 145) en fer-blanc percées de trous, de

12 centimètres de largeur sur 10 de hauteur et que l'on dispose sur des cajets en osier appelés *claies* ou *clayons* dans le pays. On puise alors le caillé dans le récipient en fer-blanc avec l'écumoire, et on le dépose avec précaution dans ces moules où on le laisse égoutter pendant une demi-heure.

On retourne alors le moule et son contenu en changeant le clayon; une demi-heure après, on répète la même opération en ayant soin de disposer le nouveau clayon de façon que les petits brins d'osier tracent des lignes perpendiculaires à celles dont le clayon précédent a laissé l'empreinte, ce qui laisse voir de petits carrés sur les deux faces du fromage encore mou.

Salaison. — Après avoir opéré ce retournement plusieurs fois dans l'espace de 8 à 12 heures, on couvre le fromage d'une couche de sel sur l'une des faces. 8 à 10 heures après, on retourne de nouveau, on sale le côté opposé et on laisse le fromage dans le moule pendant 10 à 12 heures, en ayant soin de le retourner et de le changer de claie de temps en temps.

Séchage des fromages. — 24 heures après la mise en moules, les fromages sont sortis des formes rectangulaires et placés côte à côte sur des claies de plus grande dimension où ils continuent à *se ressuyer* jusqu'à ce qu'ils soient livrés aux marchands en gros, ce qui a lieu ordinairement 10 à 15 jours après la mise en moules.

Les fromages *frais* et *blancs* ont alors 6 à 7 centimètres de hauteur, et pèsent de 600 à 700 grammes ; on les transporte sur les marchés par caisses de 20 à 30 kilogr.

Généralement, les cultivateurs ne préparent pas de fromages *passés* ou *affinés* pour le commerce, ce sont les détaillants en gros qui se chargent de ce soin ; aussi retrouve-t-on dans les indications fournies sur l'affinage du fromage de Void tout le vague qui caractérise la pratique individuelle non raisonnée. Voici la recette telle qu'elle nous a été transmise du pays même.

Affinage du fromage de Void. — Une fois les fromages salés, sortis des moules et placés sur des claies d'osier, on les soumet tous les deux jours et pendant 8 jours à un lavage avec du petit-lait et pendant 8 autres jours à un lavage semblable avec de l'eau salée. Pendant cette période et en été, les fromages restent exposés à l'air sur les claies ; en hiver, dans les campagnes, on les place derrière le foyer.

Après ce double lavage, quand les fromages sont ressuyés, on les dépose dans une caisse située dans un endroit ni trop sec, ni trop humide (c'est ordinairement une cave), puis on recommence à les laver avec de l'eau salée, tous les 2 jours d'abord et ensuite tous les 8 jours, mais en ayant soin, après chaque lavage, de ne les remettre dans la caisse que lorsqu'ils sont bien ressuyés afin d'éviter qu'ils prennent le goût de *moisi*.

Sous l'influence de ces lavages successifs, les fromages prennent une belle couleur jaune rougeâtre ; ils s'affinent et arrivent à l'état de fromages *faits* et bons à manger. Dans le canton de Void, les ménagères font durer l'affinage jusqu'à six mois et conservent même des fromages pendant un an.

Un fromage moyennement affiné, c'est-à-dire de trois mois environ, pèse 500 à 550 grammes; il a 3 centimètres de hauteur et vaut de 1 fr. 50 à 1 fr. 80 le kilogr.

OBSERVATIONS ET CONSIDÉRATIONS GÉNÉRALES.

Les points auxquels les fromagères paraissent attacher le plus d'importance dans la préparation de cette variété de fromage, sont :

1° La température au moment de la mise en présure et qui doit être sensiblement celle du lait sortant du pis de la vache;

2° La dose convenable de présure.

Une température trop basse ou trop peu de présure donne un caillé mou dont le petit-lait se sépare difficilement et qui fournit finalement un fromage manquant de fermeté et coulant; trop de présure ou une température trop élevée produit au contraire un caillé trop sec, dont les particules ne se réunissent pas dans le moule et fournissent ensuite un fromage poreux et qui s'altère rapidement.

La séparation complète du petit-lait d'avec le caillé est aussi une condition indispensable pour la réussite des fromages; on y satisfait en découpant le caillé, en le remuant et en le maintenant à une température suffisamment élevée en hiver.

Quant à l'affinage de ces produits, on pourrait réaliser une grande économie de temps et d'argent, en régularisant cette opération comme cela a lieu dans toutes les fromageries où l'on fabrique de grandes quantités de fromages de Brie, de Camembert, de Mont-d'Or, etc.

« Chez moi, nous écrivait M. Tisserant-Bontemps, l'un des producteurs du canton de Void, à Ménil-la-Horgue, on procède à l'affinage de la manière suivante : Quand les fromages se sont suffisamment desséchés sur les clayons, on les met en caisse à la cave, en ayant soin de les retourner tous les 8 ou 10 jours et de les maintenir à une température sensiblement *constante*. Quant au lavage, soit au petit-lait, soit à l'eau salée, il n'a lieu que pour prévenir la moisissure (ce qui est très-rare), ou plus souvent une fermentation trop active qui rendrait le fromage *baveux*. Dans ces conditions, mes fromages prennent d'eux-mêmes une belle couleur jaune rougeâtre et peuvent être consommés au bout d'un mois à six semaines au plus. »

Au concours général de Paris, en 1874, le jury a décerné à M. Tisserant-Bontemps une médaille d'or pour ses excellents produits qui, du reste, avaient déjà été l'objet de nombreuses récompenses dans nos concours régionaux et internationaux.

CHAPITRE XVI.

Iʳᵉ CLASSE. FROMAGES DE CONSISTANCE MOLLE (Suite).

2ᵉ CATÉGORIE. FROMAGES AFFINÉS.

V. Fromages gras du Rhône, de l'Isère, des Vosges.

Rhône. — *Fromages du Mont-d'Or et façon mont-d'or.*

PRÉLIMINAIRES.

Il y a près de cinquante ans, dans les environs de
Lyon, et principalement dans plusieurs communes
du Mont-d'Or, on fabriquait avec du lait de chèvre
des fromages d'un goût très-délicat [1] ; mais aujour-
d'hui, cette industrie a singulièrement perdu de son
importance, et presque tous les fromages qui se
vendent sous le nom de *Mont-d'Or*, surtout à Paris,
sont à peu près exclusivement préparés avec du lait
de vache.

La quantité de fromages, façon mont-d'or, qui se
consomme chaque année dans le département du
Rhône et les départements limitrophes, est extrêmement considérable, et la ville de Paris participe
aussi à cette consommation dans une proportion
assez notable.

Nous allons décrire la fabrication du fromage
façon mont-d'or, telle que nous l'avons observée en
1864 chez M. Laurent Nivière, propriétaire à Ro-

[1] Voir page 164 de notre première édition.

manèche, village situé à 2 kilomètres de l'ancienne
École d'agriculture de la Saulsaie, où nous étions
professeur à cette époque.

FABRICATION DU FROMAGE FAÇON MONT-D'OR.

Mesurage et filtration du lait. Le lait est apporté
à la fromagerie deux fois par jour, à huit heures du
matin et à trois heures du soir, dans des récipients
en fer-blanc, vulgairement appelés *bertes*, et qui
ont environ 20 litres de capacité.

Le liquide est aussitôt mesuré dans un seau *gra-*

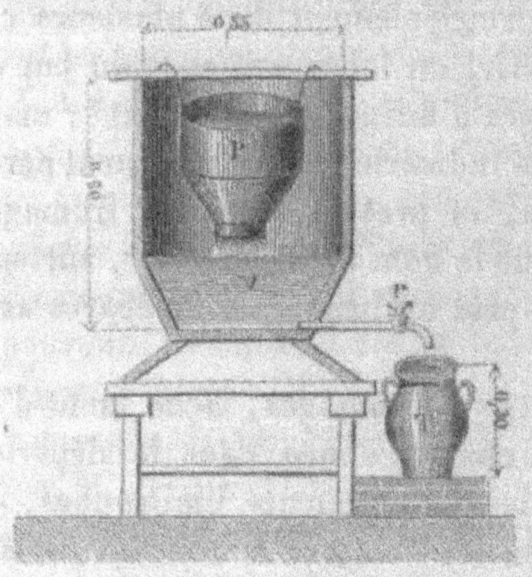

Fig. 146.

dué, pouvant contenir 22 à 25 litres, puis filtré au
moyen d'une passoire P en fer-blanc (fig. 146), sus-
pendue au centre d'un grand vase V de même métal
et pouvant contenir environ 100 litres. Un robinet r
sert à faire écouler le lait dans les vases en terre

cuite *T*, d'une contenance d'environ 10 litres, et
dans lesquels doit s'opérer la coagulation du caséum.

Coagulation du caséum. Quelques instants avant
l'arrivée du lait à la fromagerie, on verse dans chaque pot *T* une cuillerée et demie à deux cuillerées
de présure[1]; on amène ensuite chacun de ces pots
au-dessous du robinet *r*, on le remplit de lait et on
l'abandonne au repos sur les rayons d'une étagère
pendant deux heures, après lesquelles la coagulation est complète.

Mise en formes. Le caillé est alors transvasé à
l'aide d'une cuiller dans ces cercles en fer-blanc de
la contenance d'un litre environ, et qui reposent sur
des paillassons que supporte un égouttoir placé dans
un local dont la température ne doit pas descendre
au-dessous de 20 degrés.

Des cercles et des paillassons. On emploie, dans
ce genre de fabrication, deux sortes de cercles en
fer-blanc, des grands et des petits (fig. 147.)

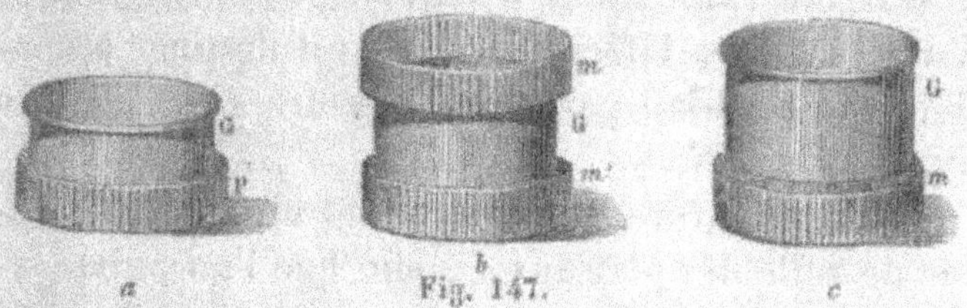
Fig. 147.

Les grands, *G*, qui servent à recevoir le caséum
coagulé dans les vases *T*, ont 12 centimètres de

---

[1] Quand le vent du midi souffle, on emploie moins de présure, une cuillerée et demie au plus, et on procède plus vite à
l'emplissage; par le vent du nord, deux cuillerées de présure
par chaque pot sont nécessaires.

Fig. 148.

diamètre et 8 à 9 centimètres de hauteur; les petits cercles G' (fig. 148) ont le même diamètre, mais sur une hauteur de 3 centimètres et demi seulement.

Les paillassons *m*, *m'* sont formés d'un cercle de châtaignier ou de sapin, sur lequel sont tendus à angle droit deux rangs de brins de paille de seigle. Ils ont 15 centimètres de diamètre sur 3 centimètres et demi de hauteur.

Égouttoir (fig. 149, 150, 151). L'égouttoir se compose de quatre montants *M* en bois, fixés supérieurement au plafond et reposant inférieurement sur le sol. Ces montants sont reliés deux à deux par des traverses *t* qui servent à supporter des plateaux *P* en sapin de 3^m,80 à 4 mètres de longueur sur 0^m,80 de largeur, muni d'un rebord de 4 centimètres, et offrant une pente de 1 centimètre par mètre environ.

Au milieu de chaque plateau se trouve creusée une rigole (fig. 150), à laquelle viennent aboutir d'autres rigoles latérales, et qui est destinée à conduire le petit-lait par une ouverture *O*, dans une auge en bois *E*.

Quant aux traverses *t*, elles ont une largeur double de celle des plateaux *P*, afin que l'on puisse facilement amener à soi ou repousser ces derniers pendant le remplissage des moules ou le retournement des fromages. Au moment de la mise en formes, tous les plateaux étant placés sur le côté postérieur de l'égouttoir, le fromager procède comme il suit :

Il attire à lui le premier plateau inférieur chargé

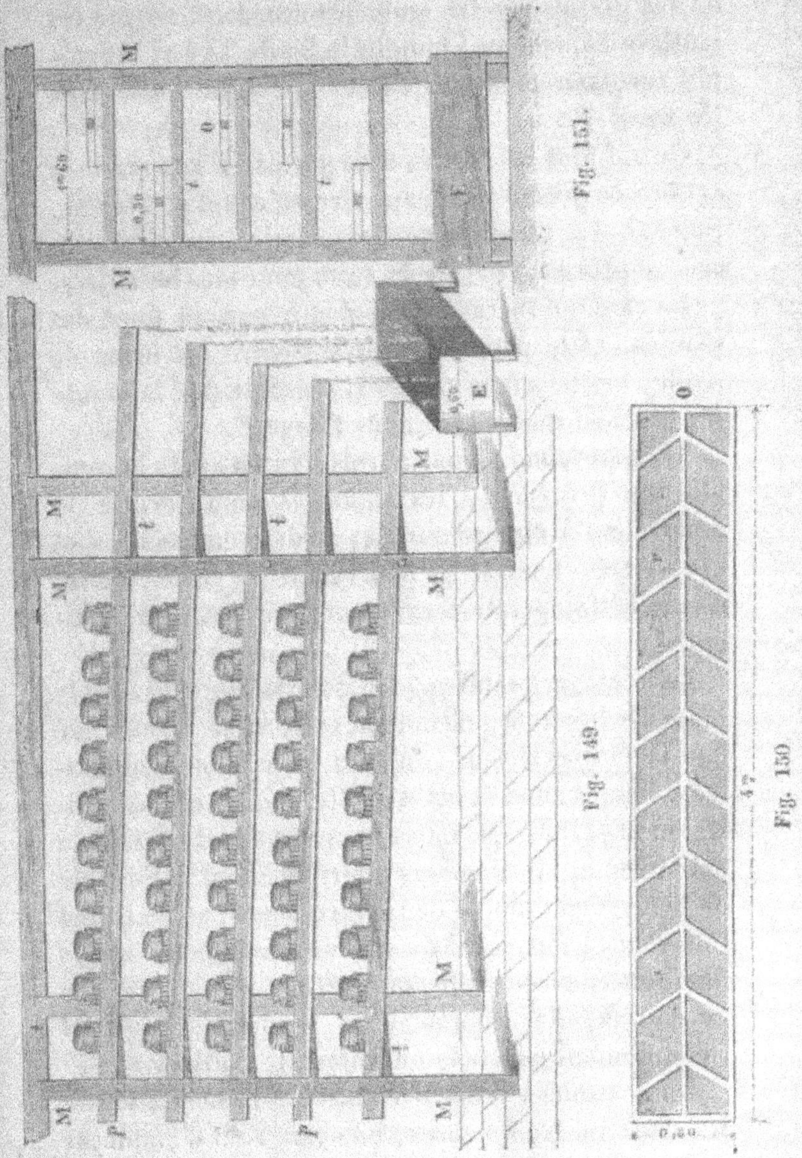

Fig. 151.

Fig. 149.

Fig. 150.

de ses grands cercles emboîtés eux-mêmes dans les paillassons, comme l'indique la figure 147 *a*, et remplit successivement ces cercles de caillé puisé dans les vases *T*.

Quand tous les cercles sont garnis, il repousse en arrière ce premier plateau, tire en avant le second, procède au remplissage des cercles, repousse le second plateau, et ainsi de suite pour tous les autres.

Le caséum se rassemble peu à peu au fond des moules, et le petit-lait, filtrant entre les brins de paille, tombe sur le plateau, s'écoule par la rigole *R*, et va se rassembler dans l'auge *E*.

Mise sur fond. Deux à trois heures après le remplissage précédent, les fromages sont formés et demandent à être retournés; mais, comme ils sont encore très-tendres et pourraient se casser facilement, cette opération exige un tour de main particulier.

Le fromager prend un paillasson *m* (fig. 147 *b*) et le place sur le cercle qui contient le fromage, de manière que la face extérieure du fond fasse office d'obturateur. Posant alors sa main droite au centre de ce paillasson *m*, tandis que de sa main gauche il soutient le paillasson *m'*, le fromager imprime à tout l'ensemble un mouvement rapide de retournement, après lequel le cercle et son fromage se trouvent reposer sur le fond extérieur du paillasson *m* (fig. 147 *c*), au lieu de s'y emboîter comme dans le premier cas. Le retournement effectué, on enlève le paillasson *m'*.

On continue à retourner ainsi les fromages toutes les deux ou trois heures, en ayant soin d'employer à chaque retournement un paillasson préalablement lavé et brossé, afin qu'aucune impureté logée entre les brins de paille ne puisse s'opposer à l'écoulement du petit-lait, et au bout de douze heures, à partir du commencement de la mise en formes, les fromages peuvent être sortis des grands cercles et introduits dans les petits où ils prendront leur véritable forme [1].

Pour opérer cette substitution, le fromager glisse sa main droite entre le fromage et le fond du paillasson (fig. 147 c), soulève à la fois le fromage et le grand cercle qui l'entoure, enlève avec sa main gauche ce dernier, le pose et y substitue le petit cercle dans lequel le fromage glisse facilement, ses bords étant lubrifiés par le petit-lait non encore égoutté. Une fois le fromage entré dans le petit cercle, le fromager pose sur ce dernier un paillasson propre et opère un retournement semblable à celui décrit précédemment. Le petit cercle et son fromage sont alors sur fond (fig. 148), et l'écoulement du

---

[1] L'emploi de petits cercles n'est pas indispensable pour faire ces fromages, et présente même quelques inconvénients qui ne sont compensés que par la différence de prix entre les petits et les grands cercles, les premiers coûtant moitié moins que les seconds. Outre que le transvasement des fromages des grands cercles dans les petits complique l'opération, il arrive parfois que les fromages ayant encore une hauteur plus grande que celle des petits cercles dans lesquels on les introduit, leur surface supérieure peut former un bourrelet qui persiste pendant le séchage et le raffinage, et qui donne au fromage un aspect moins agréable à l'œil. — Aussi le fromager de M. Nivière nous disait-il que toutes les fois qu'il avait un nombre suffisant de grands cercles, il s'abstenait de se servir des petits.

petit-lait se continue sur un égouttoir en tout semblable au premier.

Mise au séchoir. Après un séjour de douze heures sur le second égouttoir, les fromages sont transportés au séchoir. Celui-ci est disposé à peu près comme l'égouttoir, seulement les plateaux sont remplacés par des *claies* formées de lattes clouées sous des traverses, qui font office de rebords (fig. 112). Ces claies sont recouvertes d'un lit de paille de seigle, sur lequel on place les fromages débarrassés de leurs paillassons et de leurs cercles. La largeur du séchoir, comme celle de l'égouttoir, doit être double de la largeur des claies, afin de faciliter les manipulations que les fromages ont encore à subir avant d'être livrés à la vente. Quant au local où se trouve le séchoir, il doit être frais et bien aéré; on doit pouvoir à volonté établir un courant d'air ou l'arrêter, suivant les besoins.

Raffinage ou affinage des fromages. Une fois placés sur les claies du séchoir, les fromages sont retournés encore toutes les deux ou trois heures, et à chaque retournement, on les humecte avec une dissolution saturée de sel marin. Ils prennent alors une belle couleur jaune à l'extérieur, en même temps que la pâte devient plus ou moins crémeuse à l'intérieur. En été, l'affinage dure environ six à huit jours; en hiver, il faut quinze jours et même davantage si la température est très-basse.

Quand l'affinage est terminé, les fromages ont 11 centimètres de diamètre sur 17 à 18 millimètres d'épaisseur, et s'ils sont destinés à être expédiés au loin, on les place dans de petites boîtes rondes et minces en bois de sapin.

Dans cette fabrication, on compte qu'un litre de lait peut fournir, en moyenne, un fromage (un peu plus en hiver, un peu moins en été), et que sept fromages pèsent environ 1 kilogr.

Sept litres de lait correspondent donc à environ 1 kilogr. de fromage, façon mont-d'or.

En 1864, M. Laurent Nivière vendait ses fromages, transportés à 10 kilomètres de sa ferme, 16 francs le cent, en moyenne.

Au détail, à Paris, les fromages de Mont-d'Or se vendent 40 à 50 centimes la pièce; ceux *extra*, dits de Lyon, et dans lesquels il entre, peut-être, un peu de lait de chèvre, se vendent 60 centimes.

Dans le département de l'Ain, les fromages façon mont-d'or sont fabriqués exclusivement dans l'arrondissement de Trévoux. On comptait en 1873 huit fromageries particulières, dont la production annuelle pouvait être évaluée à 21,000 kilogr. de fromages, dont 20,000 kilogr livrés au commerce, faisaient entrer dans le département une somme d'environ 20,000 francs [1].

FABRICATION DU FROMAGE FAÇON MONT-D'OR DANS L'OISE ET L'EURE.

Outre les fromages de l'Oise, dont nous avons parlé page 256, plusieurs communes du canton

[1] Voir *Industrie laitière dans dix départements*, etc.

de Chaumont en Vexin, fabriquent annuellement 350,000 fromages dits de mont-d'or, et d'une valeur approximative de 350,000 francs.

Dans l'Eure, M. Chevalier fabrique également à la Bonneville des fromages façon mont-d'or, dont l'excellence lui a valu de nombreuses récompenses dans les concours.

VENTE AUX HALLES DE PARIS.

La vente des fromages de mont-d'or, aux Halles de Paris, a donné les résultats suivants :

	QUANTITÉS.	PRODUITS.	PRIX MOYEN.
1872.	1,376,146	280,085	20 cent.
1873.	1,272,721	234,592	18 cent.

Les mont-d'or se vendent *au cent* à la criée.

Isère. — *Fromages de Saint-Marcellin, de Sassenage.*

Fromage de Saint-Marcellin. Ce fromage, qui tire son nom de la charmante petite ville de Saint-Marcellin, située à 52 kilomètres de Grenoble, est fabriqué avec du lait de chèvre, tantôt pur, tantôt additionné de lait de brebis ; il a environ 8 centimètres de diamètre sur 2 centimètres d'épaisseur. Complétement affiné, ce fromage est excellent, bien qu'il possède une odeur et une saveur fortes dues aux propriétés spéciales du lait de chèvre qui sert de base à sa fabrication, mais ce sont justement ces qualités qui le font apprécier des vrais amateurs. Sur place, les fromages de Saint-Marcellin valent de 20 à 30 centimes, suivant la grosseur ; à Paris, par suite des frais de transport et de son peu d'abondance sur le marché, on les vend, au détail, de 50 à 60 centimes la pièce.

Fromage de Sassenage. Sassenage, chef-lieu de canton, à 6 kilomètres de Grenoble, donne son nom à un fromage fabriqué sur le littoral alpestre de l'Isère avec un mélange de laits de vache, de brebis et de chèvre. Le lait de vache y entre ordinairement pour les neuf dixièmes; mais, de l'aveu des producteurs, plus il entre dans ce produit de lait de chèvre et de brebis, meilleur il est.

Ce fromage à pâte ferme persillée, de 30 centimètres de diamètre sur 10 de hauteur en moyenne, se fabrique comme le gex et septmoncel (voir plus loin); gras et bien affiné, il est d'un goût très-fin et très-délicat.

Prix, au détail, à Paris, 3 fr. 60 c. à 4 fr. le kilogramme.

Quant aux autres fromages fabriqués dans l'Isère, tels que le bleu, le gruyère, etc., nous en étudierons plus tard la fabrication.

IMPORTANCE DE LA PRODUCTION FROMAGÈRE DANS L'ISÈRE EN 1873.

FROMAGES.	VALEUR DE LA PRODUCTION.
Façon mont-d'or.	15,130 fr.
— camembert.	55,125
De Saint-Marcellin.	628,310
De Sassenage.	314,077
Bleus.	20,150
Blancs.	276,093
Gruyère.	6,000
	1,314,885 fr.

Puy-de-Dôme. — *Fromage de Sénecterre.*

Saint-Nectaire, vulgairement Sénecterre, à 19 kilomètres d'Issoire, a donné son nom à un fromage gras, fabriqué avec du lait de vache, principalement dans les communes de Besse (voisine de Saint-Nectaire), et d'Église-Neuve d'Entragues.

La production annuelle, en 1873, dans ces deux ocalités, s'est élevée à 370,000 kilogr., représentant une valeur de 400,000 francs.

Ce fromage pèse, *nouveau,* 1 kilogr. environ, et *fait,* 600 à 750 grammes ; au détail, à Paris, il se vend 1 fr. 30 c. à 1 fr. 50 c. la pièce.

Outre le fromage gras de Sénecterre, on fabrique encore dans le Puy-de-Dôme :

1° Le *fromage d'Auvergne,* qui comprend les *fourmes* et les *cantals ;*

2° Le *fromage façon roquefort,* qui comprend le fromage dit *blanc du pays* et le fromage dit *bleu ;* nous en étudierons plus loin la fabrication.

IMPORTANCE DE L'INDUSTRIE FROMAGÈRE DANS LE PUY-DE-DÔME.

En 1873, la valeur de la production fromagère dans le département s'est traduite par une valeur de 736,000 francs.

Vosges. — *Fromage de Géromé ou de Gérardmer.*

Le fromage connu sous le nom de *Géromé,* par corruption pour *Gérardmer,* pays des Vosges, se fabrique principalement dans les arrondissements de Saint-Dié et de Remiremont avec du lait fourni par des vaches choisies parmi les plus laitières, et nourries sur les sommets les plus élevés des montagnes de cette région.

Il se fabrique dans l'arrondissement deux sortes de fromages :

1° Le fromage de *pâte molle*, anisé ou non anisé, qui ne s'exporte pas;

2° Le fromage de *pâte ferme*, bon pour l'exportation, et dont nous parlerons plus loin.

FROMAGE DE GÉROMÉ A PATE MOLLE.

M. Vacca, professeur de chimie à Remiremont, a publié, en 1864, dans le *Journal d'Agriculture pratique*, un très-bon travail sur la fabrication de ce fromage; nous lui emprunterons un certain nombre des indications qui vont suivre.

Le géromé à pâte molle, anisé ou non (fig. 152), bien que fabriqué de manière à être consommé dans le pays, demande cependant à être fait assez longtemps avant d'être livré à la consommation, car ce n'est qu'au bout de trois, quatre et même cinq mois, suivant sa grosseur, qu'il possède les qualités appréciées par les amateurs de ce produit.

Fig. 152.

Ce fromage se vend également beaucoup à Nancy, et surtout à Paris, où il est très-recherché de la

classe ouvrière, en raison de son bon marché relatif et de ses propriétés nutritives.

Mise en présure. Aussitôt la traite apportée à la
laiterie, on introduit le lait dans une bassine en
cuivre *B* (fig. 153) d'une capacité d'environ 50 litres,
et qui peut être fermée par un couvercle en bois *C*,
percé en son milieu d'un trou circulaire.

A cet effet, on se sert d'un entonnoir en bois *E*,

Fig. 153.

qui contient, à sa partie inférieure, un linge fin destiné à retenir les impuretés qui peuvent être tombées
dans le lait. Quelquefois on met dans l'entonnoir, à
la place de ce linge, une poignée d'une herbe appelée vulgairement *jalousie* (lycopodium clavatum),
qui remplit le même office.

d est un disque mobile à l'aide duquel on ferme
le trou du couvercle quand l'entonnoir est enlevé.
Dès que la traite a été introduite dans la bassine, le
fromager ou *marcaire* ajoute au lait la dose de pré-

sure convenable et dont la quantité varie, comme
nous l'avons dit déjà, suivant les circonstances, telles
que la saison, la force de l'ingrédient, etc.; en général, il faut deux cuillerées de bonne présure pour
les 50 litres de lait. La présure une fois ajoutée, et
répartie intimement dans toute la masse, on bouche
l'orifice du couvercle avec l'obturateur d, et on
abandonne le tout au repos.

Séparation du petit-lait. Environ une demi-heure
après la mise en présure, on divise le caillé à l'aide
de la cuiller M (fig. 154), afin de faciliter la sortie
du petit-lait, on recouvre la bassine, on attend encore pendant une demi-heure à trois quarts d'heure,
puis on procède à la séparation de la partie liquide
d'avec le caillé.

A cet effet, la bassine étant découverte, on prend

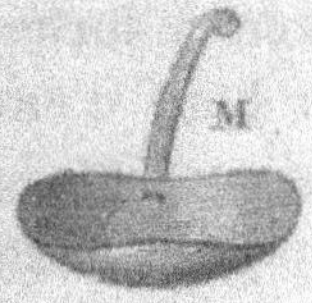

Fig. 154.

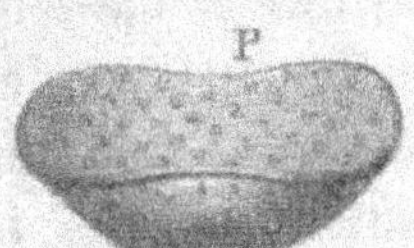

Fig. 155.

une passoire P (fig. 155), en cuivre ou en fer-blanc,
de 30 centimètres de longueur sur 17 centimètres
de largeur et 5 à 6 centimètres de profondeur, et on
la pose sur le caillé; elle se remplit de petit-lait que
l'on enlève avec la cuiller M. De temps en temps,
on divise le caillé avec cette même cuiller, on replace la passoire sur le caillé ainsi divisé, et on

écope le petit-lait, dont on parvient ainsi à enlever la majeure partie.

Mise en formes et égouttage. Pour achever la séparation du petit-lait, on introduit le caillé à l'aide

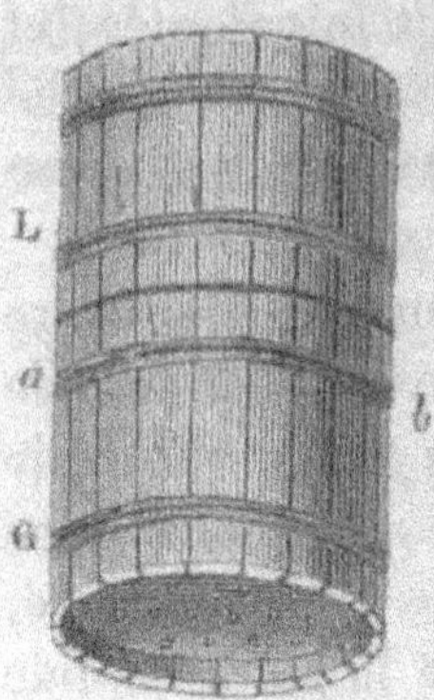

Fig. 156.

de la passoire *P* dans une forme cylindrique en bois de sapin (fig. 156); cette forme se compose de deux parties *L* et *G* pouvant s'emboîter l'une dans l'autre, suivant *ab*; la partie inférieure *G* est munie d'un fond percé de trous, la partie supérieure *L* est un cylindre sans fond qui fait office de *hausse*. La hauteur totale de ce double moule est d'environ 35 à 40 centimètres, son diamètre 15 à 18.

Une fois le caillé introduit dans cette forme, on laisse l'égouttage s'effectuer, et au bout d'environ douze heures la pâte est descendue au niveau *ab*. On introduit alors le fromage dans une forme de même diamètre, mais d'une hauteur moitié moindre; à cet effet, on enlève la hausse *L*, on la remplace par le nouveau moule, et on opère au système un mouvement de retournement qui a pour résultat de changer de bout le fromage dans la nouvelle forme.

Au bout de six heures, on change encore le fromage de forme en le retournant de la même manière, puis à partir de ce moment, et pendant deux jours, on ne le change plus de forme que deux fois par jour.

L'égouttage du fromage s'opère sur des tablettes en boies munies d'un rebord, et sur lesquelles on a cloué des baguettes de 2 à 3 centimètres d'épaisseur. On pose les formes sur ces baguettes, et la table étant légèrement inclinée, le petit-lait s'écoule et se réunit dans un récipient quelconque. Les égouttoirs se composent de deux ou trois tablettes semblables et superposées; la température de la pièce qui les renferme doit, autant que possible, être maintenue à 15 degrés.

Salaison des fromages. Une fois les fromages suffisamment égouttés, on procède à leur salaison. A cet effet, on renverse le fromage sur une planchette en bètre sur laquelle on a étalé une couche mince de sel pulvérisé fin, on roule le fromage dessus de façon à bien en imprégner toute la surface, et on répète cette opération pendant trois ou quatre jours, en ayant soin de retourner chaque fois le fromage.

Pendant les deux ou trois jours suivants, on ne fait que retourner le fromage une ou deux fois par jour, et essuyer sa surface avec un linge légèrement mouillé d'eau tiède; enfin, quand il est suffisamment ressuyé, on le porte au séchoir.

Il faut environ 30 à 35 grammes de sel par kilogramme de fromage.

Quand après l'égouttage, les fromages ne sont pas encore suffisamment résistants, au lieu de les laisser *nus* sur la planchette, après chaque salaison, on les remet dans les formes pendant les deux premiers jours, en ayant soin de les changer chaque fois de bout.

Mise au séchoir. Le séchoir se compose de planches superposées comme les rayons d'un casier; on pose dessus les fromages.

En été, le séchage s'effectuant à l'air, il est urgent de mettre les fromages à l'abri du soleil et des mouches en les couvrant d'une toile.

En hiver, le séchage a toujours lieu dans une pièce close.

Affinage des fromages. Les fromages, une fois secs, sont portés à la cave, où ils sont l'objet de soins minutieux. On doit choisir de préférence une cave un peu sèche et dont les ouvertures, dirigées du nord au sud, permettent d'entretenir une aération et une température convenables; quand la température est trop basse, les fromages se fendillent et perdent de leurs qualités.

Le séjour des fromages à la cave dépend de la saison et du poids sous lequel ils sont fabriqués. Plus la masse est considérable, plus est long leur affinage complet, qui, pour les plus gros, exige trois et même quatre mois.

Pendant toute la durée de leur séjour à la cave, les fromages doivent être fréquemment retournés et lavés avec de l'eau tiède légèrement salée, quand on voit qu'ils se dessèchent trop rapidement.

Quand ce fromage a pris une teinte rouge brique, et que la surface extérieure s'est suffisamment ramollie pour céder sous la pression du doigt, il est dit *passé*, et peut être livré à la vente.

Remarque. Quelques cultivateurs ont l'habitude de réserver une traite sur deux pour faire du beurre ; dans ce cas, le lait de la première traite est conservé dans des terrines en grès jusqu'au moment de l'écrémage.

Au moment où la deuxième traite arrive à la fromagerie, on verse d'abord dans la bassine de l'eau chaude de façon à élever la température du récipient ; on fait écouler cette eau, on la remplace par le lait de la première traite écrémé, auquel on mélange celui de la deuxième traite ; on met ensuite en présure, et on continue la fabrication comme il a été dit précédemment.

D'après M. Villeroy, il faut en moyenne 8 litres de lait non écrémé pour 1 kilogr. de fromage.

Fromage anisé. Le fromage *anisé* ne diffère du précédent que par l'incorporation dans la pâte d'une certaine quantité d'*anis*. Au moment où l'on met le caillé dans la forme à égoutter, on fait des lits successifs de fromage et d'anis des Vosges (*carum carvi*), tantôt cuit, tantôt cru.

Le fromage anisé, quand il est vieux, prend des teintes verdâtres qui lui donnent une certaine ressemblance avec le fromage de Roquefort.

Observations. Les formes en bois employées pour le moulage de ces fromages nécessitent un nettoyage fréquent et très-minutieux, si l'on veut éviter qu'à leur contact les fromages ne prennent un goût de moisi.

L'emploi des bassines, cuillères et passoires en cuivre non étamé peut être la source d'accidents graves, et il serait à désirer que ces instruments fussent remplacés par d'autres en bois ou en fer-blanc qui coûteraient moins cher et rendraient d'aussi bons services.

Dans les fermes, le fromage destiné à la consommation locale devrait être fabriqué sous un poids ne dépassant par 2 kilogr.; de cette façon, l'affinage complet de ces produits exigerait six semaines à deux mois au plus.

Le fabricant vend habituellement ses fromages *nus* sous un poids qui varie de 2 à 5 kilogr.

Le commerçant en gros introduit ces fromages dans des boîtes rondes en sapin de 25 centimètres de diamètre sur 12 centimètres de hauteur, et les vend au prix de 90 à 100 francs les 100 kilogr., *boîtage compris*. On fabrique aussi dans l'arrondissement de Remiremont des fromages dits de luxe, anisés ou non, du poids de 500 grammes seulement.

Dans le chapitre suivant, nous parlerons du fromage de Géromé à pâte ferme, fabriqué d'une manière spéciale en vue de l'exportation.

D'après l'enquête de 1873, la production annuelle en géromé dans les arrondissements de Saint-Dié et de Remiremont s'est élevée à 4,745,310 kilogr., représentant une valeur de 3,733,795 francs.

Dans les arrondissements de la Plaine, Épinal, Mirecourt, Neufchâteau, on donne la préférence à la production du beurre, dont la valeur annuelle est actuellement de 5,985,750 francs.

HAUT-RHIN. — *Fromage gras de Munster,* dit *Munsterkaese.*

Munster est un chef-lieu de canton du Haut-Rhin, à 17 kilomètres de Colmar. Le fromage qui porte le nom de cette ville est fabriqué dans les chalets de la vallée de Munster avec du lait de vache, et son mode de préparation est analogue à celui que nous avons décrit à l'occasion du fromage de Gérardmer ; comme ce dernier, il mûrit et s'achève dans des caves.

Le munster, qui a en moyenne 20 centimètres de diamètre sur 8 de hauteur, est généralement plus fin et plus gras que le géromé. Après l'âge de six mois, il commence à perdre de ses qualités, sa croûte devient épaisse et âcre ; privé de cette croûte, il peut alors se conserver beaucoup plus longtemps.

On compte, dans la vallée de Munster, qu'une bonne vache peut fournir annuellement 250 kilogr. de fromage.

Le munster vaut en gros, dans le Haut-Rhin, 140 à 150 francs les 100 kilogr. ; au détail, à Paris, on le vend 2 fr. 40 c. le kilogr.

CHAPITRE XVII.

IIe CLASSE. FROMAGES DE CONSISTANCE SOLIDE OU A PATE FERME.

Nous avons dit, page 232, que cette seconde classe comprenait tous les fromages qui, après leur fabrication, conservaient une consistance solide et une dureté plus ou moins grande; qualités qu'ils doivent, les uns à la mise en presse, les autres tout à la fois à la pression et à la cuisson.

Nous commencerons à étudier, dans ce chapitre, es fromages à pâte ferme simplement pressés.

Fabrication des fromages de Hollande (Édam, Gouda, Leyden), de Bergues, de Géromé à pâte ferme, d'Auvergne.

Des fromages de Hollande. On fabrique en Hollande quatre sortes principales de fromages, les uns à pâte sèche, les autres à pâte grasse, ce sont :

1° Le fromage de *Leyden* (Leyde et ses environs), qui se fait avec du lait partiellement ou totalement écrémé ;

2° Le *Graawshe*, fabriqué avec du lait écrémé deux fois ;

3° Le *Stolkshe*, ou fromage de Gouda, fait avec du lait non écrémé ;

4° Le fromage d'*Édam*, fabriqué comme le précédent avec du lait non écrémé.

FROMAGE D'ÉDAM[1] (TÊTE DE MAURE).

Ce fromage pouvant être fabriqué partout en France avec facilité et avec des qualités à peu près identiques à celles que possède celui préparé en Hollande, nous allons indiquer, avec quelques détails, son mode de préparation, à l'aide des renseignements que nous avons recueillis en 1862 à la vacherie de Saint-Angeau (Cantal), ou qui nous ont été communiqués à cette époque par M. Le Sénéchal, directeur de cet établissement [2].

Tout d'abord, nous dirons que le fromage d'Édam doit une partie de ses précieuses qualités à la proportion relativement restreinte de matière grasse qu'il contient, une trop grande quantité de beurre le ferait affaisser sur lui-même et le rendrait impropre aux principaux usages pour lesquels il est destiné. Par suite, M. Le Sénéchal a reconnu la nécessité, du 20 août jusqu'à la fin de la saison, d'écrémer d'abord un tiers, puis moitié du lait de chaque traite, ce qui du reste ne change rien au procédé de fabrication que nous allons décrire.

Coagulation du caséum. Une fois la traite terminée et le lait passé à travers un tamis attaché au-dessus d'un grand récipient *C* en bois, appelé *gerle*

---

[1] Édam, ville de Hollande, près du Zuyderzée, à 19 kilomètres nord-est d'Amsterdam.

[2] Voir *Annales du génie civil*, 1863, chez Lacroix, éditeur, 53, rue des Saints-Pères.

(fig. 157), deux hommes, à l'aide d'un grand bâton et d'une corde fixée aux oreilles du récipient, apportent le lait à la laiterie.

On procède alors au transvasement du liquide dans la cuve C, où l'on doit ajouter la présure, mais en

Fig. 157.

ayant soin de le faire passer une seconde fois sur un tamis plus fin attaché aux oreilles O de la cuve.

Le lait doit avoir dans cette cuve, au moment de l'addition de la présure, 32° à 34° en été, et 34° à 36° en hiver. Quand, pendant les grandes chaleurs, le lait marque exceptionnellement 36° à 38°, on refroidit la masse en ajoutant de 3 à 4 pour 100 d'eau de fontaine très-froide et très-pure ; si, au contraire, la température est descendue à 30° par suite d'un grand froid ou la nécessité d'écrémer le lait en partie, on approche la cuve du feu et on élève la température du local.

La dose de présure varie, suivant les circonstances, entre 8 et 12 centilitres pour 100 litres de lait.

En outre, le fromage d'Édam devant avoir une couleur jaune claire, on mélange à la présure, au moment où elle va être versée dans la cuve, une petite quantité d'*annato*, matière colorante du *rocou*, et dont la dose, variable aussi suivant la richesse du lait, la saison, la nature des pâturages, l'alimentation, etc., est d'environ une petite cuillerée à café par décilitre de présure [1]. La présure et l'annato ayant été versés dans la cuve, on agite pendant une minute, on recouvre le récipient, et on abandonne le liquide au repos.

Rompage du caillé. Au bout de huit à quinze minutes, lorsqu'on reconnait que la coagulation du lait est complète, on procède au rompage du caillé au moyen d'un *diviseur* en laiton *D* (fig. 158) que l'ouvrier enfonce verticalement dans la cuve, de façon à déterminer une série de sections parallèles (fig. 159), d'abord suivant *AB*, puis suivant *CD*, *EF*, etc., jusqu'à ce que la division soit considérable.

Cette opération fort simple n'en est pas moins très-délicate, car si l'on opère trop brusquement on fait passer la plus grande partie du beurre dans le petit-lait, et on peut perdre jusqu'à 2 kilogr. 500 de

---

[1] M. Le Sénéchal faisait venir l'annato et les caillettes de Purmerend (Hollande septentrionale).

fromage par 100 litres de lait. En temps ordinaire, le rompage exige de quatre à sept minutes.

On referme alors la cuve pendant deux ou trois minutes, afin de donner aux grumeaux de caillé le

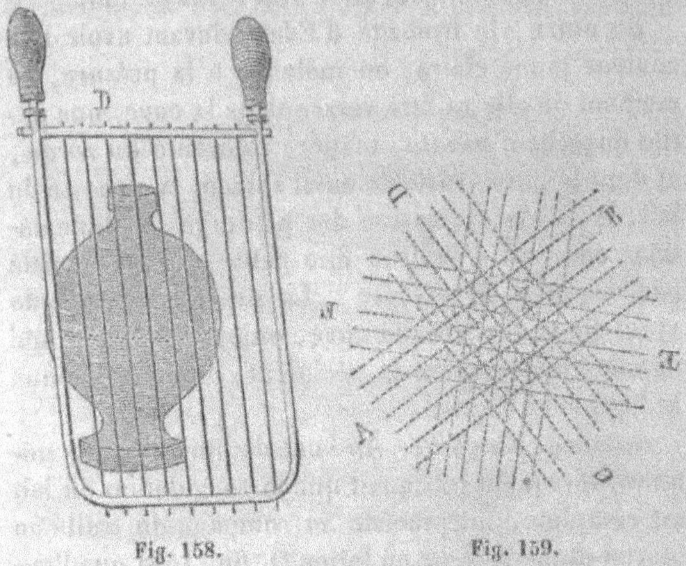

Fig. 158.   Fig. 159.

temps de se déposer, et on procède alors à l'agglomération en une seule masse.

Agglomération du caillé. Le fromager enfonce verticalement dans le liquide une grande sébile en bois et la fait cheminer parallèlement aux bords de la cuve pendant cinq à sept minutes. Dans les circonstances ordinaires, quatre à six tours suffisent pour réunir le caillé en un seul gâteau, qu'il s'agit alors d'isoler du petit-lait.

Cette fois, l'ouvrier appuie horizontalement la sébile sur le gâteau, de manière que le liquide, pas-

sant par-dessus les bords, vienne la remplir; il verse
alors son contenu dans la gerle *G*. Après quatre ou

cinq opérations semblables, la cuve est renversée
(fig. 160), et le fromager, maintenant la boule *M* au
fond de la cuve à l'aide de la sébile, fait écouler le
reste du petit-lait dans baquet *B* muni d'un tamis

en crin à grosses mailles, et destiné à recevoir les quelques parcelles de caséum qui auraient pu échapper à l'agglomération.

La cuve une fois relevée sur son trépied, le fromager réunit en une seule masse tout le caillé en le pressant avec les mains, et il le charge ensuite de sa sébile, dans laquelle il place un poids de 10 à 20 kilogr., suivant l'importance de la fabrication.

Après quatre ou cinq minutes, le petit-lait extrait est versé dans le récipient *B* par un mouvement de bascule semblable au premier, et après trois ou quatre opérations semblables, demandant en tout quinze minutes pour 100 à 150 litres de lait, l'expression est suffisante.

De la mise en formes (fig. 161). Les opérations décrites jusqu'ici sont, à très-peu de chose près, fait remarquer M. Le Sénéchal, analogues à celles en usage dans la majeure partie des contrées où l'on fabrique des fromages gras pressés et non cuits. Avec le gâteau de caillé ainsi préparé on pourrait faire du chester, du gloucester, du cantal, du gouda; mais les opérations qui vont suivre sont, au contraire, particulières à la Hollande septentrionale.

Pour procéder à la mise en forme du caillé, l'ouvrier commence à prendre dans chaque main une poignée de caséum qu'il soumet au pétrissage; puis, lorsqu'elle est réduite en pâte douce, fine, onctueuse, il la foule avec force dans le fond du moule *m* (fig. 161). Il prend alors deux nouvelles poignées qu'il tasse sur les premières après les avoir pétries, et ainsi de suite jusqu'à ce que la forme soit comble.

Il exerce alors pendant quatre ou cinq minutes une pression sur la partie extérieure du fromage, en ayant soin de le retourner trois ou quatre fois dans le moule et de déboucher les trous destinés à donner issue au petit-lait.

Fig. 161.

M. Le Sénéchal a reconnu que, pendant les grandes chaleurs, quand on craint une fermentation trop rapide, qu'il faut prévenir à tout prix, il était avantageux d'incorporer à la caséine, pendant son pétrissage, 7 à 8 centilitres d'une dissolution peu concentrée de sel marin.

La mise en forme devant se faire très-rapidement,

21.

pour éviter un refroidissement toujours nuisible à une bonne fabrication, le maître fromager devra, pour peu que la vacherie soit importante, se faire aider par le jeune ouvrier attaché à son service.

Une fois le fromage suffisamment pressé avec les mains, on l'enlève de sa forme et on le plonge dans un bain de petit-lait frais porté préalablement à 50° en hiver, à 52° en été. Après une ou deux minutes d'immersion dans le bain, le fromage est pressé de nouveau dans sa forme pendant deux minutes, puis détaché et roulé avec précaution dans un linge clair, replacé encore une fois dans sa forme, recouvert de sa calotte sphérique, et enfin porté sous la presse.

De la mise en presse. La mise en presse des fromages a pour but d'exprimer la majeure partie du petit-lait resté interposé entre les molécules du caséum.

Les presses employées en Hollande sont très-nombreuses, mais leur forme a peu d'importance; un levier simple peut remplir le but tout aussi bien que les machines les plus compliquées; voici celle qui était en usage à Saint-Angeau (fig. 162).

PP', plateau supportant deux récipients *v* destinés à recevoir le petit-lait qui, sous l'influence de la pression, s'écoule des formes M par les trous *t* pratiqués à leur partie inférieure.

M, moules dont les couvercles reçoivent la pression par l'intermédiaire des planchettes *p* et des pièces verticales C.

L, levier fixé par l'une de ses extrémités à un axe *a* qui traverse la pièce horizontale T, et un peu plus loin, par une cheville à la tige verticale C.

L'axe *a* porte un pignon qui engrène avec une crémaillère incrustée longitudinalement dans la pièce C, de telle sorte que le levier L, sollicité par un poids suspendu à son extrémité, fait tourner l'axe *a* et par suite le pignon; la pièce C descend à son tour et transmet aux moules une pression de plus en plus énergique.

La durée de la pression est de une heure à deux

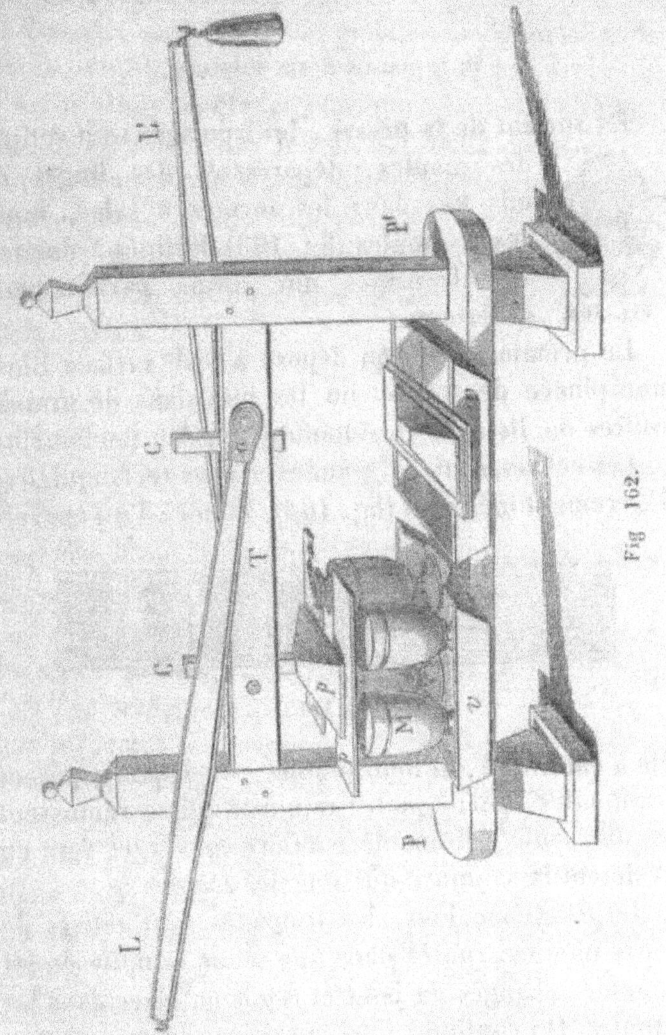

heures en novembre et décembre, de six à sept

heures en mars et avril, et de douze heures environ
pendant les autres mois de l'année.

DE LA SALAISON DES FROMAGES.

En sortant de la presse, les fromages sont retirés
des moules, débarrassés des linges et
mis *nus* dans les formes à saler, nouveaux moules (fig. 163) destinés à donner
aux fromages une forme parfaitement
sphérique.

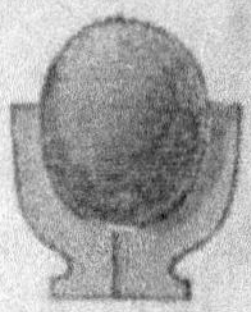

Fig. 163.

Le premier jour, on dépose à leur surface libre
une pincée de sel, et on les met dans de grands
coffres où ils sont abandonnés jusqu'au lendemain.

Ces coffres sont de grandes caisses rectangulaires
légèrement inclinées (fig. 164), munies d'un couver-

Fig. 164.

cle à charnière, et dont le fond, sur lequel reposent
les moules, porte quatre rainures qui se réunissent
en une seule, de manière à faire converger vers un
récipient la saumure qui sort des moules.

Le deuxième jour, les fromages sont retirés de
leurs moules, roulés dans une sébile remplie de sel
humide, changés de bout et remis en place dans les
moules. On continue ainsi la salaison jusqu'à ce que
le sel ait régulièrement pénétré dans toute la pâte,

qui, de molle, élastique qu'elle était, est devenue entièrement résistante.

La salaison dure, en moyenne, de neuf à dix jours, sauf quand les vaches commencent à prendre l'herbe de la montagne, époque à laquelle elle peut exiger onze à douze jours. Au sortir des coffres à saler, les fromages sont baignés pendant quelques heures dans la saumure recueillie précédemment, séchés, et enfin déposés *nus* sur les rayons des magasins, en ayant soin de les classer suivant leur âge. (Fig. 165.)

SOINS A DONNER AUX FROMAGES.

Une fois sur les rayons, les fromages doivent encore être l'objet de soins indispensables à leur conservation; il faut les retourner :

Une fois par jour pendant le premier mois, tous les deux jours pendant le deuxième mois, et une fois par semaine à partir du troisième mois; mais, par les temps très-orageux, il devient nécessaire de les retourner tous, indistinctement, une fois par jour.

En outre, quand les fromages ont de vingt-quatre à trente jours, on les fait tremper dans un bain d'eau tiède de 20° à 25° pendant environ une heure; on les lave, on les brosse et on les fait sécher dehors quand le temps le permet; une fois bien secs, on les remet sur les rayons.

Quinze jours après, les fromages sont de nouveau lavés, séchés, puis graissés avec de l'huile de lin et remis à leur place, où on ne fait plus que les retourner jusqu'au moment de leur expédition.

En Hollande, c'est à six semaines environ que les

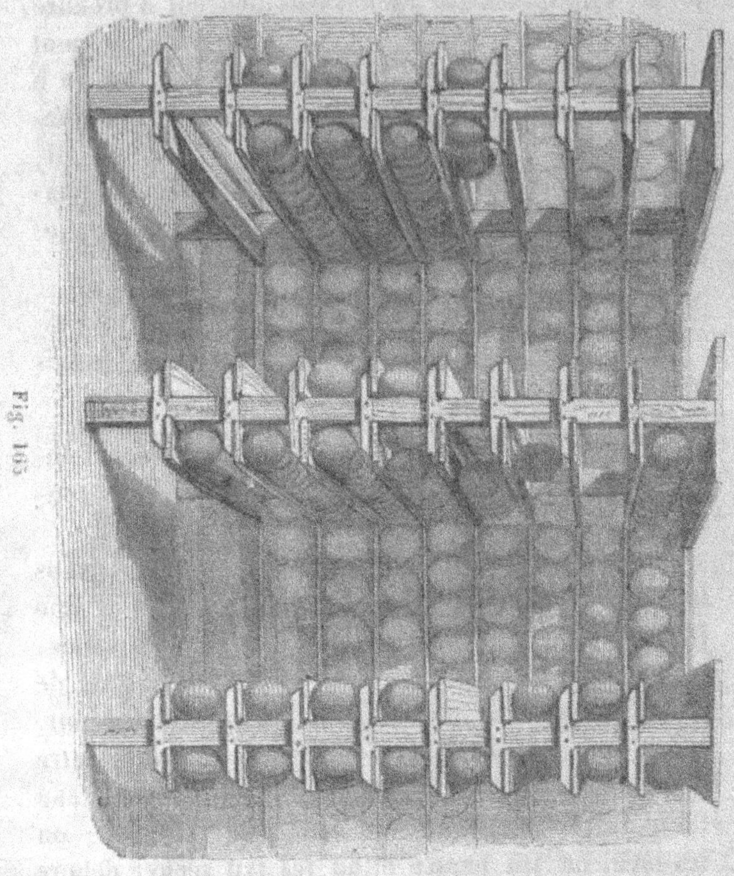

fromages sont vendus à des négociants qui, à leurs risques et périls, se chargent de les livrer au commerce. En France, où ces mêmes fromages n'ont de débouchés assurés qu'autant qu'ils sont fabriqués pour l'exportation, il faut avant tout qu'ils soient préparés en vue d'une longue et parfaite conservation, ce qui nécessite un complément d'opérations très-simples et que nous allons indiquer.

On commence par les gratter légèrement à l'aide d'un couteau très-tranchant, de façon à faire disparaitre toutes les inégalités que le moule, le linge ou toute autre cause ont pu laisser à leur surface.

Si ces fromages sont destinés à l'Angleterre ou à l'Espagne, on les colore extérieurement en jaune orangé au moyen de quelques gouttes d'huile de lin dans laquelle on ajoute une très-petite quantité d'annato. Si, au contraire, ils doivent être livrés au commerce français ou à la marine, on leur donne deux couches de la préparation suivante :

Tournesol (*croton tinctorium*).	6 kil.
Rouge de Berlin.	0ᵏ400
Eau.	10ᵏ
Pour 1,000 fromages. Total.	16ᵏ400

dont la valeur est d'environ   11 à 12 fr.

Une fois cette couleur bien séchée à la surface des fromages, il ne reste plus qu'à les frotter avec un peu de beurre teint en rouge par quelques pincées de rouge de Berlin, et à les expédier dans des caisses à compartiments (fig. 166).

Fig. 166.

Ces fromages, bien fabriqués,

peuvent se conserver plusieurs années à bord des navires, même dans les régions tropicales, et ce sont à peu près les seuls connus aux Indes, en Chine, en Australie, etc.

Observations. — Le magasin à fromages doit être sec, bien éclairé et tenu parfaitement propre. Sa température intérieure ne doit pas dépasser 22° centigrades en été, ni s'abaisser au-dessous de 6° à 7° en hiver, ce que l'on obtient assez facilement en établissant un courant d'air en été et en faisant un peu de feu pendant la saison froide. On doit éviter de laisser arriver sur les fromages les vents du nord, du nord-est et de l'est, qui sont, dit M. Le Sénéchal, pernicieux pour presque toutes les espèces de fromages; on doit également se mettre en garde contre l'air humide.

Le colostrum est pendant neuf jours impropre à la fabrication; quant au lait des vaches en chaleur, il est bon de le traiter à part, autrement il pourrait entraîner la perte d'une traite entière.

Emploi du petit-lait séparé du caillé. — Ce petit-lait contient encore du beurre et du caséum, et sert à faire du *sarrasou* ou *sérai*, dont les ouvriers de la ferme sont généralement très-friands. A cet effet, on porte à l'ébullition, dans un chaudron, ce liquide transvasé de la gerle; il se forme alors à la surface une écume abondante que l'on enlève avec une grande cuillère, c'est *le sarrasou*. Le liquide restant est donné aux porcs.

D'après M. Le Sénéchal, le fromage d'Édam paye le litre de lait 14 centimes, tandis que le gruyère ne le paye que 11 centimes, et le fromage du Cantal 10 centimes.

M. Bonnemant, propriétaire du domaine de Treulant (Morbihan) et lauréat de la prime d'honneur en 1867, s'est livré successivement à la fabrication du fromage de Gruyère, puis de Hollande.

Le gruyère payait le lait 14ᶜ1 le litre, mais ce fromage ne trouvait pas toujours une vente facile et assurée, tandis qu'aujourd'hui les fromages d'Édam se vendent facilement à Nantes, à Lorient, à Brest, et lui payent le lait 15ᶜ6 le litre.

100 litres de lait donnaient en moyenne 8 à 9 kilogrammes de gruyère, qu'on vendait 150 francs les 100 kilogrammes; la même quantité de lait produit actuellement 10 à 11 kilogrammes de fromage d'Édam, qui trouve acquéreur à 160 francs les 100 kilogrammes.

M. Laurent Nivière, propriétaire à Ramanèche, commune située à 2 kilomètres de l'ancienne École d'agriculture de la Saulsaie (Ain), a importé aussi avec succès la fabrication du fromage d'Édam dans son exploitation, et aux Expositions de 1866 et 1870, à Paris, cet habile agronome a exposé des produits si parfaits et si bien comparables aux vrais fromages d'Édam, par le goût et l'aspect, que le jury lui a décerné une médaille d'or.

MM. Richard et Brioude, de Pierrefort (Cantal), ont obtenu les seconds prix.

Fromage gras de Gouda (ville de la Hollande méridionale). — Le fromage de Gouda, plus gras et plus délicat que le fromage d'Édam, a une forme sphérique aplatie; il pèse environ de 5 à 20 kilogrammes. Ceux que nous avons mesurés chez les détaillans en gros de Paris avaient le plus généralement 25 centimètres de diamètre sur 10 à 12 centimètres de hauteur.

Fromage à pâte sèche de Leyden (fig. 167). — Ces fromages se fabriquent dans toutes les métairies des Pays-Bas; mais ceux de la ville de Leyden ont une réputation méritée; voici en quelques mots les principes généraux de leur fabrication :

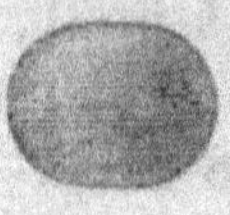

Fig. 167.

On met en présure les laits *écrémés* de deux traites, on divise le caillé avec le diviseur (fig. 158), et on effectue la séparation du sérum comme nous l'avons indiqué page 366.

La pâte est alors malaxée, divisée avec les mains, puis pétrie *avec les pieds*, on y mêle en même temps du cumin, des grains de girofle, du sel gris, et on continue le pétrissage jusqu'à ce que la masse soit bien homogène, et privée le plus possible de sérum.

On enveloppe alors la pâte dans un linge, on l'introduit dans un petit baquet percé de trous et on met en presse jusqu'à ce que le petit-lait soit entièrement éliminé.

Les fromages sont ensuite placés sur les rayons des magasins et soumis aux mêmes soins que les fromages d'Édam.

Les fromages de Leyden, d'un beau jaune clair,

ont une forme sphérique aplatie (fig. 167) ; ils pèsent
depuis 3 jusqu'à 15 kilogrammes ; ceux fabriqués à
Leyde portent à leur surface l'empreinte de deux
clefs en croix, ce sont les armes de la ville.

PRIX DES DIVERS FROMAGES FABRIQUÉS EN HOLLANDE.

Fromage d'Édam (tête de maure), croûte rouge,

		les 100 kil.	170 à 180 fr.
do	peints, côtes de melon,	do	175
do	do carreaux,	do	
do	forme ananas,	do	222
Fromage de Gouda, pâte grasse,		do	140 à 160
Fromages épicés, au cumin, maigres,		do	110

Au détail, les quatre premiers fromages se vendent, à Paris,
le kilogramme, de.. . . . . 2ʳ 40 à 2ʳ 60
   Le gouda, le kilogramme. 2 60

FABRICATION DU FROMAGE DE BERGUES.

Dans la partie du pays flamand désignée sous le

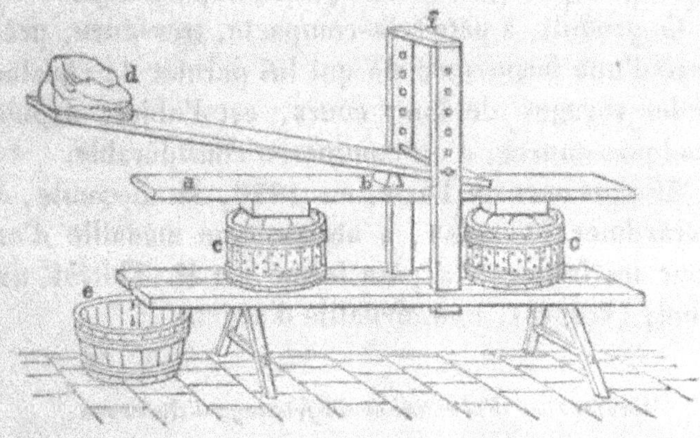

Fig. 168.

nom de Watteringues, l'élevage, un peu moins dé

veloppé que dans le pays des bois, permet de consacrer une plus grande portion du lait à la fabrication du beurre et à celle du fromage connu sous le nom de *fromage de Bergues ;* ce produit se rapproche beaucoup du fromage de Hollande à pâte maigre, car il est fait généralement avec du lait écrémé.

La figure 168 représente la presse employée à sa fabrication.

Chaque fromage pèse environ 4 kilogr. 500 et exige pour sa fabrication 32 litres de lait écrémé.

FROMAGE DE GÉROMÉ OU GÉRARDMER A PATE FERME.

En outre du fromage de Géromé à *pâte molle,* anisé ou non, dont nous avons décrit la fabrication (page 353), et qui ne peut s'exporter, on fabrique encore dans l'arrondissement de Remiremont un fromage à *pâte ferme* bon pour l'exportation.

Ce produit, à pâte très-compacte, très-dure, préparé d'une façon spéciale qui lui permet de résister à des voyages de long cours, est l'objet, depuis quelques années, d'un commerce considérable.

Au concours de Paris, en 1870, M. Lecomte, à Gérardmer (Vosges), a obtenu une médaille d'or pour ses fromages à pâte ferme, et M. Thiriet, au Tholy (Vosges), une médaille d'argent.

CANTAL. — *Fabrication du fromage d'Auvergne.*

Le fromage d'Auvergne est un produit important des montagnes du Cantal et de Salers ; sa fabrication, combinée avec l'élève du bétail, constitue le meilleur moyen d'utiliser les pâturages naturels qui recouvrent ces contrées; mais malheureusement il faut reconnaître que la plupart des buroniers chargés de la préparation de ce fromage laissent beaucoup à désirer sous le rapport des soins et de la propreté.

Le fromage d'Auvergne, appelé *fourme*, est de consistance molle, de couleur grise; sa saveur est fade, et sa forme est celle d'un cône tronqué dont le diamètre à la base, égal à la hauteur, est d'environ 35 centimètres; voici comment on l'obtient :

Coagulation du caséum, rompage. — Le lait, transporté des pâturages au buron dans des *gerles* G (fig. 157), est immédiatement passé à travers un tamis de crin ou une chausse d'étamine, recueilli dans un cuveau et additionné de présure. On ne chauffe jamais le lait avant d'effectuer cette addition, le combustible faisant défaut dans la plupart des montagnes de la région.

Quand, au bout d'une heure environ, le caillé a pris une consistance convenable, on procède à son *rompage* à l'aide d'instruments qui varient suivant les localités. Les plus anciennement employés sont : 1° une espèce de sabre de bois, nommé *mésadou*, avec lequel on commence la division; 2° une planchette ronde percée de trous, emmanchée au bout d'un bâton (*menole*), et qui sert à brasser ce caillé.

D'après M. Duffourc [1], qui a publié un très-bon

---

[1] *Journal d'agriculture pratique*, 1859, t. II.

article sur la fabrication de ce fromage, le rompage du caillé ne se fait pas de la même façon à Salers et aux environs d'Aurillac ; dans la première région, le vacher agit avec force et détermine la séparation instantanée du petit-lait ; dans la seconde, l'ouvrier agit avec beaucoup plus de lenteur, laisse le caillé se séparer presque de lui-même, et obtient de cette façon au moins *un tiers* du produit en sus.

Une fois le caillé parfaitement déposé, on enlève le petit-lait avec précaution à l'aide d'un seau en bois muni au centre d'un long manche, et qui remplace ici la sébile employée dans la fabrication du fromage de Hollande.

Pétrissage et fermentation. — On retire ensuite le caillé et on le met dans un vase plat en bois (*faisselle*) percé d'un ou plusieurs trous à la partie inférieure, et on le comprime fortement avec les mains, afin d'en exprimer le petit-lait. Après ce pétrissage, on met le bloc de caillé dans un autre baquet en bois (*baste*) garni de paille, et incliné de façon que le liquide qui sort puisse s'écouler au dehors.

On traite ainsi le lait fourni par différentes gerles, et à mesure que l'on obtient des gâteaux de caillé bien égouttés, on les place dans la *baste* sous les anciens, on les couvre d'une planche sur laquelle on pose une pierre, et on les abandonne ainsi pendant quarante-huit à soixante-douze heures, en approchant la baste du feu si la température extérieure est trop basse.

Cette masse de caillé, ou la *tome*, entre alors en

fermentation, augmente de volume, et il s'y produit, comme dans la levée d'une pâte de farine de blé, une infinité de cavités; on dit alors que la tome est *poussée* ou *soufflée*, elle est propre alors à faire le fromage.

Moulage de la tome (fig. 169). — Dans le Cantal,

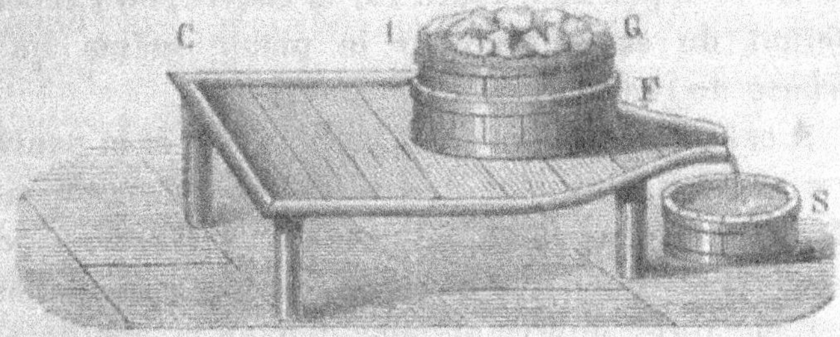

Fig. 169.

ce moulage se fait sur une sorte de table à trois pieds nommée *chèvre* C, qui porte à son pourtour une rigole aboutissant au seau S, destiné à recevoir le liquide qui pourra s'écouler. D'un côté du banc se trouve la *baste* avec la tome poussée, et sur le banc même le récipient qui doit servir de moule au fromage.

Ce moule se compose : 1° De la *faisselle* F, vase plat en bois dont nous avons déjà parlé;

2° De la *feuille* F (fig. 170), lame de bois de hêtre, de 20 à 22 centimètres de hauteur, et à laquelle on peut donner facilement la forme cylindrique en rapprochant les deux extrémités;

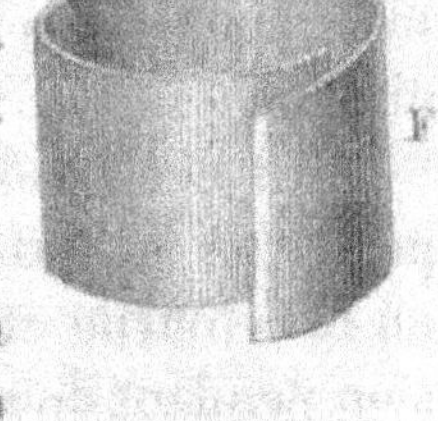

Fig. 170.

3° De la *guirlande* G, cercle de 7 à 8 centimètres de hauteur qui sert à envelopper le moule. La faisselle devient le fond du moule, on y engage le bord inférieur de la feuille et on la maintient par le haut à l'aide d'une ou deux guirlandes.

L'ouvrier prend alors un morceau de tome, le divise et le pétrit, d'abord sur la chèvre, en y incorporant du sel, puis dans le moule même qu'il achève de remplir ainsi.

A cet effet, le fromager, les bras nus et le pantalon retroussé jusqu'au-dessus du genou, monte sur la table et comprime la tome avec ses bras et ses jambes, et cela parce qu'il est admis que la chaleur des membres intervient pour donner la qualité au fromage.

Mise en presse. — Le moule une fois rempli de tome salée et parfaitement pétrie, on couvre le tout d'une grosse toile et on met en presse.

Les presses employées dans beaucoup de burons sont très-primitives, c'est ordinairement une planche fixée par un bout contre un montant en bois au moyen de charnières en fer; on place le moule dessous, on abat la planche et on la charge de grosses pierres.

Dans ces conditions, le fromage s'affaisse peu à peu dans la faisselle; au bout de vingt-quatre heures on le retourne et on le soumet à une nouvelle pression pendant douze heures, quelquefois pendant plus longtemps, mais en ayant soin de le retourner plusieurs fois.

Le fromage est alors retiré du moule et porté à la

cave, où, jusqu'à l'époque de la livraison, il doit être l'objet de beaucoup de soins. Pendant tout l'été, surtout pendant les grandes chaleurs, on le frotte avec un linge blanc trempé dans de l'eau fraîche.

Ordinairement, ce fromage forme une croûte qu'on enlève au bout de six semaines ou deux mois, en la raclant avec un couteau; trois mois après, quand, aux premières moisissures qu'on racle également, succède une mousse à teinte orangée, signe d'une bonne confection, le fromage est en état d'être vendu.

On partage les fromages de *fourme* en fromages gras et en fromages mûrs; les premiers sont ceux faits au printemps, jusqu'à l'époque où les vaches partent pour la montagne; les seconds sont fabriqués pendant la saison du pâturage, de mai à octobre.

Les fromages gras, appelés par les marchands *fromages de foin,* sont livrés deux mois au plus après leur fabrication; leur prix est très-variable. Les fromages mûrs ou de *l'Estivale* sont livrés aux marchands vers la Toussaint; leur poids varie avec le nombre de vaches entretenues dans les vacheries; il est en moyenne de 30 à 60 kilogr., et leur prix de 82 fr. les 100 kilogr.

Les fromages d'Auvergne se consomment presque tous dans le pays où on les fabrique, et leur durée varie de six mois à un an au plus. Leur peu de garde tient surtout à la fermentation que l'on excite dans la tome, et qui, se continuant d'une façon lente, mais constante, même après que le fromage est achevé, le fait vieillir vite.

Un autre ennemi de ce produit, dit M. Boussingault, réside dans les mites qui éclosent dans sa croûte à l'infini, la perforent, donnent accès à l'air et favorisent le développement des moisissures.

Dans les caves entièrement sous terre et dont la seule ouverture, la porte, est tournée au nord, les fromages sont bien moins exposés à ce genre de destruction.

La fabrication de ce fromage, qui en réalité rend de véritables services à la classe pauvre, serait susceptible de notables améliorations; il conviendrait de le fabriquer sous un moindre volume, de le soumettre à une pression plus complète qui le rendrait moins gras, d'abréger la durée de sa fermentation, de le saler d'une manière plus uniforme, à la manière du fromage de Hollande, par exemple; enfin, il ne serait pas superflu d'apporter plus de propreté dans toutes les opérations de sa fabrication.

Salaison des fromages. — La quantité de sel employé varie avec la saison et les exigences des consommateurs, les uns les préférant doux, les autres très-salés. M. Duffourc indique 1 kilogr. pour une pièce de 35 kilogr. de fromage doux, et 2 kilogr. pour les fromages très-salés du même poids.

Le rendement le plus habituel des vaches d'Auvergne en fromage est pour l'année de 150 kilogr. Un rendement de 200 kilogr. peut être considéré comme excellent, et celui de 250 kilogr. comme exceptionnel.

150 kilogr. de fromage correspondent à 1,550 li-

tres de lait en moyenne, ce qui fait un peu plus de 10 litres de lait par kilogr.

En admettant 10 litres par kilog. et le prix de 90 fr. pour les 100 kilogr. de la première qualité, la fabrication de ce fromage ne payerait le litre de lait que 9 centimes; mais il ne faut pas oublier, comme nous l'avons dit au début, que cette industrie, combinée avec l'élevage, constitue le meilleur moyen d'utiliser les pâturages naturels qui recouvrent ces régions montagneuses.

Emploi du petit-lait. — D'après M. Duffourc, la crème que contient encore le petit-lait est recueillie tous les quinze jours ou même tous les mois, et sert à faire un beurre d'assez mauvaise qualité, connu sous le nom de *beurre de montagne*, et qui n'est employé que dans les ménages pauvres. Le liquide qui reste après le barattage est généralement donné aux porcs; cependant, en les mettant sur le feu, on peut encore en tirer un fromage maigre que les pauvres montagnards consomment avec plaisir.

MM. Baduel d'Oustrac et Laurent Collet ont importé dans l'Aveyron la fabrication du fromage d'Auvergne, le premier à Laguiole, le second à Sainte-Geneviève, et leurs produits, mieux soignés qu'ils ne le sont généralement dans les burons du Cantal, ont obtenu des prix aux expositions de 1870 et 1874, à Paris. Les fromages de M. Juéry de Saint-Urcize (Cantal) ont également été primés dans ces mêmes concours.

IMPORTANCE DE L'INDUSTRIE FROMAGÈRE DANS LE CANTAL EN 1873.

ARRONDISSEMENTS.	VALEUR.
Aurillac.	1,013,950 fr.
Mauriac.	1,021,200
Murat.	2,100,000
Saint-Flour.	656,900
Total.	4,792,050

Cette valeur correspond à une production d'environ 4,363,200 kil.

PUY-DE-DÔME. — *Production des fromages dits fourmes
et gros cantals.*

COMMUNES.	FROMAGES.	VALEUR.
Tauves.	Fourmes. . . .	34,465ᶠ
Église-Neuve-d'Entragues. . .	Gros cantals. .	52,000
Besse.	Fourmes. . . .	38,400
Total.		124,865

Correspondant à une production d'un nombre égal de kilogr.

CHAPITRE XVIII.

IIe CLASSE. FROMAGES DE CONSISTANCE SOLIDE OU A PATE FERME (Suite).

Ire CATÉGORIE. FROMAGES PRESSÉS ET SALÉS.

Fromages de Gex (Ain), de Septmoncel (Jura), du Mont-Cenis (Savoie).

FABRICATION DU FROMAGE DE GEX [1], DIT ENCORE PERSILLÉ OU BLEU.

On fabrique dans le département de l'Ain un fromage sec et *persillé*, dont la pâte a une certaine analogie avec celle du roquefort, bien que généralement les marbrures bleues soient plus prononcées sur le premier.

Nous allons décrire avec quelques détails les diverses opérations que comporte la fabrication de ce fromage, grâce aux renseignements très-précis qui nous ont été communiqués, il y a quelques années, par M. Carrot, un de nos anciens élèves de l'École d'agriculture de la Saulsaie (Ain).

Filtration du lait. — Dès que le lait arrive à la laiterie, il est filtré à travers un tamis *t* (fig. 171), dans lequel on introduit un petit paquet de racines de chiendent, destinées à remplacer la toile dont on se sert habituellement.

---

[1] *Gex*, chef-lieu d'arrondissement du département de l'Ain, au pied du mont Jura et à 667 mètres d'altitude.

Le support *A* du tamis repose sur une chaise, dont le siége ou plate-forme peut basculer par l'intermédiaire de deux cordes qui s'enroulent sur l'arbre *O*, quand on fait tourner la manivelle *M*.

Une petite roue dentée, fixée sur l'arbre *O*, et un rochet permettent de maintenir la plate-forme et le récipient *A*, sous une inclinaison déterminée, quand on veut faire écouler le petit-lait.

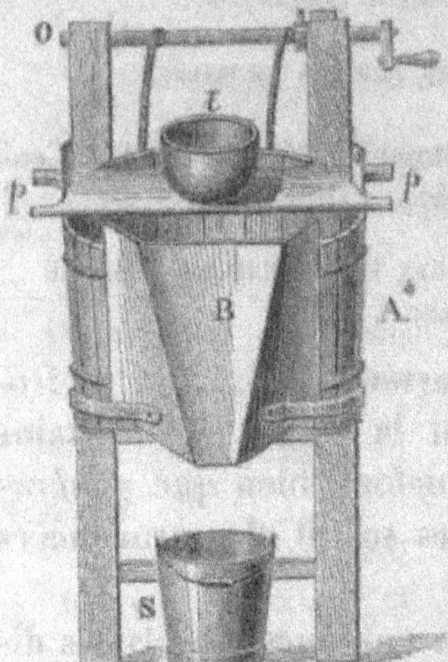

Fig. 171.

A la même plate-forme se trouve également fixée une sorte de trémie *B* en bois, au bas de laquelle est pratiqué un trou servant à l'écoulement du petit-lait; quand on tourne la manivelle, cette trémie s'incline en même temps que la plate-forme; elle reçoit le petit-lait qui s'écoule du récipient *A*, et le déverse dans le vase *S*.

Mise en présure. — Après sa filtration, le lait est mis en présure à raison de quatre cuillerées par 50 litres environ; on brasse bien le liquide, et après une heure ou deux, suivant la température, la coagulation est complète. La mise en présure ne doit avoir lieu que lorsque le lait est complétement refroidi; aussi, pendant les grandes chaleurs de l'été, est-il nécessaire de hâter ce refroidissement en plaçant dans le récipient *A*, au moment de la filtration du lait, un vase en fer-blanc de même hauteur que ce récipient et rempli d'eau froide. A mesure que le lait s'écoule de la passoire, il se trouve en contact, extérieurement, avec les parois froides de ce vase, et sa température s'abaisse rapidement.

Une fois le lait coagulé, on enlève avec une cuiller en bois la couche légère de crème qui s'est formée à la surface du liquide pendant le repos, et quand on en a recueilli une quantité suffisante, on en fait du beurre. On compte que 100 litres de lait fournissent, en moyenne, 600 grammes de beurre.

Séparation du petit-lait. — Après ce léger écrémage, on met le caséum en suspension en l'agitant dans tous les sens avec la cuiller en bois, on écrase tous les grumeaux qui ont pu se former, et quand la masse est devenue semi-liquide, on laisse reposer de nouveau jusqu'à ce que le caillé se soit rassemblé à la partie inférieure du récipient, ce qui nécessite un quart d'heure environ; on procède alors à la séparation du petit-lait.

A cet effet, on tourne la manivelle, la plate-forme et le récipient *A* sont soulevés, la trémie *B* s'incline et reçoit le petit-lait qui s'écoule, comme nous l'avons dit plus haut, dans le vase *S*.

Mise en moules ou faisselles. Égouttoirs. — Le caillé, convenablement égoutté, est coupé en morceaux avec la même cuiller et introduit dans les moules ou *faisselles*.

Ces moules se composent d'un récipient cylindrique en bois *F* (fig. 172), de 35 centimètres de diamètre sur 14 centimètres de hauteur, et à fond un peu concave.

Ces faisselles sont percées de neuf trous de 3 millimètres de diamètre, dont 5 au fond et 4 sur les parois, et à une petite distance du fond.

L'*égouttoir E* est une espèce de bassin circulaire d'un diamètre un peu plus grand que celui de la faisselle, 44 centimètres environ sur 7 cent. 5 de hauteur, à rebord peu saillant et à fond également concave. Au centre de l'égouttoir s'élève une petite plate-forme circulaire de 15 centimètres de diamètre, et dont la surface supérieure ne dépasse pas les bords du bassin.

Fig. 172.

On place les moules pleins de caillé sur cette plate-forme, et le petit-lait qui s'en échappe tombe dans l'égouttoir que l'on vide quand il est plein.

Au moment où le caillé est introduit dans la faisselle, on lui fait subir un pétrissage en le malaxant fortement avec les mains, et on tasse dans la forme la masse rendue bien homogène. On recouvre ensuite le caillé avec un disque circulaire en bois, qui s'emboîte exactement dans la faisselle, et on met dessus un poids *P* de 4 à 5 kilogr., dont la pression facilite la sortie du petit-lait.

Observation. — Quand le lait fourni par une seule traite est insuffisant pour faire un fromage, on réunit le caillé de deux traites successives, en opérant comme il suit :

Le caillé de la première traite ayant été mis en moule, et celui de la seconde étant prêt à l'être, on commence par émietter à la main la surface supérieure du premier caillé, afin qu'il n'y ait pas de solution de continuité entre les surfaces des deux caillés. Certains auteurs attribuent à ce mélange de deux caillés différents la couleur bleue qui veine ce fromage (et ceux analogues), et lui donne une saveur toute spéciale. En outre, comme dans le cas qui nous occupe les formes employées ne sont pas assez hautes pour contenir la quantité de caillé fournie par les deux traites, on ajoute à la faisselle une hausse H, cercle en fer-blanc ou en bois que l'on introduit entre le moule et le fromage déjà pressé. On ajoute ensuite le caillé de la seconde traite, en le malaxant et le tassant comme le premier, puis on recouvre le tout du disque chargé d'un poids convenable.

Le fromage reste en presse un jour, pendant lequel on le retourne une seule fois; on procède ensuite à la salaison.

SALAISON DES FROMAGES.

Le *saloir* est un vase circulaire en bois de 36 centimètres de diamètre sur 20 centimètres de hauteur, et dans lequel on introduit le fromage à sa sortie du moule.

On saupoudre ensuite la surface supérieure, d'une

manière uniforme, avec 100 grammes de sel, et on abandonne le fromage à lui-même pendant vingt-quatre heures. Le lendemain, on fait sortir le fromage en renversant le saloir, qu'on lave avec de l'eau fraîche; on y replace le fromage en ayant soin de mettre au fond la surface salée la veille, et on saupoudre de 100 grammes de sel l'autre surface. On répète cette opération tous les jours, mais en diminuant tous les deux jours la quantité de sel jusqu'à ce que le fromage soit bon à être sorti du saloir.

La durée de la salaison dépend de la grosseur du fromage; on compte pour un fromage de 5^k500 à 6 kilogr. huit jours de salaison, pendant lesquels celui-ci reçoit quatre fois du sel; pour un fromage de 7 kilogr., il faut dix à douze jours.

On reconnaît qu'un fromage est assez salé, lorsque la croûte est bien formée et assez consistante. Avant de sortir définitivement le fromage du moule, on examine avec soin si la surface ne présente pas de parties molles, en exerçant avec les doigts une légère pression sur tous les points; et si l'on rencontre des régions un peu moins fermes que les autres, on y met encore une petite quantité de sel. On ne peut donc pas fixer d'une manière absolue la durée de la salaison, la pratique seule sert de guide dans cette opération.

Affinage des fromages. — Les fromages suffisamment salés sont transportés dans le local où ils doivent subir l'*affinage* et prendre le *bleu*.

Ce local doit être chaud en hiver et frais en été;

un peu d'humidité convient très-bien. On doit, autant que possible, choisir une pièce regardant le nord et sans ouverture au sud ni à l'ouest; en été, les caves souterraines sont très-favorables. Les fromages sont placés sur des étagères composées de deux montants verticaux fixés supérieurement au plafond et enfoncés inférieurement dans le sol; sur ces montants sont cloués des liteaux ajustés en forme de potences et sur lesquels reposent les rayons. Ceux-ci se composent de deux planches étroites réunies par deux traverses, de telle sorte que l'air circule plus librement entre les fromages que si les rayons étaient formés d'une planche entière.

Les fromages sont placés sur ces rayons par rang d'âge, retournés chaque jour et visités soigneusement. Au bout d'un certain temps, les fromages deviennent intérieurement le siège d'une fermentation spéciale; la pâte *se persille*, c'est-à-dire se marbre de veines bleuâtres constituées par des champignons microscopiques que les botanistes désignent sous le nom de *penecillum glaucum*. Les fromages faits en été peuvent être livrés à la consommation au bout de trois ou quatre mois; les fromages trop salés bleuissent très-difficilement; quelques-uns, après huit mois de fabrication, sont à peine bleus et ne deviennent jamais bons.

Quand on veut faire prendre plus vite le *bleu* au fromage, surtout à ceux fabriqués en hiver, voici comment on opère :

Après un séjour de trois mois sur les rayons, on stratifie les fromages dans une caisse avec de la paille, et on les visite au moins deux fois par semaine. A chaque visite, on sort tous les fromages de la caisse, on les frotte avec un bouchon de paille imbibé d'eau salée, puis on les remet en place, en ayant soin d'humecter également la paille avec de l'eau salée. On ne doit employer, dans cette opération, que la paille d'avoine, les autres pailles desséchant les fromages. Pour reconnaître si les fromages sont *faits*, on enfonce dans leur intérieur une petite sonde en acier, à l'aide de laquelle on retire un petit cylindre de matière que l'on remet en place après l'avoir examiné.

On compte qu'il faut en moyenne 12 litres de lait pour faire 1 kilogr. de fromage. Les pains de fromages, de 30 centimètres de diamètre sur 10 centimètres de hauteur, pèsent de 6 à 7 kilogrammes.

Dans le pays de Gex, les marchands en gros de Lyon payent les fromages fabriqués dans les *fruitières*, 1 franc 60 centimes à 1 franc 80 centimes le kilogramme. Au détail, à Paris, ce même fromage se vend 3 francs 60 le kilogr.

<h3 style="text-align:center">UTILISATION DU PETIT-LAIT, BEURRE, BRUCHONS, SÉRAI.</h3>

On peut extraire du petit-lait séparé du caillé, soit du *beurre*, soit des *bruchons* et du *sérai*.

Extraction du beurre. — On laisse le petit-lait en repos pendant deux jours; on enlève ensuite la crème qui s'est rassemblée à la surface et on la soumet au barattage. On compte que la quantité de lait employée à la fabrication d'un fromage moyen peut fournir 500 grammes de beurre par le petit-lait, sans compter la crème recueillie après la mise en présure et avant la mise en forme.

Bruchon et sérai. — On introduit le petit-lait non écrémé dans une chaudière en cuivre; on le chauffe jusqu'à la température voisine de l'ébullition, et l'on voit bientôt apparaître à la surface du liquide une matière blanche, très-grasse, qu'on se hâte d'enlever avec une écumoire. Ce sont ces écumes qui constituent ce qu'on appelle les *bruchons*.

Ils peuvent servir à faire du beurre; quelquefois on les mélange à la crème enlevée après la mise en présure, et on bat le tout ensemble; mais en général ce résidu est donné à la cuisine de l'exploitation. Après l'enlèvement des bruchons, on porte le liquide qui reste à l'ébullition, on y ajoute du petit-lait aigri qui précipite la caséum restant. Ce caillé, qui constitue le *sérai*, est mis dans une faisselle en bois semblable à celle qui sert à faire le fromage, mais beaucoup plus petite; on laisse écouler le petit-lait pendant vingt-quatre heures, et on peut ensuite manger le fromage ou le laisser sécher. Le petit-lait provenant d'un fromage moyen peut fournir environ *deux sérais;* on peut aussi mélanger les bruchons au sérai, ce qui rend ce dernier un peu meilleur.

PRODUCTION DU FROMAGE BLEU OU PERSILLÉ DANS LE DÉPARTEMENT
DE L'AIN [1] (1873).

ARRONDISSEMENTS.	PERSILLÉ BLEU.	VALEUR.
Belley	48,904ᵏ	73,356ᶠ
Gex	152,324	228,486
Nantua	401,306	601,959
Total	602,534	903,801

JURA. — *Fromage de Septmoncel.*

Septmoncel est un village du Jura, à 12 kilomètres de Saint-Claude, qui a donné son nom à un fromage très-persillé dont la pâte a beaucoup d'analogie avec celle du gex, du sassenage et du roquefort.

L'arrondissement de Saint-Claude est le véritable centre de production du fromage *bleu* dit de Septmoncel, fabriqué dans le Jura. En 1871, le produit dans ce seul arrondissement a été de près de 356,000 kilogrammes, représentant une valeur de 542,500 francs.

22 communes sur 82 se livrent à la fabrication de ce fromage, et celles dont la production atteint le chiffre le plus élevé, sont les suivantes :

COMMUNES	PRODUCTION ANNUELLE.
Les Bouchoux	60,000ᵏⁱ
Les Molunes	69,000
Haute-Molune	37,500
Bellecombe	35,000
Lajoux	30,000
Septmoncel	25,540
Les Moussières	23,850

[1] Voir *Industrie laitière dans dix départements.*

100 litres de lait convertis en fromages *gras* de Septmoncel donnent, en moyenne :

    Fromage bleu. . . . . . . 7^{k}100
    Beurre. . . . . 0^{k}800 à 1 kil.

Mais, dans beaucoup de fromageries, on écrème bien davantage.

La fabrication du fromage de Septmoncel ne diffère pas de celle des fromages de Gex et de Sassenage.

Lors de la rédaction de la première édition de cet ouvrage, on nous avait affirmé que, dans l'arrondissement de Saint-Claude, on incorporait à la pâte du fromage un peu d'*alun de glace*, dans le but de favoriser le développement de la moisissure bleue. Or, il résulte des renseignements que nous avons fait recueillir dans les communes citées plus haut, que l'emploi de l'alun y est inconnu et que le développement du champignon (*penicillum glaucum*), qui constitue les marbrures, est la conséquence de l'ensemencement naturel qui se fait dans le caillé pendant la fabrication. On comprend, en effet, que les locaux consacrés à la production de cette espèce de fromage doivent être imprégnés des germes de ce parasite et que, pendant le pétrissage du caillé dans les faisselles, l'atmosphère de la fromagerie sert de véhicule aux spores qui engendreront plus tard, dans les fromages mis à la cave, la moisissure bleue caractéristique.

Il n'est pas douteux que, si l'on introduisait dans la fabrication des fromages *bleus*, de Septmoncel, de Gex, etc., la pratique suivie à Roquefort et qui consiste à ensemencer directement la pâte avec de la poudre de pain moisi ayant subi une préparation spéciale, les fromages prendraient le bleu beaucoup plus vite. La fabrication deviendrait alors plus régulière et les produits pourraient être livrés plus tôt à la consommation, ce qui serait très-avantageux pour les producteurs.

Les marchands en gros distinguent les fromages de Septmoncel, fabriqués exclusivement avec du lait de vache, d'avec ceux dans lesquels il entre du lait de chèvre, de la manière suivante :

Le beurre de lait de chèvre étant toujours plus blanc que celui de vache et se fonçant très-peu à l'air, lorsque l'on coupe les fromages fabriqués au lait de vache, ceux-ci présentent entre les marbrures bleuâtres des veines plus ou moins jaunes que l'on ne retrouve pas dans les autres.

Les détaillants préfèrent les fromages au lait de vache, parce que si le lait de chèvre présente l'avantage de communiquer aux fromages frais dans lesquels il entre un goût spécial très-apprécié des consommateurs, il a aussi l'inconvénient de donner à ces produits, à mesure qu'ils vieillissent, un goût de suif que les fromages au lait de vache ne contractent pas.

Depuis longtemps, à Paris, le septmoncel se vend indifféremment pour du Gex et même du Sassenage; mais le grand débouché de ce fromage est Lyon pour ceux de premier choix, Saint-Étienne et Roanne pour ceux de second choix, ces derniers étant surtout consommés par les ouvriers des fabriques.

A Paris, il y a quinze ans, la consommation du septmoncel était encore assez considérable, mais depuis sept ou huit ans elle va toujours en baissant; ce qui tient à ce que, pendant cette période, la qualité du produit a toujours été en diminuant par suite de l'écrémage préalable du lait.

Les fromages de Septmoncel, premier choix, se vendent au détail, dans les premières maisons de Paris, de 3 fr. 40 à 3 fr. 70 le kilogr.

SAVOIE. — *Fromage du Mont-Cenis.*

D'après Bonafous, la fabrication de ce fromage s'étend le long du plateau du mont Cenis, à une altitude d'environ 1,950 mètres, jusqu'aux communes de Bessans et de Bonneval, situées sur le versant septentrional de cette montagne, dans une vallée qui se termine au pied du mont Iseran. Cette industrie s'est introduite également en Maurienne et principalement dans les environs de Valloires.

Dans beaucoup de fermes, ce fromage se fabrique avec un mélange de laits de vaches, de brebis et de chèvres; mais en Maurienne, on préfère employer exclusivement le lait de vache, les deux autres laits rendant le fromage sec et moins savoureux.

Nous allons indiquer ici la fabrication du fromage du Mont-Cenis, d'après les renseignements que M. P. Tochon a bien voulu nous fournir.

La traite du soir, préalablement écrémée, est

réunie, dans une chaudière, à la traite du matin, et le mélange porté à la température que possède le lait à la sortie de la mamelle; on ajoute alors la crème prélevée sur la traite du soir et on met en présure.

Le caillé est coupé, égoutté dans une toile, puis transvasé dans un seau en bois où il séjourne vingt-quatre heures. Le lendemain, on fait subir la même préparation à une nouvelle quantité de lait, et on mélange *un tiers* de ce dernier fromage encore chaud à deux tiers de celui de la veille, en y ajoutant une quantité de sel proportionnée à la grosseur du fromage.

Le mélange est pétri jusqu'à ce qu'il ne reste aucune partie dure, et quand il est bien émietté, on l'introduit dans une forme cylindrique garnie d'une toile et qui ne doit contenir que les deux tiers du fromage; l'autre tiers est retenu par un cercle en bois ou en fer-blanc (hausse), fixé à la partie supérieure du moule, et qui a ordinairement un décimètre de hauteur.

Le fromage ainsi mis en forme et enveloppé de sa toile, est recouvert d'une planche que l'on charge d'une pierre; on l'abandonne à lui-même pendant vingt-quatre heures, puis on le retourne avec précaution pour ne pas le casser, et on le replace dans une forme semblable à la première où il est soumis à une pression progressive.

On répète cette même opération tous les matins, pendant trois à six jours, suivant la température, et lorsque le fromage a acquis une consistance suffisanté, on le porte à la cave où on le sale comme les autres fromages, tous les trois ou quatre jours, pendant environ deux mois, et en ayant soin de le retourner et de frotter la surface avec un linge pour que la croûte reste propre et unie. La dose moyenne de sel est d'environ 0 kilogr. 500 pour 12 à 14 kilogr. de fromage.

Maintenu en cave à une température modérée, le fromage du Mont-Cenis se fait en trois ou quatre mois, et c'est pendant qu'il mûrit que la pâte devient le siége de cette fermentation particulière qui favorise le développement des moisissures bleuâtres ou du *persillé*. (Voir page 395.)

Les fromages du Mont-Cenis sont des pains cylindriques d'environ 33 centimètres de diamètre sur 14 à 20 centimètres de hauteur; ils pèsent, quand ils sont *mûrs*, de 10 à 12 kilogr., et leur prix sur place est actuellement de 160 à 200 francs les 100 kilogr., suivant la qualité. On calcule que 100 litres de lait donnent 9 kilogr. de fromage.

Placés dans une cave fraîche et sèche tout à la fois, à l'abri de la lumière, des variations atmosphériques, etc., les fromages du Mont-Cenis, bien fabriqués, peuvent se conserver d'une année à l'autre.

CHAPITRE XIX.

IIe CLASSE. FROMAGES DE CONSISTANCE SOLIDE OU A PATE FERME (Fin).

1re CATÉGORIE. FROMAGES PRESSÉS ET SALÉS.

Aveyron. — *Fromages de Roquefort et de façon Roquefort.*

FABRICATION DU FROMAGE DE ROQUEFORT.

Le fromage de Roquefort, dont la fabrication paraît remonter à la plus haute antiquité, s'obtient dans l'Aveyron avec du *lait de brebis*.

Autrefois, on ajoutait à ce lait une certaine quantité de lait de chèvre, mais aujourd'hui, dans la région qui produit ce fromage, tout dans la ferme convergeant vers ce but, les fermiers ont renoncé à tenir des chèvres, afin de se débarrasser autant que possible des complications qu'entraîne dans le service la tenue de plusieurs sortes d'animaux.

Cet abandon du lait de chèvre peut aussi être attribué à ce que, comme nous l'avons dit, page 400, les fromages dans lesquels entre ce lait prennent un goût de suif en vieillissant.

Cette industrie a été l'objet d'études assez nombreuses. Le premier travail important sur ce sujet est dû à Marcorelles (1785); le second, à l'illustre Chaptal (1787); plus tard, MM. Girou de Buzareingues, Limousin Lamothe, Lubin Roche, Jules Bouhomme, et enfin, en 1867, lors de l'Exposition universelle à Paris, la Société des Caves réunies de Roquefort ont publié diverses notices auxquelles nous emprunterons les éléments de l'étude qui va suivre.

MONTAGNE DE CAMBALOU, SON ÉBOULEMENT. ORIGINE DU VILLAGE DE ROQUEFORT.

Sur le revers septentrional du plateau de Larzac, entre Saint-Affrique et Saint-Rome-de-Cernon, s'avance de l'est à l'ouest une sorte de contre-fort dont le sommet est borné du côté du nord par un escarpement abrupt, hérissé de rochers coupés à pic et d'une hauteur de plus de 100 mètres : c'est la montagne de Cambalou.

A une époque dont on ne peut fixer la date précise, une partie de ce rocher, la moitié peut-être, se détacha en suivant le mouvement de glissement des assises argileuses sur lesquelles elle reposait, et les strates brisées, renversées les unes sur les autres en immenses blocs, formèrent un nouveau sol irrégulier sur lequel fut bâti plus tard le village de *Roquefort*, centre de production du fromage qui nous occupe.

DES BREBIS ENTRETENUES SUR LE LARZAC ET AUX ENVIRONS.

Le Larzac est un immense plateau calcaire (terrain jurassique) de 32 à 40 kilomètres de diamètre, dont l'altitude s'élève jusqu'à 900 mètres, et dont le sol, au sommet, est aride et presque dénudé. Sur les coteaux et dans les vallons, on rencontre de vastes étendues de pâturages dont l'herbe est peu abondante, mais salubre; dans les plis de terrain, au milieu de ces pâturages, on trouve des champs cultivés.

Dans l'origine, les brebis étaient nourries sur ces pâturages naturels; mais les demandes toujours croissantes de fromages de Roquefort excitèrent les cultivateurs à en augmenter la production, et de la l'extension que, depuis le commencement du siècle, ont prise dans la contrée les prairies artificielles de trèfle, sainfoin, luzerne, ainsi que la *fenasse*, mélange de graminées qui sert souvent de pâturage artificiel pour les troupeaux.

Dès lors, la brebis de Larzac, mieux nourrie, donna plus de lait, et les fermiers s'appliquèrent en même temps à conserver pour la reproduction les agneaux nés des meilleures brebis.

Du temps de Marcorelles, le nombre des bêtes à laine entretenues sur le Larzac et les vallons environnants était de 150,000, dont 50,000 brebis laitières; aujourd'hui on en compte 650,000 environ, comme nous le verrons plus loin.

Autrefois, la tenue de la race du Larzac et la fabrication étaient bornées au plateau de Larzac et aux environs de Roquefort; aujourd'hui elles s'étendent dans tout l'arrondissement de Saint-Affrique, dans une grande partie de celui de Milhau, dans une partie de celui de Lodève (Hérault), dans le canton de la Canourgue (Lozère), dans celui de Trèves

(Gard), dans quelques cantons du département du Tarn, et son expansion n'est pas près de s'arrêter.

Traite des brebis. — Les brebis sont traites soir et matin ; tout le personnel de la ferme s'y emploie, et l'on compte qu'il faut sept personnes pour deux cents têtes ; l'opération se fait comme il suit : les valets sont assis sur des sellettes très-basses, et devant eux sont posés, à terre, des bassins en tôle étamée, appelés *seilles*, où ils reçoivent le lait ; les brebis sont placées successivement entre les jambes de la personne chargée de traire, et pour activer la mulsion, celle-ci frappe deux ou trois fois le pis, avec force, du revers de la main. Cette pratique, par laquelle on imite l'agneau qui frappe avec la tête le pis de la mère quand le lait cesse d'être abondant, s'appelle *soubattre ;* elle ne nuit en rien à l'animal, qui la subit patiemment. Dans les fermes qui disposent d'un personnel suffisant, la brebis passe successivement entre les mains de deux personnes : la première commence la traite, la seconde *soubat* et la termine.

Filtration. — La traite du soir finie, le lait est porté à la ferme et écumé, afin d'enlever les impuretés qui peuvent surnager ; on l'abandonne ensuite au repos pendant trois quarts d'heure, puis on le coule à travers un linge ou un tamis, et on le recueille dans un chaudron en cuivre étamé.

Cette traite, suivant la nature plus ou moins

aqueuse des aliments et l'humidité du temps, est portée à une température plus ou moins élevée, mais qui ne doit jamais dépasser le point d'ébullition. Du reste, l'expérience seule peut servir de guide dans ce chauffage, et sa juste appréciation joue un grand rôle dans la qualité du fromage.

On répartit ensuite le lait chauffé dans des vases en terre cuite vernissée, très-évasés à la partie supérieure, afin de faciliter l'ascension de la crème, dont on enlève une partie pour faire du beurre.

Cet écrémage a pour but de conserver à la pâte sa blancheur et son moelleux; mais il faut bien se garder de le pousser trop loin, car dans ce second cas on n'obtiendrait qu'une pâte sèche, friable et sans saveur.

Mise en présure. — La traite du matin, non écrémée, est versée dans le chaudron; on y ajoute la traite du soir écrémée, on chauffe légèrement le mélange pour ramener sa température à celle du lait de la dernière traite, on remue pendant quelques instants, on met en présure et on laisse reposer.

La dose de présure [1] est d'environ une cuillerée pour 50 kilogr. de lait, un peu plus ou un peu moins, selon les localités. La coagulation effectuée, on procède à la division du caillé en promenant en tous sens, dans sa masse, une écumoire ou une spa-

[1] On prépare cette présure en mettant infuser pendant quatre ou cinq jours, dans un litre d'eau ou de petit-lait, une caillette entière de chevreau ou d'agneau, que les bouchers préparent en introduisant dans l'intérieur une pincée de sel et en la faisant sécher.

tule en bois, et à mesure que le petit-lait se sépare
on l'enlève à l'aide d'une bassine.

On presse ensuite avec lenteur le caillé, soit avec
un moule à fromage percé de trous, soit avec une
passoire profonde, et on continue à enlever le petit-
lait jusqu'à ce que la pression n'en fasse plus sortir;
le caillé est alors pétri, brisé avec les mains, puis
introduit dans les moules.

Mise en moules. — Les moules, en terre cuite
émaillée, sont des cylindres à fond plat, percés de
trous de 5 à 6 millimètres de diamètre; les plus
communs ont 21 centimètres de diamètre sur 9 de
profondeur, de manière à rendre un fromage pesant
3 kilogr. à la sortie de chez le fermier, et 2 kilogr.
à 2ᵏ500 à la sortie des caves.

Pour remplir ces moules, on met d'abord au fond
une couche de caillé ayant à peu près le tiers de
l'épaisseur du fromage; on la saupoudre légèrement
avec du *pain moisi;* on pose une seconde couche
qu'on saupoudre comme la première, et enfin une
troisième dont la surface bombée dépasse les bords
du moule de 7 à 8 centimètres. On a soin de bien
lier ces couches entre elles en pressant chacune successivement avec les doigts, ce qui détermine en
même temps l'incorporation plus parfaite du pain
moisi dans la pâte.

Un second moule étant rempli de même, on le
place sur la surface bombée du premier; on le recouvre lui-même d'un moule vide ou d'une assiette
en plomb, et c'est grâce à cette pression que la pâte

achève de s'égoutter, se tasse et remplit exactement la capacité de chaque moule.

Mise au Trennel (égouttoir). — Les moules ainsi remplis et disposés sont déposés dans une sorte de huche appelée *trennel*, au fond de laquelle sont pratiquées des rigoles destinées à recevoir et à faire écouler le petit-lait à mesure qu'il sort des moules.

On conserve les fromages dans le trennel jusqu'à ce que la pâte ne rende plus de petit-lait, et pendant ce séjour on retourne les fromages dans leurs moules deux fois par jour.

Pendant les deux ou trois jours que les fromages passent dans le trennel, on maintient la température de ce grand coffre, douce et humide, au moyen de vases remplis d'eau chaude qu'on renouvelle plusieurs fois dans la journée. Du trennel, les fromages retirés des moules sont transportés au séchoir.

Mise au séchoir. — On choisit pour séchoir un local exposé au nord, et dans lequel on puisse faire circuler à volonté de l'air sec et frais. Des toiles métalliques ou des canevas cloués sur les ouvertures s'opposent à l'entrée des mouches, et les murs sont garnis de tablettes couvertes de linges propres sur lesquels on dépose les fromages à mesure qu'ils sortent du trennel.

Soir et matin les fromages sont retournés, et au bout de deux ou trois jours ils sont ordinairement prêts à être mis en cave. D'après une expérience faite par la Société des Caves, au mois de mars 1867, 100 kilogrammes de lait ont donné 18 kilogrammes de fromage prêt à être mis au sel; soit, 18 p. 100.

Dans certaines fermes, le caillé, fortement tassé dans la forme, est couvert d'une planche sur laquelle on place successivement des pierres jusqu'à atteindre un poids de 15 à 20 kilogrammes.

On facilite la sortie du petit-lait en retournant de temps à autre la masse comprimée, et au bout de dix à douze heures environ, quand tout suintement a cessé, on transporte au *séchoir* les fromages enveloppés d'un linge sec, sans les faire passer par le *trennel*. Afin d'éviter qu'une dessiccation trop rapide ne fasse gercer les fromages, on commence par les serrer fortement dans une ceinture de grosse toile ; dix à douze jours après, on retire la toile et on active la dessiccation en rendant la ventilation plus énergique.

PRÉPARATION DU PAIN MOISI.

Les fabricants qui achèvent la préparation dans les caves attachent beaucoup d'importance à sa qualité ; aussi le distribuent-ils eux-mêmes aux fermiers après l'avoir préparé comme il suit :

Ils commencent par faire une pâte composée par égales parties de farine de froment, d'orge d'hiver et d'orge de mars ; ils ajoutent au mélange un hectolitre d'un très-fort levain pour 23 parties de pâte, et ensuite un litre de vinaigre. Cette masse est pétrie longtemps et fortement, de manière à fournir une pâte que l'on met au four et dont on pousse la cuisson assez loin. A sa sortie du four, le pain est placé dans un lieu légèrement chaud, et quand la moisissure (*penecillum glaucum*) s'est répandue dans toute la masse, on enlève la croûte, on réduit la mie en poudre dans un moulin et on la tamise ensuite. L'incorporation de cette poudre de pain moisi dans le caillé constitue une véritable semaille de *sporules* destinées à produire dans les fromages cette végétation à teinte bleuâtre qu'on apprécie comme l'indice d'un produit d'excellente qualité.

Transport des fromages aux caves. — Lorsque les fromages ont atteint le degré de fermeté voulu, et qu'une ferme en a une quantité suffisante pour faire l'objet d'un chargement, on les dirige sur les caves. A cet effet, les fromages dont la croûte est encore tendre sont emballés avec beaucoup de soin dans les caissons de carrioles suspendues et transportés ordinairement la nuit, afin d'éviter les chaleurs du jour; ils arrivent aux caves de grand matin.

DES CAVES DE ROQUEFORT.

A l'époque où le gigantesque rocher glissa sur la couche argileuse détrempée par les eaux, pour se briser ensuite en énormes blocs qui s'amoncelèrent les uns sur les autres, il en résulta un nouveau sol constitué par de profondes déchirures, de vastes anfractuosités et de nombreuses fissures. Bientôt les eaux pluviales s'infiltrèrent à travers ces débris, et l'air, en pénétrant de tous côtés, y forma des courants qui, en rendant permanente et très-active l'évaporation des eaux, déterminèrent dans ce milieu une température comprise entre 4 et 8° et une humidité moyenne de 60°; ce sont ces soupiraux naturels et l'air froid et humide qui en sort qui ont été utilisés pour la fabrication des fromages. Dans l'origine, les caves n'étaient autre chose que des grottes naturelles, c'est-à-dire des couloirs assez étroits, mais plus tard on construisit à l'entrée de chacun de ces couloirs des locaux plus vastes qui constituent les caves actuelles.

La température et le degré hygrométrique des courants d'air qui pénètrent dans les caves sont les plus favorables aux résultats que l'on se propose d'obtenir; avec une température plus basse ou plus élevée, la fermentation serait trop lente ou trop rapide, un air plus sec dessécherait trop les fromages et ôterait à la pâte son moelleux, un air plus humide les rendrait mous et d'une conservation plus difficile.

On voit donc qu'il existe dans les caves de Roquefort des ensembles de circonstances qui leur donnent des qualités spéciales et bien difficiles à retrouver identiques dans d'autres lieux.

A Roquefort, le mot de *cave* désigne un local pratiqué, comme nous l'avons déjà dit, au milieu même des anfractuosités de la montagne, et qui comprend trois pièces nécessaires à l'achèvement des fromages; ce sont :

1° La *cave* proprement dite, lieu où débouchent les soupiraux et où les fromages sont soumis à l'action de l'air vif et humide qu'ils amènent; le pourtour des caves et leur milieu sont garnis d'étagères destinées à supporter les fromages ;

Fig. 173 — Raclage des fromages de Roquefort.

2° Le *poids*, entrepôt où les fromages sont reçus lorsqu'ils arrivent à l'établissement;

3° Le *saloir*, dont le nom indique l'usage; ces deux dernières pièces sont situées au-dessus de la cave.

RÉCEPTION DES FROMAGES DANS LES CAVES. SALAISON.

A leur arrivée aux caves, les fromages sont reçus dans *le poids*; on les examine et on met de côté ceux qui sont défectueux; les autres sont pesés, puis placés sur le sol qui est recouvert de paille, et sur lequel ils restent péndant douze heures.

On remet au fermier une feuille constatant le poids de la marchandise reçue, et qui lui sert de titre lors du règlement définitif.

Les fromages arrivés le matin sont portés le soir au *saloir*, et traités comme il suit : On prend un fromage, on étend sur une de ses faces une poignée de sel fin, puis on le dépose sur le sol; un second fromage salé de la même manière est placé sur le premier, et ainsi d'un troisième qu'on place sur le second. Vingt-quatre heures après, on les retourne, on sale l'autre surface et on les remet les uns sur les autres. Quarante-huit heures après, on les frotte vivement avec une toile forte sur les deux faces et le pourtour, de façon à faire pénétrer le sel dans la pâte. On les replace encore en piles de trois; on les laisse ainsi deux jours, puis on les transporte de nouveau dans *le poids*, où ils sont soumis à deux nouvelles opérations qui constituent *le raclage*.

Raclage des fromages (fig. 173). *Pégot et rebarbe blanche*. — La première opération consiste à enlever à la surface des fromages, avec la lame d'un couteau, une couche de matière gluante nommée *pégot*, qui s'est formée pendant la salaison, et soulevée par la sécheresse; l'épaisseur de cette couche varie avec la saison.

La seconde opération, qui suit immédiatement la première, a pour but d'enlever une seconde couche désignée sous le nom de *rebarbe blanche*. Cette matière est vendue 40 à 50 centimes le kilogramme; tonique et stimulante pour l'estomac, elle est recherchée comme aliment par la classe ouvrière.

Le raclage terminé, on peut juger de ce que seront les fromages et procéder à leur classement en trois catégories : le premier choix ou surchoix, la première et la deuxième qualité, auxquelles correspond, à la vente, une différence de 20 francs par 100 kilogrammes.

Mise en plies (fig. 174). *Revirage*. — Après ce triage, les fromages sont redescendus à la cave, où ils restent pendant huit jours en piles de trois; les plus fermes sur le sol recouvert de paille, les autres sur les étagères dont nous avons parlé précédemment. On procède ensuite à la *mise en plies*, opération qui consiste à mettre les fromages de champ, en ayant soin de les écarter les uns des autres, afin d'éviter entre eux tout point de contact.

Pendant leur séjour à la cave, les fromages prennent une teinte *jaune* ou *rougeâtre*, suivant les caves.

Quelquefois aussi il se développe à leur surface

Fig. 774. Mise en plies des fromages de Roquefort.

une moisissure blanche, serrée, de 5 à 6 centimètres de longueur, dont l'enlèvement nécessite un second raclage. On appelle cette opération *revirer*, et le produit *reverum;* il sert de nourriture aux porcs et se vend 5 centimes le kilogramme.

Le *revirage* se renouvelle tous les huit ou quinze jours, selon la qualité des fromages et la rapidité avec laquelle ils mûrissent dans les caves. Les fromages à pâte grasse et fine arrivent plus vite à maturité que ceux de qualité inférieure. Après un séjour de trente à quarante jours dans les caves, les fromages fabriqués pendant les premiers mois de la campagne sont prêts pour la vente. Peu susceptibles de conservation, on les expédie au fur et à mesure des demandes, mais en ayant soin de toujours choisir ceux qui approchent le plus de la maturité.

Les fromages de l'arrière-saison sont les plus estimés; ceux entrés en cave en mai et juin, et livrés à la consommation de septembre à décembre, sont fermes, moelleux et d'un goût exquis; avec des soins convenables, on peut les conserver pendant plusieurs mois.

Les fromages de la seconde période de fabrication restent plus longtemps en cave et sont raclés plusieurs fois; quand ils ont atteint leur maturité complète, et que le *reverum* a été enlevé une dernière fois, on procède à une seconde et dernière raclure qui fournit ce qu'on appelle la *rebarbe rouge;* elle sert d'aliment comme la blanche.

Le travail des caves fait subir aux fromages de Roquefort un déchet de 23 à 25 pour 100[1].

Les fromages sont expédiés, emballés dans des paniers cylindriques en osier, des cages en bois dites *gagets*, et dans des caisses; on les sépare ordinairement entre eux à l'aide de cercles en bois mince, et les plus fins sont enveloppés de feuilles d'étain. Les fromages *nouveaux*, que nous avons mesurés chez M. Moreau, avaient 18 centimètres de diamètre sur 8 de hauteur; ils pesaient 2 kilogrammes 150 grammes, en moyenne; les fromages *vieux* mesuraient 17 sur 7 et demi et pesaient, en moyenne, 2 kilogrammes.

IMPORTANCE DE L'INDUSTRIE DE ROQUEFORT.

Depuis le commencement du siècle, la production des fromages de Roquefort a suivi la progression suivante :

En 1800, 250,000 kilogr.; en 1850, 1,400,000 kilogr.

En 1867, 3,500,000 kilogr.

En outre, nous devons à l'obligeance de M. Coupiac, directeur de la Société des Caves réunies, les renseignements suivants sur l'état actuel de cette importante industrie :

En 1867, le nombre de bêtes ovines élevées en vue de la production du fromage de Roquefort était de 500,000, en 1873, il a atteint 650,000, dont

---

[1] Ce travail est fait par des femmes nommées *cabanières* du mot *cabane*, ancienne désignation des caves.

400,000 brebis laitières ayant fourni les produits suivants :

4,100,000 kilogr. de fromages frais, achetés aux producteurs au prix moyen de 140 francs les 100 kilos. . .	5,740,000ᶠ
250,000 agneaux vendus à la boucherie à raison de 5 francs l'un.	1,250,000
200,000 vieilles brebis ou moutons livrés à la boucherie au prix moyen de 24 l'un.	4,800,000
Laine de 650,000 bêtes ovines à 4 fr. 50 c. par tête.	2,925,000
Total.	14,715,000

M. Coupiac ajoute :

Ces résultats considérables, comparés à ceux de 1867, démontrent la prospérité croissante de l'industrie de Roquefort. Depuis quelque temps, la Société des Caves réunies emploie de nouveaux procédés d'affinage qui, tout en améliorant la quantité du produit, diminuent le déchet dans les caves et le réduisent actuellement à 19 au lieu de 23 p. 100. Ces avantages ont permis de favoriser l'agriculture en portant les prix d'achat des fromages blancs à 140 francs les 100 kilos, au lieu de 118 francs comme en 1867. Cette augmentation a stimulé les cultivateurs à produire davantage, et le cercle de production s'est en même temps considérablement agrandi.

M. Coupiac fait construire en ce moment des machines destinées à remplacer, pendant l'affinage, le travail manuel des cabanières dans les caves et espère, s'il réussit, transformer d'un seul coup cette importante industrie.

Des chiffres de production indiqués ci-dessus, il résulte encore que les 4,100,000 kilogr. de fromage reçus dans les caves et fournis, en 1874, par 400,000 brebis laitières, corespondent à une production par tête de 55 litres de lait et de 10 kilogr. de fromage, une expérience directe faite en 1867 par la Société ayant établi que 100 kilogr. de lait de brebis fournissaient 18 kilogr. de fromage prêt à être mis au sel.

Roquefort exporte aujourd'hui ses produits dans toute l'Europe, en Amérique, dans les colonies et même en Chine.

La plus grande part de ce mouvement d'affaires revient à la Société des Caves réunies fondée en 1851, et ensuite à MM. Tessier-Solier, G. Sambucy, etc.

PRIX EN GROS ET AU DÉTAIL.

Les fromages *nouveaux* qui, à leur entrée dans les caves, sont vendus actuellement aux exploitants 140 francs les 100 kilos, valent à leur sortie, ceux fabriqués dans les premiers mois de la campagne, 170 à 180 francs ; ceux de l'arrière-saison, entièrement *faits* et de premier choix, 280 à 300 francs.

Au détail, ce fromage se vend : le *nouveau*, 4 francs le kilogr. ; le *vieux*, 4 fr. 40 à 4 fr. 80.

FROMAGES FAÇON ROQUEFORT.

Les résultats obtenus dans les caves de Roquefort ont donné à quelques propriétaires de l'Aveyron, de l'Hérault, l'idée d'utiliser certaines excavations naturelles pour y préparer avec du lait de brebis, et en imitant les procédés de Roquefort, des fromages désignés dans le commerce sous le nom de fromages *façon Roquefort*. Ces produits, grâce aux soins apportés à leur fabrication, sont excellents, mais ne peuvent cependant être confondus avec ceux qui sortent des caves de Roquefort même.

Ailleurs, comme dans le Puy-de-Dôme, l'Ariége, ces fromages *façon Roquefort* sont fabriqués avec du lait de vache.

L'importance de cette industrie dans le Puy-de-Dôme se traduisait, en 1874, par les chiffres suivants :

COMMUNES.	FROMAGES.	VALEUR.
Rochefort.	Façon Roquefort.	50,000ᶠ
Laqueuille.	dᵒ dits *blancs* du pays.	30,187
	dᵒ dits *bleus*.	130,988
Pontgibaud.	Façon Roquefort.	50,000
	Total.	261,175

A Pontgibaud, l'exploitant de cette industrie fait venir du Cantal du caillé frais (de la tome) qui est repétri et mis dans des moules spéciaux. Les fromages sont ensuite transportés dans des caves dites *glacées*, qui sont des tunnels creusés sous la montagne basaltique et dans lequel règne un courant d'air violent et très-froid.

M. Lafont-Sentenac, de l'Ariége, a obtenu de nombreuses récompenses pour ses fromages similaires de Roquefort et dits *persillé de Caplong-Estaniels;* M. Rousseau, à Laqueuille (Puy-de-

Dôme), a également été primé au concours général de 1870, à Paris.

ISÈRE. — *Fromage de Sassenage.*

Ce fromage est en pâte ferme et persillée comme le Gex ; nous en avons déjà parlé page 351.

CHAPITRE XX.

IIe CLASSE. FROMAGES DE CONSISTANCE SOLIDE OU A PATE FERME.

IIe CATÉGORIE. FROMAGES CUITS, PRESSÉS ET SALÉS, OU FROMAGES DE CHAUDIÈRE.

Fromages de Gruyère et de Parmesan.

FROMAGE DE GRUYÈRE.

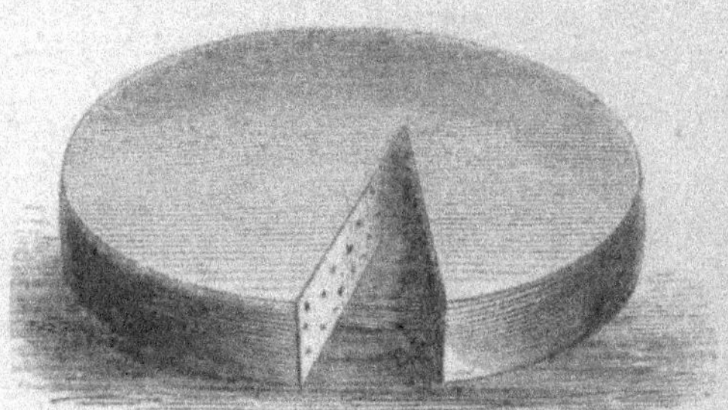

Fig. 175.

Le fromage de Gruyère peut être pris comme type des fromages dits de *chaudière*, c'est-à-dire de ceux dont le caillé subit, avant d'être mis en forme, un degré de cuisson qui lui communique une consistance et des qualités spéciales.

La fabrication de ce fromage a pris naissance en Suisse, et pendant longtemps la petite ville de Gruyères (en allemand, *Griers* ou Greiers), située à 25 kilomètres de Fribourg, a été le seul dépôt des fromages de toute la contrée environnante ; de là le nom de *Gruyère* donné à ce produit.

À cette époque, la ville de *Griers* marquait les produits de son blason d'une *grue*, et percevait en échange un droit de balance.

Plus tard, l'expérience ayant appris que si la nature du sol et des pâturages influe sur la qualité des fromages, il est possible néanmoins, avec de bons pâturages et en suivant les mêmes procédés, de fabriquer ailleurs des fromages difficiles à distinguer de ceux du canton de Fribourg, cette fabrication ne tarda pas à s'étendre d'abord sur le plateau des Hautes-Alpes, entre Fribourg et Vevey, puis dans toute la Suisse, ainsi que dans les vallées du Jura, du Doubs, de l'Ain, de la Savoie, etc. Enfin, on retrouve aujourd'hui cette fabrication dans un très-grand nombre d'autres départements français, tels que la Haute-Marne, la Haute-Saône, la Meuse, l'Yonne, les Pyrénées, etc., et beaucoup de nos produits indigènes confondus sur les marchés étrangers avec les fromages suisses font à ces derniers une sérieuse concurrence.

En Suisse comme en France, le fromage de Gruyère se fabrique :

1° Dans les granges ou chalets ;

2° Dans les fruitières.

Les *chalets* sont des bâtiments rustiques appartenant à des propriétaires ou des fermiers, et que l'on rencontre principalement dans les hautes montagnes de la Suisse, du Jura, de la Savoie, etc.

Les *fruitières* consistent en une association établie

entre un certain nombres d'habitants, ordinairement de la plaine, qui ne pourraient isolément recueillir la quantité de lait nécessaire pour faire un fromage de 30 à 35 kilos en une seule cuite; nous aurons occasion de reparler par la suite de ces utiles associations.

FABRICATION DU FROMAGE DE GRUYÈRE DANS LES CHALETS SUISSES OU FRANÇAIS. LOCAUX ET USTENSILES.

Les chalets dans lesquels on fabrique le gruyère renferment deux pièces principales :

1° L'*atelier* de fabrication proprement dite (fig. 176).

2° Le *grenier*, local où l'on procède à la salaison et au raclage des fromages (fig. 179).

L'atelier de fabrications renferme :

1° Un *foyer* (fig. 176), placé à l'un des angles de la pièce; il est le plus souvent sans cheminée, creusé à peu de profondeur dans le sol, entouré de pierres rangées circulairement, et qui ne laissent en avant que l'intervalle nécessaire pour introduire le combustible.

Derrière ces assises, s'élève une potence mobile à laquelle on suspend une chaudière, et près du foyer se trouve un baril où l'on conserve du petit-lait aigre (l'*aisy*), et qui sert à la préparation du *sérai*.

2° Divers *baquets*, les uns plus larges que profonds, les autres plus profonds que larges; quelques-uns sont munis de douves qui excèdent et qui sont

Fig. 176.   Atelier de fabrication du fromage de Gruyère.

percées d'un trou ; ils servent au transport de l'eau et du petit-lait.

3° *Des passoires* ou *couloirs* avec leurs supports ; ce sont des cônes en sapin, dont l'ouverture inférieure est garnie de feuilles de sapin ou d'un tampon de l'écorce intérieure du tilleul, ou bien encore de la plante appelée *jalousie ;* ils servent à la filtration du lait.

4° *Des moules* ou *formes* (fig. 177). — Les moules sont des cercles *M* de sapin ou de hêtre de

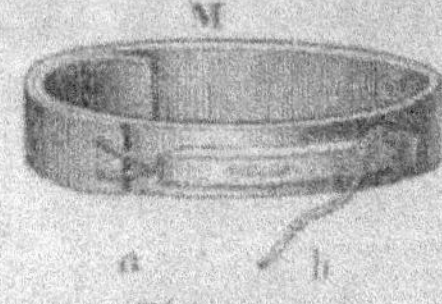
Fig. 177.

11 millimètres d'épaisseur, 13 à 15 centimètres de hauteur, 1 mètre 65 de longueur, et dont une extrémité rentre sous l'autre d'environ un sixième de toute la circonférence.

A la surface extérieure de cette partie du cercle qui glisse sous l'autre, on a fixé par le milieu un morceau de bois qu'une rainure ou gouttière traverse sur les deux tiers de sa longueur, à l'aide d'une corde fixée en *a*, que l'on fait glisser dans la gouttière, et que l'on attache à l'aide d'un simple nœud en *b* : on agrandit ou on rétrécit à volonté le diamètre du moule.

5° *Des écuelles* en bois ; les unes plates, les autres plus creuses.

6° *Des brassoirs* ou *moussoirs* (fig. 178) pour diviser le caillé ; ce sont, suivant les localités :

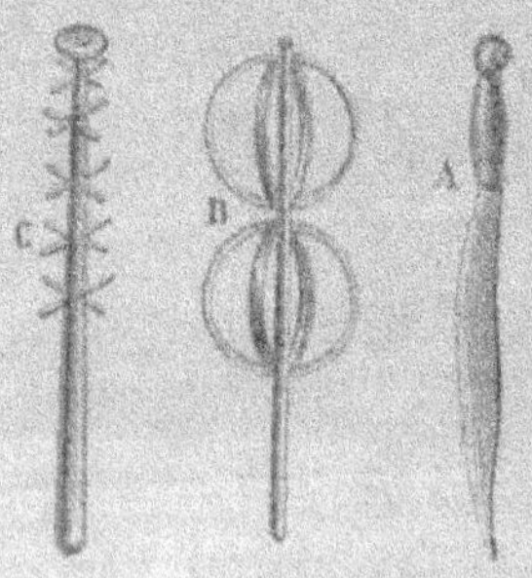
Fig. 178.

Fig. 179.   Grenier pour la salaison et le raclage des fromages.

A, une sorte d'épée de bois ;

B, un bâton garni de deux rangs de quatre demi-cercles chacun, en bois, et disposés à angles droits ;

C, une branche de sapin, garnie sur la moitié de sa longueur de ramifications ayant 8 à 11 centimètres de longueur.

7° *Un égouttoir E* (fig. 180), sur lequel on place le fromage quand il est dans sa forme.

8° *Une presse P* (fig. 180), et des disques circu-

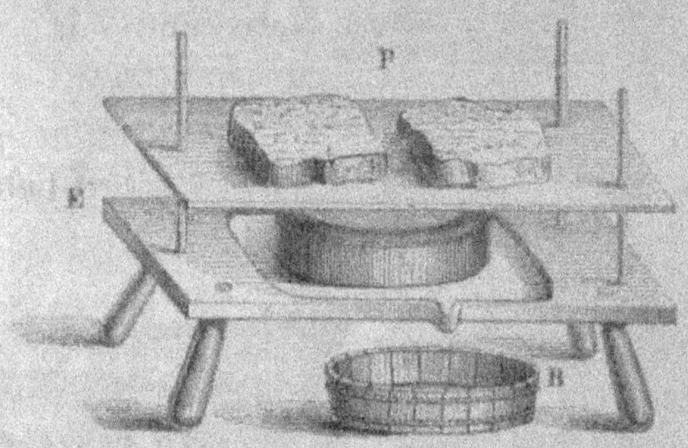

Fig. 180.

laires en bois pour poser sur les fromages lorsqu'ils sont dans les moules.

Enfin, sur tout le pourtour de l'atelier, sont disposés des rayons et des crochets destinés à recevoir les divers ustensiles employés dans la fabrication.

FABRICATION DU GRUYÈRE DANS LES FRUITIÈRES.

La fabrication du gruyère dans les fruitières ou les fromageries particulières de la plaine a été l'objet de nombreuses améliorations depuis un certain nombre d'années ; les appareils, tels que fourneaux, chaudières, presses, etc., ont été perfectionnés ; nous allons essayer, dans la description qui va suivre, d'indiquer le mode de fabrication le plus satisfaisant, en mettant à profit les nombreux renseignements que nous avons recueillis chez M. Lecomte, propriétaire d'une magnifique fromagerie, à Villeblevin (Yonne) [1].

La figure 181 donne une vue d'ensemble de l'un des ateliers de fabrication chez M. Lecomte.

[1] Voir notre publication spéciale, *De la fabrication du fromage de Gruyère dans l'Yonne.*

La science du fruitier consiste, avons-nous dit déjà, à combiner les doses de présure de manière à obtenir un résultat semblable en toute saison et dans toutes les circonstances.

A cet effet, le fruitier suisse a deux vases de la contenance d'un litre au plus, et renfermant du petit-lait provenant d'une cuite précédente ; dans l'un infuse une caillette fraîche ; dans l'autre, une caillette ancienne. La première de ces infusions est beaucoup plus forte que la seconde.

Lorsque le lait a été porté à une température convenable, le fruitier essaye la plus forte des présures en la versant en petite quantité dans une grande cuiller pleine de lait chaud. Si la coagulation est instantanée, la première présure est trop forte ; le fruitier l'affaiblit alors en la mêlant avec la seconde dans une proportion telle, qu'une partie du mélange versée dans six parties de lait chaud produise la coagulation en vingt à trente secondes. La présure, à cette force, s'emploie à la dose de 1/500, en hiver et 1/600e en été.

La quantité de présure nécessaire une fois retirée du pot, on la remplace par la même quantité de *cuite* chaude.

Une caillette fournit de la présure forte pour six fromages de 25 kilos. Après cela, elle passe au second vase et fournit la présure faible pour six autres fromages.

Fig. 181 — Atelier de fabrication à Villeblevin, chez M. Lecomte.

A gauche sont les chaudières à cuire le fromage,
à droite les presses à levier et l'égouttoir

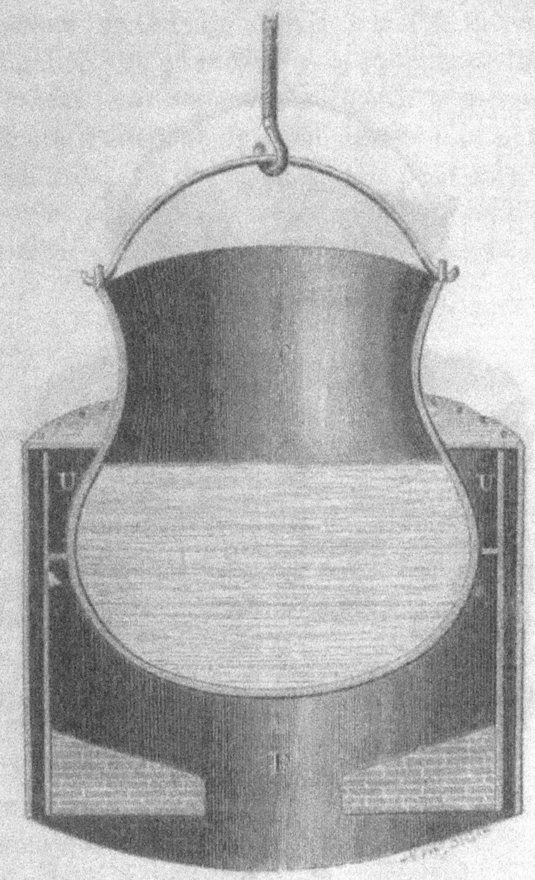

Fig. 182.

Les figures 182 et 183 représentent à une plus
grande échelle :

1° La coupe verticale de la chaudière et de son
foyer.

2° La chaudière dans son fourneau.

Fig. 183.

Depuis quelques années, on emploie en Suisse des chaudières dont le foyer mobile se compose d'un chariot rectangulaire en tôle qui peut rouler sur des

rails. Le fond du chariot est muni d'une grille sur
laquelle on place le combustible, bois ou charbon ;
au moment de la cuite on fait arriver le chariot sous
la chaudière, et quand on veut supprimer la source
de chaleur, on repousse le chariot sous une autre
chaudière contenant de l'eau destinée au nettoyage
des ustensiles. Un couvercle en tôle dont on recouvre
le chariot permet d'éteindre le feu très-rapidement ;
ce système de chauffage est très-économique.

COULAGE DU LAIT, MISE EN PRÉSURE.

Le lait, après avoir été écrémé de la moitié au
quart suivant les circonstances (voir p. 175), est
coulé sur un tamis placé sur la chaudière, et quand
le récipient en contient la quantité nécessaire à la
fabrication d'un fromage, on fait tourner la grue de
manière à amener la chaudière dans le foyer et porter le liquide à une température comprise entre 30
et 35° suivant les circonstances. On éloigne alors la
chaudière du feu, on verse
dans la poche (fig. 184)
la quantité de présure
nécessaire à la coagula-
tion du lait, et on la répartit bien uniformément
dans toute la masse avec
le même instrument.

Fig. 184.

Division et cuisson du caillé. Au bout de vingt-
cinq ou trente minutes en été, un peu plus long-

temps en hiver, le lait étant complétement caillé et
la masse ayant pris une consistance gélatineuse telle
que la poche posée à la surface y laisse son empreinte en creux, le fromager commence par découper le caillé en tranches horizontales d'une manière
très-régulière et en se servant de cette même poche
dont le bord est tranchant. Une fois le caillé découpé
jusqu'à une profondeur de 12 à 15 centimètres, et
chaque tranche retournée, l'ouvrier plonge ensuite
le bras armé de cette même poche jusqu'au fond
de la chaudière, et coupe alors le reste du caillé
dans tous les sens. Ici, la *poche* remplace *l'épée* ou
sabre de bois A (fig. 178) dont on se sert généralement en Suisse.

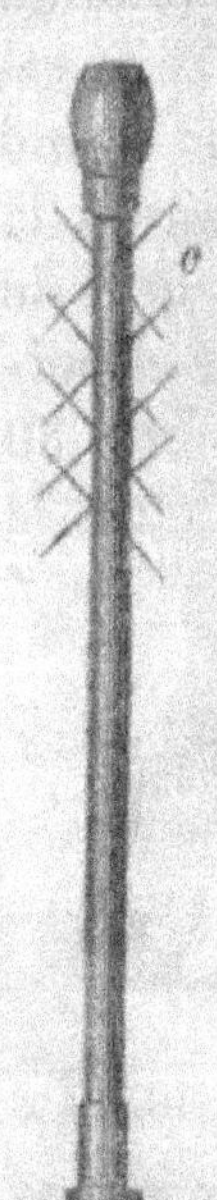

Le fromager prend ensuite son *brassoir*
ou *moussoir* C (185), branche de sapin
de 1 mètre 16 à 1 mètre 20 de longueur,
et garnie sur une longueur de 40 à 50 centimètres de ramifications entre-croisées *e*.
Le moussoir représenté par la figure 184,
est celui le plus ordinairement employé
dans le canton de Fribourg; dans le canton de Berne où l'on fabrique des fromages d'un poids beaucoup plus considérable, les moussoirs dont la forme se
rapproche de celle représentée en B
(fig. 178), ont jusqu'à 1 mètre 35 de
longueur, et les plus grands cercles mesurent 35 centimètres de diamétre; ils
servent à mouver la pâte de fromages dont
le poids atteint fréquemment 100 kilogr.

Fig. 185.

Le fromage, armé de son brassoir, plonge dans la chaudière l'extrémité garnie de ramifications et commence à *mouver* ou à *débattre*, en dehors du foyer, le caillé préalablement divisé avec la poche. A cet effet, il appuie l'extrémité supérieure du moussoir sur le bord de la chaudière et imprime à ce bâton un mouvement de va-et-vient, à droite et à gauche, en haut et en bas, et cela pendant environ un quart d'heure, en ayant soin de puiser de temps en temps avec la main du caillé dans la chaudière, afin de juger de son état de division.

Après cinq minutes de repos, la chaudière est ramenée dans le foyer où la combustion d'un fagot donne un feu vif et clair, destiné à la cuisson de la pâte plus intimement divisée. A partir du moment où la chaudière est ramenée sur le feu, le fromager ne cesse de *mouver* la masse avec son moussoir et de suivre la marche du thermomètre qu'il plonge de temps en temps dans le liquide.

Pour que la cuisson du caillé s'effectue dans de bonnes conditions, il faut que la température atteigne environ 50°, ce qui exige de quarante à soixante minutes.

A ce moment, l'ouvrier retire la chaudière du feu, mais sans cesser de mouver, et il continue à manœuvrer son moussoir jusqu'à ce que le *grain* du fromage lui paraisse convenable. Pendant cette dernière opération, on dit que l'ouvrier fait le grain de son fromage. C'est en puisant du caillé avec la main, et à diverses reprises, dans la chaudière retirée du feu, que le fromager juge de la qualité du grain.

Celui-ci est à point quand les grumeaux qui nagent dans le liquide sont d'un blanc jaunâtre, qu'ils se séparent d'eux-mêmes quand on ouvre la main après les avoir serrés, et qu'ils forment une pâte élastique criant sous la dent quand on les mâche.

La cuisson de la pâte est une des opérations les plus importantes dans la fabrication du fromage de Gruyère. Si, au commencement de la cuisson, on chauffe trop rapidement, les grumeaux de caillé se durcissent immédiatement à la surface en emprisonnant dans leur intérieur du petit-lait qu'une pression subséquente est impuissante à expulser. Une fois à la cave, la pâte, sous l'influence de cet excès d'humidité, fermente énergiquement, et il se développe dans la masse une multitude de petits trous qui font désigner ce fromage sous le nom de *mille trous;* il est à peu près sans valeur dans le commerce.

La cuisson a-t-elle lieu à une température trop basse, on obtient un fromage plus lourd, parce que le grain retient alors plus de petit-lait, mais ce produit est toujours de qualité inférieure et s'altère rapidement.

« En général, dit M. Schatzmann [1], plus la cuisson s'effectue à une température élevée et convenablement progressive, plus le fromage qui en résulte est ferme et de conserve, mais aussi plus il lui faut de temps pour mûrir, le contraire a lieu pour les produits provenant de cuissons à températures trop basses. »

[1] *Manuel des fromageries*, par Schatzmann, directeur de la station laitière de Thoune.

Une fois le grain du fromage obtenu dans les conditions satisfaisantes, le fromager cesse de *debattre*, et il imprime alors à toute la masse, avec son moussoir, un mouvement *giratoire* destiné à permettre à tous les grains de caillé en suspension dans le liquide, de se réunir au centre et au fond de la chaudière. Cette réunion obtenue, on procède à la mise en moules.

Mise en moules. Pendant que les grains de caillé se rassemblent, le fromager prépare le moule destiné à recevoir le fromage. A cet effet, il dispose sur

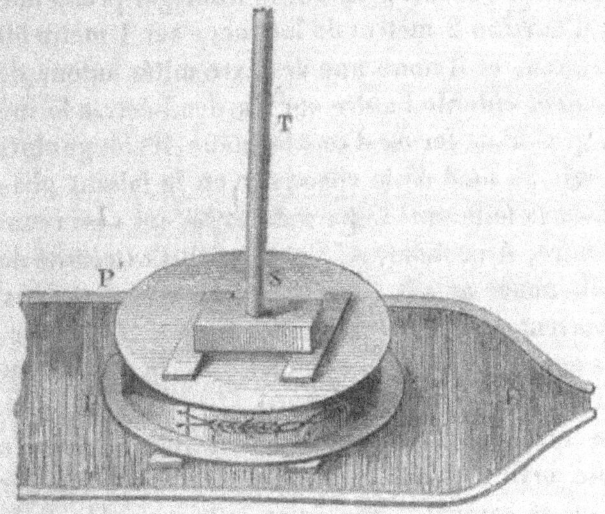

Fig. 186.

l'égouttoir E (fig. 186) un premier plateau en bois P et dessus le moule.

Ce moule se compose d'un cercle de noyer, de sapin ou de hêtre de 11 millimètres d'épaisseur, 13 à

15 centimètres de hauteur, 1 mètre 65 de longueur, et dont une extrémité entre sous l'autre d'environ un sixième de toute la circonférence. A la surface extérieure de la partie qui glisse sous l'autre, est fixée une corde *f* nouée de distance en distance, de façon à former des anneaux qui peuvent s'accrocher à l'un des crans d'une crémaillère en bois *c* fixée également par une ficelle à la partie extérieure du cercle flexible. Cette disposition permet d'agrandir ou de rétrécir le diamètre du moule avec la plus grande facilité.

Une fois le moule préparé, le fromager prend une toile d'environ 2 mètres de longueur sur 1 mètre 50 de largeur, et il noue une des extrémités autour de son cou et enroule l'autre sur un demi-cercle formé d'un gros fil de fer ou d'une baguette. Il plonge alors le cercle au fond de la chaudière en le faisant glisser avec la toile sous le pain de caillé qui s'est réuni au centre. A ce moment, l'aide saisit l'extrémité de la toile nouée autour du cou du fromager, et à deux ils portent la masse de caillé jusqu'à l'égouttoir. Nous avons représenté cette phase de la fabrication dans la vue générale (fig. 180).

La toile et son contenu sont introduits dans le moule, mais avant de mettre en presse, le fromager va, en se servant d'une autre toile enroulée de la même manière sur le demi-cercle, chercher les portions de caillé qui ont pu lui échapper et qui constituent le *recherchon*. Il fait une pelote de ce caillé et l'introduit au centre du pain, il recouvre ensuite le tout de la toile qu'il replie convenablement sur la face supérieure du fromage, il met par-dessus le plateau P', et enfin soumet le fromage à la pression en plaçant entre ce second plateau et la caisse à poids Q (fig. 187 et 188) le bâton *t*.

Quand le fromager a bien réussi les opérations

Fig. 187.
Vue en élévation de la presse à fromages.

que nous venons de décrire, la grosseur du *recherchon* ne dépasse pas ordinairement celle du poing pour un fromage de 30 kilogr. Or, il est important que ce résultat soit atteint, parce que cette pelote de caillé introduit après coup au centre du pain et ne faisant pas corps avec le reste de la pâte, ne se comporte jamais à la cave comme celle-ci ; la fermentation en est toujours incomplète, et par suite la qualité de cette partie du fromage laisse à désirer. La toile qui

25.

sert à la fabrication est une sorte de canevas formé de fils espacés de 2 millimètres dans les deux sens.

La pressée d'un pain exige, en moyenne, quarante-huit heures, pendant lesquelles on change cinq à six fois la toile qui entoure le fromage, c'est-à-dire tant qu'elle se mouille. A mesure que l'on retire une toile

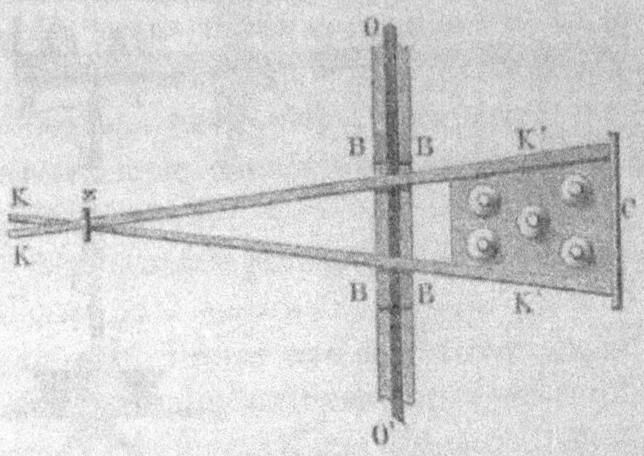

Fig. 188.
Vue en dessus de la même presse à fromages.

humide, on la lave et on la fait sécher sur une corde devant le foyer de la chaudière.

Pour effectuer le changement de toile, le fromager tire la corde *m*, dégage le bâton et enlève le plateau supérieur P', ainsi que le cercle qui entoure le pain. Il découvre celui-ci, recouvre la face du fromage mise à nu d'une toile sèche, replace le cercle, remet le plateau supérieur sur la toile sèche, passe la main gauche sous la toile humide et retourne le tout, de façon que le plateau supérieur serve alors de base au pain. La toile humide se trouve alors en dessus, et n'étant plus retenue par le cercle, le fromager l'enlève sans difficulté. Après chaque changement de toile, on rétrécit le moule, si cela est nécessaire.

Au bout de quarante-huit heures de pression, on sort les fromages de leurs moules, on les marque et on les descend à la cave, après avoir inscrit sur un registre spécial la date de leur fabrication ainsi que la quantité de lait employée.

Considérations générales sur les presses. Pour que la fermentation s'effectue dans de bonnes conditions, il faut qu'au sortir de la presse le fromage contienne un certain degré d'humidité compris dans des limites bien déterminées. Un fromage trop humide fermente trop, il se boursoufle, les yeux deviennent énormes, se rejoignent, se déchirent et souvent aussi la pâte prend le goût de suif.

Au contraire, un fromage trop sec fermente peu ou point, il reste *mort,* il est dit : *fromage sans trous.*

Il est donc nécessaire de pouvoir soumettre les fromages à une pression variable et telle, que sous un poids donné ils retiennent à peu près constamment la même quantité d'humidité au sortir de la presse.

Dans les anciennes fromageries, on mettait simplement quelques pierres sur la planche qui recouvre le moule renfermant le fromage qui vint d'être cuit (fig. 179). Dans d'autres, on a adopté *la presse à levier* à poids constant, telle que nous l'avons décrite. Mais aujourd'hui, dans les fromageries tout à fait perfectionnées, on ne se sert que de *presses à poids variable,* c'est-à-dire qui permettent d'exercer une pression en rapport avec le poids du fromage que l'on se propose de fabriquer. (Voir *Manuel des fromageries* de Schatzmann.)

D'après M. Schatzmann, pour bien presser un fromage, il faut le soumettre à une pression de 18 kil. en moyenne par kilogramme de fromage que l'on veut obtenir. Cette pression est considérable ; mais il est à remarquer qu'il s'agit de fromages suisses, spécialement destinés à l'exportation, et que l'on conserve en cave pendant six, huit mois et même davantage, avant de les livrer au commerce.

Quand il s'agit, comme chez M. Lecomte, de fromages destinés à être vendus sur la place de Paris, au fur et à mesure de leur fabrication, on peut hâter leur maturité dans la cave, en les pressant un peu moins énergiquement.

Salaison et séjour des fromages dans les caves ou les greniers. Dans la plupart des chalets, les fromages sont salés dans une pièce spéciale, le grenier, où on les transporte dès qu'ils ont acquis, sous l'influence de la presse, le degré de fermeté nécessaire.

Dans beaucoup de fruitières, aujourd'hui, on porte les fromages, à la sortie de la presse, dans des caves voûtées où l'on entretient, autant que faire se peut, une température de 10 à 12° suivant la saison. Les caves, comme les greniers, sont garnies de tablettes superposées sur lesquelles on range les fromages par rang d'âge.

Pour saler les fromages, on commence, le lendemain de leur entrée à la cave, par saupoudrer leur face supérieure de sel blanc et finement pulvérisé. Le jour suivant, quand tout le sel de la veille a été absorbé, on retourne le fromage et on saupoudre l'autre face, ainsi que les contours. On continue ainsi d'abord tous les jours, puis tous les deux jours, jusqu'au moment de la vente, et la quantité totale de sel absorbé est d'environ 2 à 4 kilog. par 100 kilog. suivant les pays. Pendant cette salaison, on a soin d'étendre sur les faces du fromage, avec un torchon de laine, la multitude de petites gouttelettes de saumure qui viennent *suinter* à l'extérieur.

Quand la pâte a ainsi absorbé la dose de sel convenable, on l'humecte ensuite, deux ou trois fois par semaine, avec un morceau de drap imbibé d'eau salée.

À mesure que cette eau pénètre dans la masse, il se forme une première croûte que le sel tend à soulever, et qu'en Suisse le fromager a soin d'enlever avec un couteau ; c'est l'opération du *raclage* (fig. 179), qui ne se pratique pas en France.

De la fermentation à la cave. Pendant son séjour à la cave ou au grenier, le fromage soumis à la salaison subit une fermentation qui a pour conséquence de donner à la pâte primitivement insipide à sa sortie de la presse, une saveur et une odeur caractéristiques.

En même temps, il se développe dans la masse, des gaz qui, en s'échappant, forment des trous (les yeux) dont le nombre et le diamètre, variables avec les circonstances, ont une grande importance au point de vue commercial.

Quant au sel, il joue un rôle multiple dans la maturation du fromage. Cette substance concourt non-seulement à donner à la pâte une saveur particulière, mais elle contribue à sa conservation et elle maintient la fermentation dans des limites convenables.

Caractères d'un bon fromage. On juge de l'état ou de la qualité de la pâte d'un fromage à la cave ou au moment de l'expédition, à l'aide d'une sonde qui, introduite dans le pain, permet d'en retirer, comme échantillon, un petit cylindre de 7 à 8 centimètres de longueur.

Un bon fromage gras doit présenter une pâte unie, sans crevasses, de couleur jaune clair et dont *les yeux* clair-semés n'ont pas plus de 6 à 8 millimètres de diamètre ; à l'intérieur, ces yeux doivent être brillants, quoique légèrement humides.

La pâte doit être moelleuse, fine, s'écraser facilement entre le pouce et l'index et fondre dans la bouche après quelques instants d'échauffement, en laissant une saveur légèrement salée [1].

Utilisation du petit-lait. Le petit-lait, résidu de la fabrication du fromage de Gruyère, peut servir à faire, comme en Suisse, un beurre blanc dit de *gras-seion* (voir p. 117), mais qui est toujours de qualité très-inférieure. On peut également l'employer à la confection d'un second fromage, *le sérai*, en opérant comme il a été dit page 397. Le liquide verdâtre

---

[1] Ceux de nos lecteurs qui voudraient des renseignements plus complets sur la fabrication du fromage de Gruyère, les trouveront dans un excellent opuscule de M. le docteur Bousson et intitulé : *Les fromageries des montagnes du Jura.*

qui reste dans la chaudière après la sortie du *sérai* est *la recuite*, elle sert à préparer l'*aisy* et la *présure*.

L'*aisy* est la recuite acide que l'on conserve toujours près du foyer et que l'on ajoute, à la dose de 6 à 8 p. 100, au petit-lait dont on a séparé le fromage.

Après l'enlèvement du sérai, on remplace chaque jour, par de la cuite chaude, la quantité d'aisy tirée du tonneau, et le reste de cette cuite peut être utilisé très-avantageusement pour l'engraissement des porcs.

Chez M. Lecomte, dans l'Yonne, tout le petit-lait qui n'est pas employé à préparer de la présure sert à engraisser des gorets que l'on amène à peser 125 kilogr. à l'âge d'un an. A certaines époques de l'année on fabrique, à Villeblevin, jusqu'à dix-neuf pains de 30 kilogr. par jour (ce qui correspond au traitement de 6,800 litres de lait); aussi M. Lecomte a-t-il toujours dans sa porcherie 250 porcs dont 3 truies et 2 verrats.

DES DIVERSES SORTES DE FROMAGES DE GRUYÈRE.

On peut partager le fromage de Gruyère en trois sortes :

Les fromages *gras, demi-gras* et *maigres*, suivant la richesse plus ou moins grande en crème du lait employé à cette fabrication.

En Suisse, notamment dans les cantons de Fribourg, de Berne, d'Unterwald, etc., on fabrique beaucoup de fromages *gras*, désignés le plus ordinairement sous le nom de *fromages d'Emmenthal*, et qui sont faciles à reconnaître à la finesse, à l'onctuosité et à la forte salure de leur pâte, ainsi qu'à la rareté des yeux. Le marché principal de ces produits est à Langnare, chef-lieu du Haut-Emmenthal.

En France, on ne fabrique guère que des fromages *demi-gras*, ce sont, du reste, ces derniers que l'on trouve en plus grande abondance dans le commerce.

La fabrication du fromage demi-gras ne diffère de celle décrite précédemment que par un détail : le mélange dans la chaudière de la traite du soir plus ou moins écrémée, avec celle du matin vierge de tout écrémage.

En général, en Suisse comme en France, les fromages *gras* sont fabriqués dans les chalets situés sur les sommets des montagnes, et ceux *mi-gras*, dans les parties basses où sont établies les fruitières ; ce qui tient à ce que, dans le voisinage des villes, les producteurs ont plus d'intérêt à écrémer une partie de leur lait pour faire du beurre, dont ils trouvent un placement facile et avantageux.

Le fromage maigre est dur et compacte, il a besoin d'être gardé longtemps ; rarement demandé dans le commerce, il est ordinairement consommé par les habitants des campagnes.

Le commerce établit aussi deux catégories bien distinctes entre les fromages d'origine suisse, suivant qu'ils viennent de la montagne ou de la plaine. Les premiers sont bien plus estimés que les seconds, et

Pour combattre la « crampe du vaste interne », Violet, après Trélut, conseillait d'administrer tous les jours 100 à 200 grammes d'eau distillée de laurier-cerise diluée dans de l'eau miellée. Pour les cas rebelles, il associait les vésicants à cette médication antispasmodique.

Lorsque la pseudo-luxation rotulienne ne cède pas à ces moyens, il est indiqué de pratiquer la *section du ligament tibio-rotulien interne*, — intervention préconisée par Bassi.

Le manuel opératoire est simple. L'animal couché sur le membre malade, on découvre la face interne du grasset en portant en avant le membre postérieur opposé, comme pour la castration, ou en le fixant sur l'antérieur correspondant, au-dessus du genou ; puis la peau est rasée et aseptisée. Le ténotome droit, tenu dans une direction très oblique, est implanté à plat, en arrière du ligament tibio-rotulien interne, immédiatement au-dessus de l'extrémité supérieure du tibia. Cet instrument retiré, le ténotome courbe est introduit sous le ligament ; on en dirige le tranchant contre le ligament, et on le sectionne par un mouvement de bascule et de scie. On étanche le peu de sang qui s'écoule et l'on occlut la plaie avec du collodion. — Le coussinet adipeux situé sous les ligaments tibio-rotuliens met la synoviale à l'abri des atteintes de l'instrument ; il suffit pour cela de couper le ligament très peu au-dessus de l'extrémité supérieure du tibia, là où le tissu graisseux est abondant. — Le résultat est immédiat, et la plaie se cicatrise en quelques jours.

Cette opération a donné des succès remarquables à Bassi, Falletti, Loy, Vachetta, Guigas. Elle a réussi à ce dernier dans un cas où le mal était très ancien. — Nous l'avons pratiquée sur un jeune pur sang, « L'Orphelin », atteint depuis une année d'un accrochement rotulien irréductible. La guérison a été parfaite. Notre opéré est devenu un excellent trotteur. Un an après sa desmotomie, courant sur l'hippodrome de Vincennes, il arrivait premier, battant huit concurrents.

Vandenmaegdenberg fait placer les bovidés sur un plan incliné, de façon que le train postérieur soit surélevé de 30 à 40 centimètres. On les maintient en cette position au moyen de deux barres ; toutes les heures, on fait sur la région des ablutions d'eau froide, et, matin et soir, des frictions d'alcool camphré additionné d'ammoniaque ou d'essence de térébenthine.

L'opération de Bassi donne aussi de bons résultats chez les bêtes bovines. Savio, qui l'a faite sur quatre vaches, a eu quatre succès.

X. — Arthrites. — Hydarthrose du grasset. Vessigon rotulien.

L'articulation du grasset a trois synoviales : une supérieure et deux latérales. La première, très vaste, soutenue par la capsule fémoro-rotulienne, facilite le glissement de la rotule sur la poulie fémorale et se prolonge en cul-de-sac sous l'insertion du triceps crural. Les deux autres, chargées de lubrifier les surfaces articulaires de la jointure fémoro-tibiale, tapissent le ligament postérieur, les ligaments latéraux et les faisceaux fibreux destinés à l'attache des ménisques. L'externe revêt, en outre, le tendon du muscle poplité et fournit un cul-de-sac qui descend dans la coulisse du tibia pour envelopper le tendon commun à l'extenseur antérieur des phalanges et au fléchisseur du métatarse. Ces deux synoviales communiquent assez fréquemment, pour ne pas dire toujours, avec la synoviale fémoro-rotulienne. Toutes les trois se trouvent séparées des ligaments tibio-rotuliens par une masse de tissu adipeux. (Chauveau et Arloing.)

L'*arthrite aiguë séreuse* du grasset est le plus souvent la suite d'un effort articulaire ou d'une violente contusion de la jointure; très rarement elle est symptomatique d'une maladie infectieuse générale. Caractérisée par une forte boiterie et par une tuméfaction diffuse, très douloureuse, uniformément tendue ou fluctuante en certains points, elle peut se terminer par la guérison, entraîner l'hydarthrose ou l'arthrite déformante.

Cette affection exige avant tout le repos aussi complet que possible. Au début, les irrigations froides sont particulièrement avantageuses. Plus tard, on utilisera le massage, les vésicants ou la cautérisation.

L'*arthrite purulente* est quelquefois consécutive à la précédente ou à une inflammation phlegmoneuse des tissus périarticulaires, mais presque toujours elle relève d'un trauma pénétrant. (V. *Plaies articulaires.*)

L'*hydarthrose du grasset* — le *vessigon rotulien* — est caractérisé par une tuméfaction diffuse du grasset, plus accusée en dedans qu'en dehors. Les ligaments tibio-rotuliens sont moins distincts, noyés dans la tuméfaction. La flexion de la jointure est difficile; le membre est raide, sa projection en avant est fort diminuée.

Cette hydarthrose cède rarement aux applications vésicantes. Dandrieu dit avoir obtenu un succès rapide par la ponction au bistouri, mais la lecture de l'observation relatée par cet auteur porte à croire qu'il a eu affaire à une collection séro-graisseuse sous-cutanée. — Charlot et Valtat, ayant ouvert la synoviale avec le bistouri, virent se développer une arthrite qui entraîna la mort. — Nous traitons généralement ce vessigon par une ponction aseptique au trocart et par le feu en raies, en pointes fines ou en aiguilles. C'est l'intervention que Viseur recommandait dès 1875. L'observation I de son mémoire a trait à un vessigon rotulien qui avait résisté à divers moyens; la tumeur était volumineuse, tendue, douloureuse à la pression; pendant la marche, l'animal traînait le membre en lui faisant exécuter un mouvement de circumduction. La ponction fut faite à l'aide d'un trocart de petit calibre: sur la tumeur affaissée, on appliqua « un feu en pointes pénétrantes, à travers la peau seulement, selon le procédé de Leblanc », et l'on en compléta l'action par un vésicatoire. Au bout de quinze jours, le sujet fut promené au pas. Peu après, la boiterie disparut et l'animal put reprendre son service. — Sur un autre cheval, la même intervention amena la guérison tout aussi rapidement. On pourrait ajouter de nombreux faits à l'appui de l'efficacité de ce traitement.

L'injection iodée, employée sans succès par Rey, a donné de bons résultats à Verrier. Sur un poulain de deux ans (obs. IX du mémoire de cet auteur) atteint d'hydarthrose rotulienne volumineuse, on dut faire deux injections à quelque temps d'intervalle : il n'y eut pas de complication ; au bout de trois mois, la guérison était complète. — En cas d'insuccès de la ponction complétée par le feu, on pourrait effectuer le lavage « à la Schede » de la synoviale hydropique. Dans plusieurs cas, Mollereau a employé avantageusement une solution d'acide thymique à 2 p. 1000. — Mais la cautérisation, précédée ou non de la ponction, reste l'intervention de choix.

Chez le cheval et le chien, la jointure fémoro-tibio-rotulienne est assez souvent affectée d'arthrite déformante, accusée cliniquement par une boiterie, par de la raideur du membre, par le gonflement de la partie supérieure du tibia, facilement perçu à l'exploration de la face interne du membre, ou par des néoformations osseuses développées sur les extrémités articulaires, et d'ordinaire aussi, chez le cheval, par un certain degré d'hydarthrose. Le membre est habituellement tenu fléchi. Quand on fait tourner le cheval dans sa stalle, on note parfois des flexions brusques du grasset et du jarret, comme dans l'éparvin sec. L'examen attentif de la jointure malade permet le diagnostic. — Cette arthrite comporte un pronostic beaucoup plus grave que le simple vessigon rotulien. — On lui oppose surtout les vésicants, le feu et l'administration d'iodure de potassium. Mais souvent elle résiste à ces moyens. La plupart des chevaux qui en sont atteints ne peuvent plus être utilisés aux allures rapides. (V. *Arthrite déformante*, t. I, p. 458.)

C'est également au grasset que se localise d'ordinaire l'arthrite des vaches laitières. (V. t. I, p. 447.)

XI. — **Plaies articulaires**. — **Arthrite traumatique**.

Les *plaies articulaires* du grasset sont communes chez le cheval. Selon Rey, elles seraient, chez les solipèdes, les plus fréquentes de toutes les plaies des jointures ; elles seraient aussi les moins graves. Mais si elles ne sont pas correctement pansées, elles se compliquent souvent d'arthrite, quelquefois de pyémie ou de septicémie. — L'*arthrite purulente* peut résulter de la propagation, à la jointure, d'une inflammation phlegmoneuse développée à son voisinage, ou dans le diverticule qui facilite le glissement, dans la coulisse du tibia, du tendon commun à l'extenseur antérieur des phalanges et au fléchisseur du métatarse. — On l'a vue exceptionnellement survenir dans le cours de la gourme ou de quelque autre maladie infectieuse. — Enfin, parfois elle est la conséquence d'une faute opératoire, — de la ponction de la synoviale avec un trocart infecté ou avec des cautères à pointe trop volumineuse.

Quand on intervient de bonne heure, alors que la synovie n'est pas encore purulente ou que l'infection de la synoviale n'est ni diffuse, ni profonde, ces plaies peuvent se fermer rapidement. — On a publié des guérisons obtenues avec les moyens les plus divers. Tisserant, Delorme, Rey ont souvent employé les vésicants. Sur vingt chevaux traités par ce dernier, dix-huit ont guéri par le vésicatoire et un par le sublimé ; un seul succomba. La jument de l'observation II avait reçu, huit jours auparavant, un coup de pied à la face externe de la jointure ; une tuméfaction considérable étant survenue, on en avait fait la ponction. Quand Rey examina la blessée, l'articulation était chaude, douloureuse, l'écoulement synovial abondant ; la tuméfaction s'étendait jusqu'au jarret. On fit, à vingt-quatre heures d'intervalle, deux applications de vésicatoire : au bout de neuf jours, la bête était guérie. La jument de l'observation III était blessée depuis quinze jours ; un coup de pied avait ouvert l'articulation fémoro-rotulienne. Un vésicatoire n'ayant donné aucun résultat, on introduisit dans la fistule un trochisque de sublimé ; huit jours après, elle était oblitérée. — La cautérisation superficielle de la plaie (Dubois) et le tanin (Caussé) ont aussi donné des guérisons.

On a relaté de nombreux succès obtenus par l'irrigation continue d'eau froide. Citons particulièrement ceux de Sépulchre, de Barreau, d'Éloire. L'observation de ce dernier a trait à un cheval dont le grasset était le siège d'une plaie mettant à nu, à droite le muscle vaste interne, à gauche le tendon d'insertion du long abducteur de la jambe ; dans le fond et entre ces deux muscles, on apercevait les surfaces articulaires du condyle droit, une partie de la face antérieure du ménisque intra-articulaire et la rotule. De cette plaie s'échappaient « des flots de synovie » qui se répandait en nappe sur le membre et s'y coagulait. Soumis aux irrigations d'eau froide additionnée de sous-acétate de plomb et d'acide phénique, le blessé guérit rapidement.

Quand on entreprend la cure d'un trauma pénétrant du grasset, il faut tout d'abord le désinfecter soigneusement. Quelques points de suture et un drain sont parfois nécessaires. Le pansement ouaté étant difficilement applicable en cette région, on occlura les plaies étroites par le collodion iodoformé (Michotte), par un emplâtre de sublimé ou par une friction vésicante. Si la plaie est large, on emploiera les injections antiseptiques.

Bibliographie. — **I. Rupture de la corde du fléchisseur du métatarse.** — SOLLEYSEL, *Le parfait maréchal*, 1682. — BOULEY JEUNE, *Recueil de méd. vét.*, 1833. — RENAULT, *Ibid.*, 1833. — RISS, *Ibid.*, 1838. — LECOQ, *Mém. de la Soc. vét. du Calvados*, 1841-42. — PERCIVALL, an. in *Ibid.*, 1851. — FESTAL, *Ibid.*, 1855. — GOUBAUX, *Bullet. de la Soc. cent. de méd. vét.*, 1854. — HERTWIG, *Gürlt u. Hertwig's Magazin*, 1847. — HOLLMANN, *Ibid.*, 1857. — PRIETSCH, *Sächs. Jahresber.*, 1859-60. — VATEL, *Recueil de méd. vét.*, 1870. — CARNET, *Archives vét.*, 1879. — MAZURE, *Bulletin belge*, 1885. — PETER, *Zeitschr. für Veterinärkunde*, 1889. — FURLANETTO, *Le Progrès vét.*, 1892. — DICKSON, *Americ. veterin. Review*, 1901. BOULEY, *Dictionnaire vét.*, t. X.

II. Rupture et plaies du tendon d'Achille. — COLLIN, *Recueil de méd. vét.*, 1824. — VIGNEY, *Société vétérinaire du Calvados*, t. II. — TOMBS, *The Veterinarian*, 1839. — SCHRADER, *Gürlt u. Hertwig's Magazin*, 1848. — BARTHÉLEMY et BOULEY JEUNE, *Recueil de méd. vét.*, 1851. — SAINT-CYR, *Journal de méd. vét.*, 1851. — VATEL, *Ibid.*, 1854. — DINTER, *Sächs. Jahresber.*, 1863. — GILLET, *Recueil* de méd. vét., 1866. — WOLLERS, Preuss. Mittheil., 1878-79. — SIEDAMGROTZKY, Sächs. Jahresber., 1882. — WALLENDÆL, Bull. de l'État sanitaire du Brabant, 1883. — UHLICH, Sächs. Jahresber., 1887. — BORMANN, Berliner Archiv, 1885. — GRÜNER, Ibid., 1893. — FURLANETTO. Le Progrès vét., 1892. — RÖDER, Sächs. Jahresbericht, 1895. — BAYER, Monatshefte für Thierheilkunde, 1896. — HELL, Zeitschr. für Veterinärkunde, 1899. — DE BRUIN, Tijdschrift d'Utrecht, 1899. — BRANTE, Tidsskrift de Stockholm, 1899. — LITFAS, Berliner thierärztl. Wochenschr., 1900, an. in Revue vét., 1902. — ALMY et HUGUIER, Bull. de la Soc. cent. de méd. vét. 1902. PEUCH, Dictionn. de BOULEY et REYNAL. t. XXI.

III. Fractures du tibia. — BETTINGER. Recueil de méd. vét., 1827. — LEBLANC, Journal de méd. vét. théor. et prat., 1832. — LAVIGNE, Journal de méd. vét. prat., 1836. — DONNARIEX, Recueil de méd. vét., 1843. — PATEY, Mém. de la Soc. vét. du Calvados, 1845-46. — ROYER, Bullet. de la Soc. cent. de méd. vét., 1846. — ROSSIGNOL, Journal de méd. vét., 1846-49. — MORIN, Ibid., 1847. — STOLZ, Gürlt u. Hertwig's Magazin, 1846. — HERING, Repertor., 1847. — JOUNGHUSBAND, The Veterinarian, an. in Recueil de méd. vét., 1850. — BOULEY, Bullet. de la Soc. cent. de méd. vét., 1855. — ROSSIGNOL, Recueil de méd. vét., 1856. — POISSON, Ibid., 1860. — BLAKEWAY, The Veterinarian, 1850. — SEATSE, Ibid., 1857. — Wiener Vierteljahrschr., 1856. — RIVOLTA, Giornale di med. vet., 1852. — ALBRECHT, Magazin, 1863. — DYER, The Veterinarian, 1863. — VOIGTLÄNDER, Sächs. Jahresber., 1866. — KRETSCHMAR, Ibid. — LEISERING. Ibid., 1872. — MINETTE, Recueil de méd. vét., 1879. — TRASBOT, Bullet. de la Soc. cent. de méd. vét., 1877. — MÉNARD, Ibid., 1866. — KULL, Zeitschr. für Veterinärkunde. 1891. — FURLANETTO, Le Progrès vét., 1892. — PERRUSEL, Journ. de méd. vét., 1892. — PÖSCHL, Veterinarius, 1895. — SOOS. Ibid., 1899. — BRANDAU, Berliner thierärztl. Wochenschrift, 1896. — VOGT, Wochenschr. für Thierheilkunde, 1898. — SCHNEIDER, Ibid., 1901. — LICHMANN, Thierärztl. Centralblatt, 1899. — EHLERS, Deutsche thierärztl. Wochenschrift, 1900.

IV. Fractures du péroné. — BERG. Maanedsskrift de Copenhague, 1896.

V. Fractures de la rotule. — LAFOSSE, Dict. d'hippiatrique. — D'ARBOVAL. Dict. de méd. et de chir. vét., t. II. — LENCK, La Clinique vét., 1845. — GLOAG, The Veterinarian, 1849. — RENAULT, Bullet. de la Soc. cent. de méd. vét., 1855. — ROSSIGNOL, Ibid. — München Jahresber., 1856. — GOUBAUX. Recueil de méd. vét., 1872. — American veterinary Review, 1883. — ANDRIEU, Archives vét., 1883. — JENKINS, Annal. of vét. Surgery, vol. VIII. — STEFFEN, Stockfleth's Chirurgie. — PRÉVOST, MOREL, LEMARCE, Recueil de méd. vét., 1895. — FRÖHNER. Monatshefte für Thierheilkunde, 1898. — CORNER, The Veterinarian, 1899. — KÜHN, Zeitschr. für Veterinärkunde, 1901.

VI. Luxations fémoro-rotuliennes. — BÉNARD, Recueil de méd. vét., 1828. — PERARNAUD, Journal des vét. du Midi, 1861. — HULLOT. Bullet. de la Soc. cent. de méd. vét., 1890. — SAND, Maanedsskr. de Copenhague, 1891. — MEYNER. Berlin. thierärztl. Wochenschr., 1892. — SCHMIDT. Zeitschr. für Veterinärkunde, 1895. — CHRISTIANI, Ibid., 1899. — GUITTARD, Le Progrès vét., 1895. — NIELSEN, Maanedsskrift de Copenhague, 1897. — GRAVENHORST, Tijdschr. d'Utrecht, 1898. — ALTENA, Ibid., 1898. — ARNOULT, Bulletin de la Soc. cent. de méd. vét., 1898.

VII. Luxation péronéo-tibiale. — BEHNKE, Magazin, 1846. — MÖLLER u. FRICK, Lehrbuch der Chirurgie.

VIII. Pseudo-luxation rotulienne. — BERGER, Journal prat. de méd. vét., 1826. — BÉNARD, Recueil de méd. vét., 1828. — Mém. de la Société vét. du Calvados, t. II. — LACOSTE, Mémoires de la Société d'agriculture, 1839, et Recueil de méd. vét., 1839. — CONTE, Journal des vét. du Midi, 1839. — PASTUREAU. Ibid., 1849. — GODWIN, The Veterinarian, 1844. — GLOAG. Ibid., 1848. — STOLZE, Gürlt u. Hertwig's Magazin, 1848. — RICHTER, Ibid., 1852. — MEYER, Ibid, 1852. — SCHÜTT, Ibid., 1860. — SCHAAK, Journal de méd. vét., 1850. — BOULEY. Bull. de la Soc. cent. de méd. vét., 1851. — WATHERS. The Veterinarian, an. in Journal de méd. vét., 1855. — ARNAL. Journal des vét. du Midi, 1858. — SCHLEG, Sächs. Jahresber., 1858-59. — HAUBNER, Ibid., 1862. — VOIGTLÄNDER, Ibid., 1860 et 1873. — AUBRY, Recueil de méd. vét., 1865. — BEAUFILS, ELÉOUET, Ibid., 1866. — NAUDET, Ibid., 1867. — DESSART, Annales de méd. vét., 1867. — AUBRY, La Clinique vét., 1867. — PEUCH, Revue vét., 1880. — BOULEY. TRASBOT. CAGNY, BARRY, Bullet. de la Soc. cent.

de méd. vét., 1881. — Chuchu, Bouley, Nocard, Weber, *Ibid.*, 1881. — Ryder, *The Veterinarian*, 1885. — Violet, *Journal de méd. vét.*, 1885. — Santo, *Il Medico ret.*, 1883. — Guigas, *Ibid.*, 1888. — Furlanetto, *Le Progrès vét.*, 1891. — Vandenmegdenberg, *Annales de méd. vét.*, 1892. — Sand, *Deutsche Zeitschr. für Thiermed.*, 1893. — Rubay, *Annales de méd. vét.*, 1895. — Cavallari, *La Clinica vet.*, 1897. — Morey, *Journ. de méd. vét.*, 1898.

IX. Hydarthrose du grasset. — Charlot, *Recueil de méd. vét.*, 1827. — Dandrieux, *Ibid.*, 1836. — Viseur, *Ibid.*, 1873. — Santini, *Giornale di anat. fisiol. e patol. anim. domest.*, 1886.

X. Plaies articulaires et artbrite. — Sépulchre, *Annales de méd. vét.*, 1855. — Barreau, *Journal de méd. vét. milit.*, t. I, 1862. — Michotte, *Ibid.*, 1873. — Degive, *Ibid.*, 1877. — Éloire, *Archives vét.*, 1878. — Dehaye. *Annales de méd. vét.*, 1892. — Cadiot, *Bulletin de la Soc. cent. de méd. vét.*, 1895. — Guittard, *Le Progrès vét.*, 1895. — Dupont, *Revue vét.*, 1896. — Repiquet, *Journal de méd. vét.*, 1898. — Cadéac et Matrion, *Ibid.*, 1899. — Anderson, *Tidsskrift de Copenhague*, 1900. — Zalewsky, *Monatshefte für Thierheilkunde*, 1901. — Lungwitz, *Sächs. Jahresbericht*, 1901. — Leoni, *Il Nuovo Ercolani*, 1901.

VI. — AFFECTIONS DU JARRET.

Le jarret est l'une des régions où l'on observe le plus souvent des lésions traumatiques graves ; c'est aussi l'une de celles qui offrent les affections les plus diversifiées. — Les piqûres, les coupures, les plaies contuses des faces antérieure et interne se compliquent communément d'arthrite ou de synovite purulentes. — Sur les animaux que les souffrances obligent à garder longtemps l'attitude décubitale, les parties saillantes de la face externe sont marquées de lésions contuses pouvant entraîner la mortification de la peau, la suppuration sous-cutanée, quelquefois une nécrose des os tarsiens. — Les actions contondantes qui portent sur la pointe du jarret provoquent des accidents variés : violentes, elles peuvent déterminer la fracture du calcanéum ou la luxation du perforé ; légères et répétées, elles donnent naissance au capelet. Les plaies infectées, les abcès de cette région s'accompagnent d'ordinaire de lymphangites, d'une phlegmasie diffuse étendue à toute la jambe. — On rencontre communément sur la face antérieure, dans le pli du jarret, des crevasses persistantes (solandres) consécutives à des plaies cutanées transversales dont les lèvres se sont indurées sous l'influence des incessants mouvements qui s'accomplissent en cette région. Rares sont les altérations cutanées qui relèvent de la botryomycose ou de la dermatite végétante (eaux-aux-jambes).

En raison des graves accidents qu'elles peuvent entraîner, toutes les lésions traumatiques du jarret qui ne sont pas étudiées ici en particulier réclament, avec une antisepsie soignée, une intervention hâtive instituée comme il a été dit aux articles généraux.

I. — Hygroma du jarret. Capelet.

La pointe du jarret est assez fréquemment le siège d'une tuméfaction œdémateuse, phlegmoneuse ou indurée, à laquelle les hippiatres ont donné le nom de *capelet*. Cette affection a pour point de départ l'inflammation de la bourse séreuse sous-cutanée ou de la couche conjonctive qui réunit la peau au tendon fléchisseur superficiel des phalanges. Les violences extérieures, les ruades, les frottements de la pointe du jarret contre les murs, les bat-flancs ou les poteaux de la stalle en sont les principales causes. Elle s'est quelquefois manifestée à la suite d'un travail excessif ou prématuré, de

glissades ou de courses violentes (Peuch), de l'anasarque ou d'une lymphangite. On l'a vue exceptionnellement apparaître aux deux membres sans cause
occasionnelle évidente (Furlanetto). — Souvent le développement en est
rapide; du soir au matin, la tumeur peut atteindre le volume d'une man-
darine.

Au début, alors que la tumeur est chaude, sensible, œdémateuse,
on en peut aisément obtenir la résolution. Matelasser les parois de
la stalle, empêcher l'animal de se frotter les jarrets, maintenir les
membres postérieurs rapprochés par des
entraves si le sujet a l'habitude de ruer :
voilà les premières indications. — Le traitement local comprend les douches froides
et les applications astringentes : vinaigre
et blanc d'Espagne, mélange d'argile, de
vinaigre et de sulfate de fer (Delwart). Si
des irritations continuent à s'exercer sur la
tumeur, peu à peu elle augmente de volume, s'indure, prend un caractère de
chronicité qui rend la guérison beaucoup
plus difficile. — A cette période, on emploie surtout les vésicants (vésicatoire mercuriel, pommade au biiodure de mercure,
feux liquides). Les meilleurs résultats sont
obtenus par les applications répétées de
préparations modérément actives : là paraît être le secret de la réussite. C'est ainsi
du moins que s'expliquent les cures du
liniment tannique (V. *Éponge*). Cette préparation s'est montrée efficace contre
nombre de capelets anciens et volumi-

Fig. 475. — Capelet.

neux. Point n'est besoin de repos; il est même avantageux de faire
travailler l'animal pendant la durée du traitement.

Le feu en pointes pénétrantes compte des partisans ; nous l'avons
plusieurs fois employé avec succès, mais il a une action lente, il est
infidèle et tare. — La ponction des capelets kystiques est insuffisante. —
L'*injection iodée* a donné des guérisons à Leblanc, à Cambron, à Verrier, à Liard et à beaucoup d'autres praticiens. L'un des sujets opérés
par Leblanc portait un capelet du volume du poing, de date ancienne,
qui avait résisté aux moyens habituellement usités ; très irritable, on
dut l'abattre pour faire l'injection (1 partie de teinture d'iode et
2 parties d'eau). Une tuméfaction inflammatoire assez forte survint les
jours suivants. Au bout de quinze jours, la collection liquide s'étant
reproduite, on pratiqua une nouvelle injection. La guérison fut
complète. — Sur une jument traitée par Cambron, le capelet avait le

volume d'une tête d'enfant ; la ponction donna issue à 1 litre et demi de liquide. On fit deux injections iodées à trois mois d'intervalle. La tumeur disparut entièrement. — Verrier injecta sur le même cheval deux capelets volumineux ; il revit l'opéré au bout de trois mois : la guérison était parfaite. — Un cheval traité par Liard (obs. VI) fut également guéri par une seule injection ; au bout de trois mois, le capelet avait diminué de plus des trois quarts ; il finit par disparaître. Un autre cheval (obs. V) se frotta contre le mur de son box après l'opération ; la poche s'ouvrit et suppura ; elle se combla par bourgeonnement ; la tumeur s'affaissa peu à peu, mais la pointe du jarret resta marquée d'une épaisse cicatrice.

L'*incision* large, faite sans l'asepsie, expose à de redoutables complications ; elle est suivie d'une phlegmasie suppurative qui persiste longtemps ; la tumeur s'indure, souvent ses dimensions augmentent. Même pratiquée aseptiquement et complétée par un pansement ouaté, l'opération ne semble pas avoir donné de brillants résultats. Elle a en outre l'inconvénient d'exiger un long repos.

Hell dit avoir obtenu des succès par la rupture de la poche, provoquée en opérant de la manière suivante. Le membre postérieur sain tenu levé par un aide, on applique sur l'autre, au-dessus du jarret, une ligature assez serrée pour incommoder le cheval ; l'aide abandonne ensuite le membre ; pour se débarrasser du lien, le cheval fait de violents efforts : l'hygroma se rupture ; son contenu, répandu dans le tissu conjonctif voisin, est résorbé. L'accident ne se reproduirait pas.

Tous les capelets ne sont pas justiciables du même traitement. En général, si la lésion est récente, on s'en tiendra aux douches, aux bains froids, aux astringents, au massage ou au liniment tannique. — Plus ancienne et de dimensions modérées, la tumeur sera encore traitée par ce liniment ou par les vésicants légers. Volumineuse, si elle a conservé le caractère kystique, on a le choix entre ces moyens, le feu ou l'injection iodée. — Pour les capelets indurés de fortes dimensions, on emploiera d'abord le feu en aiguilles, ensuite les applications de liniment tannique. — Si la tumeur devient phlegmoneuse, on l'incisera, on détergera la cavité par les antiseptiques et l'on protégera le sommet du jarret par un pansement.

II. — **Luxation du perforé**.

Observée surtout chez le cheval, la *luxation du perforé*, dans sa portion calcanéenne, a été l'objet d'un assez grand nombre d'observations. Elle peut se produire en dedans ou en dehors.

Habituellement causée par une violence extérieure (coup de pied, heurt de la pointe du jarret), quelquefois par la contraction musculaire alors que le tarse est fortement fléchi, ou au moment d'une volte brusque, elle est le résultat de la rupture des ligaments latéraux qui assujettissent le tendon sur le sommet du calcanéum.

Le tendon peut remonter sur cet os lorsque le membre est dans certaines attitudes, et l'on peut facilement l'y replacer après avoir fléchi le boulet ; mais par les moindres mouvements de l'extrémité, surtout par la pression de l'appui, la luxation se reproduit. — Au repos, le membre est soustrait à l'appui ; quelquefois son aspect extérieur n'est pas modifié : le tendon a repris sa position normale. — Si l'on oblige l'animal à marcher ou à s'appuyer sur le membre lésé, le tendon glisse d'un côté ou de l'autre, parfois en produisant un léger bruit ; le boulet s'affaisse et l'angle tibio-tarsien est anormalement ouvert. — Tantôt l'animal marche à trois jambes pour éviter la douleur, tantôt le membre est posé anormalement en avant, la pince rasant le sol. Localement, on constate un gonflement œdémateux, sensible et plus ou moins diffus, étendu à tout le jarret. Tantôt la déviation du tendon et certains troubles fonctionnels persistent ; tantôt, par la néoformation conjonctive et la rétraction cicatricielle, elle diminue peu à peu, et la boiterie finit par disparaître.

Le cheval soigné par Trélut avait rué violemment ; en retombant, il s'accula sur la fesse gauche et faillit s'étendre sur le sol. L'animal relevé, on remarqua, au temps d'appui du membre, une flexion extrême du jarret, lequel venait presque toucher terre. A la face interne de l'articulation tibio-tarsienne,

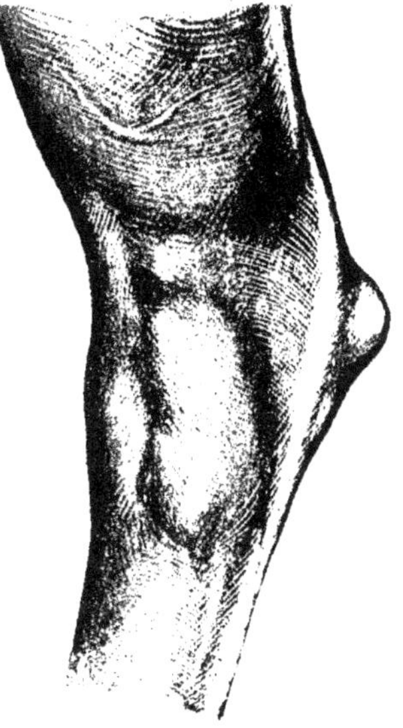

Fig. 476. — Luxation du perforé.

la main percevait une corde qu'il était facile de ramener sur la pointe du calcanéum, ce qui rendait au jarret sa fixité normale et au membre son aplomb. Il s'agissait du tendon perforé luxé dans l'arcade tarsienne. — La réduction était facile, mais tous les essais de contention échouèrent. L'auteur fit « des saignées répétées pour combattre la fièvre et l'engorgement considérable du membre ». Au bout de quarante jours, le cheval put reprendre son service d'étalon. « A la fin de la monte, il ne restait plus au jarret qu'une corde dure occupant l'arcade tarsienne ; cette corde était formée par le tendon luxé et par du tissu de nouvelle formation qui l'entourait ; la marche était libre, mais le jarret siège de l'accident resta toujours moins solide que le droit ». — Sur les blessés de Burck, de Drouet, de Fourie et Le Calvé, la luxation du tendon perforé s'était faite en dehors. Pendant la locomotion, au lieu de se fléchir brusquement et d'arriver près du sol en arrière, comme sur le cheval de Trélut, le jarret restait étendu et le sabot rasait le sol. Il était facile de replacer la corde sur le sommet du calcanéum, mais, dès que l'on cessait l'action de la main, la luxation se reproduisait. — Burck fit fabriquer une guêtre en cuir ayant exactement la forme du tarse et la fixa étroitement sur la région ; mais il ne put la faire tenir en place. Il eut alors recours à l'application de vésicatoire sur les deux faces du jarret. « La réduction se

produisit d'elle-même ; après six semaines de séjour à l'infirmerie, la boiterie
avait disparu ; tout était rentré dans l'ordre. » Sur un autre cheval, le résultat
fut le même. — « Il me paraîtrait rationnel, dit Drouet, avant d'employer la
médication révulsive, de fixer artificiellement, par une suture sous-cutanée
intéressant le tendon et l'os, la calotte calcanéenne au sommet du jarret, et
d'immobiliser ensuite celui-ci aussi complètement que possible ». — Sur le
cheval de Fourie et Le Calvé, le membre était engorgé depuis le sabot jusqu'au
jarret. On appliqua un mélange d'onguent vésicatoire et de pommade mer-
curielle ; huit jours plus tard, nouvelle friction. Deux semaines après l'accident, la marche était devenue facile, bien que gênée encore. La flexion se
faisait d'une façon saccadée ; au moment du poser, toute la partie inférieure
du membre, depuis le jarret jusqu'au sabot, se tordait de dedans en dehors.
L'appui s'effectuait par la pince et le quartier interne.

Pour être vraiment efficace, le traitement devrait assurer le maintien du perforé en bonne position. Malgré le bandage avec deux
éclisses latérales, recommandé par Siedamgrotzky, le tendon se déplace
facilement, même sur les chevaux dociles. La suture préconisée par
Drouet est d'une technique délicate, et elle expose à de graves dangers
— si l'asepsie est manquée. Dans le cas où on la pratiquerait, il faudrait, par des attelles solidement fixées, ou par l'appareil de Rélier,
soustraire le jarret à l'effort de l'appui. Aucune suture, en cette
région, ne résisterait au poids du corps.

Dans la majorité des cas, on fait une simple friction vésicante sur
les deux faces du jarret. La marche est d'abord difficile, mais au
bout de six semaines à deux mois on peut promener l'animal ou
l'utiliser à un petit service.

III. — Synovites. — Hydropisie des synoviales tendineuses.

La *synovite aiguë séreuse* de la gaine tarsienne est, dans certains cas, la
conséquence d'une violente contusion qui a porté sur le jarret au niveau de
cette gaine, d'un effort, ou de l'extension à la synoviale d'une inflammation
de voisinage ; quelquefois elle est d'origine interne et relève d'une maladie
infectieuse générale (pneumonie, rhumatisme). Elle est caractérisée par une
forte tuméfaction particulièrement accusée sur la moitié postérieure du
jarret, tuméfaction chaude et très douloureuse à la pression, étendue à la
partie inférieure de la jambe, en avant du tendon d'Achille, et comblant le
creux du jarret, ainsi qu'à la partie supérieure du métatarse, le long des
tendons fléchisseurs. — La *synovite purulente* succède parfois à la précédente ;
plus souvent elle est provoquée par une plaie pénétrante, par l'extension à la
synoviale d'une phlegmasie suppurative des tissus voisins ou par une maladie
infectieuse pyogène (gourme). Elle peut se compliquer d'arthrite ou entraîner
la mort par pyémie.

Le traitement de ces affections ne comporte aucune indication spéciale. On
l'instituera comme il a été dit aux articles généraux. (V. t. I, p. 316.)

La synovite aiguë des autres gaines disposées autour de l'articulation du
jarret et destinées à faciliter le glissement des tendons qui la franchissent
est rare.

Les synoviales tendineuses du tarse sont assez souvent atteintes d'*hydro-*

pisie. On distingue : le *vessigon tarsien*, le *vessigon cunéen*, le *vessigon calcanéen* et le *vessigon prétarsien*, ce dernier formé par la distension des synoviales des extenseurs des phalanges.

Le *vessigon tendineux tarsien*, dû à l'hydropisie de la synoviale du perforant, est commun sur les chevaux utilisés aux services pénibles. Il est caractérisé par trois tumeurs : deux, supratarsiennes, résultent de la distension du cul-de-sac supérieur de la synoviale, dans le creux du jarret, entre le perforant et le tendon d'Achille ; l'interne est généralement la plus volumineuse. La troisième, métatarsienne, enveloppe les tendons fléchisseurs des phalanges dans le tiers supérieur du canon ; elle forme là une dilatation régulière ou moniliforme, plus ou moins accusée, souvent peu apparente ; parfois elle simule quelque peu la jarde. — Le vessigon tarsien peut acquérir des dimensions énormes. On en rencontre avec de telles proportions que, pendant la marche, la peau qui recouvre la tumeur interne frotte et s'excorie contre la face correspondante du jarret opposé. — Le *diagnostic* n'est hésitant que dans les cas tout exceptionnels où les synoviales articulaire et tendineuse communiquent.

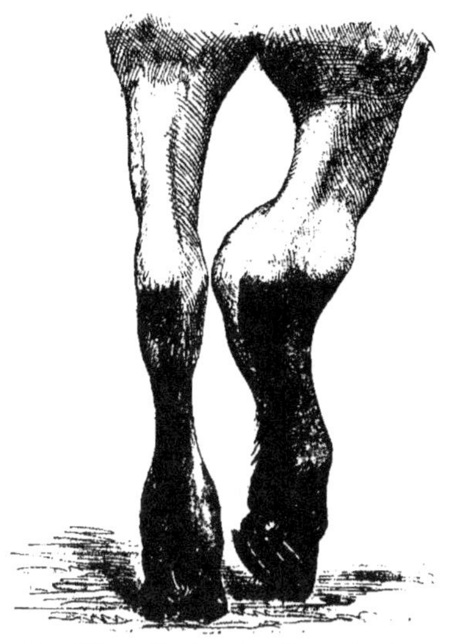

Fig. 477. — Vessigon tendineux tarsien.

On emploie peu les réfrigérants et les astringents ; les quelques cures qu'ils semblent donner sont surtout l'effet du repos prolongé. Lorsque le vessigon est récent, on peut utiliser les vésicatoires simple ou mercuriel et les différents feux liquides. Mais, pour les vessigons volumineux ou déjà anciens, la cautérisation est le traitement classique. Le feu en raies et les pointes pénétrantes sont les procédés de choix. — Dès 1830, Dard ponctionnait ces vessigons avec le bistouri et appliquait ensuite un bandage compressif. Roettger les débridait avec un bistouri « en faucille » et recouvrait le jarret d'une préparation vésicante. Ces procédés primitifs doivent être remplacés par la ponction aseptique au trocart, laquelle favorise l'action thérapeutique du feu.

On a fréquemment eu recours aux injections iodées dans la cure du vessigon tarsien. Presque tous les auteurs qui les ont essayées en ont constaté les salutaires effets. La tumeur interne étant la plus volumineuse, c'est habituellement de ce côté qu'on pratique la ponction, après avoir couché l'animal sur le membre malade ; on peut également la faire du côté externe, sur le cheval assujetti debout, dans le travail.

Bouley, Barry, Rey, Knoll, Verrier, Abadie, Dupon ont ainsi obtenu la guérison de vessigons volumineux qui avaient résisté à l'action du feu. Nous avons enregistré nombre de faits confirmant l'efficacité de ce traitement. Toutefois, l'opération n'est sans danger que si elle est faite aseptiquement. Les précautions ordinaires ne suffisent pas, ainsi qu'en témoignent les revers de Pressecq et de Verrier, qui cependant opéraient aussi correctement qu'on le pouvait avant l'antisepsie. — Pressecq coupa les poils et ponctionna la tumeur avec un trocart à canule d'argent ; la teinture d'iode injectée était étendue d'un égal volume d'eau ; l'opération se compliqua de synovite purulente. Même mésaventure arriva à Verrier, qui avait employé une solution iodée au tiers. Avec une rigoureuse asepsie, de pareils accidents ne sont pas à redouter.

On doit à une complication opératoire l'indication d'un nouveau traitement. Biot, ponctionnant un volumineux vessigon, provoqua une hémorragie abondante ; il dut retirer la canule et fermer la plaie par un nœud de saignée, serré sur une épingle ; la tumeur synoviale se remplit de sang. Le cheval fut laissé au repos pendant quelques jours, puis remis au travail ; trois mois après, le vessigon était disparu. — A peu de temps de là, ayant à traiter une semblable lésion du jarret sur une vache, ce praticien ouvrit la veine saphène correspondante au moyen de la flamme et, après avoir vidé le vessigon à l'aide du trocart, il injecta du sang jusqu'à réplétion de la synoviale. Au bout de quinze jours, la tumeur était dure, indolente, non fluctuante. Trois mois plus tard, la guérison était complète. — Ces faits d'hématocèle thérapeutique sont intéressants, mais le procédé ne nous paraît pas exempt de danger. En tout cas, avant de le juger, il convient d'attendre de plus nombreux résultats.

Cautérisation en raies, en pointes fines ou en aiguilles, précédée ou non de la ponction de la synoviale ; injection iodée quand le feu a échoué ou qu'il importe de ne pas tarer les animaux : telle est, actuellement, la meilleure thérapeutique du vessigon tarsien.

Le *vessigon cunéen* est constitué par l'hydropisie de la synoviale qui facilite le glissement, sur la face interne du jarret, de la branche cunéenne du fléchisseur du métatarse. Il s'accuse par une petite tumeur olivaire, fluctuante, sise au point où se développe l'éparvin ou un peu au-dessus. — Le diagnostic n'offre aucune difficulté. Ce vessigon déforme le profil interne du jarret, mais il est sans gravité.

Les applications vésicantes échouent. Il faut recourir à la cautérisation pénétrante. On peut aussi, sans crainte de complication, ouvrir la gaine au bistouri par une incision parallèle à la branche cunéenne, — traitement préconisé par Dieckerhoff pour combattre l'éparvin.

Le *vessigon calcanéen*, produit par la dilatation de la capsule synoviale qui favorise le glissement du tendon du perforé sur celui des jumeaux et le sommet du calcanéum, est caractérisé par une tumeur allongée, cylindroïde, partant du sommet du jarret et remontant plus ou moins haut le long de la corde. Quelquefois il existe deux dilatations latérales parallèles. Ce vessigon, qui altère la beauté du jarret, fait rarement boiter.

Si l'on doit intervenir, on a le choix entre la cautérisation pénétrante et les injections irritantes. L'incision est dangereuse ; lorsque la suppuration survient, une phlegmasie diffuse se développe, et de graves complications sont possibles.

Le *vessigon prétarsien* occupe la face antérieure du jarret et la région métatarsienne supérieure. Il est produit par l'hydropisie des synoviales qui facilitent le jeu des tendons extenseurs des phalanges. Selon que l'une des gaines seulement ou les deux sont affectées, il existe, sur la face antéroexterne du jarret et de la partie supérieure du métatarse, une ou deux dilatations cylindriques, molles ou un peu tendues, disposées suivant l'axe des tendons. Assez souvent les deux synoviales semblent confondues, la tumeur est diffuse, plus ou moins saillante. Quelquefois les deux jarrets sont atteints. — Ce vessigon ne détermine ordinairement pas de boiterie.

Les injections irritantes et la cautérisation en aiguilles sont les moyens préférables lorsque l'on doit intervenir. Le traitement des cas rebelles comprend la ponction déclive, la fixation d'un drain et des injections antiseptiques dans la cavité.

IV. — **Fractures des os du tarse.**

Très rares, les *fractures du calcanéum* sont produites par des violences extérieures ou par la contraction musculaire. Les sauts, les glissades, les chutes en sont les causes habituelles. — Elles se manifestent par une forte boiterie, par le relâchement de la corde du jarret, par une déformation locale et de la crépitation.

En général, on n'en tente la cure que pour les petits animaux. Dans les grandes espèces, la durée du traitement dépasse souvent trois mois (Haase). Cependant, chez le bœuf, on a maintes fois obtenu la guérison en quelques semaines par un bandage inamovible au plâtre ou à la poix résine (Braüer, Detroye). — Le blessé de Detroye — un taureau de quinze mois — s'étant enlevé sur les membres postérieurs pour effectuer la saillie, on perçut un bruit semblable « à celui que produit, en se rompant, une branche de bois sec », et l'animal retomba brusquement : le calcanéum était fracturé en rave vers le milieu de sa hauteur. Une gouttière en tôle, s'adaptant à la face antérieure du membre et allant du milieu de la jambe au milieu du canon, fut maintenue par quatre courroies, deux au-dessus du jarret, deux au-dessous. Ce bandage, garni d'un linge à sa face interne pour éviter les excoriations tenait le membre étendu et assurait la coaptation des fragments, grâce au relâchement du tendon d'Achille. On l'enleva au bout de trois semaines. D'abord hésitant, l'appui devint bientôt plus ferme, et la boiterie disparut, malgré la persistance d'une déformation du jarret produite par le cal. — Il s'en faut que le résultat soit toujours aussi heureux. Un cheval et un veau traités par le même auteur durent être sacrifiés.

Plus rare encore que la précédente, la *fracture de l'astragale* est produite d'ordinaire par la brusque rotation du membre postérieur sur son axe, le pied étant à l'appui et ne cédant pas au mouvement commandé par les rayons supérieurs : le tibia pivote sur l'astragale, le tenon médian du premier brise la poulie tarsienne. — Möller a constaté cette fracture sur un cheval qui avait effectué une volte subite, et Furlanetto sur une vache tombée dans un fossé. Ce dernier auteur appliqua un bandage inamovible, consolidé par deux attelles de bois allant du milieu du tibia au boulet; on l'enleva le trente-cinquième jour. La bête resta boiteuse pendant plus d'un an, et il persista une périostose diffuse, du volume des deux poings.

En général, dans les grandes espèces et au point de vue économique, la fracture de l'astragale est incurable. Pour les petits animaux, on appliquera un bandage inamovible au plâtre ou à la résine.

Les fractures des autres os du tarse ne s'observent guère en dehors de la luxation du jarret, qu'elles compliquent parfois. — Rey en a recueilli un exemple sur un cheval employé à traîner des wagons : la partie inférieure du scaphoïde était fracturée, la partie inférieure du cuboïde usée par le frottement, le métatarsien externe séparé du principal et fracturé vers son tiers inférieur. — De semblables accidents sont de la dernière gravité. Il va sans dire que l'on n'en doit point entreprendre la cure.

V. — Entorse et luxations du jarret.

L'entorse du jarret est assez commune. Bien que le ginglyme tibio-astragalien ne permette que les mouvements d'extension et de flexion, sous l'influence d'efforts violents, d'une glissade ou d'un saut, les ligaments latéraux ou le ligament postérieur de la jointure tibio-tarsienne peuvent être distendus, forcés, et parfois les surfaces d'insertion s'enflamment consécutivement. Souvent l'entorse tarsienne est le point de départ de l'éparvin, de la jarde, de la courbe. C'est dire que le pronostic varie avec le siège des lésions.

Au début, on prescrira le repos, le massage, les douches froides, les frictions révulsives ou les vésicants. Plus tard, si le mal résiste, on emploiera la cautérisation. Le traitement de l'entorse tarsienne rebelle se confond avec ceux de l'éparvin, de la jarde et de la courbe.

Les luxations du jarret sont rares. On en trouve des observations relatées, chez le cheval, par Louchard, Blavette, Rey, Gavard, Stockfleth, Haubner; — chez le bœuf, par Havemann; — chez le mouton, le chien et le chat, par Stockfleth. — Les caractères anatomiques et la gravité des lésions sont variables : tantôt il y a luxation de l'astragale, tantôt la dislocation se fait au-dessous de celui-ci, entre les assises inférieures du jarret ou entre les cunéiformes et le métatarse. Ordinairement incomplète, la luxation est souvent accompagnée de déchirures ligamenteuses et tégumentaire, de fracture ou d'écrasement osseux. Sur un cheval autopsié par Rey, on trouva une luxation du jarret entre les deux rangées des os plats, avec déchirure des ligaments externes et interosseux, et une rupture de la corde du fléchisseur du métatarse. — Gavard a rapporté un exemple de luxation tibio-astragalienne sur un cheval renversé par un tramway. Pendant la marche, le membre postérieur droit ne se soulevait pas, il était porté en avant, traînant sur le sol. A l'exploration, on percevait, en dedans, une saillie dure formée par l'extrémité du tibia. Ce cheval fut abattu. « Le tibia, brusquement soulevé par la violence du choc et jeté en dedans, laissait libre la moitié externe de la poulie astragalienne et reposait par sa gorge externe sur l'autre moitié, formant, en dedans, par sa seconde gorge, la saillie que j'avais remarquée. Les ligaments externes étaient irrégulièrement détachés de leur point d'insertion sur le tibia. La membrane qui ferme en avant l'articulation était déchirée en son milieu. L'articulation ne se prêtait à aucun mouvement. »

Toutes les variétés de luxation du jarret sont fort graves ; la guérison, quand on l'obtient, est toujours imparfaite. Aussi sacrifie-t-on généralement les animaux qui en sont atteints. — Schrader a publié un cas de guérison de luxation du métatarse chez la vache. — Sur un chat atteint de luxation sous-astragalienne, Stockfleth a également obtenu un succès en réduisant et en immobilisant le membre par une bande de caoutchouc.

On ne doit entreprendre le traitement que pour les sujets des petites espèces. Par l'extension, la contre-extension et des pressions exercées en sens inverse sur l'extrémité inférieure du tibia et l'extrémité supérieure du métatarse, on réduira la luxation. Un pansement à la poix ou un plâtré assurera l'immobilisation.

VI. — Arthrites. — Hydropisie de l'articulation tibio-astragalienne. Vessigon articulaire.

L'*arthrite aiguë séreuse* du jarret, assez rare, est tantôt d'origine traumatique, causée par une contusion, un effort violent, ou liée à l'entorse, — tantôt secondaire à une inflammation du voisinage ou à une maladie infectieuse.

L'*arthrite purulente* est presque toujours la conséquence d'une plaie pénétrante infectée ; parfois elle résulte de l'extension à la synoviale d'un processus pyogène localisé jusque-là a son voisinage, ou elle survient dans le cours d'une maladie infectieuse (gourme).

Pour le traitement de ces affections, nous renvoyons aux articles généraux. (V. t. I, p. 318.)

L'*hydropisie de la synoviale tibio-astragalienne* — le *vessigon articulaire* du jarret — est caractérisée par trois tumeurs uniformément fluctuantes, molles lorsque le jarret est fléchi, plus saillantes et plus tendues quand le membre est à l'appui, — tumeurs fixes dans leur siège, très variables quant à leur volume. L'une d'elles occupe la région antéro-interne du jarret ; deux sont situées en arrière, entre le tibia et la corde calcanéenne, dans la région inférieure du creux du jarret, au-dessus des ligaments latéraux ; une de ces dernières peut manquer ; l'autre, coexistant avec l'antérieure et en communication avec elle, caractérise nettement le vessigon articulaire.

Au début, on peut utiliser les douches froides, les astringents, le massage, les applications de teinture d'iode, mais on emploie d'ordinaire les vésicants. Dans un certain nombre de cas, leur application est suivie d'une notable diminution du volume des tumeurs. Plus tard, le traitement de choix est la cautérisation : feu en raies ou en pointes pénétrantes. Quelques-uns donnent issue à la synovie et appliquent ensuite sur le jarret un bandage compressif. — Halley a préconisé les sétons passés sous la peau, en prenant soin de ne pas blesser la synoviale. C'est là un moyen dangereux et inusité. — Gloag traitait les vessigons articulaires par l'acupuncture : deux séances à cinq jours d'intervalle, la dernière suivie d'une application de teinture d'iode et d'un bandage compressif.

Leblanc a conseillé les injections intrasynoviales de teinture d'iode et a publié des faits témoignant de leur efficacité. — Le cheval dont il parle à l'observation I de son mémoire avait une hydarthrose énorme ; on dut faire deux injections à un mois d'intervalle ; la guérison fut complète. Les sujets des observations II et IV durent également être traités à deux reprises ; sur eux encore, l'hydropisie disparut au bout de quelques mois. Abadie, Dupont et beaucoup d'autres ont aussi obtenu des succès par les injections iodées. — Mais Bouley, Rey, Lafosse, Verrier ont eu des accidents. Bouley essaya ce traitement sur un cheval atteint d'un fort vessigon ; la ponction permit de retirer 8 décilitres de synovie ; on injecta une solution iodée au tiers, et l'on n'en put retirer qu'une partie : des caillots albumineux obstruaient la canule. Une fièvre violente se déclara ; six jours après, l'appui était nul, la douleur intense ; on fit sur la tumeur externe une ponction qui donna écoulement à un liquide jaunâtre, déjà purulent. Des abcès multiples se formèrent autour de la jointure. Douze jours plus tard, le cheval mourait. Aussi abandonna-t-on les injections iodées pour les vessigons articulaires. — Avec l'antisepsie, on les a de nouveau utilisées. On a encore employé les solutions d'acide phénique, d'acide thymique et d'autres antiseptiques. Zimmer aurait obtenu de bons résultats par la ponction, l'injection d'une solution de sublimé à 1 p. 1000 et une friction vésicante. — Laffitte s'est servi d'un mélange à parties égales de solutions d'ergotine et de chlorhydrate de morphine. Dans l'observation I de son travail, il s'agit d'un taureau atteint d'un fort vessigon qui avait résisté aux vésicants ; l'injection pratiquée, on ferma la plaie par un point de suture et l'on appliqua sur l'articulation un bandage compressif ; un mois plus tard, la guérison était complète. Laffitte opéra également avec succès une jument et une vache. Mais ce traitement par les injections intra-articulaires a ses dangers : dans la pratique courante, il est difficile de réaliser l'asepsie parfaite.

On a proposé le « barrage de la veine ». Lebrun a décrit ce procédé de l'ancienne hippiatrie, d'après ce qu'il a vu faire par un empirique normand. Il consiste à lier la veine du jarret : 1° au-dessous de la saillie osseuse où se développe l'éparvin ; 2° à la face interne de la jambe, immédiatement au-dessous de la petite branche veineuse qui provient des muscles tibiaux antérieurs. — On incise la peau, on isole la veine et on la lie avec du fil ciré. Les deux ligatures appliquées, on ouvre le vaisseau dans le sens de sa longueur, au-dessous de la ligature supérieure. Une hémorragie assez abondante se produit ; on active le jet de sang en pressant la veine de bas en haut dans l'intervalle des deux ligatures. L'opération est terminée quand le sang cesse de couler. — Les jours suivants, on exerce à nouveau de légères pressions sur la veine et l'on arrose d'eau tiède la région.

Cette fantasque opération aurait donné des succès sur les poulains. Mais, ainsi que l'a fait remarquer Repiquet, le vessigon articulaire des poulains disparaît d'ordinaire avec l'âge. Voilà l'explication des cures du procédé.

La cautérisation en raies ou en pointes pénétrantes, précédée ou non de la ponction, est encore l'intervention la plus recommandable.

Le *creux du jarret* est quelquefois le siège d'une tumeur molle plus ou moins volumineuse, décrite par Jouanne sous le nom d'*hygroma du creux du jarret*, et par C. Lesbre sous celui de *kyste synovial du jarret*. Cette tumeur occupe exactement la place de celle qui, lors d'hydarthrose du jarret, apparaît dans le creux de cette région ; elle est ordinairement plus saillante d'un côté que de l'autre. Elle est formée par l'ectasie du cul-de-sac supérieur de la synoviale, suivie du cloisonnement de celle-ci (Lesbre).

Très fluctuante, peu dépressible, elle ne subit aucun changement de tension ni de volume par les mouvements du jarret, ce qui permet de la distinguer du vessigon articulaire, et l'état normal de la région inférieure de la gaine tarsienne et de la partie correspondante des tendons suffit pour la différencier facilement du vessigon tendineux.

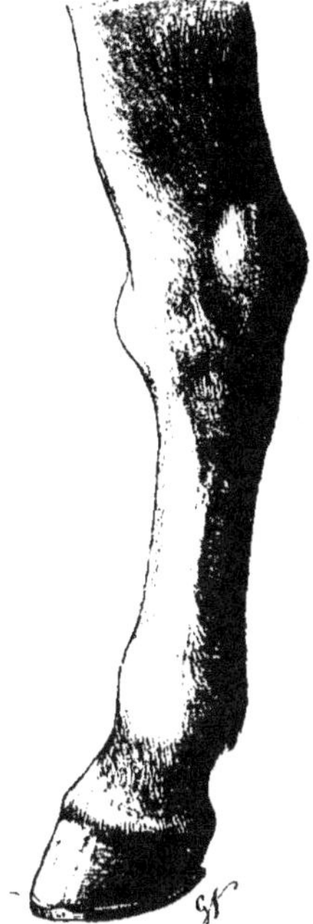

Fig. 478. — Hydarthrose du jarret.

Jouanne en a toujours obtenu la guérison par la ponction, l'injection iodée et une application vésicante.

VII. — Éparvin. — Ostéo-périostite et ostéo-arthrite tarsiennes.

On doit entendre aujourd'hui par l'expression d'*éparvin* les processus inflammatoires chroniques qui évoluent dans le périoste, les os et les articulations de la partie interne de la base du jarret.

Chez certains chevaux, l'éparvin n'est qu'une exostose de la face interne du tarse ou une périarthrite, mais le plus souvent il traduit à l'extérieur une arthrite chronique ankylosante de la base du jarret. L'ankylose et la tumeur osseuse sont plus ou moins étendues : elles sont limitées à l'articulation du métatarse et des cunéiformes, ou elles intéressent également la jointure formée par ces derniers et le scaphoïde, ou enfin celui-ci est soudé à l'astragale. Dans le sens transversal, l'aire des lésions est également très variable : assez souvent circonscrite à la partie interne de la jointure, parfois étendue à la totalité de celle-ci, et quand ses dimensions sont réduites la saillie qu'il constitue est tantôt située en avant, vers le creux du jarret, tantôt plus en arrière.

Dès longtemps on a incriminé, comme *causes prédisposantes*, la conformation défectueuse de l'articulation (jarret étroit ou coudé), le jeune âge, le surmenage, certains services fatigants pour les membres postérieurs, surtout pour les jarrets (saillie, galop, exercices de steeple). — L'influence de l'*hérédité* est encore diversement interprétée. Pour les uns, l'hérédité n'intervient qu'en transmettant des vices de conformation. Pour les autres, les descendants des sujets atteints d'éparvin seraient entachés d'un défaut de résistance du tissu osseux (ostéo-arthritisme de Jacoulet et Joly), et, comme preuves de cette insuffisance héréditaire du tissu osseux, ils invoquent l'existence fréquente de l'éparvin aux deux jarrets, l'apparition d'exostoses en d'autres points du squelette, le développement de ces altérations osseuses et articulaires sans surmenage locomoteur, la fréquence de l'éparvin sur les descendants d'étalons célèbres atteints de la même affection. Déjà signalée par Rohlwes il y a un siècle, cette prédisposition héréditaire, liée à une altération du tissu osseux, est admise par la grande majorité des auteurs. — Les *causes provocatrices* de l'éparvin sont les efforts violents, le cabrer, les sauts, qui dilacèrent ou meurtrissent les tissus des articulations inférieures du tarse.

La pathogénie de l'éparvin, mais surtout la question de savoir quel est, dans cette affection, le tissu primitivement affecté, a soulevé de vives discussions. — Sauf Dieckerhoff, aucun auteur n'admet que l'inflammation de la bourse séreuse de la branche cunéenne du tibio-prémétatarsien puisse donner naissance à l'éparvin. — Tous les vétérinaires connaissent les trois principales « théories de l'éparvin ». La plus ancienne considère celui-ci comme une périostite se compliquant de lésions articulaires et d'ankylose (Rohlwes, Gürlt, Percivall, Stockfleth, Goubaux, Barrier, Aronsohn). Pour Barrier, l'éparvin succède à un effort de l'appareil desmeux de la surface ou de la profondeur des petites jointures tarsiennes, amenant : 1° une ostéite et une ostéo-périostite, d'abord raréfiantes, puis condensantes, des pièces osseuses atteintes et des pièces osseuses voisines ; 2° une ankylose périphérique, parfois non déformante, mais d'ordinaire végétante, puis cerclante ; 3° une arthrite sèche, aboutissant soit à une ankylose centrale très solide, soit à une déformation progressive ostéoporeuse, engrenante ou éburnée des surfaces articulaires malades. — La seconde théorie localise le début du processus aux jointures tarsiennes (Havemann, Godwin, Träger, Gunther, Schütz, Möller, Joly). Pour Joly, la première phase de l'éparvin est une arthrite sèche des articulations tarsiennes inférieures (*éparvin-arthrite*), laquelle entraîne successivement une ankylose des jointures enflammées (*éparvin-ankylose*), une exostose localisée, de par la constitution anatomique du jarret, au côté interne de la base de l'articulation (*éparvin-exostose*), enfin des lésions du pourtour des jointures tarso-métatarsienne et tarsiennes supérieures (*éparvin cerclant*). — La troisième théorie soutient que l'éparvin a pour origine une ostéite s'accompagnant d'arthrite et entraînant l'ankylose (Hertwig, Schrader, Gotti, Bayer, Fröhner, Eberlein). Pour Eberlein, l'éparvin débute par une ostéite raréfiante qui devient ensuite condensante et se complique de chondrite et d'ankylose. Le périoste et les ligaments ne seraient lésés que plus tard.

Appuyées sur des faits cliniques, anatomo-pathologiques, et sur des données histologiques, ces trois doctrines, loin de s'exclure, ont mis en lumière autant de modalités pathogéniques du complexus morbide qu'est l'éparvin. Elles ont fourni la preuve que le processus de cette affection est variable en son origine, qu'il naît tantôt dans le périoste, tantôt dans les jointures, tantôt dans les os; que, selon les cas, les lésions évoluent de l'extérieur du jarret vers la profondeur, ou de dedans en dehors.

Lorsque le processus de l'éparvin est une *ostéo-arthrite* qui évolue dans la profondeur du jarret, l'inspection et la palpation ne révèlent rien d'anormal. Mais le mal s'accuse par une boiterie et par l'attitude du membre. Au repos, celui-ci appuie d'ordinaire en pince, pour éviter la douleur que causerait l'extension; souvent il est porté un peu en avant et dans l'abduction. L'animal se déplace difficilement dans sa stalle : tout mouvement nécessitant l'extension ou l'appui du membre malade est une cause de souffrance. On peut noter aussi un affaissement plus ou moins marqué de l'ilium du côté correspondant. — Pendant la marche, on constate fréquemment une raideur anormale plus ou moins prononcée du jarret et un défaut d'extension du membre; — plus rarement une flexion outrée, analogue à celle de l'éparvin sec. La boiterie est généralement très accentuée quand on exerce le cheval immédiatement après avoir procédé à l'exploration du membre souffrant; on peut l'exagérer en imprimant au jarret quelques flexions brusques ou en l'étendant fortement. L' « épreuve de l'éparvin » consiste précisément à fléchir le membre en le soutenant par le sabot, à tenir fermés pendant quelque temps les angles articulaires, puis, une fois le membre abandonné à lui-même, à faire trotter le cheval : — la boiterie est presque toujours beaucoup plus forte qu'avant l'épreuve, lorsqu'il s'agit bien d'un éparvin. — Au trot encore, on constate parfois un affaissement brusque de la hanche quand on fait tourner court le cheval sur le membre malade. Un autre caractère de la boiterie de l'éparvin, c'est d'être rémittente ou intermittente, de diminuer ou de s'effacer par l'exercice pour réapparaître après un certain temps de repos, mais c'est là une particularité qui est loin de lui appartenir en propre.

Quand l'ostéo-arthrite se traduit par des signes extérieurs, et dans les cas où l'éparvin relève de la périostite ou de la périarthrite, on constate à la face interne de la base du jarret une *tumeur osseuse* de volume et de surface variables : peu apparente d'abord et circonscrite d'ordinaire à la région qui correspond aux cunéiformes et au sommet des métatarsiens, elle augmente peu à peu de saillie, en même temps qu'elle s'étend en hauteur vers l'astragale. Très rarement on observe une diminution de volume, une sorte d'atrophie de la base du jarret.

Le *diagnostic* est difficile au début, alors qu'il n'existe aucune déformation de la jointure. On tiendra compte de l'attitude du membre au repos, des caractères de la claudication, des indications fournies par l'épreuve de l'éparvin, et de l'extrême fréquence des boiteries du jarret. — Dans les cas douteux, l'injection de cocaïne faite au-dessus du jarret, sur le trajet des nerfs grand sciatique et tibial antérieur, supprime la claudication, tandis que celle-ci persiste si l'injection est faite aux points d'élection de la névrotomie haute. Quand la tumeur osseuse est légère, il faut savoir la reconnaître : en se plaçant sur le côté du membre antérieur correspondant ou en arrière du membre boiteux, on constate immédiatement la déformation du profil interne du jarret. La palpation permet de distinguer l'éparvin des tuméfactions molles ayant le même siège : vessigon cunéen, dilatation variqueuse de la saphène.

L'éparvin est sans contredit une des lésions les plus graves de l'appareil locomoteur. Déjà l'un des représentants les plus autorisés de l'hippiatrie écrivait : « Tout cheval avec un ou deux éparvins de bœuf ne servira jamais de rien. » Le pronostic varie cependant avec l'âge, le volume, la situation de la tumeur. L'observation enseigne que les éparvins sont d'autant plus graves, plus rebelles au traitement qu'ils sont situés plus haut ou plus près du pli du jarret. Il ne faut point compter sur la *restitutio ad integrum* des jointures envahies; mais, dans nombre de cas, on arrive à faire

Fig. 479. — Éparvin vu de devant. Fig. 480. — Éparvin vu de derrière.
Membre gauche.   Membre droit. (Goubaux et Barrier.)

disparaître la claudication. Les auteurs qui, comme Lemichel, soutiennent que l'éparvin ne « pardonne jamais », ont évidemment exagéré la malignité de cette affection. On obtient la disparition de la boiterie dans la grande moitié, même dans les deux tiers des cas.

Quand on a rapporté à l'ostéo-arthrite du jarret une boiterie récente, quand on *flaire* un éparvin, le repos longtemps continué est l'indication primordiale. Même tout au début, il est douteux que l'immobilisation prolongée puisse amener la disparition des phénomènes inflammatoires dont les jointures sous-astragaliennes sont le siège, et que tout rentre dans l'état normal. Dans la presque totalité des cas, on n'obtient qu'une guérison relative — l'ankylose simple ou multiple, limitée ou étendue ; — et tous les traitements employés n'agissent salutairement qu'en favorisant celle-ci. Une fois produites, les lésions articulaires sont irréparables.

Pour l'éparvin récent, l'intervention habituelle comporte, avec le repos, l'application d'un fer à éponges un peu longues et nourries ou à crampons, et une *friction vésicante* (vésicatoire mercuriel, pommade au biiodure de mercure, pommade au sublimé à 1 p. 6) sur les deux faces de la jointure. Par ce traitement, on peut obtenir la disparition de la boiterie, mais, s'il s'agit bien d'une ostéo-arthrite tarsienne en voie de développement, dès que l'animal est remis en service la claudication réapparaît. Les vésicants, même quand on en répète l'emploi, ont une action trop superficielle : il est rare qu'ils donnent un résultat favorable, parce qu'ils ne peuvent ni dériver, ni éteindre

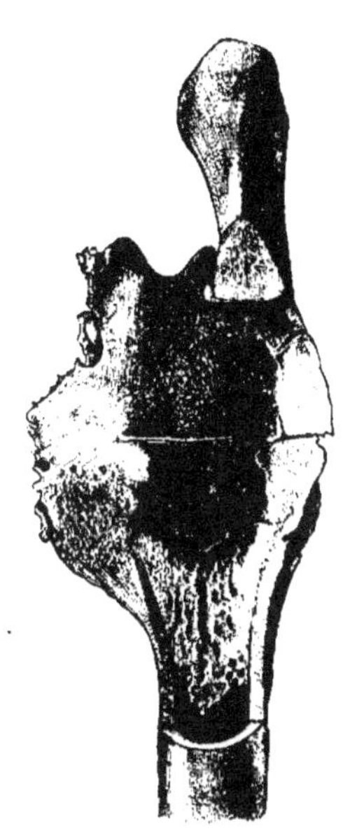

Fig. 481. — Éparvin. Jarret disséqué. Fig. 482. — Coupe transversale verticale d'un jarret atteint d'éparvin.

une phlegmasie articulaire dont les conditions déterminantes subsistent et vont de nouveau faire sentir leurs effets dès la reprise du travail. — On a conseillé l'application sous-cutanée de ces agents (Bassi, Buch). Le traitement de Bassi consiste à faire sur l'éparvin deux ou trois incisions cutanées convergentes en bas; on pratique des mouchetures dans le tissu conjonctif sous-dermique et l'on applique ensuite la préparation vésicante. — Le guérisseur dont parle Cattrall incisait longitudinalement la peau au niveau de l'éparvin, il la détachait des tissus sous-jacents en avant et en arrière, puis il introduisait dans la plaie du sublimé corrosif en poudre et rapprochait les bords de l'incision par trois points de suture. Ce trochisque provoquait souvent la chute d'un lambeau de peau, quelquefois l'ouverture de la synoviale ou une nécrose osseuse.

Les sétons, recommandés autrefois, sont aujourd'hui à peu près complètement abandonnés. On leur préfère, au début, les vésicants et, plus tard, le feu.

La *cautérisation* a une action plus énergique et plus profonde que les vésicants. Les feux en raies ou en pointes superficielles ont encore des partisans. Lanzillotti est resté fidèle au feu transcurrent, qui lui donne une proportion de succès variant de 60 à 70 p. 100. Gerlach étudia autrefois comparativement la cautérisation superficielle et la cautérisation pénétrante; il condamna cette dernière qui, disait-il, exposait à l'arthrite. La pratique moderne a réhabilité le feu en aiguilles. L'arthrite n'est à redouter que si l'opération est mal exécutée ou si les jointures ne sont pas encore protégées par la périostose. On sait, d'ailleurs, que les pointes fines ou les aiguilles peuvent, sans danger, perforer les synoviales articulaires. — Möller, qui emploie d'ordinaire la cautérisation pénétrante, passe une, deux ou trois fois le cautère dans chaque pointe; souvent il complète l'opération par une friction vésicante (pommade au sublimé). — Hoffmann applique au niveau de l'exostose quinze à vingt pointes, l'instrument ne dépassant pas la couche superficielle de la tumeur. — Fröhner opère sur l'animal assujetti debout, un tord-nez enserrant la lèvre supérieure; avec des cautères à pointe longue et fine, il creuse deux ou trois trajets profonds dans la partie centrale de la tumeur osseuse. — Botazzi, comme autrefois de Nanzio, emploie la cautérisation sous-cutanée.

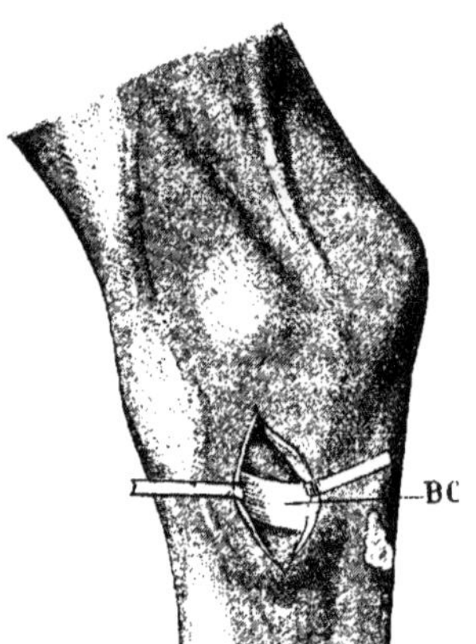

Fig. 183. — Ténotomie cunéenne.
BC. branche cunéenne.

Diverses opérations spéciales ont été préconisées contre l'éparvin.

Abildgaard, Hering, L. Lafosse ont conseillé la *section de la branche cunéenne*. L'opération est facile. Le cheval est couché sur le côté du membre malade, et l'extrémité congénère fixée sur l'avant-bras correspondant. La ligne d'incision est déterminée par l'axe vertical de la face interne du jarret; en opérant trop près du pli, on pourrait blesser la veine saphène ou la synoviale articulaire. Si l'exostose est de petites dimensions, on distingue facilement la bride à sa surface; volumineuse, le plus souvent elle présente une dépression transversale qu'occupe le tendon cunéen. Parfois celui-ci est soulevé ou plus ou moins dévié par la tumeur. — La région préparée, on incise la peau au lieu d'élection et sur une longueur de 3 à 4 centimètres. Lorsque des

frictions ou le feu ont été appliqués, la peau et le tissu conjonctif sont indurés ; il faut quelquefois diviser une épaisse couche
sous-cutanée avant de découvrir le tendon, et l'hémorragie est assez
forte. On coupe le tendon au fond de la plaie ou on le charge sur les
ciseaux, puis on le sectionne avec le bistouri ou l'on en résèque un
lambeau d'un demi-centimètre. On laisse la plaie béante, on en réunit
les bords par deux points de suture, que l'on enlève le lendemain si
l'on n'est pas sûr de l'asepsie. — Quand la plaie est infectée, l'écoulement synovial devient bientôt purulent, persiste plus ou moins abondant pendant une à deux semaines, puis se tarit peu à peu.

Il est souvent avantageux d'associer la section de la branche cunéenne
et la cautérisation. Il ne faut d'ailleurs pas compter obtenir, par la
ténotomie cunéenne, de ces guérisons immédiates dont parlent
Lafosse et Mandel. Relevés, les malades boitent d'ordinaire comme
avant l'opération : les effets de celle-ci ne s'accusent qu'au bout d'un
certain temps. — Le mode d'action de cette ténotomie est complexe :
elle attise les phénomènes inflammatoires, hâte ainsi l'ankylose et,
lorsque la tumeur est volumineuse, elle libérerait la corde tendineuse,
dont la tension peut être une des causes de la persistance de la boiterie (Lafosse). Aussi est-elle surtout indiquée lorsque l'exostose est
de fortes dimensions et le mal ancien.

Dieckerhoff se borne à inciser la gaine cunéenne depuis le pli du jarret
ou l'origine du tendon cunéen jusqu'au petit cunéiforme, sur l'animal
assujetti debout. Après cette intervention, une tuméfaction assez forte
se développe, la plaie suppure ; la cicatrisation a lieu en trois semaines
à un mois. Deux semaines plus tard, l'animal est remis en service. Sur
une série de 36 cas d'éparvin qu'il a ainsi traités, Dieckerhoff aurait
eu 21 guérisons à peu près complètes, 8 améliorations et 7 insuccès.

La périostotomie, pratiquée selon le procédé de Peters, a donné à
Möller de bons résultats. En voici la technique. Le cheval couché
et la face interne du jarret découverte, on coupe les poils sur la partie inférieure de cette région, au niveau de l'éparvin, et l'on aseptise
le tégument. Avec le bistouri, on fait à la peau, sur la ligne inférieure
du jarret, vers son milieu et transversalement, une étroite incision, à
la faveur de laquelle les ciseaux courbes sont engagés sous la peau et
poussés en haut et en avant d'abord, puis en haut et en arrière. Dans
le trajet antérieur, on introduit un bistouri courbe boutonné, le
tranchant dirigé en arrière pour éviter de blesser la saphène. Dès
qu'il a pénétré à la profondeur voulue, on lui imprime un quart de
rotation sur son axe, afin d'en porter le tranchant contre la surface
osseuse; par des pressions exercées sur le dos de l'instrument avec la
main libre, on divise les tissus fibro-tendineux et l'on entame la
couche superficielle de l'exostose. Mêmes manœuvres dans le trajet
postérieur. — Faite aseptiquement, la plaie se cicatrise en quelques jours

et l'opération ne laisse pas de trace. Un repos de quatre à six semaines est nécessaire. Si le résultat est incomplet, on peut employer ensuite la cautérisation.

Le Calvé a obtenu quelques bons résultats par l'ablation de la tumeur osseuse, mais ce n'est pas là une intervention recommandable.

Jusqu'à ces dernières années, la cautérisation pénétrante et la ténotomie cunéenne constituaient, peut-on dire, l'intervention suprême contre les tares osseuses et les arthropathies tarsiennes, la seule réputée capable d'éteindre la douleur dont le jarret atteint d'éparvin ancien est le siège, et par conséquent de faire disparaître la claudication. On considérait comme incurables les éparvins qui, malgré cette intervention, malgré surtout l'application répétée du feu, continuaient à provoquer une boiterie. On avait bien songé à insensibiliser le champ des lésions osseuses et articulaires, mais les tentatives faites dans ce but avaient généralement échoué.

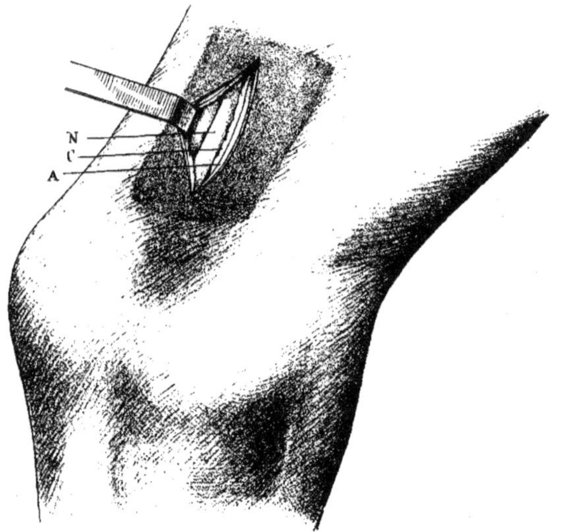

Fig. 484. — Névrotomie du sciatique. — A, aponévrose jambière ; C, couche cellulo-adipeuse sous-aponévrotique ; N, nerf sciatique.

En 1895, Bosi, assistant de chirurgie à l'École vétérinaire de Bologne, reprit la question du traitement, par la névrotomie, des éparvins rebelles à la cautérisation. Des recherches anatomiques lui apprirent que le jarret reçoit des filets sensitifs des deux nerfs situés sur ses faces antérieure et postérieure : — du *tibial antérieur*, branche profonde du sciatique poplité externe, et du *grand sciatique*.

Ainsi que le faisaient prévoir ces données anatomiques, les expériences effectuées sur des chevaux atteints d'éparvin ancien et rebelle ont montré que, pour avoir raison de la boiterie causée par cette affection, il faut pratiquer la double névrotomie du sciatique et du tibial.

La *névrotomie du sciatique* se fait au côté interne du membre, à un travers de main au-dessus de la pointe du jarret. Le cheval couché sur le côté du membre boiteux, fixez le membre postérieur superficiel sur l'antérieur correspondant, au-dessus du genou : la région opératoire est ainsi à découvert. Au lieu d'élection, le grand sciatique est situé presque immédiatement sous l'aponévrose jambière (*fig.* 484). La peau rasée et désinfectée, faites à la hauteur indiquée, à 3 centimètres en avant du tendon des jumeaux, une incision de 4 à 5 centimètres, parallèle à ce tendon. Si un peu de sang coule, arrêtez l'hémorragie par les moyens ordinaires. Incisez l'aponévrose jambière sur la même ligne et dans la même étendue. Pour découvrir le nerf sciatique, il est bon de se servir de la sonde cannelée. On en excise un bout long de 2 à 3 centimètres, en observant les mêmes règles que pour la névrotomie du médian. L'hémorragie arrêtée, on lave la plaie et l'on en réunit les bords par deux points de suture.

Pour la *névrotomie du tibial*, le lieu d'élection est au côté

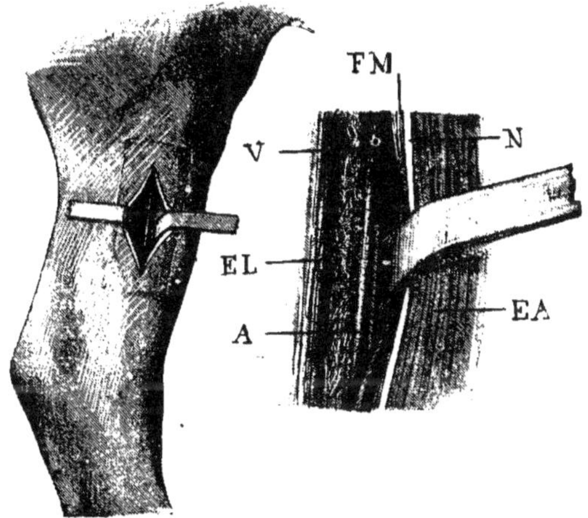

Fig. 485 et 486. — Névrotomie du tibial antérieur. — EA, extenseur antérieur des phalanges ; EL, extenseur latéral ; FM, portion musculaire du fléchisseur du métatarse ; N, nerf tibial ; V, veine tibiale. (L'opération doit être faite un peu plus près du jarret que ne l'indique la figure 485.)

externe de la partie inférieure de la jambe, à peu près à la même hauteur que pour la névrotomie du sciatique. — Le nerf tibial antérieur est situé à la face profonde de l'extenseur antérieur des phalanges, entre ce muscle et la mince portion musculaire du fléchisseur du métatarse, laquelle le sépare de l'artère tibiale et de sa volumineuse veine satellite, vaisseaux qui reposent directement sur la face antérieure du tibia, où ils sont entourés d'une épaisse couche de tissu conjonctif.

La région préparée, on incise la peau et l'aponévrose jambière sur une longueur de 5 à 6 centimètres, au niveau du bord externe du muscle extenseur antérieur des phalanges. On écarte ce muscle de l'extenseur latéral, puis de la couche musculaire du fléchisseur du métatarse, sur la face antérieure duquel on découvre bientôt le nerf tibial. On en excise un lambeau de 2 à 3 centimètres. On ferme la plaie par quelques points cutanés, avec ou sans drainage. — L'opération est facile. Il importe toutefois de l'exécuter méthodiquement, de prendre les précautions nécessaires pour ne pas blesser la veine tibiale, qui soulève fortement la mince couche musculaire du fléchisseur du métatarse dès que l'extenseur antérieur des phalanges est porté en avant.

Les soins consécutifs sont ceux que réclament les plaies opératoires superficielles : lotions antiseptiques biquotidiennes et applications de vaseline ou pansement ouaté les premiers jours. La cicatrisation est plus lente pour la seconde plaie que pour la première.

Les faits relatés par Fröhner, Schimmel, Wyman ont confirmé l'efficacité de cette double opération contre la boiterie de l'éparvin. Wyman a publié les résultats de 91 interventions : sur 55 chevaux, la boiterie a complètement disparu ; sur 18, elle a persisté très atténuée ; sur 4, elle n'a pas diminué notablement. Comme accidents, il accuse 1 cas de septicémie, 3 cas de névrome qui ont nécessité l'excision, 2 cas de fracture de l'os naviculaire et 3 de chute du sabot.

Pour les cas où les lésions tarsiennes sont compliquées de bouleture, après avoir appliqué une ferrure appropriée, on traitera, dans la même séance, l'éparvin et la déviation phalangienne, — celle-ci par la ténotomie. (V. *Bouleture*.)

VIII. — Jarde. Jardon.

Sous les noms de *jarde* ou de *jardon*, on désigne les exostoses et les diverses saillies anormales développées sur la région postéro-externe de la base du jarret, à l'opposite de l'éparvin.

Pour certains auteurs, ces expressions ne seraient pas absolument synonymes. Le *jardon* serait situé à la face externe de la base du jarret et en arrière, près du bord postérieur de cette région ; il y aurait *jarde* quand l'exostose, plus étendue, ferait saillie sur la ligne du profil postérieur du jarret, — lorsque ce profil, au lieu d'être droit, décrirait, au niveau de la tête du métatarsien rudimentaire externe, une courbe saillante plus ou moins accusée.

Cette déformation de la base du jarret peut tenir à des causes multiples. Quelquefois elle est produite par la tête du métatarsien, plus anguleuse, plus forte que de coutume ; on explique ainsi pourquoi tous les produits de certains pur sang, ceux de « Saxifrage », entre autres, semblent jardés (jarde congénitale). — Parfois, on prend pour une jarde une tumeur fibreuse, une véritable nerf-férure du perforant (Barrier) : c'est la variété qualifiée de *jarde tendineuse*. Ainsi que l'a fait remarquer Jacoulet, les végétations situées sur la face postérieure du métatarsien principal, à l'origine du ligament suspenseur du boulet, l'hydropisie de la gaine tarsienne et certains petits kystes développés en cette région peuvent encore donner l'illusion de la véritable jarde, — de la *jarde osseuse*.

Les recherches de Gillet, de Sipierre, de Goubaux et Barrier semblent établir que celle-ci n'altère pas les articulations du jarret ; elle resterait toujours limitée à la tête du métatarsien rudimentaire et au ligament qui l'unit au métatarsien principal ou au ligament postérieur, — localisation qui explique sa bénignité, proclamée de tout temps et exprimée par cette formule aphoristique de Lemichel : « La jarde pardonne toujours ; le suros, souvent ; l'éparvin, jamais ». — Quelques auteurs soutiennent cependant que la jarde peut envahir les jointures tarsiennes et amener une tumeur d'ankylose analogue à celle de l'éparvin. — Quoi qu'il en soit, un fait certain, c'est que peu de jardes provoquent une claudication persistante.

Fig. 487. — A, jarde. (Goubaux et Barrier.)

Excepté les cas où il y a de la ténosite ou des lésions d'ankylose, le plus souvent l'affection ne cause pas de boiterie.

La jarde tendineuse est l'expression d'une phlegmasie du perforant ou de sa bride de renforcement. Les moyens à mettre en œuvre successivement pour la combattre sont le repos, la chaleur humide, le massage, les applications vésicantes et le feu, surtout la cautérisation pénétrante. En pratiquant celle-ci, souvent un liquide d'aspect huileux s'écoule par les pointes, parce que la ténosite est d'ordinaire accompagnée d'hydropisie circonscrite de la gaine tarsienne.

Quant à la véritable jarde, son traitement, analogue à celui de l'éparvin, a aussi pour principaux agents les vésicants et la cautérisation.

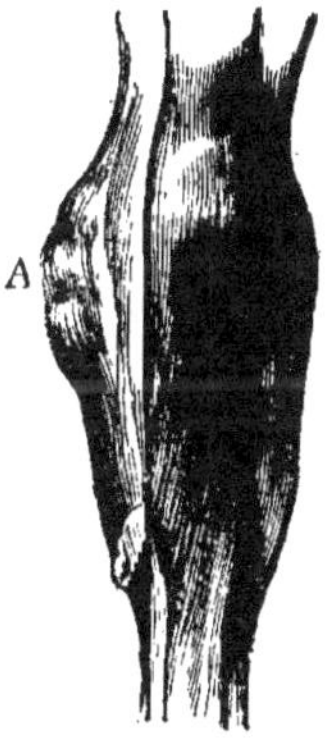

IX. — Courbe.

Les hippiatres appelaient *courbe* l'exostose qui vient d'être étudiée, — la jarde des auteurs modernes. Aujourd'hui, malgré les remarques de Palat et de Sanson, tous les auteurs sont d'accord pour donner ce nom à la néoformation osseuse développée sur la partie interne de l'extrémité inférieure du tibia.

Fig. 488. — A, courbe. (Goubaux et Barrier.)

La courbe est une exostose rare. Les traumatismes et les dilacérations de l'appareil ligamenteux de la face interne du jarret en sont les causes habituelles.

A sa face interne, l'extrémité inférieure du tibia est plus volumineuse, plus étalée qu'à l'état normal. Il n'y a généralement boiterie que pendant la période de développement de l'exostose. Dans certains cas où la claudication persiste plus longtemps, l'ostéite s'est propagée à la jointure tibio-astragalienne.

Le diagnostic est facile, même quand la courbe existe aux deux membres.

Le traitement de la courbe ne diffère point de celui des autres exostoses. Au début, par le vésicatoire ou la pommade au bichromate de potasse, on obtient d'ordinaire la disparition de la boiterie ; parfois même la tumeur osseuse se résout. Si ce moyen ne suffit pas et que la claudication persiste, il faut recourir au feu en pointes pénétrantes.

Quand, exceptionnellement, la courbe descend loin sur le jarret, elle peut donner lieu à une boiterie incurable.

X. — **Plaies articulaires.** — **Arthrite traumatique.**

Les *plaies de l'articulation du jarret*, communes chez le cheval, sont produites le plus souvent par des coups de pied, des coups de fourche, des heurts du jarret contre des corps tranchants ou piquants. Elles se compliquent très fréquemment d'*arthrite*. Celle-ci est quelquefois un accident de la cautérisation pénétrante ou de quelque autre opération pratiquée sur le jarret. — Un gonflement diffus de la région avec une ou plusieurs plaies donnant issue à de la synovie trouble et fétide, une très forte boiterie et une réaction fébrile plus ou moins vive sont les principaux signes de cette affection, laquelle peut s'accompagner de pyémie ou de septicémie. — L'arthrite purulente de la jointure tibio-astragalienne est incurable économiquement. Pour les arthrites intertarsiennes et tarso-métatarsiennes, on obtient facilement la guérison par ankylose.

La haute gravité des plaies pénétrantes du jarret est due à la complexité anatomique de cette jointure, ainsi qu'à la fréquence et à l'étendue des mouvements dont elle est le siège. Qu'elles soient abandonnées à elles-mêmes ou traitées, généralement ces plaies se compliquent d'arthrite purulente. Dans une partie des cas, surtout quand elles sont l'objet d'une intervention hâtive par les antiseptiques, elles se cicatrisent sans laisser aucune suite.

On a relaté des observations de guérison de ces plaies par les traitements les plus divers. Signalons les quelques succès obtenus par la méthode antiphlogistique (Corroy, Auboyer), par la cautérisation des fistules (Desmoulières, Arnal, Feuvrier), par le tannin (Caussé), la pâte camphrée (Delwart), le bandage amidonné (Guilmot), l'eau de Rabel, la pâte de Plasse (Marès). — Les frictions vésicantes sur les deux faces du jarret, conseillées par Tisserant et Rey, ont été souvent associées aux caustiques introduits dans les fistules. Ayant à traiter une plaie pénétrante de la face interne du jarret, déterminée par un clou, Rey fit jusqu'à six cautérisations au sublimé ; le cheval guérit. — Dans le cas de Saussol, la synoviale était ouverte, en dedans, sur une étendue de 1 centimètre ; on égalisa les bords de la plaie avec des ciseaux, on fit une suture entortillée et l'on appliqua sur toute la face interne de la région une couche de moutarde délayée dans du vinaigre. Vingt jours après, la bête reprit son service. — Duvieusart traita par l'eau froide une plaie pénétrante du jarret, si large que le doigt pénétrait dans la jointure, et déjà accompagnée de réaction fébrile avec symptômes généraux très accusés. La guérison était complète au bout d'un mois.

L'égyptiac n'a pas été trouvé moins avantageux que pour les plaies pénétrantes des autres jointures. Dans un cas de plaie articulaire grave du jarret, qui avait résisté aux émollients et à l'eau de Rabel, Verrier obtint la guérison en dix jours. L'observation I du mémoire de Salle a trait à une jument qui eut l'articulation ouverte par un coup de pied. Dix jours de traitement à l'égyptiac suffirent à la guérison. — Mentionnons aussi les cures obtenues par la glycérine en injections dans la fistule.

Mais avec tous ces traitements les revers ont été nombreux. On doit leur préférer les agents antiseptiques. Le sublimé ou le nitrate d'argent introduits dans la fistule (Barthes, Ribaud) ne valent pas les injections de Van Swieten. — Lorsque l'infection a diffusé dans la jointure, que l'arthrite purulente est généralisée, et à plus forte raison quand il existe des lésions osseuses graves, comme dans le cas de Barreau, où le cuboïde était fracturé, on doit renoncer à la cure.

XI. — **Éparvin sec.**

Fréquent chez le cheval, signalé aussi chez le mulet, l'âne et le bœuf, l'*éparvin sec* — le *harper* — est une affection des membres postérieurs caractérisée par la *flexion brusque, comme convulsive du jarret* pendant l'exercice. D'ordinaire, il se développe lentement, s'accentue peu à peu, mais il est des chevaux sur lesquels il apparaît brusquement et sans cause évidente. — Aux membres antérieurs, on observe quelquefois une anomalie analogue.

Anomalie fonctionnelle symptomatique d'affections diverses, le harper est dans certains cas peu accusé ; dans d'autres, il est si prononcé que le sabot vient toucher la paroi abdominale (*fig.* 489). En général, c'est au pas ou quand le sujet tourne sur le membre atteint qu'on l'observe le mieux ; il est moins visible au trot et au galop. Tantôt il se produit seulement au début du travail et disparaît lorsque l'animal est échauffé ; tantôt il est moins accusé après un certain temps d'exercice ; tantôt, enfin, il persiste au même degré, malgré le travail prolongé.

Les opinions les plus dissemblables ont eu cours au sujet de sa nature. Nombre d'auteurs ont admis qu'il était l'expression de *lésions articulaires*. Les hippiatres localisaient au jarret les lésions de l'éparvin sec ; souvent ils avaient constaté celui-ci sur des sujets atteints d'*éparvin calleux*. Dans un cas, Natté a trouvé sur les surfaces articulaires du tibia et de l'astragale des érosions rougeâtres à bords irréguliers. Busteed a prétendu que le harper avait pour unique siège le jarret, et qu'il était dû à des ulcérations de la surface articulaire de l'astragale. Il ne fut pas difficile à Varnell et à Flemming de confondre le docteur américain : il avait pris pour un ulcère la fossette synoviale dont la surface articulaire de l'astragale est creusée ! — Rigot, Rey,

Fig. 489. — Cheval atteint d'éparvin sec. (D'après une photographie.)

Leblanc ont constaté de réelles altérations de la jointure tibio-astragalienne : modifications du liquide, lésions de la synoviale, corps étrangers articulaires, usure et rayures des cartilages. — Chez des chevaux qui harpaient du devant, Goubaux et Barrier ont trouvé des rayures de l'articulation huméro-radiale ; chez certains harpeurs du derrière, ils en ont vu dans les articulations fémoro-tibiale, fémoro-rotulienne, tibio-astragalienne. — Mais, tandis que ces lésions font assez souvent défaut chez les animaux qui éparvinent, on en peut rencontrer, dans les mêmes articulations, chez des chevaux n'ayant jamais été atteints d'éparvin sec. — Coménya rattaché celui-ci à la sécheresse des synoviales articulaires et tendineuses du jarret, amenée par une *maladie de la moelle*. — L'articulation du jarret n'a pas été la seule incriminée. Villate, ayant à combattre sur un harpeur une lésion de l'articulation fémoro-rotulienne, appliqua le feu et vit disparaître la lésion articulaire et le harper. Pastureau a émis l'idée que l'éparvin sec et la crampe, chez les monodactyles, n'étaient que deux variétés ou deux degrés d'une seule et même affection, ayant son siège dans l'articulation fémoro-rotulienne, et consistant en l'accrochement du *ligament fémoro-rotulien interne* au-dessus du rebord correspondant de la trochlée. « Si cet accrochement est incomplet, dit Pastureau, les muscles fléchisseurs, entrant en action, ne rencontrent qu'une résistance promptement vaincue, à laquelle succède une flexion subite, comme convulsive, portée à un plus haut degré que dans l'état normal, et constituant le symptôme connu sous le nom de *harper*. Si, au contraire, l'accrochement est complet, l'animal se trouve dans l'impossibilité de fléchir le membre et la crampe existe. » (V. *Pseudo-luxation rotulienne*.)

Beaucoup ont attribué l'éparvin sec à des *lésions musculaires, tendineuses* ou *aponévrotiques*. Pour Lafosse et Bourgelat, il s'agissait d'une lésion des muscles fléchisseurs du tarse, ou d'une lésion des nerfs qui s'y distribuent. Boccar et Brogniez ont incriminé le raccourcissement des muscles de la région jambière antérieure. Brogniez aurait déterminé expérimentalement l'éparvin sec en plaçant une cheville de bois entre le métatarse et le tendon de l'extenseur latéral des phalanges, de façon à tendre celui-ci. — L. Lafosse ne voyait dans le harper qu'un mode de perversion de la contractilité musculaire. Ce n'est, dit-il, « qu'une contraction spasmodique des muscles fléchisseurs du métatarse ; plusieurs fois, nous l'avons fait disparaître par la section de l'un ou de plusieurs de ces muscles, que nous n'avons jamais trouvés dans cet état de rétraction permanente, considéré par les auteurs belges comme la cause de l'éparvin sec ». — Hertwig plaçait la cause de l'éparvin sec dans la « tension outrée des releveurs de la cuisse », et recommandait, pour le combattre, la section du *fascia lata*. Les Gunther invoquaient une insuffisance des muscles de la croupe. Delafond croyait à une tension maladive de l'aponévrose jambière, opinion reprise par Dieckerhoff. Après une étude minutieuse du rôle que doivent jouer les aponévroses dans la locomotion, le professeur de Berlin a prétendu que l'éparvin sec était dû au raccourcissement de l'aponévrose jambière, entraînant à la longue l'atrophie des muscles fléchisseurs du métatarse. Orillard rattachait le harper à des dilacérations des muscles de la fesse et de la région jambière postérieure, ou à des ruptures partielles de la corde du jarret.

L'*étiologie nerveuse* de l'éparvin sec a, de bonne heure, compté des partisans. Nous avons cité déjà Lafosse et Bourgelat. Youatt et Spooner attribuaient le harper à des lésions du grand sciatique, lequel « irrite trop violemment » les muscles fléchisseurs. Percivall le rapportait à des contractions musculaires désordonnées, provoquées par une affection de la moelle ou des nerfs du membre postérieur. A l'autopsie des chevaux atteints d'éparvin sec, Renner aurait trouvé une inflammation chronique du nerf grand sciatique, et, selon lui, les contractions spasmodiques des muscles fléchisseurs du tibia et du jarret doivent être rapportées à cette névrite chronique. Vachetta, reprenant la théorie de Renner, interprète les faits autrement : d'après lui, la parésie des muscles innervés par le grand sciatique (biceps fémoral, demi-tendineux) entraînerait la flexion outrée des muscles antérieurs de la jambe. Pour Merle, Rousseau, Comény, l'éparvin sec serait déterminé par des lésions médullaires.

Quelques auteurs rattachent le harper à des *altérations du pied*. Watrin a formulé une théorie que Weber, Lavalard et Montagnac acceptent pour certains cas d'éparvin sec. La voici en résumé : Par l'action des tendons fléchisseurs du doigt, la flexion du jarret entraîne forcément celle des phalanges ; or, supposons que, par une cause quelconque, la flexion des phalanges rencontre un obstacle, l'animal fera un effort pour vaincre cet obstacle ; si celui-ci disparaît brusquement, en raison de la force déployée, la flexion sera exagérée, ce qui, dans certains cas, produira le harper. Watrin accuse particulièrement le resserrement du quartier externe et l'enroulement du cartilage correspondant, lequel, venant buter sur la face postérieure de la deuxième phalange, constitue un obstacle au libre fonctionnement des phalanges et produit au départ l'éparvin sec. — Pour Chénier aussi, l'éparvin sec est dû à une lésion des tissus intracornés, le plus souvent à des douleurs, à des compressions qui se produiraient à certains moments de la marche. A l'appui de son opinion, il rappelle que les chevaux atteints de seime, en pince, ou en mamelle, et ceux qui ont éprouvé des déformations des pieds postérieurs (fourbure), harpent fréquemment. Il fait remarquer que l'accident diminue par l'exercice, — les tissus du pied s'habituant aux irritations douloureuses qu'ils subissent ; que s'il avait son siège dans les muscles, les tendons ou les aponévroses, l'irrégularité de l'allure devrait augmenter par l'exercice.

Berton explique le harper par l'*automatisme tarsien*. Sur le cadavre encore chaud ou lorsqu'elle a été disséquée, l'articulation du jarret fonctionne à la manière d'un ressort, lorsque le mouvement d'ouverture ou de fermeture est commencé. Ce fonctionnement passif tient à la disposition des surfaces articulaires tibio-astragalienne et à celle des ligaments latéraux. Pour sa mise en jeu, il exige certaines incidences angulaires : 127 à 130° sur un jarret normal ouvert à 170°. Dans le pas normal, l'angle minimum de fermeture n'atteignant pas 130°, le ressort tarsien reste étranger à la flexion du canon sur la jambe. Toute altération d'une région quelconque du membre susceptible d'exagérer de quelques degrés la fermeture de l'angle tibio-métatarsien provoque la mise en jeu de ce ressort et le harper.

A l'exemple de Gunther, beaucoup d'auteurs (Dieckerhoff, Bassi, Trasbot, Weber, Chuchu, Möller) admettent que l'éparvin sec est un symptôme d'affections fort disparates. On a reconnu un *éparvin sec idiopathique*, sans lésion provocatrice apparente, et un *éparvin sec symptomatique*, déterminé par des lésions de nature et de siège variables (tares osseuses du jarret, crevasses, atteintes, seime, fourbure chronique, javarts cutanés et tendineux, kéraphyllocèle, crapaud).

En définitive, l'éparvin sec est toujours secondaire, symptomatique. Les contractions spasmodiques qui le caractérisent essentiellement sont d'ordre réflexe, provoquées par des lésions très diversifiées dans leur essence et leur localisation, quelquefois apparentes, d'autres fois indiagnosticables, souvent incurables.

Nombreux ont été les traitements conseillés pour combattre l'éparvin sec. Nous ne parlerons que pour mémoire des antispasmodiques (belladone, aconit, stramoine) employés par Renner pour vaincre le « spasme des muscles cruraux postérieurs ». Vachetta aurait eu des succès par l'acupuncture et les frictions irritantes sur la région du biceps fémoral et du demi-tendineux, muscles qui, pour lui, sont en voie d'atrophie. — Il n'y a guère à espérer des frictions vésicantes et du feu appliqués sur le jarret.

Quelques-uns des auteurs qui, comme Percivall, Lafosse, Merle, admettent une lésion nerveuse, ont essayé la névrotomie du *tibial antérieur* (V. *Éparvin*). Elle n'a donné que des résultats médiocres ou nuls.

La *section du grand sciatique* (nerf tibial postérieur), au-dessus du jarret, réussit quand la lésion provocatrice siège dans les parties inférieures du membre. (V. *Nerf-férure*.)

Boccar a recommandé la *section du tendon de l'extenseur latéral des phalanges*. Ayant trouvé, sur un harpeur, le tendon du muscle péronéo-préphalangien très rétracté et dur, il le sectionna au point où ce tendon se réunit à celui du fémoro-préphalangien et obtint une guérison définitive. — Pour faire l'opération, l'animal est couché sur le côté opposé au membre atteint ; celui-ci est laissé dans l'entravon ou porté sur l'antérieur correspondant. La peau est rasée et désinfectée au lieu d'élection ; le ténotome droit est implanté au bord postérieur du tendon, puis glissé sous lui vers le milieu de sa portion métatarsienne ; le ténotome courbe est ensuite substitué au ténotome droit. On en dirige le tranchant contre le tendon et on le sectionne. Recouverte de collodion, la plaie se cicatrise rapidement par première intention. — On a conseillé d'enlever quelques centimètres de tendon (Delwart), mais cette pratique n'a aucun avantage et elle peut retarder la guérison du trauma. — L'animal relevé, il n'est pas rare de voir les phalanges s'étendre insuffisamment, le boulet fléchir en avant et venir toucher le sol ; après quelques pas, la régularité de l'allure se rétablit. Il est des cas où, comme dans le premier fait de Boccar, le harper cesse immédiatement. Plus souvent l'irrégularité dans les mouvements de flexion disparaît graduellement, pendant la durée de la cicatrisation ou par l'exercice. Il y aurait avantage à faire marcher l'opéré dans les jours qui suivent l'intervention.

Cette ténotomie aurait procuré d'assez nombreux succès (Delwart, Brogniez, Fœlen, Trinchera, Palat, Sergent, Guittel, Gérard, Humbert, Adrian, Blaise). — Sergent a opéré quatorze chevaux avec les résultats suivants : neuf guérisons complètes, quatre presque complètes et une amélioration. — Adrian et Schelameur ont eu quatre succès, un demi-succès et un échec ; Blaise, deux guérisons complètes et un insuccès. — Nous avons été moins heureux. Pas plus que Siedamgrotzky, nous n'avons réussi à provoquer l'éparvin sec en procédant comme Brogniez, et sur trois harpeurs le résultat de la section du tendon extenseur latéral des phalanges a été nul.

Selon Dieckerhoff, il est préférable, pour l'éparvin sec ancien surtout, de couper à la fois ce tendon et l'aponévrose jambière. Le cheval couché comme il vient d'être dit, la jambe est enserrée au-dessus du jarret, au moyen d'une corde ou d'une ligature élastique, afin d'empêcher l'afflux du sang et de rendre l'aponévrose jambière plus abordable à l'endroit de l'opération. On incise la peau au-dessous du jarret, sur le tendon terminal du péronéo-phalangien ; dans l'ouverture, on introduit le ténotome boutonné, on le place sur l'aponévrose jambière que l'on coupe transversalement, en pressant sur l'instrument avec la main gauche. Ensuite le ténotome pointu est engagé sous le tendon terminal de l'extenseur latéral des phalanges, que l'on divise également en travers. Pour cette seconde partie de l'opération, on peut se servir du ténotome courbe. — Wolff a obtenu plusieurs succès en suivant la technique de Dieckerhoff.

Pour Bassi, la *section du ligament tibio-rotulien interne* est l'intervention qui offre le plus de chances de succès. (V. *Pseudo-luxation rotulienne.*)

Hertwig a préconisé la *section du fascia lata*, tenseur de l'aponévrose jambière. Le cheval couché sur le côté opposé, on fait au bord externe du muscle, à 8-10 centimètres au-dessous de l'angle de la hanche, une courte incision dans laquelle on introduit une sonde cannelée que l'on glisse sous la portion charnue du muscle. Le bistouri droit, guidé par cette sonde, divise le muscle de la profondeur à la superficie. Par cette myotomie, Bassi a guéri un mulet.

On a essayé aussi la section de la *corde du fléchisseur du métatarse*. Le cheval est couché sur le membre malade et le membre postérieur superficiel porté sur l'avant-bras de l'antérieur correspondant. A la limite du tiers inférieur et du tiers moyen du tibia, avec le ténotome droit on ponctionne la peau, l'aponévrose jambière, et l'on engage l'instrument sous la corde. On le remplace par le ténotome courbe, puis on coupe le tendon d'arrière en avant. Une couche de collodion iodoformé occlut la plaie ; la cicatrisation est rapide. Mais, le plus souvent, le harper continue comme devant.

Parer le pied d'aplomb, en prenant pour guide l'axe de la région digitée, et combattre l'encastelure si elle existe : telles sont les deux indications du *traitement de Watrin*. Le pied, déferré, est enveloppé de cataplasmes d'argile pendant plusieurs jours ; on applique un fer pourvu au bord interne des éponges de deux pinçons obliques de haut en bas, de dedans en dehors. Tous les dix ou douze jours, le fer est ouvert à froid : les pieds s'élargissent, les cartilages « assouplis ne viennent plus buter contre la deuxième phalange ». Chez certains chevaux encastelés ou dont les talons sont serrés, le harper s'atténue peu à peu et disparaît par ce traitement (Weber, Montagnac).

Sur un cheval atteint d'éparvin sec aux deux membres, nous avons fait successivement, sans résultat appréciable, la section du nerf tibial antérieur, du tendon extenseur latéral des phalanges, des nerfs plantaires au-dessous du boulet et de la corde du fléchisseur du métatarse. Nous nous proposions de couper le ligament rotulien interne, mais l'animal ne nous fut pas ramené. — Pour un autre sujet atteint d'éparvin sec très accusé au membre droit (*fig.* 489), nous avons fait la section du sciatique : quatre jours après l'opération, le fonctionnement du membre était normal. Un mois plus tard, le sabot se décolla et l'animal dut être sacrifié. L'irrégularité de l'allure n'avait pas reparu.

On voit que la thérapeutique de l'éparvin sec n'est pas moins complexe que son étiologie. Pour le combattre efficacement, il en faut d'abord rechercher la cause. Faire rétablir l'aplomb du pied s'il est défectueux, traiter les lésions douloureuses qui peuvent exister, pratiquer l'opération de Boccar, la desmotomie rotulienne, la névrotomie du sciatique ou la section de ce nerf et celle du tibial antérieur : telles sont les indications qui se présentent le plus habituellement.

Nous sommes actuellement sans ressources contre le harper lié soit aux lésions médullaires, soit aux affections musculaires ou nerveuses des régions supérieures du membre.

Pour les rares cas de harper des membres antérieurs, si l'anomalie ne disparaît pas par une bonne ferrure, on essayera la section des nerfs plantaires ou celle du médian.

Bibliographie. — I. Capelet. — ROUELLE, *Mém. de la Soc. vét. du Calvados*, 1837. — PERCIVALL, *The Veterinarian*, 1849, an. in *Recueil de méd. vét.*, 1850. — *Journal de méd. vét.*, 1851. — LEBLANC, *Recueil de méd. vét.*, 1849. — VERRIER, *Ibid.*, 1857. — CAMBRON, *Annales de méd. vét.*, 1852. — HERTWIG, *Magazin*, 1851. — ACKERMANN, *Sächs. Jahresber.*, 1859. — LIARD, *Journ. de méd. vét. milit.*, 1864. — NEUBARTH, *Zeitschr. für Veterinärkunde*, 1890. — FURLANETTO, *Le Progrès vét.*, 1889. — WEBER, *Recueil de méd. vét.*, 1893. — PICHON, *Annales de méd. vét.*, 1897. — LANZILLOTTI-BUONSANTI, *La Clinica vet.*, 1897. — SCHMIDT, *Monatshefte für Thierheilkunde*, 1899. — VERAIN, *Recueil d'hyg. et de méd. vét. milit.*, 1900. — SCHIEL, *Berliner thierärztl. Wochenschr.*, 1901.

II. Luxation du tendon perforé. — STOCKFLETH, *Tidsskrift de Copenhague*, 1856. — TRÉLUT, *Journ. des vét. du Midi*, 1865. — HAGEN, *Preuss. Mittheilungen*, 1867. — VOGLER, *Ibid.*, 1872. — BURCK, *Recueil de méd. vét.*, 1892. — FAURIE et LE CALVÉ, *Ibid.*, 1894. — DROUET, *Journ. de méd. vét.*, 1892, et *Recueil d'hyg. et de méd. vét. milit.*, 1896. — BECK, WILLUMSEN, *Maanedsskr. de Copenhague*, 1894-95. — SCHIMMEL, *Tijdschr. d'Utrecht*, 1896. — CHAUVRAT, HERBINET, *Recueil d'hyg. et de méd. vét. milit.*, 1900.

III. Fractures des os du tarse. — REY, *Journal de méd. vét.*, 1857. — ROSENKRANZ, *Sächs. Jahresber.*, 1858-59. — HAASE, *Preuss. Mittheil.*, 1868. — BULMER, *The Veterinarian*, 1869. — BRÄUER, *Sächs. Jahresber.*, 1871. — DETROYE, *Recueil de méd. vét.*, 1891. — FURLANETTO, *Le Progrès vét.*, 1892. — HOHENLEITNER, *Berliner thierärztl. Wochenschr.*, 1894. — BERG, *Maanedsskrift de Copenhague*, 1896.

IV. Entorse et luxations. — BLAVETTE, *Recueil de méd. vét.*, 1836. — RÜFFERT, *Thierärztl. Mittheil.*, 1854. — REY, *Journal de méd. vét.*, 1857. — HAUBNER, *Dresden. Bericht*, 1859. — VIDAL, *Annales de méd. vét.*, 1865. — TOWSHEND, *American vet. Review*, 1883. — GAVARD, *Journal de méd. vét.*, 1890. — VAN VYVE, *Annales de méd. vét.*, 1895. — MEDERREUTHER, *Wochenschr. für Thierheilkunde*, 1897. — AMICHAU, *Journal de méd. vét.*, 1897.

V. Hydarthrose. — DARD, *Recueil de méd. vét.*, 1831. — RÖTTGER, *Magazin*, 1845. — BOULEY, *Recueil de méd. vét.*, 1847. — LEBLANC, *Ibid.*, 1849. — REY, *Journ. de méd. vét.*, 1847. — GLOAG, *The Veterinarian*, 1851. — DIETERICHS, *Gürlt u. Hertwig's Magazin*, 1857. — SANTY, *The vet. Journal*, 1883. — ZIMMER, *Wochenschr. für Thierheilkunde*, 1890. — LANZILLOTTI-BUONSANTI, *La Clinica vét.*, 1895. — SCHMIDT, *Thierärztl. Centralblatt*, 1895. — PEUCH, *Journ. de méd. vét.*, 1896. — LE CALVÉ, *Recueil de méd. vét.*, 1899. — BALDONI, *La Clinica vet.*, 1900.

KYSTE SYNOVIAL DU CREUX DU JARRET. — JOUANNE, *Bull. de la Soc. de méd. vét. pratique*, 1899 et 1900. — C. LESBRE et MATHIS, *Journ. de méd. vét.*, 1900 et 1901.

VI. Éparvin calleux. — SOLLEYSEL, *Le parfait maréchal*. Paris, 1664. — ABILDGAARD, *Unterricht von Pferden*. Leipzig, 1771. — LAFOSSE, *Cours d'hippiatrique*, 1772. — VIERORDT, *Prakt. Handbuch für Thierärzte*. Karlsruhe, 1800. — ROHLWES, *Magazin*, 1801. — HAVEMANN, *Anleitung zur Beurtheilung des äusseren Pferdes*. Hannover, 1805. — D'ARBOVAL, *Dict. de méd. et de chir. vét.*, 1828. — GOODWIN, *The Veterinarian*, 1830. — SEWELL, *Ibid.*, 1835. — HERTWIG, *Magazin*, 1836. — SCHRADER, *Ibid.*, 1837 et 1839. — TRÆGER, *Ibid.*, 1839. — PERCIVALL, *The Veterinarian*, 1846, et *Lameness in the Horse*. London, 1849. — BOULEY, *Recueil de méd. vét.*, 1849-50. — SCHRADER, *Gürlt u. Hertwig's Magazin*, 1860. — MANDEL, *La Clinique vét.*, 1862. — PETERS, *Adam's Wochenschr.*, 1863. — ANACKER, *Thierarzt*, 1864. — ROLOFF, *Virchow's Archiv*, 1866. — SCHÜTZ, *Ibid.*, 1869. — CATTRALL, *Annales de méd. vét.*, 1867. — DIECKERHOFF, *Der Spat*. Berlin, 1875. — MÖLLER, *Berlin. Archiv*, 1880. — ARONSOHN, *Inaugural Dissert*. Giessen, 1893. —

Albrecht, *Wochenschr. für Thierheilkunde*, 1897. — Fröhner, *Monatshefte für Thierheilkunde*, 1897-98. — Eberlein, *Ibid.*, 1897. — Reinhold, *Berl. thierärztl. Wochenschr.*, 1897. — Magnin, Barrier, *Bull. de la Soc. cent. de méd. vét.*, 1898. — Jacoulet, Joly, Trasbot, Weber, Sanson, Barrier, *Ibid.*, 1898. — Cadéac, *Journ. de méd. vét.*, 1898. — Christiani, *Deutsche thierärztl. Wochenschr.*, 1898. — Hess, *Schweizer Archiv*, 1898. — Bosi, *Il nuovo Ercolani*, 1898. — Mörkeberg, *Maanesdskrift de Copenhague*, 1899. — Macqueen, *The Journal of comp. path. and therap.*, 1899. — Knipscheer, *Tijdschr. d'Utrecht*, 1899. — Paimans, *Ibid.*, 1900. — Lubke, *Zeitschrift für Veterinärkunde*, 1899. — Nordheim, Plosz, Bela, *Ibid.* — Hoffmann, *Ibid.*, 1900. — Almqvist, *Tidsskrift de Stockholm*, 1899. — Falck, *Ibid.*, 1901. — Schimmel, *Oesterr. für Thierheilkunde*, 1899. — Vogt, *Wochenschr. für Thierheilkunde*, 1899. — Le Calvé, *Recueil de méd. vét.*, 1899. — Vennerholm. *Zeitschr. für Thiermed.*, 1900. — Schwendimann, *Schweizer Archiv*, 1900. — Martin, *Americ. vet. Review*, 1900. — Baldoni, *La Clinica vet.*, 1900. — Joly et Vivien, *Bull. de la Soc. cent. de méd. vét.*, 1901. — Barrier, Vivien, Berton, *Ibid.*, 1902. — Liénaux, *Annales de méd. vét.*, 1902. — Cadiot, *Recueil de méd. vét.*, 1902. Bouley, *Diction. vét.*, t. X. — Lafosse, *Pathol. vét.*, t. II. — Williams, *The principles and pratice of veterinary Surgery*. — Goubaux et Barrier, *De l'extérieur du cheval.* — Bayer, *Lehrbuch der veterinär-Chirurgie.* — Lanzillotti-Buonsanti, *Kraukheiten der Gelenke*, in *Handbuch der thierarztl. Chirurgie* von Bayer u. Fröhner.

VII. Jarde. — Pritchard, an. in *Journal de méd. vét.*, 1891. — Barrier, *Bull. de la Soc. cent. de méd. vét.*, 1891. — Jacoulet, *Ibid.*, 1891. — Goubaux et Barrier, *Op. cit.*

VIII. Courbe. — Palat, *Bull. de la Soc. cent. de méd. vét.*, 1877. — Barrier, *Ibid.*, 1891. — Goubaux et Barrier, *Op. cit.* — Jacoulet et Chomel, *Traité d'hippologie.*

IX. Plaies articulaires. Arthrite. — Renault, *Recueil de méd. vét.*, 1827. — Saussol, *Ibid.*, 1831. — Gérard, *Ibid.*, 1831. — Delwart, *Journal vét. et agricole de Belgique*, 1842. — Straub, *Journal de méd. vét.*, 1850. — Olivier, *Ibid.*, 1851. — Kirchner, *Gürlt u. Hertwig's Magazin*, 1852. — Dekker, *Ibid.*, 1854. — Simonin, *La Clinique vét.*, 1862. — Faure, *Journal des vét. du Midi*, 1862; et *Recueil de méd. vét.*, 1862. — Leisering, *Sächs. Jahresber.*, 1867 et 1872. — Bräuer, *Ibid.*, 1870. — Lungwitz, *Ibid.*, 1873. — Hugues, *Annales de méd. vét.*, 1871. — Maris, *Ibid.*, 1873. — Barreau, *Bull. de la Soc. cent. de méd. vét.*, 1877. — Andrieu, *Archives vét.*, 1882. — Ribaud, *Recueil d'hygiène et de méd. vét. milit.*, 1895. — Morisot, *Ibid.*, 1896. — Strebel, *Schweizer Archiv*, 1895. — Labat, *Revue vét.*, 1896. — Roy, *Ibid.*, 1897. — Gagne, *Ibid.*, 1901. — Menveux, *Bull. de la Soc. cent. de méd. vét.*, 1898. — Morel, *Bull. de la Société des sciences vét. de Lyon*, 1900. — Pécus, *Journal de méd. vét.*, 1901. — Hink, *Deutsche thierärztl. Wochenschrift*, 1901.

X. Éparvin sec. — **A. Chez le cheval.** — Percivall, *Recueil de méd. vét.*, 1824. — Rodet, *Journal prat. de méd. vét.*, 1826. — Natté, *Recueil de méd. vét.*, 1836. — Renner, *Hahnentritt. Iena*, 1844. — Boccar, *Annales de méd. vét.*, 1845-47. — Brogniez, *Ibid.*, 1846. — Pastureau, *Journal des vét. du Midi*, 1849. — Haubner, *Dresdener Bericht*, 1858. — Busteed, an. in *Recueil de méd. vét.*, 1861. — Dieckerhoff, Vigezzi, *Ibid.*, 1887-1876. — Palat, *Journal de méd. vét. milit.*, t. III. — Flemming, *Annales de méd. vét.*, 1865. — Gérard, *Ibid.*, 1871. — Aubry, Génée, *Recueil de méd. vét.*, 1865. — Beaufils, *Ibid.*, 1866. — Siedamgrotzky, *Dresdener Bericht*, 1875. — Oreillard, *Archives vét.*, 1881. — Chénier, *Ibid.*, 1882. — Dieckerhoff, an. in *Ibid.*, 1884. — Bassi, *Il Med. vet.*, 1885. — Decroix et Montagnac, *Bull. de la Soc. cent. de méd. vét.*, 1885. — Humbert, *Ibid.*, 1887. — Klemm, *Annales de méd. vét.*, 1887. — Santini, *La Clinica vet.*, 1889. — Serafini, *Ibid.* — Maris, *Recueil de méd. vét.*, 1890. — Sergent, *Ibid.*, 1891. — Wolff, *Ibid.*, 1891. — Merle, *Bull. de la Soc. cent. de méd. vét.*, 1892. — Wittlinger, *Berliner thierärztl. Wochenschr.*, 1892. — Boellmann, *Recueil d'hygiène et de méd. vét. milit.*, 2e série, 1892. — Adrian, *Ibid.* — Sergent, *Ibid.*, 1888. — Rousseau, Benjamin, Barrier, Lavalard, Cagny, Comény, *Bull. de la Soc. cent. de méd. vét.*, 1894. — Jacoulet, *Recueil d'hygiène et de méd. vét. milit.*, 1896. — Curties, *Amer. veterinary Review*, 1896, an. in *Clinica vet.*, 1896. — Möbius,

Sächs. Jahresbericht, 1896. — Uhlich, *Ibid.*, 1896. — Friis, *Maanedsskrift de Copenhague*, 1896. — Lanzillotti, *La Clinica vet.*, 1898. — Knipscheer, *Tijdschrift d'Utrecht*, 1901. — De Jong, *Ibid.*, 1901. — Vigiani, *Il nuovo Ercolani*, 1901. — Berton, *Revue vét.*, 1902.
B. Chez le bœuf. — Furlanetto, *Le Progrès vét.*, 1891. — Savio, *Il Med. vet.*, 1886.

VII. — AFFECTIONS DU CANON ET DES TENDONS.

I. — Hygroma.

L'*hygroma du canon*, toujours localisé à la face interne de cette région, est provoqué par les heurts de la branche interne du fer ou du quartier correspondant du sabot chez les animaux à allures irrégulières, et parfois, accidentellement, sur des sujets dont les aplombs sont bons et les allures normales.

Ses caractères varient. Tantôt il est chronique, se montre sous l'aspect d'une tumeur molle, fluctuante, élastique, bien délimitée, sans phénomènes inflammatoires manifestes. Tantôt aigu, phlegmoneux, il forme une tumeur chaude, sensible, qui occupe une étendue variable du canon, quelquefois toute sa hauteur ; sa périphérie est indurée, sa partie centrale fluctuante.

L'hygroma kystique doit être traité par la ponction et l'injection iodée ou par la cautérisation en pointes pénétrantes. — Quand la cavité est spacieuse, surtout lorsqu'elle s'étend à la plus grande partie de la hauteur du canon, il convient de l'inciser en sa partie déclive, de placer un drain et de faire dans la poche des injections antiseptiques. Le séton passé verticalement dans la cavité est moins recommandable.

Le traitement de l'hygroma purulent est celui des abcès.

II. — Plaies du canon. — Section des tendons.

Produites par des instruments piquants, tranchants ou contondants, les *plaies* du canon sont limitées à la peau ou elles atteignent les os, les tendons, les synoviales tendineuses. — Les lésions osseuses guérissent facilement ; quand le périoste est détruit et que la plaie suppure, il est de règle de voir s'éliminer une esquille. — Les blessures synoviales (piqûres par dents de fourche, coupures) se compliquent le plus souvent de synovite suppurée. — Quant aux plaies tendineuses, leurs symptômes et leur gravité varient beaucoup avec le tendon lésé et suivant que la section est complète ou incomplète. Les sections complètes, par les symptômes fonctionnels qu'elles déterminent, sont facilement reconnues ; nous en rapprocherons les sections complètes au niveau du paturon, en raison de la similitude des troubles fonctionnels et du traitement. — Si la section intéresse les tendons extenseurs des phalanges, la région digitée ne s'étend plus sur le boulet, la pince traîne sur le sol, mais l'appui se fait normalement. — Quand la plaie intéresse les tendons fléchisseurs, elle peut porter sur le perforé, le perforant ou sur les deux tendons à la fois ; quelquefois c'est le suspenseur qui est divisé. Elle s'exprime dans tous les cas par un abaissement du boulet, d'autant plus accusé que la division est plus complète. Si, comme dans le fait de Lapôtre, le perforé seul est coupé, le boulet, au moment de l'appui, ne se porte que légèrement en arrière ; mais si les tendons perforé et perforant sont divisés, *a fortiori* si le suspenseur lui-même est atteint, la déviation du boulet est fort accusée, et parfois l'ergot vient toucher le sol.

La diérèse des tendons extenseurs est beaucoup moins grave que celle des tendons fléchisseurs. Cette dernière est surtout d'un pronostic sombre quand les deux cordes sont coupées. L'allongement des tendons, la téno-synovite suppurée, la fourbure du membre opposé sont des complications à redouter.

Les blessures limitées à la peau et à l'os réclament le traitement général des plaies : désinfection, suture, pansement.

Exceptionnellement, les tissus vulnérés, en particulier le tissu conjonctif paratendineux, deviennent le siège d'une inflammation chronique hypertrophique, qui aboutit à la formation d'une tumeur fibreuse pouvant acquérir de fortes dimensions. Nous avons opéré un cheval atteint, au membre postérieur gauche, d'une lésion de ce genre, dont le début remontait à un an (*fig.* 490). La tumeur fut enlevée au bistouri et la plaie recouverte d'un pansement iodoformé. En deux mois, la cicatrisation était achevée.

La section des *tendons extenseurs* guérit rapidement par l'antisepsie et l'immobilisation; les bouts tendineux se soudent et le fonctionnement normal du membre se rétablit (Patey, Chaintre). Dans un cas de blessure de la face antérieure du canon postérieur droit, avec rupture du tendon de l'extenseur antérieur des phalanges, Chaintre fit d'abord des lotions d'eau blanche; une esquille phalangienne s'élimina; la plaie fut ensuite pansée à l'alcool et à la teinture d'aloès. Des bourgeons charnus exubérants et une fistule retardèrent

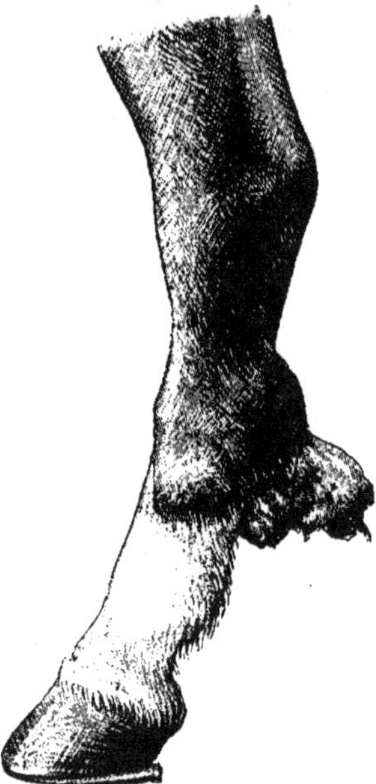

Fig. 490. — Tumeur fibreuse développée à la suite d'une plaie contuse des tendons fléchisseurs des phalanges. (D'après une photographie.)

la cicatrisation ; celle-ci ne fut complète qu'au bout de sept semaines. Les tronçons tendineux n'ayant pas été maintenus rapprochés, une pièce fibreuse longue de 5 centimètres se développa entre eux ; l'extension resta longtemps gênée, mais le membre finit par recouvrer son fonctionnement normal.

Lorsque les *tendons fléchisseurs* sont divisés, il faut : 1° prévenir l'écartement des bouts ; 2° traiter la plaie afin d'éviter la nécrose tendineuse ou l'infection synoviale. — Chez les petits animaux, pour

lutter contre l'écartement, les bandages inamovibles et la suture tendineuse sont très recommandables. Pour le cheval, les bandages
n'offrent pas une résistance suffisante, et quand on pratique la suture
tendineuse (V. t. I, p. 310) il faut la compléter par un appareil très
résistant (fer en col de cygne de Bouley, orthosome de Brogniez, appareil de Defays). Afin d'éviter les efforts du relever, l'animal sera placé
sur l'appareil de suspension. Encore que maints auteurs aient vanté
les bienfaits de l'irrigation continue, la plaie sera traitée surtout par
les antiseptiques. Dans les cas heureux, au bout de trente à quarante
jours, la continuité tendineuse est rétablie, l'appareil contentif peut
être enlevé. Pour éviter les tiraillements du tissu cicatriciel, on appliquera au pied un fer à crampons ou à éponges épaisses. Vers la fin du
deuxième mois, souvent la marche est possible. On constate encore
un léger abaissement du boulet au moment de l'appui, mais la rétraction cicatricielle rétablit peu à peu l'attitude normale du membre,
et la claudication finit généralement par disparaître. Contre l'engorgement de la région, on emploiera les vésicants ou la cautérisation.

Dans un certain nombre de faits — ceux de Bouley et de Louis,
entre autres, — on a obtenu la guérison par l'irrigation ou par de
simples pansements, sans aucun appareil spécial. Le cheval dont l'observation a été relatée par Louis avait eu les deux tendons coupés
dans le paturon, par le coutre d'une charrue: la gaine sésamoïdienne
était largement ouverte et l'os du paturon intéressé. Très irritable, on
ne le suspendit pas; on le traita par l'irrigation continue, puis par
des pansements au chlorure de chaux. La guérison fut obtenue en
deux mois. — Lapôtre fit appliquer « sous le pied, fortement paré en
pince, peu en talons, un fer à crampons hauts de 4 centimètres, dans
le but de prévenir le renversement du boulet en arrière » ; la plaie,
soigneusement lavée, fut recouverte d'un pansement. Au bout de
trente-cinq jours, elle était comblée. L'auteur remplaça le fer à crampons par un autre à éponges épaisses et à pince recourbée en haut. Le
cheval fut d'abord employé à la charrue; au bout de quelque temps,
il put reprendre son service de camionnage. — Dans un cas de section
du suspenseur au membre postérieur gauche, Guillobey appliqua un
fer à éponges prolongées et à crampons très hauts; il traita la plaie
par l'irrigation continue et les pansements antiseptiques. Au bout de
deux mois, la jument reprenait son service à l'escadron. — Ayant
à traiter une section complète des tendons fléchisseurs du membre
postérieur droit, Clichy fit préparer un fer à planche, prolongé en
pince et en éponges, percé de deux trous à écrou, l'un en pince,
l'autre au milieu de la planche. On fixa dans ces trous deux solides
tiges métalliques dont l'extrémité supérieure, pourvue d'une mortaise
avec collier rembourré, s'adaptait au jarret au moyen de quatre

boucles en cuir, placées deux au-dessus, deux au-dessous de la pointe
du jarret. Cet appareil inamovible une fois placé, l'auteur appliqua
un pansement à la teinture d'aloès consolidé par un emplâtre agglu-
tinatif, puis l'animal fut laissé en liberté.

Sur un cheval traité par Degive, un éclat de bouteille avait sectionné,
à un membre postérieur, la peau, le perforé et le perforant, un peu
au-dessus de l'ergot. La grande sésamoïdienne était ouverte A chaque
pas, l'ergot venait au contact du sol. On appliqua un fer à orthosome dont le prolongement postérieur recourbé soutenait le boulet.
La plaie fut soumise pendant neuf jours à l'irrigation continue, puis
on eut recours à des pansements avec la teinture d'arnica phéniquée.
Au bout de six semaines elle était fermée. On remplaça l'orthosome par un fer à éponges prolongées, et le cheval fut mis au pré. Il ne
persista qu'un engorgement diffus de l'articulation du boulet et de
la partie inférieure du canon, ainsi qu'un affaissement un peu exagéré
du boulet à chaque appui.

Pour prévenir la compression par les bandages, ainsi que la

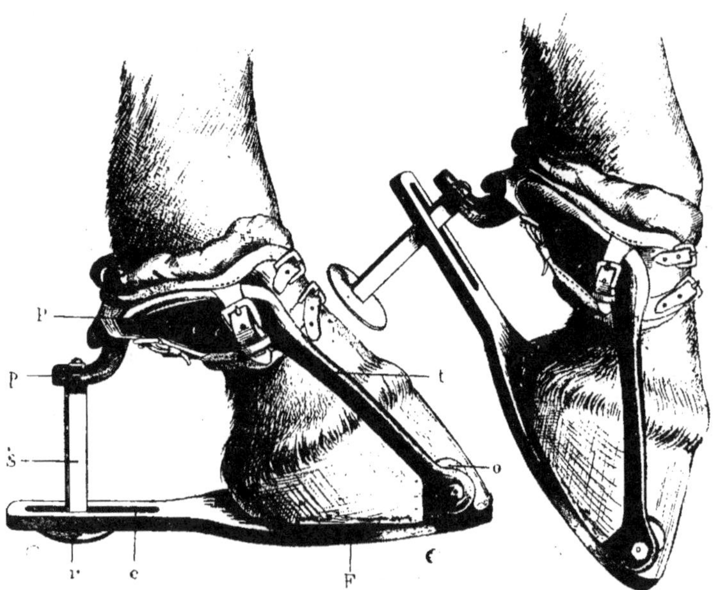

Fig. 491 et 492. — Appareil pour soutenir le boulet dans les cas de section des
tendons fléchisseurs du pied. (Defays.)

trop complète immobilisation du boulet capable d'amener l'ankylose, Defays a imaginé un appareil spécial qui lui aurait donné

de bons résultats, en particulier sur un cheval dont les tendons fléchisseurs et le ligament suspenseur du boulet avaient été complètement divisés. Cet appareil (*fig.* 491) se compose : 1° d'un fer à éponges réunies F, prolongé en arrière par une pièce de 15 à 16 centimètres de longueur, creusée d'une coulisse *c*, fer dont chaque mamelle porte une sorte d'oreille *o* percée d'une ouverture taraudée ; 2° d'un support S terminé par une rondelle *r* et qui a pour longueur la distance du boulet au sol ; il peut glisser dans la coulisse *e* ; 3° d'une plaque semi-circulaire P, doublée d'un coussinet muni de courroies et terminée de chaque côté par une tige articulée avec l'oreille précitée ; la face convexe de cette plaque porte un prolongement *p* fixé au support S par un écrou. — A l'appui, l'appareil fonctionne et la tige S maintient le boulet en bonne position ; si le sujet lève le pied, cette tige glisse dans la coulisse (*fig.* 492), la compression du boulet par le coussinet cesse, la gangrène n'est pas à craindre. Toutefois, il est bon de surveiller ce coussinet et de le remplacer dès qu'il est trop dur.

III. — Rupture du tendon de l'extenseur antérieur des phalanges.

La *rupture du tendon de l'extenseur antérieur des phalanges* serait fréquemment congénitale. Dans l'observation de Knoll, il s'agit d'un poulain de deux jours qui avait, au membre antérieur droit, une rupture de la partie charnue du muscle, et au membre gauche une rupture de la corde tendineuse. — Chassaing aurait souvent observé le même accident chez les nouveau-nés. La déchirure peut être complète ou incomplète ; elle existe tantôt à un seul membre, tantôt aux deux. Généralement elle se produit au niveau du genou. Si elle est complète, le sujet ne peut se tenir debout ; la main perçoit, au devant de la jointure précitée, deux petites tumeurs espacées de quelques centimètres et formées par les bouts tendineux. En cas de rupture incomplète, la station debout est presque impossible, les membres flageolent. A l'autopsie de plusieurs animaux, Chassaing a trouvé, au niveau du genou, le tendon aminci et réduit à la moitié de son épaisseur ou entièrement divisé. Dans tous les cas, la gaine était enflammée et renfermait une assez grande quantité de synovie. Quand cette déchirure est complète, tous les traitements sont inefficaces ; le malade meurt d'épuisement. Les dilacérations partielles guérissent par l'immobilisation ou les simples frictions d'alcool camphré. — Sur un cheval de treize ans, Gavard a observé au membre antérieur gauche une rupture partielle du tendon de l'extenseur, survenue à la suite d'un faux pas. Pendant la marche, la région phalangienne restait fléchie sur le canon, l'appui se faisait par la pince ou la face antérieure du doigt. A la palpation, on notait une vive sensibilité en avant du boulet et une mollesse spéciale. A l'autopsie, on trouva le tendon aminci, dégénéré.

L'immobilisation et le froid, pour modérer les phénomènes réactionnels, et, plus tard, les vésicants suffiraient à la guérison des ruptures intéressant un tendon sain.

IV. — Rupture des fléchisseurs des phalanges.

La *rupture des tendons fléchisseurs des phalanges* est un accident assez fréquent. Dès 1854, Saint-Cyr, dans son mémoire, en rassemblait dix observations. Depuis, on en a publié un grand nombre d'autres.

Si, comme le prouve le cas de Rodet, la rupture se produit quelquefois sur un tendon sain, par suite de la violence des réactions, elle n'est habituellement que le résultat de lésions dégénératives, du ramollissement amené dans l'organe par une phlegmasie chronique : rhumatisme, javart tendineux (Leblanc, Saint-Cyr), nécrose de l'aponévrose plantaire dans le clou de rue (Rey, Saint-Cyr), maladie naviculaire (Renault, Beugnot, Mollereau), inflammation aiguë ou chronique des gaines grande sésamoïdienne, carpienne ou tarsienne (Barrier). La station quadrupédale forcée, le travail exagéré, certains états infectieux (anasarque) peuvent aboutir au même accident. — Sur des chevaux blessés, dont le train antérieur était supporté par un seul membre, Serres a vu apparaître à celui-ci un engorgement d'abord localisé au boulet, puis s'étendant vers la couronne et le genou ; au bout d'un certain temps, si l'affection n'était pas combattue, la rupture des tendons survenait. — Hendrickx a publié une observation de rupture spontanée du tendon perforé sur un cheval atteint d'anasarque. — On doit à Braüer la curieuse observation suivante : Sur un cheval atteint d'anasarque et tenu au repos absolu pendant un certain temps, les tendons fléchisseurs des phalanges subirent une telle élongation que les boulets portaient presque sur le sol ; le sujet marchait à la façon des

Fig. 493. — Rupture des tendons fléchisseurs des phalanges.
(D'après une photographie.)

animaux plantigrades ; les tendons et les tissus péritendineux n'étaient ni tuméfiés, ni endoloris ; au bout de quatre mois, les cordes étaient revenues à leurs dimensions premières, les membres avaient récupéré leurs aplombs normaux et l'animal était apte à reprendre son service. — Möller et plusieurs autres auteurs ont relaté, chez le cheval, des faits de rupture des quatre perforants. Chez un cheval de dix ans qui, attelé à un tilbury, avait parcouru 250 kilomètres en quatre jours, Gathelier a vu survenir, aux deux membres antérieurs, la rupture des tendons fléchisseurs et la fracture de la première phalange. — Sur les poneys annamites que nos troupes utilisent dans l'Extrême-Orient, Ballu et Gillet ont constaté, aux membres postérieurs surtout, d'assez nombreux cas de rupture des tendons, du suspenseur du boulet et des ligaments sésamoïdiens, accidents qui paraissent avoir été préparés par un « état hyperémique » de ces organes. Toutefois, dans ces cas, peut-être s'agissait-il simplement de rupture soudaine de tendons indemnes, produite par la charge énorme que portent ces petits chevaux, et favorisée par la conformation de leur arrière-main, qui « s'engage d'une façon exagérée », ainsi que par le mauvais état des voies parcourues. — Nombre de faits établissent que les névrotomies favorisent ces ruptures tendineuses.

La figure 494 montre un cas d'affaissement du boulet, à la suite de la double névrotomie du médian et du cubital. Le cheval sur lequel nous avons observé cette complication était atteint, au membre antérieur gauche, d'une arthrite métacarpo-phalangienne métapneumonique. La cautérisation ayant donné un résultat insuffisant, nous pratiquâmes la névrotomie du médian, et — la boiterie persistant forte — un mois plus tard la névrotomie du cubital. Dix jours après cette dernière opération, le boulet s'affaissa. Le perforé et le perforant étaient ramollis, allongés, partiellement rupturés et déjetés à

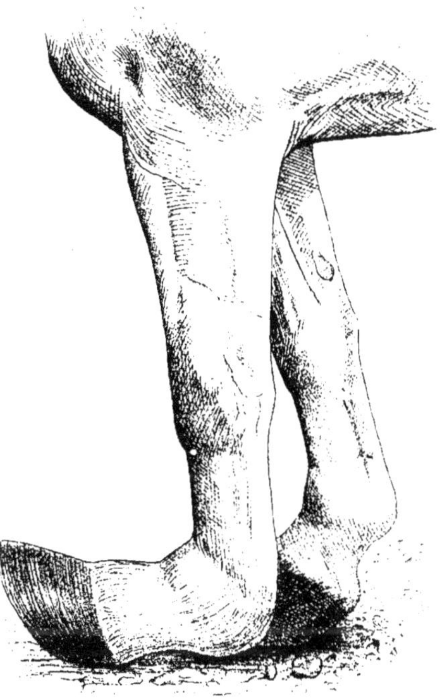

Fig. 494.

droite, au niveau du boulet ; les branches du ligament suspenseur du boulet étaient rupturées à leur insertion.

Les manifestations symptomatiques varient dans leur intensité, selon que la rupture est simple ou double, complète ou incomplète. Le tendon cède le plus souvent au niveau du boulet (synovite grande sésamoïdienne) ou du petit sésamoïde (maladie naviculaire), quelquefois au niveau du canon.

Quel qu'en soit le siège, la rupture complète est toujours nettement dénoncée. S'il s'agit du perforant, l'appui se fait en talons, la pince soulevée laisse voir la

face plantaire du pied ; les ruptures du perforé se traduisent par l'hyperextension de la première articulation phalangienne et par une sorte de brisure
à son niveau. Comme autres symptômes, signalons le défaut de rigidité de la
région phalangienne et la formation, entre les bouts tendineux, d'un vide
intersegmentaire, souvent masqué par l'épanchement sanguin ou inflammatoire qui succède à l'accident.

On distinguera cet accident des ruptures musculaires, de l'arrachement
apophysaire, des fractures et de la rupture du suspenseur du boulet. Dans
l'arrachement apophysaire et les fractures, une palpation méthodique dénote
de la crépitation ; quant à la rupture du suspenseur, elle se traduit par un
affaissement si considérable du boulet que, parfois, l'ergot touche le sol.

La rupture complète constitue généralement une affection incurable et
entraîne l'abatage, parce qu'il existe, dans la grande majorité des cas, des
lésions complexes extrêmement graves (javart tendineux, synovite, téno-
synovite chronique, maladie naviculaire). Sur le cheval de Mollereau, les deux
gaines sésamoïdiennes étaient enflammées, les tendons dégénérés ; l'appareil
tendineux et ligamenteux des articulations métacarpo-phalangiennes et interphalangiennes portait des traces d'une vive inflammation avec ramollissement
fort accusé des tissus ; le perforant était altéré depuis le boulet jusqu'à la
crête semi-lunaire ; les lésions augmentaient d'intensité de haut en bas,
surtout au niveau de la gaine sésamoïdienne. Le tissu tendineux était comme
dissocié, décomposé en ses faisceaux constitutifs ; il était violacé, avec îlots
ecchymotiques nombreux, disséminés sur la face antérieure et dans l'épaisseur du tendon. Mêmes lésions au niveau de la crête semi-lunaire.

L'intervention est limitée aux cas de rupture accidentelle de tendons dont
le tissu est inaltéré. Selon Rodet, le fait ne serait pas rare aux membres postérieurs « dans les efforts violents pour franchir un obstacle ou dans une
course véhémente ».

Pour les chevaux atteints d'une affection grave d'un membre antérieur et qui n'appuient du devant que sur le membre sain, Serres
recommandait la position décubitale ou la suspension ; de cette façon,
on éviterait le « ramollissement » des tendons fléchisseurs. Il serait
également utile d'entourer le membre antérieur sain, depuis le sabot
jusqu'au genou, avec une étoupade imbibée d'eau froide.

Pour les ruptures incomplètes, souvent difficiles à reconnaître
(Degive), l'immobilisation par un bandage est l'indication importante ;
elle suffit d'ordinaire à la guérison.

Quand il y a rupture complète, il faut maintenir rapprochés les
bouts tendineux, afin que la cicatrisation s'opère sans allongement de
tendon. On emploie le fer en col de cygne de Bouley, l'appareil de
Defays ou un bandage très résistant (V. *Plaies du canon*). La réunion
obtenue, le tendon est généralement allongé et la marche difficile.
Avec le temps et une ferrure à crampons, la rétraction du tissu
de cicatrice s'opère ; les aplombs se rétablissent en partie. — L'idéal
serait d'inciser le foyer traumatique, de suturer les bouts tendineux
et d'immobiliser. Mais c'est là une intervention délicate, applicable
seulement à un petit nombre de cas, et à laquelle peu de praticiens
ont eu recours.

V. — **Rupture du ligament suspenseur du boulet.**

Les recherches de Barrier et Poy ont montré que le ligament suspenseur du boulet est fréquemment atteint de dilacérations (V. *Nerf-férure*). Rien d'étonnant donc qu'elle puisse se rupturer. Les exemples n'en sont pas très rares (Goubaux). Saint-Cyr a rapporté le suivant :

Un cheval attelé à une voiture de pierres s'abattit sous le poids de sa charge, par suite de la rupture de l'essieu. Relevé, il ne pouvait plus s'appuyer sur le membre antérieur droit ; la région digitée était fortement déviée en avant de la ligne d'aplomb, même au soutien, et l'appui se faisait sur la partie postérieure du boulet ; il n'y avait ni enflure ni douleur locale. Le sujet fut abattu. On trouva le ligament suspenseur du boulet complètement rupturé un peu au-dessus de son point de bifurcation. — Dans le cas de Dubos, « la partie supérieure des deux sésamoïdes avait été déchirée et la portion séparée restait adhérente aux extrémités du ligament suspenseur des os ».

La jument de Comény manifestait des symptômes généraux exprimant une vive souffrance et se tenait campée du devant. Les membres postérieurs étaient engagés sous le corps, ainsi que dans la fourbure ; on voyait les boulets antérieurs s'affaisser et se relever alternativement à tour de rôle, « comme les plateaux d'une balance également chargés », suivant que l'appui, pour leur soulagement réciproque, était porté d'un membre sur l'autre. La durée de l'appui « n'était certainement pas d'une minute » ; à ce moment, l'ergot touchait le sol et l'angle métacarpo-phalangien mesurait moins de 90°. Pendant la marche, les mêmes symptômes se reproduisaient, mais plus accusés. A l'autopsie, on trouva aux deux membres une rupture des deux branches du ligament suspenseur du boulet, une dilacération des ligaments métacarpo-phalangiens latéraux et des lésions secondaires très graves de synovite sésamoïdienne, d'arthrite du boulet, de périostose et de fracture des métacarpiens rudimentaires.

La rupture du suspenseur est assez fréquente sur les chevaux de course. « Négrier », dont Jacoulet a publié l'histoire, se reçut si malheureusement en sautant une haie qu'il s'arrêta court, le membre postérieur droit en l'air. Il y avait rupture du ligament suspenseur du boulet à quelques centimètres au-dessus de l'insertion de ses branches terminales. Le paturon, naturellement long, était horizontal ; le fanon touchait le sol lorsqu'on faisait marcher le cheval ; la gaine grande sésamoïdienne était notablement dilatée. — C'est également en sautant une haie que la jument de course dont parle Charon se ruptura le suspenseur et les ligaments sésamoïdiens inférieurs (membre antérieur gauche). A chaque appui du pied gauche, le boulet touchait le sol.

Si la rupture existe à deux membres (Comény) ou que d'autres lésions la compliquent (fracture des sésamoïdes, rupture des ligaments sésamoïdiens inférieurs), l'abatage s'impose. On n'entreprendra la cure que sur les sujets de prix et quand un seul membre est atteint. Le pronostic est moins grave aux membres postérieurs qu'aux antérieurs.

Le traitement doit tendre à empêcher l'affaissement du boulet et à maintenir rapprochés les bouts ligamenteux. On peut utiliser le fer en col de cygne de Bouley, l'appareil Defays ou, mieux, un bandage inamovible très résistant. Généralement, il persiste un abaissement du boulet et une induration de la région, qui réclament

un long repos, des vésicatoires et le feu. Le travail n'est possible
qu'après plusieurs mois. — Jacoulet appliqua un bandage plâtré, qui,
malgré sa résistance, céda à la pression tendant à fermer l'angle du
boulet et se brisa au niveau de cette articulation. Néanmoins, on le
maintint en place six semaines environ. Plus tard, on appliqua des
vésicatoires, puis un feu en pointes fines. Onze mois après l'accident,
le cheval courait honorablement en haies. A ce moment, le boulet
n'était guère plus fermé que son congénère, le paturon avait à peu
près repris sa direction normale, mais, au lieu d'être rectiligne, il
présentait deux angles très ouverts en arrière, l'un au niveau de la
première, l'autre au niveau de la deuxième articulation phalangienne.
— Charon appliqua un pansement ouaté maintenu rigide par deux
gouttières en tôle et plaça la jument sur l'appareil de suspension. Mais
au bout d'un mois la jument succomba épuisée.

VI. — **Effort de tendons. Nerf-férure. Ténosite.**

Produite par des tractions musculaires violentes, par des *efforts* qui disten-
dent les cordes tendineuses et rupturent un plus ou moins grand nombre de
leurs fibres constitutives, cette affection, observée chez tous les animaux utilisés comme moteurs, est particulièrement fréquente chez le cheval. Bien
qu'un grand nombre de tendons puissent être « forcés », la dénomination
d'*effort de tendons* est réservée, dans le langage pratique, aux lésions de cet
ordre qui intéressent les tendons fléchisseurs des phalanges, leurs brides de
renforcement ou le ligament suspenseur du boulet.

La croyance très générale que l'ancienne hippiatrie ne connaissait pas
le véritable effort de tendons est erronée. Lafosse, dans son *Dictionnaire*,
distingue : 1° les altérations tendineuses produites par des contusions,
— la *nerf-férure* ; 2° l'*extension du tendon*, la « distension de ses fibres » survenant en dehors de tout traumatisme, pendant les actions locomotrices. Mais
les hippiatres s'étaient mépris sur la fréquence des lésions tendineuses produites par des actions traumatiques ; dans la presque totalité des cas, en
effet, les phlegmasies sous-cutanées des tendons fléchisseurs du pied reconnaissent pour cause un effort et non une contusion des tendons.

A l'expression de *nerf-férure*, usitée d'abord pour désigner les lésions que
l'on croyait de nature traumatique, on a donné ensuite une acception plus
étendue, que l'usage a consacrée. Aujourd'hui, en effet, les termes *nerf-férure*
et *effort de tendons* sont employés indifféremment.

Longtemps les classiques se sont bornés à indiquer, comme causes de la
nerf-férure, « les efforts énergiques et souvent répétés de la locomotion ».
Le mode d'action de ces causes a été minutieusement étudié par Barrier
et Siedamgrotzky. En s'inspirant des chronophotographies instantanées
et sériées, ces auteurs ont donné une pathogénie nouvelle des altérations de
la nerf-férure. La voici en résumé :

Supposons un membre dont les rayons métacarpien et phalangien se
fléchissent normalement : au moment où le membre déplacé va toucher
le sol, les phalanges sont dans le prolongement du canon ; sitôt que l'appui
se fait, le rayon phalangien, formé par la première et la deuxième phalanges,
éprouve un mouvement de flexion sur le sabot immobile, ce qui a pour
effet de rapprocher la crête semi-lunaire de la coulisse sésamoïdienne et de

relâcher le perforant. Une légère flexion de la première phalange sur la seconde se produit également ; elle contribue à relâcher le perforé et le perforant. Le boulet n'étant plus soutenu par les tendons s'affaisse, la coulisse sésamoïdienne glisse sur la face antérieure du fléchisseur profond, et à cette période de l'appui le suspenseur est seul à empêcher la chute du boulet en arrière. Si les réactions sont violentes, ou le suspenseur dégénéré, celui-ci pourra se déchirer. Dès qu'une légère descente est effectuée le perforé vient aider le suspenseur ; aussi, pour Barrier et Siedamgrotzky, les lésions du fléchisseur superficiel se produisent au premier temps de l'appui. Au contraire, le perforant, plus relâché, est rarement dilacéré. Mais dans les instants qui précèdent le lever, au moment où, le membre se plaçant dans l'hyperextension, l'angle du boulet se porte en avant, les phalanges se redressent, le canon devient oblique d'avant en arrière, le perforant se trouve fortement tendu par la projection en arrière des poulies sésamoïdienne et glénoïdienne, et c'est la partie la moins résistante — la *bride* — qui cède généralement.

On voit que, d'après la théorie nouvelle, le suspenseur et le perforé se trouveraient lésés au début de la période d'appui, tandis que le perforant et ses brides (bride carpienne, aponévrose de renforcement ou *fuss-platte* des Allemands), les ligaments latéraux des articulations phalangiennes, les brides digitales seraient menacés à la fin de l'appui, alors que le membre, près de quitter le sol, se trouve dans l'hyperextension. — Barrier a tout spécialement insisté sur les *nerf-férures secondaires* ; il a montré que les fausses ankyloses des première et deuxième articulations interphalangiennes prédisposent aux lésions du perforant, des brides carpienne ou tarsienne et du perforé. Avec Petit, il a reconnu que la synovite chronique de la grande sésamoïdienne, en annihilant les fonctions de la coulisse du boulet, amène des lésions atrophiques parfois très accusées du perforant, et prédispose, par cela même, à la nerf-férure du perforé. De fait, les lésions de la bride carpienne coïncident souvent avec des périostoses phalangiennes, qui semblent bien les avoir précédées. — Mais la *nerf-férure primitive* s'observe fréquemment sur des chevaux à allures rapides et dont l'assise phalangienne est exempte de toute lésion. Chez ces animaux, elle est exclusivement produite par la distension outrée que subissent les cordes tendineuses sous l'action du poids du corps et de la force d'impulsion. Et si les périostoses phalangiennes prédisposent à la nerf-férure, la réciproque demeure vraie : la nerf-férure favorise la production des formes.

Dans le mémoire qu'il communiqua en 1844 à la *Société centrale de médecine vétérinaire*, Prud'homme, se basant sur un ensemble d'observations recueillies à la clinique d'Alfort, soutint que la bride carpienne est atteinte dans les deux tiers des cas de nerf-férure, et que les lésions des tendons ne se rencontrent que dans la proportion d'un tiers. Bouley et tous les classiques acceptèrent cette manière de voir. Pour eux, le ligament suspenseur du boulet n'était presque jamais atteint, en raison de sa grande élasticité. Quand, disait-on, le membre vient à l'appui, la force (poids du corps) qui agit sur le sommet de l'os du paturon a pour résultat d'abaisser le levier phalangien ; le suspenseur du boulet, très élastique, grâce aux fibres musculaires qu'il renferme, cède sans être lésé ; mais les tendons, inextensibles, se déchirent si les réactions sont trop violentes, et la bride, moins résistante que les tendons, est le plus fréquemment atteinte. Des observations bien étudiées (Barrier, Siedamgrotzky, Comény, Jacoulet, Poy) ont établi que les altérations du suspenseur ne sont pas aussi rares qu'on le croyait. En réalité,

les lésions de la nerf-férure peuvent siéger sur toutes les parties desmo-
tendineuses du canon ou du boulet, — sur le suspenseur, le perforant, le
perforé, les brides carpienne, tarsienne, radiale et calcanéenne, la ceinture
métacarpo-phalangienne, les brides d'assujettissement envoyées par le suspenseur du boulet à l'extenseur antérieur des phalanges, — sur les ligaments sésamoïdiens inférieurs, les brides d'attache du fibro-cartilage glénoïdien,
l'aponévrose de renforcement du per-
forant.

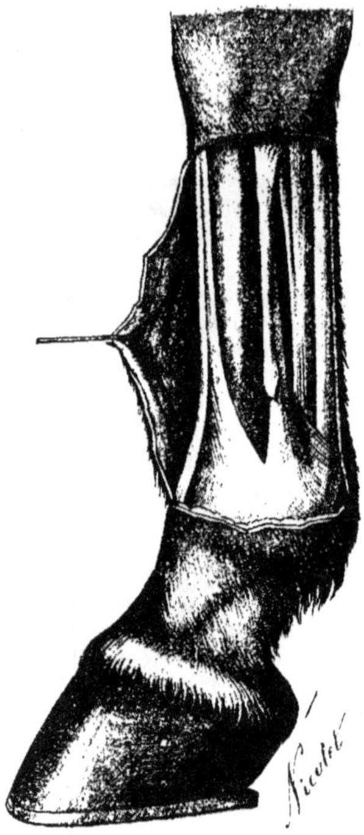

Quelle est la fréquence relative de ces lésions? Nous venons de rappeler la proportion indiquée par Prud'homme. Pour Siedamgrotzky, les lésions de la bride carpienne seraient également de beaucoup les plus fréquentes. Sur onze cas de nerf-férure, Barrier a trouvé cinq fois l'effort du suspenseur. Selon Jacoulet et Poy, ce dernier serait lésé dans 50 p. 100 des cas, alors que la bride carpienne ne le serait que dans 12 p. 100 (Poy). L'écart considérable entre cette dernière proportion et celle donnée par Prud'homme et Siedamgrotzky tient à des conditions multiples, surtout aux différences de constitution et de service des animaux sur lesquels les recherches de ces auteurs ont été faites. Le professeur de Dresde a justement appuyé sur ce point. Il a montré que les lésions du suspenseur et les ligaments sésamoïdiens inférieurs se voient surtout sur les chevaux de selle, de chasse, de steeple (tous les vieux sauteurs en seraient atteints), et sur les trotteurs aux brillantes allures. Les paturons longs et faibles, les talons hauts, la ferrure à crampons, les hautes actions, la vitesse sous une lourde charge, les faux pas, les sauts les favorisent. — Les altérations du perforant, de la bride carpienne, des liga-

Fig. 495. — Ligament suspenseur du boulet, bride carpienne, perforant et perforé.

ments et des brides du paturon et de la couronne se rencontrent plus particulièrement chez les chevaux de gros trait, obligés à des hyperextensions violentes
et brusques. Les talons bas, le parer défectueux du pied, le travail sur un sol
inégal, les lourdes charges y prédisposent. Ce sont elles que nous observons
d'ordinaire à la clinique d'Alfort, sur les chevaux de trait qui forment la
majorité de nos boiteux, et, comme au temps de Prud'homme, les lésions de
la bride carpienne constituent la majorité des nerf-férures que nous avons à
traiter. — Mais si la bride carpienne et l'aponévrose de renforcement sont
plus souvent atteintes que le fléchisseur profond, les dilacérations de ce
dernier ne sont pas rares. D'après Siedamgrotzky, elles siégeraient le plus
souvent entre la poulie sésamoïdienne et le cartilage glénoïdien, entraînant
l'inflammation chronique des gaines sésamoïdienne, carpienne ou tarsienne.

Barrier, au contraire, voit surtout dans ces altérations du fléchisseur profond des lésions atrophiques, dégénératives, dues à la synovite chronique. La fréquence des lésions primitives du perforant n'est pas douteuse (observations de Siedamgrotzky, de Johne, de Degive) ; toutefois, dans maints cas, ces lésions du perforant semblent bien être amenées par une synovite primitive qui annihile le rôle de la coulisse sésamoïdienne.

Ajoutons que toutes les phlegmasies des tendons fléchisseurs ne résultent pas d'efforts ou de traumatismes. Le tissu tendineux, pas plus que les autres, n'est à l'abri des processus inflammatoires d'origine infectieuse (pneumonie, rhumatisme).

Les *symptômes* de la nerf-férure sont une *boiterie* plus ou moins intense et des *phénomènes locaux* en général nettement accusés. Tantôt le gonflement est fort, diffus, étendu à tout le canon ; tantôt il est circonscrit, limité à une portion du tendon ou à la bride carpienne ; il est des cas où, du jour au lendemain, il prend de fortes dimensions (hémorragie ou infiltration péritendineuses abondantes). Le siège, le volume, les limites du gonflement permettent de distinguer les localisations du mal. Il suffit, pour cela, de posséder des notions anatomiques précises.

Le *pronostic*, toujours sérieux et le plus souvent grave, varie avec la situation, l'étendue, l'intensité des lésions. Les efforts du ligament suspenseur du boulet ou du perforé sont moins inquiétants que ceux du perforant ou de la bride carpienne. Lors de rupture complète du suspenseur, la guérison peut être assez parfaite pour que l'animal soit apte à faire encore un bon service. Des chevaux qui en étaient atteints ont reparu sur l'hippodrome, ainsi qu'en témoigne l'exemple de « Négrier ». Quand le perforant et sa bride sont affectés simultanément, le pronostic est très sombre. La distension de la ceinture métacarpo-phalangienne, avec ou sans déchirure, guérit à peu près toujours : la ligne des tendons demeure irrégulière vers le boulet, mais la boiterie disparaît. Si les tendons sont pris en même temps, la guérison est incertaine. Il va de soi que, pour un même organe, la gravité de l'effort est en rapport avec le degré des lésions, avec l'épaisseur de la couche fibreuse intéressée. Enfin, l'observation enseigne que l'effort de tendon brusquement produit est souvent incurable, tandis que la boiterie due à l' « échauffement » lent, progressif des tendons, disparaît d'ordinaire par un traitement bien conduit. Le pronostic est évidemment aggravé par les lésions osseuses, synoviales ou articulaires déjà créées, et par les complications ultérieures qui peuvent survenir (synovite, périostose, bouleture).

Les données nouvelles sur la pathogénie de la nerf-férure laissent la prophylaxie indécise et pauvre. Pour les membres grêles, on conseillera les douches, le massage, et l'on surveillera la ferrure ; les fers à éponges nourries ne sont guère indiqués que pour les pieds à talons bas. Les longs bracelets en peau de gant ou les flanelles serrés autour du boulet et du métacarpe sont également recommandables. On se rappellera que les crampons et les talons hauts prédisposent aux lésions du suspenseur, que « le terrain sec et le train sont les pires ennemis des tendons ».

La thérapeutique de la nerf-férure comprend de nombreux moyens plus ou moins actifs ; mais les résultats en sont incertains ; assez souvent, le mal résiste, progresse et entraîne des complications. — Une première indication importante, commune à tous les cas, c'est de placer le tendon dans les conditions qui lui assurent un *repos* aussi complet que possible. On adaptera au pied un fer approprié, et l'animal sera laissé en liberté dans un box. On peut immobiliser le canon et le paturon par un bandage plâtré; mais si les phénomènes inflammatoires sont accusés, on préfère généralement les combattre par l'eau froide, les compresses d'eau blanche ou d'eau alunée fréquemment renouvelées. — Beaucoup d'auteurs ont insisté sur l'emploi des *réfrigérants*. Ableitner conseille de commencer le traitement par l'application de compresses aussi froides que possible ou par l'irrigation; si l'on fait usage des compresses, on les remplace, pour la nuit, par une application de terre glaise ou d'un mélange de celle-ci, de sel marin et de vinaigre. On peut encore utiliser les bains froids : le cheval est conduit dans un cours d'eau trois ou quatre fois par jour, et laissé là une heure chaque fois, ou dans un bain dont l'eau, pendant la saison chaude, est renouvelée à chaque séance. L'eau courante à une température de 7-8° C. produit un excellent effet. On cesse ce traitement quand l'hyperthermie locale a disparu, ce qui arrive d'ordinaire au bout de deux à trois semaines. La méthode réfrigérante est surtout très utile au début, quand il y a douleur vive et tuméfaction accusée : elle calme la phlogose du tendon, limite les hémorragies interstitielles et possède une réelle action analgésiante. Nous la complétons par une *légère compression* exercée à l'aide de bandes de flanelle ou d'une très mince bande de caoutchouc.

A une période plus avancée, il faut activer la résorption de l'exsudat et du sang extravasé. Dans ce but, quelques praticiens ont recours à l'onguent mercuriel ou à la pommade à l'iodure de potassium; d'autres, plus nombreux, emploient les *vésicants*. La pommade au biiodure de mercure, le vésicatoire mercuriel, les différents feux liquides sont les plus recommandés. On fait parfois plusieurs frictions successives en les espaçant d'un laps de temps suffisant pour ne pas irriter trop violemment la peau. Dans beaucoup de cas, au bout de trois semaines à un mois, la boiterie disparaît. Le tissu a conservé néanmoins une sensibilité exagérée; les efforts auraient pour résultat d'y réveiller la phlegmasie : de là l'indication de prolonger encore le repos pendant quelques semaines. Ce n'est que peu à peu et par un entraînement méthodique que l'animal doit être remis en service.

Aux vésicants, la plupart des auteurs contemporains préfèrent la *chaleur humide* et la *compression*. Möller recommande de disposer sur le tendon, de chaque côté, une compresse d'ouate humide et chaude, que l'on serre par un bandage de flanelle. Le pansement doit être renouvelé toutes les quatre ou cinq heures. Ce procédé aurait surtout une action remarquable contre les suffusions et les infiltrations paratendineuses; il préviendrait aussi les indurations consécutives. — N'ayant jamais obtenu que de médiocres résultats des préparations vésicantes,

Ableitner les a abandonnées. Après la réfrigération, continuée plus ou moins longtemps suivant les cas, il emploie, comme Möller, les compresses humides et chaudes. Les salutaires effets de ce traitement opposé à la nerf-férure quand les phénomènes inflammatoires ont disparu ne sont pas contestables ; il nous a donné d'excellents résultats. Mais les vésicants, eux aussi, ont à leur actif de nombreux succès enregistrés par une foule de vétérinaires, et ils ont l'avantage d'être d'un emploi plus commode, d'exiger moins de temps. — Le secret de la réussite réside d'ailleurs principalement dans le repos longtemps continué ; c'est surtout quand les animaux sont remis trop tôt en service que le mal réapparaît, persiste à l'état chronique et amène la bouleture.

Si les réfrigérants, la chaleur humide ou les vésicants n'ont pas eu raison des altérations tendineuses, il faut recourir soit au *massage*, combiné ou non aux affusions chaudes, soit à la *cautérisation*. On peut achever la cure par le massage médiat, en recouvrant la région d'une feuille de parchemin. Enduits de vaseline, les doigts exercent sur cette feuille des frottements légers et répétés de bas en haut, dans le sens du courant lymphatique : on peut ainsi opérer méthodiquement le massage sans rebrousser les poils. On en fera tous les jours deux séances d'un quart d'heure chacune, et ce traitement sera continué plusieurs semaines. Dans les cas graves et dans ceux où le massage n'a donné que des résultats insuffisants, on emploiera la cautérisation, — de préférence le feu en raies transversales, en pointes pénétrantes ou en aiguilles. On n'utilise plus guère la cautérisation en pointes superficielles effectuée suivant l'ancienne technique.

Quelques praticiens commencent le traitement des nerf-férures légères par les compresses humides et chaudes. Pour les cas graves, d'autres emploient d'abord les astringents et le froid pendant une semaine, ou ils font d'emblée, malgré la douleur, une friction vésicante (essence de térébenthine 100, poudre de cantharides 100, poudre d'euphorbe 100, axonge 400), et la répètent au besoin ; les croûtes tombées, ils immobilisent la région par un bandage plâtré après l'avoir recouverte d'une couche de pommade à l'iodure de potassium, bandage qui est renouvelé au bout de dix à douze jours. S'il reste de l'induration du tendon, ils en achèvent la résolution par les compresses chaudes et le massage.

A diverses reprises, Hunting a conseillé dans *The Veterinary Record* le traitement suivant, qui lui a donné de bons résultats : Pendant le jour, application d'une lame d'ouate maintenue par une bande de toile ; pour la nuit, compression avec une bande de flanelle ; en outre, massage et promenade ; — et, lorsque le mal est chronique, application d'un bandage plâtré.

Pour combattre l'effort de tendons et l'induration des tissus péri-

 CANON ET TENDONS.

tendineux, Joly a eu l'idée d'insuffler de l'air filtré dans le tissu conjonctif sous-cutané de la région. Un lien de caoutchouc appliqué au-dessus du genou, on fait l'insufflation avec l'appareil Potain. Ordinairement il est utile d'introduire le contenu de six à huit pompes. On complète ce traitement par des massages, des douches et l'administration d'antifébrine. Quinze jours après l'opération, dit l'auteur, les tissus malades sont devenus plus souples; les symptômes inflammatoires et la boiterie ont disparu.

Quand la nerf-férure est relativement récente, non subordonnée à des lésions osseuses et exempte de complications, un traitement bien dirigé donne une forte proportion de succès. Par son procédé (froid, chaleur humide et cautérisation), Ableitner aurait obtenu les résultats suivants : sur 287 cas, 263 guérisons, dont quelques-unes incomplètes, et 24 insuccès. Pour 125 chevaux, la guérison fut obtenue en un mois; pour 97, au bout de deux mois environ; pour 41, elle exigea un peu plus de trois mois. — Pour les efforts tendineux d'ancienne date, pour ceux qui se sont constitués lentement, dont les lésions se sont peu à peu accentuées, ainsi que dans les cas où la sensibilité et l'hyperthermie locales sont peu accusées, il faut tout de suite recourir à la *cautérisation*.

Un certain nombre de ténosites résistent aux traitements les plus rationnels. Tantôt le cheval reste légèrement boiteux et, s'il reparaît sur l'hippodrome, « il a changé de classe »; tantôt la claudication est si accusée que tout travail est impossible. C'est alors que la *névrotomie du médian* est indiquée. Peters, Möller, Goldmann, Blanchard ont montré les avantages qu'elle peut procurer dans les lésions anciennes des tendons qui ont résisté aux traitements locaux.

Pour la pratiquer, couchez le sujet sur le côté du membre malade et faites porter celui-ci en avant, au moyen d'une plate-longe serrée sur le canon ou d'une solide barre à laquelle vous fixez les régions inférieures. Vous pouvez aussi découvrir la région opératoire en entravant le membre superficiel au-dessus du jarret correspondant.

Explorez la face interne du coude avec la pulpe des doigts : vous percevrez facilement le volumineux cordon que forme le nerf médian (*fig.* 496). Légèrement oblique en bas et en arrière, il est un peu plus superficiel que l'artère radiale, avec laquelle il s'engage, au-dessous du coude, entre le radius et la masse des fléchisseurs.

Rasez et désinfectez la peau de la face interne du coude; faites-y, sur la ligne du nerf, au niveau de la partie inférieure de l'articulation ou du quart supérieur du radius et immédiatement en arrière

de cet os, une incision de 4 à 6 centimètres. Un second coup
de bistouri divise dans le même sens et sur une égale longueur le
sterno-aponévrotique. Si quelques petits vaisseaux saignent, arrêtez
l'hémorragie par des affusions d'eau bouillie ou par le tamponnement ;

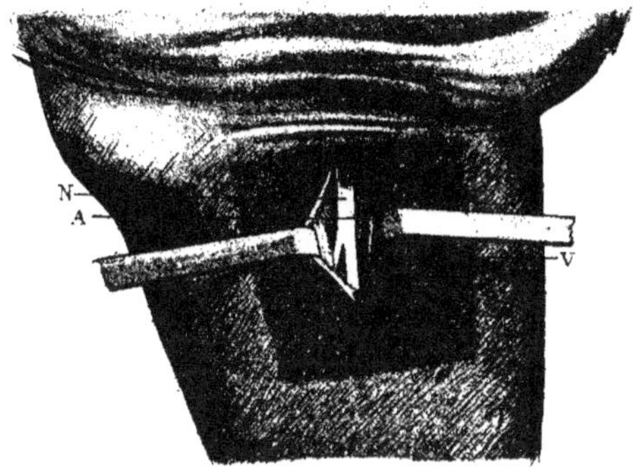

Fig. 496. — Névrotomie du médian. — N, nerf médian ; A, artère radiale ; V, l'une
des veines radiales postérieures.

Les premières branches qui se distribuent aux fléchisseurs se détachent de la
principale un peu plus haut que ne le montre la figure. Elles sont conservées
quand l'opération est faite au lieu d'élection.

il est rare que l'on doive recourir à la torsion ou aux ligatures. Les
lèvres de la plaie écartées, l'aponévrose antibrachiale apparaît avec
sa teinte blanc nacré. Portez l'index à la partie supérieure de la plaie
ou sur la face interne du coude et assurez-vous que le nerf est bien
situé sur la ligne d'incision ; dans le cas contraire, amenez-l'y en faisant déplacer légèrement le membre en avant ou en arrière. Incisez
l'aponévrose de bas en haut : faites-y, vers l'angle inférieur de la plaie,
une étroite incision dans laquelle vous engagerez de bas en haut,
rainure en dehors, la sonde cannelée ; avec le bistouri guidé sur celle-ci,
divisez l'aponévrose de dedans en dehors. Cette division peut aussi
être faite avec un bistouri boutonné.

Isolez le nerf en dilacérant, avec le bec de la sonde cannelée,
le tissu conjonctif adjacent. Évitez de blesser les veines et l'artère
radiales. Si cet accident se produit, appliquez une pince hémostatique.

Le nerf isolé, soulevez-le en vous servant de pinces, d'une aiguille
à manche ou de la sonde, et, avec le bistouri droit ou les ciseaux,
coupez-le nettement à l'angle supérieur de la plaie, aussi haut que
possible, afin d'éviter l'inflammation du moignon et un pseudo-
névrome. Saisissez le bout inférieur et sectionnez-le vers l'autre angle

de la plaie. — Lavez celle-ci à l'eau bouillie, débarrassez-la des caillots sanguins qu'elle peut contenir; saupoudrez-la d'iodoforme et réunissez-en les lèvres par trois points de suture, ayant soin de réaliser un affrontement exact. Recouvrez la couture d'un enduit collodionné. — La cicatrisation peut avoir lieu par première intention. Si la suppuration survient, coupez les sutures, détergez la plaie et pansez-la avec les antiseptiques. Deux semaines suffisent à sa fermeture. — Quelques-uns laissent la plaie sans suture et sans pansement.

Après cette opération, nombre de sujets, restés fortement boiteux malgré des cautérisations successives, peuvent recommencer à travailler et faire longtemps un bon service au pas, voire au trot.

Parfois, malgré la névrotomie du médian, il persiste une boiterie très accusée : l'opéré est inutilisable. On peut alors pratiquer la *névrotomie du cubital*. Dans toute la hauteur de l'avant-bras, le nerf cubitocutané, accompagné de l'artère et de la veine cubitales, est situé entre les muscles fléchisseur oblique et fléchisseur externe du méta-

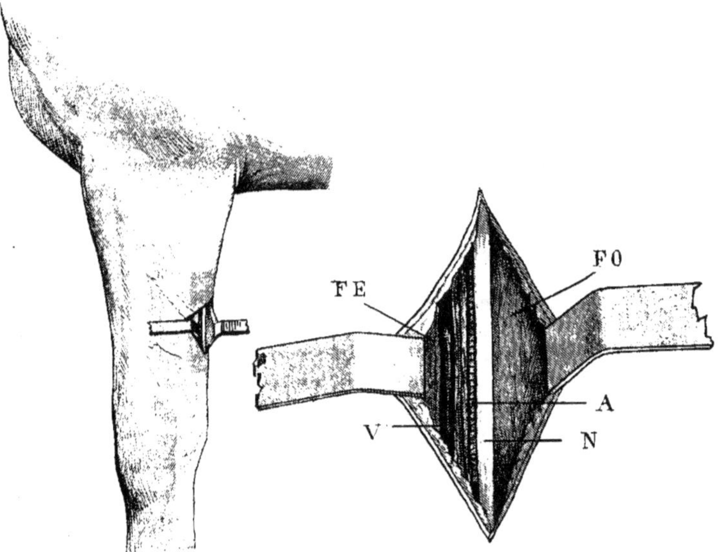

Fig. 497 et 498. — Névrotomie du cubital. — FE, fléchisseur externe du métacarpe ; FO, fléchisseur oblique ; N, nerf cubital ; AV, artère et veine cubitales.

carpe, immédiatement sous le mince fascia aponévrotique qui existe entre ces deux muscles. La main perçoit nettement l'interstice musculaire qui fixe la ligne d'opération (*fig.* 497). Le lieu d'élection est à 10-15 centimètres au-dessus du genou. Le cheval couché sur le côté opposé, le membre laissé dans l'entravon, placez-vous en avant du genou. Deux plates-longes fixées, l'une sur le canon et tirée en arrière, l'autre sur le paturon et tirée en avant, immobilisent et tendent l'avant-bras.

La région préparée, faites au lieu d'élection une incision de 4 à 6 centimètres ; divisez ensuite la couche cellulaire sous-cutanée, l'aponévrose antibrachiale et le fascia qui réunit la couche aponévrotique des deux muscles. Avec les pinces et le bistouri, divisez parallèlement à l'incision la couche conjonctive qui enveloppe le nerf, en évitant de blesser l'artère et la veine cubitales, ordinairement situées un peu plus profondément que la branche nerveuse et un peu plus en dehors. On peut aussi, pour éviter sûrement l'atteinte de ces vaisseaux, faire l'énucléation avec la sonde cannelée. Coupez le nerf à l'angle supérieur de la plaie et réséquez-en une longueur de 3-4 centimètres sur le bout inférieur. Réunissez par quelques points isolés les bords cutanés de la plaie.

Dans certains cas, la ténosite est compliquée de *bouleture.* Quand celle-ci est peu accusée, que les phalanges ont conservé leur obliquité, la névrotomie du médian, en rétablissant la régularité de la marche, suffit souvent à la guérison de la bouleture. Si, au contraire, les phalanges sont devenues verticales ou obliques de haut en bas et d'avant en arrière, le poids du corps ne fait qu'exagérer cette obliquité des phalanges et, par suite, la bouleture ; aussi, en pareil cas, on pratique dans la même séance la névrotomie du médian et la ténotonie du perforant. On supprime ainsi la boiterie et le défaut d'aplomb.

L'effort des tendons fléchisseurs est rare aux membres postérieurs. Le traitement ne diffère point de celui que nous avons exposé au sujet de la nerf-férure des membres antérieurs. Les réfrigérants, la chaleur humide ou les vésicants, puis la cautérisation, seront tout d'abord essayés. Si la boiterie persiste, on aura recours à la *névrotomie du sciatique* (V. p. 511).

A la suite de cette opération, Benjamin a constaté un allongement des tendons : le boulet venait toucher le sol. Nous avons observé la même complication et une chute du sabot. La névrotomie du sciatique est certainement plus dangereuse que celle du médian. Cette différence s'explique : la section du grand sciatique au-dessus du jarret supprime toute influence nerveuse dans les parties inférieures du membre, tandis que celle du médian laisse subsister une certaine sensibilité due au cubital, qui contribue à former le plantaire externe.

VII. — **Bouleture.**

Conséquence de la rétraction des cordes tendineuses qui longent en arrière
le boulet et les phalanges, la bouleture est caractérisée par l'effacement de
l'angle du boulet, par le redressement des phalanges qui deviennent verticales
ou même obliques en bas et en arrière. On a distingué *trois degrés* de bouleture. Dans le *premier*, les phalanges ont une direction variant entre la
normale et la verticale inclusivement ; — dans le *deuxième*, l'angle métacarpo-
phalangien, au lieu d'être ouvert en avant, l'est en arrière, et une verticale
abaissée de la face antérieure du boulet tombe sur le sabot ; — dans le
troisième, la déviation des phalanges est telle que la verticale abaissée de
la face antérieure du boulet tombe en avant du sabot.

Fig. 499. — Poulain atteint de bouleture des membres antérieurs (Möller).

Nous envisagerons séparément la bouleture chez les jeunes animaux et
chez les adultes.

Congénitale ou acquise, la *bouleture des jeunes* est relativement fréquente,
surtout aux membres antérieurs. D'après Lévrier, on la remarque sur
les jeunes animaux dont les mères ont souffert pendant la grossesse ou ont
été insuffisamment nourries. Siedamgrotzky et Schimmel accusent la faiblesse musculaire amenée par le séjour à l'écurie (surtout si celle-ci est
froide et humide), une nourriture parcimonieuse ou des troubles digestifs.
Par suite de la faiblesse musculaire, l'animal cherche à soulager les muscles

et les tendons en redressant les rayons osseux. Schimmel ne croit pas au rhumatisme musculaire ni au rachitisme, incriminés par Fröhner.

La remarquable extensibilité des tendons chez le poulain permet d'arriver facilement à la guérison de la bouleture du jeune âge. Tant que le petit sujet peut se tenir debout pour teter, il faut, dit Rélier, laisser la nature se charger de la guérison ; mais, quand on est obligé de le lever et de le soutenir, il importe d'intervenir dès qu'il est possible d'attacher un fer au pied. Quand la déviation des phalanges est peu accusée, l'abaissement des talons et l'application d'un fer à pince prolongée et relevée suffisent, surtout si le poulain est mis en liberté dans un pâturage. Plus prononcée, elle peut être réduite

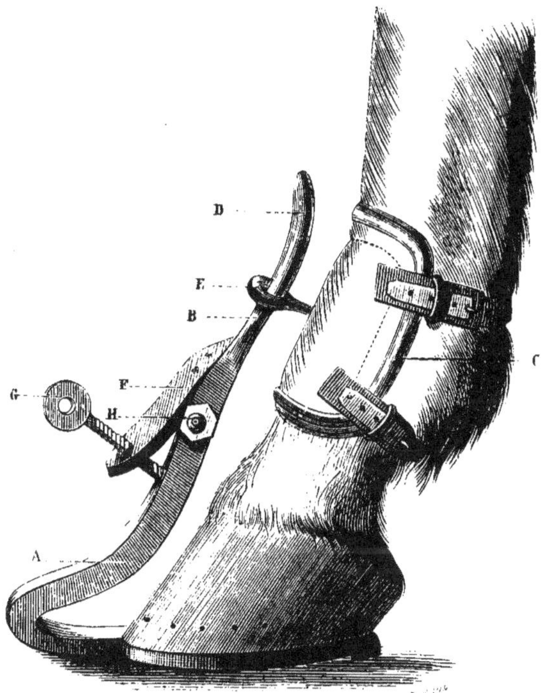

Fig. 500. — Orthosome de Broguiez. (Peuch et Toussaint.

par les ferrements qui obligent le boulet à se porter en arrière. L'orthosome de Brogniez est ici indiqué.

Il se compose : 1° d'une tige métallique A, B, D, fixée à la pince du fer et brisée en H ; 2° d'un prolongement F, rivé à la branche supé-

rieure (branche mobile) de cette tige ; 3° d'une plaque métallique C
avec épaulement E, fixée sur le boulet par deux courroies, l'une serrée
au-dessus des sésamoïdes, l'autre au-dessous du fanon ; 4° d'une vis G,
qui meut la partie supérieure de la tige principale, permet d'exercer
une pression continue sur la plaque et de redresser graduellement le
boulet (*fig.* 500).

Dans le *Recueil* de 1881, Brunet a décrit un appareil qui lui a donné
des succès. En voici le dispositif et le mode d'action : On applique
au pied un fer à branches prolongées réunies par une traverse. De
celle-ci s'élève une plaque métallique articulée ou coudée, sur la partie supérieure de laquelle est vissée une planchette de 8 centimètres
de large, de 2 centimètres d'épaisseur, qui remonte jusqu'auprès du
pli du genou pour le membre antérieur, jusqu'à la châtaigne pour le
membre postérieur. A cette planchette, concave et rembourrée sur sa
face antérieure, sont fixées deux courroies à boucle que l'on serre,
l'une vers la partie supérieure du canon, l'autre un peu au-dessus du
boulet : ces courroies permettent d'exercer des tractions sur les rayons
déviés et de les ramener peu à peu dans leur position normale. — La
pouliche dont il est question dans l'observation I du mémoire de Brunet
était fortement bouletée du membre antérieur gauche et n'appuyait que
sur la pince ; le sabot se renversait d'arrière en avant. Trois semaines
après l'application de l'appareil, le membre avait repris son aplomb.
On put la suivre pendant quinze mois. L'accident ne se reproduisit

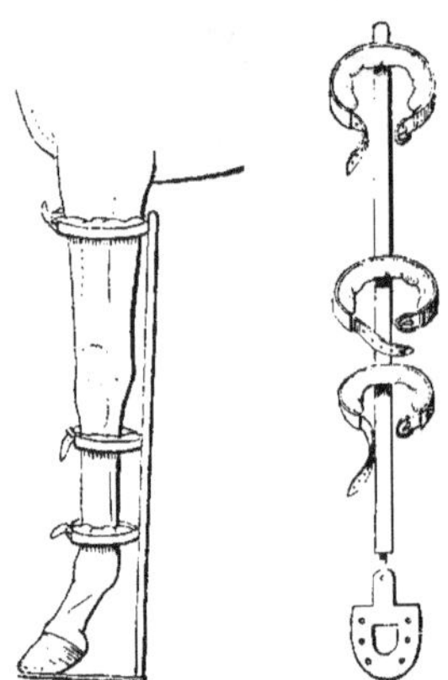

Fig. 501 et 502.

pas. — La pouliche de l'observation II
était atteinte d'une semblable lésion au
membre postérieur droit ; la bouleture
était si accusée que la couronne portait
sur le sol. En cinq semaines le redressement fut complet.

Le ferrement conseillé par Rélier se
compose d'une tige de fer de 1 centimètre carré et d'un fer à planche (*fig.* 502).
La tige, de longueur variable, s'étend, à
la face postérieure du membre, du pied
au tiers supérieur de l'avant-bras. Elle
est terminée, à son extrémité inférieure,
par un pas de vis destiné à recevoir un
écrou et porte, rivées à son extrémité
supérieure et vers les parties correspondant au quart supérieur et au quart in-

férieur du canon, des bandes de fer feuillard demi-circulaires, fortement rembourrées et munies, à leurs extrémités, de boucles et de
contre-sanglons. Le fer à planche offre, soudé à celle-ci, un appendice
d'environ 5 centimètres de longueur, percé, à son extrémité libre,

d'une ouverture de la dimension du pas de vis de la tige (*fig.* 502). — Pour l'adapter, on applique d'abord le fer à planche, on introduit le pas de vis dans l'ouverture de l'appendice, on visse l'écrou, enfin on boucle les bandes sur l'avant-bras et le canon. — Avec ce ferrement, la marche, le coucher et le relever sont généralement faciles. Au bout de quinze à vingt jours, les aplombs sont rétablis.

On a encore conseillé de coucher le sujet, d'étendre fortement les phalanges sur le canon, puis de fixer les parties en position convenable par un solide bandage à éclisses ou un appareil plâtré. Souvent, la guérison serait obtenue en quelques semaines. Il convient de renouveler le pansement une ou plusieurs fois, en l'adaptant à la direction nouvelle des rayons osseux.

Quand ces moyens échouent, il faut pratiquer la ténotomie à un membre, ou à la fois aux deux congénères. En général, la section du perforant est suffisante. Lévrier condamne absolument la ténotomie double.

La *bouleture des adultes* est tantôt *essentielle*, liée à des lésions tendineuses, tantôt *symptomatique*, secondaire à l'une des nombreuses affections douloureuses des membres, plus particulièrement du pied ou de la région digitée (bleime, encastelure, formes). Toutes ces affections entraînent la suppression de l'appui normal et un certain degré de flexion permanente de l'articulation du boulet ; les tendons fléchisseurs, n'éprouvant plus l'antagonisme des pressions qu'ils subissent à l'état physiologique, se rétractent graduellement : l'angle du boulet s'efface peu à peu.

Un coup d'œil suffit au diagnostic. Toutefois, l'animal au repos paraissant toujours plus bouleté qu'il ne l'est réellement, il faut, pour reconnaître le degré de la déviation, faire lever le pied opposé au membre malade. On doit ensuite rechercher la cause de la bouleture. Il importe, en effet, avant de traiter celle-ci, de remédier à la maladie qui l'a déterminée, sous peine de voir réapparaître la rétraction tendineuse. Souvent on trouve les tendons lésés (nerf-férure) ; parfois la bouleture est symptomatique. — Le pronostic est grave, surtout pour les chevaux de luxe ou lorsque la déviation atteint le deuxième degré.

La première indication d'un traitement rationnel consiste à traiter l'altération causale : nerf-férure, maladie naviculaire, seime, formes. Quand la rétraction est peu prononcée — lors de bouleture au premier degré — et que les allures sont redevenues libres, la déviation peut disparaître par l'exercice. Si déjà celle-ci est plus accusée, les os surchargés s'enflamment ; les tendons, ne supportant plus leur part du poids du corps, se rétractent de plus en plus, et en général il faut recourir à la ténotomie. — La ténotomie *à ciel ouvert* ne se fait plus. Le procédé sous-cutané est le seul usité aujourd'hui. On doit préalablement appliquer au pied une ferrure convenable. Si le perforant seul doit être sectionné, le pied, paré à fond en talons, sera garni d'un fer à pince prolongée, de façon à rejeter le poids du corps sur les parties postérieures. Pour la ténotomie double, afin d'éviter l'affaissement du boulet en arrière, on recommande le fer en col de cygne, les orthosomes de Brogniez et de Defays ou, mieux encore, les bandages inamovibles (Didot, Delwart). (V. *Plaies tendineuses*.)

Que l'on opère sur un membre antérieur ou postérieur, l'animal sera couché sur le côté opposé et le membre bouleté laissé dans l'entravon. On fixera une plate-longe sur le sabot, une autre au-dessus du genou ou du jarret. La peau du tiers moyen de la face externe du canon sera savonnée, rasée, aseptisée. Pour les temps essentiels, deux instruments — les ténotomes droit et courbe — suffisent, et le premier peut être remplacé par un scalpel ou un bistouri droit.

Placez-vous au niveau du genou ou du jarret. A l'exploration des tendons indemnes, vous percevrez aisément l'interstice qui sépare le perforant du perforé. Lorsque les cordes,

Fig. 503. — Bouleture et périostose phalangienne.
(D'après une photographie.)

entourées d'une épaisse couche indurée, ne peuvent plus être distinguées l'une de l'autre, cet interstice correspond à la limite du tiers moyen et du tiers postérieur de la masse. Au membre postérieur, le lieu d'élection est le milieu du canon ; au membre antérieur, on opérera à 1-2 centimètres plus bas.

Au premier temps, tenez de la main droite le ténotome pointu ; implantez-le entre les deux tendons, poussez-le jusqu'à ce que sa pointe arrive sous la peau du côté opposé ; tout en le retirant, engagez le long de sa lame et à plat le ténotome courbe ; faites exécuter à celui-ci un quart de cercle sur son axe, manœuvre qui en dirige le tranchant contre le perforant. Avec le pouce, prenez un point d'appui sur la face antérieure du canon, puis coupez le tendon par un double mouvement très limité de bascule et de scie imprimé à l'instrument, en même temps que les aides tirent la plate-longe supérieure en arrière, l'inférieure en avant. En agissant avec précaution, vous pouvez toujours éviter la section de la peau. — Si vous faites la ténotomie double, sec-

tionnez d'abord le perforant ; ensuite, passez le ténotome courbe en
arrière du tendon perforé et coupez-le en agissant comme pour le perforant. Opérer d'avant en arrière exposerait à un large débridement
de la peau. — Essuyez la région avec un tampon d'ouate, fermez la
plaie cutanée au collodion et appliquez un pansement légèrement
compressif. — Un épanchement sanguin comble le vide produit entre
les deux extrémités tendineuses, le tissu conjonctif voisin s'enflamme
et une pièce de tissu embryonnaire est bientôt produite. L'engorgement, d'abord chaud et douloureux, diminue lentement et s'indure.
Au bout de deux mois, le tissu néoformé a acquis une résistance suffisante pour permettre la reprise du travail. Comme tout tissu cicatriciel, il subit, dans la suite, une rétraction plus ou moins accusée,
et longtemps il peut être le siège d'une sensibilité anormale qui
provoque soit de la gêne dans les mouvements, soit une boiterie.

La section accidentelle de l'un des nerfs du canon a peu d'importance ; la blessure de l'artère, très rare, nécessiterait l'application d'un
pansement compressif. Grave est l'ouverture des culs-de-sac carpien,
tarsien ou sésamoïdien, mais elle ne peut arriver qu'à des opérateurs
en mésintelligence avec l'anatomie. De simples soins de propreté
conjurent la suppuration du foyer traumatique.

Ainsi que l'a fait remarquer Bouley, le travail de la cicatrisation de
l'un ou de l'autre tendon entraîne leur union intime et définitive. Le
perforé et le perforant sont ainsi solidarisés, l'ingénieux mécanisme
de l'anneau du perforé est détruit, les phalanges ne se fléchissent
plus : le cheval est sans cesse exposé à butter et à s'abattre. Impossible
donc de l'utiliser aux grandes allures, d'autant que le tissu néoformé
reste toujours plus vasculaire, plus sensible, plus sujet aux dilacérations que le tissu fibreux normal. Mais la ténotomie permet de rendre
utilisables pour le travail au pas quelques animaux qui, sans elle,
seraient infirmes.

Il s'en faut bien que les résultats favorables de la ténotomie soient
toujours définitifs, même dans les cas où le traitement de la cause
n'a pas été négligé. Contre la récidive, on a conseillé les vésicatoires
et le feu appliqués sur le tissu cicatriciel rétracté. Une *reténotomie* est
seule capable de rétablir l'aplomb et, au point de vue économique, ce
n'est pas une opération recommandable.

Depuis plusieurs années, nous pratiquons fréquemment, en une
seule séance, la névrotomie du médian et la ténotomie du perforant.
La première supprime la sensibilité dans les régions endolories
(ténosite, maladie naviculaire, formes). En général, les résultats
sont bien supérieurs à ceux que donne la seule section des tendons (Breton).

VIII. — **Fractures.**

Les *fractures du métacarpe* et *du métatarse* sont habituellement produites par des contusions, des chutes ou de violents efforts. L'ostéite raréfiante les favorise. Elles compliquent fréquemment les panostéites du canon, dont Drouin a recueilli de nombreux exemples.

L'impossibilité de l'appui, la déformation de la région, la mobilité anormale, la crépitation suffisent au diagnostic. Si la fracture est incomplète, on la reconnaît surtout à l'intensité de la boiterie et à la vive sensibilité constatée en un point du canon.

La direction verticale de la région, son petit volume et l'absence de muscles favorisent le succès de l'intervention. Les abouts, quand la division est en rave, ne subissent d'ordinaire que des déplacements peu étendus. On traitera les sujets de prix, surtout s'ils sont dociles et de petite taille. Quand le blessé n'a qu'un faible poids (jeunes animaux), l'appareil de suspension est inutile. Les malades de Gombault, de Conte, de Delaetre, de Morand, de Lucet furent laissés libres; ils se couchaient et se relevaient sans difficulté. Pour les adultes, les animaux lourds, il convient de faire usage de cet appareil. — On a relaté de nombreux cas de guérison complète. Mégnin a publié l'observation d'un cheval sur lequel la consolidation se produisit sans le moindre traitement; l'os était toutefois un peu coudé et le cal volumineux.

Le plus souvent, il est possible de pratiquer les manœuvres de réduction sur l'animal debout : les fragments sont en contact, et le poids de l'inférieur suffit pour le maintenir dans la verticale. Parfois, comme dans le cas de Gombault, il faut coucher le blessé. On aura soin d'éviter les déviations de l'extrémité : on prendra pour guide la pince du pied chez les solipèdes, l'espace interdigité chez les ruminants.

On a employé une foule de substances pour la confection des bandages. Gérard, Conte, Gombault ont préconisé la poix noire. Le canon est entouré d'étoupe imprégnée de la substance agglutinative, de façon à lui donner le volume des articulations qu'il concourt à former; ces dernières sont également protégées par l'étoupe, afin d'éviter la pression des éclisses et la gangrène cutanée qui en serait la conséquence. Des attelles de la longueur du canon (Gombault) ou allant depuis le genou jusqu'à terre, de façon à servir d'appui au membre (Conte), sont disposées sur cette étoupe et maintenues à l'aide de tours de bande empoissés. — Delaetre a recommandé les blancs d'œuf délayés dans de l'eau-de-vie camphrée; Marzac, un bandage avec de la colle d'amidon, du plâtre, du fil de fer et de l'étoupe; Rossignol, le mélange d'amidon, d'alun et de blancs d'œuf; Stievenaert, le bandage Delwart, édifié avec de l'étoupe, des bandes poissées et des attelles.

Mais c'est sans contredit le plâtré qui tient le premier rang. Employé d'abord par Bernard, ensuite par Bonnefond, Vidal, Pujos, Bouley, Nocard, Morand, Furlanetto, Lucet, il est excellent pour ces fractures.

— Pujos enveloppa le membre, depuis le sabot jusqu'au milieu de l'avant-bras, de bandes trempées dans du plâtre gâché et enroulées de bas en haut. Il en appliqua trois couches et confectionna ainsi un manchon cylindrique de 60 centimètres de longueur sur 32 de circonférence. On l'enleva au bout de quarante-cinq jours, l'appui était franc ; deux mois après l'accident, le cheval ne boitait plus. — Vidal appliqua d'abord, sur le canon, de l'étoupe trempée dans la bouillie plâtrée, puis deux attelles, l'une en dedans, l'autre en dehors, allant du genou à la partie inférieure du boulet et maintenues par des bandes plâtrées, enfin, par-dessus, une couche de plâtre ; un mois après, le cheval reprit son travail ; quinze jours plus tard, la guérison était complète. — Morand procéda à peu près de même pour un poulain de quinze jours, atteint d'une fracture du métatarse. Il leva le pansement au bout de vingt jours ; les fragments étaient réunis. Sur un bœuf de vingt mois, le même auteur appliqua un bandage analogue, qu'il laissa à demeure quarante jours. Il y avait encore une légère boiterie qui disparut avec le temps. — Les observations de Lucet et de Furlanetto montrent qu'au bout de trente jours, chez les bêtes bovines, il s'est presque toujours formé un cal résistant. — Simon a utilisé la gutta-percha sur un cheval de dix-huit ans. L'animal étant mort de coliques le vingt-troisième jour, on constata un cal provisoire d'une grande solidité. « La guérison complète, sans déformation, était assurée ».

Pour les poulains, Rossignol a recommandé un bandage très simple qui lui aurait donné de nombreux succès : On coupe un bout de branche de saule que l'on fend en deux ; on creuse en gouttière chaque moitié et l'on taille les extrémités en biseau ; la fracture réduite, on recouvre le canon d'une couche d'étoupe ; on applique les gouttières et on les assujettit par trois fils de fer fixés dans des encoches, l'un au milieu de l'appareil, un autre en haut, le dernier en bas.

Parfois l'un des métacarpiens latéraux est seul fracturé. Sur un cheval, Clichy a constaté cet accident à un membre postérieur. Les abouts étaient en rapport ; il n'y avait aucune ten-

Fig. 504. — Gangrène du pied causée par un bandage défectueux.

dance au déplacement. On appliqua des plumasseaux imbibés de blanc d'œuf et, par-dessus, un emplâtre de poix. Au bout de six semaines, l'animal était guéri. — Dans l'observation de Cauvet, il y avait fracture du métatarsien externe et d'un os du jarret. Une arthrite suppurée amena la mort.

Chez le chien, la fracture des métacarpiens ou des métatarsiens guérit facilement. Un appareil laissé en place quinze jours à trois semaines assure la consolidation. Beaucoup emploient les bandes amidonnées ou plâtrées. Ainsi que pour les fractures de l'avant-bras et de la jambe, la bande doit être enroulée du pied vers la racine du membre. Les bandages qui ne recouvrent que le rayon fracturé exposent à la gangrène de l'extrémité (*fig.* 504).

Les fractures compliquées seront traitées par des bandages antiseptiques provisoires ou par un appareil inamovible fenêtré.

IX. — Suros.

Les exostoses du canon — les *suros* — se rencontrent en général aux membres antérieurs, quelquefois aux postérieurs. Leur volume varie depuis celui d'une noisette jusqu'à celui d'un petit œuf de poule. — Comme causes prédisposantes, on signale surtout le jeune âge des sujets et un travail disproportionné à la résistance des os. Les causes occasionnelles sont les contusions, les heurts, les chutes, les hyperextensions ligamenteuses. Chez les jeunes chevaux, les métacarpiens rudimentaires sont unis au métacarpien principal par un appareil fibreux. Pendant le travail, lorsque les membres antérieurs viennent à l'appui, les pressions transmises au canon par les os de la rangée inférieure du genou déterminent le glissement de haut en bas des péronés au delà des limites de résistance du ligament intermétacarpien : celui-ci est distendu et le périoste tiraillé; il en résulte une ostéopériostite productive. Tandis que l'os crochu repose sur les métacarpiens principal et latéral externe, le trapézoïde — le dernier des os carpiens de la rangée inférieure — s'appuierait exclusivement sur le métacarpien rudimentaire interne, lequel éprouverait des déplacements plus étendus que son congénère, d'où la plus grande fréquence des suros du côté interne. — Pour les suros développés sur le bord postérieur des métacarpiens rudimentaires, on ne peut invoquer les tiraillements du ligament intermétacarpien. Dieckerhoff et Joly les attribuent aux tractions exercées sur le périoste par l'arcade métacarpienne. Dans la flexion du genou, cette arcade est flasque; au contraire, elle se tend à l'excès quand l'articulation est en extension : c'est à ce moment que la lésion se produirait. — Pour les suros intermétacarpiens, Joly incline à admettre la même cause, la traction d'avant en arrière, au lieu du glissement de haut en bas.

Le siège des suros est des plus variables. En dehors des exostoses par contusion ou par fracture, Barrier a divisé ainsi les suros par hyperextension fibreuse :

1° Le *suros du ligament interosseux* ou *intermétacarpien*, dû aux efforts de glissement vertical ou d'écartement de l'os rudimentaire du canon;

2° Le *suros de l'arcade carpienne* ou *post-métacarpien*, causé par les efforts de traction qu'exerce l'arcade sur le métacarpien latéral;

3° Le *suros du suspenseur du boulet* ou *métacarpien profond*, dû aux efforts du suspenseur, de l'arcade et de la bride carpienne, au-dessous du carpe, à l'endroit où ces organes adhèrent entre eux;

4° Le *suros du ligament latéral du genou* ou *de la tête du métacarpien rudi-*

mentaire, produit par les efforts du ligament latéral commun du carpe au niveau de son insertion inférieure ;

5° Le *suros du ligament latéral du boulet*, ou *suros inférieur*, *suros du boulet*, dû aux efforts du ligament latéral superficiel de l'articulation du boulet, au niveau de son insertion supérieure.

Il est possible, d'ailleurs, de rencontrer des foyers de périostite en beaucoup d'autres points du canon (Abadie, Chenot).

Doivent être rapprochées des suros les *ostéites métacarpiennes* étudiées par Drouin sur les chevaux de fiacre. La moitié supérieure du canon est le siège d'une boursouflure périostique toujours plus développée du côté interne. Les lésions, surtout accusées vers l'épiphyse supérieure, s'atténuent sur la diaphyse ; elles sont très prononcées aux points d'insertion inférieure des grands ligaments latéraux du carpe ; ce n'est qu'à une période tardive que les surfaces articulaires sont atteintes.

Le premier *symptôme* des suros est la claudication. Parmi les jeunes chevaux qui travaillent sur le pavé à des allures rapides, beaucoup boitent au bout de quelques mois. L'examen du pied et du membre ne révèle aucune lésion. Les « connaisseurs » croient à une affection de l'épaule ; mais la palpation méthodique révèle presque toujours sur les métacarpiens latéraux ou en un point variable du métacarpien principal, une surface souvent peu étendue où existe une vive sensibilité. La percussion au plessimètre ne vaut pas la palpation.

Le *diagnostic* est facilité par les commémoratifs : d'habitude, le cheval est en service depuis peu de mois, et il a manifesté déjà quelques feintes fugaces ; souvent il a déjà boité de l'autre membre. Si le pied n'est le siège d'aucune sensibilité morbide, si la couronne, le paturon et les tendons sont nets ; si, d'autre part, la région des péronés est infiltrée ou douloureuse, des suros se développent.

Quand l'évolution en est achevée, que l'inflammation osseuse est éteinte, le suros ne provoque de boiterie que dans les cas où, développé en arrière du métacarpien principal, il dévie le suspenseur du boulet, gêne le fonctionnement des tendons, ou lorsqu'il empiète sur les jointures carpiennes. « Le suros ne fait pas boiter, mais la fusée fait boiter, lorsqu'elle attaque les os styloïdes et qu'elle les grossit tellement qu'ils resserrent les tendons logés entre les deux os » (Lafosse). « Le calus montant dans le genou estropie le cheval. » (So leysel.)

Dans les *ostéites métacarpiennes* signalées par Drouin, les canons antérieurs sont transformés en tronc de cône à base supérieure débordant le carpe ; on dirait que le genou s'est déplacé au-dessous de sa position normale (genou coulé). La fracture est une terminaison fréquente.

Afin de prévenir l'hyperextension de l'aponévrose post-métacarpienne, dont nous avons indiqué le rôle dans le développement des suros, on a conseillé l'application d'une flanelle sur le canon pendant le travail.

Pour les suros naissants, divers auteurs préconisent les bains froids, la compression, les frictions d'alcool camphré, les embrocations de populéum, les cataplasmes émollients, les frictions mercurielles répétées. On emploie peu ces moyens. On leur préfère le repos et l'application, sur les deux faces du métacarpe, d'un topique vésicant : vésicatoire mercuriel ou pommade au biiodure de mercure, solution alcoolique de sublimé ou pommade au bichromate de potasse (Peuch, Lamouroux). Chez certains sujets, l'inflammation osseuse se dissipe vite, « l'humeur se glisse entre le périoste et l'os », aucune exostose n'apparaît ; au bout de quelques semaines, le cheval est remis droit et peut reprendre son service. Chez d'autres, la sensibilité persiste vive ou le suros sort plus ou moins large, plus ou moins volumineux ; des frictions vésicantes successives sont nécessaires.

Lorsque, par les vésicants, on arrive à atténuer et à faire disparaître la boiterie, bien que la tumeur osseuse persiste, on doit remettre le sujet en service. Inutile de chercher à obtenir par le feu la résolution de l'exostose : ainsi que l'ont remarqué Lagardère et Liard, souvent elle finit par se résorber spontanément. Nous n'irons pas toutefois jusqu'à dire, avec le premier de ces auteurs, « qu'il n'y a point de vieux chevaux avec des suros ».

Pour faire « fondre » les suros, la percussion avec le dos du marteau plessimétrique, suivie d'une application vésicante, réussit généralement lorsque l'exostose est récente. Toute la surface de celle-ci est martelée à petits coups, en évitant de meurtrir la peau ; ensuite on applique la préparation vésicante. — On peut encore utiliser le massage associé à la compression (L. Lafosse, Möller). Si l'on emploie ce procédé, une lame de plomb ou de cuir épais est appliquée sur l'exostose et fixée là par des tours de bande. Souvent, en quelques semaines, l'exostose a notablement diminué de volume. On renouvelle le pansement tous les jours ; il importe de surveiller l'état de la peau, afin d'en éviter la nécrose.

Si ces moyens échouent, il faut recourir à la cautérisation — au feu transcurrent, en pointes superficielles ou en pointes pénétrantes. Malgré la critique de Liard, nous employons ce dernier procédé. Comme Abadie et beaucoup d'autres praticiens, nous en avons souvent constaté les bons effets. Nous traversons la peau en un ou deux coups de cautère, et nous complétons l'action du calorique par une friction vésicante.

La périostotomie, préconisée par Sewell, a donné des succès à Bouley, Haubner, Williams, Dammann, Ehlers. Il faut opérer aseptiquement, afin d'éviter les accidents de nécrose. Dans les jours qui suivent, une légère inflammation survient. D'après Sewell, au bout de huit à dix jours, l'animal pourrait être remis en service, et souvent l'exostose se résorberait entièrement. — Les récentes tentatives de Le Calvé semblent établir que la périostotomie a peu d'efficacité contre les suros. .

L'ablation est un vieux traitement que l'antisepsie a tiré de l'oubli. L. Lafosse l'a exécutée plusieurs fois avec le ciseau et le maillet « sans qu'il soit survenu aucun accident et sans aucun vestige de tumeur ni de plaie ». Sous le couvert de l'asepsie, l'ablation des suros est absolument sans danger. Le cheval couché, on entoure le canon d'un linge bouilli fenêtré dans la partie qui correspond à l'exostose, et l'on applique aux deux extrémités du canon un lien de caoutchouc. La peau incisée suivant l'axe de la tumeur, on décolle le périoste ou on l'extirpe, puis, avec la gouge et le maillet, on la fait sauter. On suture au crin de Florence ou à la soie, et l'on applique un pansement ouaté. — Quand, au bout d'une semaine, on enlève le pansement et les fils, ordinairement la plaie est cicatrisée par première intention. Une légère suppuration serait d'ailleurs sans importance.

Pour les suros qui provoquent une boiterie résistant à tous ces moyens, on pratiquera la névrotomie du médian.

Sous le nom de *Sore-shin*, les auteurs anglais décrivent une affection particulière du canon, commune sur les chevaux de course. Au dire de Cagny, elle est surtout fréquente sur les poulains de dix-huit mois à deux ans ; elle est rare à trois ans et absolument exceptionnelle sur les animaux plus âgés. Elle débute toujours pendant l'entraînement. La boiterie intense qu'elle provoque quand un seul membre est frappé, l'attitude particulière du sujet si les deux sont atteints, pourraient égarer le diagnostic, éveiller l'idée de la maladie naviculaire ou de la fourbure aiguë. Mais bientôt on constate, sur la face antérieure du canon, une tuméfaction diffuse ou douloureuse.

La nature de cette affection est encore discutée. Williams, Cagny, Möller croient à de la périostite. Abadie l'a décrite sous le nom de « ténosite des extenseurs ». Pour Weber, il s'agirait d'une lésion des extenseurs et de leur gaine.

Quoi qu'il en soit de sa nature, le pronostic n'est généralement pas grave. Au début, par le repos et une application vésicante, tout disparaît vite et sans aucune trace. Si, au contraire, l'entraînement est continué, les symptômes s'accentuent ; il se forme sur la face antérieure du canon une tumeur dure, diffuse, qui résiste à la cautérisation. Toutefois, elle ne semble nullement gêner le cheval dans son galop (Cagny).

Le repos est la première indication d'un traitement rationnel ; les vésicants font le reste. Il est rare qu'on ait besoin de recourir à la cautérisation. Williams conseille la périostotomie sous-cutanée, qui diminuerait la durée de la claudication. Dans quelques cas où l'opération a été faite avec d'insuffisantes précautions d'asepsie, la périostite est devenue suppurative et s'est compliquée de nécrose partielle du métacarpien principal.

Bibliographie. — I. **Lésions traumatiques et ruptures des tendons.** — A. FLÉCHISSEURS DES PHALANGES. CLICHY, *Recueil de méd. vét.*, 1825. — RODET, *Ibid.*, 1826. — PATTU, *Journal de méd. vét. théorique et pratique*, 1830. — LEBLANC, *Ibid.*, 1830. — RENAULT, *Recueil de méd. vét.*, 1834. — BEUGNOT, *Ibid.*, 1845. — MAILLET, *Ibid.*, 1836. — BOULEY, *Ibid.*, 1847. — TRÄGER, *Gurlt u. Hertwig's Magazin*, 1837. — LECOQ, *La Clinique vét.*, 1843. — QUESNEL, *Mém. de la Soc. vét. du Calvados*, 1845-46. — GOUBAUX, *Bullet. de la Société de biologie*, 1853. — SAINT-CYR, *Journal de méd. vét.*, 1854. — JANEL, *Ibid.*, 1859. — SERRES, *Journ. des vét. du Midi*, 1857. — JOHNE, *Sächs. Jahresber.*, 1861. — LEISERING, *Ibid.*, 1867. — BRAÜER, *Ibid.* — RAMOSER, *München. Jahresber.*, 1868. — LOUIS, *Recueil de méd. vét.*, 1864. — LAPÔTRE, *Ibid.*, 1870. — BOULEY, *Bull. de la Soc.*

cent. de méd. vét., 1864. — Siedamgrotzky, *Dresdener Bericht*, 1876. — Dubos, *Recueil de méd. vét.*, 1876. — Degive, *Annales de méd. vét.*, 1881 et 1885. — Mollereau, *Bull. de la Soc. cent. de méd. vét.*, 1887. — Faulon, *Ibid.*, 1889. — Schraml, *Zeitschr. f. Veterinärkunde*, 1888. — Cramlich, *Ibid.*, 1890. — Danielowsky, *Ibid.*, 1891. — Siedamgrotzky, *Berlin. Archiv.* 1891. — Comény, *Bull. de la Soc. cent. de méd. vét.*, 1892. — Ballu et Gillet, *Recueil de méd. vét.*, 1894. — Brandis, *Recueil d'hygiène et de méd. vét. milit.*, 1892. — Guillobey, *Ibid.* — Theiler, *Schweizer Archiv*, 1895. — Sendrail, *Revue vét.*, 1895. — Peuch, *Journal de méd. vét.*, 1896. — Amichau, *Ibid.*, 1897. — Mathion, *Ibid.*, 1899. — Jobelot, *Recueil de méd. vét.*, 1897. — Hendrickx, *Annales de méd. vét.*, 1898. — Rekate, *Deutsche thierärztl. Wochenschrift*, 1899. — Gathelier, *Sciences vét. de Lyon*, 1899. — Joly, *Bull. de la Soc. cent. de méd. vét.*, 1900. — Hendrickx, *Annales de méd. vét.*, 1900. — Brante, *Tidsskrift de Stockholm*, 1900. — Fröhner, *Monatshefte für Thierheilkunde*, 1901, an. in *Annales de méd. vét.*, 1901. — Ellis, *American vet. Review*, 1901, an. in *Clinica vet.*, 1901.

Peuch, *Dict. prat. de méd. et de chir. vét.*, t. XXI.

B. Extenseurs des phalanges. — Patey, *Mém. de la Soc. vét. du Calvados*, 1843-44. — Knoll, *Journal de méd. vét.*, 1849. — Chaintre, *Ibid.*, 1857. — Gavard, *Ibid.*, 1878. — Labat, *Revue vét.*, 1896.

II. Nerf-férure. — Lafosse, *Cours d'hippiatrique*. — Gurlt, *Magazin*, 1837. — Fergusson, *The Veterinarian*, 1838, an. in *Recueil de méd. vét.*, 1838. — Boulby et Prud'homme, *Bull. de la Soc. cent. de méd. vét.*, 1845. — Delwart, *Répertoire de méd. vét.*, 1849. — Percivall, an. in *Recueil de méd. vét.*, 1851. — Hertwig, *Magazin*, 1851. — Roloff, *Ibid.*, 1868. — Pflug, *Ibid.*, 1871. — Serres, *Journal des vét. du Midi*, 1857. — Barrier, *Archives vét.*, 1876. — Jacoulet, *Journ. de méd. vét. milit.*, 1876. — Cagny, *Bull. de la Soc. cent. de méd. vét.*, 1879. — Lydtin, *Thierärztl. Mittheil.*, 1822. — Johne, *Sächs. Jahresber.*, 1882. — Fogliata, *Giornale di anat. fisiol. e patol.*, 1884. — Pinegin, *Archives de Pétershourg*, 1886. — Weiskopf, *Adam's Wochenschr.*, 1886. — Furlanetto, *Le Progrès vét.*, 1889. — Görte, *Zeitschr. für Veterinärkunde*, 1889. — Barrier, *Bull. de la Soc. cent. de méd. vét.*, 1891 et 1892. — Pader, *Ibid.*, 1891. — Jacoulet, *Ibid.*, 1891. — Siedamgrotzky, *Berliner Archiv*, 1891. — Pätting, *Berliner thierärztl. Wochenschr.*, 1892. — Jacoulet, *Journal de méd. vét. milit.*, 1875-76, et *Traité d'hippologie*, t. I. — Comény, *Bull. de la Soc. de méd. vét.*, 1892. — Delpérier et Poy, *Ibid.*, 1892. — Hoffmann, *Repertorium*, 1893. — Ableitner, *Wochenschr. für Thierheilkunde*, 1894, et *Berlin. thierärztl. Wochenschr.*, 1894. — Albrecht, *Ibid.* — Sendrail, *Revue vét.*, 1895. — Pütz, *Deutsche Zeitschr. für Thiermed.*, 1895. — Degive et Hendrick, *Annales de méd. vét.*, 1896. — Charon, *Recueil d'hyg. et de méd. vét. milit.*, 1896. — Schukmacher, *Deutsche thierärztl. Wochenschrift*, 1896. — Schimmel, *Oesterr. Monatschr.*, 1896. — Hobday, *Journal of comp. pathol. and therap.*, 1896, — Schade, *Sächs. Jahresbericht*, 1896. — Pflanz, *Berlin. thierärztl. Wochenschrift*, 1898. — Lanzillotti-Buonsanti, *La Clinica vet.*, 1898. — Mark, *Veterinarius*, 1899. — Moore, *The journal of comp. med. a. veter.*, 1899. — Morey, *Journal de méd. vét.*, 1899-1900. — Baldi, *La Clinica vet.*, 1900. — Rubay, *Annales de méd. vét.*, 1900. — Joly, *Bullet. de la Soc. cent. de méd. vét.*, 1901. — Müller, *Sächs. Jahresbericht*, 1901.

Névrotomie du médian. — Peters, *Neurotomie bei chronichen Lahmheiten an den Gliedmassen der Pferde* (*Adam's Wochenschr.*, 1880). — Goldmann, *Milit. vet. Zeitschr.*, 1891. — Blanchard, *Bull. de la Soc. cent. de méd. vét.*, 1895. — Blanchard et Deysine, *Ibid.*, 1901. — Dupas, *Recueil de méd. vét.*, 1902.

Möller u. Frick, *Lehrbuch der Chirurgie für Thierärzte*.

Névrotomie du sciatique. — Rousseau, *Bull. de la Soc. cent. de méd. vét.*, 1892. — Möller u. Frick, *Op. cit.*

III. Boulcture et ténotomie. — Bruché, *Recueil de méd. vét.*, 1826. — Miquel, *Journal prat. de méd. vét.*, 1826. — Blanc, *Ibid.*, 1828. — Bouissy, *Recueil de méd. vét.*, 1830. — Delafond, *Ibid.*, 1832. — *Clinique de l'École d'Alfort*, *Ibid.*, 1833. — Chopin, *Ibid.*, 1835. — Lorton, *Ibid.*, 1835. — Caillieux, *Mém. de la Soc. vét. du Calvados*, 1837-41-42. — Letulle, *Ibid.*, 1843-44. — Miquel, *Ibid.*, 1843. — Lafosse, *Ibid.*, 1844, et *Recueil de méd. vét.*, 1843. — Hertwig, *Magazin*, 1836 et 1851. — Stephan, *Ibid.*, 1839. — Erdt, *Ibid.*, 1811. — Wilke, *Ibid.*, 1842. —

Bernard, *Journal des vét. du Midi*, 1839. — Hering, *Repertorium*, 1842. —
Verheyen, *Journal vét. et agricole de Belgique*, 1844. — Brogniez, *Ibid.*, 1846.
— Bouley, *Bull. de la Soc. cent. de méd. vét.*, 1845. — Tirant, *Journal de méd.
vét.*, 1848. — Levrier, *Recueil de méd. vét.*, 1850. — Bouley, *Ibid.*, 1851. —
Meyer, *Schweizer Archiv*, 1851. — Marcoux, *Annales de méd. vét.*, 1857. —
Defays, *Ibid.*, 1858 et 1871. — Degive, *Ibid.*, 1869. — Burmeister, *Preus. Mittheil.*,
1851. — Maier, *Repertorium*, 1860. — Prietsch, *Sächs. Jahresber.*, 1860. — Trasbot,
Bull. de la Soc. cent. de méd. vét., 1878. — Brunet, *Recueil de méd. vét.*, 1881. —
Chuchu, *Ibid.*, 1879. — Schimmel, *Oesterr. für Thierheilkunde*, 1899. — Fröhner,
Monatshefte für Thierheilkunde, 1899 et 1900. — Relier, *Bull. de la Soc. cent.
de méd. vét.*, 1899. — Herbaux, *Répert. vét.*, 1900. — Breton, *Recueil de méd.
vét.*, 1901.
Peuch et Toussaint, *Précis de chirurgie vétérinaire.* — Bayer. *Lehrbuch der Veterinär-
Chirurgie.* — Hoffmann, *Tierärztliche Chirurgie.* — Möller u. Frick, *Lehrbuch
der speciellen Chirurgie.* — Peuch, *Dict. prat. de méd. et de chir. vét.*, t. XXI.

IV. Fractures. — A. Métacarpe et métatarse. — Girard, *Recueil de méd.
vét.*, 1824. — Delæthe, *Journ. prat. de méd. vét.*, 1828. — Conte, *Journ. des vét.
du Midi*, 1843. — Marzac, *Ann. de la Soc. vét. de Libourne*, 1842; *La Clin. vét.*,
1844. — Rossignol, *Journal de méd. vét.*, 1845-46-48. — Vidal, *Ibid.*, 1852. — Légier,
an. in *Journal des vét. du Midi*, 1849. — Gurlt, *Magazin*, 1837 et 1851. — Gombault et Benjamin, *Bullet. de la Soc. cent. de méd. vét.*, 1853. — Stievenært,
Annales de méd. vét., 1860. — Prietsch, *Sächs. Jahresber.*, 1862. — Johne,
Ibid., 1863. — Voigtländer, *Ibid.*, 1864. — Goubaux, *Bullet. de la Soc. cent.
de méd. vét.*, 1874. — Overed, *The Veterinarian*, an. in *Annales de méd. vét.*,
1864. — Cauvet, *Journal des vét. du Midi*, 1866. — Straub, *Repertorium*, 1872.
— Mégnin, *Recueil de méd. vét.*, 1873. — Simon, *Revue vét.*, 1879. — Pujos, *Ibid.*,
1883. — Strebel, *Adam's Wochenschr.*, 1879. — Dupuis, *Annales de méd. vét.*,
1884. — Haubold, *Sächs. Jahresber.*, 1887. — Furlanetto, *Le Progrès vét.*, 1890-92.
— Morand, *Journal de méd. vét.*, 1892. — Lucet, *Recueil de méd. vét.*, 1893. —
Hobday, *Journal of comp. path. a. therap.*, 1894. — Rossignol, *Bullet. de la Soc.
de méd. vét. prat.*, 1895. — Schaller, *Sächs. Jahresbericht*, 1895. — Van Hempen,
Tijdschr. d'Utrecht, 1895. — Niederreuther, *Wochenschrift für Thierheilkunde*.
1897. — Riaschew, *Archives vét. de Pétersbourg*, 1899. — Barrier, *Bull. de la
Soc. cent. de méd. vét.*, 1899. — Balvay, *Bull. de la Soc. des sciences vét. de Lyon*,
1900. — Navez, *Annales de méd. vét.*, 1902.
Zschokke, *Die Krankheiten der Knochen*, in *Handbuch der thierärztl. Chirurgie* von
Bayer u. Fröhner.
B. Métacarpiens rudimentaires. — Clichy, *Journal prat. de méd. vét.*, 1826. —
Cauvet, *Journal des vét. du Midi*, 1866.

V. Suros. — Sewel, *Journ. de méd. vét. théor. et prat.*, 1836. — Gillibert,
Journal de méd. vét. milit., t. III. — Dupon, *Ibid.*, t. IV. — Liard, *Ibid.*, t. V. —
Sinoir, *Recueil de méd. vét.*, 1870. — Trasbot, *Archives vét.*, 1877. — Abadie,
Ibid., 1877. — Dieckerhoff, *Adam's Wochenschr.*, 1884. — Cagny, Weber, *Bullet.
de la Soc. cent. de méd. vét.*, 1885. — Moulé, *Ibid.*, 1891. — Sperl, *Oesterr.
Monatsschr.*, 1894. — Rogers, *The Veterinarian*, 1895. — Barrier, *Bull. de la Soc.
cent. de méd. vét.*, 1896 et 1901. — Joly, *Revue vét.*, 1896. — Jacoulet, *Recueil
d'hyg. et de méd. vét. milit.*, 1896. — Weber, *Recueil de méd. vét.*, 1896. — Barrier
et Joly, *Ibid.*, 1896. — Le Calvé, *Ibid.*, 1899. — Vogt, *Wochenschrift für Thierheilkunde*, 1898. — Plosz, *Veterinarius*, 1899, et *Monatshefte für Thierheilkunde*,
1900. — Tempel, *Deutsche thierärztl. Wochenschrift*, 1899. — Mayall, *Berlin.
thierärztl. Wochenschrift*, 1901.

VIII. — AFFECTIONS DU BOULET, DU PATURON ET DE LA COURONNE.

I. — **Lésions traumatiques.** — **Atteintes.** — **Phlegmon coronaire.**

Le boulet et la région phalangienne sont très exposés aux actions traumatiques les plus diverses. On y rencontre communément des *blessures* faites
par des corps contondants, tranchants ou piquants, blessures d'étendue, de

profondeur, de gravité très variables. — Les plaies de la face antérieure intéressent assez souvent le tendon de l'extenseur antérieur ou l'une des phalanges, quelquefois une synoviale; — celles de la face postérieure atteignent facilement les tendons fléchisseurs, leur gaine et les sésamoïdes ; — celles des faces latérales peuvent ouvrir la synoviale métacarpo-phalangienne ou entamer le cartilage lorsqu'elles existent à la couronne. Un examen attentif de la plaie permet généralement de reconnaître les dégâts : mise à nu et blessure des tendons, écoulement de synovie claire ou purulente. — Le pronostic est grave pour les plaies tendineuses et synoviales, surtout si elles sont infectées.

Traitées par l'antisepsie, la plupart de ces plaies guérissent rapidement. Quand les tendons, les synoviales, les ligaments ou les os sont lésés, on redoublera de soins : la blessure sera désinfectée à fond et protégée par un pansement.

Particulièrement communes chez les chevaux de gros trait, les *contusions* et les *plaies contuses de la couronne* offrent certains caractères spéciaux dus à l'épaisseur du tégument au voisinage du sabot, à la richesse du réseau veineux dont les canaux sillonnent le tissu conjonctif sous-cutidural, à la constitution anatomique de cette région. Suivant leur siège, les atteintes sont distinguées en *exposées* et *encornées*. D'après leurs caractères anatomo-pathologiques, on y reconnaît les formes *furonculeuse*, *phlegmoneuse* et *gangreneuse*.

Les *atteintes* sont habituellement produites par le fer dont le sabot est garni : elles résultent de coups que le cheval se donne en marchant ou qu'il reçoit de ses compagnons de travail. Les heurts du paturon et de la couronne contre les corps durs de toute sorte, les actions traumatiques exercées en ces régions par des corps contondants, déterminent des lésions analogues à celles des atteintes proprement dites.

Dans l'*atteinte légère*, la peau est simplement contusionnée et excoriée, ou elle est nettement divisée dans toute ou presque toute son épaisseur ; la tuméfaction est limitée, la douleur modérée, la claudication nulle ou peu accusée. Toutefois, lorsque la cutidure est lésée, la douleur est plus vive et il survient un décollement partiel du biseau ; mais, au bout de quelques jours, ordinairement l'inflammation s'atténue et la guérison survient.

Les *atteintes graves*, dont la forme commune est représentée par les plaies contuses pénétrantes de la couronne, s'accompagnent d'une phlegmasie intense de la peau et des tissus sous-cutanés, qui aboutit d'ordinaire à la mortification d'une partie de la membrane tégumentaire (peau ou cutidure), quelquefois à la nécrose de l'un des organes sous-jacents (tendons, ligaments, cartilage, os). Toujours la région vulnérée est très endolorie et la boiterie forte, notamment quand la zone tuméfiée est en partie recouverte par l'ongle ; souvent il y a des lancinations et des symptômes généraux. — Si une intervention hâtive et bien dirigée peut amener la résolution, dans la grande majorité des cas le tégument enflammé se mortifie ; le sphacèle est circonscrit dans l'atteinte *furonculeuse*, diffus dans la forme *gangreneuse*. — Les complications sont fréquentes. Baignés par le pus, et d'ailleurs souvent meurtris en même temps que la peau, les tissus sous-jacents (tendons, ligaments, cartilage, os) peuvent être frappés de nécrose partielle. Parfois la plaie donne issue à du pus synovial, et l'on voit se dessiner tous les signes de l'arthrite du pied. Il arrive aussi que, dans les jours qui suivent l'accident, l'inflammation gangreneuse se propage à un large territoire de la membrane tégumentaire sous-cornée, provoque un décollement étendu, même la chute du sabot.

Des atteintes en apparence bénignes au début peuvent, comme les plaies contuses de la couronne et la *dermatite podophyllienne suppurative*, donner lieu au *phlegmon coronaire*. Celui-ci consiste en une inflammation diffuse du tissu conjonctif sous-cutané de la couronne. Quand cette phlegmasie débute en quartier ou en talon, elle reste d'ordinaire localisée à une moitié de pied ; mais, grâce sans doute à la richesse du plexus veineux sous-tégumentaire, elle peut se propager à la moitié opposée, devenir *péricoronaire*. Si elle se termine par la suppuration, une galerie purulente est creusée sous le tégument de la couronne et, lorsque le pus s'est fait jour au dehors en plusieurs points, les caractères cliniques du phlegmon coronaire simulent ceux de l'arthrite du pied. — L'absence d'écoulement synovial, les souffrances moindres, puis l'atténuation des autres symptômes dès que le pus s'est échappé permettent le diagnostic. — Cette inflammation suppurative péricoronaire peut, comme les atteintes graves, se compliquer de nécrose tendineuse ou cartilagineuse. Il se peut aussi que le pus parvienne sur l'un des culs-de-sac latéraux de la synoviale du pied et fasse irruption dans la jointure.

La vieille thérapeutique employait surtout les réfrigérants pour les atteintes récentes, et les cataplasmes de farine de lin lorsque déjà la blessure avait déterminé une vive inflammation. Malgré les succès qu'a donnés l'irrigation continue, le traitement antiseptique doit lui être préféré. Quant aux cataplasmes, dont on fait encore un si large usage pour nos blessés, on les réservera pour des lésions moins sérieuses que les atteintes.

L'atteinte est une lésion traumatique infectée. L'indication primordiale du traitement, c'est la *désinfection soignée de la plaie*. Le pied déferré et curé, on doit couper les poils sur la couronne et le paturon, exciser les portions de tissus écrasés, trop meurtris pour recouvrer leur vitalité, et enlever les corps étrangers que la plaie peut renfermer ; ensuite on immerge le pied et la région phalangienne vingt minutes à une demi-heure dans une solution anti-septique (sublimé, créoline), ou l'on fait une large irrigation de la plaie avec cette solution. On peut encore purifier la blessure avec des tampons d'ouate trempés dans l'eau phéniquée forte, dans la solution de sublimé à 1 p. 1000, dans l'eau oxygénée ou la teinture d'iode. On la saupoudre ensuite de chrysoforme ou d'iodoforme et on la recouvre d'un pansement ouaté, ou bien l'on dispose sur la couronne des compresses trempées dans une solution antiseptique. Tel doit être le traitement pour les atteintes entièrement exposées. — Pour celles situées au niveau de l'origine de l'ongle, la compression des tissus blessés est d'autant plus à craindre que les lésions sont plus profondes. En général, il convient de commencer l'intervention en faisant, avec la râpe ou la rénette, un amincissement limité de la muraille.

Les soins ultérieurs sont subordonnés au degré d'acuité des troubles qui surviennent. Si la douleur est vive et le membre agité par des douleurs lancinantes, on doit, tous les deux jours au moins, renouveler le pansement et immerger le pied dans un bain antiseptique. Quand la douleur est modérée et l'appui franc, on laisse le pansement à demeure pendant six à huit jours.

Dans certains cas, il est avantageux de faire un débridement, de tamponner la plaie à la gaze ou d'y fixer un drain. Si la peau était gangrenée sur une large surface, on utiliserait plutôt les compresses humides fréquemment arrosées avec un liquide antiseptique. D'autres moyens doivent être mis en œuvre dès que la plaie présente le caractère fistuleux dénonçant la nécrose de l'un des organes sous-cutanés. (V. *Javart tendineux* et *Javart cartilagineux.*)

La plupart des atteintes ne laissent d'autre trace qu'un flot induré ou une cicatrice plus ou moins large, mais les pertes de substance du bourrelet sont suivies d'un défaut de la muraille à leur niveau. Selon l'étendue de la destruction cutidurale, il survient une seime, une dépression de la paroi ou un faux quartier.

Le *phlegmon coronaire* pouvant compliquer toutes les blessures infectées de la couronne, sa prophylaxie consiste en l'aseptisation des plaies de cette région, comme il vient d'être dit pour les atteintes. On traitera surtout avec grand soin les blessures pénétrantes et celles qui siègent sur la cutidure.

Si déjà l'inflammation est phlegmoneuse, il faut, après avoir curé le pied et coupé les poils sur toute la région phalangienne, prescrire les bains chauds antiseptiques biquotidiens et l'enveloppement humide de la région digitée ou du pied tout entier. Après désinfection de la peau, des mouchetures traversant toute l'épaisseur du derme sont parfois avantageuses.

Dès qu'une obscure fluctuation révèle l'existence d'une collection purulente sous-cutanée, on doit ponctionner celle-ci, évacuer le pus, désinfecter la cavité, tamponner s'il y a hémorragie. Pour éviter la rétention du pus, le drainage est quelquefois nécessaire. Le traitement consécutif est celui des abcès.

On observe aux régions inférieures des membres diverses affections cutanées spéciales : — des *crevasses* localisées à la face postérieure du boulet ou du paturon; — des plaques de *gale symbiotique*; — la *dermatite exsudative et hypertrophique* désignée sous le nom d'*eaux aux jambes*; — et, chez les bovidés, l'*eczéma des drèches.* — Nous avons étudié, à l'article *Maladies de la peau*, celles de ces affections qui ressortissent à la pathologie chirurgicale (V. t. I, p. 270).

II. — Hygroma.

La plupart des auteurs décrivent sous le nom d'*hygroma* du boulet la distension de la gaine synoviale qui facilite le glissement de l'extenseur principal des phalanges sur la face antérieure de cette région. La tumeur ainsi formée est ordinairement molle, fluctuante, indolore, bilobée quand elle est volumineuse. Le véritable hygroma du boulet, comme celui du genou, est *sous-cutané*, développé entre la peau et le tendon. Diffus, étalé, parfois œdémateux au début, il se circonscrit et s'indure avec le temps ; rarement il atteint un fort volume.

Son traitement diffère peu de celui des formes bénignes de l'hygroma du genou. Les tumeurs récentes cèdent d'ordinaire à la compression, au massage, aux résolutifs légers. Pour les hygromas anciens, la ponction suivie d'une injection irritante, la cautérisation et l'incision sont les procédés de choix.

III. — Bursite et hydropisie de la capsule de l'extenseur antérieur des phalanges.

L'*inflammation aiguë* de la bourse séreuse qui facilite le glissement du tendon de l'extenseur antérieur des phalanges sur la face antérieure de l'articulation métacarpo-phalangienne est rare. — L'*hydropisie* de cette bourse produit la *molette antérieure du boulet*, que quelques-uns appellent encore « *hygroma* ». Elle s'accuse par une tumeur molle, fluctuante, indolore, nettement bilobée par le tendon de l'extenseur lorsqu'elle est volumineuse. Beaucoup plus fréquente aux membres postérieurs qu'aux antérieurs, il est rare qu'elle s'accompagne de phénomènes inflammatoires aigus et cause une boiterie ; mais il est assez difficile d'en obtenir la résolution.

Les réfrigérants et la compression, même les vésicants, ne doivent être essayés que contre les molettes récentes, peu volumineuses ; ils ne donnent d'ailleurs que des résultats incomplets. La cautérisation elle-même n'est pas toujours suffisante ; maintes fois nous avons vu la tumeur résister à des pointes pénétrantes nombreuses et rapprochées ; mais ce traitement réussit d'ordinaire pour les molettes de petites dimensions.

La *ponction simple* au trocart est sans action : si la tumeur s'affaisse momentanément, bientôt la bourse séreuse est de nouveau distendue. — Le *séton* passé en travers, sous le tendon extenseur, amène la guérison en provoquant la suppuration de la poche.

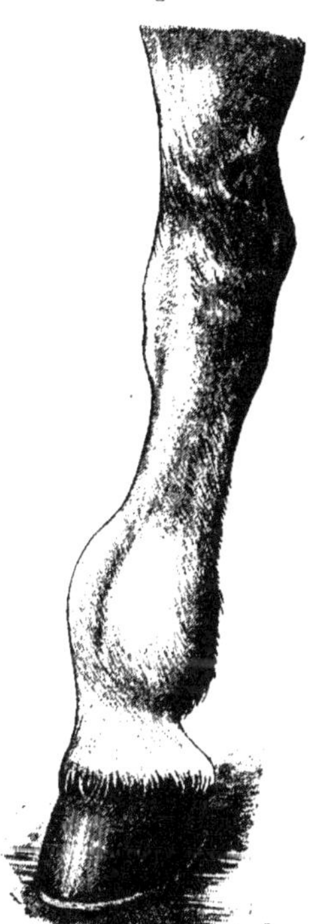

Fig. 505. — Molette antérieure du boulet.

—Le *débridement* agit de la même manière. Après avoir fait en vain plusieurs frictions vésicantes, Rosenbaum incisa la molette : la suppuration s'établit, la plaie se cicatrisa régulièrement et peu à peu la tumeur s'affaissa.

Pour Rey, l'*injection iodée* constituait le meilleur traitement. Elle nous a presque toujours réussi, dit cet auteur, «sans laisser de trace apparente; elle a surtout l'avantage de prévenir le retour de l'affection». Sur une centaine de cas traités ainsi à la Clinique de Lyon, avec la solution iodée au tiers, on n'aurait constaté que dix insuccès et pas un seul accident grave. Quelquefois seulement il se produisit un fort engorgement du boulet et des abcès dans le tissu cellulaire sous-cutané. — Sur un premier sujet traité par la teinture d'iode pure, Verrier constata d'abord du gonflement et une assez vive douleur, ensuite le cheval put reprendre son service; deux mois après, il n'y paraissait plus. Sur une jument atteinte de molette d'un boulet postérieur, le résultat fut le même. Pour une molette d'un membre antérieur, les choses ne se passèrent pas aussi bien : « une inflammation suppurative survint, qui dura longtemps et aboutit à l'ankylose. Malgré cette complication, l'animal put faire encore un bon service ».

L'anatomie enseigne que la bourse de l'extenseur antérieur des phalanges communique parfois avec la synoviale articulaire du boulet; elle explique la possibilité d'accidents semblables à celui relaté par Verrier. Toutefois, les faits de Rey établissent que ces accidents sont des plus rares, et pour les éviter il suffit de s'assurer au préalable que cette communication n'existe pas. Si on la constate, il est prudent de renoncer à ce moyen. — On peut d'ailleurs remplacer la teinture d'iode par les solutions antiseptiques fortes. — Quel que soit l'agent employé, il convient de compléter l'injection par un pansement légèrement compressif, allant du sabot au milieu du canon. — La guérison nécessite parfois l'ouverture large et le curettage de la poche.

IV. — Synovites et hydropisie de la gaine grande sésamoïdienne. Molettes tendineuses.

La *synovite aiguë séreuse* et la *synovite purulente* de la gaine grande sésamoïdienne relèvent des mêmes causes que les modalités similaires de l'inflammation de la gaine carpienne. Ajoutons seulement que la synovite purulente est ici, assez souvent, une complication des traumas que provoquent au niveau du boulet, pendant les grandes allures, les fers dont les pieds sont garnis. — Ces affections s'accusent par une forte boiterie et par une tuméfaction inflammatoire très douloureuse, particulièrement prononcée au niveau de la gaine et fluctuante aux points correspondant à ses culs-de-sac. — Leur thérapeutique est celle qui a été exposée aux articles généraux (V. t. I, p. 318).

La *synovite chronique* de la gaine grande sésamoïdienne coexiste parfois avec des lésions des sésamoïdes, des ligaments sésamoïdiens et des tendons fléchisseurs, — lésions analogues à celles du petit sésamoïde et de l'aponévrose plantaire dans la maladie naviculaire (Brauel, Barrier, Möller, Marcher). —

Observée surtout aux membres antérieurs, principalement chez les chevaux de selle et de trait léger, cette ostéo-téno-synovite est caractérisée par une boiterie d'intensité variable, par une tuméfaction dure et douloureuse de la partie postérieure du boulet et, quand l'affection est déjà ancienne, par un certain degré de bouleture. A la palpation, on sent les tendons gonflés et durs, souvent aussi des exostoses développées sur les sésamoïdes. — On a trouvé quelquefois ceux-ci fracturés ou soudés aux tendons.

Cette affection a une évolution lente, progressive, qu'il est très difficile d'enrayer. — Récente, on la traite par le repos prolongé, par l'application d'un bandage plâtré ou des frictions vésicantes. Plus tard, il faut recourir à la cautérisation. Bien souvent la névrotomie est le seul remède efficace.

Les *molettes tendineuses* formées par l'*hydropisie de la synoviale grande sésamoïdienne* constituent au-dessus des sésamoïdes, le long des tendons fléchisseurs, des tumeurs arrondies ou ovoïdes, de volume et de consistance variables, ne dépassant ordinairement guère le bouton des métacarpiens rudimentaires. Situées plus en arrière que les molettes articulaires, elles remontent aussi plus haut sur les tendons. Parfois l'hydropisie n'est bien accusée que d'un côté : la molette est simple ; — le plus généralement, les dilatations externe et interne ont un volume à peu près égal : les molettes sont *chevillées*; — quelquefois, immédiatement au-dessus des grands sésamoïdes, elles sont réunies en arrière des tendons et forment la *molette cerclée*. Fréquemment, il existe en outre, dans le pli du paturon, sur les faces latérales des tendons ainsi que sur la ligne médiane, plusieurs petites dilatations. Petites et molles au début, ces tumeurs augmentent de volume, s'indurent, se calcifient même si le traitement est négligé. D'ordinaire froides, indolores, elles peuvent être le siège d'une légère inflammation (molettes subaiguës). — Le *pronostic* est d'autant plus grave que les dilatations sont plus volumineuses, plus anciennes, plus indurées.

On a préconisé de nombreux moyens contre les molettes tendineuses: au début et chez les jeunes sujets, le repos, la mise au pré ou un exercice modéré, les compresses astringentes, les bandes de flanelle ; à une période plus avancée, les vésicants — l'on-

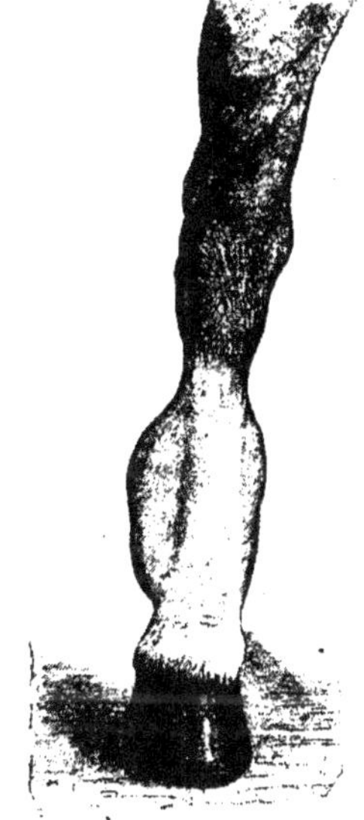

Fig. 506. — Molette de la grande sésamoïdienne.

guent vésicatoire, le vésicatoire mercuriel, les pommades au biiodure de mercure ou au bichromate de potasse et la cautérisation : feux en raies, en pointes fines ou en aiguilles. — La ponction au bistouri a été conseillée par Dard et Macheras; ce dernier auteur introduisait dans les molettes volumineuses « une mèche de coton ». — A la clinique d'Alfort, Bouley et Prud'homme ont souvent eu recours à la ponction complétée par une application vésicante. Dès 1844, Reynal associait la ponction, l'injection alcoolisée, une friction de pommade d'iodure de plomb et la compression par un bandage à attelles. — La ponction n'est inoffensive que si elle est pratiquée avec un fin trocart et aseptiquement. Elle doit être complétée par un feu en pointes ou par une injection iodée. Celle-ci a donné des succès à Leblanc, Barry, Rey, Festal, Poret, Liard, Dupon, Reul. Les résultats malheureux de Bouley, de Lafosse, de Verrier s'expliquent par un manque de précautions aseptiques.

Quand les molettes sont anciennes, qu'elles ont résisté à la cautérisation, aux injections modificatrices, et qu'elles provoquent une boiterie empêchant l'utilisation du sujet, on s'adresse de préférence à la *névrotomie du médian* ou à celle du *sciatique*. En général, ces opérations donnent de bons résultats. Dans certains cas, il est survenu, au bout d'un temps variable, une élongation des tendons fléchisseurs. — Si l'on tentait la synoviectomie, il faudrait, sous peine d'amères déceptions, en observer strictement les règles (V. t. I, p. 326). Malgré les succès publiés par Jacoulet et quelques autres, nous ne la croyons pas appelée à se répandre.

Les molettes récentes doivent être traitées par le repos, les compresses froides, le massage et la compression. Si elles provoquent une boiterie, on emploiera les vésicants; en cas d'insuccès, on aura recours soit à la cautérisation en raies, en pointes fines ou en aiguilles, avec ou sans ponction évacuatrice, soit aux injections intrasynoviales pratiquées aseptiquement. Pour les molettes très anciennes, rebelles aux moyens précédents, on fera la névrotomie.

<h3 style="text-align:center">V. — Ténosite suppurée. — Javart tendineux.</h3>

L'inflammation des tendons est *primitive* ou *secondaire*, *aseptique* ou *infectieuse*. Aux lésions sous-cutanées, elle est presque toujours simple, plastique, cicatrisante : elle tend vers la résolution quand elle n'est pas entretenue ou aggravée par l'action musculaire, par des tractions exercées sur le tendon malade. Dans les traumas exposés, au contraire, le tissu tendineux enflammé, infiltré de pus, est souvent frappé de nécrose partielle qui s'y étend de proche en proche, l'exfoliation étant impuissante à éliminer la totalité du « bourbillon », à arrêter l'infection. Cette ténosite nécrosante est fréquente aux régions inférieures des membres, où on la désigne encore par la vieille expression de *javart tendineux*.

C'est l'affection décrite par les hippiatres sous le nom de « javart nerveux ». Pour la plupart d'entre eux, il s'agissait d'une lésion des tendons; pour Lafosse, Vitet et quelques autres, le mal consistait surtout en une inflammation de la synoviale; la pathologie montre qu'il y a tantôt ténosite, tantôt téno-synovite.

Complication fréquente des abcès, des atteintes, des javarts cutanés, des synovites, des plaies intéressant les tendons, le javart tendineux est dénoncé de bonne heure par des phénomènes significatifs : l'intensité de la boiterie, l'endolorissement, la tuméfaction et l'induration de la région, l'existence d'une ou de plusieurs fistules et l'abondance du pus qui s'en écoule. En raison de la faible vascularité du tissu tendineux, de la densité de sa trame, de sa nutrition languissante, la disjonction complète de l'escarre est fort difficile.

Toujours sévère, le pronostic varie cependant avec diverses circonstances. La nécrose du tendon extenseur antérieur des phalanges est beaucoup moins tenace que celle des tendons fléchisseurs et, pour ces derniers, les lésions du perforant sont les plus dangereuses. Quel que soit l'organe affecté, le mal est d'autant plus inquiétant que la lésion siège plus près de l'ongle. Il faut encore compter avec les complications possibles, notamment avec la synovite et l'arthrite suppurées. Les lésions nécrotiques de la ceinture métacarpienne, des brides de l'aponévrose du perforant et de celles du coussinet plantaire provoquent des douleurs moindres et une boiterie moins forte que le javart tendineux proprement dit. — Dans le cours du traitement, parfois des accidents fort graves surviennent. Le membre affecté étant soustrait à l'appui, son congénère surchargé est exposé à la fourbure. A la nécrose tendineuse, on peut voir s'ajouter la synovite suppurée, la nécrose osseuse, l'arthrite. Enfin, le blessé peut être emporté par la pyémie.

Le javart tendineux est une affection presque toujours secondaire, que l'on peut conjurer dans nombre de cas. Les javarts cutanés traités par l'antisepsie (bains, compresses humides, pansements ouatés) s'en accompagnent rarement. Si le mal est négligé, le sillon disjoncteur s'étend profondément, le pus atteint les tendons, séjourne à leur surface et souvent y provoque une nécrose partielle. Les abcès péritendineux doivent être prématurément débridés, désinfectés et drainés. Lors de synovite purulente, c'est encore par des débridements et un traitement antiseptique que l'on prévient la nécrose des tendons. Nous avons dit ailleurs comment il convient de traiter les plaies de ces derniers. (V. *Plaies tendineuses.*)

Contre le javart tendineux lui-même, on a le choix entre un grand nombre de moyens thérapeutiques. Signalons, pour le condamner, le traitement par les cataplasmes, voire par les compresses chaudes appliquées sur la région malade, sans élargissement préalable des fistules. Il est encore des praticiens qui en usent, craignant les méfaits du bistouri en ces régions du boulet et du paturon. Mais c'est là une intervention insuffisante.

Favoriser l'écoulement du pus et la pénétration des topiques dans le foyer de nécrose sont des règles communes à tous les cas. On se rendra exactement compte de la direction et de la situation des fistules. Souvent, celles-ci sont profondes, accompagnées de décollements ; le pus fuse le long des tendons et s'accumule dans quelque bas-fond ; il faut débrider les trajets, donner libre issue aux liquides, faire cesser ou diminuer les compressions douloureuses, mettre à découvert la partie tendineuse nécrosée ou tout au moins creuser des brèches qui permettent d'agir directement sur elle. On pratiquera les incisions parallèlement à l'axe du membre, évitant les vaisseaux et les nerfs de la région ; on curettera les fistules, on désinfectera les clapiers par des lavages antiseptiques. Si l'hémorragie est abondante, on l'arrêtera par le tamponnement.

Les agents thérapeutiques préconisés ont varié avec les époques. Le *cautère actuel* chauffé à blanc, porté sur l'îlot tendineux mortifié, a donné et donne encore des guérisons : il transforme le « bourbillon » en escarre aseptique ; le tissu tendineux voisin peut demeurer à l'abri de l'infection et la guérison se produire. Mais ce procédé est aveugle : il brûle trop ou pas assez ; souvent le mal continue après l'élimination de l'escarre. Parmi les *caustiques*, on a surtout utilisé le sublimé corrosif en poudre ou en cône déposé au fond des fistules, l'acide arsénieux, le nitrate d'argent, le sulfate de cuivre, employés de la même manière.

On a prôné tour à tour un grand nombre de préparations escarrotiques ou désinfectantes. Deux d'entre elles — la liqueur de Villate et la teinture d'iode — se sont montrées particulièrement avantageuses, et leur usage est encore très répandu. Injectées plusieurs fois par jour dans les fistules, en maintenant celles-ci béantes par le tamponnement, elles donnent des guérisons. Les solutions de sulfates métalliques sont également efficaces. Avec les bains biquotidiens de sulfate de cuivre à 4-5 p. 100, Rey et beaucoup d'autres praticiens ont obtenu d'excellents résultats. — Aureggio a conseillé l'emploi de la *glycérine*. Portée sur le foyer de nécrose, elle peut, comme les agents précédents, arrêter la mortification ; elle ne leur est pas supérieure.

Longtemps l'*irrigation continue* a été regardée comme le traitement de choix du javart tendineux. A la faveur d'un drain bien appliqué, le courant d'eau entraîne le pus à mesure qu'il est sécrété, lave les fistules, les décollements et la partie exfoliée du tendon.

A l'hydrothérapie, on préfère justement aujourd'hui les traitements antiseptiques. On emploie surtout la teinture d'iode, l'eau oxygénée, le sublimé en solution plus ou moins concentrée : — à 1 p. 1000, 1 p. 500 1 p. 100 (eau 100, glycérine 10, sublimé 1) ; le chrysoforme et l'iodoforme en poudre ou associé à la vaseline, à la glycérine. Débrider, drainer, antiseptiser, telle est la formule de l'intervention. Souvent, au cours de l'affection, quand la synovite s'ajoute à la ténosite, on est obligé de faire une contre-ouverture ou l'incision large de la gaine. Si les irrigations antiseptiques sont bien faites, peu à peu la suppuration devient moins abondante, l'induration et la sensibilité diminuent, les souffrances sont moindres, l'appui du membre se fait mieux, les fistules s'oblitèrent. Mais le javart tendineux est une affection tenace. Souvent, il faut continuer le traitement six semaines à deux mois. — Pour les lésions des brides du coussinet plantaire, des bandes d'insertion de l'aponévrose de renforcement du perforant et de la ceinture métacarpo-phalangienne, les indications sont les mêmes.

La guérison obtenue, généralement la région est le siège d'une forte induration inflammatoire ; lorsque le javart a intéressé les fléchisseurs, la gaine grande sésamoïdienne a disparu, les tendons sont réunis et leur fonctionnement fort entravé. Par l'exercice, les bains, le massage, les troubles résultant de ces altérations s'atténuent d'ordinaire graduellement. Quand les phénomènes inflammatoires aigus sont éteints, la cautérisation en pointes pénétrantes ou en aiguilles sur la région malade active la fonte de l'induration. Si les lésions définitives sont telles que la boiterie semble devoir persister, on pratiquera la névrotomie du médian ou celle du sciatique.

VI. — Entorse.

L'effort de boulet — la *mémarchure* — est l'une des entorses les plus fréquentes. Les articulations métacarpo- et métatarso-phalangiennes appartiennent à la classe des ginglymes : elles ne permettent que les mouvements d'extension et de flexion ; c'est à peine si, la jointure fléchie, on peut lui faire exécuter quelques mouvements de latéralité. Toute force capable d'imprimer au boulet des mouvements exagérés d'extension, de flexion, ou de faire naître des déplacements incompatibles avec la conformation de cette jointure, peut déterminer une entorse. Suivant la localisation des lésions, on a distingué une *entorse antérieure*, une *entorse postérieure*, et des *entorses latérales externe* ou *interne*.

La première se produit d'ordinaire lorsque le poids du corps se fait sentir sur le boulet fléchi (ce qui arrive fréquemment quand le pied glisse en arrière ou quand le paturon est fixé à la barre du travail). — *L'entorse postérieure*, déterminée par les efforts violents et répétés de la locomotion, est caractérisée par des altérations de l'appareil desmo-tendineux de la face postérieure du boulet (V. *Nerf-férure*). — Les *entorses latérales* ont pour causes principales les faux pas, les glissades en dedans ou en dehors.

Avec une boiterie d'intensité variable, on constate à la palpation, sur le membre levé ou à l'appui, une sensibilité plus ou moins accusée du boulet et de la partie supérieure du paturon, en même temps qu'un engorgement de ces régions.

Quel que soit le siège des lésions, les phénomènes locaux révèlent le mal. On distinguera facilement l'entorse de la luxation et des fractures. Le pronostic est grave, surtout quand déjà il y a production d'ostéophytes.

On a traité l'entorse du boulet par des moyens extrêmement diversifiés. Solleysel faisait envelopper la jointure, pendant un ou deux jours, de compresses imbibées d'une solution de sulfate de zinc. Quelques frictions avec de l'eau-de-vie ou de l'essence de térébenthine précédaient l'application de l' « emmiellure », laquelle était maintenue sur l'articulation par un pansement. D'autres hippiatres employaient les vésicants. — Durant la première moitié du dernier siècle, on préconisa les saignées locales, les sangsues, les cataplasmes émollients, l'onguent populéum, les huiles camphrée, opiacée ou belladonée, les frictions à l'alcool camphré et à l'eau blanche. Si ces moyens suffisaient pour les efforts légers, ils étaient impuissants contre les entorses quelque peu graves. — L'irrigation continue procura des guérisons plus nombreuses ; aujourd'hui encore, elle est souvent employée au début de l'accident. Les compresses entourant le boulet et fréquemment arrosées d'eau froide sont excellentes pour les cas bénins.

Delorme immobilisait la jointure par un bandage inamovible. Il délayait dix blancs d'œuf dans 30 à 60 grammes d'alun calciné et enduisait avec cette préparation des plumasseaux qu'il appliquait sur le boulet ; il enroulait ensuite la bande de bas en haut, après l'avoir recouverte du mélange emplastique, serrant avec force pour immobiliser l'articulation et la soumettre à une douce compression. En général, la guérison était obtenue après une semaine de repos. — Sur une trentaine de cas, Delorme ne s'est vu obligé de faire un second pansement que pour deux sujets lourds, lymphatiques, chez lesquels la boiterie disparut au bout de quinze jours. Lorsqu'on retire l'appareil, au bout de huit à dix jours, souvent la douleur est éteinte, le gonflement presque disparu et la jointure a recouvré son fonctionnement normal. Même appliqué tardivement, il a donné dans la plupart des cas d'excellents résultats. Sur une jument atteinte d'entorse datant de trois semaines, le boulet et le tendon étaient tuméfiés, l'appui très douloureux, l'articulation constamment fléchie. Delorme appliqua son bandage. Le huitième jour, la bête ne boitait plus. — En présence de symptômes inflammatoires très accusés, on ferait un pansement peu compressif et l'on aurait recours pendant quelques jours à l'irrigation continue. — Dans un cas très grave traité par Kopp, on fit d'abord des irrigations à l'eau blanche ; la nuit, on entourait de glace l'articulation. Le quatrième jour, le bandage fut appliqué (150 grammes d'alun et 6 blancs d'œuf) ; une semaine après, le cheval avait l'allure régulière au pas et boitait à peine au trot. — D'après Delorme, l'« énergique répercussion » produite par l'alun et la contention de l'articulation malade contribueraient pour une égale part à la guérison. Mais il est certain que celle-ci est due surtout à l'immobilisation étroite de la jointure et à la compression. Beaucoup de praticiens pourraient rapporter des succès obtenus par des traitements analogues. Un appareil plâtré donnerait des résultats semblables.

Les vésicatoires et les feux liquides ont été, de tout temps, fort recommandés. Ils agiraient d'abord comme révulsifs, « et d'une manière tellement rapide, dans la plupart des cas, que le déplacement du fluxus inflammatoire semble s'effectuer comme si le liquide sanguin, accumulé dans les capillaires des synoviales enflammées, avait été aspiré vers la peau et fixé dans sa trame » (Bouley). Par la phlegmasie et la douleur qu'ils déterminent, ils réalisent, comme les bandages, l'immobilisation de la jointure ; c'est en cela surtout qu'ils sont efficaces.

Que l'on ait employé la réfrigération, les vésicants ou un bandage, il est bon, au bout de dix à quinze jours, d'utiliser le massage. Les mains, enduites d'un corps gras, exercent à la surface du boulet des pressions du haut en bas ou, mieux, de bas en haut (massage médial), pressions qui étalent sur une grande surface les liquides épanchés dans le tissu cellulaire, favorisent leur résorption et activent la circulation. Bientôt la jointure diminue de volume, les saillies articulaires se dessinent, la marche est moins gênée. Matin et soir, on effectue ainsi une séance de massage de cinq à dix minutes, puis l'articulation est entourée d'ouate ou d'étoupe maintenue par une bande modérément serrée.

Parfois il persiste une forte induration du boulet ; la synoviale reste hydropique, des exostoses peuvent se développer sur les épiphyses altérées. En pareil cas, il faut user de la cautérisation en raies, en pointes fines ou en aiguilles.

La *bouleture* est une complication fréquente des mémarchures anciennes. Sur un poulain de trois ans traité par Lardit pour une vieille entorse du boulet droit, au moment de l'appui, la partie antérieure du boulet venait au contact du sol. La pince du fer fut complétée par un bec ayant la direction des phalanges ; son extrémité supérieure, élargie et doublée de crin, s'appuyait sur le boulet. Dès le premier jour, l'animal put marcher, même aller au trot : peu après, il fut remis en service. — On pourrait aussi employer l'orthosome de Brogniez (V. p. 543).

Les vieilles entorses du boulet sont généralement compliquées de périostose. Pour faire disparaître ou pour atténuer la boiterie qu'elles provoquent, on pratiquera la névrotomie du médian ou celle du sciatique.

Chez les *bovidés*, la thérapeutique de l'effort de boulet ne diffère point de celle que nous venons d'indiquer. La guérison serait rapide dans presque tous les cas (Furlanetto). Après les lotions froides continuées pendant douze à quinze heures, Cruzel employait les frictions vésicantes.

Peuch conseille de faire autour du boulet trois frictions, à un jour d'intervalle, avec le liniment suivant :

Essence de térébenthine.............. } ãã 30 grammes.
Alcool camphré....... .... }
Ammoniaque..........................
Teinture de cantharides.............. } ãã 20 grammes.
Teinture de savon................... }

L'immobilisation par un bandage, puis le massage, méritent également d'être recommandés.

Sous le nom de *pied-gros*, Festal a décrit une entorse chronique du boulet dans l'espèce bovine. L'accroissement anormal de l'onglon interne, en portant le boulet en dehors, produirait, par l'intermédiaire du ligament externe, des tiraillements osseux, dont l'effet ultime serait une périostose du boulet, localisée d'abord au côté externe, mais gagnant plus tard la région antérieure. L'aplomb est faussé; l'appui se fait presque exclusivement sur l'onglon externe.

Ces altérations sont irrémédiables et rendent l'animal impropre à tout travail; mais en intervenant de bonne heure il est possible de les prévenir. Il faut, dit Festal, parer l'onglon interne et appliquer sous l'externe un fer couvert, en même temps que des frictions légèrement irritantes effectuées sur le bourrelet correspondant activent l'élaboration de la corne. Contre la périostose, on a essayé les vésicants et la cautérisation, presque toujours sans le moindre succès.

Depuis les recherches anatomiques de Percivall, on sait que, chez le *cheval*, les *entorses de la couronne* sont beaucoup plus fréquentes que celles du boulet. 45 cas constatés par cet auteur se répartissaient ainsi : articulation métacarpo-phalangienne, 5; première articulation phalangienne, 40. Dans un article intéressant au point de vue clinique, Violet a insisté sur la fréquence de l'entorse de la première articulation phalangienne.

Ces entorses digitales provoquent une boiterie plus ou moins forte, mais beaucoup ne donnent lieu qu'à des symptômes locaux peu accusés ; parfois il y a de l'hyperthermie locale, et la torsion fait naître de la douleur. Les manipulations exercées sur la région phalangienne pendant la déferrure augmentent la boiterie; c'est là un signe important, qui doit faire multiplier les recherches au niveau du paturon et de la couronne.

Le diagnostic établi, la première indication est de laisser l'animal au repos, de préférence en liberté, dans un box. Au début, on emploie les bains froids ou l'irrigation continue du pied. L'immobilisation par le plâtré ou le bandage Delorme donne également de bons résultats. Plus tard, on utilisera les compresses humides et chaudes ou les vésicants, en évitant l'action irritante de ces derniers sur la peau du pli du paturon.

Si la boiterie persiste, si surtout la périostite développée au pourtour des marges articulaires provoque des ostéophytes — des *formes* — et fait redouter une fausse ankylose, il faut recourir à la cautérisation. Souvent le feu n'a qu'une action insuffisante sur ces périostoses phalangiennes ; on est obligé d'en arriver soit à la névrotomie haute et double, soit à celle du médian ou du sciatique. Lors de volumineuse périostose du paturon et de la couronne, ces dernières opérations procurent d'ordinaire une amélioration suffisante pour permettre le travail au pas.

L'*effort* de la membrane de renforcement du perforant et celui des ligaments postérieurs de l'articulation de la couronne se distinguent des entorses phalangiennes communes par la localisation, aux régions postérieure et latérales du paturon ou de la couronne, des phénomènes locaux (tuméfaction et douleur) qui les accompagnent. Quand ils sont reconnus, on conseille de raccourcir la pince, de laisser les talons hauts, d'appliquer un fer à éponges nourries ou à crampons. Au début, les réfrigérants (bains froids, compresses astringentes, irrigation continue) seront employés; plus tard, on aura recours aux compresses humides et au feu. En cas d'insuccès, on pratiquera la névrotomie. (V. *Nerf-férure* et *Bouleture*.)

L'entorse digitée est assez fréquente chez les bœufs de travail; d'ordinaire elle est localisée à l'un des onglons. Elle affecte les articulations paturo-coronaire ou corono-triangulaire. Pendant la marche, l'animal porte l'extrémité dans l'abduction si la lésion existe sur l'onglon externe, dans l'adduction si c'est l'interne qui est malade (Furlanetto). — Le repos, l'immobilisation des onglons au moyen d'un pansement circulaire que l'on arrose d'eau froide ou d'un liquide astringent; — plus tard les vésicants et le feu : telle est la thérapeutique à suivre. Les insuccès sont rares.

Le ligament interdigité inférieur, qui sert spécialement à limiter l'écartement des onglons chez les didactyles, peut être le siège de distensions forcées. — L'animal devra être laissé au repos; on rapprochera les onglons à l'aide d'une bande enroulée sur le paturon, et pendant quelques jours on fera prendre des bains froids. La guérison est ordinairement rapide.

VII. — **Luxations.**

Les luxations métacarpo- ou métatarso-phalangiennes se produisent dans des circonstances diverses, mais leurs causes ordinaires sont celles qui, agissant avec moins de violence, déterminent l'entorse du boulet. On en a relaté d'assez nombreux exemples chez les solipèdes et quelques-uns chez les bovidés.

Les altérations sont parfois considérables et la mort peut survenir rapidement (Aureggio). — Sur un cheval observé par Lecoq, l'extrémité inférieure du métacarpien principal, qui avait perforé la peau, était à nu sur une longueur de 10 centimètres; les ligaments latéraux étaient rupturés, les phalanges et le pied déviés en arrière et en dehors, de telle sorte que le sabot était de niveau avec l'extrémité inférieure du métacarpe. — Même gravité des lésions sur le blessé de Romary : phalanges rejetées en arrière du métacarpe, lequel, ayant perforé la peau, venait toucher le bord supérieur du sabot. — Dans l'observation de Neumann, le rayon phalangien formait avec le métacarpe un angle obtus ouvert en dehors : à la face interne du boulet existait une plaie verticale de 15 centimètres, entre les lèvres de laquelle faisait saillie l'extrémité inférieure du métacarpien principal; les ligaments étaient déchirés. — Peuch a relaté un cas à peu près semblable.

La luxation du boulet peut survenir spontanément ou sans effort violent. Cagny a vu une double luxation des boulets postérieurs ainsi produite sur l'étalon de pur sang « Veston », qui avait présenté, quelques jours auparavant, des boiteries alternatives très accusées des membres postérieurs. On crut à du rhumatisme; on administra de la morphine, du salicylate de soude, du sulfate de quinine. Un matin, le cheval fut trouvé couché, le boulet postérieur gauche luxé. Comme on s'apprêtait à lui appliquer un bandage, il voulut se lever : le même accident se produisit à l'autre extrémité postérieure. A l'autopsie, on trouva indemnes les tendons des muscles extenseurs et fléchisseurs des phalanges : la synoviale articulaire et les ligaments latéraux étaient déchirés. — Un autre exemple de luxation double spontanée a été publié par Magnin : le cheval marchait sur l'extrémité inférieure de ses métatarsiens. — Dans les accidents de ce genre, il y a certainement des altérations préalables de l'appareil desmeux. — Quand la peau est déchirée et la synoviale articulaire ouverte, que ces lésions soient le résultat d'efforts violents, de chutes, ou qu'elles soient survenues comme dans les faits de Cagny et de Magnin, en général il faut renoncer au traitement.

Heureusement, les lésions ne sont pas toujours aussi complexes : témoin les observations de Granet, de Barrier, de Blaise, de Smith, de Wilhelm, de Schellhase. Dans ces cas, sous la peau intacte, les surfaces articulaires étaient plus ou moins déplacées en avant, en arrière, en dehors ou en dedans. — Sur le cheval de Barrier, le sommet du paturon, au lieu de se joindre au métacarpe en formant un angle de 145° environ, était porté en arrière ; les surfaces articulaires ne se correspondaient plus, celle du métacarpe reposait sur la face antérieure de la première phalange ; la région digitée formait presque un angle droit avec le canon. — Sur le sujet traité par Blaise, la région phalangienne formait avec le canon un angle obtus dont l'ouverture correspondait au côté externe du membre ; la face postérieure était devenue interne ; le pied avait suivi le même mouvement de rotation, on en voyait la face plantaire ; au côté interne du membre et au niveau du bouton du métacarpien rudimentaire, l'extrémité supérieure de la première phalange faisait saillie sous la peau.

Signalons ici l'observation de Fourie, relative à une luxation en dehors du *grand sésamoïde* externe (membre antérieur gauche) se traduisant par une boiterie intermittente qui résista à tous les traitements et nécessita la réforme.

Sur un total de 41 observations de luxation du boulet compulsées par Lanzillotti, la guérison a été obtenue dans 20 cas, — chez 16 chevaux et chez 4 jeunes bœufs. Parmi les premiers, 13 étaient atteints de luxation incomplète et 3 de luxation complète. Chez les 4 bœufs, la luxation était incomplète.

Quel que soit le sens de la déviation, si elle n'est pas trop prononcée et si la jointure n'est pas ouverte, il est des cas où l'on peut entreprendre la cure. Parfois la réduction est facile. Blaise saisit de la main droite le milieu du paturon, et de la main gauche l'extrémité inférieure du canon ; il tira fortement en dedans les rayons déplacés et ressentit une forte secousse, en même temps qu'il entendit un bruit sec : les parties avaient repris leur position respective. — Smith aussi obtint aisément la réduction sur un poney. — Barrier coucha son malade, fixa deux plates-longes sur le canon et une sur le paturon ; cette dernière fut tirée dans la direction que devait reprendre le rayon phalangien. Une pression vigoureuse, lente et continue, exercée par l'une des mains sur la face postérieure du boulet, en même temps que l'autre agissait plus particulièrement sur le paturon, avec l'aide du lien fixé sur le pied, amena la mise en rapport des surfaces articulaires, qui se traduisit par un bruit très net.

Pour prévenir la récidive, on placera le blessé sur l'appareil de suspension et l'on immobilisera le boulet. — Granet appliqua un bandage contentif fait de bandes de grosse toile recouvertes d'un mélange de poix blanche fondue et d'essence de lavande. Au bout de vingt et un jours l'animal reprit son travail. — Smith fit appliquer au pied un fer portant deux tiges latérales verticales, auxquelles on avait donné la direction de la partie inférieure du membre, depuis le jarret jusqu'au sabot ; au niveau du boulet elles supportaient une plaque métallique concave, doublée de cuir, et étaient réunies par des courroies. Lorsqu'on enleva l'appareil, la jointure était encore tuméfiée et endolorie, mais la cautérisation amena la guérison complète. — Pendant les premiers jours, Barrier prescrivit des lotions froides astringentes : plus tard, il eut recours à l'application du feu. — Blaise fit successivement sur le boulet une friction d'alcool cantharidé et une application d'onguent vésicatoire ; vingt-cinq jours après l'accident, le cheval put être rendu à son cavalier. — Cagny a obtenu plusieurs succès par de simples applications astringentes. — Dans le fait de Wilhelm, où il y avait luxation en dedans d'un boulet postérieur, on suspendit le cheval, on replaça le rayon phalangien dans sa position normale et on l'y maintint par un solide bandage. — Dans l'une des observations de Schellhase (luxation en dehors), la région phalangienne était perpendiculaire au canon, et il existait à la face interne du boulet une large plaie permettant l'introduction du doigt dans la jointure. Le traitement fut néanmoins entrepris et l'animal guérit.

Les bandages inamovibles sont préférables dans la plupart des cas. — Le ferrement de Bourgelat mérite une mention. Constitué par une lame métallique de 1 centimètre d'épaisseur sur 2 centimètres et demi de largeur, affectant la forme du membre depuis la partie supérieure du canon jusqu'aux talons, il est maintenu en place par des courroies et fixé au fer. — L'appareil de Rélier pourrait aussi rendre des services. (V. *Fractures.*)

Chez les *bovidés*, la luxation du boulet est rare. On n'en a relaté que quelques observations. Dans les trois faits publiés par Strebel, il s'agissait de génisses âgées de quinze mois à deux ans, et l'accident consistait en un chevauchement de la première phalange interne sur le métacarpe. On pratiqua la réduction (deux fois sur l'animal debout) et l'on appliqua un bandage contentif. Dans les trois cas, la guérison fut parfaite.

Les *luxations phalangiennes* sont exceptionnelles. Unies par de solides ligaments et affermies dans leurs rapports par des tendons très résistants, les phalanges sont fort peu exposées aux déplacements étendus et permanents. On n'en a publié que de rares exemples, tous de la plus haute gravité.

Si le traitement d'une luxation phalangienne était entrepris, il faudrait, comme pour celles des autres jointures, réduire et immobiliser. Les bandages indiqués à propos des fractures phalangiennes seraient ici applicables.

VIII. — **Arthrites.** — **Hydarthrose. Molettes articulaires.**

L'*arthrite aiguë séreuse* du boulet est habituellement une suite de l'entorse, quelquefois d'une luxation ou d'une fracture intra-articulaire ; exceptionnellement, elle se développe dans le cours ou à la suite d'une maladie infectieuse générale. — Une boiterie intense brusquement survenue, de la fièvre, une forte tuméfaction péri-articulaire avec fluctuation au niveau des culs-de-sac de la synoviale en sont les principaux symptômes.

On la combat par le repos, la réfrigération ou l'immobilisation de la jointure (bandage plâtré ou vésicants), puis par la chaleur humide et le massage. — La persistance de la tuméfaction et de la boiterie peut nécessiter l'application du feu. Dans les cas rebelles, on fera, plus tard, là névrotomie du médian ou du sciatique.

L'*arthrite sèche du boulet*, observée principalement sur les chevaux utilisés aux services rapides, s'accuse par une claudication permanente, par des végétations osseuses développées sur la marge des surfaces articulaires, et souvent aussi, dans les premiers temps, par un peu d'hydarthrose.
La cautérisation et la médication iodurée donnent quelques résultats. Quand la boiterie persiste, il faut pratiquer la névrotomie du médian ou du sciatique.
La synoviale articulaire du boulet est fortement soutenue en avant et sur ses faces latérales. Son *hydropisie* s'accuse par deux dilatations situées au-dessus des sésamoïdes, entre l'os du canon et le ligament suspenseur du boulet, l'une en dehors, l'autre en dedans, tumeurs dont les dimensions dépassent rarement celles d'une noix, dures pendant l'appui, molles et fluctuantes sur le membre levé. Lors d'hydropisie abondante, il y a aussi, dans le paturon, le long des ligaments sésamoïdiens moyens et superficiels, plusieurs nodosités plus petites que les précédentes. Avec le temps, les tissus périsynoviaux s'indurent ; ils peuvent se calcifier ou s'ossifier.

Le traitement comporte : — au début, les antiphlogistiques, la compression et le massage ou les vésicants ; — plus tard, la ponction complétée par le feu en raies, en pointes fines ou en aiguilles. — Pour les cas rebelles, on a conseillé la ponction et une injection modificatrice (solution phéniquée à 3-5 p. 100 ou sublimée à 1 p. 1000), et, immédiatement après l'opération, l'application d'un pansement ouaté ou d'une bande de caoutchouc. Mais c'est là un traitement plus dangereux et moins efficace que la cautérisation. — Quant à la *synoviectomie*, elle exige une trop minutieuse asepsie pour devenir une opération pratique. On lui préférera toujours la cautérisation. — Rares sont les cas où l'on doit pratiquer la névrotomie.

L'*arthrite séreuse* de la première jointure phalangienne est d'ordinaire causée par des efforts ou consécutive à l'entorse ; entre celle-ci et la première, le diagnostic est d'ailleurs souvent difficile. Elle réclame le même traitement que l'arthrite du boulet.
Quant à l'*arthrite sèche*, assez commune, elle provoque des végétations osseuses péri-articulaires (forme coronaire), et, comme celle du boulet, donne lieu à une boiterie qui nécessite ordinairement la névrotomie.

IX. — **Plaies articulaires**. — **Arthrite traumatique.**

L'articulation métacarpo-phalangienne est l'une des plus exposées aux traumatismes, — aux piqûres (coups de fourche), aux coupures, surtout aux plaies contuses (coups de pied, atteintes, lésions du couper, chutes sur le boulet dans le démarrage). En certains cas, l'arthrite est consécutive à la cautérisation, à la ponction de la synoviale ou à une injection faite dans celle-ci.

Le siège de la blessure ou des fistules synoviales et la forte tuméfaction péri-articulaire permettent de différencier, des lésions traumatiques de la gaine grande sésamoïdienne, les plaies articulaires et l'arthrite traumatique du boulet.

Les plaies synoviales du boulet peuvent guérir rapidement par l'aseptisation précoce suivie de l'immobilisation aussi complète que possible de la jointure.

Pour ces plaies et l'arthrite suppurée, on a conseillé une foule de traitements. Par les émollients, Gellé obtint la cicatrisation d'une plaie pénétrante du boulet déterminée par un coup de fourche. — Dans le cas de Corroy, les émollients et les pansements à la teinture d'aloès donnèrent également la guérison. — Prélot traita par les bains et les pansements à la teinture d'aloès une plaie articulaire du boulet consécutive à un feu trop fort et compliquée de nécrose partielle de la première phalange ; la cicatrisation fut obtenue en vingt-cinq jours. — Pour une plaie pénétrante de l'articulation métacarpo-phalangienne, Feuvrier employa d'abord les émollients, puis le feu en raies sur toute la surface du boulet. En moins d'un mois, le cheval put être remis en service. — Guilmot a préconisé le simple pansement amidonné. Les observations II, III, IV et VIII de son travail sont relatives à des blessures de l'articulation du boulet. Dans la première, un poulain de deux ans s'était ouvert la jointure avec sa longe ; on pouvait toucher les extrémités articulaires avec le doigt ; des bandes de toile enduites d'empois furent appliquées depuis le paturon jusqu'au genou et serrées fortement ; au bout d'un mois, le cheval travaillait. L'observation VIII a trait à une vache dont l'une des articulations métacarpo-phalangiennes avait été ouverte par un croc. Le traitement ne fut commencé que le quinzième jour. Une esquille fut d'abord enlevée, puis on appliqua le bandage amidonné ; dix-neuf jours après, la plaie était fermée.

Beaucoup de praticiens se sont servis des vésicants et des caustiques. Dans l'une des observations de Rey, il existait sur la face antérieure du boulet une large plaie avec écoulement de synovie. La jointure était fort douloureuse, le membre engorgé jusqu'au jarret. Des frictions de vésicatoire amenèrent la guérison. — Le sujet de l'observation III était atteint d'une plaie pénétrante du boulet postérieur droit, d'où s'écoulait de la synovie purulente ; il guérit en

onze jours, après trois applications de sublimé. — Le cheval de
l'observation IV présentait, au boulet antérieur gauche, une plaie
contuse longue de 15 centimètres et large de 10, avec ouverture de
l'articulation ; trois applications de sublimé arrêtèrent le flux synovial.
— Citons encore le fait de Knoll : il s'agit d'un cheval dont le boulet
antérieur gauche était le siège d'une large plaie pénétrante ; l'articulation et la grande sésamoïdienne étaient ouvertes. Après avoir essayé
les émollients pendant quinze jours, on eut recours au sublimé :
la plaie se cicatrisa en trois semaines.

L'irrigation continue a eu sa part de succès (Duvieusart, Arnal,
Sinoir). Dans le cas relaté par Sinoir, la plaie pénétrante datait d'une
semaine ; la boiterie était très accusée, la fièvre vive. En quelques
jours, l'irrigation amena la fermeture de la plaie synoviale. — On
trouve dans le mémoire de Verrier des cures non moins rapides
obtenues avec l'égyptiac. Dans l'observation II, il s'agit d'un cas particulièrement grave : par le débridement de la plaie et des injections
d'égyptiac faites trois fois par jour, la cicatrisation survint en deux semaines. Plus récemment, Aureggio a relaté des cas de guérison par
la glycérine en injections et en pansements.

Pour l'arthrite du boulet, comme pour les autres, tous ces traitements doivent céder le pas à l'antisepsie. Une plaie récente sera
désinfectée avec l'eau oxygénée ou la liqueur de Van Swieten,
saupoudrée d'iodoforme ou de chrysoforme, puis recouverte d'un
pansement ouaté. — Si déjà l'infection articulaire est réalisée, on
débridera la plaie et l'on fera dans la jointure des injections antiseptiques.

Dans le fait de Mauri, un vésicatoire fut appliqué sur toute la jointure et l'on fit dans la fistule de fréquentes injections de liqueur de
Van Swieten. Le troisième jour, l'écoulement synovial était déjà
moins abondant ; le septième, il avait complètement cessé ; la bête
se promenait dans son box, appuyant par toute la surface plantaire.
— Pour le blessé soigné par Nègre, on employa le même traitement
(vésicatoire et injection de liqueur de Van Swieten toutes les
deux heures) ; la guérison survint rapidement. — Adrian obtint
la guérison de sa jument par le débridement de la plaie articulaire
et des injections de Van Swieten, par le débridement de la plaie et
des lavages répétés de la jointure au sublimé suivis de pansements
à la gaze iodoformée.

Bien que les plaies pénétrantes de la *première articulation phalangienne*
soient assez communes, on en a relaté peu d'exemples. Dans le cas de Mercier,
qui date de 1826, la jointure était ouverte transversalement sur une étendue
d'environ 1 centimètre et demi ; tout appui du membre était supprimé.
Des pansements à l'alcool camphré donnèrent la guérison en quinze jours. —
Un cheval traité par Verrier avait été blessé à la face antérieure du paturon ;

un lambeau de peau était tombé et l'articulation ouverte. « Les saignées, les bains, les cataplasmes, puis l'égyptiac amenèrent l'occlusion de la plaie en quatorze jours. » La boiterie persista longtemps, par suite « de l'engorgement dur dont la région malade était entourée ».

Pour les plaies récentes, la désinfection et un pansement antiseptique constituent le traitement de choix. Lorsqu'il y a arthrite, elle est assez souvent compliquée de nécrose tendineuse, ligamenteuse ou cartilagineuse. En général incurable économiquement, elle expose à la mort par septicémie. Si le traitement est entrepris, après débridement on emploiera les antiseptiques ou l'irrigation continue.

L'ankylose est une terminaison moins défavorable qu'aux autres jointures, en raison des mouvements bornés dont cette arthrodie est le siège ; mais souvent elle est accompagnée d'une périostose volumineuse qui nécessite ultérieurement la névrotomie.

X. — Fractures des phalanges.

Les fêlures et les fractures phalangiennes sont des accidents fréquents. Vers le milieu de l'avant-dernier siècle, Lafosse père en a relaté une série d'observations. L'une d'elles est relative à un cheval qui, bien que n'ayant fait aucun effort, « se fractura en vingt parties l'os coronaire, sans que l'os de la noix, l'os du pied ni les tendons fussent endommagés ». Si les traumatismes, les sauts, les efforts violents peuvent être incriminés dans un certain nombre de cas, il en est où la fracture se produit à l'allure ordinaire, par suite d'un simple faux pas, ou même sans cause appréciable. Reul a publié trois cas de fracture du paturon survenue chez des chevaux attelés, « sans chute, sans glissade marquée ». Nous avons maintes fois constaté des faits semblables. Mais, d'ordinaire, en pareille circonstance, il existe une fêlure ou une raréfaction de l'os.

La *première phalange* est la plus fréquemment atteinte. Ses fractures sont transversales ou longitudinales ; les premières intéressent surtout la moitié supérieure. Assez souvent elles sont comminutives : sur un cheval de course, Dressler a vu la première phalange brisée en dix-neuf fragments ; Bonnard, dans l'un des cas par lui relatés, l'a trouvée réduite en trente-quatre pièces : « cinq grosses esquilles, cinq un peu moins volumineuses et vingt-quatre petites ». — Rœder a observé un cheval qui, dans une chute, s'était fracturé la première phalange aux deux membres antérieurs et au postérieur droit. Wendworth a également vu un cheval sur lequel la première phalange était brisée aux deux membres antérieurs. — Les fissures partent presque toujours de l'excavation articulaire médiane de la face supérieure (Peters) ; elles s'étendent jusqu'à l'extrémité inférieure où elles sont obliques vers l'un des bords ; parfois elles n'occupent qu'une partie de la hauteur de l'os. — Les fractures de la *seconde phalange* sont tantôt verticales, tantôt comminutives. Dans cette dernière variété, le nombre des fragments varie ordinairement de cinq à dix (Hénon, Möller, Schrader). Hénon parle d'un cheval sur lequel elle était fracturée aux quatre pieds. Dans quelques cas exceptionnels, le relief qui borde en arrière la surface articulaire supérieure a été trouvé détaché de l'os. Bascou et Dumont ont constaté cette lésion aux deux membres antérieurs.

Le *diagnostic* d'une fracture phalangienne n'est pas toujours chose aisée.

Quand elle siège sur l'os du paturon, la boiterie intense, la douleur provoquée à l'exploration du doigt, l'engorgement, la mobilité anormale ou la crépitation la dénoncent. — Si elle intéresse la seconde phalange, la boîte cornée peut empêcher la perception des signes pathognomoniques. La vive sensibilité de la couronne à la palpation et à la torsion n'est pas suffisante pour fixer le diagnostic. Mais celui-ci pourrait être établi par la radiographie.

Y a-t-il avantage à traiter les *fractures phalangiennes*? Sur cette question, les avis sont divergents. Il est absolument anti-économique, dit Reul, « de traiter les accidents de ce genre survenant sur des chevaux de service adultes ou vieux. On ne peut tenter la guérison que chez le poulain ou chez l'adulte reproducteur de choix et de valeur qu'on désire conserver à l'élevage ». Bien que cette opinion soit partagée par un certain nombre d'auteurs, elle nous semble quelque peu exagérée. En règle générale, on ne traitera point une fracture esquilleuse avec perforation de la peau, surtout si l'animal est âgé ou de peu de valeur; on doit intervenir, au contraire, s'il s'agit d'une fracture simple sur un animal jeune ou adulte. Il est vrai que la consolidation ne se fait souvent qu'au prix d'un cal volumineux qui gêne les jointures, les tendons, et détermine une boiterie contre laquelle échouent les vésicatoires et la cautérisation. Mais par la névrotomie (névrotomies plantaire haute et double, médiane ou sciatique), la boiterie diminue beaucoup; la régularité des allures peut même être rétablie. — Nous avons suivi un pur sang qui avait subi la névrotomie haute et double à la suite d'une fracture du premier phalangien. Pendant six ans, ce cheval fit un service régulier au trot. Les exemples de ce genre ne sont pas très rares. Aussi estimons-nous que, dans nombre de cas, on doit entreprendre le traitement des fractures du doigt.

Les tendons et les ligaments de la région peuvent suffire à la contention, notamment pour les fractures de l'os coronaire. La guérison n'exige que le repos, l'immobilisation de l'extrémité ou une application vésicante sur le rayon digité. Pour les fractures de la première phalange, lorsque les abouts tendent à se déplacer, il est préférable d'avoir recours au bandage plâtré (Saint-Cyr, Quin, Rouillart, Möller). Ayant à traiter une fracture de la première phalange, Saint-Cyr entoura d'abord le paturon et la moitié inférieure du canon de bandes qui furent recouvertes de plâtre gâché; par-dessus, on disposa une nouvelle bande, puis une autre couche de plâtre; de l'étoupe et une bande enroulée méthodiquement de bas en haut terminèrent l'appareil. Laissée en liberté, la jument put se coucher et se relever; au bout de deux mois, la consolidation était complète; un mois plus tard, la claudication était à peine marquée au pas, et l'animal pouvait reprendre son service. — Dans un cas de fracture d'un paturon postérieur, Quin appliqua des bandes plâtrées depuis le sabot jusqu'au jarret, de façon à former un appareil d'environ 4 centimètres d'épaisseur : au bout de dix-huit jours, l'appui, très franc, faisait prévoir une guérison certaine, malgré le volume augmenté du paturon. — Johne a guéri en deux mois un cheval atteint de fracture transversale de la première phalange. — Rouillart et beaucoup d'autres praticiens ont également obtenu des succès par le bandage plâtré. — Gayot a vu guérir un cheval atteint d'une fracture transversale de la première phalange du membre antérieur droit et d'une fracture longitudinale de la seconde phalange du membre antérieur gauche. Mais si les fractures phalangiennes bilatérales ne constituent pas des lésions absolument incurables, pratiquement il faut considérer comme perdus les chevaux qui en sont atteints. — Quand la fracture est comminutive ou lorsque les fragments ont perforé la peau, l'abatage s'impose. Les bandages amovibles et les antiseptiques ne peuvent donner que des demi-succès.

Pour les fractures de la *deuxième phalange*, on emploiera les antiphlogistiques (compresses froides, bains, irrigation continue), les vésicants ou un appareil contentif.

Dans la plupart des cas, nous l'avons dit, la consolidation d'une fracture phalangienne ne se fait qu'au prix d'un cal exubérant, d'une *forme*, qu'il faut ensuite traiter. — Les vésicants et la cautérisation ont généralement peu d'efficacité. Quand, au bout de deux ou trois mois, la boiterie empêche l'utilisation du sujet, on pratiquera la névrotomie.

XI. — **Fractures des sésamoïdes.**

Bien que constitués par une épaisse couche compacte et doublés d'un revêtement fibro-cartilagineux, les *grands sésamoïdes* peuvent être fracturés. On en a publié d'assez nombreux exemples. Parfois cet accident est provoqué par un faux pas ou une glissade. Le plus souvent, il est causé par les efforts de la locomotion, surtout pendant le galop (Williams, Warnell, Salle). — Lancé à une allure rapide, le cheval de Salle se contusionna le boulet antérieur gauche avec le pied postérieur correspondant. Le membre blessé fut immédiatement soustrait à l'appui ; bientôt la partie meurtrie, très tuméfiée, « flageolait » pendant la marche. Au repos, l'aplomb était normal. — Maintes fois on a trouvé les grands sésamoïdes fracturés à deux membres (Schoneck, Möller, Delavenne).

Ces os peuvent être brisés en de nombreux fragments. Le perforant est plus ou moins gravement altéré à son passage dans la coulisse sésamoïdienne. L'appui est à peu près impossible lorsque le ligament suspenseur du boulet est arraché à son insertion sur les sésamoïdes : à chaque pas, le boulet se rapproche anormalement du sol.

Si l'on tentait la cure, il faudrait appliquer sur la région un solide plâtré ou un bandage à la gutta-percha. Selon le caractère et le poids des animaux, on laissera le sujet en liberté dans un box, ou l'on aura recours à la suspension. — L'inflammation locale dissipée, s'il persiste une boiterie, on appliquera un feu ou l'on fera la névrotomie (médiane ou sciatique). — Quand l'accident est constaté à plusieurs membres, il faut renoncer au traitement.

XII. — **Exostoses phalangiennes. Formes.**

On continue à désigner sous le nom de *formes* les exostoses développées sur les phalanges. Selon leur siège, on les distingue en *formes du paturon* et en *formes de la couronne* ; celles-ci sont divisées en *phalangiennes* (*formes contre nature* de Lafosse) et *cartilagineuses* (*formes naturelles* du même auteur). Ces exostoses offrent un haut intérêt au point de vue chirurgical : tant que dure leur développement, en général elles provoquent une claudication, laquelle persiste souvent, parce que la tumeur gêne le fonctionnement des tendons, des ligaments, ou comprime douloureusement les tissus du pied.

Les *formes phalangiennes* se développent en divers points des phalanges. On les rencontre très fréquemment au niveau des articulations. Sur cinquante-cinq cas de formes de la première articulation phalangienne, Udriski en a trouvé vingt où les lésions étaient exclusivement péri-articulaires, et trente-cinq où il existait des lésions articulaires primitives. Dans la majorité des cas, ces formes traduisent à l'extérieur un processus d'arthrite chronique très analogue à l'arthrite chronique ankylosante du jarret (éparvin) et du genou (Joly, Udriski, Kärnbach). — Smith aurait souvent constaté à la face interne des apophyses basilaire et rétrossale des exostoses qui seraient la cause de nombreuses boiteries chez les jeunes chevaux de l'armée des Indes. — On peut trouver à la surface des phalanges beaucoup d'autres points d'ostéo-périostite. — Toutes les causes capables de donner naissance à une périostite productive peuvent faire naître les formes. Mentionnons particulièrement : les efforts de locomotion qui, par l'intermédiaire des ligaments, irritent la couche ostéogène, — les violentes réactions du sol, les traumatismes et les inflammations chroniques des tissus périosseux. Il est fréquent d'observer des périostoses diffuses du paturon ou de la couronne à la suite de fêlures, de fractures des phalanges ou de l'opération du clou de rue. — Comme influences prédisposantes, signalons le jeune âge et une fragilité particulière du tissu osseux (ostéitisme).

Tandis que les formes osseuses se rencontrent fréquemment aux membres postérieurs, les *formes cartilagineuses* sont observées presque exclusivement au bipède antérieur. Elles résultent de l'ossification des cartilages de prolongement de la troisième phalange. Les réactions violentes, disproportionnées à la résistance des tissus, les contusions (atteintes), les plaies de la couronne, le javart cartilagineux traité par les injections escarrotiques sont autant de causes de cette ossification des fibro-cartilages. Parmi les autres conditions étiogéniques, il faut signaler la mauvaise conformation du pied (pieds plats, pieds encastelés), la ferrure irrationnelle, l'hérédité, la stabulation permanente chez les poulains (Tapon).

D'après Lesbre, les fibro-cartilages s'ossifieraient ou se calcifieraient quand leur rôle fonctionnel est amoindri ou nul. Toutes les fois, dit cet auteur, que l'élasticité du pied est diminuée (pieds plats, pieds encastelés), les formes cartilagineuses tendent à se développer, surtout si des battues intenses, qui congestionnent et enflamment les parties intérieures du pied, sont fréquentes. Pour Barrier, ce n'est pas seulement parce que le cartilage unguéal ne fonctionne plus qu'il est exposé à l'ossification, mais « parce qu'il fait partie intégrante du squelette, et qu'à ce titre — la prédisposition héréditaire aidant — il subit les contre-coups de percussions locomotrices insuffisamment amorties, soit par excès de volume du sabot, soit par défaut d'élasticité de celui-ci ».

Le *diagnostic* des formes, comme celui des suros, est souvent difficile au début. Toutes les *boiteries du jeune âge* ne sont pas provoquées par la périostite du canon ; il en est qui reconnaissent pour causes une périostite pha-langienne ou l'ossification com-mençante des plaques scutiformes, et parfois l'exploration dénonce à peine une légère tuméfaction du paturon ou de la couronne ou une sensibilité anormale de ces parties.

Le *pronostic* varie beaucoup avec les dimensions de la tumeur, son origine, sa situation. Si, en général, les formes volumineuses causent de la gêne et une claudi-cation permanente, on voit tous les jours des « formettes » qui ne provoquent aucune souffrance, aucun trouble fonctionnel. Les périostoses engendrées par les phlegmasies articulaires sont, par le fait même de l'ankylose qu'elles réalisent, d'une extrême gravité.

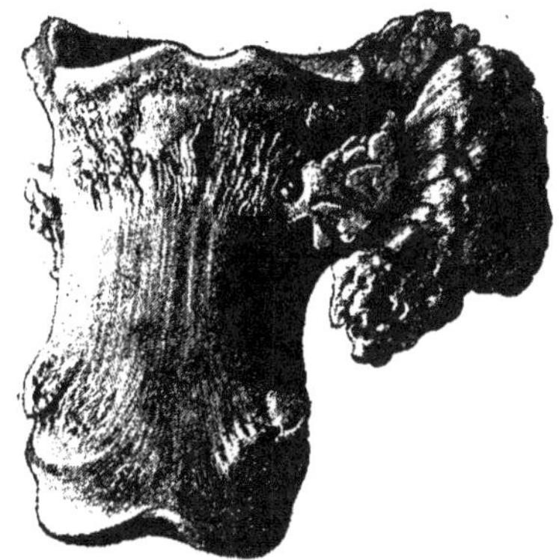

Fig. 507. — Forme phalangienne.

En général, pour les formes phalangiennes circonscrites, le pronostic est sur-tout grave lorsqu'elles ont une situation déclive, qu'elles touchent à la boîte

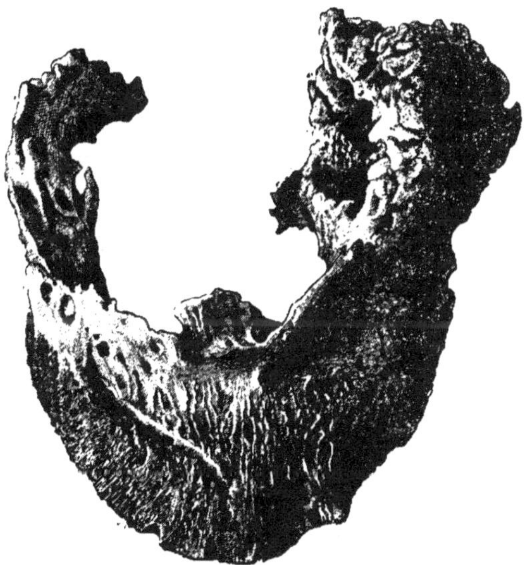

Fig. 508. — Formes cartilagineuses avec atrophie de la troisième phalange.

cornée ou qu'elles pénètrent dans celle-ci ; pour les formes cartilagineuses, il l'est d'autant plus que leur situation est plus antérieure.

Parer l'ongle de manière que l'aplomb de la région digitée soit entretenu normal, appliquer une ferrure appropriée — fer à lunette, fer Coleman, fer à planche, suivant la conformation du pied, — éviter le travail exagéré, les violentes réactions du pavé pour les animaux jeunes, dont les tissus n'ont pas acquis leur complet développement, élever les poulains en liberté : telles sont les principales indications du *traitement prophylactique*. — La vie au pâturage suffirait souvent pour amener la résolution des formes récentes. Tapon dit avoir vu trois poulains qui, tenus en stabulation, présentèrent des formes au bout de peu de temps; on les remit en liberté : elles disparurent sur l'un et diminuèrent sur le second; le troisième resta taré.

La *thérapeutique* des formes comprend une foule de moyens parmi lesquels il importe de faire un choix. Souvent on est consulté tout au début, alors qu'il existe seulement soit un peu d'empâtement, soit une sensibilité anormale du paturon ou de la couronne. Le repos, les bains froids, l'irrigation continue, les cataplasmes, les applications astringentes peuvent faire cesser la claudication. Mais on préfère généralement les *applications vésicantes* : elles précipitent la marche du processus et abrègent la durée de la boiterie qui accompagne l'évolution de la forme. La pommade au bichromate de potasse a donné de bons résultats à Foelen et à Peuch.

Quand l'exostose est développée, ce sont encore les résolutifs que l'on emploie. Si les vésicants peuvent avoir raison de la boiterie provoquée par une forme jeune, constituée par un tissu spongieux, vasculaire, ils n'ont aucune action sur les tumeurs osseuses anciennes, dures, compactes. Pour être plus puissante, la *cautérisation* elle-même n'est vraiment efficace que contre les formes récentes; on l'applique en raies, en pointes superficielles ou en aiguilles ; elle est un des bons moyens de traitement de ces lésions. Quand on a affaire à des exostoses anciennes, volumineuses ou éburnées, le cautère ne suffit plus.

Pour remédier aux formes cartilagineuses, souvent on associe au feu une ferrure appropriée et des *rainures*. La boiterie tient en partie à la compression que subissent les tissus interposés entre la boîte cornée et la tumeur osseuse. Pour diminuer les souffrances et favoriser la dilatation des parties postérieures du pied, on a recours au « débridement de l'ongle ». Ordinairement on creuse dans le quartier trois rainures perpendiculaires au sol ou légèrement obliques en bas et en arrière. — Un autre procédé consiste à pratiquer, à 1 centimètre du bourrelet, une rainure horizontale, depuis l'arc-boutant jusqu'en avant de la forme ; des extrémités de cette rainure, on en peut tracer deux autres légèrement convergentes en bas. — La tranchée supérieure favorise beaucoup l'expansion du bourrelet; souvent elle est suffisante. — Ces rainures doivent être creu-

sées sans échappées ; celles-ci pourraient amener de la podophyllite,
de la nécrose, de la carie de la phalange ou un javart cartilagineux.
Par des applications quotidiennes d'onguent de pied, de goudron, ou
par un pansement, on empêchera la dessiccation de la corne et la
formation de seimes. — Zundel, Humbert et d'autres ont recommandé
l'amincissement du quartier à la rénette ou à la râpe : comme par
les rainures, on atténue ainsi les compressions douloureuses.

Les formes cartilagineuses amenant de l'encastelure plantaire, on
utilisera l'une des ferrures préconisées contre cette affection. En général, on fait usage du fer à planche, ayant soin d'abattre les talons
ou de soustraire à l'appui le quartier correspondant à l'exostose.
Le fer Coleman-Poret est aussi très avantageux.

Dès que les phénomènes inflammatoires dus à la cautérisation
sont atténués, il est indiqué d'utiliser le sujet au pas, à un léger
service. Peu à peu la boîte cornée se dilate, les compressions diminuent, la boiterie peut disparaître complètement malgré la persistance de la tumeur osseuse.

Lorsque la forme est volumineuse, si l'on ne veut pas recourir à la
névrotomie, on peut encore pratiquer l'*arrachement* d'un lambeau
de quartier limité par une ligne oblique en bas et en arrière, partant
du biseau, un peu au delà de la forme. Au bout de quelques semaines,
l'opéré est remis en service. Le pied s'élargit au-dessous de l'exostose, le nouveau quartier n'exerce pas d'action compressive aussi douloureuse que l'ancien ; la boiterie diminue, quelquefois elle disparaît.

L'*extirpation* de la forme cartilagineuse doit être réservée pour
les cas où la portion non ossifiée de la plaque scutiforme est atteinte
de nécrose. Amincir le quartier, décoller le bourrelet au niveau de la
tumeur comme dans l'opération du javart, couper celle-ci à sa base à
l'aide d'une rénette à gorge étroite, puis la soulever, la détacher à sa
face profonde, le long de ses bords antérieur et postérieur, en évitant
d'ouvrir le cul-de-sac synovial : telles sont les différentes manœuvres
à exécuter. — Mangin a conseillé de diviser le bourrelet pour opérer
plus à l'aise, et de se servir d'un bistouri boutonné pour détacher la
forme. Le manuel classique est préférable.

Nous ne mentionnerons la *périostotomie* que pour la proscrire.
Elle n'a donné que de mauvais résultats.

Lorsque les formes osseuses ou cartilagineuses résistent aux traitements dont nous venons de parler, pour faire disparaître la boiterie
on a recours à la *névrotomie*.

La névrotomie au-dessous du boulet — la section de la branche
postérieure des nerfs plantaires — est insuffisante. L'opération doit
être faite au-dessus du boulet, de façon à supprimer les divisions
innervant les phalanges et les fibro-cartilages.

Pour pratiquer la *névrotomie métacarpienne* ou *métatarsienne*, on entrave le membre antérieur ou postérieur au-dessous du jarret ou du genou, l'anse de la plate-longe fixée haut sur le canon. On peut aussi réunir en 8 le membre à opérer et son congénère, désentraver ensuite le premier et le faire porter en avant (membre antérieur) ou en arrière (membre postérieur) à l'aide d'une plate-longe, le lacs tiré en sens contraire, mais la première manière est préférable. — Si l'opération doit être faite en dehors et en dedans, on commence par le côté interne ; on retourne le cheval pour effectuer l'opération du côté opposé. — Quand le boulet et la partie inférieure du canon sont indemnes, on perçoit aisément le nerf en explorant, avec la pulpe du pouce, la face latérale des tendons, un peu au-dessus du boulet : il longe le perforant. Si l'engorgement de la région ne permet pas de le sentir, la

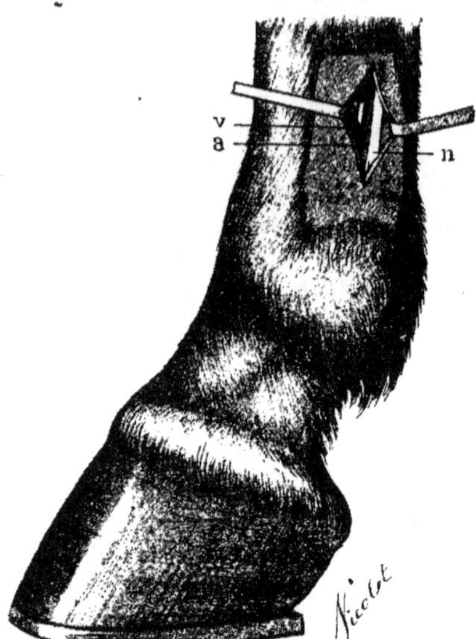

Fig. 509. — Névrotomie au-dessus du boulet.
n, nerf; *v*, veine; *a*, artère.

ligne d'incision sera déterminée par le bord de la masse cylindrique que forment les tendons.

La région préparée, incisez la peau et le tissu cellulaire sous-jacent sur une longueur de 3 à 4 centimètres : isolez ensuite le nerf avec le bistouri si vous avez la main sûre, avec la sonde cannelée si vous craignez de blesser la veine ou l'artère. Le cordon nerveux saisi entre les mors d'une pince, glissez sous lui, à plat, la lame du bistouri droit, tranchant en haut, et sectionnez-le à l'angle supérieur de la plaie. Coupez ensuite le bout inférieur à l'autre angle de l'incision. — Réunissez les lèvres de la plaie par un ou deux points de suture. Recouvrez la couture de collodion. Appliquez un pansement ouaté.

Il est des chevaux qui ne boitent plus dès qu'ils sont relevés ; chez d'autres, la claudication ne disparaît que peu à peu. Quand on a pris des soins d'asepsie, la cicatrisation de la plaie se fait rapidement. — Quelquefois la boiterie persiste atténuée, ce qui est dû soit à la sensibilité récurrente, soit à une gêne dans le jeu des phalanges; on peut alors pratiquer la névrotomie du côté opposé, au-dessus ou au-dessous du boulet. On doit la faire double quand il y a périostose phalangienne ou formes bilatérales. — Il est essentiel de laisser l'opéré au repos pendant un mois à six semaines, et de surveiller ensuite le pied insensibilisé, afin de combattre, à leur début, les lésions traumatiques dont il peut être affecté, d'éviter ainsi des troubles irrémédiables. — Si le pied atteint de forme était le siège de phénomènes inflammatoires aigus, on surseoirait à l'opération jusqu'au moment où ces phénomènes auraient disparu.

Dès 1831, Renault signalait les avantages de cette névrotomie. Rey l'a souvent employée et déclare qu'il n'a eu qu'à s'en louer. Elle ne se répandit pas. On l'accusa de provoquer le ramollissement des tendons et souvent la chute du sabot. Nocard l'a réhabilitée; elle lui a procuré de très nombreux succès et pas un seul accident. Pourtant, souvent il l'a faite des deux côtés, mais en prenant ces précautions capitales : n'opérer que des sujets exempts de lésions inflammatoires aiguës du pied ; n'enlever qu'une courte portion du nerf, 1 centimètre au plus, de façon à obtenir le plus vite possible la régénération nerveuse qui va rendre au pied une partie de sa sensibilité ; laisser ensuite l'animal au repos cinq à six semaines.

Beaucoup de praticiens — Trasbot, Benjamin, Jacoulet, entre autres — ont été moins heureux. Plusieurs fois ils ont vu la névrotomie haute et double entraîner une inflammation gangreneuse diffuse et la chute de l'ongle. Même faite d'un seul côté, elle n'est pas absolument innocente. A la vérité, ces accidents sont exceptionnels, et il ne faut pas perdre de vue que l'opération est pratiquée d'ordinaire pour des formes qui ont résisté à tous les autres moyens, pour des animaux devenus inutilisables. Aussi, malgré les *déchaussements* que la névrotomie haute compte à son passif, souvent on y a recours pour les formes unilatérales volumineuses, sans perdre du temps en cautérisations inefficaces.

Ajoutons que l'encastelure, qui complique si fréquemment les formes, s'atténue et peut disparaître au bout de quelques mois par le libre fonctionnement du membre. Nocard et Mollereau ont montré que, à la suite de l'opération, le volume des formes diminue parfois dans de fortes proportions. Sur un cheval traité par ces auteurs, la tumeur avait perdu plus de la moitié de son volume au bout de six mois. Par contre, d'autres ont vu les formes s'accroître considérablement après la névrotomie.

La névrotomie haute, simple ou double, n'est pas la seule que l'on puisse utiliser contre les formes des membres antérieurs. Peters, Goldmann, Blanchard ont montré les bénéfices que procure la *névrotomie du médian* (V. p. 539). La sensibilité n'est pas éteinte dans la moitié externe du pied ; néanmoins, souvent la boiterie disparaît.

Pour les formes phalangiennes du membre postérieur, après insuccès du feu, on pratiquera la *névrotomie plantaire* au-dessus du
boulet ou la *névrotomie sciatique* (V. p. 511).

Sur les faces antérieure et latérales des onglons du bœuf, on voit parfois
se développer des *formes* (Cruzel, Faulon). Comme chez le cheval, elles résultent d'efforts ou de traumatismes. Généralement la lésion n'existe qu'à un
seul onglon ; elle est grave en raison de la boiterie qu'elle détermine.

Au début, on utilise les réfrigérants (irrigation continue, compresses froides ou astringentes). Plus tard, on emploie les vésicants,
surtout la pommade au bichromate de potasse (bichromate 2 — 4 ;
axonge 32), la cautérisation en pointes fines ou en aiguilles.

Par une simple modification apportée dans la ferrure, souvent on
peut faire cesser la boiterie, permettre l'utilisation de l'animal ou
favoriser l'engraissement (Faulon). Pour cela, on supprime l'appui du
doigt malade ; on en diminue la hauteur en le faisant parer autant
que le permet l'épaisseur de la corne et on le laisse nu ; on ménage
l'onglon sain et l'on applique entre la sole et le fer une semelle
de cuir de $0^{cm},5$ d'épaisseur. Pendant quelque temps, il convient
de n'utiliser les animaux que sur un terrain meuble. — Dans certains
cas, on pourrait encore, à l'exemple de Gutteridge, faire la névrotomie.

Bibliographie. — **I. Traumatismes de la région coronaire. — Atteintes.
— Phlegmon péricoronaire.** — REY, *Journal de méd. vét.*, 1845. — ROSEN-
BAUM, *Gurlt u. Hertwig's Magazin*, 1858. — ELSEN, *Annales de méd. vét.*, 1860. —
HAYCOCK, *The Veterinarian*, 1866. — MARTIN, *Ibid.*, 1888. — ALBRECHT, *München.
Wochenschrift*, 1892. — BAGUZZI, *La Clinica vet.*, 1892. — WILHELM, *Sächs. Jahres-
bericht*, 1893. — SCHWENTSKY, *Der Hufschmied*, 1898. — FRANK, *Ibid.*, 1899. —
GUTENÄCKER, *Archiv f. Veterinärmedicin*, 1899. — NOCKOLDS, *American vet.
Review*, 1901.
BOULEY, *Dictionnaire vét.*, t. II. — MÖLLER u. FRICK, *Lehrbuch der Chirurgie.*
II. Entorses. — **A. ARTICULATION MÉTACARPO-PHALANGIENNE.** — LARDIT, *Journal de
méd. vét. théor. et prat.*, 1833. — FESTAL, *Journal des vét. du Midi*, 1844. —
FLOTHMANN, *Gurlt u. Hertwig's Magazin*, 1847. — HARSCHER, *Ibid.*, 1858. —
DELORME, *Journal de méd. vét.*, 1853. — COX, *The Veterinarian*, 1856. — EHRLER,
Sächs. Jahresber., 1861. — KOPP, *Journal des vét. du Midi*, 1862. — ROLOFF, *Gurlt
u. Hertwig's Magazin*, 1868. — SCHMIEDGEN, *Sächs. Jahresber.*, 1877. — WILLIAMS,
The Veterinarian, 1884. — FURLANETTO, *Le Progrès vét.*, 1890. — AVÉROUS, *Revue
vét.*, 1897. — FRICK, *Deutsche thierärztl. Wochenschrift*, 1897. — ALES, *Recueil de
méd. vét.*, 1899.
BOULEY, *Dict. vét.*, t. V. — LANZILLOTTI-BUONSANTI, *Krankheiten der Gelenke*, in
Handbuch der thierärztl. Chirurgie von BAYER u. FRÖHNER.
B. PREMIÈRE ARTICULATION PHALANGIENNE. — VIOLET, *Journal de méd. vét.*, 1886. —
MÖLLER, *Archiv für Thierheilkunde*, 1886. — FÖHRINGER, *Adam's Wochenschr.*,
1888. — SIEDAMGROTZKY, *Sächs. Jahresber.*, 1890. — FURLANETTO, *Le Progrès vét.*,
1893. — CAVALIN, *Recueil d'hyg. et de méd. vét. milit.*, 1896.
III. Luxations. — **A. ARTICULATION MÉTACARPO-PHALANGIENNE.** — I. CHEZ LE CHEVAL.
— GURLT, *Magazin*, 1837. — GRANET, *La Clinique vét.*, 1845. — HERING, *Stuttgart's
Klinik*, 1845-46. — SMITH, *Recueil de méd. vét.*, 1852. — THIENEMANN, *Sächs.
Jahresber.*, 1858-59. — HAUBNER, *Ibid.*, 1859-60. — LEISERING, *Ibid.*, 1868. —

LECOQ, *Journal de méd. vét.*, 1864. — BARRIER. *Journal de méd. vét. milit.*, 1870-71. — NEUMANN, ROMARY, *Ibid.* — BLAISE, *Ibid.*, 1873-74. — AUREGGIO, *Bullet. de la Soc. cent. de méd. vét.*. 1878. — CAGNY, *Ibid.*, 1886. — WILHELM, *Sächs. Jahresber.*, 1882. — MAGNIN, *Recueil de méd. vét.*, 1889. — AUDAIS, *Recueil d'hygiène et de méd. vét. milit.*, 1892. — HUMBERT, *Ibid.*, 1896. — SIEDAMGROTZKY, *Sächs. Jahresber.*. 1890. — SIECHENEDER, *Wochenschr. für Thierheilkunde*. 1896. — VOGT, *Ibid.*, 1897. — BERG, *Maanedsskr. de Copenhague*. 1896. — KÖNIG, *Zeitschrift für Veterinärkunde*. 1898. — RICHTER. *Ibid.*, 1899. — BARRIER, *Recueil de méd. vét.*, 1899. — BUTEL et BOURGÉS, *Ibid.*, 1899. — CHAPELLIER, *Ibid.*, 1899. — FAYET, *Ibid.*, 1900. — BLANC, *Journal de méd. vét.*, 1899. — CADÉAC, *Ibid.*, 1899. — CORDONNIER, *Ibid.*, 1899. — CAGNY, *Bull. de la Soc. cent. de méd. vét.*. 1900. — ALMY et HUGUIER, *Ibid.*, 1902. — VENNERHOLM, *Tidsskrift de Copenhague*, 1900.

II. CHEZ LE BOEUF. — STREBEL, *Journal de méd. vét.*, 1869.

LUXATION DES GRANDS SÉSAMOÏDES. — FOURIE, *Recueil de méd. vét.*, 1890.

B. ARTICULATIONS PHALANGIENNES. — JOHNE, *Sächs. Jahresber.*. 1884. — PERRIN, *Répertoire vét.*, 1896. — VOGT, *Wochenschr. für Thierheilkunde*, 1899. — MÖLLER u. FRICK, *Lehrbuch der Chirurgie*. — BAYER, *Lehrbuch der Veterinär-Chirurgie*.

IV. Plaies articulaires et arthrites. — RENAULT, *Recueil de méd. vét.*, 1827. — PRÉTOT, *Ibid.*. 1836. — KNOLL, *Journal de méd. vét.*, 1858. — SINOIR, *La Clinique vét.*, 1863. — LALIGANT, *Journal de méd. vét.*, 1866. — MAURI, *Revue vét.*, 1889. — LENOIR, *Recueil de méd. vét.*, 1890. — MARTIN, *The Journ. of comp. path. and therap.*, 1897. — FRÖHNER, *Monatshefte für Thierheilkunde*. 1898 et 1901. — MARK, *Recueil de méd. vét.*, 1900.

V. Fractures. — A. PHALANGES. — LAFOSSE. *Cours d'hippiatrique*, 1772. — LEBLANC, *Journal de méd. vét. théor. et prat.*, 1831 et 1832 ; an. in *Recueil de méd. vét.*, 1832 et 1833. — GAYOT. *Recueil de méd. vét.*, 1834. — WOODGER, *The Veterinarian*, 1840. — HERING, *Stuttgart's Klinik*, 1845. — DICK, *The Veterinarian*, 1845. — REY. *Journal de méd. vét.*, 1846 et 1850. — DULIÈGE. *Recueil de méd. vét.*, 1849. — WILKINSON, *The Veterinarian*, 1849. — HERTWIG, *Magazin*, 1851. — HALDER, *Hering's Repertor.*, an. in *Journal des vét. du Midi*, 1858. — WENTWORTH. *The Veterinarian*, 1861. — HAUBNER, *Sächs. Jahresber.*, 1861 et 1862. — DE SILVESTRI, *Il Medico vet.*, 1864. — SAINT-CYR, *Journal de méd. vét.*, 1864. — ADENOT, *Ibid.*. 1864. — TRÉLUT, *Journ. des vét. du Midi*, 1866. — HOWELL, *The Veterinarian*, an. in *Recueil de méd. vét.*, 1866. — REYNAL, *Recueil de méd. vét.*, 1867. — LEISERING, *Sächs. Jahresber.*, 1868. — QUIN, *Journal de méd. vét. milit.*. 1870. — BONNARD et DECROIX, *Bullet. de la Soc. cent. de méd. vét.*, 1872. — TRASBOT. *Ibid.*, 1877. — LIAUTARD, *Recueil de méd. vét.*, 1876. — HILL, *The Veterinarian*, 1877. — UHLICH. *Sächs. Jahresber.*, 1881. — PETERS, *Berliner Archiv*, 1881. — KRESWICZ, *Koch's Monatsschr.*, 1882. — POPOW, *Archiv für Veterinärmedicin*. 1884. — SLEZAREWSKI, *Journal vét. de Charkow*, 1885. — REUL, *Annales de méd. vét.*, 1887. — SAVAGE, *The veterinary Journal*, 1888. — RÖDER, *Sächs. Jahresber.*, 1891. — ROUILLART, *Recueil d'hygiène et de méd. vét. milit.*, 1892. — FURLANETTO, *Le Progrès vét.*, 1893. — TRASBOT, *Bullet. de la Soc. cent. de méd. vét.*, 1893. — DISCHEREIT. *Berliner thierärztl. Wochenschr.*, 1893. — FRIIS, *Deutsche Zeitschr. für Thiermed.*, 1894. — BASCOU et DUMONT, *Bullet. de la Soc. de méd. vét. prat.*, 1895. — TOUTEY, *Recueil d'hygiène et de méd. vét. milit.*, 1896. — PIERRE, BARASCUD, *Ibid.* — NEUSE, *Deutsche Zeitschr. für Thiermed.*, 1895. — ULM, *Deutsche thierärztl. Wochenschrift*, 1895. — KAPTEINAT, *Deutsche Zeitschr. für Thiermed.*, 1896. — WEGERER, *Wochenschrift für Thierheilkunde*, 1896. — SCHALLER, *Sächs. Jahresbericht*, 1897. — DUPAS, *Recueil de méd. vét.*, 1897. — CAVARD, *Ibid.*, 1899. — CUSTANCE, *The vet. Journal*, 1898. — BLANC, *Bull. de la Soc. des sc. vét. de Lyon*, 1899. — ARLOING, *Ibid.*, 1900. — TEETZ, *Berlin. thierärztl. Wochenschrift*, 1899. — NÖHR, *Maanedsskrift de Copenhague*, 1899. — BRAVETTI, *La Clinica vet.*, 1899. — JOLY, *Revue vét.*, 1899. — MOURARET, *Recueil d'hyg. et de méd. vét. milit.*, 1900. — BITARD, *Ibid.*, 1900. — MONTMARTIN, *Journal de méd. vét.*, 1900. — JOLY et VIVIEN. *Bull. de la Soc. cent. de méd. vét.*, 1901. — MÉTIVET, *Recueil de méd. vét.*, 1901. — BRUN, *Ibid.*, 1902. — NIZET, *Annales de méd. vét.*, 1902.

B. SÉSAMOÏDES. — DAW, *The Veterinarian*, 1841. — SALLE, *Journal de méd. vét. milit.*, 1863-64. — DUBOS, *Recueil de méd. vét.*, 1876. — SCHMIEDGEN, *Sächs. Jahresbericht*, 1877. — SELLAN, *Journ. of comp. pathol. a. therap.*, 1883. — MOLLEREAU,

Bullet. de la Soc. cent. de méd. vét., 1882. — Humbert, *Ibid.*, 1885. — Schöneck, *Berliner thierärztl. Wochenschr.*, 1890. — Delavenne c. p. Cadiot, *Études de pathol. et de clinique.* — Taylor, *The veterinary Journ.*, 1899. — Udrisky, *Annales de méd. vét.*, 1900. — Macfarlane, *The veterinary Record*, 1901, an. in *Clinica vet.*, 1901.
VI. Formes. — Bracy-Clark, *Recueil de méd. vét.*, 1826. — Mangin, *Ibid.*, 1841. — Bouley, *Bullet. de la Soc. cent. de méd. vét.*, 1850. — Delorme, *Journal de méd. vét.*, 1854. — Graindorge, *Journal de méd. vét. milit.*, t. II. — Schrader, *Gurlt u. Hertwig's Magazin*, 1860. — Hertwig, *Ibid.*, 1871. — Rey, *Journal de méd. vét.*, 1867. — Humbert, *Journal de méd. vét. milit.*, 1888. — Zundel, *Recueil de méd. vét.*, 1872. — Nocard, *Bullet. de la Soc. cent. de méd. vét.*, 1881 et 1883. — Palat, *Ibid.*, 1883. — Jacoulet, *Archives vét.*, 1882. — Peters, *Berlin. Archiv*, 1883. — Fambach, *Deutsche Zeitschr. für Thiermed.*, 1886. — Faulon, *Bullet. de la Soc. cent. de méd. vét.*, 1888. — Barrier, *Ibid.*, 1890. — Moulé, *Ibid.*, 1891. — Tapon, *Ibid.*, 1894. — Joly, *Revue vét.*, 1893 et 1899. — Skull, *The Veterinarian*, 1895. — Brisavoine, *Recueil de méd. vét.*, 1896. — Vogt, *Berliner thierärztl. Wochenschr.*, 1896. — Lesbre, *Bull. de la Soc. cent. de méd. vét.*, 1896. — Vogt, *Wochenschrift f. Thierheilkunde*, 1896. — Lanzillotti, *La Clinica vet.*, 1898. — Udriski, *Monatshefte f. Thierheilkunde*, 1900. — Kruger, *Zeitschrift f. Veterinärkunde*, 1900. — Kröning, *Ibid.*, 1901.
Névrotomie dans le traitement des formes. — Renault, *Recueil de méd. vét.*, 1831. — Bouley et Benjamin, *Bullet. de la Soc. cent. de méd. vét.*, 1850. — Rey, *Journal de méd. vét.*, 1867. — Labat, *Revue vet.*, 1876. — Monoyer, *Annales de méd. vét.*, 1878. — Biot, *Bullet. de la Soc. cent. de méd. vét.*, 1879. — Trasbot, *Ibid.*, 1883. — Nocard, *Ibid.*, 1884. — Jacotin, Mollereau, *Ibid.*, 1887. — Mauri, *Ibid.*, 1888. — Trasbot, *Ibid.* — Comény, *Recueil d'hygiène et de méd. vét. milit.*, 1877. — Vigezzi, *Giornale di Anat. fis. e patol.*, 1885 et 1887. — Lanzillotti-Buonsanti, *Giorn. di med. vet. prat.*, 1886. — Mac Lean, *American veter. Review*, 1886. — James, *Ibid.*, 1887. — Schjellenep, *Maanedsskr. de Copenhague*, 1889, — Hendrickx, *Annales de méd. vét.*, 1890. — Benjamin et Redon, *Bullet. de la Soc. cent. de méd. vét.*, 1891. — Jacoulet, *Ibid.*, 1891. — Delamotte et Brocheriou, *Journal de méd. vét.*, 1892. — Peters, *Adam's Wochenschr.*, 1886. — Blanchard, *Bullet. de la Soc. cent. de méd. vét.*, 1895.

Section VII. — **PIED.**

I

AFFECTIONS DU PIED CHEZ LE CHEVAL

Remarques anatomiques. — Le pied du cheval est constitué : 1° par une épaisse et solide enveloppe — la boîte cornée, le sabot ou l'ongle ; 2° par des organes internes, fort disparates au point de vue de leurs caractères physiques et de leurs propriétés vitales.

La boîte cornée se compose de quatre parties : *a)* la paroi, dont les régions antéro-latérales forment les quatre cinquièmes de l'enceinte du sabot, et qui, par ses extrémités, se prolonge dans les lacunes latérales du pied ; *b)* le périople, mince bande cornée étalée sur les régions supérieures de la muraille ; *c)* la sole, qui forme la portion du plancher du sabot circonscrite par la paroi ; *d)* la fourchette, disposée entre les extrémités réfléchies de la paroi, et qui complète en arrière le plancher et la portion circulaire du sabot.

Les *organes internes* sont : *a)* la *membrane tégumentaire sous-cornée*, qui offre, à l'origine de l'ongle, un double renflement disposé en cercle — le *bourrelet périoplique* et le *bourrelet principal*, ce dernier, le plus fort, prolongé dans les lacunes latérales du pied, — membrane disposée en feuillets parallèles et contigus sur les faces antérieure et latérales de la phalange, ainsi que sur le talus externe des lacunes latérales (*tissu podophylleux*), présentant dans la région plantaire un aspect villeux (*tissu velouté*), et doublée profondément, dans toute l'étendue de sa portion phalangienne, d'une couche fibreuse qui supporte les veines des plexus podophylleux et solaire (*reticulum processigerum et reticulum plantaire*) ; — b) l'appareil fibro-élastique du pied, formé par le *coussinet plantaire* et les *fibro-cartilages* ; — c) les portions terminales des

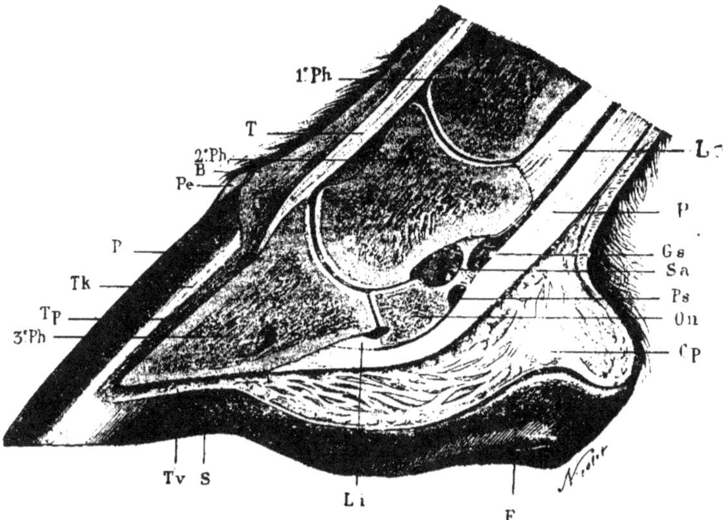

Fig. 510. — Coupe médiane antéro-postérieure du pied. — 1ʳᵉ P*h*, première phalange ; 2ᵉ P*h*, deuxième phalange ; 3ᵉ P*h*, troisième phalange ; O*n*, os naviculaire ; L*i*. ligament interosseux ; G*s*, cul-de-sac inférieur de la gaine grande sésamoïdienne ; P*s*, cul-de-sac supérieur de la petite sésamoïdienne ; S*a*, cul-de-sac postérieur de la synoviale articulaire du pied ; T, tendon de l'extenseur ; P, tendon du perforant : L*s*, ligament sésamoïdien : B, bourrelet ; T*p*, tissu podophylleux ; T*v*, tissu velouté ; C*p*, coussinet plantaire ; P, périople ; P*a*. paroi : T*k*, tissu kéraphylleux ; S, sole ; F, fourchette.

tendons extenseur et *fléchisseur profond* des phalanges ; — d) la *petite gaine sésamoïdienne*, qui favorise le glissement de l'expansion du fléchisseur (*aponévrose plantaire*) sur la face inférieure du petit sésamoïde ; — e) *l'extrémité inférieure de l'os de la couronne*, la *troisième phalange* et *l'os naviculaire* ; — f) cinq *ligaments* qui réunissent ces os, et la *synoviale* de la jointure constituée par ceux-ci ; — g) un riche *appareil artériel* formé par les dernières ramifications et les branches terminales des *artères digitales* ; — h) des *plexus veineux* dont les canaux, particulièrement nombreux dans la couche fibreuse qui double les tissus podophylleux et velouté, s'orientent vers le bord supérieur des fibro-cartilages, où nait, de chaque côté, la veine digitale ; — i) un *appareil lymphatique* dont la disposition n'est encore qu'imparfaitement connue ; — j) les divisions terminales des deux *nerfs plantaires*.

Pour établir le pronostic des lésions traumatiques que l'on peut rencontrer dans les diverses régions du pied, aussi bien que pour effectuer avec sûreté les interventions opératoires qu'elles nécessitent, il est indispensable de connaître exactement la topographie de ces régions.

Dans la *partie antérieure du pied* (pince et mamelles), on trouve, en procédant de dehors en dedans : 1° *au niveau de l'origine de l'ongle : a*) la *peau de la couronne*, le *périople* et la *muraille*; *b*) la *cutidure* et le *podophylle*;

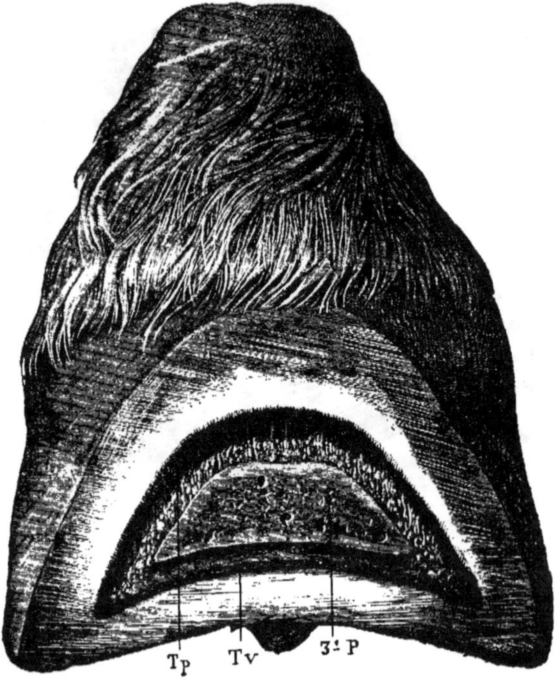

Fig. 511. — Coupe transversale verticale du pied faite au niveau de la pointe de la fourchette. Segment postérieur. — 3° P, troisième phalange; Tp, tissu podophylleux; Tv, tissu velouté.

c) l'*expansion du tendon extenseur antérieur des phalanges* et le *reticulum processigerum*; *d*) la *seconde phalange*, le *cul-de-sac antérieur de la synoviale articulaire du pied* et la *troisième phalange*; — 2° plus bas, entre cette première zone et le point de jonction de la muraille et de la sole : *a*) la *muraille*; *b*) le *tissu podophylleux*; *c*) le *reticulum processigerum*; *d*) la *phalange*. — Remarquons qu'en pince et en mamelles la synoviale articulaire du pied n'est protégée que par le tendon de l'extenseur, la couche fibro-conjonctive sous-cutidurale, le bourrelet et la partie supérieure du biseau; qu'à sa limite supérieure, en avant de la marge de l'os coronaire, son cul-de-sac est recouvert seulement par le tendon de l'extenseur, la couche sous-cutanée et la peau.

Sur les *faces latérales*, dans la région *du quartier*, il y a, comme dans la partie antérieure du pied, une première couche formée par la *peau de la couronne*, le *périople* et la *muraille*, et une deuxième constituée par le *bourrelet* et le *tissu podophylleux*. Au-dessous, on trouve, dans la plus grande partie de ladite région : c) le *fibro-cartilage* ; puis, en avant, d) les *ligaments latéraux de l'articulation du pied* et le *cul-de-sac latéral de la synoviale* ; e) la *partie inférieure de la seconde phalange*, la *marge supérieure de la troisième* et l'os

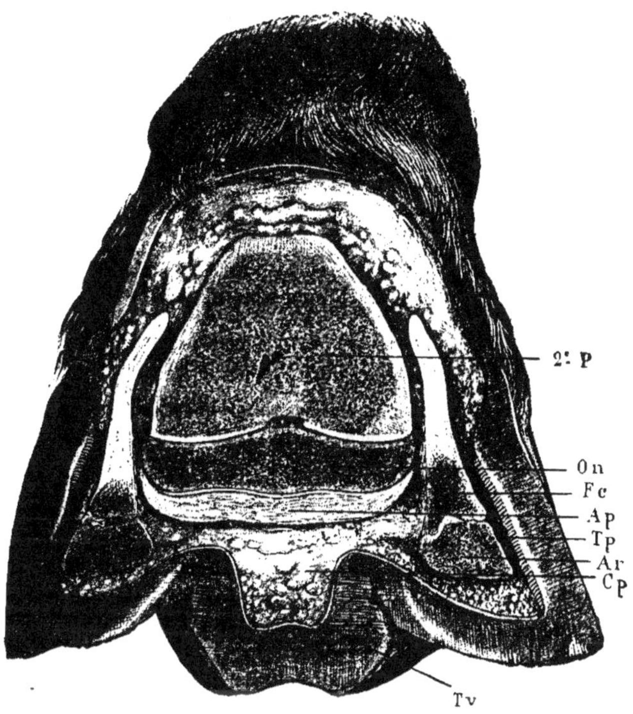

Fig. 512. — Coupe transversale verticale du pied faite au niveau de l'extrémité antérieure de la lacune médiane de la fourchette ; segment postérieur. — 2ᵉ P, deuxième phalange ; On, os naviculaire ; Ar, apophyse rétrossale ; Fc, fibro-cartilage (sa base est ossifiée) ; Ap, aponévrose plantaire ; Cp, coussinet plantaire ; Tp, tissu podophylleux ; Tv, tissu velouté.

naviculaire ; — en arrière, le *coussinet plantaire*, — et, dans la moitié inférieure, c) le *reticulum processigerum* ; d) l'aile de l'os du pied ; e) le *coussinet plantaire*, l'*aponévrose plantaire* et la *petite gaine sésamoïdienne*.

Dans la *région postérieure*, on trouve, immédiatement au-dessus de la corne furcale : a) la *peau* ; b) le *coussinet plantaire* ; c) l'*aponévrose plantaire* ; d) les *culs-de-sac synoviaux du creux du paturon* ; e) la *deuxième phalange* et l'os *naviculaire* ; — de chaque côté, en talon, b) la *plaque scutiforme* ; — et dans la partie recouverte par la base de la fourchette : b) le *tissu velouté* ; c) le *cous-*

sinet plantaire; *d*) l'*aponévrose plantaire* ; *e*) la *gaine sésamoïdienne* et l'*os navi-culaire*.

La *région inférieure* du pied est conventionnellement divisée en trois zones : 1° l'*antérieure*, circonscrite en avant par la commissure pariéto-solaire, en arrière par une ligne perpendiculaire à l'axe du pied et tangente à la pointe de la fourchette ; 2° la *postérieure*, limitée en arrière par le sommet des arcs-boutants et la base de la fourchette, et en avant par une ligne transversale tangente à l'angle antérieur de la lacune médiane de la fourchette ; 3° la *moyenne*, comprise entre les deux précédentes.

En ces trois zones, la couche cornée est partout doublée par le tissu velouté. Les autres plans sont, dans la zone antérieure : *c*) le *reticulum plantaire* ; *d*) la *phalange*; — dans la zone postérieure : *c*) le *coussinet plantaire* ; *d*) l'*aponévrose plantaire*; *e*) la *petite gaine sésamoïdienne* et le *bord postérieur de l'os naviculaire* ; — dans la zone moyenne, 1° en sa partie médiane : *c*) le *coussinet plantaire*; *d*) l'*aponévrose plantaire* ; *e*) la *petite gaine sésamoïdienne* ; *f*) la *partie postérieure de la face plantaire de la phalange*, le *ligament interosseux* et l'*os naviculaire* ; 2° sur les côtés, les *ailes de la phalange* et les *plaques scutiformes*.

Considérations générales.

Chez le cheval, le pied est sujet à des affections fréquentes, très diversifiées quant à leur siège, leurs manifestations, leur évolution, leur gravité. Ces affections sont *aiguës* ou *chroniques*, *aseptiques* ou *infectieuses*, essentiellement *locales* ou liées à un *état dyscrasique*. Certaines n'intéressent que l'ongle ou la membrane kératogène; d'autres ont leur siège dans les appareils fibro-tendineux, séreux ou osseux. Tandis que la plupart peuvent être reconnues à leur début, il en est qui évoluent insidieusement dans les tissus profonds, ne s'accusant à leur premier stade par aucune manifestation révélatrice. Les lésions traumatiques sont de beaucoup les plus communes ; infectées, elles entraînent souvent très vite des altérations étendues, quand elles ne provoquent pas en peu de jours d'irréparables dégâts. Et si les traumas aseptiques n'exposent pas aux mêmes complications, il en est — les écrasements, par exemple, — qui comportent un pronostic des plus sombres, en raison soit des désordres immédiatement produits, soit des complications éloignées.

Parmi les influences qui prédisposent aux maladies du pied, il faut mentionner, en première ligne, les vices de conformation de cet organe. Les pieds larges, plats ou combles, à talons bas ou à corne mince, les pieds cagneux ou panards, les pieds de travers sont particulièrement exposés à certaines affections traumatiques, aux efforts, aux distensions ligamenteuses. La déperdition en excès du fluide naturel qui imprègne la matière cornée, l'immersion prolongée de celle-ci dans la boue ou le purin, l'action des liquides acides ou fortement alcalins, le défaut d'exercice et la station forcée, les longues marches sur un sol dur sont autant de causes d'altérations du sabot et des tissus qu'il renferme. Les chevaux qui progressent sur des voies pavées, glissantes, sont beaucoup plus souvent atteints d'affections des régions inférieures des membres et du pied que ceux employés aux travaux agricoles. La statistique annuelle de nos services témoigne de l'extrême fréquence de ces affections sur les chevaux utilisés dans Paris et sa banlieue. Elle montre que sur 100 chevaux qui y sont traités, 40, 50, jusqu'à 55 suivant les années, sont atteints de lésions de pied.

Presque toutes les affections du pied ont pour première manifestation une claudication qui varie depuis la *feinte* jusqu'à l'impossibilité de l'appui sur le membre souffrant, claudication presque toujours plus accusée quand l'animal progresse sur le pavé ou un sol dur et dans les diverses circonstances qui contribuent à augmenter les pressions supportées par les tissus intracornés (mouvement en cercle, marche sur un terrain inégal). — Le cheval qui souffre des deux pieds antérieurs ou postérieurs limite les mouvements de projection et d'élévation des membres ; les pas sont raccourcis ; l'animal *rase le tapis.*

Au repos, le membre dont le pied est endolori n'est pas dans l'attitude normale ; il ne remplit plus sa fonction de support. S'il s'agit d'un membre antérieur, tantôt il est étendu, le sabot reposant sur le sol par toute la surface plantaire ; tantôt il exécute d'incessants mouvements alternatifs en avant et en arrière, — il *gratte le tapis* ; tantôt encore il est à demi fléchi, l'appui de l'ongle ne se faisant qu'en pince, ou agité par des douleurs lancinantes. — Le membre postérieur, plus ou moins relâché, est porté sous le corps, en avant de la ligne d'aplomb, appuyé d'ordinaire par la pince seulement ; quelquefois il est le siège d'incessants mouvements d'élévation et d'abaissement. — Si les deux pieds antérieurs ou postérieurs sont endoloris, le patient les porte simultanément ou alternativement en avant de la ligne d'appui, et lorsque les souffrances sont très vives, souvent il conserve la position décubitale. — L'émaciation des masses musculaires de l'épaule ou de la croupe est un phénomène habituellement tardif, commun aux diverses affections chroniques des membres. Elle n'est pas toujours due à la seule influence de l'inaction ; parfois elle est précoce et d'origine réflexe (amyotrophies réflexes).

En procédant à l'inspection du pied, on constate généralement des troubles dont la signification est nette : un décollement partiel du biseau ou du bord plantaire de la paroi avec écoulement de sang, de sérosité ou de pus, une fistule coronaire ou plantaire, une fissure ou des cercles de la muraille, l'absence d'un rivet ou sa situation au-dessus des autres, la présence d'un corps étranger dans l'une des lacunes du pied, le bombement ou la perforation de la sole, le resserrement des talons, l'atrophie ou une destruction partielle de la fourchette.

Les affections inflammatoires aiguës du pied s'accompagnent toujours de *douleur* et d'*hyperthermie*, quelquefois de *tuméfaction* et de *rougeur*. — En raison de la pigmentation de la peau, la *rougeur* fait ordinairement défaut lorsque le tégument est intact ; mais, même au cours des phlegmasies aiguës localisées dans les tissus sous-ongulés, si le sabot est surmonté d'une balzane, la peau de la couronne et du paturon est habituellement hyperémiée, de teinte rouge foncé. — Bien que le tissu corné soit mauvais conducteur de la chaleur, souvent on note de l'*hyperthermie* en appliquant sur la muraille la pulpe des doigts ou la paume de la main. On explorera comparativement les parties similaires des pieds antérieurs ou postérieurs en tenant compte que, normalement, la température de l'ongle est sensiblement plus élevée près de la couronne qu'en ses autres régions. — La *tuméfaction* est constatée au niveau des brèches du sabot, à la couronne, quelquefois dans toute la hauteur de la région digitée. — Quant à la *douleur*, elle est toujours très accusée, en raison de la compression que subissent les tissus enflammés, surtout la membrane tégumentaire, richement innervée. Il suffit de percuter légèrement le pied souffrant, de la pince vers les talons, d'un côté ou de l'autre, ou sur la région plantaire, pour provoquer de la douleur et des réactions qui ne se remarquent point en interrogeant le pied congénère. Quand on procède au détachement du fer, les percussions du brochoir sur les rivets, les pressions exercées sur la sole par les joues des tricoises, les efforts de traction pour arracher le fer, exaltent la douleur et déterminent des mouvements de retrait du membre.

Lorsque les tissus sous-cornés sont le siège de graves altérations, on observe les symptômes de la fièvre traumatique. La température générale peut être augmentée de 2 à 3 degrés. Fréquemment les animaux conservent la position décubitale et traduisent leurs souffrances par des plaintes ou des gémissements. — Outre les *complications* de gangrène localisée ou diffuse de la membrane kératogène, de nécrose des organes fibreux, tendineux, cartilagineux ou osseux, d'arthrite, de décollement du sabot, on doit compter avec la lymphangite profonde, la septicémie, la pyémie et le tétanos.

Nombre d'affections des membres déterminent les mêmes symptômes subjectifs que les lésions des tissus sous-ongulés, et, pour beaucoup de ces dernières, le *diagnostic* ne peut être établi que par une exploration minutieuse du sabot.

Les hippiatres connaissaient l'extrème fréquence des boiteries qui ont leur siège dans le pied. C'est là — nous l'avons dit à propos de l'*écart* et nous devons le répéter ici, — c'est là un point sur lequel insistait déjà Lafosse : « *Pour un cheval qui boite de l'épaule ou de la hanche, il y en a cent qui boitent du pied.* » Aussi doit-on commencer l'examen d'un membre boiteux par celui de sa base, même lorsqu'il existe en une région quelconque de ce membre des signes extérieurs suffisants pour expliquer la claudication.

L'exploration du pied sera faite méthodiquement. « Le fer détaché, l'ongle doit être paré jusqu'à ce que la corne plantaire cède facilement aux pressions exercées sur elle. Alors on le serre méthodiquement sur toute sa circonférence, d'un arc-boutant à l'autre, entre les mors des tricoises, appliqués, l'un sur la face externe de la paroi et l'autre sur la sole, en ayant soin de proportionner les pressions de l'instrument à la résistance de la corne plantaire. Sous l'influence de ces pressions, qui doivent être partout égales, l'animal manifeste, par le retrait de son membre et la contraction de ses muscles olécraniens, ou bien une douleur diffuse dans toute l'étendue de la boîte cornée, ou bien une sensibilité plus accusée dans un point que dans les autres. Il faut alors s'armer de la rénette à clou de rue, et creuser dans ce point ou sur tout le pourtour de la région plantaire une rainure jusqu'au vif, en deçà de la commissure qui marque l'union de la sole avec la paroi. Si le tissu réticulaire est le siège d'une infiltration séreuse ou purulente, on peut en pressentir l'existence rien qu'à la coloration jaune citrin de la corne imprégnée de sérosité ; à l'aspect poreux que lui donnent, lorsqu'on arrive aux couches profondes, les étuis dilatés des villosités qui la pénètrent ; et enfin à la diminution de sa consistance. En creusant à fond dans le point où se présentent ces caractères, on arrive d'emblée dans la collection séreuse ou purulente....

« A supposer qu'un premier examen n'ait pas donné de résultats satisfaisants, parce que le mal n'en est encore qu'à son début et que les produits morbides ne sont pas encore formés, il faut recommencer avec persistance dans les jours consécutifs. Combien de fois n'est-il pas arrivé qu'un mal qui était resté indécouvert à une première exploration, faute de symptômes suffisants, s'est dévoilé à une seconde ou à une troisième, parce qu'en progressant ses caractères se sont mieux accusés. Notons, du reste, qu'en pareil cas ces explorations répétées, loin d'être nuisibles, ne peuvent qu'être salutaires (à la condition de ne pas entamer les tissus sous-cornés), parce qu'elles ont pour résultat de diminuer la résistance du sabot et d'atténuer ainsi les conséquences de l'incarcération du pus dans sa cavité. » (Bouley.)

En parant l'ongle, il importe d'examiner avec attention la fourchette et les lacunes, points faibles du plancher du sabot et lieux d'élection des corps vulnérants qui pénètrent dans le pied. Il n'est pas indifférent d'explorer celui-ci à tous les moments; parfois il convient d'y procéder après un court repos. Un pied malade peut rester muet sous la compression des pinces quand l'animal vient d'être exercé.

Et lorsque cette manœuvre ne provoque point de douleur manifeste, on ne doit pas en inférer d'une façon absolue que les tissus sous-ongulés sont indemnes, car la différence est grande entre la compression due à l'action des tricoises et celle supportée par le pied durant l'appui. — Les inflammations superficielles de la membrane tégumentaire sous-cornée évoluent parfois sans causer d'abord ni douleur bien vive, ni claudication : ainsi s'expliquent les faits dans lesquels, à l'examen du pied, pratiqué dès l'apparition de la boiterie, on trouve de la sérosité collectée sous la corne. — Dans quelques cas, l'ouïe perçoit certains signes diagnostiques. En imprimant au pied des mouvements variés et en approchant l'oreille, on peut entendre la crépitation qui dénonce une fracture de l'os du pied ou du petit sésamoïde, le bruit du liquide retenu sous l'ongle décollé, et celui, tout spécial, qui se produit lorsqu'il existe une plaie pénétrante de l'articulation ou de la gaine sésamoïdienne (Lafosse). — La mensuration révèle parfois des modifications éprouvées par le sabot et passées d'abord inaperçues,

Fig. 513. — Pince pour l'exploration du pied.

notamment le rétrécissement général ou partiel du pied. — L'exploration de l'artère collatérale du canon et des artères digitales fournit encore certains indices. Au cours des affections de nature congestive ou inflammatoire du pied, ces artères sont plus tendues et leurs battements plus forts qu'à l'état normal.

Le diagnostic des maladies profondément cachées dans le sabot et qui ne s'accompagnent d'aucun symptôme local manifeste offre parfois de sérieuses difficultés. Quand les signes rationnels particuliers à ces maladies ne suffisent pas pour l'établir avec assez de certitude, on peut recourir à l'anesthésie momentanée du pied. A cet effet, on employait jadis le froid (applications de glace ou de neige sur le sabot et la région digitée) et les pulvérisations d'éther au niveau des nerfs plantaires. Nous avons montré le bénéfice que l'on peut tirer des injections d'une solution de cocaïne le long du trajet phalangien de ces nerfs. (V. p. 392.)

La fréquence des affections chroniques du pied justifie l'emploi des résections nerveuses comme moyen de traitement des boiteries anciennes, sans altérations extérieures auxquelles on puisse les rapporter. Bien des chevaux qui paraissent atteints de claudication de l'épaule souffrent d'une lésion du pied et sont remis droits, pour un temps, par la névrotomie. Dans la pratique, on doit se rappeler toujours cette boutade de Chabert : « *Quand un cheval boite de l'épaule, cherchez dans le pied !* »

Envisagées au point de vue de leur *pronostic*, les affections du pied offrent des différences considérables résultant surtout de leur nature et des parties qui en sont le siège. En raison de la puissante vitalité de la membrane kératogène, ses lésions traumatiques se terminent d'ordinaire par la guérison, quand on y remédie hâtivement. Mais lorsque l'ongle laissé intact ne permet pas l'intumescence des tissus sous-cornés et l'écoulement de l'exsudat, il peut survenir des décollements étendus ou un sphacèle de ces tissus. La nécrose de la membrane tégumentaire est toujours le résultat d'un processus infectieux. Tantôt elle est limitée à la couche papillaire (nécrose superficielle) ; tantôt elle détruit cette membrane dans toute son épaisseur et frappe en même temps ou consécutivement la couche fibreuse sous-jacente ainsi qu'une partie de la phalange (nécrose profonde). Souvent la mortification est circonscrite; parfois elle est envahissante, et elle peut s'étendre avec une grande rapidité à un large territoire de la membrane kératogène : c'est ainsi que se comporte habituellement celle qui est provoquée par le bacille de Löffler-Bang (nécrose spécifique d'Eberlein). — La structure du coussinet plantaire et sa situation dans une région où la turgescence inflammatoire s'effectue aisément rendent compte de la bénignité relative de ses lésions, en particulier quand celles-ci sont localisées vers les bulbes. — Pour les fibro-cartilages, les ligaments, les tendons, il en va autrement : dans ces tissus à vitalité languissante, la nécrose trouve une proie facile, et une fois qu'elle s'en est emparée elle résiste fréquemment aux moyens thérapeutiques autres que l'ablation. — Dans la phalange unguéale, la carie est toujours beaucoup plus grave que la nécrose. Les complications qui peuvent être les effets de l'une ou de l'autre sont particulièrement à craindre lorsqu'elles intéressent une partie de l'os située près de sa surface articulaire, au niveau des insertions ligamenteuses ou tendineuses. — De toutes les altérations traumatiques qui peuvent se rencontrer dans le pied, les plus redoutables sont celles qui ont leur siège dans les synoviales tendineuses ou articulaire, dans celle-ci surtout. Les traitements opposés à l'inflammation développée dans la synoviale articulaire échouent très généralement, et, quand les animaux résistent, les complications d'ankylose, de déformation du pied qui surviennent inévitablement, ne permettent plus leur utilisation qu'aux allures lentes ou pour les travaux agricoles.

Le pronostic des *lésions traumatiques récentes* du pied dépend de leur siège, de la profondeur à laquelle a pénétré le corps vulnérant et de la direction qu'il a suivie. Les blessures de la zone moyenne de la région plantaire sont plus dangereuses que celles des zones antérieure et postérieure ; les plaies pénétrantes de la couronne sont plus souvent suivies de complications lorsqu'elles existent au niveau des fibro-cartilages ou du tendon de l'extenseur antérieur des phalanges que si elles siègent en arrière du pied, dans la région furcale. On conçoit aussi que les traumatismes des parties latérales de la couronne offrent d'autant plus de gravité que l'agent vulnérant a pénétré suivant une direction plus oblique vers le centre du pied. La nature des agents vulnérants, leurs caractères physiques, leur état aseptique ou infecté influent beaucoup sur la marche de ces traumas. — Les blessures faites par des pointes étroites et lisses n'ont souvent aucune suite ; au contraire, pour celles produites par des corps irréguliers, rugueux, les complications sont communes. Depuis longtemps on connaît la différence qui existe, à ce point de vue, entre la *piqûre* et le *clou de rue*.

Quand les tissus sous-ongulés sont le siège d'une phlegmasie purulente, les caractères du pus fournissent d'utiles indications. S'il s'écoule *noirâtre*, la lésion de la membrane kératogène est en voie de cicatrisation ; — lorsqu'il est *blanc* ou *jaunâtre*, cette membrane est transformée en surface suppurante ou déjà frappée de mortification partielle ; — *rougeâtre* ou *lie de vin* et répandant une odeur putride, il trahit l'existence d'une gangrène diffuse des membranes podophylleuse ou veloutée, souvent accompagnée de nécrose partielle ou de carie de la phalange ; — *jaunâtre, visqueux, caillebotté*, déversé par une fistule plantaire ou coronaire, il dénonce la synovite de la petite gaine sésamoïdienne ou l'arthrite du pied. Ces caractères du pus sont toujours corroborés, quant à leur signification, par le degré d'intensité de la boiterie et par l'expression symptomatique générale.

Dans les cas où, faute d'avoir frayé assez tôt une issue à la matière purulente collectée dans le sabot, celle-ci a décollé la fourchette ou les lames kéraphylleuses et « soufflé au poil », en talons ou à la couronne, généralement il s'agit d'une *dermatite superficielle* : dans les vingt-quatre heures, les symptômes s'atténuent par le fait de la compression moindre que subissent les tissus enflammés. La persistance ou l'aggravation de ces symptômes après l'échappement du pus, et l'existence, non d'un simple décollement, mais d'une fistule ouverte à la couronne, dénoncent une *dermatite profonde diffuse* ou indiquent quelque complication survenue par l'action nécrosante du pus. — Quand, après l'évacuation de celui-ci, la boiterie a persisté intense et que l'on a dû recourir à une opération, si l'on ne découvre tout d'abord que des lésions bénignes de la membrane kératogène, il est de règle de ne point s'en tenir là, mais de procéder à l'exploration des parties sous-jacentes.

La diminution subite ou la cessation des souffrances se manifestant sans effusion du pus collecté dans le sabot peut être l'expression de la gangrène réalisée sur une grande étendue ; alors il y a des signes généraux qui ne laissent aucun doute sur l'extrême gravité du mal.

Toutes choses d'ailleurs égales, les affections du pied comportent un pronostic plus sévère pour les membres antérieurs que pour ceux de derrière, d'abord parce qu'un membre antérieur devenu douloureux ne peut pas être aussi complètement soustrait à l'appui qu'un membre postérieur, ni pendant un aussi long temps, d'où une cause de souffrances plus vives et une condition qui diminue les chances de réussite dans les cas où il faut recourir à une opération, mais surtout en raison de l'importance fonctionnelle des premiers. Ces affections ne sont pas également dommageables pour les sujets utilisés aux différents services ; elles le sont beaucoup moins pour le cheval de gros trait que pour les sujets d'attelage ou les animaux de luxe. Si une boiterie persiste à la suite d'une lésion du pied incomplètement guérie ou de l'opération qu'elle a nécessitée, l'animal de trait est néanmoins utilisable, tandis que pour les autres la régularité parfaite de l'allure est une condition importante ou même indispensable.

Le pronostic des affections du pied dont la durée est longue, ou qui nécessitent une intervention chirurgicale délabrante, est encore aggravé par la complication possible de fourbure du pied congénère antérieur ou postérieur, sur lequel s'accumulent toutes les pressions de l'avant ou de l'arrière-main.

La *prophylaxie* de ces affections comprend des moyens qui ressortissent surtout à l'hygiène et à la ferrure. Entretenir les sabots avec soin ; pendant les temps chauds et secs, empêcher l'évaporation du fluide naturel de la corne par l'application sur l'ongle de topiques adhérents et imperméables : goudron végétal, onguents divers, préparations à base de vaseline ; — pour les chevaux dont les pieds doivent subir l'action prolongée de l'eau, recouvrir de goudron toute la surface du sabot, en particulier la fourchette et les lacunes ; — faire usage des pédiluves et des cataplasmes dans les cas où il est nécessaire de restituer à la corne l'humidité dont elle a été dépouillée ; — veiller au renouvellement assez fréquent de la ferrure et à sa bonne exécution ; — employer de préférence les fers à éponges minces ou le fer uniformément mince, couvert dans sa partie antérieure ; — mettre les pieds plats et les pieds combles à l'abri des contusions, en les garnissant de fers couverts bien ajustés et d'une plaque de cuir ou de caoutchouc protégeant la région plantaire : telles sont les principales indications prophylactiques.

Les lésions traumatiques récentes du pied, même les plus graves en apparence, sont susceptibles de se cicatriser par réunion adhésive. On favorise cette cicatrisation par divers moyens. Il importe surtout de purifier le trauma ou d'en prévenir la souillure et d'y réduire au minimum les troubles inflammatoires consécutifs. Il faut déferrer, parer l'ongle à fond, le nettoyer, couper les poils sur la couronne et le paturon, parfois dégager la blessure par un débridement superficiel et l'excision de deux lambeaux de corne, immerger le doigt pendant vingt minutes à une demi-heure dans un liquide désinfectant (acide phénique, crésyl ou sulfate de cuivre à 3-5 p. 100, sublimé à 1 p. 1000), puis faire l'emmaillotement antiseptique, ou encore utiliser l'irrigation continue. Toujours nous prescrivons l'enveloppement du pied avec des compresses ou des lames d'ouate de tourbe trempées dans une solution microbicide et humectées plusieurs fois par jour avec un liquide antiseptique. Lors de blessure pénétrante qui porte sur la couronne, l'intervention est la même.

Les manifestations de la sensibilité renseignent sur la marche que suit le traumatisme. S'il ne survient pas de symptômes rationnels accusant une vive douleur locale (boiterie, lancinations, défaut d'appui, réaction fébrile), et, dans les cas où ces symptômes existaient déjà, lorsqu'ils vont en s'atténuant, la blessure est en voie de guérison. Quand, au contraire, les souffrances d'abord légères vont en augmentant, c'est un signe que le travail de la cicatrisation ne s'accomplit point, que l'inflammation revêt un caractère d'acuité plus intense dans les tissus lésés, et que des complications (suppuration, gangrène, nécrose, carie) sont imminentes ou déjà produites. Toujours il y a une parfaite concordance entre l'état de la plaie et les phénomènes subjectifs qu'elle provoque. La conduite à tenir est basée sur l'appréciation de ces derniers.

Dans les affections accompagnées de vives douleurs provoquées par l'inflammation de la membrane kératogène, si les moyens qui viennent d'être indiqués sont insuffisants, il faut permettre l'intumescence du tissu phlogosé : creuser des rainures sur le sabot, amincir une partie de celui-ci ou, si la corne est décollée, y pratiquer une brèche plus ou moins étendue. — Lors de phlegmasie suppurative, il faut donner hâtivement issue au pus, en faisant à la boîte cornée, avec la rénette, une ouverture entourée d'un amincissement, puis désinfecter le foyer purulent avec l'eau oxygénée ou une solution antiseptique forte, ensuite employer encore la balnéation et les pansements humides. — On traitera par des applications de chrysoforme les nécroses récentes des tissus tendineux, ligamenteux et cartilagineux.

Des interventions plus complexes sont nécessaires lorsqu'il existe des lésions gangreneuses ou nécrotiques diffuses. Quelques opérations peu douloureuses peuvent être pratiquées séance tenante, mais la plupart exigent des mesures préliminaires. La préparation locale consiste à amincir soit une région de la muraille, soit la sole, ou à creuser des rainures pour l'ablation d'une partie du sabot, et, en certains cas, à préparer un fer spécial. — Si l'on veut opérer aseptiquement, la veille du jour où l'on doit intervenir il faut nettoyer le pied, couper les poils sur toute la région digitée, immerger la partie inférieure du membre dans un bain désinfectant, ensuite faire l'emmaillotement humide.

Selon le siège du mal, on couche le cheval sur le côté du pied malade ou sur le côté opposé, on entrave le membre en position simple ou croisée,

Fig. 514. — Rénette.   Fig. 515 et 516. — Feuilles de sauge.   Fig. 517. — Curette.

au-dessus ou au-dessous du genou (membre postérieur) ou du jarret (membre antérieur), puis on applique un garrot sur la partie inférieure de l'avant-bras, de la jambe, ou la partie supérieure du canon. On achève l'amincissement ou l'on procède à l'arrachement de la partie de l'ongle circonscrite par les rainures et l'on exécute les temps essentiels de l'intervention. — Dans les cas où il y a un foyer de gangrène, de nécrose ou de carie, c'est une règle absolue d'en pratiquer l'excision totale et d'empiéter quelque peu sur la couche saine adjacente. Tant que l'instrument enlève du tissu nécrosé, les coupes restent exsangues, souillées seulement d'ichor ou de pus ; dès qu'il entame les tissus vivants — membrane tégumentaire, couche sous-jacente ou os, — une fine rosée suinte de leur trame. On ne laissera aucun foyer infectieux : ménager une parcelle de tissu douteux, c'est s'exposer à la nécessité d'intervenir à nouveau, et parfois les désordres alors produits sont irrémédiables. — Lorsque des lésions nécrotiques existent sous la membrane tégumentaire intacte ou seulement traversée par un trajet fistuleux, on doit, ou inciser cette membrane et la disséquer sur une certaine surface, ou faire une excision qui découvre les parties malades. On évitera les incisions transversales et les pertes de substance du bourrelet, accidents ordinairement suivis de seime ou de faux quartier.

Le pied peut être le siège de deux affections simultanées avec altérations étendues ou complexes, qui nécessitent chacune une intervention entraînant de larges délabrements (gangrène du tissu podophylleux et nécrose du fibrocartilage ou de l'aponévrose plantaire). En semblable circonstance, généralement il vaut mieux pratiquer d'abord l'opération la plus urgente, et remettre à une date ultérieure celle qui peut être différée, l'exécuter seulement quand le premier trauma est en partie cicatrisé.

L'opération terminée, on recouvre la plaie d'un *pansement*. Celui-ci doit assurer l'hémostase, protéger le traumatisme et en favoriser la cicatrisation. Opérer correctement ne suffit pas ; il faut encore panser avec soin. Un pansement malpropre ou mal confectionné peut compromettre le succès d'une intervention bien conduite. — On doit laver la plaie, la débarrasser des caillots sanguins, des débris de tissus, des corps étrangers qu'elle peut recéler ; pour cela, on emploie une solution antiseptique chaude et un irrigateur ou des compresses (ouate ou gaze) aseptiques. Asséché, le trauma est saupoudré d'iodoforme ou de salol, puis recouvert de couches de gaze et d'ouate. Si l'on y aperçoit des points suspects, en tissu fibreux ou osseux, on commencera le pansement en les écouvillonnant avec l'eau oxygénée ou la teinture d'iode. Même lors de carie de la phalange, cette pratique est infiniment préférable à l'usage des caustiques.

Fig. 518. — Pansement ouaté. Emmaillotement du pied.

Dans le but d'activer la cicatrisation des plaies opératoires du pied, on a préconisé l'emploi d'un grand nombre de topiques : onguents divers, perchlorure de fer, essence de térébenthine, alcool, teintures, glycérine. On employait surtout les teintures d'aloès ou d'iode et la glycérine. Aujourd'hui, on utilise généralement les solutions et les poudres antiseptiques.

Si l'on applique un pansement ordinaire avec fer spécial, celui-ci est fixé au moyen de quatre ou cinq clous à lame mince, brochés à petits coups, afin d'éviter des ébranlements douloureux. Un aide soutenant les compresses qui recouvrent la plaie, on place les lames d'ouate ou d'étoupe de dimensions graduellement plus grandes, jusqu'à ce que le pansement ait l'épaisseur qu'on veut lui donner. Pour les affections de la région plantaire, celui-ci est maintenu par une plaque ou des éclisses ; pour les diverses affections intéressant le tissu podophylleux, le bourrelet, la phalange ou les fibro-cartilages, il est fixé par de la bande. — En raison de l'obliquité de la paroi et de la forme hémisphérique que l'on donne généralement aux pansements, si la bande n'est pas méthodiquement appliquée, elle bâille par l'un de ses bords et tend à glisser vers la couronne ou la région plantaire ; on y remédie en associant des renversés aux circulaires et aux doloires. — Si l'on fait l'emmaillotement, les régions inférieures du membre et le sabot ont été préparés comme il a été dit. La plaie recouverte de gaze, on enveloppe le pied, la couronne et le paturon d'une épaisse couche d'ouate hydrophile ou d'ouate de tourbe, que l'on assujettit avec de la bande dont les tours sont, les uns disposés circulairement autour des phalanges, les autres, par l'artifice du renversé, passés sur la face inférieure du pied. On recouvre le pansement d'une lame de toile pliée en deux ou en quatre et on le garnit d'une double tresse de paille (*fig.* 518).

A la suite de la plupart des opérations graves, la douleur persiste assez vive pendant quelques jours ; le membre malade, plus ou moins complètement soustrait à l'appui, est d'ordinaire agité par des douleurs lancinantes ; la température peut se maintenir à 39°-39°,5 ; puis tout s'amende graduellement : la douleur s'atténue, l'état général s'améliore, l'hyperthermie diminue, les lancinations disparaissent, et peu à peu l'appui du pied s'affermit. — Lorsque la douleur et la réaction fébrile sont modérées, la cicatrisation est en bonne voie ; il n'y a qu'à consolider le pansement, que l'on renouvelle au bout de six à huit jours, et dans la suite une fois par semaine. Au contraire, si la douleur et la fièvre suivent une marche ascendante passé le moment où elles devraient s'atténuer ; si le membre est soustrait à l'appui, agité par des douleurs lancinantes ; si surtout l'opéré conserve la position décubitale et fait entendre des plaintes, il faut lever le pansement. On détachera les lames de gaze qui recouvrent la plaie, en immergeant le pied quelques instants dans une solution antiseptique chaude.

Pour apprécier avec leur vraie signification les troubles qui surviennent à la suite de ces opérations, on doit tenir compte du temps écoulé depuis l'intervention, de la nature des tissus blessés et de l'étendue de la plaie opératoire. Lorsque celle-ci n'intéresse que la membrane tégumentaire et marche vers la cicatrisation, ces troubles s'atténuent dès le quatrième ou le cinquième jour ; ils persistent un peu plus longtemps lorsque l'opération a porté sur les tissus fibro-cartilagineux, tendineux ou osseux.

La réparation des plaies opératoires du pied s'effectue par granulation, comme dans toutes les solutions de continuité avec perte de substance. Des bourgeons charnus apparaissent à la surface des différents tissus entrant dans la constitution de leurs parois ; par leur développement progressif, ils comblent peu à peu la cavité traumatique, et la cicatrice ne tarde pas à se recouvrir de corne. Mais, même quand la restauration est complète, que la lésion ait porté sur le tissu podophylleux ou le tissu velouté, les adhérences sont toujours faibles entre l'îlot cicatriciel et la couche cornée qui le recouvre. — Au niveau des sections transversales du bourrelet, la paroi est ordinairement affaiblie ou marquée d'une seime et, lorsque cet organe est détruit dans une certaine étendue, la muraille ne s'y reproduit pas : la brèche pariétaire n'est comblée que par de la corne kéraphylleuse (faux quartier).

Quand les maladies graves du pied et les opérations pratiquées pour les combattre se terminent favorablement, la guérison est loin d'être toujours complète. Parfois les animaux restent affectés d'une claudication. On peut atténuer celle-ci par des amincissements réitérés de la muraille ou de la sole, au niveau des altérations qu'ont subies les tissus sous-cornés, ainsi que par l'application de pansements et de fers spéciaux. Dans les cas où, malgré ces moyens, la boiterie persiste assez accusée pour empêcher l'utilisation du sujet, on a dans les *névrotomies* une dernière ressource.

Amincissement et avulsion d'une partie du sabot.

La plupart des affections traumatiques graves du pied nécessitent des opérations spéciales, qui doivent être précédées de l'*amincissement* d'une portion plus ou moins étendue de l'ongle, de l'*arrachement* d'un lambeau de muraille ou de la *dessolure*.

A moins que l'on n'ait affaire à des animaux méchants ou très irritables, l'amincissement de la corne, le creusement des rainures pariétaires et solaire doivent être effectués sur l'animal assujetti debout.

Si, dans ce qui va suivre, l'opéré est supposé couché et entravé, c'est pour la commodité de la description et pour éviter d'inutiles redites.

I. — Amincissement d'une partie du sabot.

L'amincissement d'une portion de la *muraille* est souvent pratiqué à la rénette, mais il est avantageux de le commencer avec la râpe à gros grains : on va plus vite et la main se fatigue moins. La corne dure enlevée, on prend la rénette et l'on continue l'amincissement jusqu'à ce que la couche laissée sur les tissus malades cède sous la pression de l'ongle. En général, on creuse la brèche un peu plus étendue à la couronne qu'au bord plantaire (*fig.* 519). Les bords doivent être taillés en biseau, et il importe, à leur niveau surtout, d'éviter les échappées. Le long de la cutidure, la section des longues papilles engainées dans les tubes pariétaires donne des gouttelettes de sang alors que le tégument est encore recouvert d'une couche cornée épaisse d'un demi-centimètre ; mais là, comme dans le champ podophylleux, l'amincissement doit être fait « à pellicule ».

L'amincissement de la *sole*, des *barres* et de la *fourchette* est commencé avec le rogne-pied, continué avec le boutoir et achevé à la rénette, — avec la gorge de l'instrument dans les lacunes, avec le plat sur la sole et les branches de la fourchette.

Remarquons que, bien souvent, au cours de l'exécution des temps essentiels que comportent les opérations pratiquées pour des lésions traumatiques compliquées de nécrose de la membrane tégumentaire, on est obligé d'étendre au delà de leurs limites premières les brèches faites sur le sabot.

II. — Avulsion d'un lambeau de muraille.

Premier temps : Creusement des rainures. — Le pied paré à fond dans toute sa surface plantaire, ou seulement en ses régions antérieures si l'avulsion est faite en pince ou en mamelle, tracez deux rainures pariétaires légèrement convergentes en bas, qui circonscrivent le lambeau corné à enlever. Creusez-les larges d'un centimètre et demi au moins, sans échappée, et taillez en biseau leur bord externe. Réunissez à leur partie inférieure ces deux rainures pariétaires par une troisième, commissurale. Le lambeau de muraille ainsi délimité reste fixé par la mince couche cornée du fond des sillons et par ses adhérences avec le tissu sous-jacent. Souvent celles-ci sont très affaiblies ou détruites par l'inflammation du podophylle.

Deuxième temps : Incision de la corne kéraphylleuse. — Avec la feuille de sauge tenue à pleine main, le pouce prenant un point d'appui sur la muraille, incisez la corne au fond des rainures, en longeant les bords

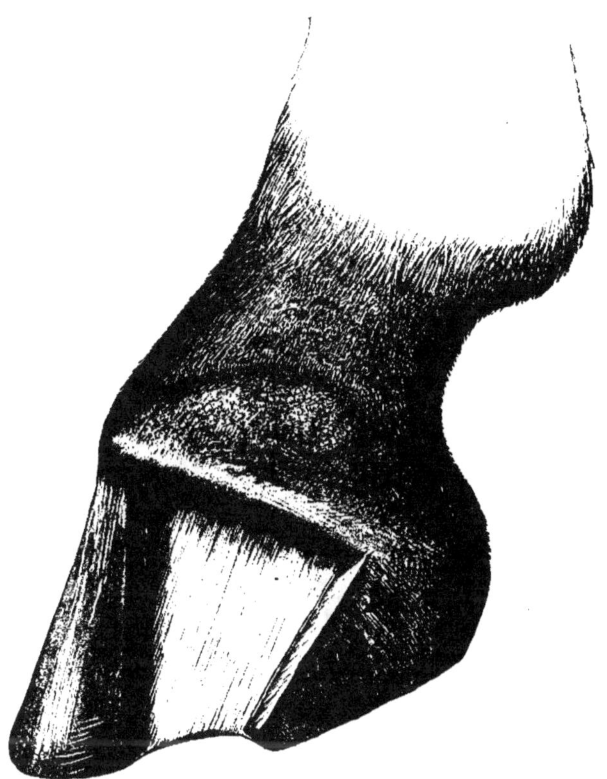

Fig. 519. — Amincissement d'une partie de la muraille.

du lambeau à extirper, afin de ménager les bandes d'amincissement ; faites cette incision avec la pointe de la feuille de sauge, en évitant d'entamer profondément la membrane tégumentaire.

Troisième temps : Extirpation. — Tenez le rogne-pied à pleine main par son extrémité mousse et dans une direction transversale à l'axe du pied ; portez l'autre extrémité à la partie inférieure de l'une des rainures et engagez-la sous le lambeau corné à arracher, l'instrument prenant un point d'appui sur la corne, de l'autre côté de la rainure ; détachez ce lambeau à sa partie inférieure par des pressions exercées sur l'extrémité libre du rogne-pied, qui fonctionne à la façon d'un levier du premier genre. Dès que le lambeau est partiellement soulevé, un aide le saisit avec des tricoises, et, par un mouvement de bascule de bas en haut imprimé à celles-ci, achève de le détacher du tissu podophylleux; un second mouvement effectué dans le sens latéral

Fig. 520. — Avulsion d'un lambeau de muraille.

le désinsère de la cutidure, d'une rainure à l'autre. Pendant l'exécution de cette dernière manœuvre, l'opérateur exerce une pression au niveau du bourrelet, avec les doigts, afin d'éviter la déchirure de cet organe.

III. — AVULSION DE LA SOLE. DESSOLURE.

Premier temps : Creusement de la rainure. — Parez le pied en laissant à la sole et à la fourchette une épaisseur d'un demi-centimètre, afin qu'elle ne se déchire pas sous les tractions qui doivent être effectuées avec les tricoises. Immédiatement en dedans de la ligne blanche, à la périphérie de la sole, creusez, en empiétant sur celle-ci, une rainure circulaire large de 10 à 15 millimètres, qui divise en arrière les arcs-boutants et au fond de laquelle la corne doit être amincie à fond.

Deuxième temps : Incision de la corne. — Avec la pointe de la feuille de sauge tenue de la main droite, le pouce prenant un point d'appui sur la sole, incisez la mince couche cornée qui reste au fond de la tranchée, en commençant par le talon inférieur et en évitant les échappées dans le tissu velouté.

Troisième temps : Ablation. — Avec le rogne-pied ou un élévatoire, détachez la partie antérieure de la sole, en prenant un point d'appui sur le bord inférieur de la muraille et sans déchirer le tissu velouté. Un aide doit alors saisir la portion détachée de la sole entre les mors des tricoises et l'arracher, ainsi que la fourchette, d'avant en arrière, par un mouvement de bascule, tandis que vous continuez à soulever ces parties en des points de plus en plus rapprochés des talons.

Réparation des brèches du sabot. — Prothèse de l'ongle.

La plupart des opérations faites sur le pied nécessitant

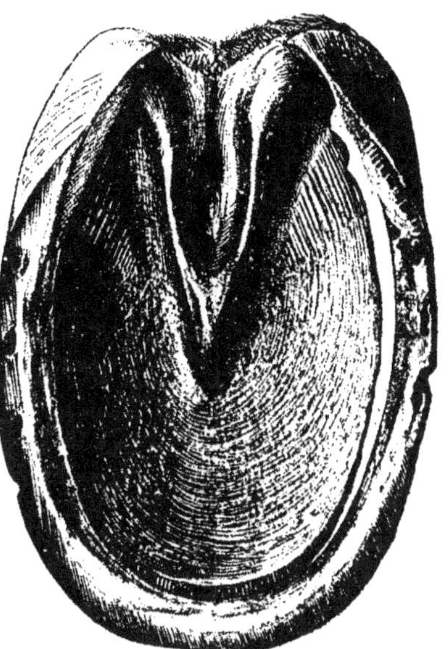

Fig. 521. — Dessolure.

l'ablation d'une partie de la muraille, jusqu'au moment où celle-ci est réparée par la corne cutidurale, une brèche persiste qui rend parfois difficile la fixation solide du fer et la remise en service des animaux. On peut combler cette brèche au moyen de diverses préparations susceptibles de se durcir et d'adhérer intimement à la corne. De toutes les substances préconisées, la gutta-percha est la plus avantageuse. Voyons comment il convient de l'appliquer.

1° *Préparation de la solution de gutta-percha.* — On coupe cette dernière en bandes minces, que l'on introduit dans un flacon se bouchant à l'émeri; on ajoute le sulfure de carbone, et l'on agite de temps en temps jusqu'à dissolution parfaite. Pour faire une bonne préparation, il faut environ 25 grammes de gutta-percha pour 100 grammes de sulfure de carbone. Cette solution peut se conserver longtemps. Au moment de l'utiliser, on doit agiter le flacon de manière à rendre la préparation homogène, et, si la gutta forme un dépôt, on ajoute une certaine quantité du liquide dissolvant.

2° *Préparation de la gutta.* — Pour rendre celle-ci malléable, on la chauffe au bain-marie ou dans de l'eau à 35°-40°. Bientôt elle est ramollie, facile à manier avec les doigts mouillés; on la maintient dans l'eau chaude à cette température jusqu'au moment de l'employer.

3° *Préparation du pied.* — Elle consiste à nettoyer à sec, puis à râper la région du sabot qui doit être réparée. Il faut surtout faire usage de la râpe lorsqu'il s'agit d'opérer sur la muraille.

4° *Application de la gutta-percha.* — Après avoir comblé avec de la gutta, du côté de la région plantaire, la partie inférieure de la brèche, afin de donner aux deux quartiers du pied une égale hauteur, on applique un fer approprié. Avec un pinceau, on enduit de la solution toute la surface de la brèche, ensuite on y dispose une première couche de gutta, que l'on régularise et que l'on fixe en promenant à sa surface un cautère spécial chauffé au rouge sombre ; on se gardera d'employer un cautère porté à une température trop élevée : la gutta s'enflammerait. Cette première couche est recouverte de quelques tours de bande dont les extrémités sont collées sur la gutta. On en applique ensuite une nouvelle couche, ayant soin de lui donner, au niveau de la brèche, une épaisseur suffisante pour que le sabot récupère sa forme normale. On passe encore le cautère à la surface de la gutta, qui se rétracte, se condense et se soude intimement à la corne.

Dès que le pansement est terminé, on le refroidit par des affusions d'eau fraîche ou par l'immersion du pied dans un seau. La gutta se rétracte légèrement en se solidifiant. Un dernier lissage permet d'obtenir un pansement régulier. Celui-ci ne possède toute son adhérence qu'au bout d'une heure et demie à deux heures. — Les clous brochés dans la gutta-percha tiennent aussi solidement que dans la corne naturelle, à la condition d'attendre, pour les implanter, que cette substance soit complètement refroidie.

Lorsque l'on veut appliquer en quelque point du sabot une mince couche de gutta-percha, il faut procéder de la même manière : approprier la région, la râper légèrement, la recouvrir de la solution, enfin appliquer la gutta.

Le sulfure de carbone permet à la gutta dissoute de pénétrer dans les anfractuosités de la surface du sabot et du fer, de s'y mouler, d'y adhérer fortement, ainsi qu'à la première couche du pansement.

AFFECTIONS DU PIED EN PARTICULIER.

I. — Fissures de la paroi. Seimes.

Les fissures de la muraille parallèles à la direction des fibres — les *seimes* — sont fréquentes chez le cheval. On peut les rencontrer en tous les points de la paroi, mais elles occupent le plus souvent la pince aux pieds postérieurs, le quartier aux pieds de devant. Eu égard à leur étendue, à leur profondeur, à leur direction, à la date de leur formation, à l'absence ou à l'existence de lésions des tissus sous-cornés, on distingue des seimes *complètes* ou *incomplètes*, *superficielles* ou *profondes*, *rectilignes* ou *sinueuses*, *perpendiculaires* ou *obliques*, *coronaires* ou *plantaires*, *récentes* ou *anciennes*, *simples* ou *compliquées*.

Aux diverses régions du sabot, le développement des seimes est favorisé par certaines causes générales, — par les alternatives de sécheresse et d'humidité de la corne, la minceur de la paroi, l'hérédité. Lessona parle d'un étalon atteint de seime au membre postérieur gauche, qui engendra 37 poulains, dont 13 présentèrent l'affection du père : 12 au même membre, 1 au membre opposé. Quelques autres faits analogues ont été publiés.

Les *symptômes* des seimes sont *locaux* et *rationnels*. Il existe sur la muraille une solution de continuité longitudinale à peine visible, bien marquée ou assez large. La *seime simple* est caractérisée par cette seule fissure ; mais souvent celle-ci donne issue à un liquide : la seime est *compliquée*. Il s'en écoule tantôt du sang, quand l'affection est récente, qu'il y a eu éclatement du biseau ou déchirure de quelques lames podophylleuses, ou que, par suite de la marche, ces lames ont été pincées entre les lèvres de la solution de continuité ; — tantôt de la sérosité mousseuse, lorsqu'une dermatite superficielle s'est développée dans la membrane tégumentaire ; — tantôt du pus blanc grisâtre ou strié de sang, quand le podophylle est le siège d'une phlegmasie purulente. Dans les formes graves, le bourrelet est gonflé et douloureux ; parfois, surtout lors de nécrose de la membrane sous-cornée ou de carie de la phalange, on observe une tuméfaction diffuse de la région digitée.

Si, par elle-même, la seime ne provoque pas de boiterie, dans la grande majorité des cas les mouvements incessants de ses lèvres irritent le tissu podophylleux; mis à nu, il est souillé par la poussière, la boue, le purin ; l'inflammation s'y développe, la claudication apparaît. Le *harper* est assez commun sur les chevaux atteints de seime en pince ou en mamelle ; au moment de l'appui, le cheval éprouve une douleur résultant de la compression des lamelles podophylleuses et qui ne cesse qu'avec le lever; celui-ci est précipité : la flexion du jarret dépasse la mesure normale.

Abandonnée à elle-même, la seime peut disparaître, se compliquer de kéraphyllocèle ou de lésions inflammatoires aiguës. — La guérison survient parfois quand le cheval est laissé au repos ou utilisé aux travaux champêtres; c'est là, toutefois, la terminaison la plus rare. — Le *kéraphyllocèle* résulte d'une inflammation chronique développée dans le tissu podophylleux par les mouvements de la seime; cette néoformation cornée est le mode habituel de réunion de celle-ci. — L'*inflammation aiguë* du podophylle entraîne des altérations diverses : soit un simple décollement de la muraille, de chaque côté de la lésion et dans une étendue variable (dermatite superficielle), soit de l'infiltration purulente ou la gangrène d'un territoire circonscrit du podophylle, un abcès sous-cutidural, la nécrose du tendon de l'extenseur du pied (seimes en pince ou en mamelle) ou du cartilage (seime quarte), l'ostéite suppurée de la troisième phalange et l'arthrite du pied.

En général, le *diagnostic* est fait au premier coup d'œil jeté sur le sabot. Quand la seime est étroite, elle peut être masquée par la boue ou une préparation emplastique (cire, gutta-percha, mastic); il faut alors nettoyer la région suspecte et gratter la surface de la paroi pour constater la fissure. La seime en barre est reconnue en examinant la région plantaire ou après avoir paré le pied. — Le diagnostic précis des complications est plus difficile. Si la boiterie est légère, c'est un signe de simple meurtrissure des lames podophylleuses et d'inflammation superficielle du tégument. Une claudication intense dénonce la dermatite profonde ou des lésions de nécrose. — Avant de conclure qu'une boiterie observée à un membre affecté de seime est provoquée par celle-ci, on fera l'inspection minutieuse de ce membre. Quand la percussion des lèvres de la fissure ne provoque pas de sensibilité anormale, il faut chercher ailleurs la cause de la claudication.

Le *pronostic* varie selon que la seime est simple ou compliquée, complète ou limitée à une partie de la muraille. Les seimes de la portion inférieure de la muraille, observées particulièrement sur les poulains non ferrés, sont bénignes ; elles disparaissent par l'avalure. Celles du bord supérieur sont plus graves : ou elles deviennent complètes, ou elles se compliquent. On doit compter avec le kéraphyllocèle secondaire et les accidents aigus qui peuvent survenir d'un moment à l'autre.

L'entretien soigné du sabot, une ferrure appropriée à la conformation du pied, la conservation des aplombs, une thérapeutique rationnelle des inflammations du bourrelet sont les principaux moyens préventifs de la seime. Celle-ci est devenue rare sur les chevaux de la cavalerie des omnibus de Paris depuis l'emploi de la ferrure à éponges minces (Lavalard, Poret et Mouilleron).

Au point de vue thérapeutique, il convient d'envisager séparément la *seime en pince* et la *seime quarte*.

A. — Seime en pince.

Indépendamment des causes générales déjà signalées, certains défauts d'aplomb (pied pinçard ou rampin), le service du gros trait, la ferrure défectueuse prédisposent à cette affection. — Elle est surtout provoquée par les violents efforts de traction : lorsque l'animal s'arc-boute sur la pince des pieds postérieurs, la seconde phalange comprime fortement le bourrelet en pince et peut faire éclater la corne. On aurait vu des sabots se fendre ainsi depuis le biseau jusqu'au bord plantaire (Peuch). — La division de la muraille est favorisée par les diverses influences qui altèrent la structure ou amoindrissent la solidité de la corne. Pader incrimine avant tout une altération du tégument, une inflammation des bourrelets et de l'origine des feuillets (crapaudine ou atteinte), laquelle entraîne une moindre résistance de la région correspondante de la paroi. Cette corne anormale ou affaiblie se rupture facilement, dit-il, « sous l'influence des tractions internes alternant avec des relâchements tendant à produire des mouvements de flexion dans le haut de la paroi en pince ». — Pour Chénier, la muraille céderait non dans les montées, mais dans les descentes : lorsque le charretier néglige de serrer le frein, ou lorsque les attelages de devant tirent à faux, l'extrémité inférieure de la deuxième phalange, chez le limonier, pousse en avant l'éminence pyramidale, laquelle fait effort sur la paroi. — Quoi qu'il en soit du mécanisme de production de la seime en pince, tous les auteurs sont d'accord au sujet de sa fréquence aux pieds postérieurs des chevaux de gros trait utilisés sur le pavé. Les animaux qui travaillent sur un sol meuble y sont beaucoup moins exposés.

Le traitement curatif de la *seime simple*, sans boiterie, doit répondre aux deux indications suivantes : 1° immobiliser les lèvres de la fente ; 2° activer la sécrétion de la corne au point vulnéré.

Pour réaliser l'immobilisation des lèvres de la seime, on a préconisé différentes interventions : 1° une ferrure spéciale ; 2° les bandages ; 3° le barrage ; 4° le masticage ; 5° les rainures ; 6° l'amincissement. — Le fer le plus usité est celui de Defays, modifié par Trasbot et Lanneluc : pince couverte, divisée dans la moitié interne de sa largeur, deux pinçons latéraux en mamelles et un pinçon vertical à la partie interne de chaque éponge (*fig.* 522). On l'applique comme le fer désencasteleur ordinaire, et l'on en écarte les branches à l'aide de l'étau dilatateur, jusqu'à ce que les lèvres de la seime soient affrontées. En général, on obtient de très bons résultats. — On peut aussi employer soit le fer ordinaire ou le fer à planche avec pince couverte et deux pinçons latéraux, soit le fer à pantoufle.

Les *bandages* (avec la bande ordinaire à pansement, avec une simple courroie à boucle ou la courroie de Schleg) ne sauraient immobiliser les lèvres de la seime : ils rapprochent plutôt les talons que la pince. Leur seul avantage est de mettre la fente à l'abri des souillures. — La même remarque est à faire au sujet des pansements à l'huile de cade, recommandés par Maury. Essayés par Barrier, Monceau, Serres, Blaise, ils n'ont donné que de rares guérisons.

Bien plus efficace est la *suture* ou le *barrage* de la seime. Les procédés d'Anginiard, de Leisering et Hartmann sont aujourd'hui délaissés. — Creuser de chaque côté de la fente une rainure parallèle à celle-ci, puis rapprocher les lèvres de la première avec des crampons à vis, comme le faisait Anginiard, c'était s'exposer à voir survenir des seimes secondaires dans les rainures; de plus, la fixité

Fig. 522. — Fer pour la seime en pince.

des crampons laissait à désirer. — L'application sur la paroi d'une lame de tôle fixée de chaque côté de la seime, par deux vis en bois, moyen recommandé par Leisering et Hartmann, était aussi bien inférieure au barrage par les clous ou les agrafes.

Le *barrage par les clous*, déjà prôné par Solleysel, Garsault, Saulnier, est un excellent procédé de traitement de la seime en pince (Haupt, L. Lafosse, Rey, Chuchu). Mais l'implantation directe du clou avec le brochoir est assez délicate; l'opération ne peut être exécutée avec sécurité que par une main habile et experte. Au moment où le clou qui a traversé l'une des lèvres s'engage dans l'autre, l'animal *compte* : on risque de blesser le tissu podophylleux ou de ne prendre qu'une épaisseur insuffisante de corne. — Une courte rainure transversale creusée de chaque côté de la seime, à 1 centimètre de celleci, facilite le brochage. — A l'exemple des hippiatres, on peut aussi frayer une voie au clou avec un stylet chauffé au rouge; mais, ainsi que l'ont conseillé Rey, Peuch, Chuchu, mieux vaut se servir de la vrille ou de la drille (*fig.* 524). Le cheval est maintenu debout, le pied seimeux placé sur un billot ; aux sujets difficiles on applique un tord-nez. A l'aide du cautère qui sert pour l'application des agrafes, on marque les orifices d'entrée et de sortie du clou, puis on traverse successivement les deux lèvres de la seime, en commençant par l'externe. L'opérateur, installé au côté externe du pied à er,opér un genou en terre, manœuvre l'instrument des deux mains; il fore la muraille perpendiculairement à la seime, évitant d'atteindre le podophylle et prenant une couche de corne assez épaisse pour que le clou tienne

Fig. 523. — Barrage par les clous.

Fig. 524. — Drille pour forer les lèvres de la seime.

solidement. L'action du perforateur est régulière, continue, sans

à-coup : elle ne cause pas de douleur; la plupart des animaux se
laissent faire sans réagir. On broche dans le trajet ainsi creusé un
fort clou à ferrer (clou de 40), préparé *ad hoc*, dont les deux bouts
sont ensuite coupés, les extrémités rabattues et rivées sur les lèvres
de la seime (*fig.* 523). Dans nombre de cas, un clou bien serré au
tiers supérieur de la muraille suffirait; mais le plus souvent on en

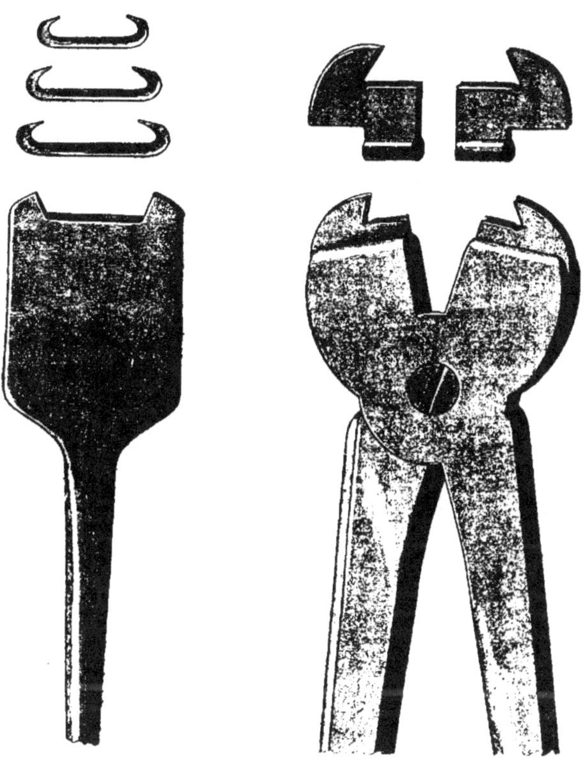

Fig. 525 et 526. — Cautère et agrafes   Fig. 527. — Pince avec mors de
      de Vachette.   rechange.

rive deux ou trois, le supérieur à 1 centimètre au moins du bourrelet. Ce procédé donnerait les meilleurs résultats pour les chevaux
de gros trait. — On a abandonné la vieille suture par des fils de
laiton passés dans les trajets et fixés par torsion de leurs extrémités.
— Quant aux vis, leur usage s'est peu répandu.

Préconisé par Vachette, le *barrage avec les agrafes* est aussi très
usité. Deux instruments spéciaux sont nécessaires : un *cautère* et une

pince. — Le cautère est plat; l'écartement de ses pointes ou « oreilles » doit être proportionné aux dimensions du pied (*fig.* 523). La pince est pourvue de mors courts, cannelés, qui s'appliquent exactement sur les extrémités de l'agrafe (*fig.* 527); des mors de rechange permettent d'utiliser la même pince pour les agrafes de toutes dimensions. Celles-ci, fabriquées avec du fort fil de fer, sont taillées en biseau et recourbées à leurs extrémités (*fig.* 526). — Le manuel opératoire est des plus simples. Le cheval étroitement assujetti debout, appliquez perpendiculairement à la direction de la seime le cautère chauffé au rouge-cerise, et appuyez jusqu'à ce que la partie médiane du cautère ait entamé la paroi. Mettez une agrafe dans le lit ainsi creusé, puis serrez-la avec la pince en rapprochant au degré voulu les branches de l'instrument. Placez sur la hauteur de la seime trois agrafes distantes de 15 à 20 millimètres ; la supérieure à 1 centimètre au moins au-dessous du bourrelet (*fig.* 528). Pour en assurer la fixité, projetez sur le sabot de l'eau simple

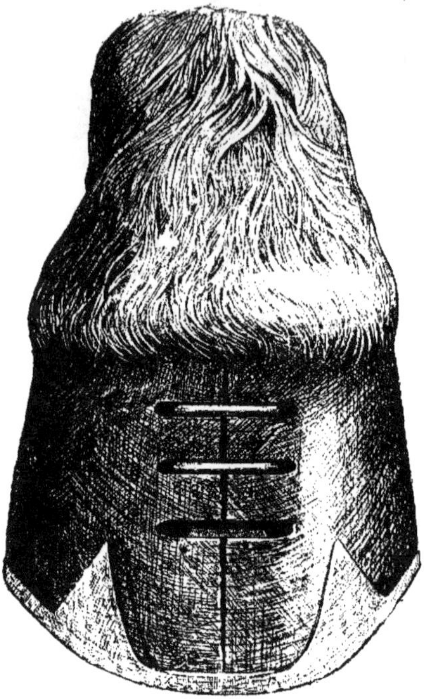

Fig. 528. — Barrage par les agrafes.

ou acidulée qui en hâte l'oxydation, ou recouvrez-les d'une couche de goudron ou de gutta-percha. Après l'application d'agrafes ou de clous, il est avantageux de combler avec de la gutta-percha ou de l'huile de cade l'étroite fissure qui subsiste.

L'agrafe de Massonnat (fig. 529) se compose de deux solides crochets en acier, d'égale longueur, réunis par une vis. Avec un cautère spécial (*fig.* 530) dont la pointe est appliquée alternativement à droite et à gauche de la seime, on creuse une rainure dans laquelle est logé en partie le corps de l'agrafe. On applique celle-ci de façon que les crochets s'engagent dans les trous faits par la pointe du cautère, et l'on serre la vis au degré voulu.

Le *masticage* — l'interposition d'un corps étranger entre les lèvres
de la seime — a encore quelques partisans. Greaves, Pritchard, Souht
fixaient dans la fissure une lamelle de
bois ; Hendrickx la comblait avec du
mastic de vitrier ; Zundel avec le
mastic de Defays (gutta-percha,
2 parties ; gomme ammoniaque,

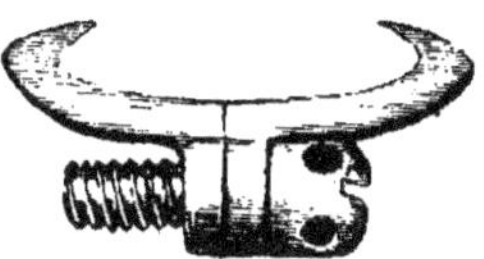

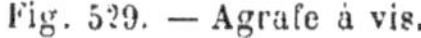

Fig. 529. — Agrafe à vis.   Fig. 530. — Cautère.

1 partie). — Le masticage n'immobilise pas les lèvres de la seime ;
il prévient seulement l'introduction, dans celle-ci, de la boue et des
matières excrémentitielles.

Pour satisfaire à la deuxième indication — *activer la sécrétion des
bourrelets*, — on a utilisé la *cautérisation actuelle*, les *caustiques* et
les *vésicants*. — Avec des cautères dont la partie active avait la forme
d'un S, les hippiatres faisaient sur la hauteur de la seime trois raies
transversales : la première au tiers inférieur de la paroi, la deuxième
à la partie moyenne, l'autre sur le bourrelet. Quelques vétérinaires
tracent encore sur la seime, avec le cautère cultellaire, trois raies de
feu : une sur le bourrelet, la seconde à 1 centimètre au-dessus, la troisième à 1 centimètre au-dessous (Favé, Leroux) ; — d'autres appliquent
une ou plusieurs pointes de feu sur la couronne, au niveau de la fente.

Nombreuses sont les préparations caustiques usitées. Durant les
derniers siècles, on employait surtout l'acide azotique, l'huile bouillante, la poix fondue, le goudron chauffé. Verrier, Véret, Mercier,
Bourdon ont recommandé des mixtures spéciales. Bouley se servait
de la solution de potasse ; Prangé, du goudron caustique (goudron
10 grammes, acide sulfurique 15 grammes) ; Rey, d'une solution forte
de sulfate de cuivre. — Employées avec mesure, la plupart de ces
préparations peuvent avoir une action favorable, mais il en est qui
exposent à de graves complications. — Les vésicants sont plus sûrs et
moins dangereux. Il suffit de faire sur le bourrelet une application
de vésicatoire ou de pommade au biiodure de mercure.

Prévenir l'appui des lèvres de la seime sur le fer est une autre
indication de moindre importance. On y peut obéir en échancrant
le fer ou en creusant une légère dépression sur sa face supérieure.
Le plus souvent on taille la paroi *en sifflet* ou on la raccourcit un

peu, de chaque côté de la fente, sur une étendue de 1 à 2 centimètres.
— Selon Delpérier et **Pader**, ce sifflet ne modifierait en rien les effets
de pression qui se répartissent sur la couronne et les lèvres de la
fissure cornée.

Le traitement par les *rainures*, rarement employé pour les seimes
en pince, consiste à creuser une raie transversale vers le tiers supérieur de la solution de continuité de la paroi, ou deux sillons en **V**,
de façon à empêcher « les légers mouvements d'expansion et de
rapprochement des quartiers » de se transmettre intégralement à la
partie supérieure des lèvres de la fissure.

L'*amincissement* des bords de la seime est une opération empruntée à l'hippiatrie. Prévost lui donnait une largeur égale de chaque
côté de la seime et dans toute la hauteur de celle-ci ; Carriol le faisait
lun peu moins large au bord coronaire qu'à la partie inférieure de
la muraille ; la plupart lui donnent une disposition inverse. Pour
les seimes incomplètes, d'Arboval pratiquait un amincissement en
croissant ou en V sur la moitié supérieure de la muraille, — procédé
adopté par Lafosse, Soumille et Rey. Pader amincit la paroi sur une
hauteur de 3 à 5 centimètres en taillant un large biseau ; il met
à nu le bourrelet au niveau de la seime. — Ces opérations dé-
compriment les tissus enflammés et réduisent l'étendue des mouvements des bords de la fente. Mais on n'y doit recourir que si la
seime est compliquée et, quand l'animal est remis en service, il
importe d'appliquer sur la région amincie un pansement goudronné.

Pour les seimes en pince non accompagnées de boiterie, voici notre
traitement : 1° parer le pied comme il convient ; 2° tailler le bord
inférieur de la muraille de façon que la pince ne porte pas sur le fer ;
3° appliquer une ferrure appropriée (fers Defays, à pantoufle ou à
planche, avec deux pinçons latéraux) ; 4° immobiliser les lèvres de
la fissure par des clous ou des agrafes et les recouvrir d'huile de
cade ; 5° faire sur la couronne, au niveau de la seime, une friction
vésicante.

Si la seime est accompagnée de boiterie, il faut déferrer le pied, le
parer surtout en ses régions antérieures, ensuite traiter par les bains
et l'enveloppement antiseptiques. De deux choses l'une : ou la douleur et la boiterie s'atténuent, puis disparaissent, et l'on doit alors
recourir aux moyens indiqués plus haut ; — ou bien, malgré ce traitement, la douleur et la boiterie persistent, dénonçant la persistance
de la compression des tissus sous-cornés ou des complications. En ce
cas, on doit amincir la muraille au voisinage de la fente : — tracer
deux rainures obliques, convergentes en bas, également distantes de
la seime à leur partie supérieure et se réunissant au niveau de son

extrémité inférieure, en un point variable de la hauteur de la muraille, puis amincir à fond le lambeau corné triangulaire compris entre elles. Si les symptômes n'ont rien d'alarmant, on continue pendant quelques jours les bains et l'emmaillotement humide. — Lorsque, malgré ces moyens, la boiterie augmente, que les douleurs sont plus vives, lancinantes, il est indiqué de pratiquer *l'opération de la seime*. Appelé tardivement, si l'on constate des signes certains de complications graves, il faut intervenir sans délai.

Opération. — On a le choix entre les *procédés par extirpation* ou *par amincissement*.

a. *Procédé par extirpation.* — Le pied paré à fond en sa région

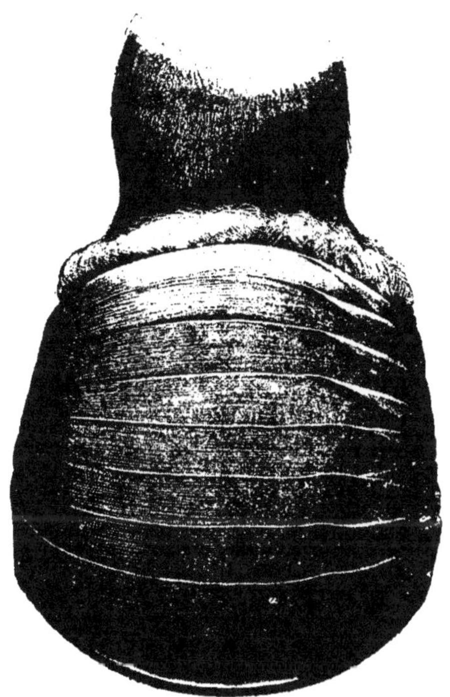

Fig. 531. — Pansement avec fer. Face antérieure du pied.

antérieure, on délimite à la rénette un lambeau de muraille plus, large en haut qu'en bas et dont la seime occupe la partie moyenne puis on procède à l'avulsion comme il a été dit précédemment (V. p. 600).

Les parties sous-cornées mises à découvert, on constate de la gangrène limitée ou diffuse du podophylle, de la nécrose du *réticulum processigerum* et de la phalange ou de la carie de cet os, quelquefois une collection purulente sous le bourrelet ou de la nécrose de l'extenseur antérieur. Avec des pinces et une feuille de sauge, on excise les tissus sphacélés; souvent un îlot de nécrose ou de carie oblige à curetter ou à évider la phalange. L'aspect des coupes faites dans le tissu podophylleux et dans l'os indique les limites du foyer morbide (V. p. 597). Au cas où un abcès existe sous le bourrelet, on en évacue le contenu et l'on déterge la cavité; si quelques fibres de l'extenseur sont frappées de nécrose, on en fait l'ablation.

b. *Procédé par amincissement.* — On trace sur la muraille deux rainures convergentes en bas, comme si l'on devait pratiquer l'extirpation. On amincit le lambeau de muraille compris entre ces rainures,

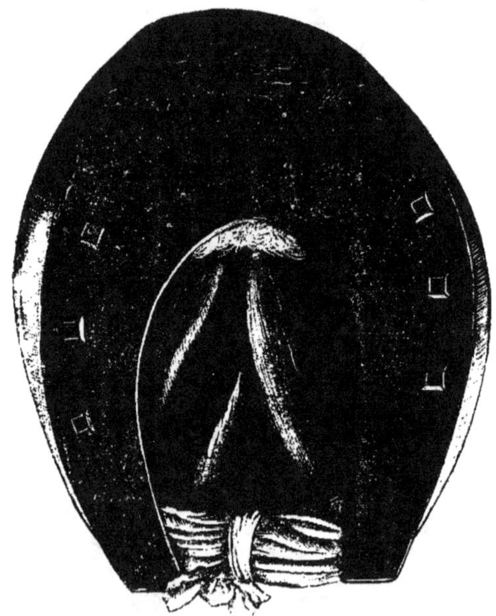

Fig. 532. — Pansement avec fer.

jusqu'à ce que la corne cède en tous les points sous la pression de l'ongle.

L'excision des parties mortifiées se fait comme dans l'opération par extirpation.

Pansement. — On irrigue la plaie avec une solution antiseptique

chaude, on la saupoudre d'iodoforme, on la recouvre de gaze iodoformée et d'ouate hydrophile, et l'on fait l'emmaillotement du pied
avec une suffisante compression pour assurer l'hémostase. Le pansement est enveloppé d'une lame de toile et garni d'une double tresse
de paille (*fig.* 518).

Si l'on se sert du *fer à seime*, la plaie est recouverte de plumasseaux superposés qui débordent sur les côtés et en haut les limites de
la brèche. On les fixe avec de la bande, passant le premier tour au
milieu, le second en haut, le troisième en bas, et les autres successivement de haut en bas, faisant autant de renversés qu'il est nécessaire, observant aussi que chacun de ces doloires recouvre la partie
inférieure de celui qui le précède et soit recouvert dans sa partie
inférieure par le tour suivant. On fait tenir le chef sur la ligne
médiane, entre les deux éponges du fer, perpendiculairement à la
région plantaire. Tous les tours de bande doivent être passés, en
arrière, entre le chef et les éponges (*fig.* 532).

Certains chevaux commencent à s'appuyer sur le pied opéré au
bout de quelques jours ; d'autres, un peu plus tardivement. S'il n'y a
ni douleurs lancinantes, ni signe de fièvre, on peut ne lever le pansement qu'au bout d'une semaine. — On ne laissera descendre la
corne du bourrelet qu'après cicatrisation de la plaie. Alors on
applique un pansement au goudron ou à l'onguent de pied, et l'animal
est remis en service. Dès que la corne provisoire est suffisamment
résistante, on peut combler la brèche avec la gutta-percha.

B. — Seime quarte.

Favorisées par certaines causes générales déjà signalées (sécheresse de la
corne, minceur de la paroi, hérédité), les *seimes quartes* se voient surtout aux
membres antérieurs, en particulier sur les chevaux utilisés aux allures
rapides. Le quartier interne est plus souvent affecté que l'externe. — L'encastelure est une cause prédisposante sur laquelle tous les auteurs insistent :
encastelure, bleime podophylleuse, seime, — telle est la série habituelle
des altérations. Le bourrelet sécrète une corne peu résistante, se fissurant
sous l'influence de causes occasionnelles légères. Rappelons que la fréquence
de la seime quarte sur les chevaux des races orientales est très généralement
le fait de l'encastelure. — On l'observe aussi communément sur les pieds à
talons bas. Le défaut d'aplomb transversal de l'ongle en favorise la production : le quartier surchargé se fissure facilement. Pour la même raison, le
quartier interne des pieds panards et le quartier externe des pieds cagneux
y sont prédisposés.

La seime quarte est déterminée par les pressions de l'appui, par les efforts
incessamment répétés qu'exerce le bourrelet sur le biseau pendant le travail.
Si les quartiers sont resserrés, ou si la corne manque de résistance, la paroi
finit par éclater : la seime est créée. — Le tissu podophylleux, mis à nu en
ce point, est exposé à l'infection.

Quand la seime est *simple, sans complication et sans boiterie*, le traitement curatif se réduit à ces indications : 1° recourir à une ferrure appropriée ; 2° empêcher ou réduire au minimum les mouvements des lèvres de la fente ; 3° activer à son niveau la sécrétion cornée.

Si la fourchette est bonne, on doit en assurer l'appui par un fer à lunette, un fer à planche ou un fer Lafosse-Coleman ; — si elle est atrophiée, on peut utiliser les fers désencasteleurs.

Le *barrage* est peu usité dans le traitement des seimes quartes : la minceur du quartier ne permet guère d'y brocher des clous. Pour la même raison, l'application des *agrafes* est délicate. — Les *bandages* n'immobilisent qu'imparfaitement les lèvres de la seime, et le *masticage* est insuffisant.

On emploie surtout les *rainures*. Dès 1828, Levrat creusait au tiers supérieur de la fissure une rainure transversale « à pellicule », — moyen très simple, que Cousin et Chuchu ont recommandé et qui donne de bons résultats. À l'aide de la rénette, d'une petite râpe spéciale (*fig.* 533) ou de la râpe demi-ronde, on pratique un sillon de 6 à 7 centimètres de long sur 1 centimètre de large (*fig.* 534). L'amincissement de la paroi au-dessus de cette rainure transversale (Andrieu) a des inconvénients, sans sérieux bénéfice. — Delhoste et Cagny font la rainure avec la scie : le trait et la seime sont comblés avec de la cire d'abeille ; mais, quoi qu'on en ait dit, il faut éviter de blesser le tissu podophylleux, autrement l'infection de celui-ci serait à craindre. — Beaucoup d'autres procédés ont été préconisés. André traçait deux rainures convergentes se réunissant à la partie inférieure de la seime ; Beury creusait deux sillons obliques aboutissant au tiers inférieur de la fente,

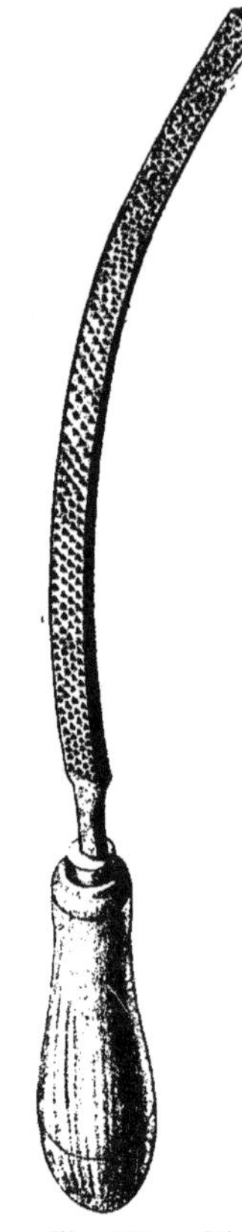

Fig. 533. — Râpe de Mollard.

et un autre, transversal, réunissant les deux premiers ; Collin, une rainure de chaque côté de la seime et une autre transversale, parfois prolongée jusqu'en talon. — Quelle qu'en soit la disposition, les rainures auraient pour résultat d'atténuer ou d'éteindre, à leur niveau, les légers mouvements qu'éprouve la paroi pendant les allures : les lèvres de la seime ne subiraient plus que de très faibles déplacements, — condition favorable à la guérison.

On active la sécrétion cornée par l'application sur le bourrelet, au niveau de la seime, d'un vésicant ou de pointes de feu. L'introduction dans la fente d'un liquide caustique est un moyen dangereux.

Afin d'éviter l'appui des bords de la fissure, quelques auteurs ont recommandé le fer échancré. Mieux vaut tailler la muraille comme pour la seime en pince, ou — procédé usité en Allemagne — la raccourcir quelque peu dans sa portion comprise entre l'extrémité infé-

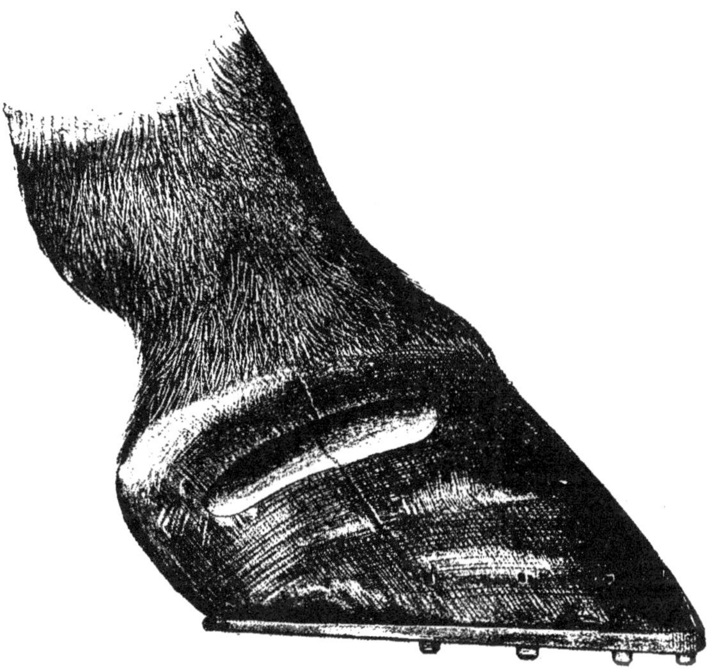

Fig. 534. — Seime quarte. — Rainure.

rieure de la fente et le point de la région plantaire où aboutit la perpendiculaire abaissée de son extrémité supérieure.

Pour les *seimes quartes simples, sans boiterie,* voici les moyens qui méritent la préférence : 1° rainure transversale au tiers supérieur de la paroi ; 2° ferrure appropriée à la conformation du pied (fer à planche, fer Lafosse ou fer Defays) ; 3° friction vésicante sur le bourrelet au niveau de la lésion. — Les animaux continuent à travailler, et généralement on obtient la guérison.

Quand la seime est *accompagnée de claudication,* on doit recourir au traitement usité en pareille circonstance pour la seime en pince.

Si, par le repos, les bains antiseptiques et l'enveloppement humide, la boiterie disparaît, on s'adressera ensuite aux moyens qui viennent d'être indiqués. Au contraire, si la boiterie persiste ou augmente, on fera un amincissement en V et l'on continuera l'emmaillotement. — Lorsque cette intervention échoue, des complications sont survenues, un foyer de mortification existe dans les tissus sous-cornés : il faut pratiquer l'*opération de la seime quarte*.

Comme pour la seime en pince, on fera une brèche par extirpation ou par amincissement (V. p. 613). On enlèvera en totalité les parties sphacélées (gangrène du tissu podophylleux, nécrose ou carie de l'os, nécrose du fibro-cartilage), et l'on appliquera un pansement antiseptique. — Dans les cas où il existe des lésions complexes, l'ablation totale exige des délabrements trop étendus ; il est préférable de faire d'abord l'opération la plus urgente, et de pratiquer l'autre quand la première plaie opératoire est partiellement comblée.

Pour les *seimes en barres*, on amincit cette partie de la paroi et l'on applique un fer à planche qui maintient un pansement au goudron. La nécrose des tissus sous-cornés exige l'opération de la bleime compliquée.

Les *seimes transversales*, superficielles ou profondes, résultent d'une lésion cutidurale produite par quelque trauma de la région coronaire. Celles qui intéressent toute l'épaisseur de la paroi déterminent une boiterie soit par le tiraillement ou l'écrasement de la membrane kératogène, soit par infection de celle-ci. — On les traite par l'amincissement, la désinfection de la partie exposée du tégument et par des pansements à l'égyptiac ou au goudron.

II. — Kéraphyllocèle. — Kéracèle.

Constitué par une tumeur cornée développée sur la face interne de la paroi, le *kéraphyllocèle* rappelle en miniature le *coin* de la fourbure chronique. Décrit d'abord par Vatel, il a été l'objet d'études anatomo-pathologiques et cliniques dues surtout à Bräuell, Bouley, Lungwitz, Degive, Fröhner et Gutenäcker.

Le volume, la forme et l'étendue du kéraphyllocèle varient beaucoup. Certaines tumeurs cornées pariétaires ont l'exiguïté d'une aiguille à tricoter ; d'autres atteignent et dépassent le volume du pouce. Elles sont cylindriques, coniques, pyramidales ou irrégulières ; parfois leur partie supérieure est bifurquée. Tantôt elles n'occupent qu'une partie de la hauteur de la paroi, tantôt elles s'étendent du bord plantaire à la limite inférieure de la gouttière cutigérale ; en quelques cas, ainsi que l'avait remarqué Vatel, elles se prolongent dans cette cavité (kéraphyllocèles du bourrelet). Exceptionnellement elles peuvent n'adhérer à la muraille qu'en leur partie inférieure. Dans un fait de Lapôtre, la portion non adhérente était recouverte d'une mince lame cornée qui lui formait une sorte de capuchon. — Les kéraphyllocèles sont *pleins* ou *fistuleux*. Ouverte en bas, sur la ligne blanche, la fistule se termine

dans la tumeur, ou elle la traverse et aboutit à la surface du tissu podophyll-
leux (*fig.* 536).

La pathogénie du kéraphyllocèle est celle du *coin* de la fourbure chronique.
Ces deux altérations sont le résultat de la suractivité de la fonction kératogène, entretenue par une phlegmasie chronique localisée à une portion du
bourrelet ou du podophylle. Sur la cutidure, la sécrétion kératogène est

Fig. 535. — Kéraphyllocèle.   Fig. 536. — Kéraphyllocèle fistuleux.

normalement très active et les moindres irritations l'augmentent. Sur
le tissu podophylleux, elle est extrèmement réduite, bien accusée seulement vers l'origine des feuillets, au-dessous de la zone coronaire, là où
se forment les lames kéraphylleuses; dans tout le reste de son champ, sa
participation à la formation de la muraille est presque nulle; mais lorsque
ce tissu est le siège d'une inflammation chronique, ses propriétés sécré-
toires sont accrues : la condition du développement du kéraphyllocèle est
réalisée.

Les principales *causes* provocatrices du kéraphyllocèle sont les seimes,
les actions traumatiques qui portent sur la couronne, le bourrelet ou la
muraille, et les clous brochés trop profondément. Les solutions de continuité de la zone commissurale peuvent aussi déterminer, à leur niveau,
dans la région inférieure du podophylle, une inflammation chronique per-

sistante et une néoformation cornée. Remarquons que, parfois, ce décollement de la zone commissurale est non la cause, mais l'effet du kéraphyllocèle. — Indépendamment de cette *variété inflammatoire* de kéraphyllocèle, il en existe une autre, plus rare, dans laquelle la néoproduction cornée paraît se constituer sans l'intervention d'un processus phlegmasique, sans l'action d'aucune cause traumatique, — sorte de *kératome*, adhérent ou libre, qui peut acquérir d'assez grandes dimensions.

Par la compression permanente qu'il exerce sur le tissu podophylleux et la phalange, généralement le kéraphyllocèle détermine une boiterie ; toutefois, on en rencontre qui évoluent silencieusement. Maintes observations témoignent que des kéraphyllocèles à développement lent peuvent acquérir un fort volume sans provoquer de claudication. Degive a relaté un intéressant exemple de ce genre. Mais un moment arrive où la tumeur cornée augmente rapidement de dimensions ou suscite une phlegmasie aiguë du podophylle et une forte boiterie, parfois accompagnée d'un mouvement de harper. — A l'examen du pied, en parant la région plantaire, on observe sur la zone commissurale une courbe rentrante dont le relief

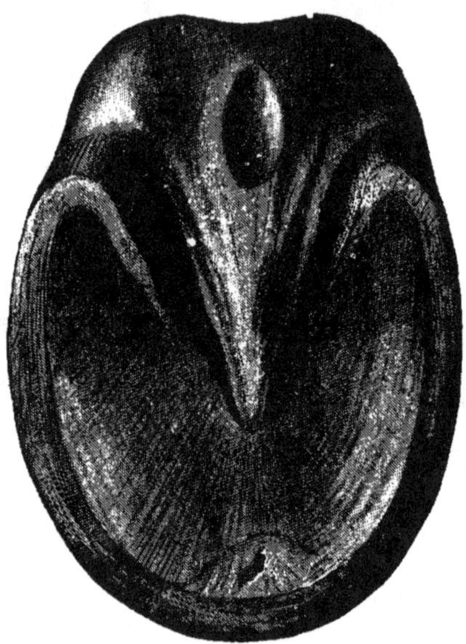

Fig. 537. — Région plantaire d'un pied atteint de kéraphyllocèle. Courbe rentrante formée par la base de la tumeur cornée.

donne exactement la mesure de la base du kéraphyllocèle (*fig.* 537). La région de la muraille où existe celui-ci est ordinairement le siège d'un bombement et d'une sensibilité anormale plus ou moins accusée à la percussion. — Lorsque la tumeur est fistulisée, compliquée de décollement, ou quand, en la creusant, on a mis à nu le tissu sous-corné, l'*infection* s'ajoute aux troubles causés par la tumeur : alors de graves complications peuvent survenir d'un moment à l'autre (gangrène du podophylle, nécrose et carie de l'os).

Le développement du kéraphyllocèle ne peut se prolonger à l'infini ; son accroissement est limité par les lésions atrophiques qu'il entraine fatalement. Si, pour se faire place dans l'étui corné, la tumeur refoule quelque peu la muraille, elle exerce surtout une compression sur les tissus intra-ongulés. Le podophylle perd sa disposition feuilletée, diminue d'épaisseur au point d'être réduit à une mince pellicule ; son activité kératogène, accrue d'abord, se ralentit à la longue, sans cependant disparaître, car c'est par elle que de nouvelles couches cornées s'ajoutent à la tumeur, à mesure que l'avalure entraine les anciennes. Ce processus n'est pas sans analogie avec celui du « cor au pied » de l'homme ; d'où l'expression de « cor au pied du cheval », proposée par Lungwitz pour désigner l'affection. Non seulement le kéraphyllocèle atrophie le tissu podophylleux, mais à son niveau la phalange se creuse et s'affaiblit par l'ostéite ; elle peut se fracturer sous l'influence des pressions qu'elle subit pendant le travail.

Dans la grande majorité des cas, le *diagnostic* est facile, à la condition de procéder méthodiquement à l'examen du pied. La fistule commissurale, le bombement de la paroi et surtout la « courbe rentrante » sont des signes révélateurs. Les kéraphyllocèles récents et non descendus, qui ont provoqué un décollement, une brèche plantaire, peuvent être reconnus par le sondage : introduit dans la solution de continuité, le stylet heurte une masse dure — la base de la tumeur cornée.

Le *pronostic* est grave. L'affection n'a aucune tendance à la résolution ; des complications sont à redouter, et l'opération est quelquefois suivie de récidive.

La *prophylaxie* consisterait à soustraire le pied aux actions traumatiques capables d'entrainer l'hypersécrétion du bourrelet ou du podophylle ; mais, pratiquement, elle est limitée au traitement des seimes récentes. Lorsque les fissures pariétaires sont anciennes, habituellement leurs lèvres sont réunies dans la profondeur par une néoproduction cornée.

En général, tout *kéraphyllocèle qui ne cause ni douleur, ni boiterie* doit être laissé tranquille. Il est indiqué seulement, en renouvelant la ferrure, d'échancrer la muraille au niveau de la tumeur, afin de la soustraire en ce point aux pressions de l'appui.

Le *traitement du kéraphyllocèle accompagné de claudication* est *palliatif* ou *curatif*. — Par le repos et l'enveloppement humide, souvent on obtient la disparition de la boiterie. Le pied paré de manière à empêcher l'appui, sur le fer, de la portion de paroi qui correspond à la tumeur, on peut remettre le cheval en service. — Si ce moyen est insuffisant, il faut pratiquer l'*évidement*. Celui-ci se fait soit à la rénette, soit au moyen d'une vrille avec laquelle on fore de bas en haut la tumeur cornée. Cette manœuvre supprime ou atténue, pour un temps, les effets compressifs du kéraphyllocèle ; la claudication disparait jusqu'à ce que, par l'avalure, les tissus soient de nouveau étreints ; alors on répète l'opération. — On peut aussi diminuer la compression des tissus en amincissant la partie de la muraille qui supporte la tumeur.

Le seul traitement curatif est l'*ablation de la tumeur cornée*. On y a recours lorsque celle-ci est volumineuse ou qu'il existe des complications infectieuses. — On couche et l'on entrave le cheval comme pour l'opération de la seime. Le pied est paré à fond en pince et désinfecté. — Si l'opération est faite *par amincissement*, on trace sur la muraille deux rainures parallèles ou un peu divergentes en bas, qui encadrent le kéraphyllocèle, et l'on amincit à pellicule le lambeau de corne qu'elles circonscrivent. Avec la feuille de sauge, on fait, de chaque côté de la lésion, une incision s'étendant du biseau au bord plantaire ; puis, tenant l'instrument à pleine main, le pouce prenant appui sur la muraille, on enlève la tumeur en contournant sa face profonde.

Dans la plupart des cas, le kéraphyllocèle est partiellement décollé : il est préférable d'opérer *par extirpation*. Comme pour l'opération de la seime, on creuse d'abord sur la paroi deux rainures légèrement divergentes en bas ; pour leur donner l'écartement nécessaire, on se guide sur les extrémités de la courbe rentrante qui inscrit la base de la tumeur cornée ; on réunit ces rainures par une troisième, creusée sur la ligne commissurale déviée ; puis, après incision de la pellicule cornée conservée au fond de ces sillons, on saisit avec les tricoises le bord inférieur du lambeau ainsi délimité et l'on en fait l'ablation.

Dans les cas où le kéraphyllocèle est récent et peu volumineux, on s'en tient là. Mais presque toujours il a provoqué des altérations atrophiques : il faut pratiquer l'excision du tissu lamelleux altéré et ruginer la phalange dans tout le champ de la dépression. — Lorsqu'il existe des lésions de nécrose du podophylle avec ou sans carie de l'os, l'intervention est celle dont nous avons parlé à propos de la *seime*.

Après avoir irrigué la plaie, on la recouvre d'un pansement antiseptique avec ou sans fer (V. *Seimes*). En général, elle se répare vite par bourgeonnement. Le tissu cicatriciel ne possède pas, dans sa couche superficielle, les caractères morphologiques de la membrane podophylleuse : les feuillets de celle-ci ne se régénèrent pas ; les adhérences de la corne restent faibles. Dès que la cicatrice est revêtue d'un plastron corné, on applique un fer à pince couverte, puis un pansement au goudron, et l'on peut utiliser le sujet.

L'ablation du tissu podophylleux altéré ne conjure pas sûrement la récidive. Aussi, jusqu'à ce que la nouvelle corne podophyllienne soit recouverte par la muraille, est-il indiqué de l'amincir et d'en entretenir la souplesse par des applications fréquentes de vaseline, d'onguent de pied ou de goudron.

Les *décollements de la paroi* au niveau de la zone commissurale se rencontrent principalement chez les chevaux à pieds larges, qui travaillent sur le pavé. La plupart sont superficiels, ne provoquent pas de boiterie et n'exigent aucun traitement. Mais ceux qui surviennent à la suite de contusions ou d'opérations (javart, enclouure) s'étendent souvent jusqu'au bourrelet ou occupent la plus grande partie de la hauteur de la muraille. Certains décollements provoqués par des contusions du pied et localisés d'abord aux régions supérieures de la muraille peuvent être soupçonnés au bombement de celle-ci à leur niveau et au son clair qu'y provoque la percussion. Plus tard, par l'avalure, ils deviennent apparents à la région plantaire. (V. *Kéraphyllocèle*).

Le traitement consiste à combler l'excavation avec de la poix, ou à faire l'ablation de la partie décollée de la paroi, et, si le tissu podophylleux est lésé, à le désinfecter, puis à le protéger par un pansement. (V. *Dermatite chronique ulcéreuse du pied*.)

Les tumeurs cornées développées sur la face profonde de la sole — les *kéracèles* — se rencontrent dans les pieds plats ou combles. Les actions contondantes qui portent sur la région plantaire peuvent les déterminer, en provoquant une phlegmasie chronique dans un territoire circonscrit du tissu velouté. Plus ou moins volumineuse, la tumeur est ordinairement hémisphérique ; sa base fait corps avec la sole. — Le tissu velouté comprimé s'atrophie ; la phalange se creuse d'une dépression régulière ou irrégulière, dont la profondeur augmente avec le temps.

Le *diagnostic* est facile. L'exploration de la sole parée uniformément et à un degré suffisant accuse de la douleur dans une zone très circonscrite. Si l'on amincit en ce point, la corne reste sèche et dure, tandis qu'à la périphérie elle est réduite à une mince pellicule, d'où suintent des gouttelettes sanguines. On reconnaît ainsi l'étendue de la lésion.

L'affection n'a aucune tendance à disparaître spontanément. Mais si, comme le kéraphyllocèle, elle s'accompagne de lésions atrophiques, les complications infectieuses sont rares.

L'*amincissement* est un moyen palliatif auquel on a quelquefois recours. On pare à fond la sole au niveau de la tumeur, et l'on évide celle-ci à la rénette, de manière à supprimer ou atténuer la compression qu'elle exerce sur le tissu velouté ; la douleur disparaît pour quelque temps, et avec elle la boiterie. Dès que les troubles se reproduisent, on recommence l'opération. — Le *traitement curatif* comporte la dessolure, et, en cas de lésions atrophiques très accusées ou de nécrose, l'ablation du tissu velouté altéré, ainsi que la rugination de la phalange.

Pour remettre les animaux en service, on garnit le pied d'un fer évidé ou à planche et d'une plaque protectrice.

III. — Contusions, plaies contuses et écrasement du pied.

Indépendamment des « *atteintes* » — lésions traumatiques particulières produites surtout par l'armature dont le sabot est garni, — le pied du cheval est fort exposé à une foule d'actions contondantes, qui le vulnèrent en un point quelconque et y produisent des dégâts de gravité très variable.

Ces contusions résultent soit du choc du pied contre quelque corps dur fixé au sol et plus ou moins en saillie, soit d'une violence extérieure qui porte sur une partie de l'enceinte du sabot. Quant à l'écrasement, il est déterminé tantôt par l'énorme pression qu'exerce de haut en bas, sur la couronne et le bord supérieur de la muraille, en pince, en quartier ou en talon, une masse très lourde — le plus souvent une roue de voiture, — tantôt par une brusque et violente compression qu'éprouve le pied serré entre deux corps résistants, l'un en mouvement, l'autre faisant l'office de point d'appui et empêchant l'extrémité de se soustraire au choc ou à la pression. Ces deux facteurs peuvent se combiner de bien des manières : mais, habituellement, c'est encore par une roue de voiture que l'écrasement est produit, soit que, l'animal étant debout, le pied se trouve enserré contre une borne ou le bord d'un trottoir, soit que, le cheval tombé, la roue passe sur le sabot. — Les blessures du pied faites par le chasse-corps des tramways à traction mécanique sont ordinairement des sections nettes, qui divisent la partie touchée de l'ongle et les tissus sous-cornés, entament la phalange, et produisent des désordres presque toujours incurables. (Mouilleron.)

Les *contusions légères* — celles que les hippiatres désignaient sous le nom d' « *étonnement du sabot* » — donnent lieu à une boiterie dont la durée est de quelques jours. Les troubles qui les caractérisent étant d'habitude bornés à quelques fines ruptures vasculaires dans les membranes podophylleuse et veloutée, les petits foyers hémorragiques abrités qui en résultent disparaissent vite, sans entraîner aucune complication. — Lors de *contusion grave* ou d'*écrasement*, immédiatement ou peu après l'action de la violence extérieure, on constate une boiterie intense. C'est là, parfois, le symptôme unique, quand la violence n'a porté que sur le sabot. En d'assez nombreux cas, il y a sur la corne des traces de la contusion, et sur la couronne une zone tuméfiée, au niveau de laquelle la pression des doigts provoque une plus ou moins vive douleur. Même quand les tissus meurtris sont à l'abri de l'infection, généralement les dégâts sont tels que la réparation parfaite est impossible : ils s'accompagnent de lésions secondaires, le plus souvent d'une néoproduction osseuse — d'une *forme*.

Quelles que soient les conditions dans lesquelles l'écrasement est produit, en général les lésions sont complexes et plus ou moins exposées. Suivant l'intensité d'action de l'agent vulnérant, le bourrelet, le fibro-cartilage, le tissu podophylleux, les tendons, les ligaments sont meurtris, déchirés ou écrasés ; la muraille est séparée de la chair cannelée dans un champ parfois étendu ; de larges foyers hémorragiques existent entre la corne et la membrane tégumentaire, entre celle-ci et la phalange, même dans l'articulation et la petite gaine sésamoïdienne, et sur certains blessés il y a fracture de la phalange ou de l'os naviculaire.

Quand, l'action traumatique ayant porté exclusivement sur la boîte cornée, les commémoratifs font défaut, le *diagnostic* peut être hésitant. Mais ordinairement on aperçoit la marque qu'a laissée sur la corne le corps vulnérant, ou des ecchymoses, des suffusions sanguines le long de la zone commissurale lorsqu'on pare la région plantaire. La boiterie intense, la douleur facilement provoquée par de légères percussions ou par la compression avec les tricoises sont des signes qui, ajoutés aux précédents, ne laissent point de doute.

Le plus souvent, on ne se rend tout d'abord qu'assez imparfaitement compte de la gravité des lésions. Toutefois, lorsqu'il y a plaie, d'après le siège de celle-ci on peut être fixé sur l'état du tendon extenseur antérieur des phalanges ou de la plaque scutiforme. La fracture de la deuxième ou de la troisième phalange est caractérisée par la crépitation perçue en exerçant sur le pied, avec l'une des mains, de légers mouvements d'extension et de flexion ou de rotation, l'autre immobilisant la région digitée. L'écoulement de synovie, quelquefois constaté dans les cas où les tissus de la couronne sont profondément entamés, dénonce l'ouverture de l'articulation du pied.

Par l'exploration avec la sonde, on pourrait préciser le *diagnostic*, mais ce moyen n'est pas inoffensif, et il ne fournirait aucune utile indication thérapeutique.

Les *complications* immédiates ou précoces habituelles des écrasements à lésions exposées sont la dermatite diffuse avec large décollement de l'ongle, la nécrose de la région meurtrie de la peau et des bourrelets, du fibro-cartilage, d'un tendon ou d'une partie de la phalange, et l'arthrite purulente. — Pour l'appréciation du dommage qui en résulte (expertises médico-légales), il importe de savoir que ces contusions graves et ces écrasements — les lésions en étant exposées ou abritées — sont très fréquemment suivis d'ostéo-périostite, de forme cartilagineuse, d'exostose ou de périostose phalangiennes, et que la néoformation osseuse en est un accident tardif. Elle ne se révèle assez souvent d'une façon nette que dans le courant du deuxième ou du troisième mois, quand le gonflement de la couronne provoqué par le traumatisme a disparu. Passé la cinquième ou la sixième semaine, la persistance de la boiterie est très généralement due à cette complication ultime des lésions contuses de la région coronaire.

Le *pronostic* des écrasements du pied dépend de nombreuses conditions, mais surtout de l'intensité de l'action traumatique, de la nature des tissus lésés, du service auquel sont utilisés les blessés. Si l'écrasement a pour siège la partie antérieure du quartier, la mamelle ou la pince, la persistance de la boiterie est une éventualité bien plus à craindre que si les lésions sont localisées au talon.

Pour les *contusions* et les *écrasements avec lésions abritées*, le traitement se réduit aux indications suivantes : déferrer et parer le pied avec ménagement, afin d'éviter des ébranlements douloureux ; laisser le blessé au repos absolu pendant quelques jours, et, au besoin, l'immobiliser sur l'appareil de soutien ; bains chauds renouvelés deux ou trois fois par jour et enveloppement humide durant les intervalles, ou irrigation continue. On s'abstiendra de toute opération avec la rénette ou la feuille de sauge ; au cas seulement où du gonflement surviendrait à la couronne, pour atténuer la compression exercée par la corne sur les tissus tuméfiés, on pratiquera un amincissement avec la rénette ou la râpe, ayant soin d'éviter les échappées et l'infection de ces tissus. Cet amincissement ne sera fait d'emblée que si la peau de la couronne, sans être entr'ouverte, présente des caractères ne laissant aucun doute sur la gravité des lésions.

Pour les *contusions* et les *écrasements avec plaie*, l'intervention doit commencer par une rigoureuse désinfection du trauma. Déferré et curé, le pied est préparé par la section des poils jusqu'au boulet, par un savonnage de la région phalangienne et du sabot. Raser la peau de la zone péritraumatique est aussi une excellente précaution, trop souvent négligée. Le plus ordinairement, il est indispensable d'amincir la partie supérieure de la muraille dans une étendue proportionnée à celle des lésions (amincissement en croissant). On ébarbera ensuite les lèvres de la plaie en sacrifiant les lambeaux écrasés, incapables de recouvrer leur vitalité ; avec des tampons d'ouate serrés entre les mors d'une pince, on fouillera doucement les recoins du trauma, afin de le débarrasser des corps étrangers qu'il peut recéler. Cela fait, le pied sera immergé pendant une demi-heure dans un liquide antiseptique chaud. La plaie ainsi purifiée, on la recouvrira d'une couche d'iodoforme, de compresses de gaze, puis on fera l'emmaillotement de l'extrémité. Pendant la première semaine, on renouvellera ce pansement toutes les quarante-huit heures.

Pansées de cette manière, nombre de plaies contuses et d'écrasements graves qui, traités par les moyens de l'époque préantiseptique, avaient des suites funestes, guérissent sans complications, sans gangrène, sans nécrose. Toutefois, comme les écrasements à lésions abritées, ils sont assez souvent suivis de périostite phalangienne ou de chondrite ossifiante.

Aux accidents éloignés — aux déformations du pied, aux exostoses et aux boiteries qui en sont la conséquence. — on peut remédier par les rainures et la cautérisation, surtout par les névrotomies.

IV. — **Nécrose des bourrelets. Javart encorné.**

La *nécrose partielle des bourrelets* — le *javart encorné* — est ordinairement produite par un trauma infecté ou par l'action prolongée de la boue froide.

Les symptômes objectifs sont ceux d'une vive inflammation du tégument à l'origine de l'ongle. Immédiatement au-dessus de celui-ci, on voit une zone tuméfiée plus ou moins étendue et extrêmement sensible. Sur les pieds dépigmentés, la peau a une teinte sombre ; bientôt il en suinte un liquide séreux, l'épiderme se détache sous l'action de l'ongle, puis le tégument enflammé se nécrose. Si l'escarre est à découvert, la boiterie s'atténue et la disjonction s'opère comme dans tous les cas de gangrène limitée. Mais lorsque les tissus phlogosés sont comprimés par la corne, la boiterie persiste intense, la délimitation de l'îlot sphacélé ne s'opère que lentement, et l'action nécrosante du pus s'exerce longtemps sur les tissus sous-jacents : sur le tissu podophylleux et le tendon extenseur antérieur des phalanges, la plaque scutiforme ou l'os du pied.

On commencera le traitement par l'amincissement de la muraille au niveau du mal et dans une étendue proportionnée à celle des lésions : ainsi l'on permet l'intumescence des tissus, on supprime la compression, on atténue la douleur. Il faut ensuite couper les poils sur la couronne et le paturon, puis désinfecter la peau en ces régions. Au début, par les mouchetures, les bains et les compresses antiseptiques, on peut conjurer la mortification du tégument. Si elle survient, on facilitera la délimitation de l'escarre par les pansements humides antiseptiques. Souvent la plaie qui résulte de la chute du bourbillon est simple ; elle se cicatrise rapidement et régulièrement. Mais la nécrose du tendon de l'extenseur ou du fibro-cartilage et l'arthrite sont des complications possibles.

V. — **Fractures de la troisième phalange et du petit sésamoïde.**

Les *fractures de l'os du pied* sont habituellement provoquées par les violentes contusions, les écrasements, quelquefois par des efforts quand la phalange est affaiblie (ostéite raréfiante). Des fractures partielles peuvent être produites par les corps vulnérants qui pénètrent dans l'os après avoir traversé la boîte cornée (clou de rue, enclouure). — On a relaté d'assez nombreux exemples de ces deux variétés de fractures de la troisième phalange. Schrader en a rapporté une série d'observations, ainsi que plusieurs cas de fracture du cartilage complémentaire ossifié.

La vive sensibilité de la couronne et du pied à la palpation et à la torsion n'est pas toujours un signe suffisant pour fixer le diagnostic. Dans le cas de fracture de la troisième phalange succédant à un clou de rue avec plaie de la face inférieure du pied, ou à l'opération du kéraphyllocèle, on se rend facilement compte des lésions. Si la fracture est le résultat d'une action contondante violente ou de l'écrasement du sabot, elle peut être soupçonnée à la brusque apparition d'une forte boiterie, à l'intensité de la douleur, ou nettement reconnue, selon que la boîte cornée est intacte, entamée ou complètement arrachée. La crépitation osseuse — le grand signe des fractures — est souvent difficile à percevoir. — On pourrait préciser le diagnostic par la radiographie.

Appelé à traiter une fracture close de la troisième phalange, on aura recours aux antiphlogistiques (compresses froides, bains, irrigation continue) ou à une application vésicante sur la couronne. Un appareil contentif n'est pas nécessaire. — Dans le cas de fracture partielle compliquant l'enclouure ou le clou de rue, si l'articulation est intacte, une intervention chirurgicale peut donner la guérison.

Si la *fracture du petit sésamoïde* survient le plus souvent comme complication de la maladie naviculaire ancienne ou par l'action d'un corps vulnérant (clou de rue), elle peut aussi se produire en dehors de ces circonstances, au moment d'un saut ou sous l'influence d'un violent effort (Howell). Nous en observons chaque année plusieurs exemples sur les pieds qui servent aux exercices de chirurgie et de ferrure.

Le *diagnostic* est très difficile. Lors de clou de rue, la lésion n'est reconnue qu'en mettant l'os à nu. Dans un cas semblable, Humbert enleva le sésamoïde et traita le cheval par l'irrigation continue. Au bout de trois mois, l'opéré pouvait être utilisé au trot. Malgré ce succès, la sésamoïdectomie n'est pas à recommander (V. *Clou de rue*). — Si la fracture survient sans cause appréciable, sans traumatisme, comme dans le cas de Mollereau, le diagnostic est incertain par les signes cliniques; on ne peut que soupçonner l'accident. L'intensité de la boiterie, la sensibilité du pied et du paturon à la torsion et à l'extension permettent seulement d'affirmer l'existence de très graves lésions dans la profondeur du sabot. Comme pour la fracture de l'os du pied, la radiographie préciserait le diagnostic.

Un long repos, les irrigations froides, et plus tard la névrotomie constituent tout le traitement des fractures closes. — Le blessé d'Howell ne guérit que longtemps après l'application du feu sur la couronne. — Malgré la suspension, un vésicatoire sur la couronne, puis l'irrigation continue, l'état du cheval soigné par Mollereau s'aggrava. On dut le sacrifier. Le petit sésamoïde était brisé en plusieurs fragments, et le tendon du fléchisseur profond des phalanges complètement rupturé.

VI. — **Avulsion du sabot. — Exongulation.**

Les larges et solides adhérences qui fixent le sabot au tégument sous-corné peuvent être détruites par un processus inflammatoire diffus de la membrane tégumentaire sous-cornée ou par une action mécanique violente. Les phlegmasies infectieuses profondes de la membrane kératogène, surtout celle provoquée par le bacille de Löffler-Bang, irradient vite sur une grande surface, et parfois, en quelques jours, elles entraînent un décollement fort étendu, même la chute du sabot. C'est là un fait banal, trop souvent observé comme complication de certains traumatismes du pied traités par les cataplasmes, alors qu'ils réclament une active intervention chirurgicale. La fourbure aiguë compliquée et le phlegmon diffus de la couronne peuvent entraîner aussi le décollement de l'ongle. On ne le voit plus guère comme accident ultime du crapaud.

Les *névrotomies*, plus particulièrement la section des nerfs plantaires au-dessus du boulet et celle du sciatique, exposent, dans le champ de distribution du nerf coupé, à des phénomènes trophiques précoces ou tardifs et au *déchaussement* (Sewell, Rabouille, Renault, Beugnot, Delafond, Stanley, Trasbot, Benjamin). Hendrickx a relaté trois cas de chute de sabot survenue longtemps après la névrotomie haute et double ; dans l'un de ces cas, l'accident se produisit au bout de quatre ans. On l'a observé aussi après la section du médian ou d'un seul nerf plantaire au-dessus du boulet.

L'*exongulation par cause mécanique* est le résultat d'une contraction brusque et violente des muscles de tout un membre, se produisant lorsque le sabot se trouve accidentellement immobilisé, enserré ou fixé au sol. Que le fer dont le pied est garni s'accroche à un rail ou à une solide traverse métallique, ou que le sabot se trouve subitement pris et serré entre deux corps très résistants — entre une roue de voiture et le bord d'un trottoir, par exemple, — l'arrachement de l'ongle est possible : par l'effort instantanément déployé pour surmonter l'obstacle, effort suprême quand il est déterminé par la douleur de l'écrasement, les adhérences qui fixent le sabot aux tissus sous-cornés peuvent être surmontées, le sabot reste où il est fixé, le pied en sort avec sa membrane tégumentaire déchirée et — quand il a subi une action compressive intense — avec de très graves désordres des différents tissus qui entrent dans sa constitution. — En certains cas, l'exongulation paraît se produire sous l'influence de troubles de nature encore indéterminée. On a vu des chevaux perdre deux, trois, même leurs quatre sabots dans l'espace de quelques jours ; mais il s'agit là d'accidents tout exceptionnels.

Quand l'exongulation est produite par une cause mécanique, rarement elle s'accompagne tout de suite de vives souffrances ; le plus souvent, comme dans les grands arrachements, la sensibilité des tissus déchirés est engourdie et si faible la douleur qu'on a vu des chevaux lancés au trot faire un certain trajet à cette allure après avoir perdu un de leurs sabots. Le cheval dont Kalning a rapporté l'observation parcourut encore un demi-mille sur un sol glacé, et celui dont parle Schmidt fit « un long bout de chemin au trot » après avoir perdu deux sabots.

Le *pronostic* est subordonné aux causes et à l'étendue du décollement, ainsi qu'aux désordres produits dans les tissus du pied. Pour certains décollements partiels, on obtient assez facilement la guérison ; mais, même à la suite de décollements peu étendus provoqués par l'action de violences exté-

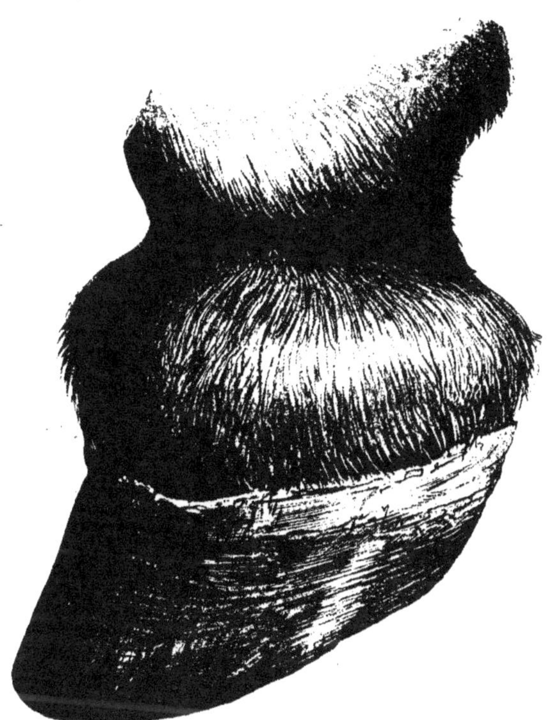

Fig. 538 — Gangrène humide du pied à la suite de la névrotomie plantaire
au-dessus du boulet.

rieures, il persiste assez souvent dans le pied une sensibilité morbide qui donne lieu à une boiterie de longue durée. — L'exongulation complète de cause mécanique, fût-elle accompagnée seulement de déchirure de la membrane tégumentaire, est toujours une affection grave, dont le traitement ne doit être entrepris que pour des animaux de valeur. La restauration complète de l'ongle demande six à huit mois, et souvent elle est défectueuse. On a cependant relaté d'assez nombreux faits de guérison. Un cheval traité par Girard était, au bout de six mois, en état d'être utilisé au labour ; quelques mois après il ne boitait plus, et son sabot ne présentait aucune marque révélatrice de l'accident. Le succès est possible même lorsque des parcelles de la phalange ont été emportées avec les lambeaux de la membrane tégumentaire.

L'exongulation qui survient à la suite de la névrotomie ou par la gangrène diffuse de la membrane tégumentaire est encore d'un pronostic plus sombre. Dans le premier cas, le mal est irréparable ; dans l'autre, les altérations sont ordinairement trop graves pour que la régénération du sabot puisse s'effectuer de façon à permettre ultérieurement l'utilisation de l'animal. — Remarquons que les accidents consécutifs à la névrotomie n'ont pas toujours une issue fatale. Sur des pieds névrotomisés présentant un décollement déjà étendu du biseau avec tuméfaction de la couronne, signes préludant à la chute de l'ongle, nous avons maintes fois réussi par le repos, la désinfection de la couronne et l'application d'un pansement ouaté, à arrêter l'extension du mal.

Désinfecter minutieusement le pied, le protéger par l'emmaillotement, laisser le blessé au repos absolu : telles sont les indications si la cure est entreprise. — On appliquera une ligature hémostatique sur le canon ; après avoir coupé les poils sur la couronne et le paturon, on immergera le pied dans une solution antiseptique chaude, on en fera ensuite la toilette en excisant les tissus déchirés, voués à la nécrose ; on saupoudrera d'iodoforme toute la surface dénudée, ensuite on la recouvrira de lames de gaze et d'un épais ouaté. Les pansements ultérieurs seront plus ou moins espacés suivant le degré de la réaction fébrile et l'abondance des sécrétions. Dès que la membrane tégumentaire est recouverte de corne, il n'y a plus qu'à panser au goudron ou à l'onguent de pied.

VII. — **Traumas de la région plantaire**.

Clou de rue.

Tous les corps durs aigus ou tranchants disséminés sur les voies que parcourt le cheval — les clous de toutes formes, les tessons de verre, les fragments de porcelaine, les chicots, même les chaumes — peuvent déterminer des blessures de la région plantaire. Les conséquences de l'appui du pied sur un corps vulnérant tranchant ou acéré sont influencées par des conditions multiples, notamment par la direction de ce corps, par le point où il atteint la région plantaire, par l'épaisseur et la consistance de la couche cornée qui protège les tissus de cette région. En raison de la dureté de la corne dans leur couche superficielle et de l'obliquité de leur direction, les barres et la sole, quand elles sont intactes, opposent une grande résistance à la pénétration ; rarement elles sont traversées. Les clous qui portent sur la sole, pour peu que leur direction s'éloigne de la verticale, s'incurvent ou dévient sous le choc : leur pointe est refoulée soit vers la fourchette, soit vers la périphérie de l'ongle ; ceux qui atteignent les barres glissent sur celles-ci et pénètrent dans le pied en traversant l'une des commissures ou la fourchette.

Les animaux qui travaillent dans les cités populeuses, dans les centres industriels, ceux qui sont utilisés dans les chantiers de construction, les terrains de démolition ou sur les chemins de halage, mais surtout les chevaux des vidangeurs, en raison de leur service nocturne, et ceux des boueurs, qui piétinent sur les tas d'ordures, qui parcourent des voies semées de corps vulnérants de toute nature, sont particulièrement exposés au clou de rue. Dans ces milieux et sur ces voies sont souvent disséminés des clous, des fragments de métaux, des silex pointus ou tranchants.

La plupart des auteurs admettent que le clou de rue est, de nos jours, une affection moins commune qu'autrefois ; ils expliquent surtout cette différence par les améliorations apportées dans la disposition des chaussées, par l'entretien plus soigné de celles-ci (Bouley), par l'usage aujourd'hui restreint des clous à tête large et plate, fréquemment employés dans le passé, où ils étaient les agents du plus grand nombre des blessures plantaires (Möller). Pour d'autres, ces influences seraient largement compensées par l'abandon, en tous lieux, des clous et autres corps métalliques de peu de valeur, que l'on ne négligeait pas de ramasser à l'époque où le fer avait un certain prix (Hoffmann). Quoi qu'il en soit de cette question, un fait certain c'est que, actuellement encore, les lésions traumatiques de la région plantaire désignées par l'expression générique de *clou de rue* constituent la plus fréquente des affections du pied. Pour les chevaux de l'armée, les relevés portant sur ces seules affections accusent une proportion de 20 à 25 p. 100, et dans certaines exploitations industrielles elle atteint 35 à 40 p. 100.

La gravité des altérations varie avec le siège du trauma, sa profondeur, la nature et les propriétés du corps vulnérant. Celui-ci pénètre d'autant plus profondément que sa surface d'appui sur le sol est plus large et ce dernier plus dur.

Les traumas de la région plantaire s'accusent par des symptômes communs à tous les cas, quelle qu'en soit la gravité, et par des phénomènes spéciaux subordonnés aux lésions produites. En général, le premier trouble observé est une boiterie plus ou moins intense, qui porte à examiner le pied : on aperçoit tout de suite le corps vulnérant et on l'extrait. Mais parfois l'accident reste méconnu, et le cheval continue à être utilisé. La claudication peut disparaître momentanément, puis se manifester à nouveau au bout de quelques jours et augmenter peu à peu d'intensité. Si alors on explore le pied, on trouve soit le corps vulnérant, soit l'étroite perforation qu'il a faite dans la corne, soit seulement un point noirâtre lorsque, ce corps étant d'un très petit volume, la corne est revenue sur elle-même et a effacé le trajet creusé dans sa substance. Parfois la pointe s'est brisée et sa partie profonde est demeurée dans les tissus ; en amincissant la région plantaire, le boutoir ou la rénette la découvre.

Dans les cas où le traumatisme est récent, il n'est accusé objectivement que par la perforation de la corne et par un peu de sang coagulé ou desséché. Mais si déjà il date de quelques jours, d'autres symptômes existent : par le pertuis s'écoule un pus noirâtre, blanchâtre ou sanguinolent, caractères dont nous avons indiqué la signification (V. p. 595) ; en amincissant la corne, on trouve sa couche profonde ramollie, jaunâtre, infiltrée ; souvent il existe un décollement assez étendu. Plus tard encore, quand la blessure a été « dégagée », le tissu velouté découvert, fortement tuméfié, est creusé d'une fistule d'où s'échappe un liquide purulent.

Indépendamment de ces symptômes communs à tous les clous de rue, les lésions profondes, inflammatoires ou nécrotiques, s'accusent par certains phénomènes spéciaux. Lors de nécrose de la troisième phalange, la fistule donne issue à un pus blanchâtre ou strié de sang (gangrène du tissu velouté), et la sonde aboutit sur une surface dénudée, rugueuse et dure. Si un foyer d'ostéite suppurée existe, le pus est plus abondant, parfois sanguinolent ; la sonde pénètre dans le tissu osseux ramolli. Quand l'un des fibro-cartilages est nécrosé, la région coronaire est tuméfiée du côté correspondant. — La nécrose de l'aponévrose plantaire est accusée par une forte boiterie, par l'abondance de la suppuration et par la profondeur de la fistule. — Dans les cas où la petite sésamoïdienne est ouverte, il y a écoulement d'un pus synovial, grumeleux, caillebotté ; souvent le creux du paturon est le siège d'une tuméfaction chaude, douloureuse, formée par la distension du cul-de-sac postérieur de la gaine et par le phlegmon ou l'infiltration purulente des tissus qui le recouvrent. L'inflammation suppurative de la petite sésamoïdienne s'accompagne toujours de décortication de l'os naviculaire ; quelquefois elle se complique de nécrose ou de carie de cet os, plus rarement de destruction du ligament interosseux et d'arthrite. — L'arthrite purulente du pied est dénoncée par une forte tuméfaction péricoronaire, sur laquelle apparaissent des points fluctuants, où s'ouvrent des fistules multiples donnant issue à du pus synovial. — L'os coronaire lui-même peut être atteint à travers le ligament interosseux ou en arrière de l'os naviculaire. Möller l'a trouvé brisé par un clou qui avait traversé le coussinet plantaire.

Dans ces formes du clou de rue, la boiterie est intense ; souvent l'appui du pied malade est entièrement supprimé, et l'on observe les symptômes généraux communs aux affections chirurgicales graves. — Le tétanos est une complication relativement fréquente. La septicémie et la pyémie sont plus rares.

Le *diagnostic* n'offre aucune difficulté. Pour l'établir, il suffit d'examiner le pied, de le déferrer et de parer la région plantaire.

Le *pronostic* varie avec le siège de la blessure, selon aussi qu'elle est superficielle ou profonde, récente ou ancienne. En général, les lésions des zones antérieure et postérieure sont beaucoup moins redoutables que celle de la zone moyenne ; et, dans une même région, leur gravité augmente avec leur profondeur : celles du tissu velouté et du coussinet plantaire sont relativement bénignes ; celles de la phalange et de l'aponévrose plantaire sont plus inquiétantes ; celles de la petite gaine sésamoïdienne, de l'os naviculaire, du ligament interosseux le sont encore davantage ; quant à celles de l'articulation, leur malignité est telle qu'on renonce presque toujours au traitement. — Dans les pieds plats ou combles surtout, la vulnération des tissus souscornés s'étend souvent aux couches profondes. — Les symptômes rationnels (boiterie, lancinations, fièvre de réaction) fournissent de bonnes indications pronostiques. Une blessure pénétrante de la zone moyenne qui, au bout de quelques jours, ne provoque pas de boiterie, peut être considérée comme bénigne ; au contraire, une blessure de la zone antérieure, accompagnée d'une claudication intense, est à coup sûr compliquée et grave. — Le pronostic dépend aussi des qualités du corps vulnérant : les lésions faites par des pointes mousses, irrégulières, infectées, qui déchirent et meurtrissent les organes, sont infiniment plus redoutables que celles causées par des corps tranchants ou aigus, non souillés, qui divisent nettement les tissus. — En raison de la boiterie qui persiste parfois après l'opération, le clou de rue est plus grave aux pieds antérieurs qu'à ceux de derrière, plus aussi pour les chevaux de luxe et de trait léger que pour ceux utilisés aux allures lentes.

Les hippiatres étaient divisés au sujet du traitement du clou de rue. Les uns, à l'exemple de Solleysel, s'en tenaient aux caustiques ; les autres avaient immédiatement recours à l'excision des tissus blessés. Cette dernière pratique fut celle de Lafosse, de Girard et de Renault. Bouley et Rey réhabilitèrent les caustiques et formulèrent les règles de leur emploi.

On a reconnu dès longtemps — et Bouley a insisté sur ce point — que les blessures plantaires récentes, quels qu'en soient le siège, la profondeur, la gravité apparente — sans faire exception pour les traumas pénétrants de l'articulation du pied — peuvent guérir par cicatrisation immédiate. Au début, on doit se borner à favoriser la guérison naturelle de ces blessures. — Si la plaie est très étroite ou fermée par le retrait de la corne, on amincira simplement celle-ci sur une certaine surface autour de la lésion; — lorsqu'elle est plus ou moins béante, que déjà il s'en échappe un liquide séreux ou purulent, après avoir aminci à fond, à son pourtour, le plancher de l'ongle, on débridera l'entrée de la fistule et l'on en opérera la désinfection soignée (eau oxygénée, solution phéniquée forte, chlorure de zinc à 5-10 p. 100, teinture d'iode). Ensuite on appliquera un pansement chrysoformé ou iodoformé ouaté, ou bien on fera l'emmaillotement avec des compresses humides antiseptiques. Les jours suivants, si la douleur augmente, on lèvera le pansement, on immergera le pied pendant une demi-heure dans un liquide désinfectant chaud, et on l'enveloppera à nouveau de compresses humides; bains et pansements seront renouvelés une ou deux fois par jour. On laissera le blessé en liberté dans une stalle ou un box garnis de litière propre.

Après avoir dégagé le trauma, nombre de praticiens emploient encore les cataplasmes de graine de lin; d'autres, l'irrigation continue. Trasbot a souvent utilisé celle-ci avec succès. Le pied paré à fond et la sole amincie à pellicule dans toute son étendue, la fistule débridée en avant et en arrière, on fixe l'extrémité du tube de manière que l'eau déterge incessamment la plaie.

Aux cataplasmes et à l'irrigation, nous préférons les moyens de l'antisepsie. La réparation rapide des blessures plantaires et les complications dont elles peuvent s'accompagner dépendent surtout de l'état *aseptique* ou *infecté* de la lésion. Prévenir la souillure du trauma ou en réaliser la désinfection aussi complète que possible : voilà l'indication capitale du traitement.

Lorsque le clou de rue est *compliqué*, quelle conduite tenir? Faut-il continuer les bains et pansements antiseptiques? Est-il préférable d'utiliser les caustiques ou d'opérer incontinent? — Voyons les interventions auxquelles on doit recourir, suivant que le trauma intéresse l'une ou l'autre des trois zones.

Dans la *zone antérieure*, la blessure est compliquée soit de gangrène de la membrane tégumentaire et de nécrose du réticulum, soit de nécrose ou de carie de l'os. On pourrait utiliser les caustiques, mais il est plus avantageux d'opérer. La sole amincie ou en partie enlevée, on excise les parties mortifiées et l'on rugine la phalange, en empiétant très peu sur les tissus sains. On déterge ensuite la plaie et on la recouvre d'un pansement antiseptique.

Dans la *zone postérieure*, après amincissement de la fourchette, des barres, des branches de la sole et élargissement de la fistule, on peut continuer les bains désinfectants ou employer les caustiques. Mais, ici encore, l'opération est préférable. On débride la fistule parallèlement à l'axe du pied, on découvre les parties nécrosées (coussinet plantaire, base du fibro-cartilage), on les excise avec la feuille de sauge, puis on lave la plaie et l'on applique un pansement.

Dans la *zone moyenne*, lorsque l'aponévrose plantaire est nécrosée, même quand la gaine sésamoïdienne est ouverte, on peut agir soit par les bains et les pansements antiseptiques, soit par les escarrotiques, les caustiques ou la cautérisation. — Après amincissement de la corne et débridement de la fistule suivant l'axe du pied, les bains antiseptiques, la désinfection répétée du foyer avec la teinture d'iode, les pansements iodoformés donnent parfois la guérison, si la lésion est limitée à la couche superficielle de l'aponévrose. — De même, les *injections escarrotiques* (liqueur de Villate filtrée, liqueur de Cherry, chlorure de zinc au 1/10) suffisent à la disjonction de certaines nécroses de l'aponévrose plantaire.

On obtient également de bons résultats avec les *caustiques*. Bouley et Rey recommandaient la poudre ou les cônes de sublimé portés au fond de la fistule. Si l'on emploie la poudre, on mouille l'extrémité de la sonde cannelée et on la plonge dans la poudre caustique ; ainsi recouvert d'une mince couche de celle-ci, le bout de la sonde est porté à deux ou trois reprises sur la partie nécrosée de l'aponévrose plantaire. Dans certains cas, après l'élimination de l'escarre, il ne reste qu'une plaie simple qui se ferme rapidement. — Sur le cheval de l'observation II du travail de Rey, la blessure datait de trois mois. La marche était fort pénible, le pied reposait à peine sur le sol. La fistule aboutissait dans la gaine sésamoïdienne. L'ongle paré à fond, on employa d'abord les bains tièdes ; le quatrième jour, on introduisit dans la fistule deux fragments de sublimé corrosif. Douze jours plus tard, l'appui se faisait par la surface plantaire ; au bout d'un mois, l'escarre détachée laissait une plaie partout granuleuse. — On a relaté une foule de cas analogues. Peuch, Albrecht et Bournay ont récemment publié des succès obtenus par le crayon ou la poudre de sublimé dans des cas où les lésions avaient résisté à divers autres moyens. — Un cheval traité par Peuch était atteint de clou de rue datant d'un mois. La blessure intéressait « toute l'épaisseur de l'aponévrose plantaire et la synoviale petite sésamoïdienne ». Après amincissement, on introduisit dans la fistule un trochisque de sublimé maintenu par une étoupade goudronnée. Le premier jour, la douleur

fut très vive, puis elle diminua peu à peu ; le douzième jour, l'animal
ne boitait plus. Trois semaines après la cautérisation, l'escarre était
éliminée et la cicatrisation de la plaie à peu près complète. — Bournay
a recommandé de ne se décider à l'opération qu'après avoir essayé le
sublimé. — Aux caustiques et aux antiseptiques habituellement usités,
nous préférons le chrysoforme, qui a sur les premiers l'avantage
d'être toujours inoffensif, et qui exerce sur le foyer nécrotique une
action désinfectante puissante et prolongée.

La *cautérisation de la plaie* avec la pointe du thermocautère
chauffée à blanc a donné de rapides guérisons à Hartenstein. Sur
un premier cheval, l'amincissement et les cataplasmes n'avaient procuré aucune amélioration ; le pied blessé, soustrait à l'appui, était le
siège de lancinations. La piqûre, très profonde, était située dans la
lacune externe de la zone moyenne ; il s'en écoulait un liquide jaunâtre, spumeux, venant d'une synoviale, sans doute de la petite gaine
sésamoïdienne. L'animal assujetti debout, on cautérisa la plaie à
trois reprises avec la grosse pointe du thermo, pendant une seconde
environ chaque fois, en la poussant jusqu'au fond de la fistule. Le
lendemain, le pied souffrant participait à l'appui. Huit jours après, le
cheval reprenait son service au pas. — Les sujets des observations II
et III furent d'abord traités par l'amincissement et les cataplasmes ;
puis, comme la souffrance était vive et les symptômes graves, on
eut recours à la cautérisation. Ces blessés reprirent leur service le
douzième jour.

Les caustiques et la cautérisation, comme les escarrotiques et les antiseptiques, ne réussissent que dans une partie des cas : ou leur action ne
s'étend pas à la totalité de l'escarre, ou pendant la disjonction de
celle-ci une nouvelle portion de l'aponévrose se mortifie. Parfois
aussi la petite gaine sésamoïdienne, jusque-là indemne, s'enflamme ; le
creux du paturon se tuméfie, la douleur augmente. Il faut en venir à
l'opération.

Opération. — L'*opération du clou de rue* est *partielle* ou *complète*. La première consiste à faire une brèche limitée qui découvre le
foyer traumatique, et à pratiquer l'excision de la partie mortifiée de
l'aponévrose.

Le pied préparé, on couche le patient et l'on entrave le membre
en position simple ou croisée. On extirpe ou l'on amincit à pellicule le
plancher du sabot — la sole, la fourchette et les barres. On débride la
fistule, puis, avec les pinces et la feuille de sauge, on excise en côte
de melon, de chaque côté de l'incision, le coussinet plantaire, de
façon à mettre à nu l'expansion du perforant. Si les fibres tendineuses superficielles sont seules nécrosées, on se borne à les enlever.
Mais le plus souvent on est obligé d'exciser, dans toute son épaisseur,
la partie nécrosée de l'aponévrose. On rugine ou non la partie de l'os

naviculaire ou de la phalange découverte au fond de la plaie (*fig.* 539), on déterge celle-ci, on lave la gaine et l'on applique un pansement antiseptique. — Soigneusement faite et complétée par la désinfection de la gaine, l'opération partielle a donné des succès rapides. Mais le résultat est incertain, les complications fréquentes

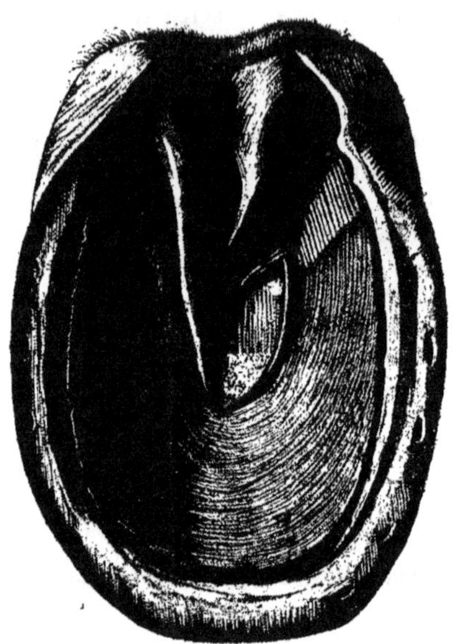

Fig. 539. — Opération partielle du clou de rue. — Au fond de la plaie d'excision, on voit un point de l'os naviculaire, une partie du ligament sésamoïdo-phalangien et de la crête semi-lunaire.

et diverses : récidive de la nécrose, synovite suppurée avec décortication du sésamoïde, abcès du creux du paturon. Nul doute, au reste, que, dans maintes observations de ce genre où la guérison a été « promptement obtenue », on a entendu par « clou de rue profond » des traumas dont les lésions ne dépassaient pas le coussinet plantaire.

Dans les cas vraiment graves, l'*opération complète* est la meilleure intervention. Décrite d'abord par André, modifiée par Nocard, cette opération comprend, outre la dessolure, trois temps essentiels :

Premier temps : Excision du coussinet plantaire. — Le pied tenu dans l'extension par un aide, sectionnez transversalement le coussinet plantaire près de sa base, avec la feuille de sauge double ; faites la section légèrement oblique d'arrière en avant, de la surface vers la profondeur du coussinet, en un point tel que son prolongement dans l'aponévrose aboutisse au niveau du bord postérieur de l'os naviculaire. Saisissez avec des pinces ou une érigne aiguë la portion antérieure du coussinet et détachez-la en donnant à plat deux coups de feuille de sauge dans les lacunes du pied. Ordinairement la couche profonde du coussinet reste à la surface de l'aponévrose; enlevez-la avec la feuille de sauge et les pinces.

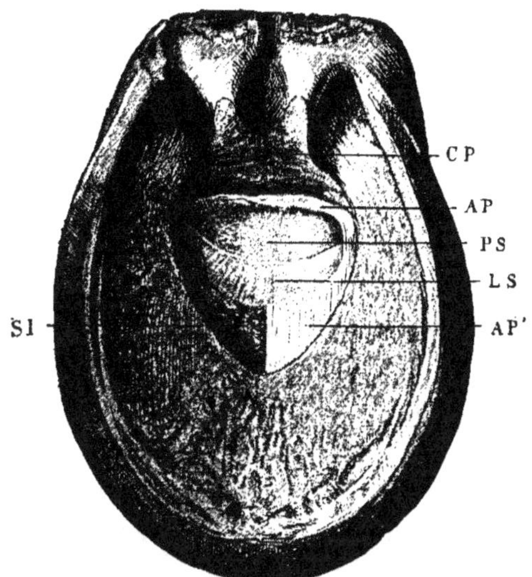

Fig. 540. — Opération complète du clou de rue. — CP, coussinet plantaire; AP, coupe transversale de l'aponévrose plantaire; PS, petit sésamoïde ; LS, ligament sésamoïdo-phalangien; AP', coupe de l'aponévrose plantaire : SI, surface d'insertion de cette aponévrose.

Deuxième temps : Ablation de l'aponévrose plantaire. — Toujours avec la feuille de sauge et en prenant un solide point d'appui, sectionnez transversalement l'aponévrose plantaire d'une lacune à l'autre. Profondément, l'instrument doit arriver sur l'os naviculaire, près de son bord postérieur. Divisez ensuite, sur la ligne médiane et en arrière, au niveau du sésamoïde, le lambeau antérieur de l'aponévrose : excisez successivement chaque portion, en la soulevant avec l'érigne aiguë ou les pinces et en la coupant avec la feuille de sauge : la main ayant un point d'appui, achevez d'abord d'un côté la section transversale de l'aponévrose en y faisant, vers la crête semi-lunaire, une incision courbe, puis détachez-la de la phalange en rasant la crête semi-lunaire. Mêmes manœuvres pour l'autre portion.

Troisième temps : Rugination des surfaces osseuses. — Avec la curette ou une rénette à gorge étroite manœuvrée à plat, enlevez la couche cartilagineuse qui garnit la face inférieure de l'os naviculaire. Si l'escarre occupe l'insertion de l'aponévrose plantaire, enlevez également les fibres terminales de la portion nécrosée et ruginez la crête semi-lunaire, prenant grand soin de ne pas blesser le ligament interosseux (*fig.* 540). — Lorsque les fibres de l'aponévrose sont indemnes à leur insertion, abstenez-vous de ruginer cette crête ; conservez la couche fibreuse qui la recouvre : à l'abri de l'infection, elle se vascularise et granule en quelques jours.

Pansement. — Irriguez la plaie avec un liquide antiseptique chaud, saupoudrez-la d'iodoforme et comblez-la avec de la gaze. Recouvrez

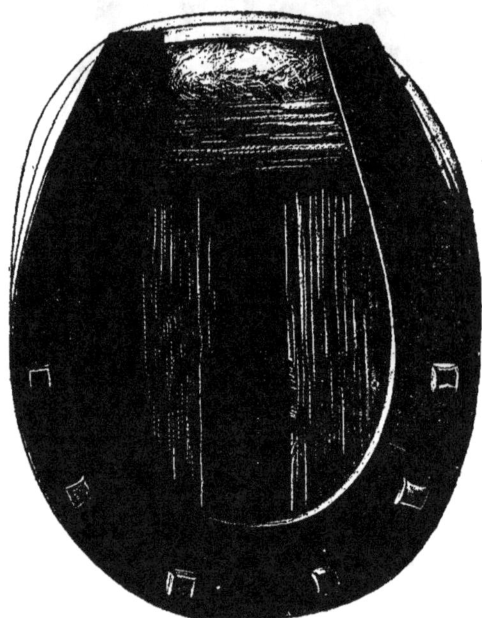

Fig. 541. — Pansement avec fer.

ensuite de couches d'ouate ou d'étoupe la région plantaire, le sabot et la région digitée ; faites l'emmaillotement du pied (*fig.* 518), en passant sur sa face inférieure des renversés assez nombreux pour exercer là une compression suffisante.

Si vous appliquez un fer, une fois celui-ci fixé et la plaie pansée, disposez sur la région plantaire des lames d'ouate ou d'étoupe superposées, en commençant par combler les lacunes du pied. Placez ensuite les éclisses longitudinales et la transversale ; recouvrez les talons d'un plumasseau, puis fixez le pansement par quelques tours de

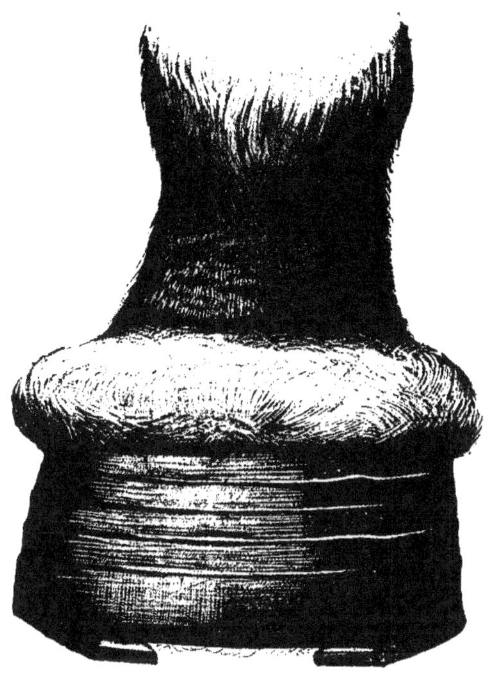

Fig. 542. — Pansement avec fer. — Face postérieure du pied.

bande qui, en arrière, passent sur les éclisses et sont soutenus par les éponges du fer (*fig.* 541 et 542).

Dans certains cas où la nécrose s'étend loin en arrière sur le perforant, d'un côté ou de l'autre, et où il est difficile de pratiquer l'excision complète de la partie mortifiée sans s'exposer à la blessure des synoviales, il convient de faire une contre-ouverture dans le creux du paturon, avec une feuille do sauge poussée entre le perforant et le coussinet plantaire. On y place une mèche ou un drain, qui permet d'agir ultérieurement sur le foyer de nécrose par des injections antiseptiques.

Quand on a fait plaie nette, vers le quinzième jour les parois de la plaie sont partout tapissées de granulations. Celle-ci est comblée de la cinquième à la sixième semaine ; le tissu de cicatrice se recouvre de corne de la périphérie au centre, et souvent alors les animaux de gros trait peuvent recommencer leur service. Les chevaux de selle et de trait léger ne sont utilisables qu'au bout d'un temps plus long, car bien souvent il persiste une boiterie qui ne s'atténue que lentement.

Diverses *complications* peuvent entraver la cicatrisation de la plaie opératoire. Elles sont exprimées par la persistance de la souffrance, par l'appui hésitant, par des douleurs lancinantes.

Le phlegmon de la partie conservée du coussinet plantaire, qui engendre l'*abcès du creux du paturon*, est plus rare qu'à la suite de l'opération partielle. On le traite par la ponction, le drainage, les injections et les bains. Si l'on a laissé un îlot fibreux mortifié ou négligé l'antisepsie, il arrive que le moignon de l'aponévrose plantaire se nécrose à son extrémité, accident dénoncé par la persistance de la douleur, par l'abondance de la suppuration et par la fistulisation de la plaie. On doit alors faire une nouvelle excision, pratiquer dans le paturon une contre-ouverture avec drainage, et employer ensuite, soit les injections ou les bains antiseptiques, soit l'irrigation continue.

L'*arthrite du pied* est aussi une complication possible : à travers le ligament interosseux perforé ou ulcéré s'échappe de la synovie purulente. Le mal est de la dernière gravité. Cependant les faits relatés par Rey, Delafond, Laux, Verrier, Saudé et quelques autres témoignent qu'il n'est pas absolument incurable. Si l'on tente la conservation du blessé, il faut irriguer la synoviale avec une solution tiède de sublimé à 1 p. 1000, en imprimant au pied des mouvements alternatifs de flexion et d'extension, afin d'assurer la désinfection plus complète des surfaces et des recoins, puis appliquer un pansement antiseptique.

Lors de *fracture du petit sésamoïde*, constatée en pratiquant l'opération ou dans les jours qui suivent, on doit renoncer au traitement. Si Humbert a eu la chance de sauver son opéré par la sésamoïdectomie, son succès est resté unique. Möller a fait plusieurs fois cette ablation : toujours le résultat en a été « déplorable ».

La reprise du travail après l'opération du clou de rue peut être retardée par la sensibilité morbide du tissu de cicatrice ou par le développement de formes coronaires. — La douleur dont le tissu inodulaire est le siège s'atténue peu à peu. Tant qu'elle persiste, on y remédie par l'amincissement de la corne qui recouvre la cicatrice et par la protection de la face inférieure du pied au moyen d'une étoupade goudronnée, maintenue par une plaque de cuir ou de métal. Parfois on doit pratiquer la névrotomie basse et double. — La *périostose coronaire* qui survient tantôt pendant la réparation de la plaie opératoire, tantôt tardivement, est observée aussi bien après l'opération complète qu'à la suite de l'ablation partielle de l'aponévrose. Elle réclame le traitement des formes de la couronne : rainures pariétaires, fer à planche et cautérisation, section du médian ou névrotomie plantaire haute et double.

La *nécrose partielle du coussinet plantaire* — le *javart de la fourchette* — se rencontre particulièrement sur les pieds larges, plats ou combles, à fourchette trop parée, échauffée ou pourrie. Elle peut être déterminée par les diverses actions contondantes qui s'exercent sur la région furcale, quand l'infection s'ajoute à l'inflammation développée dans le coussinet.

La boiterie est ordinairement assez accusée. A l'examen du pied, parfois on ne constate rien d'anormal pendant le détachement du fer, non plus que par l'exploration de la périphérie de la sole ; mais si l'on comprime la fourchette avec les tricoises ou les pinces, on provoque des réactions, des mouvements de retrait du membre indiquant une lésion des tissus sous-jacents. A ce moment, il peut n'exister encore aucune modification apparente de la corne furcale. Au bout de peu de jours, d'autres symptômes apparaissent : le liquide collecté sous la corne (sérosité ou pus) fuse vers les talons et « souffle au poil » au niveau des glomes de la fourchette. — Produite par un traumatisme pénétrant, l'affection n'est qu'une variété du clou de rue.

Le *pronostic* est d'ordinaire peu grave. Dans la plupart des cas, un sillon disjoncteur se forme, qui délimite complètement l'îlot sphacélé ; la guérison survient en 10-15 jours. La nécrose de l'aponévrose plantaire est toutefois une complication possible.

Les *indications thérapeutiques* sont les suivantes : 1° amincir la corne à pellicule au niveau de la lésion ; 2° débrider la fistule ou exciser un lambeau de corne en côte de melon, de manière à découvrir les tissus mortifiés (kératomie furcale de Loiset) ; 3° recourir aux bains et aux pansements humides antiseptiques. — Le plus souvent l'escarre s'élimine et la plaie se comble régulièrement par granulation. Lorsque ces moyens échouent, il faut faire l'ablation du foyer de nécrose. — Avant de remettre les animaux en service, on garnit le pied d'un fer couvert muni d'une plaque, ou d'un fer ordinaire et d'un pansement au goudron maintenu par des éclisses.

VIII. — Contusions des talons. Bleimes.

Les contusions de la base du talon — les *bleimes* — sont communes chez les chevaux qui progressent sur le pavé. Elles offrent un certain nombre de variétés et de degrés. D'après le siège de la lésion, Lafosse distinguait des *bleimes naturelles* — celles que Bouley a qualifiées d'*essentielles* — et des *bleimes accidentelles*. On les appelle aujourd'hui *bleimes podophylliennes* et *bleimes veloutées*. — Delpérier et Chénier soutiennent que toujours la bleime est une affection du tissu podophylleux. Pour Pader, c'est une inflammation des tissus sous-cornés en talon, débutant le plus souvent dans le tissu podophylleux. — La plupart des bleimes sont bien localisées dans le tissu lamelleux de la région calcienne, mais on en rencontre qui naissent dans le tissu velouté.

En général, la *bleime récente* est une simple hémorragie sous-cornée, punctiforme, linéaire ou diffuse, consécutive à une contusion ou à une déchirure de la couche papillaire des tissus podophylleux ou velouté. Par la répétition de la cause qui l'a produite, souvent le tissu vulnéré s'enflamme ; alors, ordinairement le processus est encore *aseptique*, mais, par le décollement de la paroi ou l'amincissement du talon, l'*infection* peut venir compliquer la lésion première.

Fréquentes aux membres antérieurs, rencontrées tantôt aux deux talons, tantôt à l'interne seulement, les bleimes sont surtout communes dans certains pieds défectueux, — dans les pieds à talons hauts, à corne épaisse, plus ou moins encastelés, et dans les pieds larges, plats, à talons bas. La haute température atmosphérique, la dessiccation de l'ongle, l'émigration les favorisent. La ferrure irrationnelle en est le grand facteur. On n'en observe que très exceptionnellement chez les chevaux non ferrés. — Sur ces points

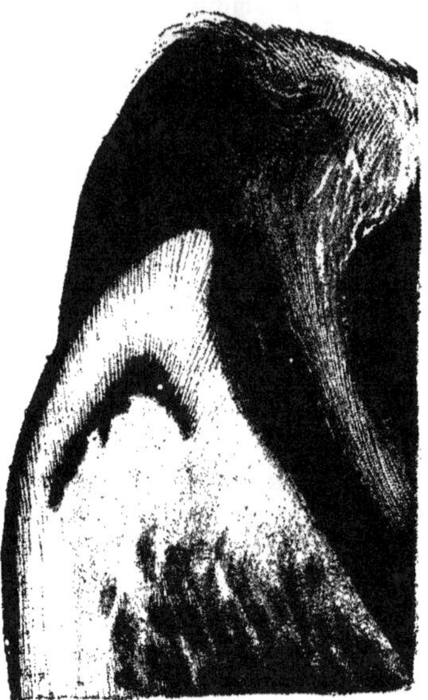

Fig. 543. — Bleime podophyllienne.   Fig. 544. — Bleime des tissus podo-
                                                        phylleux et velouté.

d'étiologie, les auteurs sont d'accord ; il n'en est pas de même au sujet de la pathogénie des lésions.

Bouley rapportait les *bleimes accidentelles*, dans les pieds plats, « aux contusions que les tissus vifs subissent à travers la sole » ou « au mouvement de bascule » qu'éprouve dans le sabot la troisième phalange au moment de l'appui : le tissu velouté de la région des talons serait comprimé entre la sole et l'apophyse rétrossale qui n'est plus soutenue, comme dans les pieds normaux, par les fibro-cartilages. Mais les mouvements de la phalange à l'intérieur du sabot sont extrêmement bornés, et Rohlwes a montré que, dans les pieds ainsi conformés, ce n'est pas au niveau de la saillie des apophyses que se développent les bleimes.

La plupart des auteurs, avec Lafosse, attribuent les *bleimes essentielles* au rétrécissement des quartiers et des talons, causé par la hauteur excessive de la paroi ou par sa dessiccation. — Chénier soutient que ces bleimes ne résultent pas du mouvement de retrait du sabot; elles se produiraient dans les pieds encastelés quand la fourchette vient à l'appui : les mouvements d'expansion de celle-ci comprimeraient le tissu podophylleux contre la paroi. D'après Delpérier, les déchirures podophylleuses qui constituent la bleime seraient dues à un mouvement exagéré de la phalange et du podophylle à l'intérieur de l'ongle alors que ce dernier est immobilisé au temps d'appui.

En réalité, la pathogénie de la bleime est complexe. Rien d'étonnant, d'abord, que les meurtrissures du tissu velouté, les distensions ou les déchirures des lames podophylleuses, les suffusions sanguines qui en résultent, l'inflammation qui survient ensuite dans ces tissus, se remarquent là plus souvent qu'aux autres régions du pied : c'est dans les parties postérieures de celui-ci, en effet, que s'accomplissent surtout les actes — quels qu'ils soient — du « mécanisme du pied »; c'est sur elles que l'action du poids du corps se fait plus particulièrement sentir au moment de l'appui, que s'exercent au maximum les pressions et les réactions, — celles-ci, comme les premières, d'autant plus intenses que le cheval est plus lourd, l'allure plus rapide, le sol plus dur. Quant à la localisation habituelle des lésions dans le podophylle, elle s'explique par la structure même du talon, par la disposition de l'arc-boutant et de la barre. On comprend la fréquence de la bleime dans les pieds larges, à talons bas, surchargés, — dans les pieds maigres, à corne mince, dont les faibles arcs-boutants ne résistent pas suffisamment aux efforts, — dans les pieds à corne épaisse, à talons serrés ou à talons hauts et encastelés, où la membrane sous-ongulée subit une compression anormale permanente.

Quand la boiterie et la sensibilité du talon mettent sur la voie de la bleime, l'amincissement des bouts de la sole en décèle les lésions. Parfois on ne constate qu'une douleur plus ou moins accusée à la percussion ; la corne ne présente aucune modification apparente ou offre seulement un aspect vitreux au niveau de la zone commissurale. Le plus souvent, elle est infiltrée de sang dans une étendue variable de la surface plantaire : la bleime est dite *sèche*. Tantôt l'infiltration est limitée à la commissure et au kéraphylle, dans la région du quartier, de l'arc-boutant ou de la barre ; tantôt les taches ecchymotiques existent dans la corne solaire. — Plus tard le tissu podophylleux ou velouté s'enflamme, de la sérosité infiltre la corne ou se collecte entre celle-ci et la membrane tégumentaire : la bleime est *humide*. Si le foyer inflammatoire est infecté, la bleime devient *purulente*. — Dans les cas où le pus a nécrosé la membrane kératogène, puis le coussinet plantaire, la phalange, l'aponévrose plantaire ou l'un des fibro-cartilages, la bleime est *compliquée* ou *fistuleuse*. Alors il y a toujours une forte boiterie, et par la fistule, ouverte dans l'encoignure de l'arc-boutant ou dans la lacune, s'écoule en plus ou moins grande abondance du pus grisâtre ou sanguinolent.

Le *diagnostic* est établi par l'examen du pied. Celui-ci déferré et paré, les pressions exercées par les tricoises dénoncent, en talon, de la douleur accusée par le retrait du pied. L'amincissement de la barre et du bout de la sole décèle les symptômes objectifs : aspect vitreux, infiltration hémorragique, séreuse ou purulente du tissu corné. — Lorsque la bleime est compliquée, on peut ordinairement, par le sondage de la fistule, reconnaître le siège des lésions, l'atteinte du coussinet plantaire, de l'aponévrose, du cartilage ou de la phalange. La tuméfaction de la région coronaire accuse la nécrose du fibro-cartilage.

Le *pronostic* est subordonné à la nature des lésions : tandis que les formes sèches de la bleime guérissent facilement, les autres sont ordinairement graves, et d'autant plus que les altérations sont plus étendues ou plus profondes. — Pour peu que la conformation du pied laisse à désirer, la bleime récidive fréquemment.

La bleime étant surtout la conséquence de la ferrure défectueuse et de l'encastelure, le *traitement préventif*, considéré en ce qu'il a de pratique, est tout entier dans l'observation des règles de la ferrure. — Pour les pieds à talons bas, Bouley a conseillé un fer à branches couvertes, prolongées un peu au delà du contour des arcs-boutants et légèrement nourries en éponges. Mais, en général, il est plus avantageux d'assurer l'appui de la fourchette par l'usage du fer à planche ou du fer à éponges minces. Les plaques de tôle, de cuir, de gutta et de caoutchouc ne sont utiles que comme moyens protecteurs de la sole. — Pour les pieds encastelés ou à talons hauts, le fer à éponges minces, le fer à lunette et le fer Charlier sont les meilleurs. — A la Compagnie des Omnibus de Paris, depuis l'emploi de la ferrure actuelle, les bleimes ont diminué dans une forte proportion. Du 1er avril 1894 au 1er avril 1895, sur un effectif de 15 300 chevaux, on n'a relevé que 38 cas de bleime, — 1 bleime humide et 37 bleimes sèches; et du 1er avril 1895 au 1er août 1896, sur un effectif de 15 500 chevaux, 44 bleimes seulement, — 1 bleime suppurée, 3 bleimes humides et 40 bleimes sèches, — soit une proportion inférieure à 3 p. 1000 pendant une année, alors qu'avant l'emploi de cette ferrure un grand nombre de chevaux devaient être livrés à la boucherie à la suite des graves lésions produites par les bleimes suppurées. (Mouilleron.)

Le *traitement curatif* doit répondre à plusieurs indications. Si la contusion des tissus vivants est due à la présence d'un caillou introduit entre la face supérieure du fer et la sole, ou fixé entre sa rive interne et la fourchette, il est facile, en soulevant le pied, de s'assurer de la présence du corps contondant et de l'enlever. Mais il s'agit là d'une contusion banale, en somme très rare. Quand la vraie bleime est constatée, presque toujours la ferrure est en cause.

En général, on commence le traitement de la *bleime simple* par l'amincissement de la base du talon malade. On pare à plat l'angle de la sole et la paroi, ou l'on opère « à la marchande » : on amincit seulement la barre et la sole, en respectant le quartier et l'arc-boutant. Dans l'un et l'autre mode, à l'aide du boutoir et de la rénette, on enlève à petits coups la corne infiltrée jusqu'à ce que la couche laissée cède sous la pression du doigt ; parfois on amincit également la branche correspondante de la fourchette ; ensuite, tantôt on prescrit les compresses humides antiseptiques ou les émollients et un repos de quelques jours, tantôt on recouvre la corne amincie d'un pansement à l'onguent de pied et le cheval est remis en service. — Remarquons que les bleimes sèches sont des *lésions aseptiques* ; pour guérir, elles n'exigent le plus souvent que la suppression de la cause, une ferrure correcte, et parfois quelques jours de repos, le pied enveloppé d'un pansement humide. Si l'amincissement est utile en ce qu'il diminue la compression des tissus meurtris et favorise l'action des topiques, pratiqué à fond il expose à *l'infection* de ces tissus. Bien souvent l'inflammation de ceux-ci devient suppurative par l'intervention des maréchaux, qui ont la manie de l'amincissement. — Lorsque la bleime est *purulente*, après avoir aminci la corne sur une large surface et évacué le pus, on déterge la cavité, puis on emploie les bains tièdes et les pansements antiseptiques humides (solution de sulfate de cuivre à 4-6 p. 100, de sublimé à 1 p. 1000 ou de crésyl à 2-3 p. 100). Après un bain d'une demi-heure dans l'un de ces liquides, on enveloppe pied de compresses humides. Souvent, en peu de jours, la suppuratio est tarie. Au cas où une fistule persiste, on y fait des injections antiseptiques fortes, préférables aux escarrotiques et aux caustiques.

Pour les *bleimes compliquées de nécrose* des tissus sous-cornés, du coussinet ou de l'aponévrose plantaire, du cartilage ou de la phalange, une intervention chirurgicale plus active est nécessaire. — Le cheval sera couché et le pied entravé au-dessus du jarret ou du genou. Les actes opératoires varient avec la nature des lésions; mais toujours il importe de ne pas négliger l'antisepsie : très généralement l'ablation porte sur des tissus peu vasculaires, à languissante nutrition, où la nécrose récidive facilement. — La gangrène du tégument, la nécrose du cartilage et les altérations osseuses nécessitent l'amincissement du quartier et l'ablation totale des tissus sphacélés ou infiltrés de pus. On détergera soigneusement la plaie, on touchera avec la teinture d'iode les points suspects, puis on appliquera un pansement. Souvent on obtient la guérison. La mortification étendue de l'aponévrose plantaire exige l'opération partielle ou complète du clou de rue.

Lorsque la bleime est guérie, pour utiliser le cheval on applique habituellement un fer à planche prenant appui exclusivement sur la fourchette et le quartier sain. Un pansement et une plaque de cuir ou de tôle protègent le talon aminci. Si la fourchette atrophiée n'arrive pas au contact de la planche, on peut interposer entre elles une étoupade goudronnée ou un coin de gutta-percha. — Dans certains cas où, à la suite d'un large décollement, les tissus sous-jacents sont endoloris, le fer sous-plantaire de Delpérier peut rendre des services. — Diverses autres ferrures ont été recommandées pour les pieds bleimeux : fer ordinaire à branche couverte, fer dont l'éponge et la partie postérieure de la branche sont biseautées à leur face supérieure (Goyau), fer ordinaire à branche tronquée, fer à planche à éponge tronquée. — Pour les chevaux de la cavalerie des Omnibus de

Paris, on emploie avec bons résultats le fer tronqué en branche du côté de la contusion. (Mouilleron.)

Dès que le talon est reconstitué, on revient à une ferrure usuelle appropriée à la conformation du pied.

La *contusion de la sole* — la meurtrissure du tissu velouté par des actions traumatiques — ne diffère de la bleime accidentelle que par son siège. Les pieds plats, combles, fourbus ou à sole mince y sont prédisposés. Au début, les lésions sont celles de la bleime hémorragique ou exsudative; lorsque des agents pyogènes interviennent, la phlegmasie devient suppurative : la nécrose du tissu velouté est alors une complication assez fréquente.

La boiterie conduit à l'exploration méthodique du pied. En un certain point de la sole, on trouve une zone endolorie. Si l'on y amincit la corne, les couches profondes sont ecchymosées ou infiltrées, la sole est décollée, le tissu velouté est le siège d'une inflammation exsudative ou suppurative.

Tout d'abord, on aura recours à l'amincissement, aux bains et aux épithèmes froids. Si du pus est collecté sous la sole, on lui donnera issue, on désinfectera la cavité et l'on appliquera un pansement antiseptique. Lorsque l'accident est compliqué de nécrose, le traitement est celui du *clou de rue*.

IX. — Piqûre. — Enclouure.

Lésions traumatiques de la région plantaire qui diffèrent du *clou de rue* par leur étiologie ainsi que par leur localisation constante à la périphérie du pied, la *piqûre* et l'*enclouure* représentent deux degrés d'un même accident de la ferrure. Quand, en exécutant celle-ci, le maréchal reconnaît l'atteinte des tissus sous-ongulés et retire le clou vulnérant, il a fait une simple *piqûre*. Lorsque le clou est rivé après avoir blessé les parties vives, il y a *enclouure*. L'expression de « retraite », empruntée à l'hippiatrie, s'entend de la lésion produite par la pénétration, dans ces tissus, d'une branche divergente d'un clou pailleux, ou d'une souche brusquement déplacée par un clou broché au point où elle était retenue dans la corne.

Cette sorte de blessure des tissus sous-cornés est favorisée par de nombreuses circonstances : encastelure, minceur de la sole et de la paroi, inattention ou inhabileté de l'ouvrier, fer mal étampé ou placé de travers sous le pied, clous mal affilés, pailleux ou trop forts de lame, souches perdues dans la corne. — Parfois le cheval s'encloue lui-même : si, au moment où l'un des clous n'est encore fixé que par sa pointe, l'animal réagit violemment et force le teneur de pieds à lâcher prise, il se peut que, sous la pression du membre arrivant brusquement à l'appui, ce clou pénètre loin dans le sabot et atteigne les tissus vifs. — La piqûre et l'enclouure sont plus fréquentes au quartier interne qu'à l'externe, en raison de la différence d'épaisseur de la muraille en ces deux régions et du voisinage de l'épaule, laquelle gêne les mouvements de l'ouvrier lorsqu'il cloue la branche interne du fer.

Les dégâts produits par le clou vulnérant ne sont pas toujours limités à la membrane tégumentaire (tissus podophylleux et velouté) et au réticulum sous-jacent. La phalange peut être piquée, échancrée, même fracturée. Le fibro-cartilage est quelquefois intéressé.

Certains *symptômes* se manifestent pendant l'opération de la ferrure; d'autres surviennent plus tard. Lorsque le clou broché ne prend pas la bonne direction, les percussions de l'instrument sont moins sonores et moindre aussi la résistance à la pénétration, que si la lame traversait la corne dure de la paroi. Au moment même où la pointe atteint les tissus vifs, la douleur ressentie est accusée par un brusque mouvement de retrait du membre. Quand, mis sur la voie par ces indices, l'ouvrier retire le clou, parfois du sang en souille la pointe ou apparaît à l'orifice du pertuis. Ce signe révélateur fait défaut si le

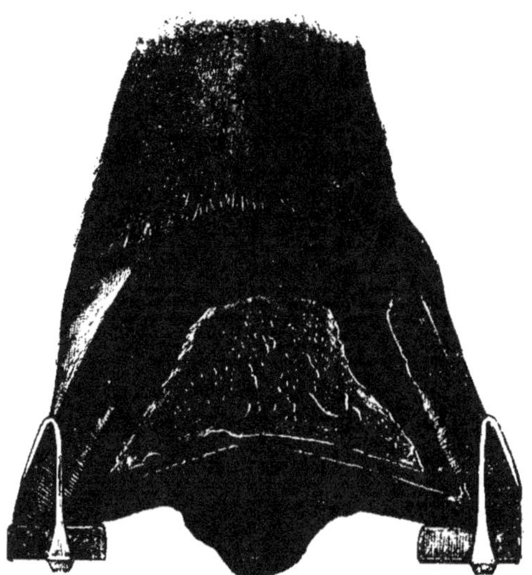

Fig. 545. — Coupe transversale verticale du pied et des branches du fer, montrant le trajet des clous dans la muraille.

clou, n'ayant qu'effleuré le podophylle, s'essuie sur les parois du trajet corné au moment où on le retire, ou si la corne refoulée revient au contact et obstrue l'orifice. Les autres phénomènes ne sont pas toujours constatés par l'ouvrier, soit qu'il n'apporte pas à son travail une suffisante attention, soit que le cheval *compte* ou que le tord-nez empêche toute manifestation de douleur.

Tandis que la piqûre n'a généralement aucune suite, l'*enclouure* s'accompagne toujours d'une boiterie constatée tantôt dès que la ferrure est terminée, tantôt seulement au bout de vingt-quatre heures ou même de plusieurs jours.

Le *diagnostic* est facile. Aux réactions de l'animal, au sang dont la pointe du clou est souillée ou qui apparaît à l'orifice du trajet, l'ouvrier reconnaît la piqûre. — Lorsque la ferrure est récente, l'absence d'un clou, la disposition « en musique » des rivets, la hauteur exagérée à laquelle un ou plusieurs d'entre eux sont incrustés dans la muraille mettent le praticien sur la voie. L'examen du quartier correspondant dénote de la douleur et de l'hyperthermie. En dérivant, lorsqu'on arrive au clou vulnérant, les coups de brochoir provoquent des mouvements de défense; de même quand, détachant le fer, on soulève la branche du côté correspondant à la lésion. Ordinairement le clou retiré est noirâtre, et par le trajet s'échappe un liquide purulent grisâtre, blanchâtre ou lie de vin. L'amincissement de la région plantaire montre, en dedans de la zone commissurale, une perforation quadrangulaire à bords noirâtres, autour de laquelle la corne est ramollie, infiltrée ; souvent il y a un décollement plus ou moins étendu.

Relativement au *pronostic*, la différence est grande entre la piqûre et l'enclouure. Les hippiatres connaissaient la bénignité de la première : De cent chevaux piqués, dit Lafosse, « à peine y en a-t-il six qui boitent ». Mais l'enclouure peut se compliquer de graves désordres : suppuration du foyer traumatique, inflammation diffuse et gangrène de la membrane sous-cornée, décollement de la muraille ou phlegmon coronaire, carie de la phalange ou nécrose du fibro-cartilage.

En général, au cas de simple piqûre, il suffit de retirer le clou vulnérant et de laisser vacante l'étampure correspondante. C'était là le traitement de Lafosse : « Lors de simple piqûre, lorsqu'on retire le clou sur-le-champ, il n'y a rien à faire... Il faut seulement s'abstenir de mettre de clous dans les mêmes trous, de peur de causer une irritation et l'inflammation. » Dans la très grande majorité des cas, en effet, *le trauma est aseptique* ; la guérison est assurée à la seule condition d'*empêcher l'infection* des tissus blessés. Pour cela, quand le conduit que le clou a creusé dans la corne n'est pas entièrement effacé par le retrait de celle-ci, il n'y a qu'à l'occlure, soit par une légère application du fer rouge sur la commissure au niveau de l'orifice, soit avec du collodion et de la gaze ou de l'ouate. Lorsque la pointe a pénétré loin, il convient, avant d'assurer l'occlusion, de faire un amincissement limité, portant sur la muraille et la sole, et de laisser vides les deux étampures voisines. — Le plus souvent, l'accident n'a pas de suites ; tout au plus observe-t-on, en certains cas, une légère feinte à froid, qui disparaît au bout de quelques jours. Beaucoup de chevaux piqués sont attelés ou montés dès que la ferrure est terminée, sans qu'il survienne aucune complication. Si le blessé boite, même légèrement, on doit le laisser au repos et, après avoir paré le pied, envelopper celui-ci de compresses antiseptiques.

Lorsque la piqûre s'accompagne d'inflammation exsudative ou suppurative de la membrane kératogène, il faut déferrer, amincir à fond la corne solaire au niveau de la blessure, y pratiquer une brèche permettant le libre écoulement du liquide exsudé, puis désinfecter le foyer traumatique par des injections ou par l'immersion prolongée dans un liquide antiseptique, enfin recouvrir le pied d'un large pansement. — Rey utilisait surtout les bains de sulfate de cuivre : dans le cas d'inflammation suppurative, il employait la solution à 10 p. 100 et, si la lésion était moins grave, la solution à 3-5 p. 100 ; les bains étaient prolongés pendant une demi-heure à une heure. — Quand on intervient ainsi, habituellement les phénomènes réactionnels vont en s'atténuant et la guérison a lieu ; si le mal s'aggrave, la boiterie devient plus intense, la douleur est lancinante, la couronne se tuméfie. Alors les indications sont les mêmes que pour l'enclouure.

Les suites de l'*enclouure* dépendent de la profondeur à laquelle a pénétré le clou, de la durée de son séjour au sein des tissus blessés, mais surtout de l'*état aseptique* ou *infecté* du foyer traumatique. Ce dernier facteur a une influence capitale sur la marche des lésions. Dans nombre de cas, ici encore, la plaie n'est pas immédiatement infectée ; mais l'exsudat qui s'y produit très vite peut sourdre le long du clou, dans le trajet de la zone commissurale : la voie est ainsi ouverte aux agents infectieux. Et lorsque, l'accident étant reconnu, on a détaché le fer, ceux-ci pénètrent facilement par le conduit que le clou vulnérant a creusé, que l'on ait ou non enveloppé le pied d'un cataplasme ou d'un pansement à la vieille manière.

Quand le clou n'a fait qu'effleurer la membrane tégumentaire, si l'inflammation se développe dans celle-ci, elle peut rester localisée à sa couche superficielle : l'exsudat se collecte entre le podophylle et les lames kéraphylleuses, s'étend le long de la zone commissurale ou remonte vers le bourrelet ; quelquefois il décolle le biseau. — Le processus inflammatoire déterminé par le clou qui a traversé la membrane tégumentaire et vulnéré les tissus qu'elle recouvre se comporte d'une façon différente : l'exsudation a lieu à la fois à la surface de cette membrane et dans la couche qui la double profondément, et, si le trauma est infecté, le pus fuse sous le podophylle, atteint la couronne, où l'on voit se dessiner les signes du *phlegmon coronaire*. Alors la gangrène circonscrite ou diffuse du tissu podophylleux, la nécrose et la carie de la phalange sont des complications fréquentes.

A la condition d'intervenir rapidement, on peut conjurer ces complications de l'enclouure. Dans une partie des cas, on a d'abord à retirer le clou, la souche ou la lame pailleuse. Si cette extraction n'est suivie que de l'issue d'un peu de sang ou de pus noirâtre, les lésions sont d'ordinaire bénignes et le traitement se confond avec celui de la piqûre simple : amincissement, bain antiseptique et emmaillotement. Une fois le liquide évacué, le plus souvent la boiterie s'atténue peu à peu et disparaît. — Quand déjà il y a inflammation suppurative accusée par l'écoulement de pus blanc grisâtre, le même traitement suffira, mais il est avantageux de faire sur la muraille, au niveau de la lésion, un amincissement en $\wedge$, d'élargir la brèche plantaire, de désinfecter soigneusement le trauma (eau oxygénée, eau phéniquée forte, solution de chlorure de zinc au 1/10, teinture d'iode) et de le recouvrir d'un pansement au chrysoforme ou de faire l'enveloppement humide de l'extrémité.

Lorsque les symptômes locaux et rationnels dénoncent l'existence de lésions nécrotiques, toute temporisation est dangereuse ; il faut se décider à l'opération. Elle consiste à découvrir les tissus mortifiés et à en pratiquer l'excision. On fait à la muraille, par amincissement ou par arrachement, une brèche comme pour l'opération de la seime. Le plus souvent la paroi est décollée sur une large surface, on choisit l'extirpation : les tissus mortifiés sont ainsi à découvert. En général, les temps essentiels de l'opération consistent à exciser le tissu podophylleux nécrosé, à ruginer la couche superficielle de la phalange, ou à l'évider plus ou moins profondément si elle est cariée, en observant toujours la règle d'empiéter sur les parties saines adjacentes, de façon à ne laisser aucun foyer infectieux.

L'enclouure a ordinairement son siège en quartier : la nécrose du fibro-cartilage est une complication commune. Si cette lésion est peu étendue, après avoir enlevé la partie sphacélée de la membrane tégumentaire, on excise l'îlot cartilagineux nécrosé et l'on applique un pansement. Avec une correcte antisepsie, on obtient assez fréquemment la guérison. Mais il se peut qu'une nouvelle portion du fibro-cartilage se mortifie ; la plaie opératoire se fistulise : il faut recourir aux injections antiseptiques ou à l'extirpation du fibro-cartilage. Lors de nécrose partielle du coussinet plantaire ou de l'expansion du perforant, le traitement est celui du clou de rue. (V. *Nécrose du fibro-cartilage* et *Clou de rue.*)

Les clous brochés pour fixer le fer peuvent être implantés trop près des parties vives, sans toutefois les atteindre : le pied est « *serré par les clous* ». L'accident est observé le plus souvent sur les pieds à paroi mince ou dérobée.

Dans les jours qui suivent la ferrure, une boiterie se manifeste, assez intense en quelques cas, peu accusée le plus souvent. Le pied déferré, si l'on en fait l'examen méthodique, on constate, en mamelle ou en quartier, une sensibilité anormale qui dénonce le siège de la compression. Lorsque l'animal est laissé au repos, le pied endolori enveloppé de compresses humides, la boiterie disparaît en peu de jours. Les complications quelquefois observées sont le résultat d'une intervention inopportune, du creusement de la zone commissurale et de la blessure des tissus sous-cornés par la rénette.

Un fer mal ajusté peut porter sur la sole au lieu de ne reposer que sur la périphérie de la muraille : le pied est « *comprimé par le fer* ». Pendant les allures, le tissu velouté subit, par l'intermédiaire de la plaque solaire, des chocs qui l'irritent et donnent lieu à une claudication. Cet accident n'est pas rare dans les pieds plats, combles ou fourbus. Il s'accuse par une boiterie plus ou moins forte, par de la douleur et par des ecchymoses de la corne constatées en une région limitée de la sole.

Habituellement il suffit d'amincir la sole et d'envelopper le pied de compresses humides : les troubles disparaissent au bout de quelques jours. Si, par une cause quelconque, l'infection s'ajoute aux lésions sous-solaires, la suppuration se produit, entraînant parfois une gangrène partielle du tissu velouté.

X. — Nécrose du fibro-cartilage. — Javart cartilagineux.

Spéciale aux équidés, la *nécrose du fibro-cartilage de la troisième phalange* — le *javart cartilagineux* — est une affection fréquente, dont le développement est favorisé par toutes les circonstances qui exposent aux lésions traumatiques du pied : utilisation du cheval au service du gros trait, saison froide, ferrure mal pratiquée, usage de fers munis de crampons, défectuosités du pied (pieds plats ou combles), vices d'aplombs ou d'allures. — Les causes occasionnelles les plus communes sont les contusions de la couronne accompagnées de phlegmon, les plaies contuses de cette région, les nécroses de la peau ou de la cutidure. Souvent aussi le javart est observé comme complication de la seime quarte, de l'enclouure ou de la bleime.

Quand le fibro-cartilage est intéressé par un traumatisme, trois terminaisons sont possibles : 1° la cicatrisation adhésive; 2° la cicatrisation par granulation ; 3° la nécrose. — La réunion adhésive ne s'observe qu'aux traumatismes simples, aseptiques et sans perte de substance. — Dans la cicatrisation par bourgeonnement, les lèvres de la plaie et le cartilage se recouvrent de fines granulations qui, peu à peu, comblent la solution de continuité. — La nécrose est la terminaison la plus fréquente. Une fois constituée, elle progresse lentement dans la plaque, s'y propage d'arrière en avant ou de haut en bas. Cette marche envahissante s'explique par la languissante nutrition du tissu cartilagineux et par la continuité de l'escarre avec la partie saine de l'organe. La disjonction de l'îlot nécrosé s'effectue en arrière, en haut, sur sa face profonde, quelquefois aussi à son bord inférieur, mais il est rare qu'elle s'achève naturellement; presque toujours, en effet, la partie antérieure du « bourbillon » reste fixée à la plaque par un pédicule plus ou moins large, à la faveur duquel les agents infectieux atteignent et nécrosent de nouvelles portions du fibro-cartilage (Bouley). — La disjonction spontanée est cependant possible lorsque le mal est limité au tiers postérieur de la plaque. Celle-ci est formée par l'association de deux tissus : le cartilage en constitue la couche superficielle, et le tissu fibreux la couche profonde. L'élément cartilagineux prédomine dans la région antérieure, où il est disposé en nappe assez épaisse, homogène, ne possédant qu'une obscure vitalité ; il est moins abondant dans la zone postérieure, où on le trouve réparti sous forme d'îlots, séparés par des travées conjonctives au niveau desquelles peut s'accomplir la délimitation de l'escarre.

Quel qu'en soit le mode de développement, le javart cartilagineux une fois constitué s'accuse par des *symptômes* auxquels ne se trompe point un œil exercé, mais surtout par un gonflement inflammatoire de la couronne, localisé à la région du cartilage, et par une fistule coronaire ou plantaire. — Dès qu'une portion du fibro-cartilage est nécrosée, l'inflammation développée dans le tissu conjonctif péricartilagineux et dans la peau provoque une forte tuméfaction coronaire dont le siège correspond à celui de la nécrose. Le plus souvent on la remarque d'abord en talon, où généralement le javart commence, puis elle s'étend en avant, et, quand le processus est ancien, elle occupe tout le quartier malade. — La douleur, habituellement peu accusée, s'accentue lorsque la nécrose atteint la partie antérieure du fibro-cartilage ou provoque un nouveau foyer de suppuration.

Avec cette tuméfaction, on constate une ou plusieurs fistules ordinairement ouvertes sur la couronne. Au début, l'orifice fistuleux est quelquefois masqué par un bourgeon charnu, — par une « cerise »; lorsque ce bourgeon a disparu, la fistule s'ouvre à fleur de peau et, si le trajet existe depuis longtemps, son orifice est ordinairement disposé en infundibulum. Le pus est abondant, grisâtre ou sanguinolent; on y peut voir exceptionnellement des parcelles de cartilage nécrosé. — Quand le javart est survenu comme complication d'une bleime, la première fistule est située sur la face plantaire du sabot, dans la lacune latérale correspondante ou en avant de l'arc-boutant; mais, plus tard, par suite des progrès de la nécrose, d'autres s'ouvrent au-dessus du bourrelet. Si la lésion cartilagineuse est consécutive à une seime quarte, la fistule peut être pariétaire. Plus ou moins profonds, rectilignes ou sinueux, de calibre uniforme ou inégal, les conduits fistuleux convergent vers le foyer de nécrose. Aux pieds atteints de javart ancien, on voit souvent, sur le talon, des cicatrices dues à l'oblitération des premières fistules.

Signalons encore la *déviation de la paroi* et l'existence de *cercles sur la muraille*. Lorsque le javart date déjà de quelque temps, par le fait de la tuméfaction de la couronne, le bourrelet est dévié, renversé, et la muraille pousse verticalement ou dans une direction inverse de la normale. L'aspect rugueux et les cercles de la muraille, dus à des irrégularités de la fonction sécrétoire des bourrelets, sont des phénomènes constants dans le javart ancien; ils révèlent l'âge de la lésion, si l'on se rappelle que l'avalure de la muraille est d'environ 1 centimètre par mois. (Renault.)

De même que la douleur, la *boiterie* qui apparaît dans le cours du javart est assez exactement en rapport avec la gravité de l'affection. Peu accusée ou nulle tant que les lésions sont limitées à la partie postérieure ou supérieure du fibro-cartilage, elle s'accentue quand la nécrose est parvenue au voisinage du ligament antérieur ou de la phalange, mais surtout lorsqu'elle a causé des désordres dans les organes contigus à la plaque cartilagineuse. — Limitée au fibro-cartilage, la nécrose ne provoque pas de troubles généraux; ceux-ci sont toujours l'expression de lésions secondaires.

Le javart cartilagineux peut entraîner diverses *complications*, presque toutes graves. Quand le processus suit son cours, un moment arrive où il atteint le ligament latéral antérieur de l'articulation du pied ou la troisième phalange. La nécrose du tissu podophylleux, celle du coussinet et de l'aponévrose plantaires sont beaucoup plus rares. L'arthrite du pied peut se développer soit par destruction du ligament latéral antérieur, cause de beaucoup la plus fréquente, soit par la nécrose ou la carie de la troisième phalange, soit encore par l'ulcération du cul-de-sac latéral de la synoviale articulaire, en contact avec la face interne de la plaque scutiforme. Si cette ulcération ne se produit pas plus fréquemment, c'est parce que, sous l'influence de la phlegmasie et avant que la nécrose arrive à son niveau, la paroi de la synoviale est renforcée par une doublure fibreuse.

A la face interne du cartilage nécrosé, parfois un abcès se forme, qui s'ouvre sur la couronne après avoir causé des désordres de gravité variable. Enfin on peut constater la gangrène du tégument qui recouvre le fibro-cartilage, ainsi que les altérations propres à la seime ou a la bleime. Parfois cette dernière affection entraîne en même temps la nécrose du fibro-cartilage et celle de l'aponévrose plantaire.

Le *diagnostic* du javart cartilagineux n'offre en général aucune difficulté. La tuméfaction inflammatoire circonscrite au champ du cartilage, la fistule coronaire ou plantaire, l'abondance et les qualités du pus sont caractéristiques. — Le *javart tendineux* localisé au pli du paturon détermine une boi-

terie beaucoup plus forte, et la topographie de la tuméfaction est différente. Les *traumatismes de la couronne*, comme les plaies qui résultent de
l'ouverture d'abcès sous-cutiduraux ou sous-cartilagineux, se ferment vite
quand ils ne sont pas compliqués de javart.

La nécrose du fibro-cartilage est une affection tenace; très rare en est la
guérison spontanée. Même quand elle est rationnellement traitée, elle peut
durer plusieurs mois. Toutefois, elle se présente avec des degrés de gravité
subordonnés surtout à son siège : localisée au talon, on en obtient assez
facilement la guérison; elle est d'autant plus grave qu'elle occupe un point
plus rapproché de la phalange, du ligament antérieur ou de la synoviale.
Ancienne, souvent elle nécessite une opération qui, même quand ses suites
sont heureuses, peut laisser une déformation du pied et de l'endolorissement des tissus sous-cornés. — La profondeur des fistules, l'abondance
du pus, l'intensité de la boiterie sont des signes défavorables. Si la claudication intense dénonce toujours quelque complication (nécrose ligamenteuse
ou osseuse, lésions du tissu podophylleux, arthrite), parfois il n'y a qu'une
boiterie peu accusée quand déjà le mal est grave et la nécrose parvenue aux
régions antérieure ou inférieure du fibro-cartilage. L'existence de lésions
concomitantes (bleime, seime, clou de rue) est à prendre en considération. —
D'une manière générale, le javart est moins rebelle aux membres postérieurs
qu'aux antérieurs, et cela surtout parce que les cartilages postérieurs sont
moins volumineux, moins denses, plus vasculaires que les antérieurs : la
disjonction du « bourbillon » y est plus facile. L'opinion contraire, soutenue
par quelques auteurs, est infirmée par les faits. — Le pronostic est souvent
fort aggravé par les diverses complications que nous avons signalées.

La guérison du javart cartilagineux exige : 1° la disjonction de l'escarre
ou la destruction de toute la partie nécrosable de la plaque; 2° le bourgeonnement des surfaces enflammées, qui comble la cavité creusée par la nécrose
et oblitère les fistules. — La disjonction de l'escarre est une première condition indispensable. Elle peut se produire naturellement tant que la nécrose
est limitée à la partie postérieure du fibro-cartilage. Mais il ne faut point
compter sur cette heureuse terminaison. En aucun cas l'expectation n'est
permise.

La *prévention* du javart cartilagineux est toute dans le traitement
rationnel des affections susceptibles de s'en accompagner, en particulier des plaies et des abcès de la couronne, des seimes quartes et des
bleimes. En utilisant les antiseptiques comme nous l'avons dit au sujet
de ces affections, on préviendra très généralement l'infection et la
nécrose du fibro-cartilage.

Les moyens thérapeutiques recommandés pour combattre le javart
cartilagineux peuvent se ranger sous trois chefs : 1° la *cautérisation*;
2° les injections *escarrotiques* ou *antiseptiques*; 3° l'*ablation du
cartilage*.

La *cautérisation* était le traitement préféré au temps de l'hippiatrie. Solleysel en a ainsi tracé les règles : « Il faut rayer de feu toute
l'enflure, depuis le haut jusqu'au-dessous de la couronne, sur la
corne, les raies près à près et si profondes que, après avoir percé le
cuir, elles aillent trouver et brûler le tendon (cartilage), et si l'on ne
brûlait que la moitié de l'épaisseur du tendon, ce ne serait rien faire,

il faut le couper entièrement avec le feu ; et après qu'on a embrassé avec le feu toute l'enflure, il faut mettre sur le tout l'onguent composé de vieil oing et de vert-de-gris que l'on applique chaudement sur la filasse ; sur le tout une enveloppe et une ligature pour tenir l'appareil. »

On conçoit qu'un tel emploi du cautère, suivi de l'application d'un onguent caustique, devait souvent entraîner des complications. Mais, à la condition d'en user avec mesure, la cautérisation peut donner de bons résultats. Il faut d'abord s'assurer, par le sondage, de la direction et de la profondeur des fistules. Si les orifices de ces conduits sont trop étroits, on les élargit par un débridement ; ensuite on y introduit un cautère conique ou la lame du thermo, chauffés à blanc, de manière que la pointe arrive sur l'îlot nécrosé. Par le calorique, le bourbillon est transformé en escarre aseptique dont la disjonction est possible. Usité surtout dans le premier tiers du siècle passé, ce traitement a donné d'assez nombreux succès.

On a employé les *caustiques potentiels* sous forme de poudre, de pâte ou de crayon. On a utilisé surtout le sublimé. En l'associant à l'aloès et à l'alcool, les hippiatres confectionnaient des boulettes qu'ils poussaient au fond des fistules, sur la partie nécrosée. Pour agir plus énergiquement, quelques-uns commençaient par creuser avec le cautère un trajet aboutissant dans le cartilage, à quelques centimètres en avant de la fistule ; dans ce trajet, ainsi que dans la fistule, ils introduisaient des boulettes caustiques ; enfin, sur la tuméfaction coronaire, ils appliquaient des pointes de feu pénétrant jusqu'au cartilage.

Le procédé de Girard était moins offensif. On préparait un cône de sublimé long d'environ 15 millimètres et dont la base avait 1 centimètre de diamètre. Quand la fistule était trop étroite, on l'élargissait avec le cautère. Le morceau de sublimé déposé dans la fistule était poussé avec la sonde ; on recouvrait ensuite la région d'un pansement. L'escarre se détachait à l'ordinaire du dixième au quinzième jour, et dans les cas heureux la plaie se cicatrisait rapidement (Girard, Youatt, Bareyre). — La cautérisation au nitrate d'argent (Bernard) s'est peu répandue, de même que les traitements par l'acide arsénieux et par les sulfates métalliques.

Renault, Leblanc, Bouley ont souvent constaté l'impuissance des caustiques et du feu quand la fistule était profonde, sinueuse, et lorsque la nécrose avait atteint la partie antérieure de la plaque scutiforme. Le plus souvent, dans ces conditions, la cautérisation n'atteint pas l'îlot nécrosé. C'est d'ailleurs un procédé aveugle, détruisant trop ou trop peu, et qu'il convient de réserver pour les cas où l'on ne peut mettre en œuvre d'autres agents.

Durant la première moitié du dernier siècle, on utilisa peu les *liquides caustiques* ou *escarrotiques*. Pourtant, dans un opuscule publié en 1804, William-Riding avait montré l'efficacité des solutions concentrées de sublimé, de sulfate de zinc et de sulfate de cuivre. Vers 1830, Newport préconisa l'emploi de la solution saturée de sulfate de zinc en injections dans les fistules, moyen qui fut vulgarisé par Bracy-Clark, Sewell et Percivall. — Le traitement du javart par les injections escarrotiques était déjà très répandu en Angleterre, mais fort peu en France, quand, en 1847, Mariage fit connaître son procédé de « guérison infaillible du javart cartilagineux, sans opération », — procédé qu'il expérimentait depuis huit ans, et qui lui avait donné quarante-deux guérisons. L'agent thérapeutique était la liqueur de Villate en injections dans les fistules. Beaucoup de praticiens essayèrent le nouveau traitement et, s'ils n'en obtinrent pas les résultats annoncés par Mariage, ils lui reconnurent une réelle supériorité sur tous les autres : son action était plus certaine et plus rapide (Bouley, Buquet, Guerrapain, Moithy, Viseur, Lignon). La liqueur de Villate eut bientôt des rivales, les unes presque aussitôt abandonnées, les autres dont l'usage est resté dans la pratique. — La liqueur de Cherry (sublimé corrosif, 1 ; alcool, 10), que Bouley, dès 1862, déclarait supérieure à la liqueur de Villate, est encore très employée aujourd'hui en Angleterre et en Allemagne (Willams, Möller). — Bayer, Michaud, Greiner, Walther préfèrent la liqueur de Gamgee (sublimé corrosif, 17 ; alcool, 140 ; acide chlorhydrique, 2-4 ; acétate de plomb, 34). Les injections régulièrement faites avec cette préparation ont souvent donné la guérison en deux semaines. — Mentionnons aussi l'acide phénique (Hartenstein), le chlorure de chaux, le perchlorure de fer, le chlorure de zinc, l'eau phéniquée forte, la glycérine phéniquée, les préparations iodoformées. — Lignières a recommandé la liqueur de résinate de cuivre, qui aurait sur la liqueur de Villate certains avantages : 1° une propriété de pénétration beaucoup plus considérable, grâce à l'alcool qu'elle contient ; 2° une action adhérente propre à la résine ; 3° une causticité beaucoup moins prononcée, de sorte que les tissus vifs, notamment les bourgeons charnus, sont peu irrités. Des injections quotidiennes de 40 centimètres cubes de cette solution, continuées pendant deux à trois semaines, ont amené la guérison de trente-deux javarts, dont plusieurs des plus graves.

Quel que soit le liquide dont on a fait choix, le mode d'emploi est le suivant. On débride la fistule en évitant autant que possible de sectionner le bourrelet ; au besoin, on l'élargit par le tamponnement. Deux ou trois fois par jour, on la nettoie par une irrigation d'eau chaude, on y fait ensuite plusieurs injections de liquide escarrotique, en s'assurant que celui-ci arrive bien au contact de la partie mortifiée, condition essentielle de la réussite du traitement. —

Lorsque la fistule est ancienne, sinueuse ou très oblique, le liquide ne parvient pas facilement jusqu'à l'ilot nécrosé. Il convient alors de faire une contre-ouverture, surtout si le trajet fistuleux aboutit sous le bourrelet, ou plus profondément, sous le tissu podophylleux. On pratique sur la partie supérieure du quartier correspondant un amincissement en croissant; avec la sonde introduite dans l'ouverture fistuleuse, on se rend compte du point où elle aboutit; à ce niveau, on incise sur la zone coronaire inférieure le tissu kéraphylleux et la membrane tégumentaire, et l'on sort l'extrémité de la sonde. On élargit ensuite la contre-ouverture en taillant sur les bords deux lambeaux en côte de melon, puis on passe un drain ou une mèche (*fig.* 546). Dans quelques cas, il convient de faire une se-

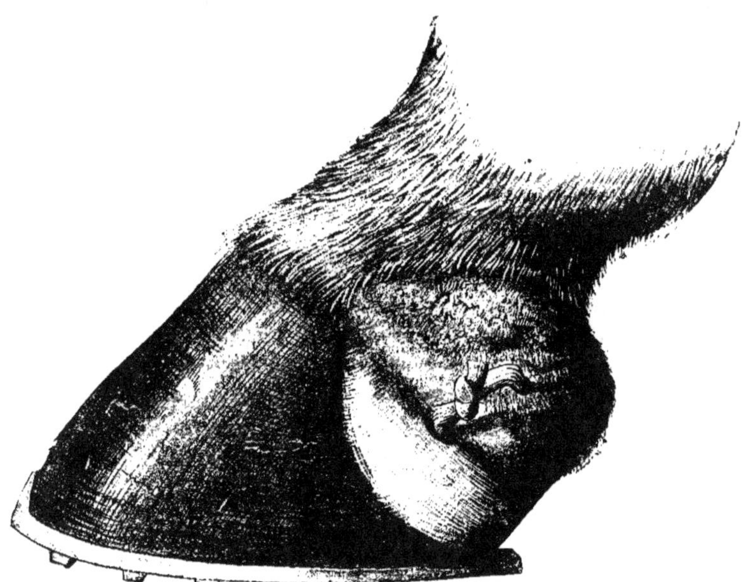

Fig. 546. — Traitement du javart par les injections. Drainage de la fistule.

conde contre-ouverture et de passer deux drains. De cette façon, l'écoulement du pus est facilité et l'escarre mieux irriguée. On peut appliquer sur l'amincissement une étoupade maintenue par quelques tours de bande, ou simplement recouvrir la corne d'onguent de pied.

Les injections escarrotiques agissent surtout en détruisant les éléments infectieux dans le foyer de nécrose. Peu à peu la suppuration et l'engorgement diminuent, les fistules se comblent, et en général la guérison est obtenue au bout de deux à quatre semaines.

Cette méthode ne mérite pas l'épithète d' « infaillible », que lui a décernée Mariage, mais elle a notablement réduit les indications du traitement opératoire. Employée de bonne heure, alors que la nécrose n'a pas dépassé la zone moyenne du fibro-cartilage, elle réussit dans la plupart des cas. — Dieudonné a recommandé d'employer la liqueur de Villate *filtrée*, débarrassée de son sulfate insoluble, et de faire quatre ou cinq injections quotidiennes. Il a presque toujours obtenu la guérison en dix à quinze jours. — Pour les malades de nos services, nous y avons rarement recours, parce que la plupart nous arrivent tardivement, quand la nécrose s'est propagée aux régions antérieure ou inférieure de la plaque. Lorsque le mal est justiciable des escarrotiques, on peut aussi utiliser très avantageusement le chrysoforme introduit en poudre au fond de la fistule.

Si efficaces que soient les escarrotiques et les antiseptiques, il est des cas où ils ne peuvent donner la guérison; il en est même où leur emploi doit être proscrit. Lorsque le processus nécrosant est parvenu au voisinage du ligament ou de l'os, mais surtout quand les symptômes locaux ou des phénomènes subjectifs annoncent une complication, il faut abandonner ces agents et se décider à l'opération. Dans ces cas, les injections sont insuffisantes, et il serait dangereux d'en continuer l'usage. — Ajoutons que, quand elles réussissent, souvent le fibro-cartilage enflammé s'ossifie. Tantôt la *forme* qui survient dans ces conditions est limitée à la partie antérieure de la plaque scutiforme, tantôt elle empiète sur la néoformation fibreuse qui a remplacé le cartilage disparu.

OPÉRATION. — L'*opération du javart* est indiquée lorsque la nécrose occupe les régions antérieure ou inférieure du fibro-cartilage, quand elle est arrivée au voisinage du ligament ou de la phalange, et dans les cas où des complications existent. Telle que l'imagina Lafosse, elle consistait à extirper le quartier, à inciser la cutidure le long de son bord inférieur et à enlever « en un ou plusieurs morceaux » tout le fibro-cartilage. C'est ainsi que la pratiquaient Chabert, Girard, Barthélemy et Vatel. — Diverses modifications y ont été apportées. Renault, d'Arboval, Bernard ont réduit l'étendue de la brèche pratiquée sur la muraille. Huzard faisait à la peau, au-dessus du sabot, une incision cruciale, et Pagnier une incision le long du bord supérieur du cartilage. Maillet a substitué l'amincissement du quartier à l'extirpation. Bouley a montré qu'il est avantageux de conserver la couche profonde du fibro-cartilage. Enfin Bayer a décrit un procédé qui, avec l'antisepsie, permet d'obtenir facilement la cicatrisation par première intention de la plaie opératoire.

Dans l'opération classique actuelle, après avoir aminci ou extirpé une partie du quartier, on incise la membrane tégumentaire le long de la zone coronaire inférieure, on détache de la face externe du fibro-cartilage le bourrelet et la peau ; puis, à la faveur de cette brèche, on pratique l'ablation de la plaque nécrosée. — Le sabot sera paré, nettoyé, désinfecté; on préparera la région digitée comme il a été dit précédemment (V. p. 597). Pour abréger la durée de la contention en position décubitale, il convient aussi d'effectuer sur l'animal debout les manœuvres du *premier temps*, — l'*amincissement* du quartier ou le *creusement des rainures*.

L'animal couché, on fixe le membre en position simple ou croisée, au-dessus ou au-dessous du genou si l'on opère à un pied postérieur, au-dessus ou au-dessous du jarret s'il s'agit d'un membre antérieur ; ensuite on applique un lien hémostatique.

a. Procédé par amincissement. — *Premier temps : Amincissement du quartier.* — Sur le quartier où vous devez opérer, amincissez à fond la barre et la branche correspondante de la sole. Les poils coupés sur le paturon et la couronne, tracez sur la muraille une rainure oblique en bas et en arrière, partant du biseau au niveau de l'extrémité antérieure du cartilage et délimitant un lambeau de paroi deux fois plus étendu à son bord supérieur qu'à l'autre; amincissez la corne à pellicule dans toute la hauteur de ce lambeau, surtout à la surface et au voisinage du bourrelet. — Si la couche superficielle de la paroi est très dure, difficile à entamer, enlevez-la à la râpe ou faites agir sur elle un cautère chauffé au rouge sombre.

Deuxième temps : Incision de la membrane kératogène. — Séparez le bourrelet du tissu podophylleux en incisant le tégument entre ces deux parties de la membrane kératogène, le long de la zone coronaire inférieure. Faites cette incision avec la feuille de sauge tenue à pleine main, le pouce prenant un point d'appui sur le quartier aminci ; commencez-la à la limite antérieure de celui-ci, pour la prolonger en arrière jusque dans la lacune latérale, en contournant le talon entre le cercle cutidural et le podophylle. La lame de la feuille de sauge tenue perpendiculairement ne divisera que la pellicule cornée et le tégument sous-jacent. Dans toute l'étendue de l'incision, évitez d'entamer le cartilage.

Troisième temps : Décollement du bourrelet et de la peau. — Saisissez avec les pinces le bord inférieur du bourrelet; à l'aide de la feuille de sauge, détachez partiellement cet organe du cartilage dans toute l'étendue de l'incision; décollez-le sur une largeur d'un demi-centimètre. Vers le milieu de l'incision, introduisez ensuite entre le bourrelet et le cartilage, jusqu'au-dessus du bord supérieur de ce dernier, la feuille de sauge double, face convexe en dehors. Décollez la cutidure et la peau en arrière d'abord : tenez l'instrument à pleine main, faites-le légèrement pivoter sur son axe, en arrière et en dedans,

pour en rapprocher le tranchant de la surface du cartilage, et, par
une série de légers mouvements exécutés d'avant en arrière, séparez
le tégument du cartilage ; arrivé au niveau du bord postérieur de
celui-ci, contournez-le en retirant un peu la feuille de sauge, de
manière que le bourrelet ne se trouve pas fortement tendu sur le
tranchant de l'instrument. Manœuvrez ensuite d'arrière en avant
pour achever le décollement dans la partie antérieure de la plaque.
Pendant l'exécution des actes que comporte l'isolement de toute la
face externe du cartilage, prenez un point d'appui sur le quartier
aminci. Évitez d'entamer le bourrelet et le fibro-cartilage.

Quatrième temps : Extirpation du cartilage. — Engagez sous le
bourrelet la feuille de sauge simple (à droite ou à gauche, selon le

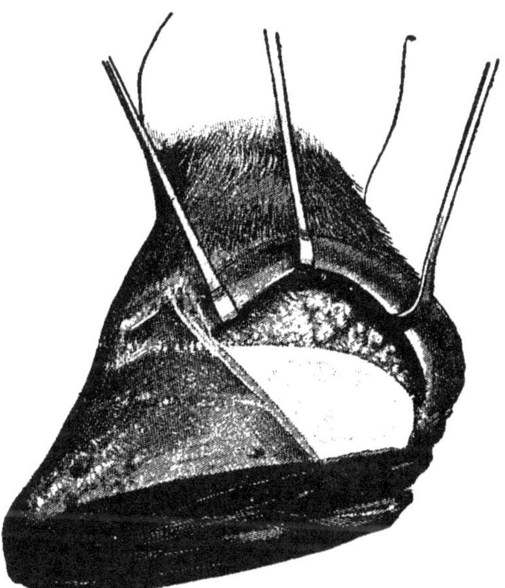

Fig. 547. — Opération complète du javart cartilagineux (procédé par amincissement). La couche cartilagineuse de la plaque scutiforme est enlevée.

quartier où vous opérez), engagez-la à plat, le tranchant tourné en
haut et en arrière ; contournez le bord postérieur de la plaque en faisant exécuter à l'instrument un demi-tour sur son axe, puis, d'un
seul coup, excisez de dedans en dehors la moitié postérieure du cartilage, faisant sortir la feuille de sauge au niveau du bord supérieur
du podophylle et évitant d'entamer celui-ci. Souvent cette partie
postérieure de la plaque, plus ou moins complètement détruite par
la nécrose, est remplacée par du tissu fibreux qui doit être con-

servé; il n'y a là que très peu de cartilage à enlever. Pour agir sur la partie antérieure de la plaque scutiforme, le pied doit être tenu dans l'extension et le bourrelet soulevé par une érigne. Par des dédolations successives, excisez-en d'abord la moitié inférieure, en enlevant des lames de cartilage d'autant plus minces que vous approchez davantage de la couche fibreuse, laquelle doit être respectée. Bientôt la teinte blanchâtre et la consistance du tissu cartilagineux font place à la nuance gris jaunâtre et à la souplesse de la trame fibreuse. Pour extirper la moitié supérieure, prenez l'autre feuille de sauge et manœuvrez-la de bas en haut; enlevez complètement l'angle antéro-supérieur de la plaque, où la couche cartilagineuse est assez épaisse. Pour l'excision de l'angle antéro-inférieur, qui comble la dépression située en avant de l'apophyse basilaire, servez-vous d'une petite rénette ou de la curette.

Si le cartilage a subi une ossification partielle au voisinage de l'apophyse basilaire, on enlève la néoformation osseuse avec la rénette à petite gorge. Lorsque l'ossification de la plaque est étendue, on pratique l'ablation de la forme. On commence par la détacher de la phalange en creusant, à la rénette, un sillon à sa base, et l'on achève la séparation avec le rogne-pied et le brochoir. On la soulève ensuite à l'aide du rogne-pied, puis, celui-ci tenu par un aide, avec la feuille de sauge on la détache des tissus voisins et sous-jacents. Toutes ces manœuvres doivent être effectuées en prenant les précautions nécessaires pour ne blesser ni la synoviale, ni les ligaments latéraux de la jointure du pied. Presque toujours, en avant de la forme, il reste un peu de cartilage. On l'enlève par minces coupes, comme il vient d'être indiqué.

Dans tous les cas, l'opération doit être complétée par le curettage des trajets fistuleux, — par l'ablation des bourgeons charnus infectés qui en tapissent les parois.

b. Procédé par extirpation.— *Premier temps : Creusement des rainures.* — La face inférieure du talon amincie, creusez sur la muraille, du bord coronaire au bord plantaire, une rainure oblique en bas et en arrière, partant de l'extrémité antérieure du fibro-cartilage et délimitant un lambeau pariétal dont le bord supérieur doit avoir une étendue environ double de l'inférieur. Faites à la région plantaire une autre rainure allant de l'extrémité inférieure de la première jusqu'au sommet de l'arc-boutant.

Deuxième temps : Arrachement du lambeau de muraille. — Incisez la pellicule cornée ménagée au fond des rainures, en longeant les bords de la partie à enlever, de manière à conserver sur les tissus

podophylleux et velouté une bande d'amincissement d'au moins
1 centimètre. Détachez ensuite ce lambeau de paroi en procédant
comme il a été dit pour la seime.

Au *troisième temps*, prolongez sur la bande d'amincissement l'incision de la membrane kératogène. Effectuez ensuite le décollement et
l'extirpation comme dans le premier procédé.

Pansement. — Détergez la plaie, irriguez-la avec une solution antiseptique. Examinez attentivement le ligament antérieur ainsi que
la surface osseuse ruginée : si vous y constatez un point *douteux*,
touchez-le à la teinture d'iode. Saupoudrez ensuite d'iodoforme la
surface du trauma et placez en sa partie inférieure un rouleau de
gaze ; comblez avec de l'ouate la brèche pariétaire ; enfin enveloppez
le pied et la région digitée de larges couches d'ouate ou d'étoupe.
Fixez le pansement sur le rayon phalangien par des tours de bande
circulaires, et sur la région plantaire par des renversés. Recou-
vrez-le d'une lame de toile pliée en deux ou en quatre, et garnissez-le
d'une double tresse de paille (*fig.* 518).

Si vous faites un pansement avec fer, après avoir fixé celui-ci, disposez sur le quartier et la couronne des couches d'ouate ou d'étoupe,
et assujettissez-les avec de la bande. Passez le premier tour au milieu
du pansement, croisez la bande au niveau de l'éponge du côté opposé
et faites tenir le chef en ce point, perpendiculairement à la région
plantaire ; passez, d'arrière en avant, le deuxième tour en haut et le
troisième en bas. Fixez ensuite solidement le pansement en associant
des renversés aux tours circulaires, tous passés entre l'éponge et le
chef, et se recouvrant en partie comme dans le pansement de la
seime ; arrêtez les chefs par un nœud droit (*fig.* 549).

La plaie consécutive à l'ablation du fibro-cartilage se répare par
adhésion dans sa partie supérieure ; en sa partie inférieure, elle se
comble par bourgeonnement. — Vieille est la recommandation d'assurer l'affrontement des parois externe et profonde de la plaie opératoire. Nous l'extrayons de l'article *Javart* du premier *Dictionnaire
des sciences médicales* (1824) : « Il n'y a plus que quelques entêtés ou
quelques routiniers qui tiennent encore aux anciennes idées, à
l'ancienne manière de disposer des plumasseaux, petits ou grands,
sous la peau, aux environs de l'articulation, sans laisser aucun vide.
Si c'est pour obtenir partout une compression égale, le même effet
peut s'obtenir en plaçant toutes les pièces de l'appareil par-dessus
les téguments ; si c'est pour modérer l'hémorragie qui a lieu dès que
la ligature du paturon est ôtée, la compression est la même et suffit
pour remplir cet objet... Autrefois aussi, j'ai placé les fameux plumasseaux entre la surface dénudée, et depuis que j'ai abandonné cette
méthode, je puis assurer que la guérison a été moins longue, et

qu'en trois semaines ou un mois on a pu commencer à se servir des
chevaux opérés. »

Non moins ancienne est cette notion que la cicatrisation par première intention de la plaie opératoire du javart cartilagineux est
possible, même quand on fait l'opération classique. « En replaçant,
immédiatement après l'opération, la peau en contact avec la surface
de la plaie, ces parties s'enflamment, une sorte de fausse membrane
se forme, s'organise entre les parties et les réunit intimement et

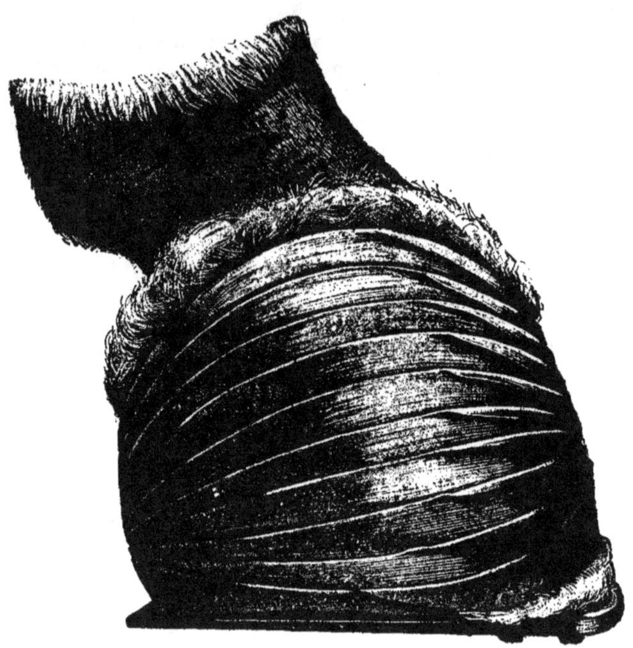

Fig. 548. — Opération du javart. Pansement avec fer.

beaucoup plus promptement que lorsque l'on cherche seulement la
réunion par seconde intention... Le temps nécessaire à la guérison,
en général de trois semaines à un mois quand la réunion de la plaie
s'obtient par première intention, est du double de temps dans le cas
contraire. » — Nous avons souvent vérifié l'exactitude de cette asser-
tion. Sur nombre de sujets opérés du javart cartilagineux et pansés
en accolant les parois du trauma, nous avons pu constater, en levant
le premier pansement au bout de huit à douze jours, que la cicatrisation adhésive était obtenue. On voyait seulement, au niveau

de l'incision (zone coronaire inférieure), une étroite bande de granulations.

La cicatrice est recouverte par la nouvelle paroi qui descend du
bourrelet. On doit amincir la corne cutidurale tant que la plaie opératoire n'est pas entièrement comblée et l'inflammation éteinte. Si on
laisse trop tôt la corne descendre sur le podophylle, souvent la claudication s'accentue et une forte tuméfaction coronaire se développe :
un abcès se forme à la couronne. — Dès que la plaie est cicatrisée,
on comble la brèche par un pansement au goudron, et l'animal peut être
remis au travail. — Pour la grande majorité des chevaux sur lesquels

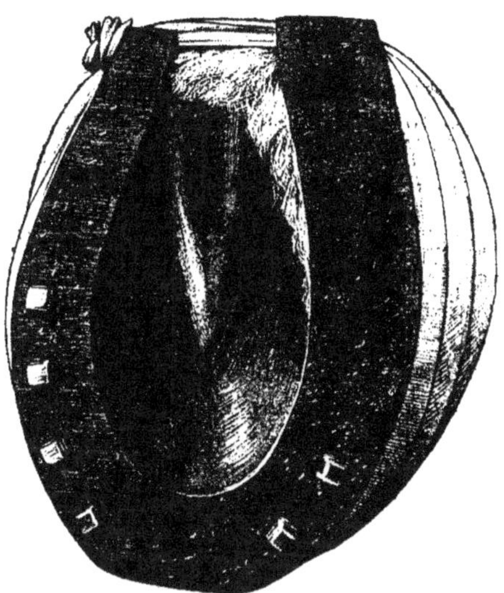

Fig. 549. — Pansement avec fer.

nous pratiquons l'opération classique suivie de l'emmaillotement du
pied, la remise en service peut avoir lieu vers la fin de la troisième
semaine ou dans le courant de la quatrième. Pour quinze chevaux opérés
par Siedamgrotzky, à l'école de Dresde, pendant l'année 1894, la durée
moyenne du chômage a été de vingt-trois jours. Mais il peut persister
une déformation du pied et une claudication résultant de l'une des
complications que nous allons examiner.

Accidents et *complications*. — La *blessure du ligament antérieur*
de l'articulation est quelquefois produite au premier temps de l'opération, quand, par une échappée, la feuille de sauge entame profondément le cartilage, ou au troisième temps, en procédant à l'excision de
sa partie antérieure. Sous l'iodoforme, ces blessures se cicatrisent

rapidement. — La *nécrose* de ce ligament est une complication fréquente et grave. On la constate tantôt en pratiquant l'opération, tantôt à la suite de celle-ci, lorsqu'on a négligé l'antisepsie. Si la couche superficielle du ligament est seule mortifiée, on l'excisera avec soin, on badigeonnera à la teinture d'iode la partie conservée, et l'on appliquera un pansement iodoformé ouaté ; assez souvent la cicatrisation s'opère là comme ailleurs, et, à la levée du premier pansement, la plaie est partout granuleuse.

L'*ouverture de la synoviale articulaire* est parfois le résultat d'une faute commise pendant l'opération ; plus souvent elle est déterminée par la nécrose du ligament antérieur, d'un îlot de l'os du pied, ou par l'ulcération du cul-de-sac latéral. — Dans le premier cas, l'accident est peu grave. Dès longtemps on en a reconnu la bénignité relative. Pour éviter l'infection de la synoviale, on fera tenir le pied dans l'extension, et, l'extirpation du cartilage achevée, on disposera sur la plaie une épaisse couche d'iodoforme, puis on appliquera un pansement ouaté. — Beaucoup plus sombre est le pronostic dans le second cas : souvent l'articulation est envahie par une phlegmasie suppurative, et en général on renonce à la cure. Si l'on tente la guérison, après avoir fait plaie nette, on lavera la jointure par une irrigation avec la solution de Van Swieten tiède, et l'on pansera comme il vient d'être dit.

Chez un certain nombre de blessés, le javart est compliqué de *nécrose* ou de *carie de l'os du pied* en sa partie qui sert de base d'implantation au fibro-cartilage ; chez d'autres, on trouve des altérations des organes de la région plantaire : du perforant, du sésamoïde, ou encore de la phalange. L'opération complète en une seule séance oblige à de larges délabrements. Cependant, s'il y a urgence, il faut s'y décider. Avec l'antisepsie, la plaie qui résulte d'une pareille intervention peut se cicatriser assez vite, sans nouvelle complication. — Un cheval sur lequel Lisi dut compléter l'opération du javart par la rugination de l'os naviculaire, d'une partie de la troisième phalange, et par le lavage de l'articulation avec une solution de sublimé, reprit son service au bout de cinquante jours.

Lorsqu'une partie du bourrelet se mortifie dans toute son épaisseur, elle est définitivement perdue comme organe kératogène. Dans la région correspondante, le tissu podophylleux ne doit plus être protégé que par sa propre sécrétion — par un *faux quartier*.

Si la corne descend du bourrelet à distance des lames podophylleuses et sans contracter d'adhérences avec celles-ci, il persiste un *décollement* de la nouvelle paroi. Cet accident se produit surtout quand, pour parer à l'hémorragie post-opératoire, on a bourré la plaie d'ouate ou d'étoupe : le bourrelet a été soulevé et distendu à l'excès ; une forte tuméfaction coronaire se développe, et la corne cutidurale

XI. — **Plaies articulaires. — Arthrite traumatique.**

Bien qu'elle soit protégée par la partie supérieure de la muraille, l'articulation du pied peut être ouverte par les traumas pénétrants qui portent sur la couronne, et exceptionnellement par ceux qui traversent les couches de la région plantaire au niveau du ligament interosseux (V. *Clou de rue*). Mais l'arthrite purulente du pied est ordinairement secondaire, consécutive à la nécrose du bourrelet, des tendons extenseur ou fléchisseurs des phalanges, du fibro-cartilage, — à la nécrose ou à la carie de la troisième phalange ou du petit sésamoïde, — aux fractures exposées de ces os ou de la seconde phalange, — à l'irruption, dans la jointure, du pus collecté sous le bourrelet (phlegmon péricoronaire) ou dans la petite gaine sésamoïdienne (clou de rue), — à l'ouverture du cul-de-sac latéral de la synoviale en pratiquant l'opération du javart cartilagineux, ou du cul-de-sac inférieur dans celle du clou de rue.

Cette arthrite est nettement dénoncée par une boiterie intense, par une vive réaction fébrile, par un fort gonflement péricoronaire avec abcès et fistules multiples, d'où s'écoule de la synovie purulente, enfin par les signes que peut donner l'exploration digitale. Un examen attentif permet de la distinguer du *phlegmon coronaire* et de la *synovite purulente de la gaine petite sésamoïdienne*.

Le *pronostic* est toujours très sombre, mais particulièrement grave pour l'arthrite des pieds antérieurs. Les blessés sont vite épuisés par les souffrances ; ils peuvent succomber à la pyémie ou à la septicémie. En raison de sa longue durée et de l'incertitude du résultat, le traitement ne doit être entrepris que pour les animaux de prix.

Dès 1828, Pauleau signalait la bénignité relative des blessures opératoires de la jointure du pied. Vatel a plusieurs fois entamé à dessein la capsule synoviale sans voir survenir le moindre accident : les animaux ont guéri aussi promptement et aussi bien que ceux chez lesquels il l'avait respectée. Toutefois, la règle n'était pas sans exceptions. — Avec une correcte antisepsie, l'ouverture de la synoviale articulaire dans l'opération du javart est encore moins à redouter que par le passé. Un lavage soigné de la plaie avec la liqueur de Van Swieten et un pansement iodoformé préviennent, en général, toute complication. — Infiniment plus sombre est le pronostic quand la jointure a été perforée par un corps malpropre, infecté, ou quand son ouverture résulte de la mortification des tissus périarticulaires (seime, javart, clou de rue compliqués ; nécrose de la phalange). Alors, presque toujours l'accident se complique d'arthrite purulente diffuse.

Nos publications renferment cependant des exemples de guérison rapide de lésions qui faisaient présager une terminaison funeste. Pauleau, dans un cas de fistule articulaire sise en avant de la couronne, employa d'abord les « moyens antiphlogistiques », puis il amincit la corne recouvrant les tissus malades, fit un pansement avec la pâte camphrée et des plumasseaux imbibés de teinture d'aloès. Six jours plus tard, l'écoulement synovial était tari ; peu après, la guérison était complète. — Mercier a relaté deux cas de guérison d'arthrite du pied par l'eau de Rabel. Dans le premier, l'articulation était le siège d'une violente inflammation et la réaction fébrile intense ; de la synovie purulente sortait abondante par la fistule ; un premier traitement ne donnant pas d'amélioration, on commença le onzième jour les pansements à l'eau de Rabel : en dix jours la cicatrisation fut complète ; l'articulation conserva l'entière liberté de ses mouvements. Le cheval de l'observation II était affecté d'un clou de rue qui, d'après l'auteur, intéressait l'articulation phalangienne entre la troisième phalange et le petit sésamoïde. — Delafond obtint en deux mois la guérison d'une arthrite par clou de rue. — Dans le cas rapporté par Courdouan, les lésions étaient d'une extrême gravité. « Le seul poids du sabot fait ouvrir l'articulation de 2 centimètres, au moins, et, si nous cherchons à la fléchir latéralement, elle se dilate tellement qu'un coup de bistouri à chaque commissure de la plaie détacherait entièrement le sabot avec la troisième phalange ; le petit sésamoïde est séparé presque complètement ; il ne tient plus que par une de ses extrémités. » Les bains émollients et les pansements à l'alcool amenèrent en deux mois une ankylose sans grande difformité. — Delorme raconte, sans plus de détails, que, par un vésicatoire, il obtint en douze jours la guérison d'une plaie fort grave de l'articulation des deux derniers phalangiens. — Dans l'observation III du mémoire de Verrier, il s'agit d'un cas d'arthrite du pied survenue consécutivement à l'opération du clou de rue. Après avoir essayé en vain les émollients, la teinture d'aloès et les vésicants injectés dans les fistules, l'auteur employa l'égyptiac, introduit le plus profondément possible à l'aide d'une sonde : toutes les fistules se cicatrisèrent en quinze jours. — Dans le cas de Fœlen, l'extrémité de l'index percevait les marges articulaires des deuxième et troisième phalangiens, à la faveur d'une large plaie existant au côté interne du pied. Tous les jours un plumasseau d'étoupe recouvert d'égyptiac fut appliqué dans la plaie ; au bout de trois semaines, celle-ci était cicatrisée. — Saudé, à la suite d'une opération de clou de rue avec atteinte de l'os naviculaire, eut à combattre une arthrite. La plaie inférieure fut pansée à la glycérine et l'on injecta de l'eau-de-vie dans les fistules coronaires ; vers la fin du troisième mois, la bête put reprendre son service ; six semaines plus tard, toute boiterie avait disparu, même au trot. — Dans un cas de clou de rue avec fracture de l'os naviculaire, Humbert enleva celui-ci ; au bout de trois mois la guérison était assurée. Mais, ce cas excepté, la sésamoïdectomie n'a donné que des insuccès à ceux qui l'ont essayée.

Après la communication faite à la *Société centrale de médecine vétérinaire* en 1853, par Bouley, l'irrigation continue devint le moyen de traitement classique de l'arthrite du pied consécutive à la nécrose du ligament latéral antérieur ou à l'ouverture des culs-de-sac synoviaux. — Dans le mémoire de Trasbot, on trouve un remarquable exemple de guérison. Un cheval atteint de javart compliqué de nécrose du ligament latéral antérieur et d'ouverture de l'articulation du pied fut mis à l'irrigation trois jours après l'opération ; la plaie synoviale se cicatrisa en dix jours. Nous avons recueilli plusieurs faits semblables. — Pour assurer l'irrigation de la plaie, il est souvent nécessaire d'y fixer un drain.

A l'irrigation continue, comme aux autres traitements préconisés jadis, on préférera les moyens de l'antisepsie. Pour les blessés dociles, faciles à soigner, on emploiera les solutions désinfectantes en bains, en injections et les pansements antiseptiques.

Quand les symptômes aigus ont disparu, souvent la boiterie persiste forte. On peut alors recourir à la névrotomie haute, à celle du médian ou du sciatique.

XII. — **Brûlures**. — **Gelures**.

On observe au pied du cheval des brûlures produites dans des circonstances diverses. Sur les animaux utilisés dans certaines exploitations industrielles, les pieds et les régions inférieures des membres sont exposés à des brûlures par des substances caustiques (chaux vive, potasse, acide sulfurique, acide nitrique) ou par des métaux en fusion. Fiedeler parle de deux chevaux qui, travaillant dans des forges, tombèrent sur de la crasse incandescente et eurent les pieds brûlés au point que « leurs fers rougirent ». La cautérisation de la couronne peut entraîner l'escarrification du tégument quand elle n'est pas pratiquée selon les règles. — L'emploi des caustiques dans le traitement des seimes et du crapaud n'est pas sans causer parfois des brûlures de la membrane tégumentaire.

Pendant l'opération de la ferrure, l'application trop prolongée ou répétée du fer chaud sur la région plantaire, pour l'*essayage*, expose à la *brûlure du tissu velouté*. Surtout fréquent chez le cheval, cet accident, que les hippiatres ont désigné sous le nom de *brûlure de la sole*, consiste en une inflammation du tissu velouté, produite par le calorique qu'abandonne le fer porté rouge sur le sabot. Les pieds à sole mince, que cette minceur soit naturelle ou due à l'action du boutoir, les pieds plats, combles ou fourbus y sont prédisposés. Les fers trop volumineux, couverts, mal ajustés, y exposent en raison de la plus grande somme de calorique qu'ils emmagasinent ou de leur contact avec la sole sur une plus ou moins large surface.

La cause déterminante est le rapport intime trop prolongé du fer avec la surface plantaire ; mais on a fort exagéré les inconvénients de la ferrure à chaud et le danger de cette brûlure. Les expériences de Renault, de Delafond, de Reynal ont montré la lenteur de la propagation du calorique à travers la plaque solaire. Un fer rouge appliqué sur la face externe de la sole n'agit qu'après deux à trois minutes sur un thermomètre placé à sa face interne (Delafond), c'est-à-dire qu'après un temps trois fois plus long qu'il n'en faut à l'ouvrier maréchal pour juger de la tournure du fer (Reynal). Ainsi que l'a dit Bouley, « tous les jours, des milliers de fers chauds sont appliqués sur des milliers de pieds, et rien n'est rare comme d'observer les accidents de brûlures consécutives ». Delafond a cru remarquer que la brûlure du tissu velouté était surtout provoquée par les fers insuffisamment chauds, qu'on laisse volontiers longtemps en rapport avec la sole. Mais un fer rouge sombre produit rapidement une couche de charbon, plus mauvais conducteur du calorique que la corne (Pader).

On reconnaît à l'affection deux degrés désignés sous les noms de *sole chauffée* et de *sole brûlée*. — La *sole chauffée* — le premier degré de la brûlure — est caractérisée par une teinte anormale de la corne solaire : superficiellement elle est carbonisée; profondément elle a une coloration jaunâtre, et l'on y remarque d'innombrables porosités noirâtres d'où suinte parfois un peu de sérosité. Les pressions exercées à sa surface déterminent des réactions et des mouvements de retrait du membre; toutefois, souvent la boiterie est peu accusée. — Dans la *sole brûlée*, en outre de ces modifications, on constate un suintement abondant de sérosité ou de pus; fréquemment la plaque solaire est décollée sur toute sa périphérie, le tissu velouté sous-jacent est transformé en membrane pyogénique à très fines granulations. La boiterie est forte; quelquefois l'appui est supprimé.

Pour la sole chauffée, la guérison rapide est la règle. Mais l'autre degré de la brûlure peut se compliquer de gangrène diffuse du tissu velouté et de chute du sabot.

Dès que la brûlure est reconnue, il faut déferrer, amincir la sole et envelopper le pied de compresses antiseptiques humides, que l'on maintient en cet état. Ce traitement est préférable à l'irrigation continue; il est suffisant lorsque la sole n'a été que chauffée. Quand le sujet est remis en service, on protège la région plantaire par une étoupade goudronnée et une plaque de tôle ou de cuir.

Si du pus se collecte sous la sole, on lui donnera issue, puis on utilisera les bains antiseptiques et l'emmaillotement. Dans certains cas graves, la membrane veloutée est nécrosée sur une large surface : il faut pratiquer l'ablation de la partie mortifiée. Parfois, comme dans l'opération du clou de rue, on doit faire une large excision dans les tissus de la région plantaire et ruginer ou évider la troisième phalange.

Les brûlures de gravité moyenne, non compliquées de gangrène, mais dans lesquelles le tégument sous-corné est le siège d'une inflammation diffuse, exsudative et suppurative, laissent quelquefois après elles un endolorissement de la région plantaire et une boiterie qui peuvent persister plusieurs mois.

Les lésions du pied exclusivement produites par le *froid* sont assez rares chez le cheval, ainsi que chez tous les autres animaux. Si les nécroses cutanées de la région phalangienne (javarts cutané et encorné) communément observées en hiver, par les temps pluvieux, relèvent de l'action prolongée de la boue froide sur les extrémités, le sphacèle de la peau est loin d'être toujours l'effet de cette seule cause : le plus souvent celle-ci provoque des lésions tégumentaires superficielles, une dermatite plus ou moins intense, à laquelle s'ajoute l'*infection*. Quand le sabot présente une solution de continuité — une seime, par exemple — au niveau de laquelle est exposée la membrane tégumentaire, cette dernière peut éprouver des altérations analogues, mais d'une gravité plus grande en raison de la compression que subit le tissu phlogosé et de la diffusion habituelle du processus infectieux.

Comme le froid humide, le froid sec peut déterminer des gelures de la couronne, surtout en talons, lorsque les animaux exposés à son action sont tenus immobiles (Siedamgrotzky, Jewsejenko). — Au cours de la campagne russo-turque, durant l'hiver de 1877-78, Jewsejenko a vu des gelures ainsi produites sur des chevaux qui avaient dû demeurer longtemps immobiles, exposés à un vent très froid. Sur les talons, la peau était tuméfiée et insensible; un exsudat se collectait dans le tissu conjonctif sous-cutané, les escarres se fissuraient, puis se détachaient, laissant des plaies qui découvraient le cartilage. Le traitement consista surtout en des applications de pommade phéniquée. Dans la plupart des cas, la guérison fut obtenue en trois à quatre semaines.

XIII. — **Dermatite podophyllienne diffuse aseptique. Fourbure.**

L'inflammation de la membrane tégumentaire du pied désignée sous les noms de *fourbure*, d'*apoplexie réticulaire*, de *podophyllite diffuse*, est observée sous les formes *aiguë* et *chronique*. Dans la première, le tissu podophylleux, en ses régions antérieures, est le siège d'une phlegmasie exsudative. Dans l'autre, ce même tissu participe activement à la kératogenèse, et le pied éprouve toute une série de graves altérations.

A. — **Fourbure aiguë**.

La fourbure frappe tantôt les quatre pieds (fourbure générale), tantôt seulement les deux pieds de devant (fourbure antérieure) ou ceux de derrière (fourbure postérieure); quelquefois elle est localisée à un seul. Jamais on ne la constate aux deux membres d'un bipède latéral ou diagonal.

Les hippiatres des derniers siècles reconnaissaient plusieurs variétés de fourbure. La plupart en distinguaient trois : « La première est causée par un grand travail, et souvent pour avoir surmonté un cheval, c'est-à-dire l'avoir fait travailler au delà de ses forces. La seconde espèce de fourbure, qui vient dans l'écurie, parce qu'un cheval mangera trop d'avoine, ou parce qu'il sera boiteux, et souffrira beaucoup de douleur. Il y a une troisième sorte de fourbure qu'on guérit facilement, qui est celle que les chevaux prennent en mangeant du blé en herbe (Solleysel). » A ces variétés, on a ajouté la *fourbure rhumatismale* et la *fourbure métastatique*.

L'étiologie comprend des influences prédisposantes et des causes déterminantes. Le développement de la maladie est favorisé par le volume ou le poids excessif du corps, par le défaut d'entraînement, la pléthore, les hautes températures atmosphériques, les conformations défectueuses du pied : pieds plats (Girard), pieds étroits (Möller).

Les deux causes déterminantes principales sont l'*alimentation intensive* et le *surmenage*. Nombreuses sont les observations témoignant de l'influence nocive qu'exercent les grains ingérés en excès, particulièrement ceux auxquels les animaux ne sont pas habitués, et d'une façon générale les grains riches en matières azotées (orge, seigle, froment, pois, féverole). Durant les guerres de la République et de l'Empire, mais surtout au cours des campagnes d'Égypte, d'Espagne et de Russie, Rodet et Miltemberger ont vu de très nombreux cas de fourbure produite par l'alimentation avec le seigle et l'orge. Les farines de ces grains sont également nuisibles; Bouley et beaucoup d'autres en ont cité des exemples probants. De même les céréales en vert, les fourrages artificiels, la luzerne, le sainfoin, le trèfle, notamment quand ils sont récoltés depuis peu.

Le travail exagéré est, ici encore, le grand facteur étiologique. La fourbure apparaît habituellement après une marche fatigante ou une course rapide et prolongée. Elle était fréquente autrefois sur les chevaux de poste et de diligence ; elle l'est, de nos jours, sur les sujets obligés de faire de longues courses à une allure très accélérée. Les percussions violentes et longtemps continuées du pied sur un sol dur la provoquent facilement, surtout lorsque leur action est favorisée par l'alimentation intensive. par une haute température atmosphérique ou un refroidissement brusque. — La maladie est souvent observée quand, après une période d'immobilisation, le cheval est obligé de faire une marche plus ou moins fatigante. Au commencement du dernier siècle, Castley en a relaté un exemple des plus démonstratifs. Pendant la guerre d'Espagne, une brigade envoyée d'Angleterre et débarquée à la Corogne se mit en marche par escadrons qui se succédaient à un jour d'intervalle. Castley, qui suivait l'arrière-garde, trouva à la première étape vingt chevaux fourbus, appartenant pour la plupart aux premiers détachements, et il en fut ainsi tout le long de la route, chaque escadron devant abandonner un certain nombre de chevaux atteints de fourbure. — Il y a quelques années, Lorge a publié un fait non moins instructif concernant quarante-six chevaux transportés à fond de cale d'Odessa à Anvers, puis par voie ferrée d'Anvers à Bruxelles. Débarqués dans cette dernière ville, ils durent, pour parvenir à destination, faire une marche de 8 kilomètres : en y arrivant, tous étaient fourbus.

Chez les chevaux atteints d'une affection grave d'un membre antérieur ou postérieur entraînant la suppression de l'appui de ce membre, la fourbure du pied congénère provoquée par la fatigue, par la *surcharge*, est assez commune. C'est une éventualité avec laquelle on doit toujours compter.

Certains auteurs, Möller entre autres, n'attachent aux causes *traumatiques* ou *mécaniques* qu'une importance secondaire ou seulement prédisposante ; ils incriminent surtout le refroidissement pour la *fourbure rhumatismale*, et une nourriture intensive ou irrationnelle pour la fourbure dite d'*alimentation*. Nous ne contestons point le rôle que jouent celle-ci et le froid dans le développement de nombre de cas de fourbure, mais nous ne pouvons leur reconnaître qu'une influence favorisante. Quelles que soient les conditions dans lesquelles la fourbure éclate, toujours ou à peu près toujours elle est bien provoquée par des causes qui agissent directement sur la membrane tégumentaire : soit par le travail et les violentes réactions d'un sol dur, soit par la surcharge que subit un pied lorsque le membre congénère est longtemps soustrait à l'appui, causes dont les effets successifs sont l'irritation, l'hyperémie et l'inflammation aseptique superficielle d'un territoire plus ou moins étendu de la membrane tégumentaire sous-cornée. De fait, les circonstances dans lesquelles la fourbure éclate témoignent que sa pathogénie habituelle est celle-là. Si, pour les chevaux qui tombent fourbus après une journée de travail pénible ou une course rapide et plus ou moins prolongée, on peut parfois accuser, avec le surmenage ou les réactions violentes qu'ont subies les pieds, un refroidissement ou la nourriture intensive, quand la maladie apparaît sur des chevaux quelque temps immobilisés à l'écurie ou à fond de cale, ainsi que sur les sujets atteints de lésions d'un membre qui s'opposent à l'appui de celui-ci, très généralement ces animaux sont soumis à une diététique assez sévère et tenus à l'abri du froid ; il n'y a à accuser ni ce dernier, ni l'alimentation. Et si la fourbure est plus fréquente aux pieds antérieurs qu'à ceux de derrière, c'est évidemment parce que les premiers supportent la plus grande part du poids du corps, parce qu'en eux les réactions du sol se font sentir plus violentes. — Joly, Vivien et quelques autres considèrent la fourbure aiguë comme une manifestation de l'*ostéitisme*. Les conditions dans lesquelles la fourbure aiguë apparaît, sa brusque explosion et sa rapide résolution dans la plupart des cas, comme ses lésions, témoignent que le processus évolue primitivement dans la membrane tégumentaire. La phalange participe à ce processus pour peu que l'affection se prolonge, mais ses lésions sont secondaires et contingentes.

La *fourbure secondaire* apparaît le plus souvent pendant le cours des maladies infectieuses (anasarque, pneumonie, fièvre typhoïde) ou à la suite de coliques. Elle peut survenir aussi après la parturition ou l'avortement (Tisserant, Deneubourg, Jouquan, Le Berre, Bournay).

Selon que la fourbure est générale ou localisée aux pieds de devant, à ceux de derrière ou à un seul, le tableau symptomatique offre de très notables différences. Dans la *fourbure antérieure*, comme dans la *fourbure générale*, les quatre membres sont tenus en avant de leurs lignes d'aplomb, et l'appui se fait surtout par les talons. — Lors de *fourbure postérieure*, les membres convergent vers le centre de gravité, ceux de devant portés en arrière, sous le thorax, et les postérieurs portés en avant, sous l'abdomen. — Malgré les souffrances causées par l'appui, toujours les malades conservent longtemps l'attitude debout ; ce n'est qu'à bout de forces qu'ils se laissent tomber sur le sol, et ils ne quittent plus volontiers la position décubitale, infiniment moins douloureuse que l'autre. Ils ne se relèvent qu'à regret, lentement, avec précaution, redoutant l'appui sur les pieds endoloris. Une fois debout, ils font entendre des plaintes fréquentes et trépignent constamment, exprimant par là l'intensité des souffrances qu'ils endurent. — Quand la fourbure est développée à un pied dont le congénère est atteint d'une autre affection, l'animal s'appuie alternativement sur chacun des deux membres ; il piétine et se plaint. Parfois l'affection n'est reconnue qu'à une période avancée.

Aux pieds frappés, on constate de la douleur et de l'hyperthermie. La première, toujours très vive, est dénoncée par le retrait du membre à la moindre percussion effectuée sur les régions antérieures de la muraille. L'hyperthermie locale est facilement perçue en appliquant la main sur la paroi. On peut noter aussi une augmentation de la force des pulsations à la collatérale du canon.

Les symptômes généraux sont plus ou moins accusés selon l'intensité du processus, suivant aussi que la fourbure est localisée ou générale.

La *résolution* survient habituellement du quatrième au douzième jour. Les symptômes généraux s'atténuent, l'attitude anormale disparaît, la marche devient plus facile. Bientôt les malades ont recouvré la liberté de leurs mouvements. — L'*hémorragie* est le résultat non seulement de l'hyperémie du podophylle, mais aussi des tractions exercées sur les feuillets de chair par l'abaissement de la phalange. Tantôt le sang se collecte dans la cavité produite par le désengrènement des tissus podophylleux et kéraphylleux ; tantôt — quand le biseau se détache du bourrelet — il finit par s'échapper au dehors. L'hémorragie en nappe, due à des lésions podophylliennes graves et brusquement produites, est accompagnée de phénomènes généraux alarmants. Étendus sur le sol, couverts de sueur, en proie à une vive agitation, les malades font entendre des gémissements répétés ; les sujets très irritables peuvent succomber.— L'*exsudation* abondante de sérosité inflammatoire entre les feuillets de chair et les feuillets de corne s'accuse par les mêmes manifestations subjectives. — La *gangrène* est une complication secondaire, toujours précédée du décollement de l'ongle jusqu'à la couronne ou d'une brèche plantaire, d'où l'*infection* et la suppuration de la surface podophylleuse enflammée. Dès qu'elle est réalisée, aux atroces souffrances qui ne laissaient à l'animal aucun moment de répit, succèdent une accalmie et les apparences de la guérison. Mais la physionomie grippée, la sueur qui couvre le corps, le pouls effacé, le refroidissement des extrémités enlèvent toute illusion : le mal est sans remède et la mort proche.

Si, à première vue, le tableau clinique de la fourbure éveille parfois l'idée du *tétanos* ou de la *paraplégie*, selon que le cheval est debout ou couché, on est vite fixé par l'examen de celui-ci. Lors de fourbure postérieure, l'attitude du sujet est caractéristique. Dans la fourbure générale et dans celle du bipède antérieur, on observe la même direction anormale des membres, mais les symptômes locaux permettent la distinction. — Le diagnostic précoce de la fourbure évoluant dans un seul pied exige l'observation attentive du patient.

Si la fourbure est généralement grave, le *pronostic* varie cependant suivant qu'elle existe aux quatre pieds, à deux ou à un seul. Il est plus sévère pour les chevaux de luxe que pour ceux utilisés aux allures lentes ; pour les chevaux très irritables, qui supportent mal la souffrance, que pour les animaux lymphatiques, dont la sensibilité est moindre ; pour les chevaux massifs que pour les sujets de petite taille. — Quand la résolution n'est pas obtenue dans les quinze premiers jours, ou la fourbure passe à l'état chronique, ou elle récidive facilement.

Dans les cas où les symptômes sont alarmants dès le début, des complications sont à redouter ; il est prudent de ne se prononcer qu'avec réserve.

La *prophylaxie* de la fourbure comprend diverses indications déduites de l'étiologie. Pour les animaux jeunes surtout, on évitera les excès de travail et d'alimentation. On placera sur l'appareil de suspension les chevaux lourds atteints d'une affection qui les prive pour quelque temps de l'usage d'un membre. On sait que parfois la fourbure éclate sur des animaux qui, après une période de surmenage, sont laissés au repos absolu pendant plusieurs jours. La recommandation de promener quotidiennement un quart d'heure à vingt minutes les chevaux laissés à l'écurie n'est pas importante seulement comme mesure préventive de l'*hémoglobinurie*, elle l'est aussi à l'endroit de la fourbure.

Dans le *traitement de la fourbure aiguë*, l'intervention hâtive et énergique est la principale condition du succès. Très généralement son premier acte est une *saignée* proportionnée à la taille des animaux ; on peut la faire large, extraire en une seule fois 6 à 10 litres de sang, ou pratiquer plusieurs saignées successives de 3 à 4 litres. La coutume ancienne de tirer du sang à la veine de l'ars et à la saphène est abandonnée. On ne s'adresse à ces vaisseaux qu'au cas où l'une des jugulaires est oblitérée. Quant à la saignée en pince, elle est insuffisante et dangereuse : elle expose à la suppuration de la membrane tégumentaire et au décollement de l'ongle. Les scarifications coronaires ont les mêmes inconvénients. — Si la saignée générale est impuissante à « juguler » la maladie, ordinairement elle exerce une influence salutaire sur la phlegmasie podophyllienne.

Immédiatement après cette opération, on provoque une *révulsion cutanée* énergique en faisant, avec l'essence de térébenthine, une friction sur les régions supérieures du tronc et des membres. Elle déterminerait un certain dégorgement du système vasculaire du pied, et l'animal, sous l'action de la douleur ainsi provoquée, marche à un pas plus accéléré, autre condition favorable à la résolution. Quelques auteurs conseillent d'appliquer un sinapisme sur les régions pectorale et abdominale inférieures, ou de faire des frictions sinapisées sur les membres. Les autres dérivatifs sont moins usités.

A ces premiers moyens, on ajoute soit l'administration d'un purgatif drastique, soit des injections hypodermiques répétées d'ésérine ($0^{gr},04$ à $0^{gr},08$), de pilocarpine ($0^{gr},10$ à $0^{gr},20$) ou d'arécoline ($0^{gr},03$ à $0^{gr},06$). — Cagny emploie l'injection sous-cutanée du mélange suivant : chlorhydrate de morphine, 30 centigrammes ; huile de croton, 10-50 centigrammes. — Par les injections de pilocarpine faites dès le début de l'affection, Fries et Movigliani ont obtenu de nombreux et rapides succès. Lorsque Fröhner a recommandé l'arécoline, il avait traité 12 chevaux (10 cas de fourbure antérieure et 2 de fourbure des quatre pieds), dont plusieurs avaient une température de 41°. Tous guérirent complètement. La durée moyenne du traitement fut de six jours ; la plus courte, de trois jours ; la plus longue, de trois semaines.

Localement, on agit surtout par le *froid*. Si un cours d'eau existe à proximité, on y peut conduire le malade le matin et l'y laisser la plus grande partie de la journée ; pour la nuit, il convient de compléter l'action de l'eau froide par des cataplasmes astringents (solution de sulfate de zinc, de cuivre ou de fer, eau blanche, terre glaise). A défaut d'eau courante, le cheval est placé dans une mare ou dans la fosse à bains. Parfois on en doit improviser une : si le sol de l'écurie est en terre, on creuse avec la pioche un trou profond de 30 à 40 centimètres, dont l'étendue dépasse un peu l'aire circonscrite par les membres malades, puis on y jette quelques seaux d'eau, de façon à constituer une épaisse couche boueuse, dans laquelle les sabots sont immergés ; si l'écurie est pavée, au lieu de creuser le sol, on le recouvre de sciure de bois ou de sable fin, que l'on arrose fréquemment avec de l'eau ordinaire ou un liquide astringent. Il n'est d'ailleurs pas nécessaire de laisser le malade les pieds dans l'eau toute la journée ; il suffit de l'y mettre quotidiennement deux ou trois fois, pendant une à deux heures, après une courte promenade. — L'irrigation continue est un excellent mode d'utilisation de l'eau froide.

Au réservoir contenant l'eau, on adapte un tube de caoutchouc bifurqué ou quadrifurqué, fournissant pour chaque membre une division qui aboutit à un bracelet percé de trous, disposé autour du canon ou de la couronne. — Lorsque les animaux s'obstinent à conserver la position décubitale, on enveloppe les pieds de compresses humides que l'on arrose fréquemment. Pendant l'hiver, on peut utiliser les applications de neige ou de glace. — On a conseillé de parer le sabot afin de permettre une action plus efficace des topiques ; mais l'opération est d'une exécution malaisée sur l'animal debout, en raison des souffrances qu'il endure, et son utilité n'est pas démontrée.

L'exercice sur un sol meuble est une autre indication importante. Si la conformation des pieds est bonne, on peut les laisser revêtus de leur armature ou les déferrer. Aux pieds plats ou combles, on appliquera des fers minces, évidés, demi-couverts. — Avant chaque bain, on promènera le malade au pas pendant un quart d'heure, une demi-heure au plus. Au début, l'appui des pieds souffrants est fort douloureux, mais bientôt la marche devient moins pénible. — Après le bain, l'animal est rentré dans son box, sur une épaisse litière, les pieds soigneusement graissés ou recouverts de compresses froides. On renouvelle ces promenades, comme les bains, deux ou trois fois par jour. Il est contre-indiqué d'exercer les fourbus sur des voies pavées, de les faire trotter et de les monter.

Le malade sera soumis à une diététique sévère : on le nourrira surtout de foin, de barbotage et de lait ; quand la saison le permet, le régime du vert est avantageux. On donnera dans les boissons des purgatifs doux et des alcalins (sulfate et bicarbonate de soude). — Bouley et Chuchu ont recommandé le salicylate de soude, qui leur a paru exercer une influence favorable sur le processus de la fourbure. Même lorsque nous l'avons donné à la dose de 50 à 60 grammes par jour, cet agent s'est montré peu efficace.

Quand la douleur, très intense, dénonce l'existence d'une collection sanguine ou séreuse sous-pariétaire, on peut creuser une rainure en pince, au niveau de la zone commissurale, pour permettre l'échappement des liquides collectés entre le sabot et la membrane tégumentaire. Il importe de pratiquer cette opération sous le couvert de l'asepsie.

Lorsque la phlegmasie devenue suppurative s'est compliquée de gangrène de la membrane tégumentaire, de nécrose ou de carie de la phalange, l'ablation des tissus mortifiés est un moyen auquel on a quelquefois recours. Mais l'affection est alors d'une telle gravité qu'on préfère généralement renoncer à la cure.

Divers traitements spéciaux, préconisés dans le cours du dernier siècle, méritent à peine une mention. Certains auteurs anglais ont employé le séton du coussinet plantaire (V. *Maladie naviculaire*). Essayé chez nous, il n'a donné aucun résultat; il n'est d'ailleurs pas sans danger. — L'enveloppement des pieds dans des cataplasmes chauds est aussi une pratique d'outre-Manche qui ne s'est pas répandue. — Quelques vétérinaires ont recommandé de creuser sur la muraille quatre ou cinq rainures parallèles, dans la direction des fibres cornées, afin de permettre au tissu podophylleux de subir, sans trop de compression, l'augmentation de volume que lui imprime l'inflammation. Outre que ces rainures ne sont d'aucune utilité, une échappée faite en les creusant peut ouvrir la voie à l'infection. — En Italie, de Nanzio a conseillé la compression permanente du sabot, exercée, du côté de la région plantaire, à l'aide d'un fer à planche garni d'une plaque maintenant une étoupade très serrée, et, du côté de la paroi, au moyen de tours de bande. C'était là une intervention qui ne pouvait évidemment produire aucun effet utile. Aussi l'a-t-on depuis longtemps délaissée.

Joly a fait connaître un nouveau traitement qui consiste en la ligature de l'une des artères digitales (application de deux ligatures et section du vaisseau dans l'intervalle). Ayant vu se rétablir deux pur sang traités par cette opération, « qui décongestionne » les tissus, il la recommande pour « tous les cas d'ostéite aiguë ou subaiguë de la troisième phalange qui ont résisté aux traitements anciens et nouveaux préconisés contre la fourbure ».

Nous résumerons ainsi les principales indications du traitement de la fourbure aiguë : 1° pratiquer une saignée proportionnée à la taille et à la force des malades; 2° opérer une révulsion cutanée énergique ; 3° faire une injection sous-cutanée de pilocarpine ou d'arécoline, que l'on répétera au besoin pendant quelques jours ; 4° utiliser les bains, les antiphlogistiques appliqués localement, et promener les malades sur un terrain meuble ; 5° régler l'alimentation ; administrer à l'intérieur des purgatifs et des alcalins.

Quand on a mis en œuvre ces moyens, le plus souvent la fourbure s'atténue, et la résolution a lieu au bout d'un temps qui varie de quelques jours à trois semaines. Somme toute, les complications aiguës sont rares ; mais, chez un certain nombre de sujets, le mal persiste en s'atténuant : il passe à l'état chronique.

B. — **Fourbure chronique**.

Dans la presque totalité des cas, la *fourbure chronique* succède à la fourbure aiguë. Parfois elle s'établit d'emblée, sans manifestations initiales bruyantes. Toujours elle détermine plus ou moins vite de graves altérations.

Le pied atteint de fourbure chronique est allongé dans le sens antéro-postérieur, rétréci transversalement, aplati dans ses régions antérieures, haut en talons. Au lieu de présenter son degré normal d'inclinaison en pince (45°-50°), la paroi s'y montre plus oblique, rapprochée de l'horizontale. Elle est marquée de renflements et de sillons transversaux étagés, presque contigus en pince, plus espacés vers les talons. A l'examen de sa face plantaire, deux choses frappent immédiatement : un bombement de la partie antérieure de la sole — le *croissant* — et la profondeur des lacunes, contraste qu'on n'observe pas dans le pied comble ordinaire. Au niveau de sa voussure, la

sole est quelquefois perforée ; assez souvent un pus séreux, grisâtre ou sanguinolent s'écoule par la brèche ; le tissu velouté et la phalange sont enflammés ou partiellement nécrosés. En pince, en mamelles et dans la région
antérieure des quartiers, entre le bord de la plaque solaire et la face interne
de la paroi, existe un intervalle qui peut mesurer 6 à 8 centimètres sur la
ligne médiane, dont la largeur diminue graduellement de chaque côté,
pour s'effacer en quartier, intervalle tantôt comblé par une néoproduction
cornée compacte ou fissurée — par la base du *coin*, — tantôt creusé d'une
cavité plus ou moins anfractueuse, rétrécie à son sommet, — la « *fourmilière* ».
— Lorsque la fourbure chronique a succédé à la fourbure aiguë, les troubles

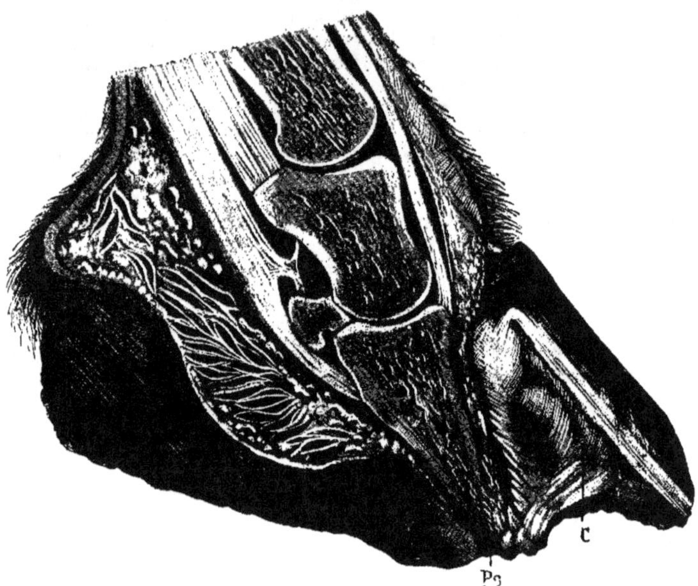

Fig. 552. — Fourbure chronique. — C, coin kéraphylleux ; P*s*, perforation de la sole.

généraux de celle-ci ont disparu ; quant à la sensibilité morbide, interrogée
par la percussion, elle est ordinairement peu accusée.

Sur les coupes obtenues par la section antéro-postérieure du pied, le paral-
lélisme de la muraille et de la face antérieure de la phalange n'existe plus :
la paroi, plus épaisse qu'à l'état normal, est projetée en avant, tandis que
le profil antérieur du troisième phalangien s'est rapproché de la verticale.
Entre la paroi et le tissu podophylleux, on voit soit une masse cornée
cunéiforme, blanchâtre, homogène ou feuilletée, soit la cavité de la fourmilière, limitée en avant par la face interne de la muraille, en arrière par une
couche de corne qu'a sécrétée le podophylle. — *L'hypertrophie des lames podophylleuses*, signalée déjà par Chabert, est une altération constante, du
moins dans les premiers stades de la maladie. Souvent ces lames, ainsi que
les papilles dont leur bord libre est garni, prennent un développement considérable. Quand l'affection est récente, la phalange présente quelques ostéo-

phytes sur ses faces antérieure et inférieure, mais plus tard elle est le siège
d'un processus atrophique.

Le mécanisme de ces phénomènes a été diversement interprété. Pour la
majorité des auteurs, la phalange bascule ; selon quelques-uns, elle n'éprouverait aucun déplacement. — Gross et Guyon ont soutenu que la déformation
du pied est le résultat de la sécrétion cornée plus active en talons : la poussée de la corne calcienne finirait par éloigner de la troisième phalange les
régions antérieures de la muraille, d'où la fourmilière, qui grandit propor-
tionnellement à la « force répulsive » de la corne en talons, sans qu'il y ait
déplacement de l'os du pied. L'incurvation de la sole serait le résultat pur et
simple de la déviation de la paroi, laquelle, se portant en avant, entraî-

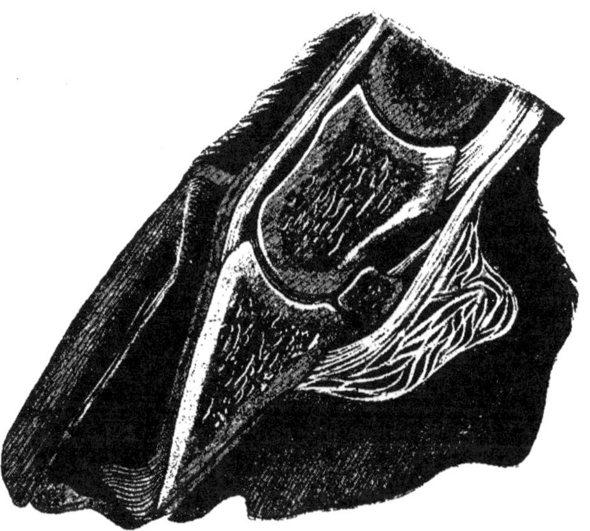

Fig. 553. — Coupe antéro-postérieure d'un pied atteint de fourbure récente
(14 jours). — L'abaissement et la déviation de la phalange sont très accusés.
Une large cavité existe entre le podophylle et le kéraphylle. A l'origine de
l'ongle, les fibres cornées sont coudées par l'abaissement de la phalange.

nerait et soulèverait avec elle la marge de la plaque solaire, tandis que la
partie moyenne de celle-ci, conservant sa position première, se bomberait
sur la phalange. — Cette première opinion est infirmée par l'anatomie patho-
logique. Les sections pratiquées dans les pieds fourbus ne laissent aucun
doute que la phalange se déplace dans l'intérieur du sabot.

Quelle est la cause de ce déplacement ? Chez nous, la plupart des auteurs
ont longtemps accepté la « théorie des pressions par le coin de corne », telle
que l'a exposée Bouley. Ce coin de corne, engendré par le tissu podophylleux
enflammé, ne peut, disait-on, se faire place dans l'intérieur du pied qu'en re-
poussant la paroi en avant et la phalange en arrière : la face antérieure de
celle-ci, normalement oblique en avant et en bas au même degré que la pince,
se rapproche ainsi de la verticale ; son bord inférieur comprime et atrophie
le tissu velouté à son niveau ; il force la sole à se bomber, quelquefois il la

perfore. — Comme la précédente, cette interprétation ne tient pas devant l'examen attentif des lésions de la fourbure chronique. Dans le cours de celle-ci, les feuillets podophylleux s'hypertrophient, s'élargissent, et souvent jusqu'à la période ultime du mal ils conservent leurs dimensions augmentées. Or, si la tumeur kéraphylleuse était bien l'agent de la déviation du troisième phalangien par les pressions qu'elle exerce sur la face antérieure de cet os, son premier effet serait l'atrophie des feuillets dans la zone comprimée, comme cela a lieu lors de kéraphyllocèle. Le déplacement de l'os est d'ailleurs loin d'être toujours proportionnel à l'épaisseur de la néoproduction cornée : dans certains cas, il est très prononcé et celle-ci peu épaisse (*fig.* 554) ; dans d'autres, la masse cornée anormale est volumineuse et la déviation de l'os peu accusée. Au surplus, même lorsqu'il y a fourmilière, la phalange bascule, et si l'explication qu'on a donnée pour les cas de ce genre était juste, l'os, pressé vers son sommet seulement, éprouverait un déplacement

Fig. 554. — Coupe antéro-postérieure d'un pied atteint de fourbure chronique. — La déviation de la phalange est très accusée. Les lames podophylleuses sont hypertrophiées.

inverse de celui qu'il subit. — La dislocation et la déviation de la phalange sont des *phénomènes précoces*, qui précèdent l'hypersécrétion du podophylle enflammé, ainsi que le montre nettement la figure 553, empruntée à Gutenäcker. Le coin de corne est un *phénomène secondaire*, qui n'a aucune part ou ne joue qu'un rôle effacé dans la déviation de l'os du pied, mais qui, comme le kéraphyllocèle, peut produire des lésions atrophiques (*fig.* 555).

Pour Boiteux, Siedamgrotzky, Friedberger, Guillebeau, Möller, la troisième phalange se déplace par les pressions de la seconde, par l'action du poids du corps, dès que le tissu podophylleux enflammé est désuni des lamelles kéraphylleuses. « Normalement, à chaque temps d'appui la phalange tend à s'enfoncer dans le sabot. Que les adhérences podophyllo-kéraphylleuses viennent à être détruites par l'exsudat inflammatoire, l'os phalangien va basculer, s'enfoncer, perforer par son bord semi-lunaire le plastron de la sole, et ne s'arrêter que quand les obstacles rencontrés sont parvenus à lui faire équilibre et à le consolider dans sa station dernière. » (Boiteux.)

Bonnard et Fogliata ont fait remarquer que la phalange ne s'abaisse point *in toto* dans le sabot, mais qu'elle bascule autour d'un axe transversal sous l'influence des tractions exercées par le perforant sur la crête semi-lunaire. « Si, tout en étant en partie désuni, l'os du pied ne descend pas dans le sabot, car nous ne croyons plus qu'il exécute tout d'abord semblable mouvement, c'est qu'il est vigoureusement maintenu par l'action de l'extenseur antérieur et du fléchisseur profond ; mais il obéit au plus fort, bascule en arrière ou, mieux, opère un mouvement de rotation en pivotant comme si les condyles de la deuxième phalange lui servaient de centre ; alors l'éminence pyramidale s'abaisse légèrement, d'où augmentation, sinon du bourrelet, tout au moins de la cavité cutigérale, qui se prête à son développement possible. » (Bonnard.) Et Fogliata ajoute : « Le désengrènement des tissus

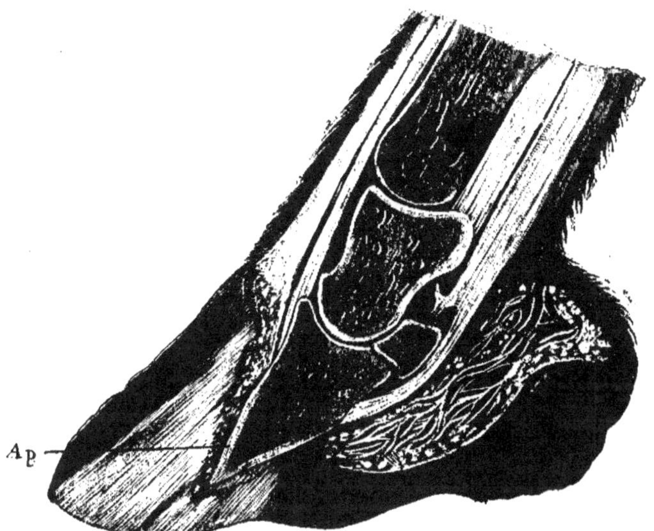

Fig. 555. — Fourbure chronique. — *Ap*, partie atrophiée de la phalange.

podophylleux et kéraphylleux ne se produit qu'en pince, en mamelles et sur la portion antérieure des quartiers, les talons restent intacts ; il s'ensuit que l'os du pied ne peut s'abaisser en totalité ; retenu en quartiers et en talons, le seul mouvement qu'il puisse exécuter est un mouvement de rotation autour de son axe transversal, de façon que la pince s'abaisse, tandis que les apophyses rétrossales et basilaires se trouvent relevées. L'extenseur antérieur des phalanges pourrait seul s'opposer à ce déplacement, mais il doit céder devant son puissant antagoniste, le fléchisseur profond. » — Admise par Guillebeau et Siedamgrotzky, confirmée par une expérience de Montané, cette action du perforant se fait sentir d'autant plus que l'attitude anormale des membres est plus prononcée, — condition qui surcharge les tendons fléchisseurs. Si Labat a vu la déviation de la phalange se produire malgré la ténotomie du perforant, c'est parce qu'elle est le résultat de causes multiples.

Ainsi que le soutiennent Friedberger, Guillebeau et Siedamgrotzky, le déplacement de la phalange unguéale est dû surtout au désengrènement des lames kéra-podophylleuses et aux pressions qu'exerce sur elle l'os coronaire. Les tractions exercées sur la crête semi-lunaire par le perforant s'ajoutent aux facteurs précédents. — La dislocation de la phalange, son abaissement, le mouvement qu'elle exécute en arrière, rendent compte des différents phénomènes anatomo-pathologiques secondaires de la fourbure chronique. Par la séparation des feuillets de chair et des feuillets de corne, une cavité se forme qui se remplit de sérosité et de sang; les lames podophylleuses s'hypertrophient, et à la rétrocession de l'inflammation succède une active kératogenèse. Le bourrelet cède lentement à la traction exercée par l'os du pied, ses papilles se coudent à leur base, — d'où la saillie du biseau, la gouttière coronaire et la direction anormale des tubes cornés, nettement dessinée à l'origine de l'ongle sur les pieds atteints de fourbure chronique récente. En raison même de cette traction, de celle qu'exerce en sens opposé l'os coronaire (Delpérier), mais aussi sous l'action de l'hyperémie, le bourrelet s'élargit et se tuméfie, ses papilles irritées s'hypertrophient, et la muraille devient plus épaisse. Enfin, sous l'influence des alternatives de traction exercée sur le bourrelet par la phalange déviée et d'intumescence de celui-là, les fibres cornées prennent une disposition ondulée (fig. 553). — Dans la région où il est comprimé par le bord antérieur de la phalange, le tissu velouté est le siège d'altérations souvent graves : d'abord ses papilles s'infléchissent ou se coudent, des hémorragies s'y produisent et l'inflammation s'y développe; plus tard il s'atrophie ou se nécrose, et la sécrétion cornée est supprimée sur une certaine surface. Pressée par l'os, la sole se bombe et, quand le tissu velouté est détruit à ce niveau, elle finit par se perforer. Vers son bord antérieur, la phalange est aussi envahie par un processus atrophique. — La direction très oblique ou presque horizontale de la muraille en pince est due à la rupture des adhérences kéra-podophylleuses, à l'attitude des membres et à l'appui en talons. Pendant la marche, à chaque appui la paroi subit en pince un effort qui la pousse en avant et en haut (Peters); peu à peu les fibres cornées des régions antérieures de la muraille s'incurvent et prennent, surtout en leur partie inférieure, une direction plus rapprochée de l'horizontale.

On vient de voir que la troisième phalange participe au processus inflammatoire de la fourbure, mais, sauf de rares cas où celle-ci est d'emblée chronique, les lésions osseuses sont toujours secondaires. Joly prétend qu'elles sont primitives, et que la fourbure est une manifestation de l'ostéitisme, — une ostéite de fatigue.

Le *diagnostic* de la fourbure chronique ne présente très généralement aucune difficulté, même quand on a tronqué la pince et râpé les cercles de la paroi : il suffit de lever le pied pour constater le bombement de la sole, la base du coin ou la fourmilière. Dans quelques cas où les lésions sont peu accusées, le pied doit être examiné avec attention.

Le *pronostic* est toujours fort grave. La déformation des sabots persiste longtemps; la ferrure doit être pratiquée avec grand soin, et les rechutes (fourbure subaiguë) sont à craindre. Pendant des mois, beaucoup de sujets ne peuvent plus être utilisés qu'au pas et sur un sol meuble.

Le *traitement* de la fourbure chronique comprend des indications qui ressortissent, les unes à la chirurgie, les autres à la ferrure.

Qu'il y ait une fourmilière ou une néoformation de corne, on commence par enlever avec le rogne-pied et la râpe tout l'excédent de corne en pince et en mamelles. En parant le pied, il importe de respecter la sole et de ménager la muraille en quartiers; tantôt on se bornera à enlever la corne désagrégée, tantôt on devra raccourcir notablement les talons. — L'*opération du croissant*, pratiquée dans les cas de fourbure pleine, se fait de deux manières : 1° en tronquant la pince et en amincissant avec la râpe ou la rénette la corne des régions antérieures du pied ; 2° en creusant par la surface plantaire, dans la néoproduction cornée, une cavité ou « fourmilière artificielle », de façon à ne laisser sur le tissu podophylleux qu'une mince couche de corne. Dans les premiers temps, ces moyens palliatifs diminuent les souffrances; mais, quand la fourbure est ancienne, ils ont moins d'efficacité.

En général, le fer doit avoir une couverture suffisante pour protéger toute la partie antérieure de la sole jusqu'à la pointe de la fourchette, et une ajusture telle qu'il recouvre, sans la comprimer, la partie saillante de la région plantaire. On utilise de préférence le *fer couvert, évidé à l'anglaise* ; quand le bombement est très accusé, pour éviter de donner au fer une épaisseur excessive, on adapte à sa surface supérieure, sur la partie qui correspond au bord inférieur de la paroi — sur le siège, — une bande de cuir ou de gutta-

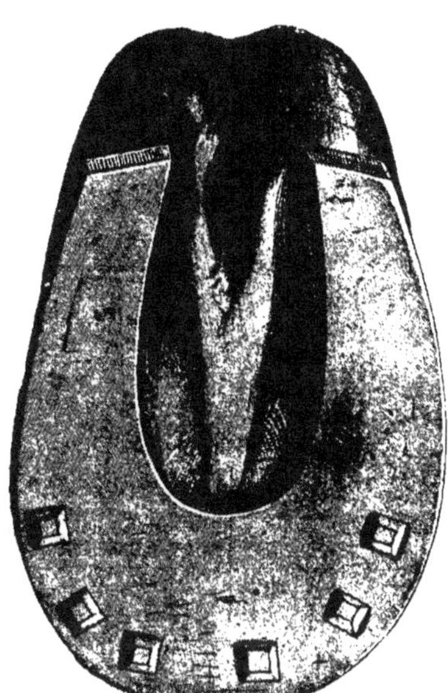

Fig. 556. — Pied atteint de fourbure chronique. Fer couvert.

percha (*fig.* 557). Le *fer à bords renversés* est aujourd'hui inusité. Le fer fortement ajusté à la française est lourd et expose aux glissades. Le fer Charlier à branches épaisses surélève la sole, mais ne la protège pas ; il peut néanmoins être employé avantageusement pour les chevaux de trait léger, qui doivent faire un service au trot (Bouley, Nocard). — Dans la généralité des cas, par une ferrure appropriée à la forme des pieds et par l'entretien soigné de ceux-ci, les altérations s'atténuent à la longue.

Si la sole est fortement bombée ou perforée, on appliquera un pansement au goudron ou à l'onguent de pied, maintenu par une plaque. On combattra par les bains et les pansements antiseptiques l'inflammation aiguë des tissus exposés au niveau de la brèche solaire. Lorsqu'il y a complication de nécrose ou de carie, on y remédie comme il a été dit aux articles *Généralités sur les affections du pied* et *Clou de rue.*

Plusieurs traitements spéciaux ont été préconisés pour favoriser l'avalure de la paroi en pince et la mettre en rapport avec la croissance en talons. Gross a donné les indications suivantes : parer les

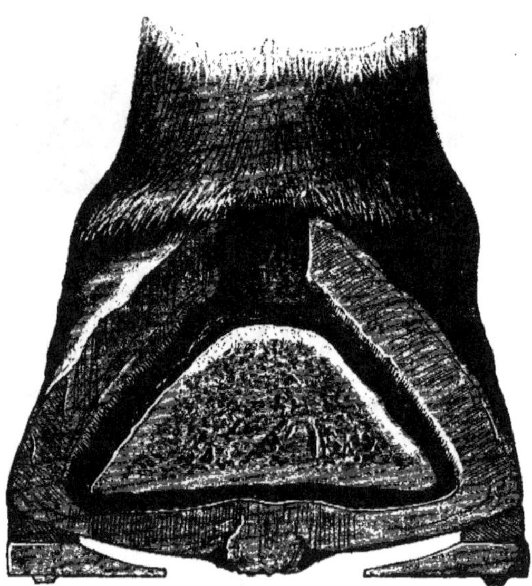

Fig. 557. — Coupe transversale d'un pied atteint de fourbure chronique, auquel a été appliqué un fer couvert, évidé à l'anglaise et garni d'une bande de guttapercha.

talons au degré normal ; creuser sous le bourrelet, à pellicule, une rainure étendue à tout le contour de la paroi ; faire sur les régions antérieures de la couronne une application irritante ; garnir le pied d'un fer léger, assez couvert pour protéger la sole ; enfin renouveler la ferrure toutes les cinq ou six semaines.

Le *procédé de Watrin* consiste à parer le sabot de telle sorte que la région plantaire soit parallèle à la face inférieure de la phalange déviée. Pour cela, on doit raccourcir l'ongle surtout en ses régions postérieures. Le pied ainsi préparé appuie en talons ; la pince est relevée, quelquefois distante du sol de plusieurs centimètres. Il est recommandé de laisser au pré l'animal déferré, et de parer souvent les sabots pour enlever la corne qui pousse activement en talons. Quand l'animal est remis en service, les pieds sont garnis de fers ordinaires correctement ajustés, ou de fers à lunette très épais en pince. Sous l'influence de ce traitement, l'avalure se ralentit peu à peu en talons; elle augmente dans les parties antérieures de l'ongle. Au bout de cinq à six mois, la muraille pousserait partout en bonne direction.

Peters a préconisé une ferrure pratiquée d'après des règles contraires à celles de Watrin. On pare le pied en ménageant les talons et l'on applique un fer à éponges nourries ou à crampons.

Dans le *procédé de Hingst*, essayé chez nous par Boellmann et Boisse, on mobilise la muraille en pince et en mamelles par le creusement de la néoformation cornée kéraphylleuse ; puis, par une compression mécanique, on ramène à son inclinaison normale cette partie déviée de la muraille. Pour cela, on fait, sur la face antérieure de la paroi et dans toute sa hauteur, deux rainures convergentes en bas, délimitant un lambeau en forme de V (*fig.* 558), dont l'angle correspond au milieu de la pince, sa partie supérieure, au niveau du bourrelet, ayant une largeur d'environ 10 centimètres. Avec une rénette à gorge étroite, on évide ensuite la masse de corne interposée entre la paroi et la phalange, jusqu'à ce qu'il n'en reste qu'une

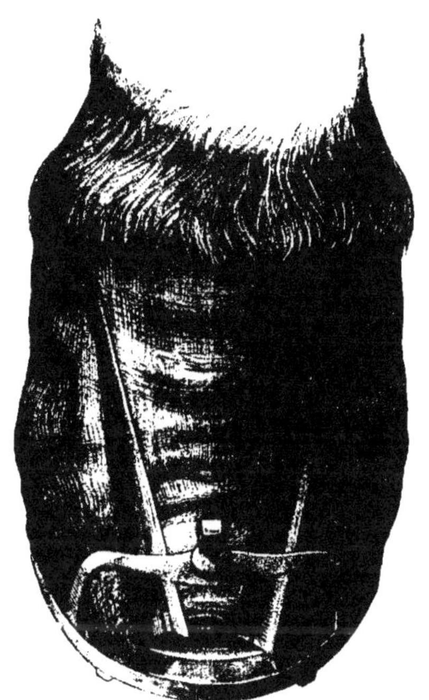

Fig. 558. — Procédé de Hingst.

mince couche sur le tissu podophylleux ; le lambeau de muraille ainsi délimité n'adhère plus que dans la région podophyllienne supérieure et sur les bourrelets. On applique un fer muni d'une arcade métallique disposée au-devant de la face antérieure de la muraille, arcade creusée en sa partie moyenne d'un trou taraudé dans lequel se meut une tige métallique filetée avec laquelle on repousse la paroi déviée. Tous les jours, on la refoule de quelques millimètres, jusqu'à ce qu'elle ait repris la direction de la muraille normale. — Boellmann a simplifié ce fer en substituant à l'arcade un fort piton soudé à la pince et qui porte près de son sommet la tige filetée.

Pour prévenir la bascule et le recul de la troisième phalange, Schneider a conseillé un fer à double planche, l'une transversale, l'autre longitudinale, celle-ci appliquée sur toute la longueur de la fourchette. Au besoin, on peut recourir à l'application d'une fourchette artificielle.

Scharenberger a fait connaître un nouveau traitement dont voici les principaux actes: abattre les talons et parer à fond la sole si elle est bombée; — tracer sur la muraille une rainure transversale, à $1^{cm},5$ du bourrelet et d'un quartier à l'autre; — amincir avec la rénette ou la râpe toute la partie de la muraille située au-dessous de cette rainure; — appliquer sur la corne amincie une couche d'onguent de pied, puis un pansement ouaté que l'on renouvelle au bout de dix jours, et une seconde fois deux à trois semaines plus tard; — lorsque la corne a repris une certaine consistance, garnir le pied d'un fer demi-couvert, mince, à ajusture renversée. Dès le deuxième mois, le cheval peut travailler sur un sol meuble.

Ces différents procédés ont donné « des résultats satisfaisants ». Scheller et Dessart en ont obtenu avec celui de Gross; Boellmann et Boisse, avec celui de Hingst; Möller, avec celui de Peters; Joly, avec celui de Schneider. Mais, jusqu'à présent, aucun d'eux ne compte à son actif d'assez nombreux succès pour que l'on soit autorisé à le recommander de préférence au traitement classique. Les résultats qu'on leur attribue sont évidemment dus, pour une part, à la rétrocession, assez fréquente à la longue, des altérations de la fourbure chronique.

Lorsqu'on peut laisser en liberté au pâturage ou utiliser au labour les chevaux atteints de fourbure chronique, la déformation du sabot, la douleur de l'appui, la gêne de la marche s'atténuent peu à peu, et, au bout d'un temps qui varie de six mois à une année, à la condition de recourir à une ferrure appropriée, un certain nombre d'entre eux redeviennent aptes au travail sur le pavé.

Quand on a vainement mis en œuvre les traitements usuels, il reste, comme dernière ressource, la névrotomie plantaire au-dessus du boulet ou celle du médian.

XIV. — **Arthrite aiguë séreuse**. — **Hydarthrose**. — **Synovite** de la petite sésamoïdienne.

L'inflammation aiguë séreuse de la deuxième articulation phalangienne est très généralement provoquée par des causes locales, surtout par les efforts, les distensions ligamenteuses, quelquefois par l'extension à la synoviale d'une phlegmasie du voisinage; elle peut exceptionnellement relever d'une maladie infectieuse générale. — Ses principaux symptômes sont une boiterie intense, brusquement apparue, une vive douleur provoquée par les mouvements imprimés à la jointure et de la tuméfaction péricoronaire. — La guérison parfaite est l'exception ; le plus souvent la synoviale reste hydropique, et, dans un certain nombre de cas, il se développe des exostoses coronaires, ou la jointure s'enkylose.

On la traite par le repos et l'irrigation continue ou les applications vésicantes sur la couronne; souvent on est obligé de recourir ensuite à la cautérisation. — Pour les cas rebelles, on fera la névrotomie plantaire haute et double, celle du médian ou du sciatique.

La synoviale de l'articulation du pied peut se distendre au niveau de ses culs-de-sac latéraux et venir constituer deux petites *molettes* au-dessus des fibro-cartilages. La disposition symétrique de ces tumeurs, leur tension à l'appui, leur mollesse au repos suffisent pour les distinguer des kystes et des formes.

Généralement, l'hydarthrose du pied ne provoque pas de boiterie et ne nécessite aucun traitement. Si elle donne lieu à une claudication, on emploiera les vésicants, et, s'ils sont insuffisants, la cautérisation.

La *synovite aiguë séreuse de la petite gaine sésamoïdienne* est très rare. Accusée par une forte boiterie et par un gonflement du creux du paturon, sur les côtés et en arrière des tendons fléchisseurs, elle est habituellement suivie d'hydropisie de cette gaine — d'une *molette* du creux du paturon.

Le repos et la réfrigération au début, plus tard les compresses humides maintenues dans le creux du paturon par un pansement sont les moyens qu'il convient de lui opposer.

XV. — **Maladie naviculaire.**

La *maladie naviculaire* — l'*arthrite naviculaire* de Percivall, la *synovite podo-sésamoïdienne* de Loiset — consiste essentiellement en une inflammation chronique des tissus entrant dans la constitution de l'appareil sésamoïdien : petite gaine sésamoïdienne, os naviculaire, aponévrose plantaire.

On l'observe presque toujours aux pieds antérieurs, tantôt à un seul, bien plus souvent aux deux ; elle est exceptionnelle aux pieds de derrière.

Anatomiquement, cette affection est caractérisée par les lésions de la synovite chronique sèche : desquamation de la séreuse, végétations et adhérences partielles de ses feuillets ; même au début, généralement il n'y a que très peu de synovie épaisse, rougeâtre. — L'aponévrose plantaire est ramollie, dissociée, partiellement déchirée ; dans la suite, ses lésions s'accentuent, sa rupture complète n'est pas rare. — Le petit sésamoïde offre les altérations de l'ostéite raréfiante : destruction partielle du revêtement cartilagineux de sa face inférieure, ilots lenticulaires rouge noirâtre dans sa couche superficielle, puis production d'ostéophytes ; plus tard, ulcérations circulaires, taillées à pic, intéressant d'abord seulement la couche compacte, et si nettement accusées qu'on les dirait faites à l'emporte-pièce ; affaibli par leur extension, l'os peut se rompre sous les pressions qu'il supporte. Quelque étendue que soit la destruction osseuse sur la face inférieure de l'os naviculaire, la face supérieure se montre presque toujours indemne ; l'articulation des deux derniers phalangiens n'est affectée que très rarement. — Parfois les lésions atrophiques font défaut et le processus est celui de l'inflammation chronique banale : l'aponévrose plantaire est réunie au petit sésamoïde et au ligament interosseux par du tissu fibreux. (Gerke, Trasbot, Peters, Möller.)

Le développement de la maladie naviculaire est favorisé par des influences multiples, les principales inhérentes au service, à la race, à la conformation du pied. Rare sur les animaux utilisés aux allures lentes, elle est assez commune chez les chevaux de selle et de trait léger, mais surtout chez les sujets des races distinguées, à allures brillantes, relevées, — sur les *steppeurs*. Dans certaines de ces races, on a signalé la transmission héréditaire de la

Fig. 559. — Altérations du petit sésamoïde dans la maladie naviculaire récente.

prédisposition à la maladie ; on a souvent vu celle-ci apparaître peu après la mise en service, sur des chevaux procréés par des sujets qui en étaient atteints. — Quant aux vices de conformation du pied, on incrimine surtout l'*encastelure* et la *hauteur excessive des talons*, l'une et l'autre fréquemment rencontrées sur des animaux déjà prédisposés par l'énergie de leurs actions.

Fig. 560. — Altérations du petit sésamoïde dans la maladie naviculaire ancienne.

Smith a accusé — sans preuve à l'appui — un défaut congénital de l'appareil naviculaire, en particulier un vice de la trame osseuse du sésamoïde. — Remarquons que toutes les conditions anormales qui modifient l'aplomb du pied et surchargent l'appareil naviculaire (hauteur de la pince, longueur excessive de l'axe phalangien) prédisposent à l'affection. (Bouley, Günther, Williams, Fambach, Peters.)

Pendant les allures, à chaque appui du pied sur le sol, l'os naviculaire exerce sur l'expansion du perforant une pression d'autant plus forte que l'animal est plus lourd, la vitesse plus grande, les mouvements plus énergiques. Dans les conditions ordinaires, cette action incessamment répétée du sésamoïde sur l'aponévrose plantaire ne provoque aucune lésion de ces organes. Mais si les percussions du pied sur le sol sont par trop violentes — surtout si le coussinet plantaire altéré remplit mal son rôle d'appareil d'amortissement, — il en peut résulter une atteinte de la synoviale, du tendon ou de l'os : la maladie naviculaire est créée ; elle s'accentue fatalement par la répétition de la cause qui lui a donné naissance. D'habitude, l'affection s'établit ainsi graduellement ; parfois elle apparaît d'une manière soudaine, sous l'influence d'un effort, d'une percussion assez violente pour déterminer instantanément une lésion de l'appareil sésamoïdien. Comme causes susceptibles de produire un tel résultat, mentionnons les sauts, les glissades, les arrêts brusques sur les pieds de devant, les voltes subites pendant le trot, et les faux pas où la pince seule trouve un point d'appui, alors que les talons s'abaissent à l'excès avant de toucher le sol (Brauël). — Dans certains cas, la synovite sésamoïdienne n'est qu'une détermination du rhumatisme ou une complication de quelque maladie infectieuse (influenza, pneumonie).

Le premier symptôme de la forme habituelle de la maladie naviculaire est le port du membre en avant de la ligne d'aplomb : au repos, le cheval *pointe*. Alors, au début de l'exercice, on peut observer déjà une certaine hésitation dans l'appui, — l'animal *craint*. Au bout d'un temps variable, la boiterie apparaît : plus accusée sur un sol dur et sur le pavé, elle est d'abord intermittente, elle s'atténue et souvent disparaît après quelques instants d'exercice. L'appui de la fourchette, l'application d'un fer à éponges minces ou à planche exagèrent souvent la claudication. On ne constate au pied ni hyperthermie, ni sensibilité morbide ; la molette de la petite sésamoïdienne et la douleur provoquée en exerçant des pressions au niveau de cette gaine, dans le creux du paturon, sont exceptionnelles. Dans la suite, la boiterie s'accentue et devient permanente ; le pied « rase le tapis » et le cheval est exposé à butter. — Quand la maladie apparaît brusquement, à la suite d'un effort ou d'un saut, une claudication intense est constatée tout à coup, semblable à celle causée par un violent effort de tendon ou un traumatisme du sabot. Le cheval pointe en tremblant du membre malade ; les talons sont soulevés de terre ; pendant la marche, l'appui est hésitant, douloureux. A l'examen du pied, on peut percevoir une sensibilité anormale en exerçant des pressions sur la partie antérieure du creux du paturon.

Lorsque les deux pieds antérieurs sont atteints simultanément, le cheval pointe alternativement de l'un et de l'autre. Pendant les allures, les épaules sont froides, *chevillées*.

Dans les cas où un pied postérieur est atteint, les symptômes sont beaucoup moins expressifs. Le membre souffrant est à peu près constamment au repos ; il n'appuie sur le sol qu'en pince, tantôt sur la même ligne que l'autre membre, tantôt un peu en arrière, et la boiterie n'a aucun caractère spécial. — Si les deux sont frappés, l'animal s'appuie alternativement sur l'un et l'autre ; pendant l'exercice, surtout au départ, on remarque de la gêne dans les mouvements du train de derrière.

A de rares exceptions près, la marche de l'affection est continue, progressive. Peu à peu, elle accomplit son œuvre de destruction dans les organes qui en sont le siège ; on peut observer des rémissions, même des intermittences. Quel qu'en soit le mode de développement, elle entraîne à la longue des complications diverses : émaciation des masses musculaires du membre, encastelure, nerf-férure, rupture du perforant ou du sésamoïde. Beaucoup d'animaux continuent leur service pendant un temps plus ou moins long, mais ils finissent par devenir inutilisables.

La maladie naviculaire est l'écueil des connaisseurs, — des « hommes de cheval » et des empiriques. Pour eux, en raison même de l'attitude du membre, de la gêne constatée dans les mouvements et de l'absence habituelle de déformation du pied, la claudication qu'elle provoque est une *boiterie de l'épaule*. Au début, le diagnostic exige du flair et autre chose que des notions d'hippologie. Lorsque l'affection se développe lentement, souvent elle ne s'exprime d'abord, on l'a vu, que par deux symptômes fonctionnels : l'action de pointer et une boiterie intermittente à froid. Le sabot est normal et les différentes régions du membre sont intactes. D'ordinaire, l'encastelure s'ajoute à ces deux manifestations, mais fréquemment elle n'apparaît qu'à une période avancée. Alors, on peut hésiter entre le resserrement du pied et l'affection naviculaire : le moyen d'être fixé, c'est de traiter le premier ; la persistance de la claudication dénonce l'autre. — L'application d'un fer à planche, le travail sur un terrain sec et dur n'exagèrent pas toujours la boiterie de la maladie naviculaire (Magnin). Quant à l'anesthésie de l'extrémité, par une injection de cocaïne sur le trajet des nerfs plantaires (Dassonville), elle permet de reconnaître si la claudication est bien due à des lésions du pied, et, lorsque l'injection est faite au niveau du paturon, la disparition de la boiterie accuse l'affection naviculaire.

Le *pronostic* est très grave. Même à ses débuts, cette affection est d'ordinaire rebelle à tous les traitements. Son siège au centre du pied, à l'abri des moyens chirurgicaux ordinaires, et son évolution chronique d'emblée rendent bien compte de son incurabilité. Toutefois, il y a lieu de tenir compte des résultats que peuvent donner les névrotomies. Sans doute ces opérations ne guérissent point, mais, en supprimant la douleur, elles remettent les animaux en état de faire encore un service pendant quelque temps. Dans les cas seulement où le processus revêt la forme plastique, où les lésions ne sont pas dégénératives, atrophiques, la boiterie disparaît sans retour.

Nous diviserons le *traitement* de la maladie naviculaire en *prophylactique*, *curatif* et *palliatif*.

Si cette affection peut frapper les pieds les mieux conformés, elle est surtout menaçante pour ceux déjà modifiés et affaiblis par l'encastelure. La *prophylaxie* comprend toutes les indications données pour conserver l'intégrité de l'ongle. On s'attachera à prévenir l'encastelure par l'entretien soigné du sabot et par une ferrure rationnelle. Suivant la conformation du pied, on devra raccourcir ou ménager les talons et appliquer un fer à lunette ou à éponges minces.

D'après les auteurs qui ont imaginé des traitements spéciaux, la maladie naviculaire serait loin d'être incurable. — La méthode de Godwin, qui guérissait « 19 chevaux sur 20 » lorsque l'affection était récente, consistait, après la saignée et la purgation, à envelopper le sabot d'un cataplasme de farine de lin, et à laisser le cheval au repos absolu dans un box spacieux. — Loiset instituait le traitement suivant : topiques émollients ou astringents sur le sabot; déplétion sanguine locale; friction irritante révulsive sur le paturon, la couronne et aussi en des points plus éloignés, principalement sur l'épaule; exercice modéré et journalier ou mise en liberté des malades dans une prairie; séton passé à l'ars ou à l'angle scapulo-huméral. — Voici les règles de la « cure radicale » de Brauëll : parer le pied à fond, surtout en quartiers, en laissant déborder la muraille, afin de garantir la sole et la fourchette amincies; faire une saignée en pince et utiliser les bains froids ou les cataplasmes astringents; laisser l'animal au repos, dans un box, sur une épaisse litière; de temps à autre, provoquer une révulsion intestinale par l'administration d'un bol d'aloès; durant les intervalles, donner des diurétiques; continuer ce traitement pendant trois à quatre semaines, en renouvelant la saignée locale; — si la guérison traîne en longueur, recourir aux préparations iodurées et aux révulsifs locaux : au séton de la fourchette, aux frictions vésicantes sur le paturon et la couronne, ou à la cautérisation actuelle en pointes sur cette dernière région.

Préconisé par Sewell, le *séton de la fourchette* fait de la dérivation et de l'immobilisation ; par celle-ci, il pourrait, au début, favoriser la réunion du tendon au sésamoïde. — Pour l'appliquer, le cheval est couché et le pied convenablement fixé. Le sabot paré à fond, on traverse le coussinet plantaire, d'arrière en avant, avec une aiguille courbe. Introduit dans le creux du paturon, sur la ligne médiane, l'instrument transperce le coussinet au voisinage de l'aponévrose, sans atteindre celle-ci, et vient sortir au niveau de la pointe de la fourchette ; dans le trajet, on place une mèche de chanvre ou un drain. Au lieu de passer un seul séton, on peut en appliquer deux ou trois, qui convergent vers la pointe de la fourchette (Matz). — Le séton est laissé à demeure pendant deux à trois semaines. Tous les jours on le nettoie par des injections antiseptiques. — Mais l'efficacité de cet exutoire est douteuse. Nombre de vétérinaires y ont eu recours sans le moindre bénéfice. A Alfort, où Bouley l'a essayé, il n'en a rien obtenu.

La cautérisation de l'os naviculaire (Loiset, Lafosse), ainsi que la section du fléchisseur profond dans la région métacarpienne, que Brauëll et Smith ont recommandée afin de mettre un terme aux frottements de l'aponévrose plantaire sur le petit sésamoïde et de faciliter ainsi la soudure de ces deux organes, sont des moyens abandonnés. — La cautérisation en pointes ou en raies sur la couronne, de même que la ponction au trocart suivie d'une injection iodée, conseillée pour les cas où le cul-de-sac sésamoïdien postérieur peut être perçu dans le creux du paturon, n'ont donné que des résultats peu encourageants. — La résection de l'extrémité du perforant a quelquefois réussi ; mais la plupart des sujets sur lesquels on l'a pratiquée sont restés boiteux ou ont dû être névrotomisés.

Malgré les exemples de guérison rapportés par les auteurs, presque toujours la maladie naviculaire résiste aux traitements qu'on peut actuellement lui opposer. Comme au temps de Turner, elle est encore « *the curse upon good horseflesh* ». — Au début, voici les moyens auxquels il convient de recourir. Le cheval sera mis en liberté dans une prairie humide ou dans un box spacieux, sur une épaisse litière. Suivant leur conformation, les pieds seront tenus déferrés ou garnis de fers légers à siège ou de fers Charlier ; on les entretiendra avec soin ; s'ils sont affectés d'encastelure, on y remédiera au besoin par une ferrure spéciale (V. *Encastelure*). — Sur certains chevaux, on constatera une atténuation des symptômes, quel-

quefois la disparition de la boiterie. Mais on se gardera de conclure
d'un tel résultat à la guérison définitive : lorsque l'on a bien affaire à
la maladie naviculaire, très généralement l'amélioration obtenue
n'est qu'éphémère. A peine les animaux sont-ils remis en service que
l'attitude anormale du membre et la boiterie réapparaissent. Alors il
faut s'adresser au *traitement palliatif*, seul avantageux en la circonstance, — à la *névrotomie plantaire*. Turner disait déjà : « Si l'on
n'est consulté qu'après l'apparition de la boiterie, une seule ressource
reste ; elle est palliative : c'est l'opération de la névrotomie ». Les tentatives thérapeutiques faites dans le cours du dernier siècle n'ont rien
changé à cette proposition.

La *névrotomie plantaire phalangienne* doit être pratiquée sur les
deux nerfs plantaires, en commençant par l'interne. On couchera le
cheval sur le côté du membre malade ; on fixera celui-ci sur le
membre opposé en diagonale, au-dessus du jarret ou du genou.
L'opération est facile. En voici le manuel :

Si la région digitée n'est ni indurée, ni infiltrée, il suffit d'en
explorer la face latérale, avec la pulpe du pouce, pour trouver, en
arrière, la *bride du coussinet plantaire* et le cordon vasculo-nerveux
sous-jacent. Celui-ci fixe la ligne d'incision (*fig.* 561). — S'il y a de
l'infiltration ou de l'induration et que ces organes ne puissent être
perçus, l'incision doit être faite à la limite des faces latérale et postérieure, suivant l'axe de la première phalange et vers la partie supérieure de cet os (au-dessus de la bride), ou dans sa moitié inférieure
(au-dessous de la bride). — Les poils coupés, la peau rasée et désinfectée, incisez cette dernière sur une longueur d'environ 3 centimètres
et divisez le tissu cellulaire sous-jacent ; si vous tombez sur la bride,
prolongez un peu l'incision en haut ou en bas.

Avec les pinces, soulevez légèrement la couche conjonctive qui
forme une sorte de gaine commune à l'artère digitale et au nerf plantaire, faites-y un pli disposé transversalement à ces organes et incisez-
le avec la pointe du bistouri. Isolez le nerf, toujours avec le bistouri
si vous avez la main sûre, avec la sonde cannelée si vous craignez de
blesser l'artère. L'exécution de ce temps est facilitée par l'application
d'un écarteur ou d'une érigne. — Le nerf saisi entre les mors des
pinces, glissez sous lui, à plat, la lame d'un bistouri droit, tranchant
en haut, et sectionnez-le à l'angle supérieur de l'incision. Coupez
ensuite le bout inférieur à l'angle opposé.

Détergez la plaie et réunissez-en les lèvres par deux points séparés
ou par une suture en anse.

Entourez le paturon d'une couche d'ouate fixée par une flanelle, re-
placez le membre dans l'entravon, retournez l'animal, et faites l'opération du côté opposé.

Lorsque la maladie naviculaire existe aux deux pieds antérieurs, quelques auteurs conseillent de névrotomiser d'abord le membre qui paraît le plus affecté, puis l'autre quand les plaies du premier sont cicatrisées. Mais il n'y a aucun inconvénient à opérer en même temps les deux pieds.

Le cheval relevé, on applique sur le paturon un pansement ouaté, que l'on renouvelle le lendemain, après avoir retiré les sutures. Avec l'asepsie, on obtient facilement la réunion immédiate. On laisse l'opéré au repos pendant trois semaines à un mois.

Après avoir disparu, souvent la boiterie se manifeste à nouveau au bout d'un temps variable. Précoce, elle est parfois le résultat d'une névrite (pseudo-névrome) développée sur le bout supérieur des nerfs coupés ou de l'un d'eux ; tardive, elle est toujours due à l'extension des lésions de l'aponévrose plantaire. — Dans le premier cas, on enlèvera les tumeurs en renévrotomisant au-dessus des cicatrices. Dans

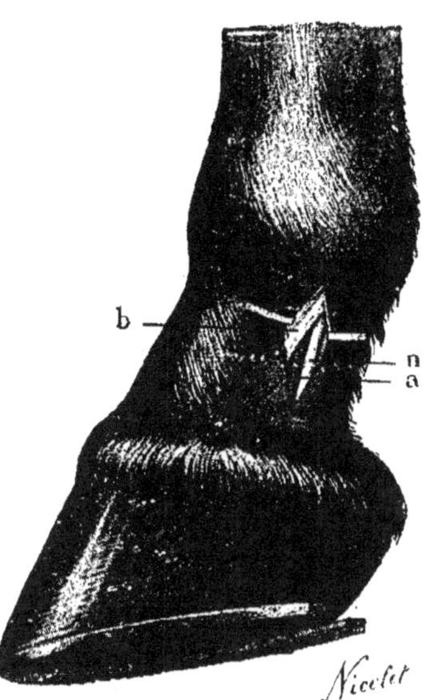

Fig. 561. — Névrotomie plantaire au-dessous du boulet. — *b*, bride du coussinet plantaire; *a*, artère digitale ; *n*, nerf plantaire.

l'autre, il reste un dernier moyen : la névrotomie plantaire métacarpienne (V. p. 582) ou celle du médian (V. p. 535). Par ces opérations, le cheval peut être remis droit pour quelque temps encore ; mais les altérations dégénératives s'étendent dans le perforant et finissent par amener la rupture de ce tendon.

XVI. — Encastelure.

Caractérisée par l'étroitesse générale du sabot ou par le rétrécissement des talons et des quartiers, l'*encastelure* a été distinguée en *complète* ou *unilatérale*, *congénitale* ou *acquise*, *essentielle* ou *symptomatique*, *plantaire* ou *coronaire*, *vraie* ou *fausse*. — Elle est dite *essentielle* ou *idiopathique* quand elle existe comme affection primitive, et *symptomatique* ou *secondaire* lorsqu'elle n'est qu'une complication d'un autre état morbide du membre ou du pied. Dans l'encastelure *coronaire*, l'étroitesse du sabot est surtout accusée en ses régions supérieures ; dans l'encastelure *plantaire*, le resserrement atteint son maximum à la partie inférieure du sabot. — Bouley a distingué une encastelure *vraie*, portant sur la totalité de l'ongle, et une encastelure *fausse*, limitée aux régions postérieures de celui-ci. — Toutes ces variétés de l'affection se rencontrent surtout aux pieds antérieurs.

Longtemps on a admis que l'encastelure était produite par la rétraction de la paroi, par le mouvement de retrait qu'éprouve la corne sous l'influence de la dessiccation. Chénier a eu le mérite d'établir le rôle prépondérant de l'atrophie du coussinet plantaire dans la genèse de l'encastelure. Pour lui et pour Fogliata, quand la fourchette ne participe pas à l'appui, le coussinet plantaire s'atrophie, les fibro-cartilages se rapprochent, le pied se rétrécit. Acceptée aujourd'hui par la majorité des auteurs, cette pathogénie compte encore des adversaires. Selon Delpérier, « l'atrophie de la fourchette doit sans doute faciliter le retrait mural, mais elle ne l'occasionne pas ; elle est une des conséquences, non la cause de ce retrait ». Voici, dit cet auteur, comment l'encastelure évolue dans la majorité des cas : Par la limitation de l'appui au bord plantaire du pied, le podophylle surmené s'enflamme, surtout en talons, et par conséquent chauffe la corne, qui alors se dessèche et exagère sa rétraction. Le retrait mural commence, il comprime le bourrelet et le podophylle, « gêne et diminue la circulation sur tout le tégument sous-mural, endolorit toutes les parties vives, renverse les cartilages en dedans, rapproche les deux inflexions de la ligne médiane et rétrécit l'espace occupé par le coussinet... Ce retrait augmente à mesure que les résistances s'éteignent, le coussinet s'atrophie, le velouté sous-jacent diminue sa sécrétion, et alors la fourchette de corne commence à s'altérer, se dessécher, diminuer de volume, remonter entre les barres ». — Il se peut que l'ostéite de la troisième phalange soit parfois la cause première de l'encastelure (Joly), mais, dans l'immense majorité des cas, elle ne joue aucun rôle dans la pathogénie de cette affection.

L'encastelure est surtout la conséquence de l'inaction et de la mauvaise ferrure. Les meilleurs sabots ne résistent pas à l'abatage des talons, à l'amincissement de la fourchette et des barres, au creusement des lacunes, à l'ajusture exagérée, à l'usage ininterrompu des caoutchoucs. Certaines défectuosités du pied (sabots petits, à corne dure, épaisse), la température atmosphérique élevée, les alternatives de sécheresse et d'humidité, l'immobilisation prolongée, l'émigration sont autant de conditions qui favorisent le resserrement du sabot. Mais si la dessiccation de la corne et l'affaiblissement des régions postérieures du pied contribuent au développement de l'encastelure, l'atrophie du coussinet plantaire en est bien, dans la généralité des cas, la lésion initiale. Quant aux causes capables de gêner les « mouvements d'expansion du sabot », elles n'ont qu'un rôle effacé. — Les diverses affections chroniques du membre ou du pied qui donnent lieu à une boiterie de longue durée s'accompagnent d'*encastelure secondaire*.

Les *symptômes* sont caractéristiques. Vu de face, le pied apparaît plus ou moins rétréci ; ce fait est surtout frappant quand, l'affection étant unilatérale, on peut comparer les deux sabots. Examiné par sa région plantaire, son diamètre antéro-postérieur est normal, mais l'autre est diminué en quartiers, en talons surtout. Souvent la disposition concave de cette région est fort accentuée ; la fourchette est plus ou moins atrophiée, les barres sont moins obliques, les lacunes latérales plus profondes ; de la lacune médiane suinte un liquide noirâtre, qui exhale une odeur fétide. D'ordinaire les deux talons sont à peu près également contractés, encore convexes dans certains cas, anguleux dans d'autres ; parfois l'un des quartiers est plus resserré que son congénère ; tantôt leur sommet est sur le même plan, tantôt l'un d'eux dépasse ou chevauche l'autre. — Dans la *fausse encastelure*, les régions antérieures du pied sont normales, le resserrement s'accuse à partir

du milieu des quartiers; de ce point jusqu'aux inflexions, la muraille forme
une ligne à peu près droite. — Dans l'encastelure coronaire, le pied a une
forme conique très accusée ; dans l'encastelure plantaire, la disposition est
inverse.

Dès que l'encastelure existe à un certain degré, surtout lorsqu'elle s'est
développée rapidement, des symptômes rationnels apparaissent. Ainsi que
dans la maladie naviculaire, quand l'animal est au repos, le pied est porté en
avant de la ligne d'aplomb : — le cheval *pointe*. Exercé au trot, il manifeste
une claudication plus ou moins forte, qui s'atténue par le travail. — Lorsque
l'encastelure existe aux deux pieds antérieurs, le cheval pointe alternativement d'un pied ou de l'autre et, si on l'examine en action, le pas est
raccourci, les épaules sont froides, chevillées.

La *seime quarte* et la *bleime podophylleuse* sont des complications fréquentes.

Le *traitement préventif* de l'encastelure se résume en ces trois
indications : 1° empêcher la dessiccation de la corne par l'entretien

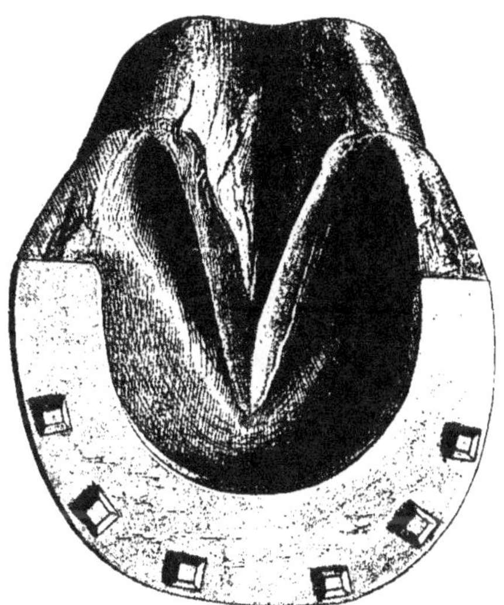

Fig. 562. — Fer à lunette.

soigné du pied, surtout par l'application d'onguent à base de vaseline, et, s'il est nécessaire, par l'usage des bains ou des cataplasmes;
— 2° prévenir par une promenade quotidienne les effets de l'inaction
prolongée; — 3° surveiller l'exécution de la ferrure : prescrire le
respect de la fourchette, des arcs-boutants, des barres, et l'application
de fers assurant le *fonctionnement de la fourchette*: fer à éponges
minces, fer mince couvert dans sa partie antérieure (Waldteufel),
fer Charlier, fer à lunette, ou, temporairement, fer à planche, fer à

éponges réunies (Thary). Dans le cas où la fourchette est atrophiée, on en peut obtenir la reconstitution en interposant, pendant quelques ferrures, entre cet organe et la traverse du fer à planche, une couche de gutta-percha ou une semelle de caoutchouc. — Pour les chevaux prédisposés, Delpérier conseille le séjour dans une stalle dont le sol est recouvert d'une couche de cailloutis d'environ 10 centimètres d'épaisseur. On active ainsi la sécrétion de la corne dans les diverses parties de l'ongle.

Lavalard, Poret et Mouilleron ont étudié les effets de la ferrure française classique et de la ferrure à éponges minces sur les chevaux de

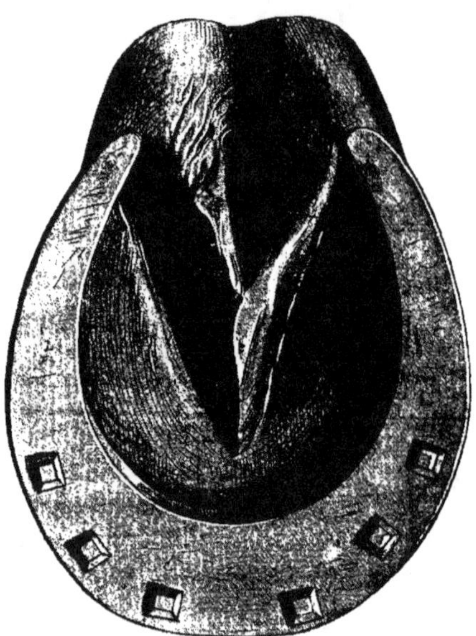

Fig. 563. — Fer à éponges minces (Lavalard et Poret).

la cavalerie des Omnibus de Paris. Les figures 564-569, faites d'après des photographies que nous devons à Poret, montrent la très heureuse influence qu'exerce sur le pied la ferrure Lafosse.

Les nombreux *traitements curatifs* se rangent en quatre groupes : 1° les ferrures qui assurent l'appui de la fourchette ; 2° les ferrures expansives ou dilatatrices ; 3° les appareils dilatateurs ; 4° le traitement chirurgical : rainures, amincissement, opérations diverses.

Nous venons de mentionner les principales ferrures qui réalisent l'appui de la fourchette. Elles suffisent, dans la grande majorité des cas, à la guérison des formes légères de l'encastelure.

Ferrures expansives ou dilatatrices — Le vieux fer à pantoufle,

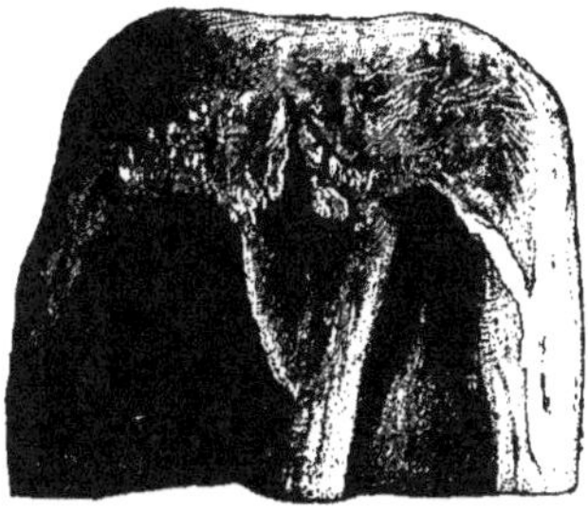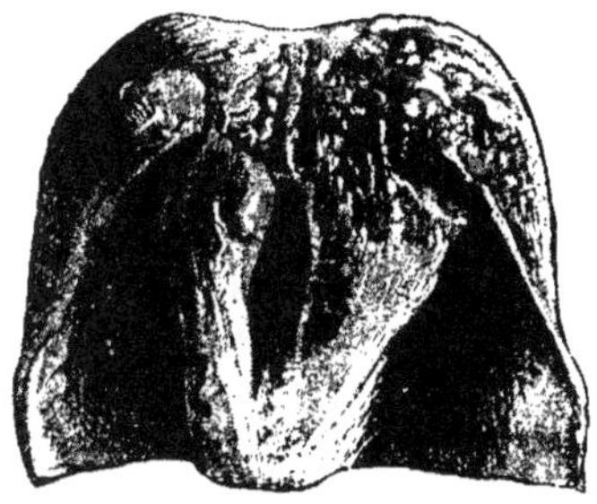

Fig. 564 et 565. — Pieds antérieurs d'un cheval au moment de son entrée dans la cavalerie des Omnibus (décembre 1887). — Le pied gauche a été ferré suivant les règles de la ferrure française classique, et le pied droit selon les principes de Lafosse.

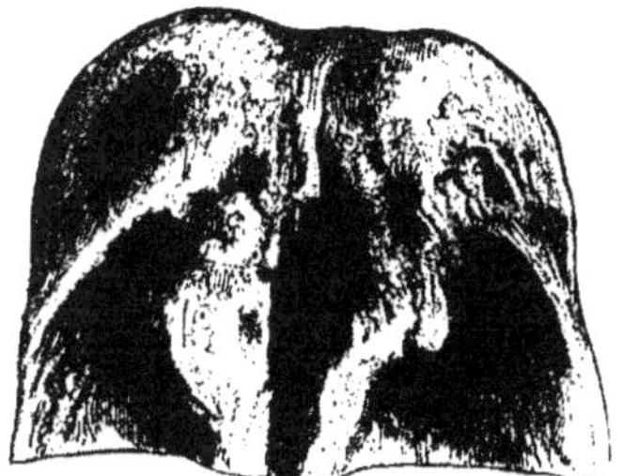

Fig. 566 et 567. — État des pieds précédents en avril 1888. — Le pied gauche est encastelé. Au talon externe, la base de la fourchette est détachée de l'arc-boutant. On applique alors à ce pied, comme à l'autre, la ferrure Lafosse.

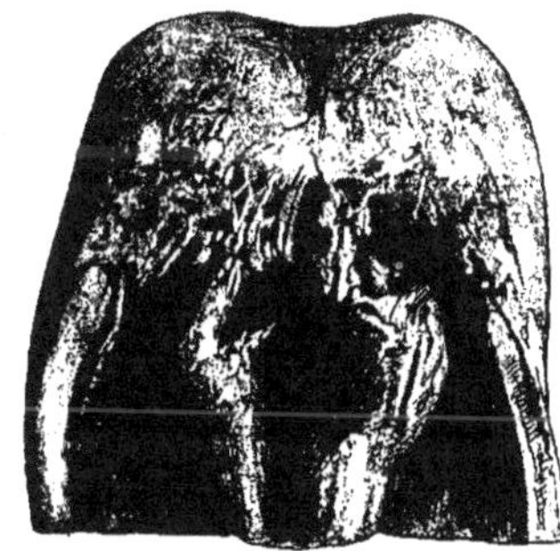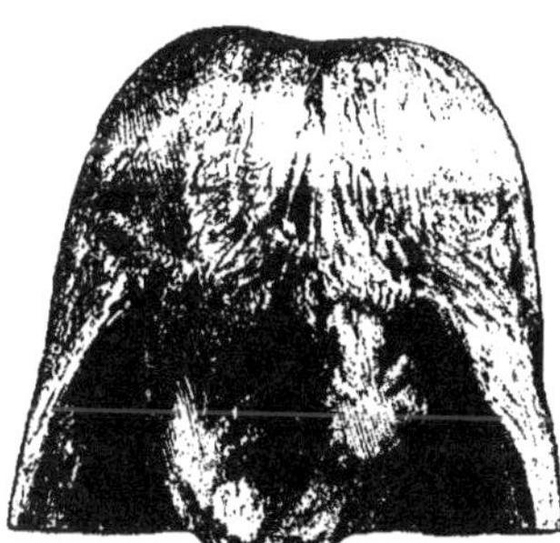

Fig. 568 et 569. — État des mêmes pieds en mai 1889. — Le pied gauche a récupéré presque entièrement sa forme et ses dimensions premières.

imaginé par de la Broue, provoque l'élargissement du pied sans que l'on ait à agir mécaniquement sur ses branches. En raison de l'obliquité en bas et en dehors donnée aux branches du fer à leur face supérieure, à chaque appui du pied les quartiers tendent à s'écarter ; peu à peu le sabot s'élargit. Quand cette ferrure est bien exécutée, souvent, en la renouvelant trois ou quatre fois, on obtient de bons résultats. — Le fer à demi-pantoufle, dont les branches, d'épaisseur uniforme, sont incurvées à partir de la dernière étampure, de manière à former à leur face supérieure un plan incliné en dehors, est intérieur au précédent. Nous ne ferons que rappeler les fers articulés, dont les

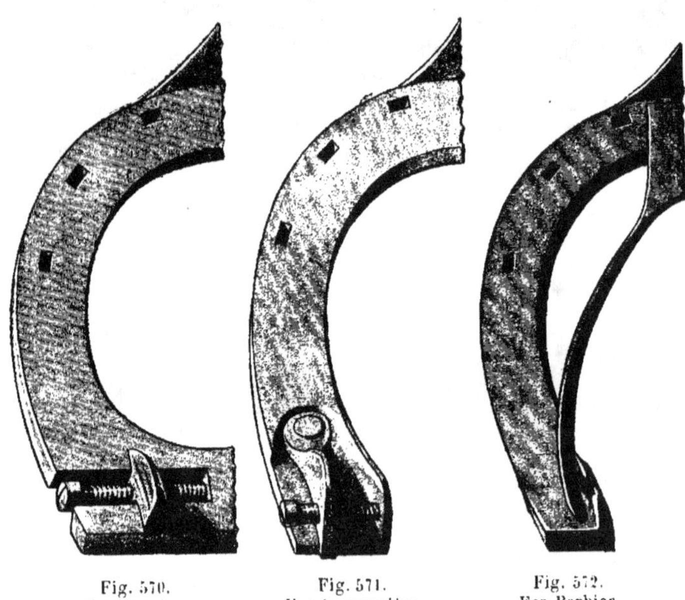

<table>
<tr><td align="center">Fig. 570.
Fer Fourès.</td><td align="center">Fig. 571.
Fer Laquerrière.</td><td align="center">Fig. 572.
Fer Barbier.</td></tr>
</table>

branches s'écartent par l'action d'étais (La Guérinière, Saunier), d'un ressort (Rolland) ou de vis (Godwin). — Fourès a conseillé l'emploi d'un fer à planche, dont la large traverse est creusée de deux rainures dans lesquelles glissent des étais en forme de pinçons, qui viennent s'appliquer sur la partie interne des arcs-boutants, et sont mus par des tiges filetées, permettant d'écarter graduellement les talons (*fig.* 570). — Laquerrière est l'inventeur d'un fer à branches larges et nourries en éponges, portant à l'extrémité de leur rive interne un pinçon fixe. Une dépression pratiquée sur la face supérieure des éponges loge un pinçon mobile, rivé au fer par son extrémité antérieure, et mû par une tige filetée dont l'extrémité s'appuie sur le pinçon fixe (*fig.* 571). Si un talon est seul resserré, on peut agir exclu-

sivement sur lui en faisant manœuvrer la vis correspondante. — Le
fer Barbier porte un pinçon à chaque éponge; de la pince ou de sa
rive interne part un ressort bifurqué dont les branches sont mobiles
sur le plat des éponges (*fig.* 572). On fixe le fer en appliquant contre
les pinçons les branches du ressort; celui-ci, rendu libre, détermine
petit à petit l'écartement des talons par une pression permanente. —
Beaufils traitait l'encastelure par l'application d'un fer en acier, muni
de deux oreillons sur la rive interne des éponges. Préparé pour le
pied, le fer était d'abord ouvert de 8-10 millimètres, puis on en rapprochait les branches avec un étau mobile et on le clouait. Une fois
l'étau enlevé, ce fer, en raison de son élasticité, s'ouvrait et écartait
les talons. — Voland appliquait dans les lacunes latérales du pied des
tampons de caoutchouc, maintenus par un fer à planche et légèrement comprimés entre celui-ci et la corne; en raison de leur élasticité, ils agissaient sur les barres et écartaient les talons. — Le fer
à ajusture contraire de Mayer, plus épais à sa rive interne qu'à
l'autre, agit comme le fer à pantoufle. Le pied auquel il est appliqué
repose, par tout son pourtour, sur un plan incliné en dehors et
en bas.

Appareils dilatateurs. — Les fers articulés garnis d'étais, d'étré-

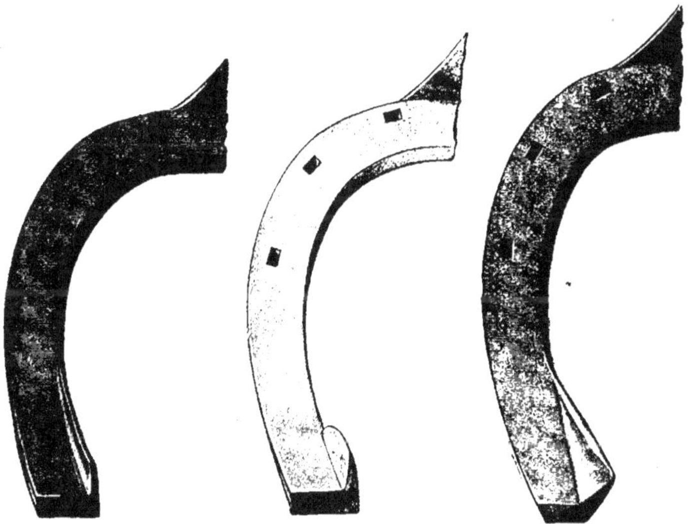

Fig. 573. — Fer Defays.   Fig. 574. — Fer Jarrier.   Fig. 575. — Fer Watrin.

sillon ou de ressort, sont depuis longtemps délaissés. — La ferrure
dite « expansive » de Defays marqua un progrès. Le fer, assez
épais, étroit, sans ajusture (*fig.* 573), porte sur la rive interne de

chaque éponge un fort pinçon. Le pied préparé (barres, sole et fourchette amincies), on fixe le fer de manière que les pinçons viennent
s'appliquer sur la face interne des arcs-boutants. Avec un étau contraire ou dilatateur (*fig.* 576) introduit entre les éponges du fer,
on en écarte les branches : le premier jour, on peut aller jusqu'à

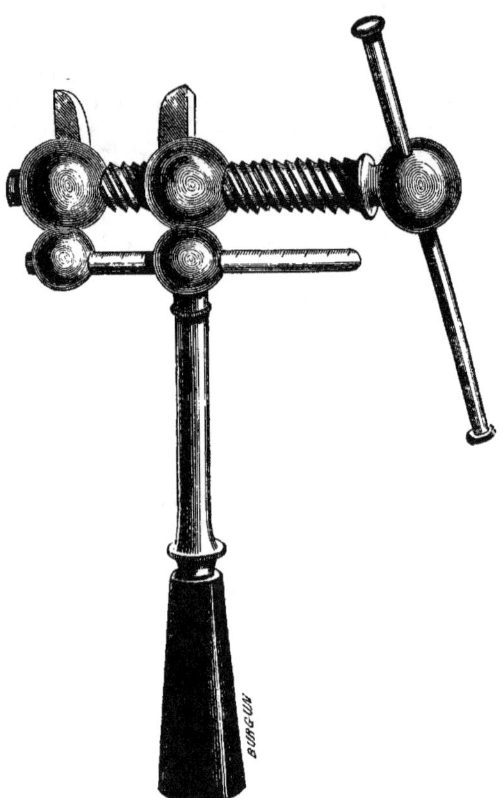

Fig. 576. — Étau contraire de Defays.

6-8 millimètres, même 1 centimètre, le contact n'étant pas intime
entre les pinçons et la muraille; mais les jours suivants on ne doit
pas dépasser 2 millimètres, si l'on opère tous les deux jours. A chaque
séance, dès que le dilatateur a écarté les branches du fer, on percute
celles-ci sur leur rive externe, avec le brochoir, en pince et en mamelles surtout, jusqu'à ce que l'étau se détache de lui-même : les
branches du fer conservent l'écartement que leur a imprimé l'étau et

maintiennent les talons. — L'étau désencasteleur gradué de Lafosse permet de mesurer la dilatation.

Le procédé Jarrier consiste en l'emploi d'un écarteur spécial et d'un fer portant, sur la rive interne de chaque éponge, un court pinçon perpendiculaire (*fig.* 574). — Le sabot ramolli par des cataplasmes, on ouvre les talons avec le « désencasteleur à griffes » et l'on fixe le fer de manière que les pinçons, appliqués contre les barres, maintiennent l'écartement. Chaque fois qu'on intervient, il faut déferrer, ouvrir le fer, élargir le pied avec le désencasteleur, puis appliquer le fer modifié.

Le fer Watrin porte, sur la rive interne de chaque éponge, un large pinçon oblique en dehors et en bas (*fig.* 575), qui s'applique dans une entaille faite entre la fourchette et l'arc-boutant. Une fois le fer fixé, on en écarte les branches au moyen d'un étau cunéiforme, puis, avec le marteau, on en percute les régions antérieures, comme dans le procédé Defays, jusqu'à ce que l'étau se détache. S'appuyant sur les plans obliques que forment les pinçons, les arcs-boutants s'écartent peu à peu. Au bout de quatre ou cinq jours, dès que les pinçons n'agissent plus sur les talons, on ouvre de nouveau le fer, et dans la suite on répète cette opération un certain nombre de fois.

Peu d'années se passent sans que la collection des fers désencasteleurs ne s'augmente de quelques nouveaux spécimens sans réelle supériorité sur les anciens. Parmi ceux qu'on a inventés en ces derniers temps, nous n'en voyons aucun à recommander.

Rainures. Amincissement. — Les hippiatres creusaient avec le cautère, sur la muraille des quartiers, plusieurs rainures étendues de la couronne au bord inférieur de la paroi ; certains appliquaient ensuite le fer à lunette ; d'autres, le fer à pantoufle. — Barthélemy amincissait à pellicule les quartiers, les arcs-boutants, les barres, puis il faisait des frictions répétées de vésicatoire sur la couronne pour activer l'élaboration de la corne. — On peut obtenir de bons résultats en associant le raccourcissement des talons, les rainures ou l'amincissement, et le fer à planche posé de manière que la traverse appuie exclusivement sur la fourchette ; lorsque celle-ci est atrophiée, on interpose entre elle et la planche des lames de cuir ou un tampon de gutta-percha. — Collin fait trois rainures : l'une, parallèle au bourrelet et creusée à 15 millimètres de celui-ci, s'étend du milieu de la mamelle jusqu'au talon ; les deux autres partent des extrémités de la première et convergent vers le bord plantaire. Il applique un fer à planche ; au besoin, il interpose des lames de cuir ou de gutta-percha entre la fourchette et la traverse du fer.

Que l'on emploie les ferrures dilatatrices, les rainures ou l'amincissement, toujours l'exercice est des plus salutaires. Le fonctionnement actif du pied aide beaucoup à l'écartement des talons. Il importe aussi de ne pas négliger l'entretien du sabot.

Contre l'encastelure ancienne et rebelle, Ruini et Solleysel conseillaient la *dessolure*. Brogniez et Delwart pratiquaient l'*avulsion* d'un quartier ou des deux, suivant que l'encastelure était unilatérale ou double. Ce sont là des interventions auxquelles on n'a plus recours. Quand la boiterie de l'encastelure ne cède pas à l'élargissement du pied, en général l'appareil naviculaire est atteint : il faut pratiquer la névrotomie plantaire phalangienne.

Dans le traitement de l'encastelure, *l'indication capitale est d'assurer ou de rétablir le fonctionnement de la fourchette*. On parera le pied au degré voulu ; parfois on devra raccourcir les talons. On appliquera un fer mince et couvert ou à éponges minces, un fer à lunette ou un fer à planche. — A la désencastelure physiologique, par l'action du coussinet plantaire, quelques-uns préfèrent encore la désencastelure mécanique, obtenue par l'emploi des fers ou des appareils dilatateurs. Ainsi que Chénier, nous pensons que la dilatation mécanique du pied encastelé ne doit être employée qu'avec circonspection, et seulement lorsque la désencastelure physiologique s'est montrée impuissante. — Pour Jacoulet, dans l'encastelure très accusée, la dilatation physiologique ne peut rien ; il faut commencer par la dilatation mécanique, qui élargit les lacunes et permet le traitement de la pourriture de la fourchette. Dès que la fourchette sera redevenue saine et aura récupéré un volume suffisant, « on devra remplacer la ferrure dilatatrice par l'une de celles qui assurent directement ou par l'intermédiaire soit d'une planche, soit d'une fourchette artificielle, l'appui de la fourchette naturelle ».

Nous utilisons rarement les ferrures dilatatrices compliquées ou qui exigent l'emploi d'appareils écarteurs. Nous leur préférons les fers minces, à lunette ou à éponges minces, plus simples, plus pratiques et partout applicables. Comme au temps où Lafosse les a préconisés, « ils n'ont contre eux que le préjugé ». On en obtient les meilleurs résultats dans le traitement de l'encastelure, aussi bien que pour sa prophylaxie.

XVII. — **Dermatite chronique végétante. Crapaud.**

L'inflammation chronique hypertrophique de la membrane tégumentaire sous-ongulée — le *crapaud* — est aujourd'hui beaucoup moins commune qu'autrefois. L'amélioration des conditions d'entretien du cheval et les progrès de l'hygiène générale en ont fait une maladie rare.

Le tempérament lymphatique des sujets, la malpropreté des écuries, l'immersion des pieds dans la boue ou le purin y prédisposent. — L'humidité joue un rôle capital dans la pathologie de l'affection. Son action se fait

sentir soit par l'intermédiaire de l'eau en nature (pluie, pâturages maréca-
geux), soit par les liquides excrémentitiels qui macèrent les sabots, détruisent
la corne et finissent par déterminer l'inflammation de la membrane tégumentaire. Ainsi s'explique la fréquence du crapaud aux membres postérieurs : lorsque le cheval séjourne à l'écurie, ses pieds de devant sont au
sec, sur le sol ou la paille ; au contraire, les sabots postérieurs sont en contact permanent avec une litière humide, souillée par l'urine et les excréments, surtout si la disposition du sol ne permet pas le libre écoulement
du purin. Et quand le crapaud existe aux quatre membres, il est généralement plus grave aux pieds de derrière qu'à ceux de devant.

La plupart des auteurs admettent l'hérédité de l'état constitutionnel qui
domine l'étiologie de cette pododermatite. Déjà Girard soutenait que le crapaud n'est pas une affection absolument locale, mais une détermination,
« une localisation d'un état morbide général, d'un vice intérieur ». Toutefois,
il reconnaissait un *crapaud accidentel* et un *crapaud essentiel* : le premier,
caractérisé par une destruction de la fourchette, peu grave, guérissant facilement; le second ayant pour cause dominante une diathèse.

Dans les pays où la maladie est fréquente, avec le crapaud on observerait
assez communément, sur les chevaux prédisposés, soit « les eaux aux
jambes », soit la fluxion périodique — affections qui seraient sous la dépendance du même état dyscrasique. Sans doute, ainsi que Lies l'a fait remarquer récemment encore, l'identité de nature du crapaud et des eaux aux
jambes n'est pas rigoureusement établie, mais leur parenté est admise par
presque tous les auteurs.

Les recherches microscopiques et bactériologiques n'ont décelé dans les
tissus malades que des lésions inflammatoires chroniques et des parasites
banaux. Si l'on s'en tient aux seules données bien établies, il faut considérer
le crapaud comme une variété de phlegmasie chronique hypertrophique de
la membrane tégumentaire. — Selon Müller, Imminger, Malkolm, le crapaud serait un état morbide infectieux local, qui pourrait se transmettre par
le séjour d'un sujet sain dans une stalle dont le sol a été souillé par un malade. Les matières excrémentitielles constitueraient un milieu très favorable à
la pullulation de l'agent infectieux. — Schimmel, qui a observé un fait de
fibro-sarcome du coussinet plantaire à un pied de derrière, pense que, dans
certains cas de « crapaud incurable », il doit s'agir de tumeur maligne du
pied. Mais le cancer des tissus sous-ongulés est d'une exceptionnelle rareté.
— Pour Pader, les caractères histologiques des lésions du crapaud sont ceux
des manifestations eczématiques ; les microbes et les parasites que l'on y
rencontre, confinés dans les couches superficielles de ces lésions, sont le
résultat d'infections secondaires. Le crapaud est un état morbide constitutionnel qui doit être rapproché des dermatoses eczématiformes.

Cette affection peut rester localisée quelque temps à un membre, puis apparaître successivement aux autres. Lorsqu'on en a obtenu la guérison, si l'on
ne surveille pas l'état des pieds, si on ne les entretient pas avec soin, assez
fréquemment elle récidive.

Le crapaud débute de deux manières : tantôt par un *processus érythéma-
teux de la peau des talons et du creux du paturon*, tantôt par *l'inflammation
de la membrane tégumentaire sous-furcale*. Dans le premier cas, on observe
d'abord tous les signes d'une phlegmasie exsudative qui s'étend de proche en
proche, s'insinue sous la corne, et bientôt le tissu velouté envahi présente
les mêmes altérations que lorsque l'affection débute d'emblée dans sa trame.
Dans l'autre, en raison même de la localisation du processus à son début,
celui-ci est insidieux et demeure quelque temps inaperçu. On ne le soupçonne

que quand il a produit un décollement; on ne le reconnaît qu'après l'ablation ou l'usure de la corne décollée. — Primitivement limité à la lacune
médiane du pied, le crapaud gagne les branches et le corps du coussinet
plantaire, puis les lacunes latérales et se propage sous la sole; dès qu'il a
atteint l'extrémité inférieure des lames podophylleuses, il progresse sous la
paroi, jusqu'au bourrelet.

Lorsque l'affection est déjà propagée à une grande étendue de la région
plantaire, celle-ci offre un aspect caractéristique. En arrière, surtout dans
la partie qui correspond à la fourchette, la corne est détruite; le tissu

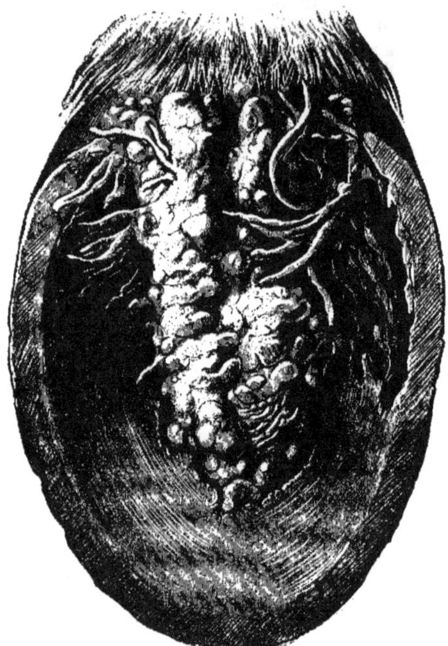

Fig. 577. — Pied atteint de crapaud.

velouté est enflammé, couvert de végétations exubérantes — les *fics*, — et
quelquefois garni encore de faisceaux cornés tortueux — les *ergots*, — que
l'ancienne hippiatrie comparait aux pattes du crapaud; il sécrète une
matière blanchâtre, caséeuse, d'odeur fétide, matière qu'on détache facilement par le grattage.

Même quand il a opéré des délabrements considérables, souvent le crapaud ne provoque pas de boiterie. Lorsque celle-ci survient, elle résulte
d'une lésion accidentelle, de quelque action contondante qui a endolori le
tissu morbide.

Le *diagnostic* ne peut être hésitant que dans le cas où l'affection débute
dans le pli du paturon. Alors, à première vue, on pourrait croire au *horse-
pox*; mais l'inflammation du crapaud n'a pas l'acuité de celle du horse-pox;

elle s'en distingue aussi par sa tendance immédiate à la chronicité. —
Quand il naît sous la fourchette, le crapaud simule la dermatite bénigne qui
entraîne les altérations désignées sous le nom de « fourchette échauffée »
ou de « fourchette pourrie ». Tandis que celles-ci ne se rencontrent que sur
des pieds plus ou moins encastelés, le crapaud atteint de préférence les
pieds plats, à fourchette épaisse et molle. Dans les cas où quelque doute
subsiste, on est bientôt fixé par la marche du mal. Le traitement de cette
dermatite et celui du crapaud récent comportent, du reste, les mêmes
indications thérapeutiques.

Le sévère *pronostic* de l'affection est justifié par la ténacité de celle-ci, par
sa durée, par la multiplicité habituelle de ses foyers, enfin par son caractère
récidivant. Tous les vétérinaires qui ont écrit sur le crapaud sont unanimes
au sujet de sa gravité. Pour Chabert, il était « l'opprobre de la médecine
vétérinaire ». Si, de nos jours, on en obtient plus sûrement la guérison
qu'autrefois, souvent celle-ci n'est complète qu'après des mois, et lorsque le
mal est ancien, établi dans plusieurs pieds, on renonce d'ordinaire à en entreprendre la cure.

Peu de maladies ont été l'objet de traitements aussi nombreux et
aussi ondoyants. Dans sa *Chirurgie*, Hoffmann, rappelant la thérapeutique du crapaud durant la seconde moitié du dernier siècle, men-
tionne quarante-neuf procédés ou procédoncules, et la liste n'est pas
complète. Il ne sera question ici que des principaux.

Quels que soient les caractères des lésions et l'étendue du champ
envahi, en général une opération est indispensable : il faut, ou découvrir la totalité du tégument malade, ou en pratiquer l'ablation. On a
renoncé à l'opération ancienne, dont Delwart a été le dernier partisan,
et qui consistait « à pratiquer la dessolure, à extirper le coussinet
plantaire et à *enlever toutes les végétations jusqu'à l'extrémité la
plus profonde de leurs racines* ». Actuellement, on a le choix entre
trois principales interventions : Dans la première, on rase les fics, on
débarrasse la membrane tégumentaire de ses végétations, et l'on agit
ensuite sur elle par les caustiques, les astringents ou les antiseptiques ; — dans la seconde, on détruit les végétations par les caustiques, puis on emploie les astringents ou les antiseptiques ; — dans
la dernière, on excise toute la zone affectée de cette membrane, et
la plaie opératoire est traitée par les antiseptiques.

En France, comme dans la plupart des pays étrangers, les praticiens
préfèrent généralement le premier procédé, — celui dont Girard a
formulé les règles. Il consiste : 1° à mettre à nu toute la surface
malade du tégument ; 2° à combattre la dermatite par des moyens
locaux et une médication interne.

Paré à fond, le pied est enveloppé de compresses antiseptiques pendant vingt-quatre heures. On assujettit l'animal au travail ou en position décubitale, et, le membre fixé en position convenable, on applique un lien hémostatique sur l'avant-bras ou la jambe. On enlève
toute la corne décollée et l'on fait à la périphérie du champ affecté un

amincissement large de 1 centimètre au moins, qui permet de traiter la zone suspecte et prévient la compression des tissus. L'adhérence de la corne à la membrane tégumentaire indique les limites du mal ; on peut ainsi se rendre très exactement compte de l'étendue des altérations. La dessolure, en honneur autrefois et encore employée par quelques vétérinaires, est dangereuse par les accidents septiques auxquels elle expose ; toujours c'est l'amincissement qu'il faut pratiquer. Si le crapaud a dépassé la surface plantaire, s'il s'est propagé sous la muraille, le long des feuillets podophylleux, avec une rénette à gorge étroite on creuse la paroi à sa face interne ; ici encore, on pousse l'amincissement jusqu'aux points où sont conservées les adhérences kéra-podophylleuses. Avec la feuille de sauge, on excise ensuite les végétations, les fics et les ergots ; partout on doit mettre à découvert la couche réticulaire de la membrane kératogène ; au niveau du coussinet plantaire, on ménage ses parties en relief tout en creusant les lacunes. — L'ablation terminée, la plaie est détergée par une irrigation antiseptique, puis saupoudrée d'iodoforme, de tannoforme, de calomel ou de tannin, et recouverte d'un pansement ouaté. (V. *Clou de rue.*)

Ce pansement est levé au bout de deux ou trois jours. Dans tout le champ opératoire, le tégument est recouvert d'une matière blanchâtre, caséeuse, assez adhérente ; on l'enlève par grattage, avec une rénette à tranchant émoussé, de manière à découvrir la membrane malade, *sans la vulnérer.* Il faut ensuite, par des pansements, modifier les propriétés de cette membrane. A cet effet, on a préconisé une foule de topiques : des *caustiques,* des *astringents,* des *antiseptiques.*

On a utilisé de nombreuses préparations caustiques : — acide azotique ; acide sulfurique pur ou mélangé à l'alun (pâte de Plasse), à l'alcool (eau de Rabel), à l'essence de térébenthine (liqueur de Mercier) ; acide chlorhydrique, protochlorure d'antimoine, mélange d'acide chlorhydrique et de sulfure d'antimoine (caustique Vivier), chlorure de chaux, chlorure de zinc, perchlorure de fer ; acide phénique, azotate de plomb ; sulfate et acétate de cuivre, créosote, formol, formaline, solution de Czerny (acide arsénieux, 1 gramme ; alcool à 60°, 40 grammes ; eau, 40 grammes). — Mentionnons aussi le traitement par le fer rouge, surtout la cautérisation en pointes contiguës (Jacotin).

Delorme disposait dans les lacunes de la fourchette des tentes d'étoupe imbibées d'acide nitrique. Il renouvelait ce pansement tous les quatre ou cinq jours. — Plasse étalait sur les tissus malades, pendant cinq jours consécutifs, sa pâte caustique ; le sixième, l'escarre formée était détachée ; pendant cinq autres jours, on revenait à l'application du caustique, on détachait ensuite l'escarre et l'on continuait ce traitement jusqu'à destruction de la couche for-

mée par la base des végétations. On achevait la guérison par des
applications d'un mélange d'alun calciné et de sulfate de cuivre. —
Vivier employait son caustique au moyen d'un petit tampon d'étoupe
fixé à l'extrémité d'un bâtonnet; il exerçait sur les quartiers des
tractions en sens inverse, de façon à faire pénétrer le médicament
dans les moindres anfractuosités. Deux ou trois minutes après cette

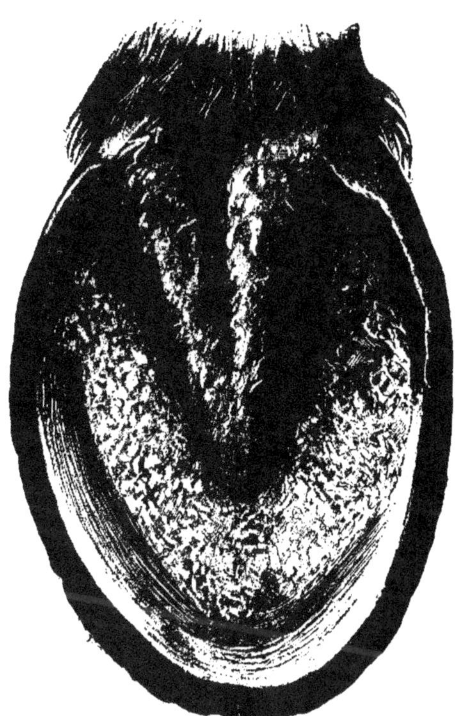

Fig. 578. — Le pied après l'opération.

application, il comblait avec de la gutta-percha les brèches plantaire
et sous-pariétaire. Un fer et un pansement à la bande maintenaient
la gutta et exerçaient, par son intermédiaire, une pression modérée
sur la membrane malade. On levait ce pansement au bout de cinq
jours, on excisait la couche cornée non adhérente développée sur les
surfaces affectées, puis les villosités exubérantes, on asséchait ces
surfaces et on les touchait avec le topique. Cette fois, le fer était
appliqué sans gutta ni étoupe. On procédait de même pour les autres
pansements, que l'on renouvelait toutes les semaines. — Bouley a

montré qu'il suffit de nettoyer la surface malade, de la frotter pendant quelques instants avec la préparation caustique et de la protéger par une plaque adaptée au fer.

Presque tous les caustiques ont été employés avec succès dans le traitement du crapaud. La spécificité attribuée à quelques-uns est illusoire. Depuis longtemps on sait que le choix du topique est bien moins important que la façon de l'appliquer ; on a remarqué aussi qu'il est parfois avantageux de varier les agents mis en œuvre. Ce qui importe surtout, c'est de n'en point user avec excès : après avoir enlevé l'exsudat en évitant de blesser la membrane malade, il suffit de la badigeonner ou de la frotter légèrement avec le liquide caustique. On répète ce traitement tous les deux, trois ou quatre jours. Dès que la plaie est partout finement granuleuse, il convient de substituer aux caustiques les antiseptiques ou les astringents. — Les pansements plus ou moins compressifs sont dangereux quand on se sert d'un caustique énergique : une destruction profonde de la membrane malade est à craindre. Ils la tiennent à l'abri du fumier, de la boue, des corps contondants, et permettent l'utilisation du malade, mais le fer garni d'une plaque a les mêmes avantages.

Dans certains cas, surtout lorsque le crapaud est relativement récent, que les végétations de la membrane malade sont peu saillantes et la sécrétion morbide peu abondante, beaucoup de praticiens préfèrent les *astringents* aux caustiques. Le goudron, l'écorce de chêne, le tannin, les sulfates métalliques et l'alun associés à divers excipients, le ciment de Portland (Saudé) sont les principaux styptiques ainsi utilisés. — Rasée et lavée, la surface malade est saupoudrée ou enduite du topique et recouverte d'un pansement modérément compressif. Tous les deux, trois ou quatre jours, on renouvelle celui-ci : on enlève par grattage la couche caséeuse adhérente à la membrane malade, puis on applique un nouveau pansement. — Samuel a vu le crapaud guérir par le séjour du malade dans un champ argileux. — Mais si les astringents ont une réelle efficacité, si le goudron à lui seul peut donner la guérison (Reynal), bien souvent il faut recourir à des agents plus énergiques.

On a cru un moment que le *traitement antiseptique* allait supplanter les autres. Après avoir préparé le pied comme pour l'emploi des caustiques, Nocard faisait sur la région malade une pulvérisation prolongée de liqueur de Van Swieten ; puis, sur la surface asséchée, une seconde pulvérisation avec l'éther iodoformé. Chez un cheval dont le crapaud avait résisté aux caustiques, une pulvérisation antiseptique continuée pendant deux heures et demie, complétée par une autre à l'éther iodoformé, prolongée pendant dix minutes, et une médication interne consistant en l'administration quotidienne, dans l'eau de boisson, de 40 grammes de liqueur de Fowler, donnèrent rapidement la guérison. Mais ce traitement, qui exige l'emploi d'un pulvérisateur à vapeur, est loin d'avoir l'efficacité qu'on lui a tout d'abord attribuée. Sur six autres malades traités dans le service de Nocard et pour lesquels on fit de longues séances de pulvérisation, deux seulement guérirent assez vite; chez les quatre autres, les résultats ne furent pas supérieurs à ceux que donnent les caustiques. Et avec ces derniers on a obtenu des succès dans quelques cas où le traitement antiseptique avait échoué. — Après plusieurs cautérisations à l'acide azotique, Gillibert emploie les pansements à l'iodoforme. Les pansements au calomel nous ont maintes fois donné la guérison assez rapidement. On a utilisé aussi la teinture d'iode, le crésyl pur ou dilué, l'acide phénique, le thioforme, le tannoforme, la pyoctanine, la solution à 1 p. 100 de permanganate de potasse et le calomel, l'acide salicylique et beaucoup d'autres antiseptiques.

Si le crapaud est moins tenace, plus facilement curable sur le tissu podophylleux que sur le tissu velouté, c'est parce que dans le premier le mal est ordinairement récent quand on intervient. Tant que le podophylle n'est pas recouvert de corne dense, il faut maintenir large la tranchée sous-pariétaire, afin de pouvoir facilement appliquer le caustique. En général, c'est dans les lacunes latérales du pied que le crapaud oppose le plus de résistance; quand il a disparu dans presque toute l'étendue de la surface plantaire, souvent il se cantonne dans ces lacunes, qui sont comme ses derniers retranchements.

La *destruction, par les caustiques, des végétations de la membrane malade*, sans autre intervention chirurgicale préalable que l'amincissement de la corne à la périphérie de la région affectée, est un procédé qui date de l'hippiatrie. — Solleysel faisait parer le pied; il amincissait la corne autour de la nappe de fics, nettoyait la surface de ceux-ci et les recouvrait d'un onguent caustique, puis d'un pansement compressif. — Percivall cautérisait les végétations avec un bâtonnet garni d'étoupe trempée dans l'acide nitrique, ensuite il appliquait un pansement compressif, qu'il renouvelait au bout de quelques jours et il répétait la cautérisation jusqu'à destruction des fongosités. — L'azotate de plomb appliqué en mince couche, sous un pansement, aurait donné de bons résultats à Pütz. — Fröhner et Hell ont essayé le formaldéhyde (solution à ·35 p. 100), qu'ils ont déclaré supérieur aux caustiques précédents. Avec cette substance, on badigeonne les végétations et on les recouvre d'un pansement. Souvent une seule application suffit : les fics sont détruits dans toute leur épaisseur et la sécrétion morbide est presque tarie. A la chute de l'escarre, la membrane tégumentaire est ferme, rosée, partout granuleuse; si des végétations existent encore par places, on renouvelle l'application caustique. Ensuite on achève la cure par les antiseptiques. Le formol a l'inconvénient de provoquer des douleurs assez vives et une boiterie qui persiste pendant deux à trois semaines.

Ce procédé de destruction des végétations ne saurait convenir que pour les crapauds limités à la région plantaire. Quelles que soient d'ailleurs l'étendue et la localisation du mal, nous lui préférons le traitement classique.

En ces dernières années, Imminger, Plósz, Eberlein, ont préconisé l' « *opération radicale* », qui consiste à enlever non seulement les végétations, les papilles hypertrophiées, mais la membrane tégumentaire elle-même, dans la totalité du territoire envahi.

Quand celui-ci est très large, l'animal est anesthésié. Après avoir excisé les végétations avec la feuille de sauge et la curette, on fait l'abrasion du tissu velouté et du podophylle malades, on découvre la couche superficielle du coussinet plantaire et l'os du pied dans toute l'étendue du champ affecté. Tandis qu'Imminger réserve cette ablation totale pour certains crapauds anciens et graves, Eberlein la fait dans tous les cas et sans prendre aucun ménagement particulier; il y procède « avec le couteau et les pinces, comme s'il s'agissait d'une tumeur ». La plaie opératoire est irriguée avec une solution de sublimé ou de créoline, recouverte de pyoctanine, d'iodoforme ou de thioforme, puis d'un pansement compressif à la gaze et à la jute. Si les phénomènes consécutifs ne dénoncent aucune complication, le premier pansement est laissé à demeure pendant deux semaines, ensuite on le renouvelle tous les 8-10 jours. Dès la fin de la deuxième semaine, la plaie est partout granuleuse ; à sa périphérie on voit une mince bande cornée qui peu à peu s'élargit, empiète sur la couche granuleuse. Quand on renouvelle le pansement, le plus souvent il n'y a à effectuer aucune manœuvre spéciale ; il suffit de nettoyer la plaie et de panser à sec ; si quelques végétations sont exubérantes, on les excise. — Sur 14 chevaux ainsi traités dans le service de Fröhner, 12 ont guéri. La durée moyenne de la cure a été de trente-sept jours. Pour Eberlein, ce procédé est le meilleur de tous les traitements actuellement connus.

Le crapaud paraissant être sous la dépendance d'un état constitutionnel, il est indiqué de recourir à une médication interne. On s'est adressé aux purgatifs, aux alcalins, aux altérants. On emploie généralement l'acide arsénieux, donné tous les jours à la dose de 50 centigrammes à 2 grammes. On peut aussi l'administrer sous forme de liqueur de Fowler (20 à 50 grammes par jour). Cette médication est continuée pendant trois semaines à un mois.

Le malade doit être placé dans une stalle ou un box dont le sol est recouvert d'une litière propre. Imminger insiste sur l'importance de la désinfection et de la parfaite propreté du local.

Au cours de la cure, dès que l'animal est en état d'être utilisé, il faut le remettre en service. Le travail favorise la guérison. — Le crapaud peut être influencé par une maladie intercurrente. Walther l'a vu guérir spontanément sur un cheval pendant la convalescence de la pneumonie.

Quand le crapaud existe à trois ou aux quatre membres, on commence par faire l'opération aux deux pieds d'un bipède diagonal, puis au troisième ou aux deux autres ; on panse ensuite alternativement deux pieds à la fois. Durant le traitement, il importe de surveiller les sabots sains, où le mal peut apparaître d'un moment à l'autre.

La « *fourchette échauffée* » et la « *fourchette pourrie* » ne sont que deux degrés d'une même affection — la *dermatite chronique sous-furcale*, — caractérisée par la destruction de la corne de la fourchette et l'inflammation chronique du tégument sous-jacent. On l'observe surtout aux pieds postérieurs. — Dans la fourchette échauffée, la destruction de la corne est limitée à la lacune médiane ; dans la fourchette pourrie, elle est étendue à la plus grande partie de l'organe. L'inflammation du tissu velouté est constante, ce qui, avec le siège du mal, explique l'analogie établie entre ces affections et le crapaud. Mais leur localisation exclusive à la fourchette et leur peu de gravité les en différencient nettement.

L'action irritante de l'humidité sous toutes ses formes (eau, boue, urine, excréments) en est la principale cause. Par leur contact permanent avec la fourchette, ces liquides finissent par la ramollir, détruisent la corne au niveau de la lacune médiane, et le tissu velouté s'enflamme consécutivement. L'encastelure, l'abus du fer à planche et des fourchettes en caoutchouc ou en gutta-percha aboutissent au même résultat. L'influence d'un état diathésique, admise par quelques-uns, est infirmée par la guérison facile et rapide de ces affections à l'aide de moyens exclusivement locaux.

Lorsque la fourchette est *échauffée*, la lacune médiane, dépourvue de corne, montre la membrane tégumentaire épaissie, granuleuse, recouverte d'une matière gris noirâtre, fétide. Il n'y a ni douleur, ni boiterie. — Dans l'autre forme, la fourchette peut être presque entièrement détruite, et l'inflammation du tissu velouté est propagée à une large surface de cette membrane.

Le traitement doit satisfaire à deux indications : 1° supprimer les causes de l'affection ; 2° modifier par des topiques appropriés la membrane tégumentaire malade. — On veillera au bon entretien des écuries et à l'écoulement facile des liquides excrémentitiels ; si le pied est encastelé, on y remédiera. — En tous cas, il est indiqué de procéder à l'ablation de la corne décollée, afin de mettre à nu le tissu velouté enflammé. On permet ainsi l'action directe des topiques sur toute la surface affectée. — On traite la fourchette échauffée par des applica-

tions de liqueur de Villate ou des pansements au goudron. Dans la
fourchette pourrie, on emploie habituellement les mêmes moyens; on
peut aussi recourir avantageusement aux bains de sulfate de cuivre à
4-5 p. 100. Il convient enfin de protéger la région plantaire par une
plaque.

XVIII. — Dermatite chronique ulcéreuse.

A la suite de diverses lésions traumatiques ou inflammatoires aiguës du
tissu podophylleux, il peut s'établir, dans un territoire limité de celui-ci,
une *phlegmasie chronique exsudative*, désignée par les appellations d'*ulcère
chronique du pied* (Schleg) ou d'*ulcère podophylleux*. Sous la muraille décollée,
le tissu podophylleux est simplement épaissi, ses feuillets sont hypertrophiés,
irréguliers, ou il est recouvert de granulations atones. Au niveau de la région malade existe une fissure commissurale par laquelle suinte, en très
petite quantité, du pus séreux. Dans quelques cas il y a une claudication
permanente; plus souvent la boiterie n'apparaît qu'à certains moments, sans
doute provoquée par la compression du tissu enflammé. D'habitude le mal
persiste longtemps avec ces caractères, mais demeure circonscrit; parfois il
finit par s'étendre le long des feuillets, vers la couronne; s'il atteint le bourrelet, la matière « souffle au poil ».

Cette phlegmasie podophyllienne est ordinairement une complication éloignée de quelque autre affection du pied — de la seime, du kéraphyllocèle,
de l'encloûure, du javart, — ou d'une opération faite pour remédier à ces
affections. Elle offre une certaine analogie avec le processus du crapaud localisé au tissu podophylleux : dans ces deux états morbides, il y a décollement
de la paroi et sécrétion purulente, mais le premier est purement local, sans
tendance à l'extension, et il est facilement curable.

L'existence d'une solution de continuité commissurale par laquelle s'écoule
le produit de sécrétion du tissu enflammé, le décollement constaté à l'exploration de la fistule, la chronicité et la longue durée du mal permettent toujours d'établir le diagnostic.

Pour obtenir la guérison, il est indispensable de mettre à nu le tissu
malade. On y procède par l'amincissement ou l'extirpation. Après
avoir enlevé la corne décollée, parfois il n'y a qu'à désinfecter soigneusement la surface enflammée, en l'écouvillonnant avec une solution antiseptique forte, et à panser à la teinture d'iode. Mais, en
général, il est préférable soit d'exciser la couche granuleuse, soit de
la détruire en la cautérisant avec le thermocautère ou une solution
forte de chlorure de zinc. On applique ensuite un pansement iodoformé ouaté. Au bout de trois semaines à un mois, la plaie est recouverte de corne.

XIX. — Dermatite chronique des bourrelets. Crapaudine.

L'*inflammation chronique du bourrelet périoplique et de la cutidure* — la
crapaudine, le *mal d'âne* ou *psoriasis de la couronne* — est une affection complexe dont l'étiologie est encore imparfaitement connue. A l'inverse du crapaud, la crapaudine se rencontre plutôt sur des chevaux de selle ou de

rait léger, de tempérament sanguin ou nerveux. Tantôt elle survient sans cause déterminante manifeste, tantôt elle apparaît à la suite d'un trauma- isme qui a intéressé les bourrelets ou sous l'influence d'irritations légères et réitérées (frottements, pressions) exercées sur la couronne et l'origine de l'ongle. Mais son développe- ment paraît relever d'une cause diathésique, sans doute de l'arthritisme. On com- prend ainsi l'influence de l'hérédité, admise par la plupart des auteurs.

Particulièrement com- mune sur l'âne et le mulet, limitée le plus souvent à la pince et aux mamelles, l'af- fection est d'abord localisée au bourrelet périoplique, Celui-ci produit une matière cornée plus abondante, ru- gueuse, disposée irrégulière- ment, creusée d'étroits sil- lons transversaux, très rap- prochés les uns des autres, entre lesquels la corne forme des reliefs inégaux, fendillés, ce qui lui donne l'aspect de « l'écorce d'un vieil arbre ». Le mal s'étend au bourrelet principal et à la couronne : la paroi s'épaissit ; la peau de la région coronaire se recouvre d'une mince couche cornée, fissurée en tous sens, et parfois souillée d'un li- quide purulent. Quand l'affec- tion est ancienne, souvent le biseau est décollé ; sous l'in-

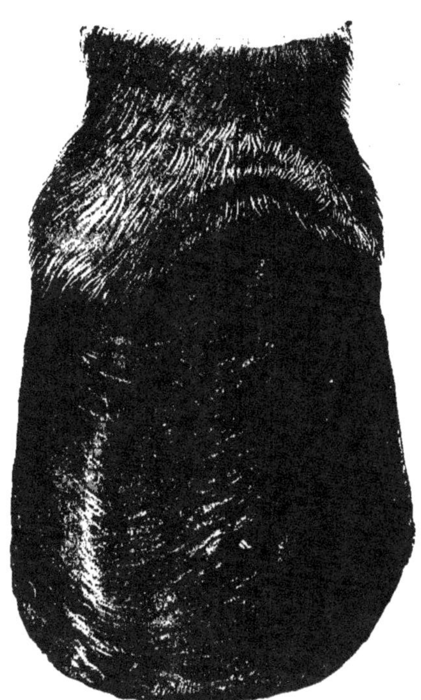

Fig. 579. — Pied atteint de crapaudine.

fluence de la compression, parfois le tégument se tuméfie, proémine sur la plaque cornée, et un sillon ulcéreux se forme le long du bord supérieur de celle-ci. — Sans s'accompagner de vives douleurs, la crapaudine provoque d'ordinaire une boiterie dès que la néoformation a acquis une certaine épais- seur ou lorsque le biseau est décollé. Il est exceptionnel qu'elle se com- plique gravement.

Le pronostic est sérieux au point de vue économique. L'affection empêche l'utilisation des sujets à certains moments, et elle est tenace, souvent rebelle aux agents thérapeutiques.

Le traitement comprend des moyens locaux et une médication interne. Au début, habituellement on se borne à faire sur la surface malade des applications de vaseline simple, de goudron, de vaseline goudronnée ou d'huile de cade. — Si la néoformation cornée est épaisse, sillonnée de crevasses suintantes, il faut l'amincir à pellicule, puis, par les antiseptiques, les pyrogénés ou les caustiques, agir sur les organes kératogènes enflammés. Les cautérisations légères et répétées avec l'acide nitrique ou le chlorure de zinc (1/10-1/5) ont donné de bons résultats. L'acide pyrogallique a réussi entre les mains de Pader. L'acide picrique en solution aqueuse saturée ou en pommade (vaseline au 1/10) peut aussi être utilisé avantageusement. — Si l'on emploie des préparations dont on n'a pas à redouter l'action escarrifiante, il convient d'appliquer un pansement.

Delpérier conseille l'intervention suivante : Tous les cinq jours, après avoir lavé et essuyé la corne, promener légèrement et rapidement le plat d'un cautère rougi au feu sur la surface altérée, en passant légèrement et rapidement le tranchant ou la pointe du cautère rouge dans les fissures les plus larges.

XX. — **Tumeurs**.

Les tumeurs du pied et de la région digitée sont rares. — Le *kyste de la couronne*, localisé à l'un des côtés de cette région et en occupant d'ordinaire

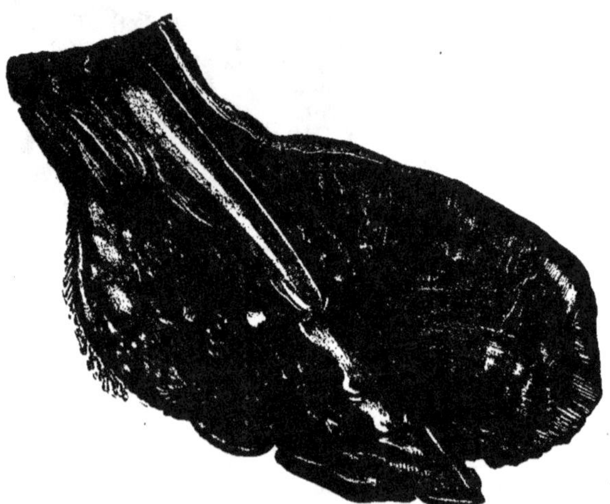

Fig. 580. — Botryomycose du pied (cheval).

la plus grande partie, surplombe le quartier correspondant. Rappelons que l'on peut confondre avec lui la tumeur formée par la distension de l'un des culs-de-sac latéraux de la synoviale articulaire du pied (V. p. 687). Ordinairement la tumeur kystique est plus diffuse, et dans toute sa surface la peau est épaissie, plus ou moins indurée. Il convient toujours d'assurer le diagnostic par une ponction exploratrice. Ce kyste coronaire doit être traité par la cautérisation en pointes pénétrantes ou par la ponction et les injections antiseptiques. — En dehors de la dermatite chronique verruqueuse du doigt — des « eaux aux jambes », — les *papillomes* de la région digitée ne sont pas communs. On peut rencontrer cependant des hypertrophies papillaires localisées à une partie du paturon et de la couronne, quelquefois à la face antérieure, et dont l'ablation est facile. — Les *fibromes* du creux du paturon, qui atteignent parfois d'assez grandes dimensions, sont le plus souvent inopérables. Nous avons eu l'occasion une seule fois d'intervenir pour une tumeur de ce genre développée sur le talon externe d'un pied postérieur : l'excision put être faite complète ; elle ne laissa qu'une cicatrice plate n'entravant en rien les mouvements de l'extrémité. — Le *fibrome diffus*, quelquefois localisé d'abord à la région digitée, mais qui s'étend vite aux régions supra-phalangiennes, ne souffre aucune intervention chirurgicale. — D'une exceptionnelle rareté sont le *sarcome* et le *carcinome* (Fröbner) ; comme en toute autre région, ils doivent être traités par l'ablation précoce et totale, quand elle est possible. — La *mélanose* du bourrelet est signalée par une observation de Mathis. Sur un pied provenant d'un vieux cheval hongre atteint de mélanose généralisée, Gutenacker a trouvé, dans la moitié postérieure de la région plantaire, le tissu velouté criblé de granulations mélaniques de la grosseur d'une lentille à celle d'une tête d'épingle. — La *botryomycose* de la couronne et du paturon donne lieu à des néoformations fibreuses, d'abord circonscrites et curables, mais qui s'accroissent, s'étendent plus ou moins vite et finissent par n'être plus justiciables d'aucun traitement. La figure 580, qui représente la coupe d'un pied atteint de botryomycose (obs. de Nippert), montre les dimensions énormes que peuvent acquérir ces tumeurs.

ADDENDA.

Anomalies et défectuosités du pied.

On a observé chez le cheval quelques exemples de *doigt surnuméraire* développé au côté interne d'un membre antérieur, en dedans du genou ou du boulet. Cette anomalie peut gêner les mouvements de l'animal et nécessiter l'ablation. Celle-ci sera toujours pratiquée dans la continuité du rayon osseux supplémentaire, en taillant la peau de façon à ménager une manchette ou deux lambeaux pour recouvrir la surface de section de l'os. La désarticulation est moins recommandable.

Les nombreuses *défectuosités du pied* sont les unes congénitales, les autres acquises. Les premières, transmises par l'hérédité, sont le partage de certaines races. Les autres peuvent résulter d'une mauvaise ferrure, de l'insuffisance des soins donnés aux sabots, des conditions dans lesquelles les animaux sont entretenus ou des maladies du pied.

Les moyens employés pour modifier les pieds défectueux ou en corriger les inconvénients appartiennent surtout à la ferrure. Parmi ces pieds, il en est dont la restauration est possible ; le plus souvent on ne parvient qu'à en améliorer l'état ; pour certains, aucune modification avantageuse n'est à espérer. Toutefois, par une ferrure appropriée, on peut faire cesser les souffrances dont ils sont le siège et remettre en service des animaux qui, sans le secours de l'art, seraient inutilisables.

Voyons les principales défectuosités du pied, les soins et les procédés de ferrure qu'elles réclament.

I. — Pied grand. — Pied petit. — Pieds inégaux.

Défaut fréquent sur les chevaux du Nord, sur les sujets des races à tempérament lymphatique, le *pied grand* a la paroi évasée, assez épaisse, la sole presque plane et mince, la fourchette volumineuse et grasse. La corne est molle quand elle est imprégnée d'humidité; fragile, cassante lorsqu'elle est desséchée.

Indications. — En parant le pied, enlever peu de corne à la région plantaire, tronquer la pince et râper de court le bord inférieur de la muraille, surtout en mamelles et en quartiers.

Le fer doit être léger, tout en possédant une couverture en rapport avec la grandeur du pied; il convient d'en relever la pince pour empêcher le cheval de butter; l'ajusture sera donnée avec soin; l'ajusture anglaise est la plus avantageuse. En faisant porter le fer, on évitera d'en prolonger l'application sur le pourtour aminci de la sole. On ferrera juste en dedans pour que le cheval ne se coupe pas; la garniture sera faible en dehors. — Pour empêcher le cheval de butter et de forger, on appliquera aux pieds de devant des fers à pinçon incrusté dont les éponges ne dépasseront pas la base des talons, et aux pieds postérieurs des fers à pince tronquée avec pinçons latéraux. — Tous les jours, on recouvrira le sabot de goudron végétal ou d'onguent de pied, surtout par les temps pluvieux, avant les lavages et les bains, pour empêcher la pénétration de l'eau dans la corne et la déperdition du fluide qui imprègne celle-ci.

Le *pied petit* est commun sur les chevaux de la plupart des races orientales. On le remarque aussi avec une certaine fréquence sur les chevaux élevés trop exclusivement à l'écurie, ainsi que chez ceux qui n'ont pas suffisamment d'exercice. Ce pied a la paroi peu inclinée, la sole fortement concave, la fourchette maigre. La corne pariétaire est épaisse, ou mince et cassante. Tantôt les différentes parties du pied sont bien proportionnées, tantôt — lorsque cette défectuosité est acquise — le pied est surtout rétréci en quartiers et en talons. La muraille peut devenir verticale, même acquérir une direction oblique en bas et en dedans.

Indications. — Parer au même degré que le pied bien conformé; veiller tout particulièrement à l'appui de la fourchette. — Habituellement on applique un fer ordinaire ou un peu couvert, léger, portant six étampures creusées loin des talons, fer peu ajusté et dans sa partie antérieure seulement; on le fixe avec des clous à lame mince. Les fers minces, à éponges minces ou à lunette sont particulièrement avantageux. — On entretiendra la souplesse de l'ongle; on enduira de goudron ou l'on graissera soigneusement le pied après les lavages, les bains, et après le travail par les temps pluvieux, pour maintenir dans la corne l'humidité qui y a pénétré.

(Pour les *pieds étroit, encastelé, à talon chevauché*, V. *Encastelure.*)

Les pieds sont dits *inégaux* lorsqu'il y a disproportion sensible de volume entre les sabots des bipèdes antérieur ou postérieur. Le pied le plus petit a été condamné à une immobilité relative qui a amené l'atrophie du coussinet plantaire et le resserrement des quartiers : si le cheval n'est pas boiteux, il a boité ou boitera de ce pied.

Indications. — Parfois on doit se borner à donner aux deux sabots la même surface d'appui, en ferrant le plus grand à la manière ordinaire et en donnant au plus petit une large garniture, particulièrement en talons. Pour celui-ci, suivant l'état des talons et de la fourchette, on peut aussi employer le fer à lunette, le fer à éponges minces ou le fer à pantoufle.

II. — PIED PLAT. — PIED COMBLE.

Le *pied plat* est congénital chez les chevaux des races du Nord, sur les animaux lymphatiques élevés dans les régions basses et humides. La disposition du sabot est commandée par celle de la phalange unguéale, qui est large, très oblique sur ses faces antéro-latérales et plane inférieurement. Cette défectuosité peut se constituer aux diverses époques de la vie, par l'action de causes variées. Les pieds grands peuvent devenir plats à la longue, s'ils sont mal entretenus, mal ferrés, notamment si la sole est parée à l'excès ou si l'ajusture donnée au fer est trop forte. — Le pied plat est quelquefois le résultat de la fourbure. Lorsque cette défectuosité est acquise, les talons sont faibles, serrés, bleimeux ; la fourchette est plus ou moins atrophiée. — Les pieds plats sont exposés aux actions contondantes produites sur la région plantaire par les corps disséminés à la surface du sol, et à l'éclatement de la muraille, qui est bientôt dérobée. Pendant l'opération de la ferrure, la brûlure de la sole, la piqûre, l'enclouure sont plus à redouter que pour les pieds normaux.

Indications. — Parer l'ongle à plat, ménager les talons, faire seulement la toilette de la sole et de la fourchette ; tronquer le plus possible la pince, les mamelles, la partie antérieure des quartiers ; râper de court, en ces régions, le bord inférieur de la muraille.

Appliquer un fer demi-couvert ou un fer couvert, assez ajusté pour éviter toute pression sur la sole. L'ajusture anglaise est la meilleure. Si les pieds plats sont garnis pendant longtemps de fers pourvus d'une ajusture française donnée avec excès, la disposition anormale de la sole s'accuse davantage, et à la longue le pied devient comble. — Lorsque la fourchette est bonne, on peut employer le fer à planche ordinaire ; si elle est faible et qu'il soit nécessaire de soustraire les talons à l'appui, on disposera une couche de gutta-percha entre ces parties et la traverse du fer. Pour les chevaux de trait léger et de luxe, on emploiera les fers étroits ou la ferrure Charlier. — On fera usage de clous à lame mince. — Mêmes soins que pour les grands pieds.

Défectuosité toujours acquise, le *pied comble* succède au *pied plat* ou il est provoqué par la *fourbure chronique*. — Dans la première variété (pied comble consécutif à un pied plat), la face inférieure du sabot est à peu près régulièrement bombée et présente sa plus forte saillie vers le centre de la sole. — Dans l'autre, le pied n'a plus sa forme circulaire ; allongé d'avant en arrière et déprimé dans le sens latéral, il est fortement relevé en pince ; la convexité de sa face inférieure, souvent très accusée, n'existe que dans la région antérieure, en avant de la fourchette ; la sole est quelquefois perforée en ce point ; les talons sont hauts, les lacunes latérales profondes. — Les chevaux à pieds combles sont fort exposés à des lésions traumatiques graves de la région plantaire. On ne peut les utiliser qu'en garnissant les sabots de fers spéciaux.

Indications. — Parer comme pour le pied plat. Enlever seulement les parties éclatées de la muraille, faire la toilette de la sole et de la fourchette. — Appliquer un fer couvert, ajusté à l'anglaise, ne portant que sur la paroi et protégeant la plus grande partie de la sole. Si la sole est très bombée, adapter sur le siège une couche de gutta-percha pour diminuer le poids du fer. Recouvrir la sole d'une étoupade goudronnée maintenue par une plaque de cuir. Dans certains cas, employer le fer à planche couvert, ajusté à l'anglaise ou la ferrure Charlier. — Les soins sont les mêmes que pour les grands pieds. (V. *Fourbure chronique.*)

III. — PIED PANARD. — PIED CAGNEUX. — PIED DE TRAVERS.

Dans le *pied panard*, l'axe du pied est dévié, la pince tournée en dehors et les talons en dedans ; le quartier externe est élevé, fort, évasé ; le quartier interne est bas et moins oblique qu'à l'état normal ; le talon correspondant tend à se resserrer et à chevaucher l'autre. — Cette défectuosité est presque toujours sous la dépendance d'une direction vicieuse des rayons supérieurs du membre. — Les chevaux panards sont exposés à s'atteindre, à se couper. La bleime et la seime quarte sont fréquentes au talon interne.

Indications. — Parer le pied de façon que la face plantaire soit perpendiculaire à l'axe de la colonne phalangienne ; râper de court la mamelle et la partie antérieure du quartier externe. — Employer un fer d'épaisseur et de largeur uniformes, dont la branche interne est un peu couverte, et la branche externe étampée à maigre. Ce fer ne doit garnir que très légèrement en dehors, être juste en dedans, en mamelle et en quartier, et garnir également en éponges.

Le *pied cagneux* est la défectuosité inverse de la précédente. La pince est plus ou moins tournée en dedans et les talons en dehors ; le quartier externe, qui manque d'obliquité, est bas, faible, surchargé ; le quartier interne est plus haut, plus fort, plus évasé. — Ce défaut est ordinairement lié à une direction anormale des rayons des membres.

Indications. — Parer la face plantaire perpendiculairement à l'axe des phalanges ; râper fortement et de court le bord inférieur de la muraille, en dedans, de la pince au centre du quartier. Appliquer un fer également épais dans toutes ses parties, légèrement couvert et étampé à gras sur la branche externe ; ferrer juste en dedans, donner une garniture large en dehors, égale en éponges.

Dû à la hauteur inégale des quartiers ou à l'inclinaison trop forte de l'un d'eux, le *pied de travers* est presque toujours le résultat d'une faute commise dans le raccourcissement de l'ongle, — de ce que le maréchal a enlevé trop de corne au quartier interne du pied gauche ou au quartier externe du pied droit. — Le pied de travers est sujet aux entorses, à la bleime et à la seime quarte du côté où la muraille a été trop parée.

Indications. — Rétablir l'aplomb normal en raccourcissant le quartier le plus haut. Souvent on n'arrive à ce résultat qu'après plusieurs ferrures ; aussi convient-il d'interposer du côté le plus bas, entre la corne et le fer, une lame de cuir ou une couche de gutta-percha. Si le pied de travers est déjà compliqué du resserrement du quartier le plus faible ou de chevauchement du talon, il faut recourir aux moyens recommandés contre l'encastelure.

IV. — PIED A TALONS HAUTS. — PIED A TALONS BAS.

Dans le pied à talons hauts, la longueur de ceux-ci dépasse la moitié de celle de la pince. La paroi est moins oblique que dans les pieds bien conformés, souvent elle est presque verticale en pince. Ce défaut est tantôt congénital, tantôt acquis. On l'observe sur les chevaux fatigués, qui deviennent droits sur

les boulets. La plupart des sujets qui le présentent ont les mouvements mal
assurés ; ils sont très exposés à butter. Quand il est porté à son dernier degré,
le pied est dit *pinçard*.

Indications. — Le poids du corps étant surtout supporté par les parties
antérieures du pied, la pince croît peu. Selon le degré de ce défaut et la conformation du membre, on pare l'ongle à la manière ordinaire, d'aplomb, ou
bien on taille davantage les talons, on les raccourcit progressivement. —
On applique un fer mince et couvert, fer à éponges minces ou à lunette. Pour
favoriser les mouvements, on relève la pince du fer, on bride le pinçon et l'on
emploie des clous à tête petite, noyée dans l'étampure.

Dans le pied à *talons bas*, les talons ont moins de la moitié de la hauteur
de la pince. Celle-ci est longue et plus oblique que dans le pied normal. Les
talons poussent peu et deviennent facilement bleimeux. Le lever des pieds
antérieurs est lent, retardé ; le cheval est exposé à forger, à s'atteindre avec
les pieds de derrière.

Indications. — Parer le pied en raccourcissant la pince, en respectant les
talons et la fourchette. — Appliquer un fer ordinaire, d'épaisseur uniforme,
qui dépasse un peu la base des talons et donne là une suffisante garniture ;
incruster le pinçon. On peut aussi employer le fer à planche, le fer à éponges
minces ou le fer Charlier. Si le cheval forge, appliquer aux pieds postérieurs
des fers à pince tronquée et pourvus de pinçons latéraux.

Le pied à *talons fuyants*, caractérisé par la forte inclinaison des talons d'arrière en avant, se remarque particulièrement sur les chevaux long jointés. Il
a les mêmes inconvénients que le pied à talons bas. On y remédie en procédant comme il vient d'être indiqué pour ce dernier.

<h3 align="center">V. — PIED PINÇARD. — PIED RAMPIN.</h3>

Dans ces pieds, la pince manque d'obliquité, les talons sont anormalement
hauts, quelquefois ils ne participent plus à l'appui. Pour certains auteurs, ces
expressions sont synonymes ; pour d'autres, elles s'entendent de deux degrés
d'une même défectuosité : le pied pinçard devient rampin quand la déviation
de la colonne phalangienne s'exagère.

Il convient de réserver la dénomination de *pied rampin* à la défectuosité
dont il s'agit, lorsqu'elle est naturelle, congénitale, liée à une disposition
anatomique anormale existant aux deux pieds congénères, généralement à
ceux de derrière, et de donner celle de *pied pinçard* à la même défectuosité
acquise, survenue consécutivement à une affection des tendons ou à leur
rétraction. Tandis que le pied rampin a ordinairement la muraille très épaisse
en pince et en mamelles, le pied pinçard n'a pas ces régions de la muraille plus
fortes que dans le sabot normal, et ses talons peuvent être hauts ou bas, forts
ou faibles. Le cheval pinçard se fatigue vite, butte continuellement ; il est très
exposé à s'atteindre et à s'abattre.

Indications. — Pour la ferrure du pied rampin et du pied pinçard, il faut
éviter de jeter le poids sur les tendons et d'y provoquer des tiraillements. En
parant le pied, il faut enlever une couche cornée d'épaisseur sensiblement
égale en pince et en talons. On doit ménager ceux-ci, et il y a peu de corne à
enlever au niveau de la première, où la sécrétion cornée est faible. — Quand
la déviation du pied est peu accusée, il convient d'appliquer un fer à pince
couverte, relevée, débordant le sabot, et dont les branches sont munies de
crampons. Si le défaut est plus marqué, on fera usage d'un fer à pince épaisse

et relevée, portant en éponges deux crampons dont la hauteur doit correspondre à l'intervalle qui existe entre la base des talons et le sol. Ainsi on arrive à faire participer ces derniers à l'appui.

VI. — Pied dérobé. — Pied a muraille décollée.

Le pied est dit *dérobé* lorsque la muraille est irrégulière, incomplète, éclatée par places à son bord plantaire. Cette défectuosité, observée plus souvent aux pieds de derrière qu'à ceux de devant, donne aux premiers une forme triangulaire bien accusée. Les sabots à corne blanche, les sabots gras, maigres ou à paroi séparée de la sole, y sont prédisposés. La paroi peut se dérober dans tout son pourtour, au point qu'il devient impossible d'y brocher les clous. Pour fixer solidement le fer, il faut recourir à l'emploi de la gutta-percha. A la suite de certaines opérations de pied (javart, seime quarte), la paroi présente, comme dans le pied dérobé, une perte de substance plus ou moins large, qui disparaît par l'avalure.

Indications. — Parer avec précaution ; retrancher seulement les parties éclatées de la paroi, éviter de les prolonger de bas en haut avec le rogne-pied ; arrondir à la râpe les inégalités du contour du sabot. — Appliquer un fer léger, un peu couvert, donnant une large garniture, étampé aux régions qui correspondent aux points où la paroi est entière, solide, et portant plusieurs pinçons un peu hauts. On fixera le fer avec des clous à lame mince, que l'on brochera haut, sans se préoccuper de la symétrie des rivets. La ferrure sera renouvelée le plus rarement possible. La corne de ces pieds manquant de souplesse, on l'enduira fréquemment d'onguent de pied ou de goudron.

On peut restaurer le pied dérobé en comblant les brèches de la muraille avec de la gutta-percha, et y appliquer un fer normal, pourvu d'étampures en nombre ordinaire, également espacées. (V. p. 603.)

Certains pieds présentent à la région plantaire un *décollement* plus ou moins étendu de la muraille. Quand il est le résultat de l'excès de longueur du sabot et de la dessiccation de la corne trop éloignée des parties vives, la solution de continuité commissurale a peu de profondeur ; la soudure de la plaque solaire et de la paroi reste épaisse et solide. Quelquefois ce décollement est constaté à la suite de certaines opérations de pied.

Indications. — Si le sabot est long, en le parant on ira jusqu'au fond de la tranchée qui existe entre la muraille et la sole ; s'il est court et la sole mince, on se bornera à faire disparaître les inégalités de la surface plantaire. On appliquera un fer léger, demi-couvert, donnant une bonne garniture ; on le fixera avec des clous minces de lame. La face inférieure du pied sera recouverte d'une étoupade goudronnée maintenue par une plaque de cuir. (V. p. 622.)

II. — AFFECTIONS DU PIED CHEZ LE BŒUF.

Les affections du pied sont beaucoup plus rares sur les bovidés que sur les équidés. La lenteur des allures de ces animaux, la nature des travaux auxquels ils sont astreints, l'élasticité remarquable de leurs doigts, qui amortit la violence des chocs et prévient les ébranlements douloureux des tissus intracornés, expliquent suffisamment cette différence.

Mais les bovidés atteints de lésions du pied réagissent tout comme les solipèdes. En général, la boiterie apparaît brusquement et se montre d'emblée ou devient vite très accusée.

A l'étable, l'animal qui souffre du pied reste presque constamment couché. Debout, il porte en avant son membre endolori. L'exploration du pied décèle facilement la douleur et l'hyperthermie. On ne négligera pas l'examen comparatif des onglons.

Nous devons étudier : les *seimes*, les *contusions de la sole*, la *piqûre* et l'*enclouure*, le *clou de rue*, la *fourbure*, la phlegmasie produite par la localisation de la *fièvre aphteuse* sur le tégument des doigts, le *mal de pied contagieux* et le *furoncle interdigité*.

I. — Seime. — Contusion de la sole. — Lésions traumatiques.

Les bœufs de travail utilisés sur les routes sont particulièrement exposés à la *seime*. Celle-ci se rencontre le plus souvent aux pieds antérieurs, sur la paroi externe des onglons. La sécheresse de la corne et les altérations inflammatoires du bourrelet y prédisposent. Les efforts de démarrage en sont la principale cause occasionnelle.

Pour la *seime simple*, sans boiterie, les rainures transversales ou en **V** sont préférables à l'amincissement. La minceur de la paroi contre-indique le barrage par les clous ou les agrafes. S'il survient des complications, le traitement doit s'inspirer des règles formulées pour les seimes compliquées du cheval.

Les *fentes transversales*, assez communes aux pieds de devant, sont parallèles au bourrelet et s'étendent en profondeur jusqu'au tissu vif (Furlanetto). Parfois elles existent à deux ou aux quatre pieds. On en connaît mal les causes. — L'amincissement de la corne au voisinage de la fente et l'ablation des parties décollées constituent tout le traitement.

La *contusion de la sole* — la *sole battue* ou *aggravée* — est facilement produite chez les bœufs de travail qui, déferrés, continuent à marcher sur des chemins durs ou cailouteux. Quelquefois elle est causée par un fer trop mince ou convexe à sa face supérieure. On l'observe le plus souvent aux pieds postérieurs, aux deux onglons ou à l'interne seulement, et cela parce que la corne y est moins résistante que dans les pieds antérieurs.

L'aggravée s'accuse d'abord par une boiterie. A l'étable, l'animal reste couché. Les onglons sont chauds, sensibles à la pression ou à la percussion. Parfois il y a de la fièvre et plus ou moins d'anorexie. Si l'on pare la sole, on trouve la corne ecchymosée ou ramollie, infiltrée de sérosité; la moindre pression provoque de la douleur. Le siège de la contusion varie : elle occupe le plus souvent le milieu ou la partie antérieure de la sole, quelquefois le talon. — Quand l'affection est abandonnée à elle-même, ordinairement la membrane tégumentaire s'enflamme et bientôt on constate un décollement partiel de l'ongle : la sérosité désunit peu à peu la sole du tissu velouté vers le talon; quelquefois elle remonte dans les cannelures podophylleuses, désengrène la muraille sur une certaine largeur et jusqu'au biseau. — Si la suppuration survient, les tissus sous-cornés peuvent être frappés de gangrène, de nécrose ou de carie; on doit craindre un décollement complet de l'onglon.

Lorsque la contusion, récente, consiste en une simple meurtrissure du tissu velouté, l'amincissement de la plaque solaire au niveau de la lésion n'est pas nécessaire : le repos et un pansement (compresses froides) suffisent. S'il y a suppuration, on donnera issue à l'exsudat, puis on fera l'enveloppement antiseptique ; excepté dans les cas graves, on conservera la partie décollée de la sole pour protéger les tissus enflammés. — Lors de nécrose ou de carie, quelques-uns utilisent les escarrotiques ou les caustiques. Mieux vaut faire l'excision des tissus mortifiés et appliquer un pansement

antiseptique rendu imperméable par une couche de goudron. La guérison
est rapide.

La *piqûre* et l'*enclouure* sont des accidents assez fréquents chez le bœuf de
travail, ce qui tient surtout à la faible épaisseur de la paroi de ses onglons.
— Constatée d'ordinaire le lendemain du jour où l'animal a été ferré, l'enclouure s'accuse d'abord par une boiterie et l'endolorissement de l'un des
doigts. Plus tard, le trajet du clou vulnérant donne issue à un liquide noirâtre, blanchâtre ou sanieux. Si la lésion est négligée, le pus désengrène
le kéraphylle et « souffle au poil ». — Au début, on peut se borner à
l'amincissement de la sole et à l'application de compresses antiseptiques.
Un amincissement en Λ de la paroi, au niveau du trajet fistuleux, est parfois

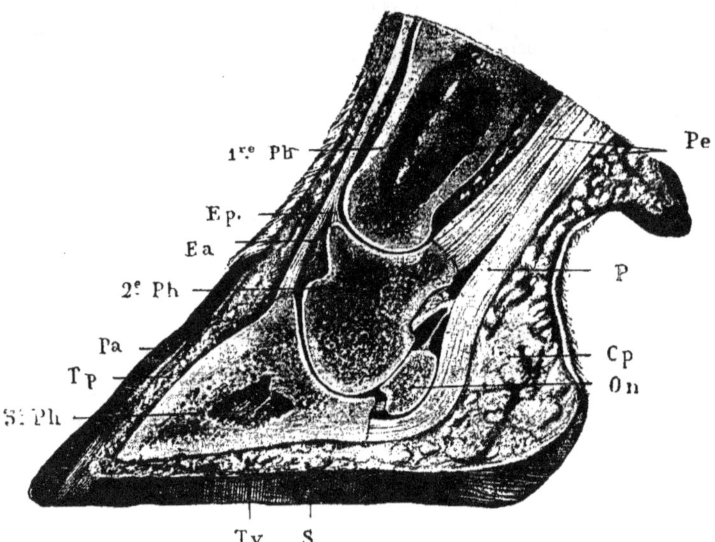

Fig. 581. — Coupe antéro-postérieure du doigt (bœuf). — 1re *Ph*, première phalange; 2e *Ph*, deuxième phalange; 3e *Ph*, troisième phalange; *On*, os naviculaire;
Ep, tendon extenseur du pied; *Ea*, tendon extenseur antérieur; Pe, perforé;
P, perforant; *Cp*, coussinet plantaire; *Tp*, tissu podophylleux; *Tv*, tissu velouté;
Pa, paroi; S, sole.

nécessaire. — En cas de sphacèle des tissus sous-cornés, l'opération est préférable à l'emploi des escarrotiques et des caustiques. Sauf les particularités
liées aux différences anatomiques, les règles de l'intervention sont les
mêmes que pour le cheval.

Le « *clou de rue* » et les *coupures* ont pour siège la sole, l'espace interdigité
ou le creux du paturon. Ils sont produits par les corps vulnérants dispersés
sur le sol, quelquefois par la pointe du soc de la charrue. Les blessures pénétrantes de la sole ne se rencontrent guère que chez les animaux non ferrés. —
En général, le premier symptôme est une boiterie plus ou moins forte, suivant la profondeur de la lésion et la nature des tissus intéressés. Parfois

l'animal effectue un mouvement de harper, comme le cheval atteint d'éparvin sec. Dans les piqûres des régions moyenne ou antérieure de la sole, le perforant, l'os naviculaire, la phalange, peuvent être atteints ; alors, toujours la claudication est forte. Les traumatismes profonds du pli du paturon et de l'espace interdigité se compliquent assez fréquemment de nécrose tendineuse.

Si la blessure est récente, on amincira la corne à son pourtour, on débridera le trajet et l'on appliquera des compresses fréquemment arrosées avec une solution antiseptique. — Quand les tissus sous-cornés sont frappés de gangrène, quelques auteurs conseillent d'amincir la sole, d'ouvrir une large voie aux produits de l'inflammation et d'agir sur ces tissus par les caustiques (sublimé, sulfate de cuivre). Il est préférable d'exciser les parties mortifiées, de toucher à la teinture d'iode les points douteux et d'appliquer un pansement ouaté. — Lorsque la plaie siège dans la région interdigitée ou le pli du paturon, parfois le ligament interdigité, le perforant et l'articulation du pied sont lésés. Une antisepsie sévère permet le plus souvent la conservation du doigt ; mais l'arthrite suppurée exige ordinairement l'amputation de l'onglon.

Très rare, l'*arrachement de l'onglon* se produit dans les mêmes circonstances que chez le cheval, presque toujours par écrasement, par le passage d'une roue de voiture sur l'un des doigts. — On ne traite que les sujets de prix. Les moyens à mettre en œuvre sont ceux qui ont été indiqués pour le cheval. Quand la phalange est intacte, l'onglon est reconstitué au bout de trois à quatre mois.

Pour l'*entorse des onglons*, V. p. 669.

II. — Fourbure.

Observée quelquefois chez les animaux à l'engrais, mais principalement chez les sujets qui sont obligés de parcourir de longs trajets sur des routes empierrées, la *fourbure* était commune autrefois, lorsque les bœufs destinés à l'approvisionnement des grands centres y étaient conduits par étapes. La trépidation des wagons et la station forcée la provoqueraient quelquefois sur les sujets transportés à de grandes distances. La pléthore, l'alimentation par les farineux, sont des causes prédisposantes.

Comme chez le cheval, l'affection est localisée à l'un des bipèdes antérieur ou postérieur, ou elle frappe les quatre pieds. L'onglon interne serait plus souvent et plus gravement atteint que l'externe.

La *fourbure antérieure* est caractérisée par l'attitude des membres de derrière, qui sont portés sous le tronc, de façon à supporter la plus grande partie du poids du corps et à soulager les antérieurs, plus ou moins portés en avant et n'appuyant que par le bout des onglons. Dans la *fourbure postérieure* et la *fourbure générale*, les quatre membres sont rassemblés sous le tronc. La fourbure générale s'accompagne de fièvre, d'anorexie et d'amaigrissement rapide.

La résolution est la terminaison de beaucoup la plus commune. Au cas où l'inflammation est intense, elle peut entraîner le décollement de la paroi, et cela beaucoup plus facilement que chez le cheval, en raison des adhérences moins solides de l'ongle du bœuf. Lorsque cet accident doit se produire, on constate une tuméfaction diffuse de la région digitée ; le bourrelet est saillant ; au bout de deux ou trois jours, il prend une teinte rouge noirâtre. On note aussi une acuité plus grande des souffrances ; les symptômes rationnels sont fort accusés, et vers le sixième jour un liquide sanguinolent suinte à l'origine de l'onglon. Tantôt les adhérences de celui-ci sont presque entièrement détruites et de légères tractions suffisent à l'arracher ; plus souvent le désengrènement est limité à la partie postérieure de la région plantaire. — L'affection peut passer à l'état chronique. Lorsque les deux onglons sont atteints, parfois le sujet reste bouleté par suite de la rétraction des tendons fléchisseurs. Mais le mal est d'ordinaire limité à l'onglon interne ; l'animal s'appuie sur l'autre ; il en résulte des distensions ligamenteuses et, en quelques cas, de la périostose du boulet, accident auquel on a donné le nom de « gros pied ». La *fourmilière* et le *croissant* sont rares.

Les indications thérapeutiques sont à peu près les mêmes que pour la fourbure du cheval : saignée à la jugulaire, friction révulsive (essence de térébenthine) sur les régions supérieures du corps ; injections de pilocarpine ou d'arécoline ; topiques astringents et émollients sur les onglons ; à l'intérieur, sulfate de soude (300-500 grammes). — Lors de décollement de l'onglon, on appliquera des pansements antiseptiques. Au bout de deux mois, la corne est assez résistante pour permettre le travail sur la terre ; on peut d'ailleurs protéger le pied malade par une bottine en cuir, bouclée sur le paturon. — La *périostose* de la couronne ou du boulet exige le traitement des formes. (V. p. 584.)

III. — Dermatites. — Dermatite végétante.

Les *dermatites* des extrémités sont assez communes chez les animaux de l'espèce bovine. — La *dermatite simple* ou *érythémateuse* résulte très généralement de l'action irritante qu'exercent sur le tégument du pied le fumier, le purin, les litières malpropres. Le nettoyage de la peau enflammée, des lotions antiseptiques ou astringentes et l'entretien soigné de l'étable suffisent toujours à la guérison. — Sur les sujets nourris des résidus de distillerie, on observe une *dermatite toxique* (eczéma des drèches) parfois grave, phlegmoneuse ou gangreneuse, qui peut se compliquer de synovites et d'arthrites purulentes. — Pour la combattre efficacement, il faut tout d'abord modifier l'alimentation. Les antiseptiques sont les meilleurs agents du traitement local. Dans certains cas, il faut amputer l'onglon.

Spéciale aux bovidés, la *dermatite végétante de l'espace interdigité* — la *dermatite verruqueuse* ou *fic* — est caractérisée, au début, par une phlegmasie du tégument interunguéal, lequel est hyperémié, épaissi, un peu endolori et plus ou moins saillant en avant des onglons (Girard). Plus tard, la phlegmasie persistant à l'état chronique, la peau malade se couvre de végétations rougeâtres, verruqueuses, renflées à leur sommet, disposées en touffes et produites par l'hypertrophie de sa couche papillaire. Habituellement l'affection est localisée aux pieds de derrière, quelquefois à un seul ; mais on la rencontre aussi aux membres antérieurs. Elle paraît résulter de l'action irritante exercée sur le tégument des doigts par le purin, la boue froide ou les rosées de printemps. Elle ne se développe toutefois que sur certains sujets prédisposés.

A sa période initiale, cette dermatite donne lieu à une boiterie qui disparaît au bout de quelque temps, pour se reproduire lorsque les végétations ont acquis un certain volume et gênent les mouvements des onglons. Par la marche, il arrive que ces végétations s'enflamment, s'ulcèrent ; alors des complications infectieuses sont possibles. Une fois les fics développés, la guérison spontanée n'est plus à espérer.

Le vieux traitement qui consistait à détruire les végétations par les caustiques liquides était long et pas toujours innocent. Ainsi que l'a indiqué

Girard, il faut exciser les végétations et en cautériser la base : L'animal
assujetti au travail ou en position décubitale, on fait écarter les onglons par
un aide, on coupe les fics avec des ciseaux ou un bistouri, ensuite on en
cautérise la base avec le fer rouge ou une poudre caustique. Chez nombre
d'animaux, surtout lorsque l'affection est ancienne, pour obtenir la guérison
complète, il est nécessaire de répéter plusieurs fois la cautérisation.

Le *crapaud* et les *eaux aux jambes* sont à peine signalés chez les bovidés. —
Au cas où l'on aurait à intervenir pour l'une de ces affections, il n'y aurait
qu'à s'inspirer de ce qui a été dit au sujet de leur traitement chez le cheval.

IV. — **Furoncle interdigité. Panaris**.

Le *furoncle interdigité* — la « *limace* », le *panaris* — est une affection inflammatoire des tissus de l'espace interdigité, parfois localisée à la peau,
mais susceptible de se propager au ligament interdigité inférieur, aux tendons et à leurs gaines, aux articulations, et entraînant parfois le sphacèle
du pied. Dans la plupart des cas, il est causé par un corps vulnérant qui
s'introduit entre les onglons et meurtrit la peau de cette région. Lorsque
les animaux marchent sur des voies desséchées, irrégulières, ou sur un sol
hérissé de chaumes, on peut en observer des cas multiples. L'infection,
facilement produite par le fumier et le purin, explique la gravité des complications.

Cette affection s'annonce par une boiterie plus ou moins intense. A l'examen du pied, le tégument de la région interdigitée apparait enflammé, quelquefois fort tuméfié. Si la résolution ne survient pas au bout de trois ou
quatre jours, la peau se sphacèle. Alors la marche et la terminaison sont
variables : tantôt la plaie laissée par la chute du bourbillon se cicatrise rapidement; tantôt elle se complique de nécrose du ligament interdigité, des
tendons, ou d'arthrite du pied.

Quand le mal est récent, il faut, par l'immersion du pied dans un bain
antiseptique chaud (solution d'acide phénique, de crésyl à 3 p. 100, ou de
sulfate de cuivre à 4-5 p. 100), désinfecter la surface enflammée, ensuite
envelopper l'extrémité de compresses trempées dans l'une de ces solutions.

Au bout de quelques jours, souvent la boiterie a diminué : le mal est en
voie de guérison. A-t-elle augmenté? c'est un signe que des complications
sont survenues. Si l'on constate de la fluctuation, il faut ponctionner, déter-
ger la cavité et appliquer un pansement humide. C'est encore par les antiseptiques que l'on traitera les nécroses limitées des tissus tendineux et ligamenteux. — Mais lorsque les désordres sont trop graves — dans les cas de
sphacèle diffus ou d'arthrite, — si l'on veut conserver le blessé, on doit
pratiquer l'*ablation de l'onglon*.

V. — **Mal de pied contagieux**.

Les *vésicules aphteuses* développées dans l'espace interdigité ou sur la couronne sont plus petites et moins régulières que celles de la muqueuse buc-
cale. La zone malade est chaude, tuméfiée, douloureuse à l'exploration.
L'animal reste longtemps couché; pendant la station, il demeure immobile,
les quatre membres rassemblés sous le tronc. L'appétit est diminué, la rumi-
nation irrégulière, la fièvre plus ou moins vive. — Une fois ouverts, les
aphtes sont facilement infectés par la litière. Parfois l'inflammation devient
phlegmoneuse : du pus se forme sous le tégument, décolle le bourrelet et
peut provoquer du sphacèle de la peau ainsi que des tissus sous-jacents.

On doit veiller à la propreté de la litière, laver l'espace interdigité et la couronne avec un liquide désinfectant ou les recouvrir soit d'un pansement, soit de vaseline ou de goudron phéniqués. Les décollements du bourrelet, surtout lorsqu'ils sont accompagnés de gangrène, nécessitent l'ablation de la corne décollée et l'enveloppement humide antiseptique. La nécrose des tissus fibreux sera aussi traitée par les désinfectants (bains et pansements). Dans les cas graves, il faut recourir à l'ablation des parties mortifiées.

Le *mal de pied contagieux*, qui paraît causé par un microbe spécifique (*bacillus necrophorus* de Pflügge) est une affection enzootique — une *enzootie d'étable* — dont la durée d'incubation varie de six à dix jours. Elle s'accuse d'abord par les manifestations d'une dermatite superficielle localisée au tégument de la région digitée. Parfois le processus provoque la gangrène de la peau affectée ; il peut même s'étendre aux autres organes du pied. Les plaies qui en résultent ont l'aspect ulcéreux.

La prophylaxie comprend l'isolement des malades, la désinfection de l'étable et son entretien en parfait état de propreté. Les bœufs de provenance suspecte seront isolés et observés pendant deux semaines, avant d'être admis dans l'étable saine. — Désinfecter les plaies avec la solution phéniquée forte ou la teinture d'iode et les recouvrir d'un pansement : telles sont les deux principales indications du traitement curatif.

VI. — Déformation des onglons.

Les principales déformations des onglons chez les bovidés sont produites par la *fourbure chronique* ou par la *stabulation permanente*. — Les onglons déformés par la fourbure ont la paroi cerclée, la sole bombée et très mince. Sous l'influence de la stabulation très prolongée, les onglons s'accroissent, leur pointe se relève et se contourne en dedans ou en dehors, l'angle pariéto-solaire s'arrondit, s'efface de plus en plus, et la face plantaire du pied se bombe. — Lorsque ces déformations sont très accusées, les pieds s'endolorissent, les animaux boitent, et à l'écurie ils piétinent sans cesse ou restent couchés.

On raccourcit avec la scie ou le rogne-pied les onglons anormalement développés, on aplanit la sole avec la râpe et la rénette, et l'on enduit de goudron la corne des pieds affectés. — Les déformations causées par la fourbure peuvent disparaître à la longue. Pour elles, il importe d'agir avec prudence.

Ablation du doigt.

Elle peut se faire par *désarticulation* ou par *section* de la première phalange. Que l'on effectue l'une ou l'autre de ces opérations, il faut d'abord coucher le patient, fixer le membre en position convenable, appliquer sur le canon une ligature hémostatique, puis préparer la région digitée par la section des poils, la désinfection des onglons et du tégument. Si les lésions sont localisées aux tissus sous-ongulés, on pratiquera de préférence la *désarticulation de la phalangette* ou *de l'onglon*. (Harms, Möller, Eggeling, Pfeiffer.)

Cette désarticulation peut se faire suivant deux procédés. Dans le premier, on creuse à 2 ou 3 centimètres du bourrelet une rainure sur le côté externe de l'onglon, et une autre en arrière ; au fond de ces rainures, on incise la pellicule cornée conservée et le tégument sous-jacent, puis on désarticule en sectionnant successivement le ligament latéral externe, le tendon extenseur, le ligament latéral interne, le perforant et le coussinet plantaire. On

enlève ainsi la phalange et l'os naviculaire. Très généralement celui-ci peut
être épargné, et il est avantageux de conserver le talon pour obtenir, avec la
guérison plus rapide, un résultat plus complet. Aussi doit-on accorder la préférence au second procédé. En voici la technique :

Faites sur la partie supérieure de la face externe de l'onglon un amincissement à pellicule, qui découvre la ligne de l'articulation (*fig.* 582). La pulpe
de l'index appliquée sur la corne amincie, il suffit de faire exécuter quelques

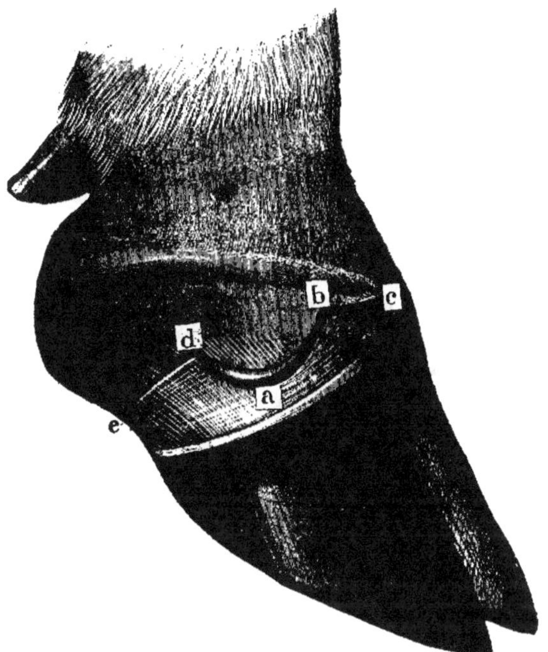

Fig. 582. — Désarticulation de la phalangette. — *a*, *b*, *c*, incision antérieure ;
a, *d*, *e*, incision postérieure.

mouvements à l'onglon pour percevoir la jointure ; celle-ci est située à
2-3 centimètres au-dessous du bourrelet. Là, faites avec la feuille de sauge
une brève incision courbe, à concavité supérieure, et ouvrez l'articulation (*a*, *fig.* 582). Engagez-y la pointe de l'instrument, la concavité de celui-ci
tournée vers la couronne et son tranchant en avant ; puis, l'onglon porté
dans une direction qui favorise les manœuvres, prolongez l'incision en avant,
en suivant le bord de la phalange jusqu'au sommet de cet os (*abc*) : vous sectionnez ainsi la mince couche de corne conservée, le podophylle, le ligament
latéral externe et la synoviale ; prolongez de même l'incision en arrière et
en haut, jusqu'à l'os naviculaire (*ad*). Désarticulez celui-ci de la phalange
en implantant la feuille de sauge entre eux, et, par une incision rectiligne (*de*),
détachez l'onglon en arrière. Divisez enfin, d'avant en arrière, le tendon
extenseur, le fort ligament latéral interne et la paroi correspondante de l'on-

glon (*fig.* 583). S'il reste des lambeaux de tissus mortifiés, faites-en l'excision et ruginez, avec la rénette ou la curette tranchante, la face inférieure de l'os coronaire. Après ligature des vaisseaux qui peuvent être pincés, désinfectez la plaie et recouvrez-la d'un pansement antiseptique maintenu par une

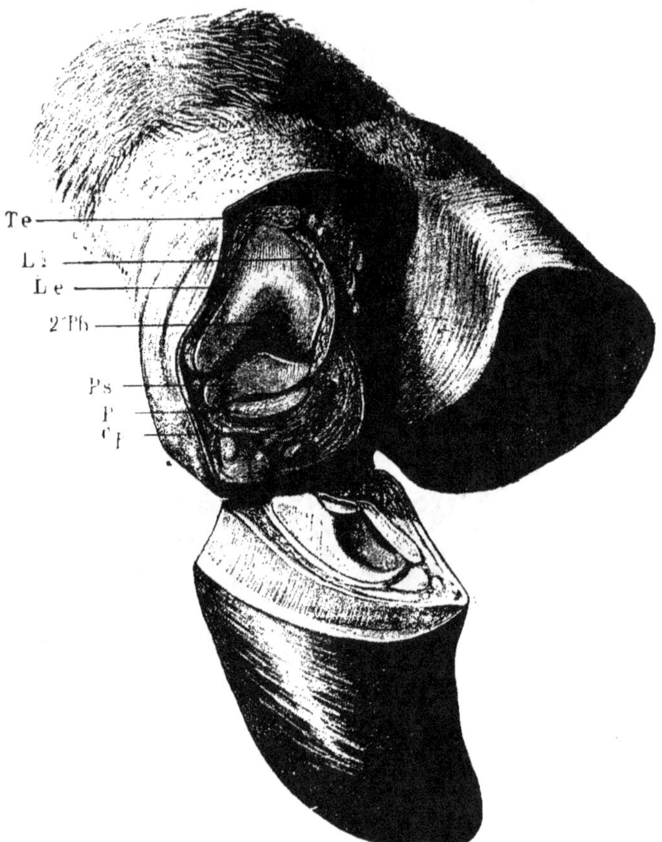

Fig. 583. — Désarticulation de la phalangette. — *2ᵉ Ph*, deuxième phalange ; *Ps*, petit sésamoïde ; *Le*, ligament externe ; *Li*, ligament interne ; *Te*, tendon de l'extenseur commun des doigts ; *P*, perforant ; *Cp*, coussinet plantaire.

chaussure de toile ou de cuir. Il suffit de renouveler ce pansement tous les 10-15 jours.

En général, au bout de six semaines la plaie est cicatrisée, et le moignon déjà recouvert de corne. Alors la marche est encore irrégulière, mais ordinairement la claudication disparaît dans le courant du troisième mois. La figure 584, que nous empruntons à Harms, montre l'état du pied deux mois après l'opération.

Dans plusieurs cas où les lésions étaient limitées à la troisième phalange et à la membrane tégumentaire qui la recouvre, Van Leeuwen a désarticulé la phalangette en conservant la plus grande partie de l'onglon. Après avoir pratiqué une brèche à celui-ci par l'ablation d'un lambeau de paroi, il détache la phalange, sur ses faces latérales et à sa pointe, avec une feuille de sauge à lame étroite. A l'aide de solides pinces, il exerce des tractions sur l'os et achève de le détacher en divisant les liens articulaires. On applique

Fig. 584. — Désarticulation de la phalangette. État du moignon au bout de deux mois.

ensuite un pansement antiseptique. — Ordinairement la plaie est cicatrisée au bout d'un mois.

Lors de *nécrose de la deuxième phalange* ou d'*arthrite suppurée de la première jointure interphalangienne*, on ampute au tiers inférieur de la première phalange. Le sujet fixé comme précédemment, on incise le tégument au-dessus de la couronne, on en dissèque la lèvre supérieure, de manière à préparer une « manchette »; après section des tendons, on coupe la première phalange avec la scie. La plaie nettoyée, on suture le lambeau cutané rabattu sur le moignon, puis on applique un pansement antiseptique que l'on renouvelle tous les 8-10 jours.

Quel que soit le procédé usité, l'amputation du doigt est une opération facile, et la mutilation ainsi produite ne cause que peu de gêne à l'animal.

III. — AFFECTIONS DU PIED CHEZ LE MOUTON, LA CHÈVRE ET LE PORC.

Rare chez le mouton, la *fourbure* a pour causes prédisposantes la pléthore, une nourriture abondante ou très alibile (fourrages artificiels, grains) et le repos prolongé. Elle apparaît ordinairement à la suite d'une marche fatigante, sur des animaux longtemps tenus en stabulation.

Une boiterie plus ou moins forte, la difficulté de l'appui, le piétinement, la température augmentée et l'endolorissement du pied : tels en sont les principaux symptômes. — Dans la majorité des cas, elle se termine par la résolution ; quelquefois elle entraîne le décollement de l'onglon.

On la combat par la saignée, les bains froids, un régime rafraîchissant et l'administration de purgatifs légers ou de diurétiques. S'il y a détachement partiel de l'onglon, on doit enlever la partie décollée, puis appliquer un pansement antiseptique.

Le *furoncle interdigité* peut être déterminé par toutes les actions traumatiques qui s'exercent sur le tégument de l'espace interunguéal. Il s'accuse par une forte boiterie, une tuméfaction surtout accusée au niveau des couronnes, par de la rougeur, de l'hyperthermie locale et une vive sensibilité. Toujours la fièvre est vive; souvent le malade reste couché. Si l'affection est négligée, un îlot de peau se mortifie, dont l'élimination laisse une plaie qui tantôt se cicatrise rapidement, tantôt est compliquée de nécrose des tendons, de carie, et, en certains cas, d'arthrite.

Pour le furoncle récent, il faut recourir aux bains et aux compresses antiseptiques chaudes. S'il y a mortification de la peau, ces moyens sont encore les meilleurs pour hâter la disjonction de l'escarre; on applique ensuite des pansements avec la solution de sulfate de cuivre. — Lorsque l'arthrite existe sur un sujet de prix, on pourrait pratiquer l'amputation du doigt.

Le *fourchet du mouton* et *de la chèvre* — l'*inflammation du canal biflexe* — est une affection relativement rare, longtemps confondue avec le piétin ou le furoncle interdigité. Rappelons que le canal biflexe, dont le fond est terminé en cul-de-sac, s'ouvre de chaque côté de la ligne médiane du doigt, sous une touffe de poils, en avant et à 15 millimètres environ au-dessus de l'espace interdigité. Surtout commun pendant les temps chauds, le fourchet est causé par l'action irritante directe qu'exercent, sur la paroi du canal, la boue, le fumier, les graviers et autres corps étrangers. Quelquefois il est secondaire, consécutif à d'autres processus inflammatoires de l'extrémité digitée.

A première vue, les symptômes sont à peu près ceux du furoncle interdigité. Mais par une légère pression exercée sur le fond de l'interstice, on fait sourdre du canal biflexe une matière grasse, d'odeur fétide. A l'entrée du conduit, le tégument est enflammé, quelquefois gangrené, et un sillon disjoncteur se creuse autour du bourbillon. Alors les douleurs sont vives, le malade conserve la position décubitale ou se traîne péniblement; souvent il progresse sur les genoux lorsque les deux pieds antérieurs sont atteints. — Les complications sont celles de l'inflammation ulcérative de la peau de cette région.

Le fourchet doit être traité par les bains et les compresses antiseptiques. Lorsque le sinus biflexe est violemment enflammé, le débridement peut être nécessaire. Pour les complications, on interviendra comme il a été dit à propos du *furoncle interdigité*.

Affection spéciale au mouton et à la chèvre, le *piétin* (*mal de pied, pied pourri, crapaud*) ne sévit guère que dans les bergeries basses, humides, où séjourne le purin. Il semble provoqué par un agent infectieux qui pullule dans les litières ou les fumiers. Après l'introduction de quelques malades dans une bergerie, maintes fois on l'a vu s'étendre à tout le troupeau.

Avec une boiterie plus ou moins accusée, on observe un décollement de la corne au biseau interne de l'onglon, ordinairement vers le milieu, quelquefois en talon, plus rarement en avant. La membrane tégumentaire mise à nu est recouverte d'un exsudat blanchâtre. Au bout de quelque temps, le tissu podophylleux s'ulcère, la boiterie devient intense, les animaux marchent à trois membres. Plus tard l'onglon est déformé et très long, par suite de la cessation de l'usure. La nécrose des ligaments et l'arthrite suppurée sont les principales complications.

Dès que le piétin est constaté, il faut isoler les malades, désinfecter la bergerie et disposer, à l'entrée de celle-ci, un petit gué contenant une solution antiseptique (eau de chaux, solutions de sulfate de cuivre ou de crésyl à 2 p. 100), dans lequel les animaux sont obligés de passer en entrant dans le local et en le quittant. Les boiteux seront maintenus sur une litière propre et sèche ; on évitera de les conduire sur des terrains humides.

Pour les sujets gravement atteints, les bains sont insuffisants. Il faut enlever la corne décollée et agir sur la membrane tégumentaire par des applications antiseptiques ou légèrement caustiques. Girard recommandait les solutions de sulfate de cuivre ou l'onguent égyptiac. Le traitement de Morel de Vindé consistait à toucher les parties malades avec un pinceau imprégné d'acide nitrique. Mais on doit craindre l'action trop intense des caustiques, et employer de préférence les solutions antiseptiques fortes ou la teinture d'iode.

Chez le PORC, l'*aggravée* — la *sole usée*, la *foulure* — est particulièrement observée à la suite de marches prolongées sur des voies empierrées, raboteuses ; elle est le résultat des frottements de l'ongle contre les inégalités du terrain.

On lui reconnaît plusieurs degrés. Dans le premier, la sole fléchit sous la pression du doigt et l'animal accuse de la douleur ; l'appétit est conservé ; il n'y a pas de fièvre. — Dans le second, les pieds sont chauds, fort douloureux ; les malades se couchent dès qu'on les laisse s'arrêter ; il y a une certaine réaction fébrile, l'appétit est diminué, la soif vive. — Le troisième est caractérisé par une phlegmasie intense des tissus sous-ongulés, de la peau de la couronne et de l'espace interdigité. Souvent une exsudation sous-cornée abondante survient, qui détermine le décollement et quelquefois la chute de l'ongle.

Laisser les malades au repos et leur donner des boissons rafraîchissantes ; combattre les phénomènes phlegmasiques par les bains froids ou les cataplasmes astringents ; administrer à l'intérieur des purgatifs légers : telles sont les principales indications. S'il y a décollement partiel d'un onglon, il faut enlever la corne détachée et appliquer un pansement.

Le *furoncle interdigité* a pour principales causes la malpropreté des locaux dans lesquels sont entretenus les animaux, et l'action prolongée du fumier ou celle de corps durs qui s'introduisent dans l'interstice, irritent ou meurtrissent la peau de cette région.

Comme chez les autres bisulques, il s'exprime par une claudication, par une tuméfaction du tégument de l'espace interdigité, bientôt étendue aux deux couronnes et accompagnée d'une réaction fébrile assez accusée. Le tégument est rouge foncé, noirâtre ; parfois il se mortifie. Autour de l'îlot sphacélé, un sillon disjoncteur se creuse, d'où s'écoule un pus visqueux, fétide, jaunâtre ou sanguinolent. La chute de l'escarre laisse une plaie simple qui se cicatrise par granulation, ou une plaie fistuleuse compliquée de nécrose du ligament interdigité.

Au début, on emploiera les compresses antiseptiques. Après élimination du tégument mortifié, on pansera la plaie à l'eau phéniquée ou à la teinture d'aloès. Si les tissus sous-cutanés sont atteints de nécrose, on aura recours aux escarrotiques ou aux pansements à la teinture d'iode.

IV. — AFFECTIONS DU PIED CHEZ LE CHIEN ET LE CHAT.

Les *coupures* et les *piqûres* sont déterminées par les différents corps vulnérants disséminés sur les chaussées et sur le sol des habitations. Elles sont de gravité très variable suivant leur profondeur, leur étendue, selon que le corps vulnérant est resté ou non dans la plaie. En général, elles guérissent facilement, après avoir donné lieu, pendant quelques jours, à une boiterie plus ou moins forte. On en favorise la cicatrisation par des lotions antiseptiques, et en les recouvrant d'un corps protecteur qui empêche les poussières irritantes d'arriver à leur contact. On peut aussi les saupoudrer d'iodoforme ou les recouvrir de compresses phéniquées maintenues par une pièce de toile. — Si la plaie est ancienne, si surtout elle occupe l'un des tubercules plantaires, souvent

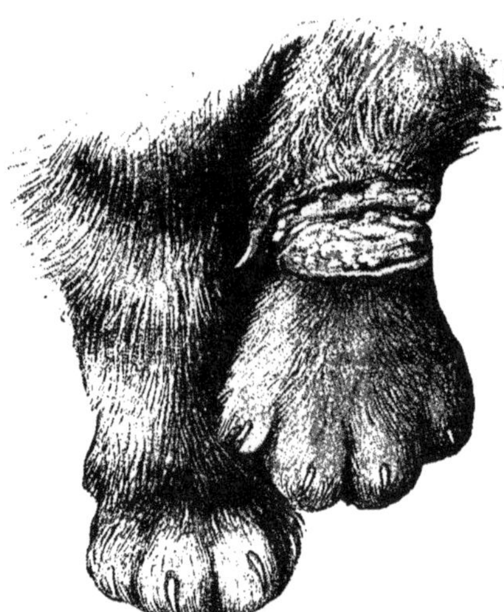

Fig. 585 et 586. — Plaies produites par des liens élastiques (chien et chat).

elle est devenue calleuse : il faut en amincir le revêtement corné, en aviver les bords au bistouri, puis la recouvrir d'un pansement.

Chez le chien et le chat, on voit de temps à autre des *sections circulaires* de la peau et des tissus sous-cutanés avec tuméfaction œdémateuse de l'extrémité, provoquées par des fils de caoutchouc. Tantôt la ligature est faite par malveillance ; tantôt c'est en jouant avec l'animal qu'un enfant lui glisse sur la patte une anse élastique et oublie de la retirer. — Nous avons vu un chat sur lequel un très fin bracelet de ce genre, appliqué vers le milieu du métacarpe, avait coupé le tégument et la presque totalité de la couche que forment, en cette région, les organes sous-cutanés (*fig.* 586). Masqué par le bourgeonnement des bords de la plaie, le fil ne pouvait être aperçu qu'en explorant la partie profonde de celle-ci. — La figure 585 représente une plaie faite par un fil de caoutchouc dont la présence dans les tissus sous-cutanés ne fut reconnue qu'au bout de deux mois. — Les liens circulaires non élastiques — anse de ficelle ou collet — causent des troubles analogues, mais leur action constrictive s'affaiblit vite et s'épuise.

Dans les *écrasements*, souvent les tissus sont déchirés, profondément meurtris, et les os fracturés. On doit faire plaie nette, exciser les lambeaux condamnés à la gangrène, extraire les esquilles, couper les poils loin autour de la plaie, immerger l'extrémité pendant vingt minutes à une demi-heure dans une solution antiseptique légère à 40°-50° et la recouvrir d'un pansement ouaté, que l'on renouvelle toutes les vingt-quatre heures ou chaque deux jours. Au cas seulement où une partie du membre est complètement mortifiée, on pratiquera l'amputation. — On rencontre quelquefois au pied du chien des *plaies fistuleuses* entretenues par des décollements qui accompagnent la dermatite phlegmoneuse, par la nécrose d'un tendon ou d'un os. Le traitement consiste à les débrider dans le sens des phalanges, et à faire dans les trajets des injections antiseptiques ou escarrotiques : eau phéniquée, crésylée ou chlorure de zinc à 4-5 p. 100, teinture d'iode ou liqueur de Villate. Les bains antiseptiques donnent aussi d'excellents résultats.

Les *brûlures* sont produites par le feu, par des liquides bouillants, par quelque corps métallique chaud sur lequel l'animal a posé le pied. — Leur gravité varie avec l'étendue et la profondeur des lésions. Le traitement est celui des brûlures des autres régions.

Sous le nom d'*aggravée*, on désigne l'inflammation des tubercules élastiques qui garnissent la face inférieure des doigts. On l'observe chez les chiens qui ont fait de longues courses sur un sol dur, pierreux, qui ont chassé longtemps dans les champs labourés ou sur un sol hérissé de chaumes desséchés. Les chiens y sont surtout exposés pendant l'été, quand le soleil est ardent et le sol échauffé. Le contact incessant des tubercules plantaires avec les irrégularités du terrain et les corps durs répandus à sa surface finit par les enflammer: l'aggravée est constituée; par la répétition de la cause qui lui a donné naissance, elle persiste en augmentant d'intensité.

Au début, l'appui est hésitant, douloureux. Tant que l'animal chasse, il ne paraît pas trop gêné, mais dès qu'il est arrêté il manifeste des signes de douleur; souvent il se couche, et, redoutant l'appui, reste étendu sur le sol. A l'examen du pied, on trouve les tubercules plantaires tuméfiés, chauds, endoloris; la palpation et les pressions provoquent des plaintes ou des menaces.

Le traitement consiste à envelopper le pied de compresses trempées dans une solution froide, astringente (alun à 3-4 p. 100, eau blanche) ou antiseptique (crésyl à 2 p. 100), additionnée de laudanum si les souffrances sont vives.

L'*arrachement violent de l'ongle* est quelquefois constaté chez le chien. Partiel ou complet, c'est un accident très douloureux, donnant lieu à une forte boiterie. — Si le décollement est peu étendu, l'ongle peut recouvrer ses adhérences; dans le cas contraire, mieux vaut l'extirper. Quand la phalange est blessée, on fait la désarticulation et l'on enveloppe l'extrémité d'un pansement antiseptique.

L'*inflammation de la matrice de l'ongle* — l'onyxis, l'ongle incarné — est fréquente chez le chien. Aiguë ou chronique, elle affecte plus spécialement soit le bourrelet unguéal, soit le lit de l'ongle. — Les contusions, les plaies, l'eczéma interdigité sont les causes occasionnelles ordinaires de cette affection. Avec la boiterie, on observe une tuméfaction douloureuse du bourrelet. Parfois celui-ci est le siège de petits abcès ou de plaies ulcéreuses.

Au début, on utilisera les bains et les pansements antiseptiques (solution de crésyl à 2 p. 100). Les ulcères du bourrelet sont traités par des applications de teinture d'iode ou par le curettage et l'emmaillotement. En cas de lésions anciennes et tenaces, on prescrira un traitement interne (bicarbonate de soude et liqueur de Fowler). Dans quelques cas, on doit arracher l'ongle ou amputer la troisième phalange.

Chez le chien et le chat, les ongles supplémentaires ne s'usent pas ; ils peuvent s'incurver, atteindre le coussinet qui leur sert de base et le pénétrer en y déterminant une plaie ulcéreuse. — On doit raccourcir périodiquement l'ongle ou exciser l'onglon supplémentaire.

Les *tumeurs* sont plus fréquentes que dans les autres espèces. Ordinairement il s'agit de *papillomes*, de *fibromes* ou d'*épithéliomes*. Pour ces derniers, à moins d'intervenir tout au début, le plus souvent l'amputation est nécessaire.

Amputation. — Désarticulation.

L'*amputation* et la *désarticulation* sont quelquefois pratiquées chez le chien dans les cas de tumeur maligne de l'extrémité, d'écrasement ou de fracture compliqués de gangrène.

L'antisepsie en a réduit les indications. Traités par la balnéation et les pansements ouatés, nombre de traumas qui, à première vue, menacent d'entraîner une mortification étendue, guérissent en ne laissant qu'une mutilation sans importance. Et si les tissus se sphacèlent, par l'enveloppement humide du membre on peut attendre la disjonction du mort et du vif ; d'un trait de scie on achève l'œuvre de la nature.

Que l'on ampute ou que l'on désarticule, la région où l'on va opérer doit être préparée : poils coupés, peau rasée et soigneusement désinfectée. Au cas où les tissus malades sont fortement hyperémiés, il est avantageux de faire l'esmarchisation (V. t. I, p. 79). Une ligature hémostatique sera appliquée sur la partie supérieure du membre. — Après avoir anesthésié le patient, on coupera le tégument et les parties molles sous-jacentes avec le bistouri, de manière à conserver une manchette de peau ou des lambeaux permettant de recouvrir l'extrémité osseuse. Les artères et les grosses veines seront pincées et liées au catgut ou à la soie. Si un tronc nerveux est en saillie sur le moignon, on le tirera légèrement avec des pinces et l'on en excisera une courte portion. — Le lien hémostatique enlevé, on touchera la plaie avec la solution phéniquée forte, ensuite on l'irriguera, ainsi que ses environs, avec un liquide antiseptique ; on la saupoudrera d'iodoforme, on rabattra la manchette ou les lambeaux et l'on suturera sur un drain ou une étroite mèche de gaze. On appliquera ensuite un pansement ouaté, relié, s'il est besoin, à un bandage de corps.

Pour l'*amputation*, on a le choix entre la *méthode circulaire* et la *méthode à deux lambeaux*. — Dans la première, on fait à la peau, en un ou deux temps, une incision circulaire un peu au-dessous du point où l'os doit être coupé ; une légère traction exercée par un aide sur le lambeau supérieur et vers la racine du membre dégage l'aponévrose ; s'il est nécessaire, pour favoriser la rétraction du tégument, avec la pointe du bistouri on le détache du fascia aponévrotique. A 2-3 centimètres du point où a été faite l'incision cutanée et au ras du tégument rétracté, on sectionne circulairement l'aponévrose et les tissus sous-jacents jusqu'à l'os ; l'aide les remonte légèrement à l'aide d'une compresse appliquée sur la surface de section, et l'os est divisé à la scie (*fig.* 587). — Pour l'amputation aux régions dont le squelette est formé par deux os (avant-bras, jambe), avant de couper ceux-ci on sectionnera les parties molles intermédiaires.

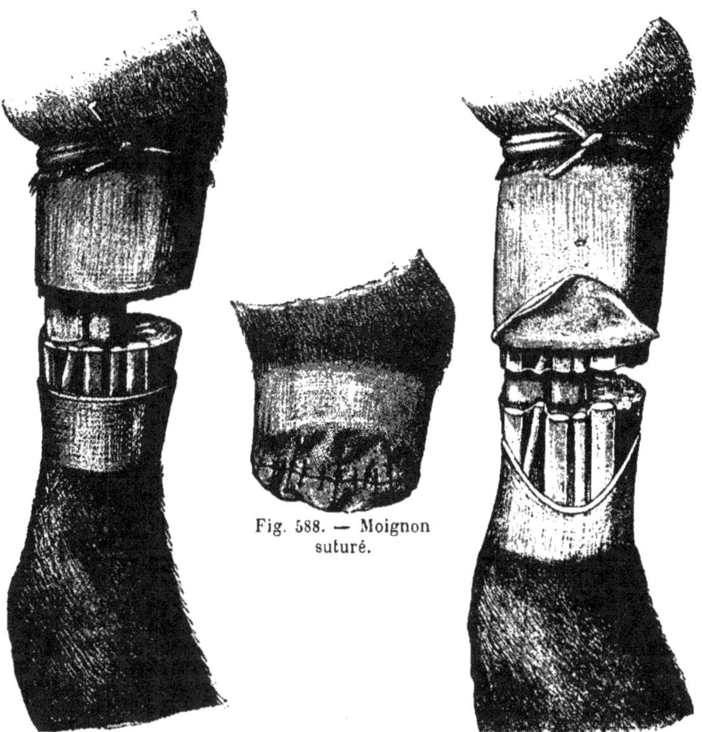

Fig. 588. — Moignon suturé.

Fig. 587. — Amputation circulaire.

Fig. 589. — Amputation à deux lambeaux.

Dans l'autre méthode, on fait *deux lambeaux* latéraux, ou l'un antérieur et l'autre postérieur, portant sur la peau et les muscles ; ensuite, ces lambeaux relevés, on scie l'os au niveau de leur base. On peut aussi tailler deux lambeaux cutanés, les renverser, et, comme dans le premier procédé, couper circulairement les muscles, puis scier l'os (*fig.* 589).

Pour la *désarticulation*, on coupe la peau circulairement ou l'on y taille deux lambeaux ; on divise sur la ligne de la jointure les parties molles qui le recouvrent ; puis, l'article mis dans l'attitude favorable, on sectionne successivement les divers ligaments entre leurs points d'attache, soit sur l'interligne, soit à côté.

Quand l'ablation est limitée à l'un des doigts, on peut aussi faire la désarticulation ou l'amputation. En ce dernier cas, l'os est divisé avec un sécateur.

V. — AFFECTIONS DE LA PATTE CHEZ LES OISEAUX.

Chez les sujets des espèces aviaires domestiques, la patte est sujette à des affections de nature diverse. — Les *piqûres* et les *coupures* qui n'intéressent que les parties molles guérissent en peu de jours; si elles atteignent les os ou les jointures, elles peuvent se compliquer d'ostéite et d'exostose ou d'ar-

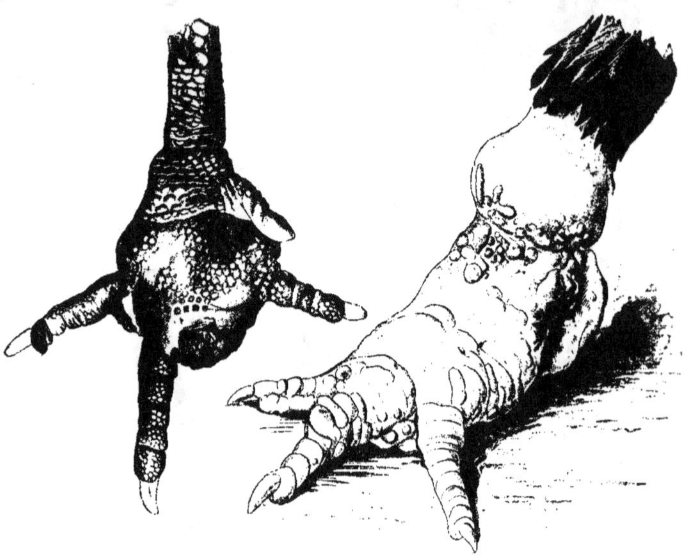

Fig. 590. — Nécrose du coussinet plantaire.

Fig. 591. — Gale de la patte (poule).

thrite. — Les *crevasses* se rencontrent particulièrement sur les oiseaux entretenus dans des volières dont le sol est dur, raboteux ou caillouteux. — On favorise la guérison en isolant le blessé dans un local à sol meuble ou gazonné et en recouvrant les plaies de vaseline boriquée ou de goudron.

Chez les oiseaux de basse-cour, on observe assez communément une affection de la région plantaire, caractérisée, au début, par la tuméfaction du coussinet élastique qui double la peau à la face inférieure de la patte. Le plus souvent, au centre de la partie tuméfiée apparaît une tache grisâtre ou noirâtre, simulant un corps étranger fixé dans les tissus : c'est un îlot de nécrose (*fig.* 590). Au-dessous, on trouve quelquefois un kyste ou un foyer caséeux. Cette affection, qui sévit d'ordinaire en même temps sur plusieurs sujets, paraît causer une assez vive douleur; elle rend la marche très difficile ou même impossible. Mégnin, qui l'a décrite sous le nom de *bleime du pied des oiseaux*, la croit contagieuse, déterminée par un microbe. Sur deux sujets provenant d'une basse-cour où sévissait la tuberculose, nous avons trouvé le bacille de Koch dans les tissus altérés.

Le mal est habituellement traité par l'incision, le curettage de la poche et les pansements iodoformés. L'ablation totale, quand les lésions ne s'étendent pas trop profondément, est un moyen plus sûr.

La *gale des pattes*, causée par le *sarcoptes mutans*, est caractérisée par la formation de croûtes grisâtres ou blanchâtres, dures, irrégulières, qui remontent plus ou moins haut sur le tarse et donnent aux extrémités un aspect qui révèle la nature du mal. Parfois les pattes, couvertes d'écailles épaisses, ont un volume énorme (*fig.* 591). — Pour obtenir la guérison, il suffit de ramollir les croûtes à l'eau tiède, de les détacher sans faire saigner, puis de recouvrir le tégument enflammé d'une préparation antipsorique quelconque : pommade soufrée, naphtolée ou crésylée. — On doit isoler les malades et désinfecter la volière.

Dans certaines espèces, notamment chez les gallinacés, les pattes peuvent être le siège de déterminations du rhumatisme ou de l'affection que Larcher et Mégnin ont décrite sous le nom de *goutte*. Localisés le plus souvent aux articulations tibio-tarsiennes et métatarso-phalangiennes, ces accidents s'accusent d'abord par des troubles de la locomotion. Les oiseaux malades ne peuvent plus se tenir longtemps debout ; leur démarche est gênée, claudicante. Au bout d'un temps plus ou moins long, les articulations se tuméfient, particulièrement sur les côtés : elles présentent de petites tumeurs douloureuses à la pression, molles au début, mais qui se densifient bientôt et peuvent acquérir une dureté osseuse. Mégnin y a trouvé tantôt du pus plus ou moins consistant (rhumatisme aigu), tantôt du pus concret, jaunâtre, feuilleté (rhumatisme chronique), tantôt des urates alcalins (goutte). On a parlé de l'ulcération de ces tumeurs, de leur transformation en plaies bourgeonneuses, saignantes, dont le fond serait constitué par une matière jaunâtre, feuilletée, ou blanchâtre, granuleuse ; les tendons seraient ramollis, partiellement détruits, les articulations ouvertes, les os nécrosés. Mais quand les lésions offrent cette gravité, elles n'appartiennent plus ni au rhumatisme, ni à la goutte ; elles relèvent de la tuberculose.

Varier l'alimentation, donner de la verdure, additionner l'eau de boisson de 3 à 4 grammes de bicarbonate de soude par litre, faire sur les articulations malades des applications de teinture d'iode ou d'huile de laurier : tel est le traitement à conseiller.

Très fréquemment chez les psittacés, quelquefois aussi chez les sujets des autres espèces aviaires, on observe aux pattes et aux ailes des tumeurs tuberculeuses à centre caséeux ou crétacé, développées dans les tissus sous-cutanés, les synoviales tendineuses, les os, les articulations. Les signes cliniques sont en général insuffisants pour différencier ces lésions bacillaires de celles causées par le rhumatisme ou la goutte. Le diagnostic ne peut être établi avec certitude que par l'examen bactériologique.

Bibliographie. — I. Affections du pied du cheval. — I. Généralités. Inflammation de la membrane tégumentaire du pied. — Solleysel, *Le parfait maréchal.* Paris. 1664. — Gaspard de Saunier, *La parfaite connaissance des chevaux.* Paris, 1734. — Garsault, *Le nouveau parfait maréchal.* Paris, 1741. — De Laguérinière, *L'École de cavalerie.* Paris, 1751. — Lafosse, *Guide du maréchal.* Paris. 1768 ; *Cours d'hippiatrique,* 1772. — Vitet, *Médecine vétérinaire.* Lyon, 1783. —

Wolstein, *Krankheiten der Füllen*, 1787. — Girard, *Traité du pied*. Paris, 1813. — Vatel, *Pathologie vétérinaire*. Paris, 1828. — Delabère-Blaine, *The outlines of the veterinary Art*. London, 1826. — Brogniez, *Chirurgie vétérinaire*. Bruxelles, 1839. — Hering, *Specielle Pathologie u. Therapie für Thierärzte*. Stuttgart, 1842. — Bouley, *Recueil de méd. vét.*, 1844-56-58. — Hertwig, *Praktisches Handbuch der Chirurgie für Thierärzte*. Berlin, 1850. — Hayne, *Handbuch der Zoopathologie u. Therapie*. Wien, 1852. — Lafosse, *Traité de pathologie vétérinaire*, t. II. Toulouse, 1861. — Bouley et Reynal, d'Arboval et Zundel, *Dictionnaires vétérinaires*. — Williams, *The principles and practice of veterinary Surgery*. Edinburgh, 1879. — Peuch et Toussaint, *Précis de chirurgie vétérinaire*, 2e édit. Paris, 1887. — Vachetta, *La Chirurgia speciale degli animali domestici*. Pisa, 1880. — Rogerson, *The Veterinarian*, 1890. — Bayer, *Lehrbuch der Veterinär-Chirurgie*. Wien, 1890. — Möller, *Die Hufkrankheiten des Pferdes*. Berlin, 1890 ; *Lehrbuch der speciellen Chirurgie für Thierärzte*. Stuttgart, 1891. — Hoffmann, *Tierärztliche Chirurgie*. Stuttgart, 1891. — Liautard, *Manual of operative veterinary Surgery*. New-York, 1892. — Nöhr, *Maanedsskrift de Copenhague*, 1892. — Eberlein, *Monatshefte für prakt. Thierheilkunde*, 1896. — Lanzillotti-Buonsanti, *La Clinica vet.*, 1898. — Lisi, *Ibid.* — Mathis, *Journ. de méd. vét.*, 1898.

Cadiot, art. Pied du *Diction.* de Bouley et Reynal, t. XVII. — Pader, *Précis de Maréchalerie*. — Fröhner, *Allgemeine Chirurgie*, in *Handbuch der thierärztlichen Chirurgie*. Wien u. Leipzig. 1896. — Thary, *Maréchalerie* de l'Encyclopédie Cadéac. — Delpérier, *Le sabot du cheval et ses altérations unguéales*. Paris, 1898. — Eberlein, *Die Hufkrankheiten*, in *Handbuch der Chirurgie* von Bayer u. Fröhner. — Bournay et Sendrail, *Chirurgie du pied* de l'Encyclopédie Cadéac.

11. **Seimes**. — Prévost, *Recueil de méd. vét.*, 1825. — Coulbaux, *Ibid.*, 1827. — Renault, *Ibid.*, 1828. — Noirit, *Ibid.*, 1832. — Verrier et Véret, *Ibid.*, 1836. — Vatel, *Journal pratique de méd. vét.*, 1827. — Levrat, *Ibid.*, 1828. — Cheetham, *The Veterinarian*, 1834. — Carriol, *Journal des vét. du Midi*, 1838. — Coulom, *Ibid.*, 1840. — Röttger, *Gurlt u. Hertwig's Magazin*, 1841. — Renault, Bouley, Prud'homme, *Recueil de méd. vét.*, 1842. — Leblanc, *La Clinique vét.*, 1845. — Lenck, *Ibid.*, 1845. — Rey, *Journal de méd. vét.*, 1845-47. — Hendricx, *Annales de méd. vét.*, 1847. — Brianne, *Journal des vét. du Midi*, 1847. — Soumille, *Ibid.*, 1849. — André, *Journal de méd. vét.*, 1848. — Rey, *Journal de méd. vét.*, 1850. — Sempastour, *Bullet. de la Soc. cent. de méd. vét.*, 1850. — Bourdon, *Journal des vét. du Midi*, 1850. — Percivall, *The Veterinarian*, 1851. — Castandet, *Journal de méd. vét.*, 1852. — Rey, *Ibid.*, 1853. — Bouley, *Recueil de méd. vét.*, 1853. — Anker, *Die Fusskrankheiten der Pferde*, 1854. — Prangé, *Recueil de méd. vét.*, 1855. — Mayer, *Annales de méd. vét.*, 1855. — Lessona, *Giornale di Vet.*, 1855. — Haupt, *Gurlt u. Hertwig's Magazin*, 1855, an. in *Recueil de méd. vét.*, 1856. — Naudin, *Journal de méd. vét.*, 1857. — Serres, *Journal des vét. du Midi*, 1859. — Weber, *Recueil de méd. vét.*, 1860. — Vachette, *Ibid.*, 1861-63-64. — Lafosse, *Journal des vét. du Midi*, 1859-60. — Bugniet, *Ibid.*, 1861, et *Journal de méd. vét. milit.*, 1865. — Beury, *La Clinique vét.*, 1862. — Merche, *Journal de méd. vét. milit.*, 1862-63. — Bonnard, *Ibid.*, 1863. — Paté, *Ibid.*, 1865-66. — Wiard, *Ibid.*, 1867. — Rey, *Journ. de méd. vét.*, 1866. — Bonneau, *Journal des vét. du Midi*, 1867. — Barreau, *Journal de méd. vét. milit.*, 1867-68. — Servoles, *Ibid.*, 1868-69. — Germain, *Ibid.*, 1870-71. — Maury, *Ibid.*, 1870-71, et *Recueil de méd. vét.*, 1872. — Renner, *Gurlt u. Hertwig's Magazin*, 1871. — Trasbot, *Bullet. de la Soc. cent. de méd. vét.*, 1871, 1872 et 1874. — Bonnard, *Ibid.*, 1874. — Barrier, Monceau, Germain, Serres et Blaise, *Journal de méd. vét. milit.*, 1873-74-75-76. — Greaves, *The Veterinarian*, 1875, an. in *Annales de méd. vét.*, 1875. — Favé, *Archives vét.*, 1879, et *Journal de méd. vét.*, 1879. — Pritchard, *The vet. Journal*, 1879. — Degive, *Annales de méd. vét.*, 1879 et 1883. — Cousin, *Archives vét.*, 1883 ; *Recueil de méd. vét.*, 1883. — Collin, *Ibid.*, 1884. — Chuchu, *Bullet. de la Soc. cent. de méd. vét.*, 1887-88. — Andrieu, *Ibid.*, 1887. — Decroix, *Ibid.*, 1889. — Cagny, *Ibid.*, 1893. — Decroix et Touvé, *Ibid.*, 1890. — Trasbot et Pader, *Ibid.*, 1890. — Ricci, *Giornale di vet. milit.*, 1890. — James, *The Veterinarian*, 1891. — Pader, *Bull. de la Soc. cent. de méd. vét.*, 1890, et *Traité de maréchalerie*, 1892. —

STRAUBE, *Zeitschr. für Veterinärkunde*, 1893. — CHÉNIER, *Revue vet.*, 1895. — GIROTTI, *Il Moderno Zooiatro*, 1895, an. in *Journal de méd. vét.*, 1896. — FLOCARD, *Bullet. de la Soc. cent. de méd. vét.*, 1894. — DELHOSTE, *Ibid.*, 1896. — MASSONNAT, *Ibid.*, 1897. — LANZILLOTTI-BUONSANTI, *La Clinica vet.*, 1898. — FAMBACH, *Sächs. Jahresber.* 1899. — PEUCH, *Journ. de méd. vét.*, 1900. — TÖPPER, *Der Beschlagschmied*, 1900. — BRUNS, *Ibid.* — STREIBEL, *Schweizer Archiv*, 1901. — VENNERHOLM, *Tidsskrift de Stockholm*, 1901.

PEUCH et TOUSSAINT, *Précis de chirurgie vét.* — DELPÉRIER, *Le sabot du cheval et les altérations unguéales.* — PEUCH et LESBRE, *Précis du pied du cheval et de sa ferrure.*

III. **Kéraphyllocèle. Kéracèle.** — VATEL, *Recueil de méd. vét.*, 1828. — DARD, *Ibid.*, 1828. — COULOM, *Journ. des vét. du Midi*, 1841. — LEBLANC, *Bullet. de la Soc. cent.de méd. vét.*, 1855. — LONHIENNE, *Annales de méd. vét.*, 1870. — LAPÔTRE, *Bullet de la Soc. cent. de méd. vét.*, 1880. — DEGIVE, *Annales de méd. vét.*, 1881 et 1883. — FRÖHNER, *Deutsche Zeitschr. für Thiermed.*, 1885: *Monatshefte für Thierheilkunde*, 1897. — FRIIS, *Deutsche Zeitschr. für Thiermed.*, 1889. — FÖHRINGER, *Der Hufschmied*, 1890. — LUNGWITZ, *Ibid.*, 1899. — BOURSIER, *Bull. de la Soc. cent. de méd. vét.*, 1897. — PADER, *Ibid.*, 1898. — JOLY, *Ibid.*, 1899. — BOULEY, *Dictionnaire vét.*, t. XI.

IV. **Contusions. Écrasement.** — GIRARD, *Traité du pied.* — GOURDON, *Journal de méd. vét.*, 1847. — STANLEY, *The Veterinarian*, 1856, an. in *Annales de méd. vét.*, 1857. — BAUDELOCHE, *Recueil de méd. vét.*, 1886. — LAFOSSE, *Traité de Pathologie vétérinaire.*

V. **Exongulation.** — RABOUILLE, *Recueil de méd. vét.*, 1834. — QUESNEL, *Mém. de la Société vét. du Calvados*, 1831-32. — DELAGUETTE, *Journal théor. et prat. de méd. vét.*, 1833. — CHOPIN, *Recueil de méd. vét.*, 1834. — COLLEJO, *Bollettino de veterinaria*, 1854, an. in *Recueil de méd. vét.*, 1856. — STANLEY, *The Veterinarian*, 1856. — GILLMEYER, *Wochenschrift*, 1856. — CARTLEDGE, *The Veterinarian*, 1859. — NICOULEAU. *Journal des vét. du Midi*, 1862. — CAUVET, *Ibid.*, 1865. — KALNING, *Jahresbericht* von ELLENBERGER u. SCHÜTZ, 1883. — SLESAREWSKI. *Ibid.*, 1885. — PALAT, *Bullet. de la Soc. cent. de méd. vét.*, 1883. — BENJAMIN et REDON, *Ibid.*, 1891. — TRASBOT, *Ibid.*, 1893. — BAGAZZI, *La Clinica vet.*, 1892.

VI. **Traumatismes de la région plantaire. Clou de rue.** — LAFOSSE, *Dictionnaire d'hippiatrique.* — VATEL, *Journal pratique de méd. vét.*, 1827, et *Recueil de méd. vét.*, 1828. — BETTINGER, *Ibid.*, 1829. — CRÉPIN, *Journal de méd. vét. théorique et pratique*, 1831. — YOUATT, *The Veterinarian*, 1835. — SPOONER, *Ibid.*, 1836. — GARCIN, *Recueil de méd. vét.*, 1834. — RAINARD, *Ibid.*, 1836. — DELAFOND, *Ibid.*, 1840. — BOULEY, *Ibid.*, 1842. — REY, *Ibid.*, 1843. — LEMARCHAND, *Mém. de la Société vét. du Calvados*, 1843-44. — CONTE, *Journal des vét. du Midi*, 1844. — REY, *Journal de méd. vét.*, 1845-47. — GOURDON, *Ibid.*, 1845. — BORDONNAT, *Ibid.*, 1846. — LOISET, *Journ. des vét. du Midi*, 1853. — BROWN, *The Veterinarian*, 1856. — ANDRÉ. *Annales de méd. vét.*, 1853. — FOELEN, *Ibid.*, 1854. — MARCOUX, *Ibid.*, 1857. — BOULEY, *Recueil de méd. vét.*, 1858-59. — PORTAL, *Journal de méd. vét.*, 1860. — LAUX, *Recueil de méd. vét.*, 1862. — DUPON et BOURET, *Journal des vét. du Midi*, 1865. — LECOUTURIER, *Annales de méd. vét.*, 1866. — HARDY, *Ibid.*, 1870. — HUGUES. *Ibid.*, 1870-73. — REY, *Journal de méd. vét.*, 1869. — BUGNIET, *Journal de méd. vét. milit.*, 1865-66. — NICOULEAU. *Ibid.*, 1865-66-67. — BARREAU, *Ibid.*, 1869-70. — LANDEL, *Repertorium*, 1868. — BROQUET et MÉGNIN, *Bullet. de la Soc. cent. de méd. vét.*, 1875. — CREVECOEUR. *Annales de méd. vét.*, 1875. — DEGIVE, *Ibid.*, 1877-82. — BRIL, *Ibid.*, 1879. — NOCARD, *Bullet. de la Soc. cent. de méd. vét.*, 1879, et *Archives vét.*, 1879. — MALDAN. *Ibid.*, 1880. — HUMBERT, SAUDÉ, *Bullet. de la Soc. cent. de méd. vét.*, 1885. — PEUCH. *Revue vét.*, 1883. — AXE. *The Veterinarian*, 1883. — CADIOT. *Recueil de méd. vét.*, 1887. — HARTENSTEIN, *Bullet. de la Soc. cent. de méd. vét.*, 1888. — CADIOT, *Ibid.*, 1889. — BENJAMIN, *Ibid.*, 1889. — LAQUERRIÈRE, *Ibid.*, 1891. — BRISSOT, *Ibid.*, 1895. — ALBRECHT, *Wochenschr. für Thierheilkunde*, 1892. — LANZILLOTTI, *La Clinica vet.*, 1895, 1900 et 1901. — PEUCH, *Journal de méd. vét.*, 1896. — VERLINDE, *Annales de méd. vét.*, 1896. — SANFELICI, *La Clinica vet.*, 1898. — COURBUR, *Annales de méd. vét.*, 1898. — BOURNAY, *Revue vét.*, 1899. — GUILLEMAIN et CADIX, *Bull. de la Soc. cent. de méd. vét.*, 1900. — WALDTEUFEL, *Ibid.* — CADÉAC, *Bull. de la Soc. des sciences vét.*, 1900 et 1901. — HOCHSTEIN,

Wochenschr. für Thierheilkde, 1901. — LANZILLOTTI, *La Clinica vét.*, 1901. — HOFMANN, *Sächs. Jahresber.*, 1902. — CADIOT et JOURDAN, *Recueil de méd. vét.*, 1902. BOULEY, *Dictionnaire vét.*, t. IV. — CADIOT, *Études de Pathologie et de Clinique*.

VII. Bleime. — LAFOSSE, *Hippopathologie*, 1772. — PERCIVALL, *The Veterinarian*, 1834 et 1851. — NIMROD, *Ibid.*, 1839 et 1848. — DAWSON, *Ibid.*, 1839. — REY, *Recueil de méd. vét.*, 1843. — PRANGÉ, *Ibid.*, 1850. — HAWTHORN, *The Veterinarian*, 1856. — RENNER, *Gurlt u. Hertwig's Magazin*, 1869. — NEUSCHILD, *Ibid.*, 1872. — LUNGWITZ, *Sächs. Bericht*, 1873. — COLLIN, *Recueil de méd. vét.*, 1878. — PEUCH, *Revue vét.*, 1883. — CHUCHU et DELPÉRIER, *Bullet. de la Soc. cent. de méd. vét.*, 1886. — ROGERSON, *The Veterinarian*, 1890, an. in *Journal de méd. vét.*, 1891. — CHÉNIER, *Revue vét.*, 1895. — THARY, *Bullet. de la Soc. cent. de méd. vét.*, 1895. — MOUILLERON, *Ibid.*, 1897. — BEFORT, *Der Hufschmied*, 1898. — BENST, *Der Beschlagschmied*, 1899. — SCHIELE, *Ibid.*, 1901. — LANZILLOTTI-BUCNSANTI, *La Clinica vet.*, 1901. BOULEY, *Dictionnaire vét.*, t. II. — PADER, CADIOT, *Op. cit.*

VIII. Piqûre. Enclouure. — LAFOSSE, *Hippopathologie*, 1772. — ANKER, *Die Fusskrankheiten der Pferde*, Zurich, 1854. — MAYER, *Repertorium*, 1855. — DEFAYS, *Annales de méd. vét.*, 1861. — REY, *Journ. de méd. vét.*, 1866. — MARTINET, *Bullet. de la Soc. cent. de méd. vét.*, 1885. — GRAILLOT, *Recueil d'hyg. et de méd. vet. milit.*, 1895. — BOULEY, *Dictionnaire vét.*, t. V.

IX. Nécrose du fibro-cartilage. — GIRARD, *Recueil de méd. vét.*, 1825. — BAREYRE, *Ibid.*, 1825. — GÉRARD, *Ibid.*, 1825. — RENAULT, *Ibid.*, 1827, et *Traité du javart cartilagineux*. Paris, 1831. — PRÉVOST, *Journal de méd. vét. théorique et pratique*, 1827. — MANGIN, *Recueil de méd. vét.*, 1828. — VATEL, VILLATE, *Ibid.*, 1829. — NEWPORT, *The Veterinarian*, 1828. — LEBLANC, *Journal de méd. vét. théorique et pratique*, 1831. — HERTWIG, *Magazin*, 1836. — GIELEN, *Ibid.*, 1837. — BERNARD, *Recueil de méd. vét.*, 1835-36, et *Journ. des vét. du Midi*, 1838. — MAILLET, *Recueil*, 1836. — BELL, *Ibid.*, 1837. — RENAULT, *Ibid.*, 1838 et 1840. — VERRET, *Ibid.*, 1839. — GILLE, *Ibid.*, 1840. — PAPIN, *Mém. de la Société vét. du Calvados*, 1840. — SIRAND, *Ibid.*, 1841-42. — COULOMB, *Journ. des vét. du Midi*, 1840. — CONTE, *Ibid.*, 1841. LAFORE, *Ibid.*, 1842. — PORTAL, *Ibid.*, 1843. — BOULEY, *Recueil de méd. vét.*, 1841-43-47. — DIETERICHS, *Handbuch der Veterinärchirurgie*. Berlin, 1842. — LINDENBERG, *Bericht über der Thierheilkunde*, 1842-43. — LANDEL, *Repertorium*, 1842. — REY, *Recueil de méd. vét.*, 1843; *Journal de méd. vét.*, 1845-47. — LAFOSSE, *Journal des vét. du Midi*, 1846. — LEBLANC, *La Clinique vét.*, 1846-47. — BUGNET, COLLIGNON, *Ibid.*, 1847. — FISCHER, *Annales de méd. vét.*, 1846. — BROOKS, *The Veterinarian*, 1847. — DIAPER, *Ibid.*, 1848. — BROWN, *Ibid.*, 1852. — REY, *Journal de méd. vét.*, 1848-50. — RIETZEL, *Gurlt u. Hertwig's Magazin*, 1849. — LABAYSSE, *Journal des vét. du Midi*, 1850. — ANKER, *Die Fusskrankheiten der Pferde*, 1854. — ISNARD, *Journal de méd. vét.*, 1853. — SCHMID, an. in *Ibid.*, 1854. — DINTER, *Sächs. Bericht*, 1859-60. — VILLATE, *Bullet. de la Soc. cent. de méd. vét.*, 1861. — BRAMBILLA, *Rendi conto clinico della scuola di Torino*, 1864. — GREAVES, *The Veterinarian*, 1867-87. — GUERRAPAIN, *Recueil de méd. vét.*, 1866. — MOITHY, *Ibid.*, 1869. — SCHULER, *Gurlt u. Hertwig's Magazin*, 1869. — LONHIENNE, *Annales de méd. vét.*, 1870. — FÜNFSTÜCK, *Sächs. Bericht*, 1871. — VOIGTLÄNDER, *Ibid.*, 1873. — SIEDAMGROTZKY, *Ibid.*, 1875. — VISEUR, *Recueil de méd. vét.*, 1873. — SCHMIDT, *Preuss. Mittheil.*, 1875. — FOGLIATA, *Giornale di anat. fis. e patol. anim. dom.*, 1875. — LAUGERON, *Revue vét.*, 1876. — LIGNON, *Ibid.*, 1877. — HARTENSTEIN, *Archives vét.*, 1878. — CADIOT, *Ibid.*, 1884. — FRÖHNER, *Deutsche Zeitschr. für Thiermed.*, 1882. — KITCHEN, *The Veterinarian*, 1883. — CAGNY, *Bullet. de la Soc. cent. de méd. vét.*, 1884. — CADIOT, *Ibid.*, 1889. — DELATTRE, *Ibid.*, 1890. — MACQUEEN, *The Veterinarian*, 1893. — MICHAUD, *Schweizer Archiv*, 1893. — SIEDAMGROTZKY, *Sächs. Bericht*, 1894. — NOACK, *Ibid.*, 1894. — REXILIUS, *Milit. vet. Zeitschr.*, 1895. — LIGNIÈRES, *Bullet. de la Soc. cent. de méd. vét.*, 1895. — GABEAU, *Recueil de méd. vét.*, 1895. — LISI, *La Clinica vet*, 1894. — LANZILLOTTI, *Ibid.*, 1895. — BAYER, *Deutsche Zeitschr. f. Thiermedicin*, 1894, an. in *Revue vét.*, 1895. — FRÖHNER, *Monatshefte für Thierheilkunde*, 1895. — SIEDAMGROTZKY, *Sächs. Bericht*, 1895. — DETMERS, *The vet. Magazine*, 1896. — WALTHER, *Berliner thierärztl. Wochenschr.*, 1896. — GREINER, *Jahresbericht* von ELLENBERGER u. SCHÜTZ, 1896. — LANZILLOTTI-BUONSANTI, *La Clinica vet.*, 1898 et 1901. — MESNARD, *Bullet. de la Soc. cent. de méd. vét.*, 1898. — ALMY, *Ibid.*, 1899. — HENDRICKX,

Annales de méd. vét., 1898. — Dieudonné. *Recueil de méd. vét.*, 1898. — Albrecht, *Wochenschr. für Thierheilkde*, 1900. — Pellegrini, *Giorn. della R. Soc. vet. ital.*, 1901. — Krause, *Sächs. Jahresber.*, 1901.
Bouley, *Dictionnaire vét.*, t. XI.

X. Plaies articulaires. Arthrite. — Pauleau, *Recueil de méd. vét.*, 1829. — Courdouan, *Journal de méd. vét.*, 1845. — Foelen, *Annales de méd. vét.*, 1861. — Afris, *Ibid.*, 1872. — Saudé, *Recueil de méd. vét.*, 1885. — Humbert, *Bull. de la Soc. cent. de méd. vét.*, 1885. — Jacotin, *Recueil d'hygiène et de méd. vét. milit.*, 1892. — Magnin, *Recueil de méd. vét.*, 1895. — Lanzillotti, *La Clinica vet.*, 1898. — Fröhner, *Monatshefte für Thierheilkunde*, 1899. — Cadéac, *Journal de méd. vét.*, 1900. — Eberlein, *Deutsche thierärztl. Wochenschrift*, 1901.

XI. Brûlures. Gelures. — Duvieusart, *Annales de méd. vét.*, 1843. — Riquet, Barthélemy, Renault, Reynal, Delafond. Vatel, Bouley, Crépin, Rossignol, *Bullet. de la Soc. cent. de méd. vét.*, 1845-46. — Bouley, *Ibid.*, 1873. — Siedamgrotzky, *Archiv für Thierheilkunde*, 1883. — Jewsejenko, *Archives vét. de Petersbourg*, an. in *Jahresbericht* von Ellenberger u. Schütz, 1885. — Bru, *Revue vét.*, 1891. — Pader, *Traité de maréchalerie*. Paris, 1892.

XII. Fourbure aiguë. — Gohier, *Mémoires et observations sur la chirurgie vétérinaire.* — Vatel, *Journal prat. de méd. vét.*, 1827. — Huvelier, *Ibid.*, 1829. — Rigot, *Recueil de méd. vét.*, 1829. — De Nanzio, *Ibid.*, 1837. — Clark, *The Veterinarian*, 1836. — Ponchy, *Mém. de la Société vét. du Calvados*, 1837. — Fellenberg, *Gurlt u. Hertwig's Magazin*, 1837. — Lafosse, *Journal des vét. du Midi*, 1845. — Lapoussée, *Ibid.*, 1846. — Festal, *Recueil de méd. vét.*, 1846. — Ascheberg, *Thierärztl. Zeitung*, 1848. — Boughton, *The Veterinarian*, 1849, an. in *Recueil de méd. vét.*, 1850. — Percivall, *Ibid.*, 1850, an. in *Ibid.*, 1851-52. — Gloag, *Ibid.*, 1851, an. in *Ibid.*, 1852. — Sanson, *Journal des vét. du Midi*, 1850. — Grégory, *Ibid.*, 1855. — Cartwright, *The Veterinarian*, 1854. — Hunting, *Ibid.*, 1854. — Greaves, *Ibid.*, 1855. — Cartledge, *Ibid.*, 1855. — Corby, *Ibid.*, 1855. — Stanley, *Ibid.*, 1856. — Anker, *Die Fusskrankheiten*, 1854. — Guilmot, *Annales de méd. vét.*, 1861. — Windelincx, *Ibid.*, 1861. — Auger, *Journal de méd. vét. milit.*, 1863-64. — Greaves, *The Veterinarian*, 1865. — Brooks, *Ibid.*, 1865. — Dyer, *Ibid.*, 1865. — Stanley, *Ibid.*, 1869, an. in *Recueil de méd. vét.*, 1870. — Friedberger, *München. Jahresber.*, 1872. — Benedickt, *Sächs. Bericht*, 1872. — Siedamgrotzky, *Ibid.*, 1872. — Friebel, *Ibid.*, 1876. — Möbius, *Ibid.*, 1878. — Bouley, *Recueil de méd. vét.*, 1875. — Bouley et Biot, *Ibid.*, 1875. — Rossignol, *Ibid.*, 1877. — Woodgen, *The Veterinarian*, 1875. — Schlottmann, *Archives vét.*, 1876. — Hingst, *Archiv für Thierheilkunde*, 1878. — Cagny, *Bullet. de la Soc. cent. de méd. vét.*, 1882. — Peuch, *Revue vét.*, 1883. — Lorge, *Annales de méd. vét.*, 1885. — Mollereau, *Bullet. de la Soc. cent. de méd. vét.*, 1886. — Weber et Boissièrf, *Ibid.*, 1886. — Burke, *The Veterinarian*, 1888. — Labat, *Revue vét.*, 1889. — Movigliani, *L'Ercolani*, 1889, an. in *Recueil de méd. vét.*, 1890. — Fries, *Deutsche Zeitschr. für Thiermed.*, 1890 et 1899. — Jouquan, *Bullet. de la Soc. cent. de méd. vét.*, 1892. — Möbius, *Sächs. Bericht*, 1894. — Bissauge, *Recueil de méd. vét.*, 1895. — Fröhner, *Monatshefte für Thierheilkunde*, 1895. — Trinchera, *La Clinica vet.*, 1897. — Paimans, *Annales de méd. vét.*, 1897. — Schuhmacher, *Ibid.*, 1898. — Bournay, *Revue vét.*, 1898. — Prayon, *Berlin. thierärztl. Wochenschr.*, 1898. — Dreymann, *Ibid.* — Hansen, *Ibid.*, 1899. — Jacoulet, Joly, *Bullet. de la Soc. cent. de méd. vét.*, 1899 et 1902. — Joly et Vivien, *Ibid.*, 1900. — Schumpoff, *Archives de Pétersbourg*, 1899. — Vogt, *Wochenschr. f. Thierheilkunde*, 1899. — Toepper, *Der Beschlagschmied*, 1899. — Lesbre, *Journ. de méd. vét*, 1900. — Liénaux, *Annales de méd. vét.*, 1901. — Zimmermann, *Veterinarius*, 1901. — Bouley, *Dictionnaire vét.*, t. VII.

XIII. Fourbure chronique. — Chabert, *Instructions et observations sur les maladies des animaux.* Paris, 1801. — Moiroud, *Recueil de méd. vét.*, 1827. — Dehan, *Ibid.*, 1829. — Conte, *Journal des vét. du Midi.* 1845. — Brown, *The Veterinarian*, 1851. — Bouley, *Bullet. de la Soc. cent. de méd. vét.*, 1850 et 1852. — Scheller, *Annales de méd. vét.*, 1854. — Dessart, *Ibid.*, 1855. — Boiteux, *Journal de méd. vét.*, 1856. — Guyon, *Journal des vét. du Midi.* 1860-63. — Gourdon, *Ibid.*, 1863. — Simonds, *The Veterinarian*, 1861. — Greaves, *Ibid.*, 1866. — Goffaux, *Annales de méd. vét.*, 1863. — Goubaux, *Journal de méd. vét.*, 1866. — Bellon, *Journal de méd. vét. milit.*, 1868-69. — Bonnard, *Ibid.*, 1870-71. — Watrin et Monta-

GNAC, *Ibid.*, 1875-76. — SIEDAMGROTZKY, *Sächs. Jahresber.*, 1872. — FRIEDBERGER, *München. Jahresber.*, 1872. — HINGST, *Archiv für Thierheilkunde*, 1878. — FOGLIATA, *Giornale di anat. fis. e pat. degli animali*, 1879, an. in *Revue vét.*, 1879. — WORTLEY, *The Veterinarian*, 1884. — MONTANÉ, *Revue vét.*, 1886. — LABAT, *Ibid.*, 1889. — NOCARD, *Recueil de méd. vét.*, 1886. — JOLY, *Ibid.*, 1889, et *Presse vét.*, 1888. — AUREGGIO et BOISSE, *Bullet. de la Soc. cent. de méd. vét.*, 1888. — BOELLMANN et LAQUERRIÈRE, *Ibid.*, 1890. — THOMAS, *Ibid.*, 1896. — KUHN, *Milit. veterin. Zeitschr.*, 1894. — IMMINGER, *Deutsche thierärztl. Wochenschr.*, 1897. — MEYRANX, *Recueil d'hyg. et de méd. vét. milit.*, 1899. — JACOULET, *Recueil de méd. vét.*, 1899. — THIRION. *Ibid.* — BRINGARD, *Bullet. de la Soc. cent. de méd. vét.*, 1897. — JOLY et VIVIEN, *Ibid.*, 1900. — SCHARENBERGER, *Ibid.*, 1902.

GUTENÄCKER, *Anomalien der Fuss.* in *Lehrbuch der pathologisch-anatomischen Diagnostik* von KITT. — BOULEY, *Dictionnaire vét.*, t. VII. — BOURNAY et SENDRAIL, *Chirurgie du pied* de l'Encyclopédie CADÉAC.

XIV. **Maladie naviculaire.** — PERCIVALL, GIRARD, *Recueil de méd. vét.*, 1824. — VILLATE, *Ibid.*, 1828 et 1830. — BERGER, *Journal pratique de méd. vét.*, 1828. — MOORCROFT, *The Farrier*, an. in *Journal pratique de méd. vét.*, 1829. — TURNER, *The Veterinarian*, 1829-30, an. in *Recueil de méd. vét.*, 1830 et 1838; *Treatise on the foot of the horse.* London, 1837. — GOODWIN, *The Veterinarian*, 1830. — SIMPSON, *Ibid.*, 1833. — SPOONER, *Ibid.*, 1834 et 1837. — RENAULT, *Recueil de méd. vét.*, 1833. — PRANGÉ, *Ibid.*, 1837. — YOUATT, *The Veterinarian*, 1836. — WHEELER, *Ibid.*, 1838. — GREEN, *Ibid.*, 1839. — DAWS, *Ibid.*, 1840. — BARKER, *Ibid.*, 1840. — LOISET, *Journal des vét. du Midi*, 1839 et 1841. — STICKER, *Gurlt u. Hertwig's Magazin*, 1835. — BRÄUELL, *Ibid.*, 1845, et *Recueil de méd. vét.*, 1846. — MATZ, *Ibid.*, 1847, an. in *Annales de méd. vét.*, 1847. — GURLT, *Ibid.*, 1851. — HERTWIG, *Ibid.*, 1851. — VERHEYEN, *Recueil de méd. vét.*, 1845. — PERCIVALL, *The Veterinarian*, 1847. — TURNER, *Ibid.*, 1847. — RAINSFORD, *Ibid.*, 1852. — BOULEY, *Recueil de méd. vét.*, 1852-53. — LEBLANC, *Ibid.*, 1857. — MASCHER, *Gurlt u. Hertwig's Magazin*, 1855. — STANLEY, *The Veterinarian*, 1856. — VARNELL, *Ibid.*, 1856. — HOLLOVAY, *Ibid.*, 1858. — GREAVES, *Ibid.*, 1864. — WILLIAMS, *Ibid.*, 1864. — DYER, *Ibid.*, 1865. — SCHRADER, *Gurlt u. Hertwig's Magazin*, 1860. — TRASBOT, *Bullet. de la Soc. cent. de méd. vét.*, 1877. — BRÄUER, *Sächs. Bericht*, 1877. — JOHNE, *Ibid.*, 1878. — JACOULET, *Archives vét.*, 1882. — MOLLEREAU, *Bullet. de la Soc. cent. de méd. vét.*, 1887 et 1890. — CAGNY, *Ibid.*, 1890. — MAGNIN, *Ibid.*, 1890. — JACOULET et BENJAMIN, *Ibid.*, 1891. — SMITH, *The vet. Journal*, 1886. — PLAY, *The Veterinarian*, 1886. — EDS, *Ibid.*, 1890. — NUUN, *Ibid.*, 1894. — FAMBACH, *Der Hufschmied*, 1887. — LUNGWITZ, *Sächs. Bericht*, 1894. — MAGNIN, *Recueil de méd. vét.*, 1895-96-97-98-99. — SCHULZE, *Der Hufschmied*, 1898. — NISSE, *Oesterr. Monatsschr. für Thierheilkunde*, 1901. — INNACK, *Zeitschr. für Veterinärkunde*, 1901. WILLIAMS, *The principles and practice of Veterinary Surgery.* — CADIOT, *Dictionnaire vét.*, t. XIV.

XV. **Encastelure.** — CROS, *Recueil de méd. vét.*, 1830. — GODWIN, *The Veterinarian*, 1830. — DELWART, *Annales de méd. vét.*, 1844. — PERCIVALL, *The Veterinarian*, 1848. — BROGNIEZ, *Répertoire de police sanitaire*, 1849. — ALASAUNIÈRE et BOULEY, *Bullet. de la Soc. cent. de méd. vét.*, 1852. — BOULEY, FOURES, LEBLANC, SALLES, *Ibid.*, 1860. — DEFAYS, *Annales de méd. vét.*, 1859, et *Recueil de méd. vét.*, 1859. — LAFOSSE, *Journal des vét. du Midi*, 1859. — DUPON, *Ibid.*, 1863. — WEBER, *Recueil de méd. vét.*, 1860. — BOULEY, *Ibid.*, 1860. — HERPIN, *Ibid.*, 1861. — PONCET, *Ibid.*, 1861. — BUGNIET, *Ibid*, 1862. — LIARD, *Ibid.*, 1863. — HATIN, *Ibid.*, 1863. — FELIZET, *Ibid.*, 1866. — BEAUFILS, *Ibid.*, 1867. — DOMINIK, *Gurlt u. Hertwig's Magazin*, 1862. — WATRIN, *Journal de méd. vét. milit.*, 1863-64. — BARRIER, *Ibid.*, 1864-65. — BUGNET, *Ibid.* — LAQUERRIÈRE, *Ibid.*, 1869-70. — DEFAYS, *Annales de méd. vét.*, 1869. — FOGLIATA, *Giorn. di anat. fis. e patol. degli anim. dom.*, 1876. — CHÉNIER, *Journal de méd. vét. milit.*, 1876-77, et *Journal de méd. vét.*, 1878. — COLLIN, *Recueil de méd. vét.*, 1878. — PUTHOSTE, *Recueil d'hyg. et de méd. vét. milit.*, 1882. — COURTIAL, *Journal de méd. vét.*, 1883. — CHÉNIER, *Recueil de méd. vét.*, 1886. — LAQUERRIÈRE et SABRAZIN, *Bullet. de la Soc. cent. de méd. vét.*, 1888. — HAAN, *Journal de méd. vét.*, 1891. — DELPÉRIER, LAGRIFFOUL, NALLET, DEBLINCHAN et THARY, *Bullet. de la Soc. cent. de méd. vét.*, 1891-92-93. — CAGNY, *Ibid.*, 1893. — LORGE, *Annales de méd. vét.*, 1893. — CHÉNIER, *Ibid.*, 1894, et

Revue vét., 1895. — JACOULET, *Revue vét.*, 1896. — WALDTEUFEL, *Bullet. de la Soc. cent. de méd. vét.*, 1896. — HUBET, *Ibid.*, 1898. — JOLY, *Revue vét.*, 1899. — FRANK, *Der Hufschmied*, 1900. — PISSENS, *Annales de méd. vét.*, 1900. — LEJEUNE, *Ibid.*, 1902.

LAFOSSE, *Hippopathologie*. — BOULEY, *Dictionnaire vét.*, t. V. — JACOULET et CHOMEL, *Traité d'hippologie*. — PADER, *Précis de maréchalerie*. — DELPÉRIER, *Le sabot du cheval et ses altérations unguéales*. — PEUCH et LESBRE, *Précis du pied du cheval et de sa ferrure*. — THARY, *Maréchalerie*, et BOURNAY et SENDRAIL, *Chirurgie du pied* de l'Encyclopédie CADÉAC.

XVI. Dermatite chronique verruqueuse. Crapaud et Fourchette pourrie.
— BRACY-CLARK, *Recueil de méd. vét.*, 1826. — VATEL, *Journal de méd. vét. théorique et pratique*, 1827. — DUPUY, *Ibid.*, 1827. — RENAULT, *Recueil de méd. vét.*, 1828. — VATEL, *Ibid.*, 1828. — PRÉVOST, *Ibid.*, 1831. — JACOB, *Journal de méd. vét. théorique et pratique*, 1831. — JANNÉ, *Ibid.*, 1833. — CRÉPIN, *Ibid.*, 1833. — *The Veterinarian*, 1837. — VÉRET, *Recueil de méd. vét.*, 1839. — KRAUSE, *Gurlt u. Hertwig's Magazin*, 1839. — GERLACH, *Ibid.*, 1842. — DIETERICHS, *Ibid.*, 1842. — BERNARD, *Journal des vét. du Midi*, 1841. — TYNDAL, *The Veterinarian*, 1843. — MERCIER, *Journal des haras*, 1841. — DELWART, *Du carcinome du pied*. Bruxelles, 1843. — REY, *Recueil de méd. vét.*, 1843, et *Journal de méd. vét.*, 1847. — FUCHS, *Repertorium*, 1845. — HERING, *Ibid.*, 1845-53. — PLASSE, *La Clinique vét.*, 1845 ; *Journal des vét. du Midi*, 1848, et *Annales de méd. vét.*, 1851. — COLLIGNON, *Ibid.*, 1847. — READ. *The Veterinarian*, 1849. — PERCIVALL, *Ibid.*, 1851. — EICHBAUM, *Gurlt u. Hertwig's Magazin*, 1846. — ECK, *Ibid.*, 1852. — KIRCHNER, *Ibid.*, 1853. — HAUBNER, *Ibid.*, 1854-55. — BAUDIUS, *Ibid.*, 1855. — DIETERICHS, *Ibid.*, 1856. — ROSSIGNOL, *Recueil de méd. vét.*, 1851. — BOULEY, *Ibid.*, 1851. — WELLS et PERCIVALL, *The Veterinarian*, 1851. — FISCHER, *Recueil de méd. vét.*, 1852. — BOULEY. *Ibid.*, 1852. — ISNARD, *Journal de méd. vét.*, 1853. — THURLEMANN, an. in *Journal des vét. du Midi*, 1854. — ANGINIARD, *Recueil de méd. vét.*, 1855. — HUART, BOULEY, *Ibid.*, 1856-57. — SCHAACK, *Journal de méd. vét.*, 1856-60. — BOITEUX, *Ibid.*, 1859. — RÖTTGER, *Gurlt u. Hertwig's Magazin*, 1861. — EHRLER. *Sächs. Bericht*, 1858-59. — BRÄUER u. SCHILLING, *Ibid.*, 1859-60. — LEISERING, *Ibid.*, 1862. — MARTIN, *Journal de méd. vét. milit.*, 1862-63. — PONCET, *Ibid.*, 1863-64. — MÉGNIN, *Ibid.*, 1864-65. — PLASSE, *Ibid.*, 1864. — SAINT-CYR, *Journal de méd. vét.*, 1864. — VERRIER, *Recueil de méd. vét.*, 1864. — REY, *Ibid.*, 1865. — GREAVES, *The Veterinarian*, 1865-66. — LECOUTURIER, *Annales de méd. vét.*, 1865. — GUERRAPAIN, *Recueil de méd. vét.*, 1865. — MOLINIÉ, *Journal des vét. du Midi*, 1866. — WERNER, *Preuss. Mittheil.*, 1867. — HACKBARTH, *Ibid.*, 1868. — IMMELMANN, *Ibid.*, 1872. — RIVIÈRE, *Journal de méd. vét.*, 1867. — SCHAACK, *Ibid.*, 1869. — STREBEL, *Ibid.*, 1869. — FELIZET, *Recueil de méd. vét.*, 1869. — HERTWIG, *Magazin*, 1871. — HUGUES, *Annales de méd. vét.*, 1871. — VISEUR, *Recueil de méd. vét.*, 1872. — BOULEY, VIVIER. MÉGNIN, *Ibid.*, 1875. — JOHNE, *Sächs. Bericht*, 1872. — SIEDAMGROTZKY, *Ibid.*, 1875. — SCHMIDT, *Wochenschrift für Thierheilkunde*, 1877. — DENEUBOURG, *Annales de méd. vét.*, 1880. — MIGEOTTE, *Ibid.*, 1881. — SCHLEG, *Sächs. Bericht*, 1880. — SIEDAMGROTZKY, *Ibid.*, 1884. — GILLIBERT, *Recueil de méd. vét.*, 1885. — HOHNE. BLUHM, *Adam's Wochenschrift*, 1885. — TÖPPER, *Ibid.*, 1886. — NOCARD, *Recueil de méd. vét.*, 1886. — BRISSOT. LOUVOT, PASSET, *Ibid.* — DEGIVE, *Annales de méd. vét.*, 1886. — MOLLEREAU, *Bullet. de la Soc. cent. de méd. vét.*, 1888. — FOURIE, *Recueil de méd. vét.*, 1888. — LUCET, *Ibid.*, 1890. — BRIDRÉ, *Ibid.*, 1892. — RUST, *Preuss. Milit. Rapport*, 1891. — MALCOLM, *The Journal of comp. pathol. and therap.*, 1892. — WILHELM, *Sächs. Bericht*, 1892. — HOFFMANN, *Repertorium*, 1892, et *Milit. veter. Zeitschr.*, 1894. — IMMINGER, *Deutsche thierärztl. Wochenschr.*, 1893 ; — *Wochenschr. für Thierheilkunde*, 1894. — DREYMANN, *Zeitschr. für Veterinärkunde*, 1893. — ELMENHOFF, *Berliner thierärztl. Wochenschr.*, 1893. — LIES, *Ibid.*, 1893. — KURT, *Ibid.*, 1894. — THOMASSEN et SCHIMMEL, *Tijdschr. d'Utrecht*, 1895. — RÖDER, *Sächs. Bericht*, 1894. — PLACE, *The Veterinarian*, 1894. — MALCOLM, *Journ. of comp. pathol. and therap.*, 1894. — HOFFMANN, *Milit. vet. Zeitschrift*, 1894. — PLÓSZ, *Monatshefte für Thierheilkunde*, 1895. — EBERLEIN, *Ibid.*, 1896. — PFEIFFER, *Ibid.*, 1899. — LANZILLOTTI, *La Clinica vet.*, 1895-96. — DOLLAR, *The Veterinarian*, 1895, an. in *Revue vét.*, 1896. — LITFAS, *Berliner thierärztl. Wochenschr.*, 1896. — OYEN, *Ibid.*, 1898. — JACOTIN, *Recueil d'hygiène*

et de méd. vét. milit., 1896. — LAVALARD et SAUDÉ, *Bull. de la Soc. cent. de méd. vét.*, 1896. — MAGNIN, *Ibid.*, 1897. — PETIT, *ibid.* — MÉNARD, *Ibid.*, 1898. — HAUBOLD, *Sächs. Bericht*, 1898. — RÖDER, *Ibid.* — LUNGWITZ, *Ibid.*, 1899. — SCHMIDT, *Ibid.*, 1899. — LANZILLOTTI-BUONSANTI, *La Clinica vet.*, 1898-99. — BARUCHELLO, *Il moderno Zooïatro*, 1898. — SAMUEL, *Preuss. Veterinär-Bericht*, 1898. — GUTENÄCKER, *Archiv für Veterinärmedicin*, 1899. — WALTHER, *Der Hufschmied*, 1899. — SAND, *Tidsskrift de Copenhague*, 1899. — ALÈS, *Recueil de méd. vét.*, 1899. — MARTENS, *Berliner thierärztl. Wochenschr.*, 1900. — ANGERSTEIN, *Ibid.*, 1900-1901. — ZAPEL, *Deutsche thierärztl. Wochenschr.*, 1901. — SATOR, *Wochenschr. f. Thierheilkunde*, 1901. — PADER, *Bull. de la Soc. des sciences vét.*, 1902.

BOULEY, *Dict. vét.*, t. IV. — HOFFMANN, *Tierärztliche Chirurgie.* — BOURNAY et SENDRAIL, *Chirurgie du pied de l'Encyclopédie* CADÉAC.

XVII. **Dermatite ulcéreuse.** — LUNGWITZ, *Sächs. Jahresbericht*, 1873. — SCHLEG, *Der Hufschmied*, Bd. IV. — MÖLLER u. FRICK, *Lehrbuch der Chirurgie.*

XVIII. **Tumeurs.** — HENDRICKX, *Annales de méd. vét.*, 1845. — MATHIS, *Journal de méd. vét.*, 1887. — GUTENÄCKER, *Anomalien des Hufes* in *Lehrbuch der pathologisch-anatomischen Diagnostik* von KITT, 1894. — FRÖHNER, NIPPERT, *Monatshefte für prakt. Thierheilkunde*, 1896-97. — ZIMMERMANN, *Veterinarius*, 1901. — BOURNAY et SENDRAIL, *Op. cit.*

II. **Affections du pied chez les ruminants et le porc.** — FAVRE, *Recueil de méd. vét.*, 1825-26. — GIRARD, *Ibid.*, 1830. — DELAFOND, *Journal pratique de méd. vét.*, 1828. — SORILLON, *Recueil de méd. vét.*, 1831. — LECOQ, *Ibid.*, 1833. — HOGDSON, *The Veterinarian*, 1838. — GUTTERIDGE, *Ibid.*, 1839-40-42. — BAUMEISTER, *Gurlt u. Hertwig's Magazin*, 1842. — FALKE, *Ibid.*, 1856. — MAY, *Ibid.*, 1859. — MALINGIÉ, *Journal des vét. du Midi*, 1842. — FESTAL, *Recueil de méd. vét.*, 1846. — BARTHÉLEMY et CHARLIER, *Bullet. de la Soc. cent. de méd. vét.*, 1847. — ROCHE-LUBIN, *Journal des vét. du Midi*, 1852. — VERNHES, *Ibid.*, 1863. — GERLACH, *Gurlt u. Hertwig's Magazin*, 1854. — PÉTRY, *Annales de méd. vét.*, 1856. — RENAULT, *Journal des vét. du Midi*, 1862. — ZUNDEL, *Ibid.*, 1872. — ADAM, *Wochenschr. f. Thierheilkunde*, 1870. — JANSEN, *Preuss. Mittheil.*, 1873. — PIEPENBROECK, *Ibid.*, 1874. — ROSSIGNOL, *Recueil de méd. vét.*, 1877. — LAFOSSE, *Revue vét.*, 1877. — FLEMING, *The vet. Journal*, 1880. — PEUCH, *Revue vét.*, 1883. — VAN LEEUWEN, *Tijdschr. d'Utrecht*, 1891. — SCHLEG, *Sächs. Jahresbericht*, 1892. — BROWN, *The veterinary Journal*, 1892, an. in *Revue vét.*, 1893. — LANZILLOTTI-BUONSANTI, *La Clinica vet.*, 1892. — DE BRUYN, *Schweizer Archiv*, 1895, an. in *Progrès vét.*, 1896. — GOLDBECK, *Berlin. thierärztl. Wochenschr.*, 1895. — PRIETSCH, *Sächs. Jahresbericht*, 1895. — DELMER, *Recueil de méd. vét.*, 1897. — IMMINGER, *Berliner thierärztl. Wochenschr.*, 1898. — MARTENS, *Ibid.* — DUMAND, *Recueil de méd. vét.*, 1899. — FLYBORG, *Tidsskrift de Stockholm*, 1899.

BÉNION, *Maladies du porc*, Paris, 1872; — *Maladies du mouton*, Paris, 1874. — CRUZEL et PEUCH, *Maladies de l'espèce bovine*, Paris, 1883. — HESS, *Die Fusskrankheiten des Rindes*, Zurich, 1887. — MÖLLER u. FRICK, *Lehrbuch der Chirurgie.* — HARMS, *Erfahrungen über Rinderkrankheiten u. deren Behandlung*, Berlin, 1895. — PFEIFFER, *Operations-Cursus für Thierärzte u. Studirende*, Berlin, 1897. — LEBLANC, *Chirurgie du pied de l'Encyclopédie* CADÉAC.

III. **Affections du pied chez le chien et le chat.** — GIRARD, *Traité du pied.* — FAVRE, *Journal de méd. vét.*, 1845. — NUNN, *The Veterinarian*, 1896. — MÉGNIN, *Le chien*, 3e édition, Paris, 1894. — MÖLLER u. FRICK, *Op. cit.* — MÜLLER, *Die Krankheiten des Hundes*, Berlin, 1892.

IV. **Affections de la patte chez les oiseaux.** — LANCHER, *Mélanges de pathologie comparée*, Paris, 1878. — ZÜRN, *Die Krankheiten des Hausgeflügels*, Weimar, 1882. — BÉNION, *Maladies des oiseaux*, Paris, 1884. — MÉGNIN, *Maladies des oiseaux*, 2e édit., Paris, 1893.

FIN.

14008-00. — CORBEIL. Imprimerie ÉD. CRÉTÉ.